铸造实用技术丛书

典型铸铁件生产工艺实例

谢应良　编著

机械工业出版社

本书主要介绍了气缸类铸件、圆筒形铸件、环形铸件、球墨铸铁曲轴、盖类铸件、箱体及壳体类铸件、阀体及管件、轮形铸件、锅形铸件、平板类铸件等典型铸铁件的生产工艺实例。书中对每种类型的典型铸铁件，从其结构的铸造工艺性分析、材质的选用、铸造工艺过程的主要设计等方面，进行了具体、详细的论述。本书还针对铸铁件铸造实践中常见的致密性较差问题，全面地提出了切实有效的改进措施并列举了实例，对防止产生缩孔、缩松等铸造缺陷，提高铸铁件质量，具有很重要的指导作用。本书内容丰富，理论联系实际，以生产技术实践和应用实例为主，具有实用性、可靠性及可操作性。

本书可供铸造工程技术人员、工人使用，也可供相关专业的在校师生参考。

图书在版编目（CIP）数据

典型铸铁件生产工艺实例/谢应良编著. —北京：机械工业出版社，2020.3

（铸造实用技术丛书）

ISBN 978-7-111-64762-1

Ⅰ.①典… Ⅱ.①谢… Ⅲ.①铸铁件 – 铸造 – 生产工艺 Ⅳ.①TG25

中国版本图书馆 CIP 数据核字（2020）第 026206 号

机械工业出版社（北京市百万庄大街 22 号 邮政编码 100037）

策划编辑：陈保华 责任编辑：陈保华 安桂芳

责任校对：陈 越 封面设计：马精明

责任印制：邰 敏

河北鑫兆源印刷有限公司印刷

2020 年 5 月第 1 版第 1 次印刷

184mm×260mm · 25.75 印张 · 684 千字

标准书号：ISBN 978-7-111-64762-1

定价：89.00 元

电话服务	网络服务
客服电话：010 – 88361066	机 工 官 网：www.cmpbook.com
010 – 88379833	机 工 官 博：weibo.com/cmp1952
010 – 68326294	金 书 网：www.golden – book.com
封底无防伪标均为盗版	机工教育服务网：www.cmpedu.com

前　言

自进入21世纪以来，我国的铸造业取得了很大的发展，铸件总产量连续多年居世界首位，产品结构进一步优化，产品质量稳步提升，产业基地及基础建设等方面都取得了较快发展，正迅速由铸造业大国向铸造业强国转变。但也要清醒地认识到：要成为世界铸造业强国，我国与工业发达国家相比，在质量、效率及效益等方面仍有明显差距。其中铸件质量的一致性、稳定性较差，一些典型关键产品的铸造缺陷较多、废品率较高等，仍是铸铁件生产中较突出的问题。因此，努力提高铸造生产技术水平、推动铸造业转型升级，走新型工业化道路，以满足国家经济迅速发展的需要，是当前一项紧迫的重要任务。

铸造技术涉及多门学科，影响铸件质量的因素较多，铸件废品率往往也较高。实际上，要高效地生产出高质量、低成本的铸件并非易事。铸造技术人员需要有一定的基础理论和专业知识，并要积累丰富的实际经验，掌握大量的成功实例和数据。

本书共11章，第1～10章分别介绍了气缸类铸件、圆筒形铸件、环形铸件、球墨铸铁曲轴、盖类铸件、箱体及壳体类铸件、阀体及管件、轮形铸件、锅形铸件及平板类铸件等典型铸铁件的铸造生产工艺实例，内容涉及材质选用、铸造工艺过程的主要设计等。其中，第8章特别论述了获得了很高低温冲击性能等的典型优质高韧性低温铁素体球墨铸铁件的生产工艺实例；第11章主要针对铸铁件铸造实践中常见的致密性较差问题，全面地提出了切实有效的改进措施，并列举了实例，对防止产生缩孔、缩松等铸造缺陷，提高铸铁件质量，具有很重要的作用。

本书内容是作者对长期生产实践中所积累的成熟实践经验的系统总结，主要特点如下：

1) 本书理论联系实际，以生产技术实践和应用实例为主。对于必要的理论分析，则力求深入浅出，通俗易懂，图文并茂。书中所列举的实例都是技术要求和复杂程度较高、铸造难度较大的典型铸铁件的生产工艺实例，实用性强。通过分析这些典型铸铁件的铸造实践过程，读者可提高自己的铸造技术水平，为进一步提高铸铁件质量奠定坚实的基础。

2) 书中所列举的实例及数据，都是作者60多年来进行铸造工艺设计，并都经过了生产实践验证的实例及数据。这些实例及数据来源于生产实践，数据准确，可靠性强。

3) 对于每种类型的典型铸铁件，本书从铸铁件结构的铸造工艺性分析、材质的选用、铸造工艺过程的主要设计等方面，进行了具体、详细的论述，具有很强的可操作性。

4) 全书内容共计列举了150余件典型铸铁件生产实例；图例总计280多幅，其中有270余幅图例是在其他技术资料中找不到的独有资料。

综上所述，本书是一本难得的铸造实用技术资料，具有重要的实用参考价值，可供铸造工程技术人员、工人使用，也可供相关专业的在校师生参考。

由于作者水平有限，书中不足之处在所难免，敬请广大读者批评指正。

谢应良

目　　录

第1章 气缸类铸件

1.1 低速柴油机气缸体

我国于1958年首次设计制造了船用3000马力（1马力=735.5W）的低速柴油机，铸造出了首台气缸体；1963—1965年，相继铸造了多台气缸体；1970—1976年，生产了多台由我国自主设计的58型（气缸直径为580mm）低速柴油机气缸体。在此期间还生产了76型、78型和93型等大型柴油机气缸体。我国从1980年开始生产各种机型的低速柴油机气缸体，其质量不断提高，产量逐年增加。

1.1.1 一般结构及铸造工艺性分析

随着低速柴油机制造工业的快速发展，新的机型不断出现，气缸体的结构不断发生变化。从表1-1中所列两种低速柴油机气缸体的基本参数可以看出，其结构有以下特点：

表1-1 两种低速柴油机气缸体的基本参数

气缸类别	毛坯基本参数					
	轮廓尺寸/mm			最小壁厚 /mm	最大壁厚 /mm	毛重/t
	长 度	宽 度	高 度			
A （单缸体）	1300	950	1500	25	195	5
B （双缸体）	3900	2400	2500	52	390	47

1. 体积大

低速柴油机气缸体的体积较大。随着生产技术的提高，现在的发展趋势是生产多缸连在一起的整体气缸，其体积尺寸更大，需要较大的生产工艺装备。

2. 结构较复杂

早期的冷却型气缸体具有较为复杂的水腔结构，供循环冷却水流经，可对气缸套进行强制冷却。这种气缸体的造型、制芯等工艺过程较为复杂，生产难度较大，制作成本较高。

随着新机型的不断出现，近代柴油机气缸体已由冷却型改为非冷却型，使气缸体的内腔结构大为简化，以便于铸造。

为了缩小整台柴油机的体积，简化加工、组装等工序，降低制造成本，新机型已将凸轮箱体和气缸体铸成整体。这使气缸体的体积增大，铸造难度也相应增加。

3. 质量大

最小的单缸体毛重在5t以上，最大的已超过25t。多联气缸体的毛重则根据气缸体直径大小及连接气缸筒的数量而定。目前，国内生产的多联气缸体的毛重为25~50t。多联气缸体的生产率主要取决于铸造生产设备的能力。气缸体越重，铸造难度及风险越大。

4. 壁厚相差很大

低速柴油机气缸体的最小壁厚约为 25mm，最大壁厚则可达 400mm。壁厚相差很大，给铸造增加了很大难度。

低速柴油机气缸体的体积、质量都较大，宜于采用单缸体铸造，通过端部的凸缘法兰和螺栓连成整体，以便于铸造和机械加工。另外，当有局部铸造缺陷和在工作过程中有局部损坏时，单缸体便于更换，从而可减少损失。但随着生产技术的发展和设备能力的提高，为提高生产率和降低总体成本，多联气缸体的生产规模正在不断扩大。这就要求不断提高铸造生产能力，以满足发展需要。

1.1.2　主要技术要求

1. 材质

低速大功率柴油机的特性之一是单缸功率很大。当发动机工作时，气缸体要承受很大的复杂载荷作用，故要求其具有足够的强度和刚度。一般选用高强度灰铸铁 HT250，硬度为 180 ~ 240HBW。对于这种大型气缸体的铸铁材质，不仅要求具有较好的力学性能，还要求具有良好的铸造性能，这样才能更好地保证气缸体的铸造质量和使用性能。

气缸体最重要、质量要求最高的部位是缸体的上平面及与气缸套相配合的气缸筒内表面。当发动机工作时，这些部位承受的载荷最大，故其本体强度必须得到保证。在气缸体加工完成后，可在上平面或气缸筒内表面进行硬度试验，硬度值应不小于 150HBW。根据此值对该区域的母材性能进行判断。对于气缸直径在 700mm 以上的大型气缸体，也可以在上平面的螺栓孔中心处钻取试样，进行拉伸试验，其抗拉强度 R_m 值应在 140MPa 以上。

高强度孕育铸铁材质能满足一般气缸体强度性能的要求，故被广泛应用。随着现代低速柴油机功率的不断提高，单缸功率越来越大，对气缸体材质的强度要求不断提高。为了确保气缸体材质的性能要求，必须加入适量的合金元素，应根据合金元素对铸铁性能的影响及我国资源的实际情况等因素进行选择。

常用的合金铸铁系列有：铜合金铸铁，$w(Cu) = 0.5\% ~ 1.0\%$；铬-铜合金铸铁，$w(Cr) = 0.2\% ~ 0.3\%$，$w(Cu) = 0.5\% ~ 1.0\%$；铬-钼-铜合金铸铁，$w(Cr) = 0.2\% ~ 0.3\%$，$w(Mo) = 0.2\% ~ 0.4\%$，$w(Cu) = 0.5\% ~ 1.0\%$。铜对提高铸铁性能有着良好的作用，其在铸铁中是石墨化元素，可促使析出较为细小的片状石墨，从而防止产生"白口"。铜元素可细化结晶组织，促使形成较细致的片状珠光体基体，从而较显著地改善铸铁的力学性能，减小对壁厚的敏感性，对提高气缸体上部肥厚区域的内部质量有着显著的影响。因此，铜在气缸体的制造中被广泛采用，常取 $w(Cu) = 0.5\% ~ 1.0\%$。

气缸体材质的金相组织：石墨呈较细小或中等片状、菊花状均匀分布，数量为视场面积的 5% ~ 10%，石墨长度宜为 3 ~ 5 级；基体应是较细密的片状珠光体，允许有少量铁素体，体积分数宜为 3% ~ 5%。

2. 铸造缺陷

不允许有铸造缺陷的主要部位如下：

1）上平面。

2）上平面中的主螺栓孔内表面。

3）上端中心气缸筒与气缸套相配合的接触表面。

4）气缸两侧凸缘法兰上的联接螺栓孔内表面。

5）气缸下端中心填料函孔 O 形圈密封区。

　6）保护管（套入管）孔 O 形圈密封区。

　　有关铸造缺陷的允许范围，应在技术条件中做较详细的规定；对较轻微铸造缺陷的修复，也有具体规定；一般不允许采用焊补的方法进行修复。

3. 热处理

　　由于气缸的体积和质量都较大，所以其浇注后在砂型中的保温缓慢冷却时间很长。根据缸径大小不同，其在砂型中的冷却时间一般为 72~168h。因为冷却速度极其缓慢，形成的铸造残余应力很小，所以可以不再进行用来消除铸造内应力的人工时效处理。

4. 水压试验

　　对于冷却型气缸体，须进行水压试验。试验压力为 0.7MPa，保压时间为 10~15min，不允许有渗漏现象。

1.1.3　铸造工艺过程的主要设计

1. 浇注位置

　　低速柴油机气缸体的体积及质量都较大，且壁厚相差很大，上端中心气缸筒周围特别肥厚。因此，选取不同的浇注位置，对气缸质量有特别重要的影响。图 1-1a 所示柴油机双联气缸体的材质为 HT250，轮廓尺寸为 1460mm×1100mm×1215mm（长×宽×高）；气缸上平面有 16 个 M76×165mm 的螺栓孔。最初选取将气缸上端朝上的浇注位置，如图 1-1b 所示。在每个螺栓孔上方设有 φ150mm 的顶冒口。铸造后，经加工发现每个螺栓孔内均产生了严重的局部缩松缺陷及渗漏现象（水压试验压力为 0.6MPa），致使气缸报废。改进后采用朝下浇注，如图 1-1c 所示。为了更有效地消除该螺栓孔部位的"热节"，特设置了内、外冷铁，完全克服了上述缺陷，获得了良好的质量。

　　对于这种大型气缸体，一般都是采用将气缸体上端朝下的垂直浇注位置，其主要优点如下：

　　（1）气缸体的上部中心与气缸套相接触　上平面主螺栓孔供联接气缸盖用，承受最大的载荷。将质量要求最高的部位朝下浇注，不容易产生气孔、渣孔等铸造缺陷；由于是在较大静压力的作用下进行结晶，补缩更充分，使其结晶组织更加致密。

　　（2）零件的重要部位一般均处于铸型下方　对于灰铸铁，即使是下方壁厚很大，通常也能获得良好的铸造效果。气缸上部由于设有主螺栓孔而特别肥厚，将此部位朝下并设置冷铁，适当加快冷却速度，则可确保此部位的内在质量，完全可以避免螺栓孔内产生局部缩松缺陷。如果采用将铸件的肥厚部位或局部"热节"区域朝上，并在其上设置大型顶冒口的浇注方法，往往会得到相反的效果，在肥厚部位仍可能产生局部缩松缺陷。

　　图 1-2 所示柴油机双联气缸体的材质为 HT250，轮廓尺寸为 2240mm×1090mm×1575mm（长×宽×高），气缸上平面有 12 个 M80×150mm 的螺栓孔，选取将气缸上部朝下的垂直浇注位置。气缸上部较厚，且在每个螺栓孔区域形成较大的"热节"。为了适当加快底部的冷却速度，消除"热节"，底部设置了厚度为 60mm 的石墨外冷铁，每个螺栓孔内设置直径为 44mm 的内冷铁。在内、外冷铁的相互配合作用下，达到消除"热节"、增强补缩的目的，避免产生局部缩松缺陷，从而保证了该处的质量。

　　浇注系统设置在气缸体的两侧，并分为上、下两层，可适度提高型腔内上部铁液的温度。内浇道的数量较多，共 24 道，它们较均匀地分布于气缸体的上、下两侧，使铸型中的铁液温度较为均匀。

　　在气缸筒壁的上方，设置有较高的顶冒口，用来提高对缸壁的静压力作用，增强补缩，并减少夹渣等铸造缺陷。

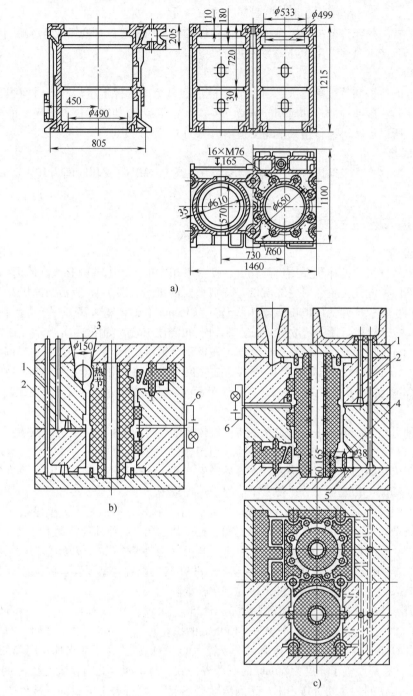

图 1-1　柴油机双联气缸体

a）零件图　b）改进前的浇注位置　c）改进后的浇注位置

1—底层浇注系统　2—上层浇注系统　3—冒口（16×φ150mm）　4—内冷铁（φ38mm）

5—外冷铁（厚度为60mm）　6—铁液位置指示信号

　　按照上述工艺，选择合适的化学成分，严格控制铁液状态和加强工序管理，从而获得了预期的优质效果。

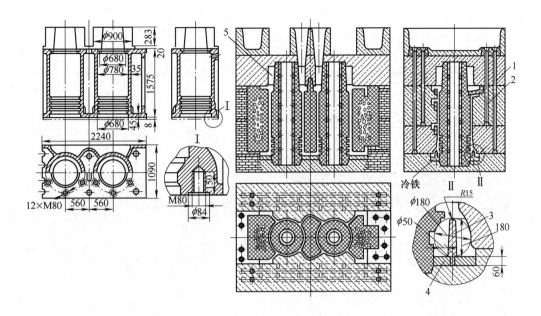

图 1-2 双联气缸体铸造工艺简图
1—底层浇注系统 2—上层浇注系统 3—内冷铁 4—外冷铁 5—冒口

2. 分型面

气缸体的浇注位置确定之后，根据外形结构特点，为便于组芯操作及控制质量，都是采用垂直分型方法。分型面的数量则要根据气缸外形及造型方法等具体情况而定，大致有以下两种情况。

（1）实样造型 实样造型是将气缸模样制成整体实样，分型面的数目一般为两道。

（2）组芯造型 组芯造型是指气缸体外形全部由砂芯组合而成，在气缸体上、下平面分型。图 1-3 所示气缸体的材质为 HT250，毛重为 12t，选取将气缸体上部朝下的垂直浇注位置和垂直分型，设有两道分型面，采用组芯造型方法。铸型轮廓尺寸为 2500mm × 1900mm × 2600mm（长 × 宽 × 高）。

气缸上部中心气缸筒的周围局部区域特别肥厚，达到 210mm × 320mm（厚度 × 高度）。为避免该处产生内部缩松缺陷，达到所需硬度值（≥150HBW），在铸型底平面上和缸筒内表面上，分别设置了较厚的外冷铁 8 和 11，并在该处上方设置环形集渣道 7，以确保质量。对于铸型上方与填料函孔相通的 φ50mm 流油管道砂芯 6，为防止其粘砂、便于清理和使内表面较光滑平整，制芯材料采用铬铁矿砂。

该气缸采用组芯造型方法，砂芯数量较多。组芯时采用立体坐标轴系尺寸检测法严格检测每个尺寸，减少尺寸偏差。每道工序严格按工艺要求进行操作，获得了较好的效果。

3. 主要工艺参数的选定

（1）铸造线收缩率 低速柴油机气缸体的体积较大，结构较复杂，铸壁较厚，砂芯数量较多，对铸件固态收缩的机械阻碍作用较强。对于四缸筒以上的多联气缸体，这些特点更为显著。因此铸造线收缩率常取 0.6% ~ 0.8%，对铸件的不同方向，可采用不同的铸造线收缩率。

（2）加工量 气缸体各部位的加工量可参考表 1-2。

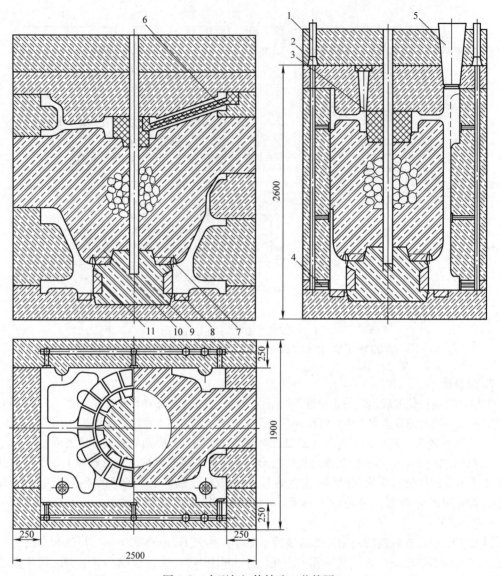

图 1-3　大型气缸体铸造工艺简图

1—直浇道　2—横浇道　3—观察孔　4—内浇道　5—冒口　6—流油道砂芯
7—环形集渣道　8—气缸上平面外冷铁　9—气缸中心缸筒砂芯
10—气缸心部大砂芯　11—缸筒内表面外冷铁

表 1-2　气缸体各部位的加工量　　　　　　　　　（单位：mm）

	气缸直径	500～600	620～720	760～840	>900
加工量	底面、侧面	8～10	10～12	12～14	14～16
	顶面	20～22	22～24	24～30	30～35

（3）补正量　在铸造过程中，受铸件结构、壁厚及壁的连接、模样、砂型、砂芯、烘干及浇注系统等各方面的影响，铸件尺寸（壁厚等）偏差较大及容易产生铸造缺陷。为了防止这些问题的产生，在进行铸造工艺设计时，可根据经验在铸件的局部采用适当的工艺补正量，其值要根据具体情况决定。例如多联气缸体两侧的连接法兰，为防止在固态收缩过程中因受到砂芯的

机械阻碍作用而造成法兰厚度尺寸不够，可在法兰背面加上适当的工艺补正量。

4. 模样

采用呋喃树脂砂造型时，须严格控制起模时间，当砂型硬化到一定程度时应迅速进行起模。为便于起模，减轻模样的损伤，对模样的结构、起模方向及起模斜度等都有较严格的要求。

（1）外模　采用实体模样造型时，除应将模样进行适当分段外，较大的模样还要求具有足够的强度和刚度，严防变形和翘曲等，以保持尺寸准确和便于起模。图1-4所示大型气缸体的材质为HT250，轮廓尺寸为2100mm×1700mm×2700mm（长×宽×高）。如果仅采用木质结构模样很难满足这些要求，则须将实体模样的中央部分设计成抽芯式钢结构框架，将木质外表部分模样按便于起模要求分割成数块，并紧固于中央钢结构框架上（燕尾槽型、螺钉）。如图1-5所示，该气缸体模样钢骨架上端尺寸为1250mm×1200mm，下端尺寸为950mm×900mm，总长为2460mm，采用100mm×100mm×3mm（壁厚）的正方形钢管焊接而成。

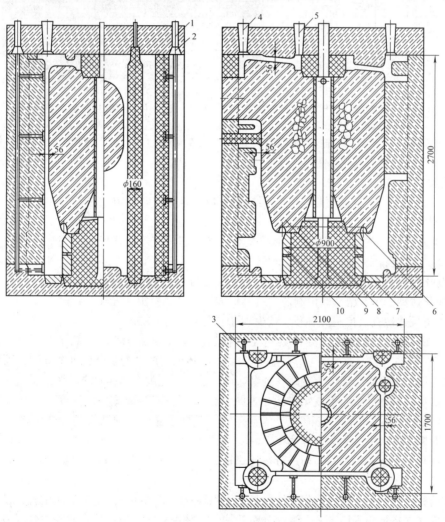

图1-4　大型气缸体铸造工艺简图

1—直浇道　2—横浇道　3—内浇道　4—冒口　5—观察孔　6—环形集渣道　7—气缸上平面外冷铁
8—气缸中心缸筒砂芯　9—气缸心部大砂芯　10—缸筒内表面外冷铁

（2）芯盒 芯盒的装配形式，根据砂芯的尺寸大小、复杂程度等情况确定。对于尺寸较大或复杂的砂芯，可设计成漏斗式芯盒，如图1-6所示，其起模非常方便。

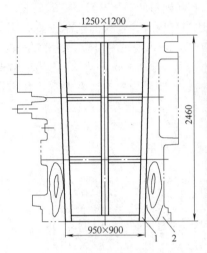

图1-5 气缸体模样中央部分
钢结构示意图
1—钢结构框架 2—气缸外表面木质模样

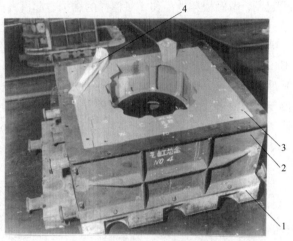

图1-6 气缸体芯盒
1—芯盒底板 2—芯盒侧板（共4块）
3—芯盒内衬板（共4块） 4—模样（木质）

5. 造型

（1）实样造型 实样造型是将气缸模样制作成实样，按常规方法进行造型。其主要优点是尺寸误差较小。

（2）组芯造型 气缸的体积大、形状复杂，可不制作整体实样模样，气缸的外形及内腔全部由单块砂芯组装而成。其主要优点如下：

1）简化模样制作。模样结构、制作工艺等大为简化，降低了模样制作成本。

2）简化造型工序。全部改由制芯、组芯形成，使整个操作过程得以简化。

3）便于尺寸检查及控制。有利于减少砂孔、夹杂等铸造缺陷。

图1-7所示为大型多联气缸体铸造工艺简图。其材质为HT250，轮廓尺寸为4700mm×1400mm×1400mm（长×宽×高），毛重为22t。气缸体的内腔结构复杂，每个缸筒周围都设有双层冷却水夹层。缸筒中心部位为冷却气缸套，设计了一周宽度为90mm的串水夹层。在四个角上又留下了四块三角形区域，形成第二道串水夹层。气缸底部为降低气体温度，也设计了宽度为55mm的大面积冷却水夹层。这种夹层套着夹层，空腔连着空腔的结构给铸造带来了很大的困难。加上壁厚差异太大（最大壁厚为175mm，最薄处只有25mm），气缸的上、下方又有宽大的加工平面，且易产生铸造缺陷，须进行水压试验，试验压力为0.6MPa。因此，该气缸体的铸造难度较大。

按灰铸铁的工艺特点，为确保气缸质量，采用将气缸上部朝下的垂直浇注位置，设两个分型面。为使铁液在铸型内平稳上升，温度分布较均匀，采用从气缸两侧导入的底注式浇注系统，内浇道共20道（两侧各设10道）。为确保气缸上部的内部质量，在平面上及缸筒内表面分别设置了外冷铁。

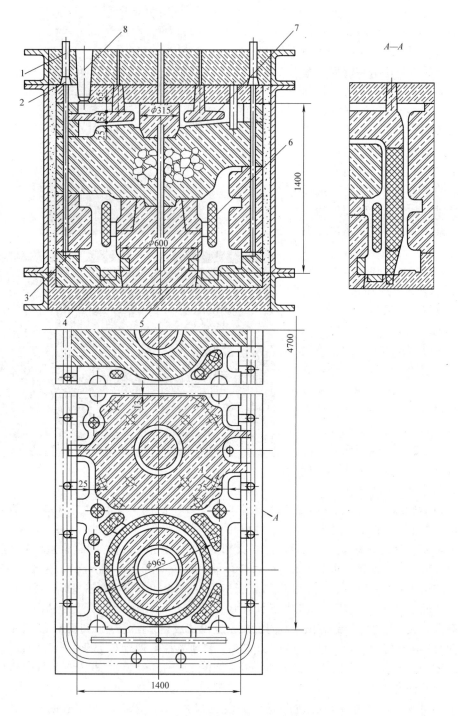

图 1-7　大型多联气缸体铸造工艺简图

1—直浇道　2—横浇道　3—内浇道　4—气缸上平面外冷铁　5—缸筒内表面外冷铁
6—气缸上部夹层水腔砂芯　7—气缸底部水腔砂芯　8—冒口

该气缸内腔结构复杂，整个铸型共由 86 块砂芯组装而成。确保气缸几何形状及每个尺寸的准确性，清除全部砂芯在组装过程中落入型腔内的散砂粒和杂物等，是确定造型方法时应重点考虑的因素。组芯造型法能够满足上述要求。采用立体坐标轴系尺寸检测法确定气缸的全部尺寸，如图 1-8 所示。另外，气缸的两个端面砂芯可以最后装配，这样有利于清除型腔内的碎散砂粒和杂物等，可以防止尺寸偏差和砂孔、夹杂等铸造缺陷。

该气缸体采用上述铸造工艺方案，并严格工序管理和精心操作，可以获得良好的效果。

6. 砂芯

一般来讲，砂芯分界的原则很多，但对大型铸件而言，最重要的有两条：一是制芯时舂砂、起模方便；二是组芯方便，便于在铸型内固定和排气畅通，并尽量减少砂芯的数量。砂芯的分界及制作对气缸体的质量有着特别重要的影响。现对主要砂芯的设计简述如下。

图 1-8　大型多联气缸体铸造组芯图
（采用组芯造型法）

（1）缸筒砂芯　气缸上部中心的缸筒砂芯如图 1-3 中的件 9 所示。缸筒砂芯一般设置外冷铁，为确保质量，防止呈椭圆形状，须设计成两半对开实芯盒。

（2）冷却型气缸体上部夹层水腔砂芯　大型冷却型气缸体铸造工艺简图如图 1-9 所示。其材质为 HT250，毛坯轮廓尺寸为 2020mm×1470mm×2670mm（长×宽×高），毛重约 18t。该气缸体的内腔结构复杂，第一层水腔用于冷却气缸套。在四个角上又留有三角形区域，供冷却水上下串通，形成第二道串水夹层。为确保几何形状及每个尺寸的准确性，以及砂芯内排气畅通和组芯方便等，克服制作芯盒及制芯操作上的困难，应设计成整体实芯盒，如图 1-10 所示。芯盒框内设有四块斜度衬板，使砂芯起模方便。制芯时，特别要注意四个角上砂块内部的排气应畅通。这是气缸体全部砂芯中，制芯难度最大的一件，如图 1-11 所示。现代非冷却型气缸体已简化了内部结构，没有夹层砂芯。

（3）冷却型气缸体底部夹层水腔砂芯　如图 1-12 所示，该砂芯较薄且表面积较大，为防止变形，应注意芯骨形状及大小，增强刚度。砂芯内的气体通过每个芯头向外排出，须保证排气畅通。为使砂芯下方的铁液能较顺利地流到上方，在砂芯平面上要留出数个导流孔，孔径为 $\phi20 \sim \phi25mm$。

气缸上部与底部夹层水腔砂芯，是通过砂芯四个角上的三角形长砂块连接在一起的，连接必须牢固，气道要畅通。

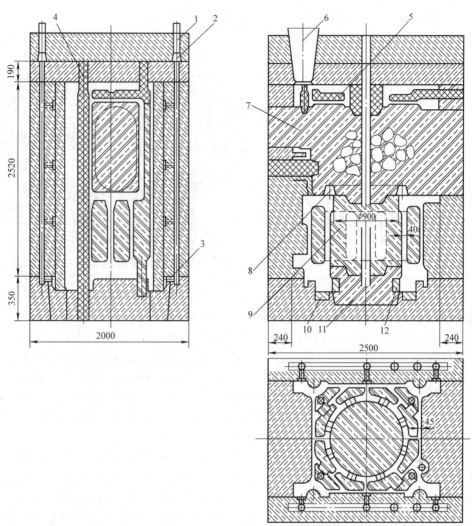

图 1-9　大型冷却型气缸体铸造工艺简图

1—直浇道　2—横浇道　3—内浇道　4—"油拉管"砂芯　5—气缸底部夹层水腔砂芯　6—冒口　7—气缸内腔大型砂芯
8—环形集渣道　9—气缸体上部夹层水腔砂芯　10—气缸上平面外冷铁　11—缸筒砂芯　12—缸筒内表面外冷铁

图 1-10　气缸体上部夹层水腔砂芯盒

图 1-11　气缸体上部夹层水腔砂芯

（4）贯通螺栓孔及"油拉管"砂芯　该圆柱形砂芯的特点是细长，尺寸一般为 $\phi120mm\times$ 1700mm ~ $\phi250mm\times2700mm$（直径×长度）。生产中最易出现的主要问题：浇注时，在高温铁液和较大静压力的作用下，砂芯下段（按浇注位置）产生渗透性粘砂（占砂芯总长的 1/5 ~ 1/3），致使清砂困难，排气不畅而产生气孔。为了防止产生上述主要缺陷，须设计成对开实芯盒。砂芯下段须采用铬铁矿砂，以防止出现渗透性粘砂。砂芯的芯管上须钻 $\phi5 \sim \phi7mm$ 的出气孔，孔距为 50 ~ 70mm，并严防堵塞，确保浇注时排气畅通。

（5）气缸内排气腔大型砂芯　图 1-3 中的件 10 是气缸内腔中体积最大的砂芯，尤其对现代柴油机非冷却型气缸更是如此。为了确保质量，尽管砂芯的体积、质量均较大，也不宜将其分成两段，而应设计成整体实芯盒进行制芯。

图 1-12　气缸体底部夹层水腔砂芯

不同机型的气缸体，因其结构各异，砂芯的形状及尺寸变化很大。对每件砂芯在铸型中的固定，应予以特别注意。如图 1-13 所示的大型多联气缸体，其材质为 HT250，轮廓尺寸为 2740mm×1750mm×1400mm（长×宽×高），毛重为 11.5t。其结构特点是将凸轮箱部分与气缸设计成整体。气缸体上平面有数个细长孔，尺寸为 $\phi60mm\times500mm$，并与其下方的椭圆形孔（宽×长 = 75mm×180mm）相通，孔长约为 900mm，如图 1-13 中的 B—B 所示。该细长孔的铸造及椭圆形砂芯 A 的固定很重要，由于砂芯周围不能使用型芯撑，因此铸造难度较大。有以下三种方案供参考：

1）采用 $\phi40mm$ 的石墨棒。该棒在砂芯 A 中的连接固定方法及在铸型底部中的定位芯头如图 1-14 所示。采用石墨棒的主要优点是能起到较强的冷却作用（比钢质冷铁的激冷作用更强），能有效地防止孔内产生局部缩松缺陷；同时便于浇注后的清理，能获得较光滑的内表面。这种组合方案能保持砂芯上下成牢固整体，位置准确，不会发生偏移，且便于砂芯的固定，其在实际生产中获得了很好的使用效果。在整体砂芯的搬运过程中，要注意防止石墨棒被折断。

2）孔内放钢质材料冷铁棒。不能采用熔点较低的铸铁材料，因其容易被高温铁液冲刷熔化而导致严重的不良效果。

3）采用无缝钢管内装满型砂。这种方案须保证排气畅通，钢管外表面要缠上一层石棉绳，并刷涂料。

采用后两种方案时，要注意保持上、下中心一致，防止尺寸偏移。最好参照方案1），将砂芯上、下部分连接成为整体。

7. 浇注系统

对于不同机型的气缸体，因其结构各异，浇注系统有以下几种主要形式。

（1）顶注式或底注式与顶注式相结合的联合浇注系统　图 1-15 所示为 2000 马力柴油机气缸体铸造工艺简图。其材质为 HT250，轮廓尺寸为 745mm×715mm×1250mm（长×宽×高），毛重为 2.3t，主要壁厚为 32mm。它的结构特点是气缸中心具有湿式气缸套，使其结构复杂；在气缸上部向下 200mm 的范围内，水压试验压力为 8 ~ 10MPa，其余部分为 1MPa。此工艺采用将气缸上部朝下的垂直浇注位置。为更有效地确保气缸上部的质量，设置了气缸上平面外冷铁 6 和主螺栓孔内冷铁 5。

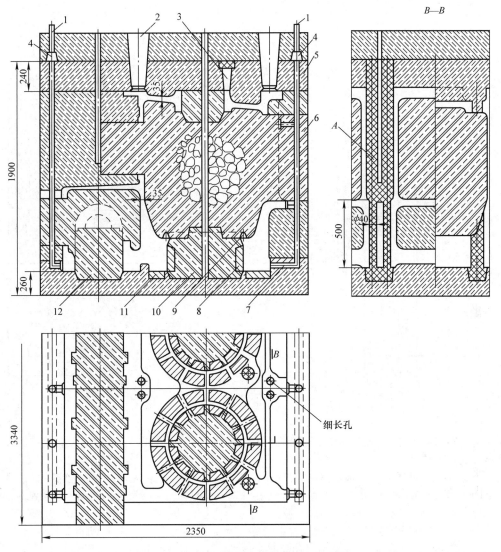

图 1-13 大型多联气缸体铸造工艺简图

1—直浇道 2—冒口 3—观察孔 4—横浇道 5—上箱 6—排气腔大砂芯
7—内浇道 8—缸筒内表面外冷铁 9—环形集渣道 10—缸筒砂芯
11—气缸上平面外冷铁 12—凸轮箱砂芯

　　根据该气缸内腔的结构特点，采用顶注式与底注式相结合的联合浇注系统。浇注开始时，首先开启底注式浇注系统，当铸型内的铁液上升至指示灯位置时（指示灯亮），开启雨淋式顶注浇注系统，提高环形顶冒口内的铁液温度，增强补缩能力。采用这种浇注系统，获得了较好的质量效果。

　　（2）底注式浇注系统　对于总高度不是太大的气缸体，可以采用底注式浇注系统。如气缸直径为 420mm 的柴油机三联气缸体，材质为 HT250，轮廓尺寸为 2340mm × 870mm × 795mm（长×宽×高），主要壁厚为 25mm，毛重为 3.3t。其铸造工艺简图如图 1-16 所示，采用组芯造型方法及将气缸上部朝下的垂直浇注位置，在气缸的一侧设置底注式浇注系统，获得了较好的质量效果。

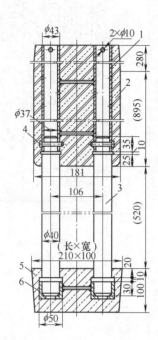

图 1-14　细长孔砂芯 A 结构示意图

1—芯骨管　2—椭圆形砂芯　3—石墨棒（φ40mm×
650mm）　4—联接销（φ10mm，联接芯骨管
与石墨棒）　5—定位芯头（方形，长×宽＝210mm×
100mm）　6—石墨棒插座（钢质，将此砂芯中
的两个插座焊接成为一体）

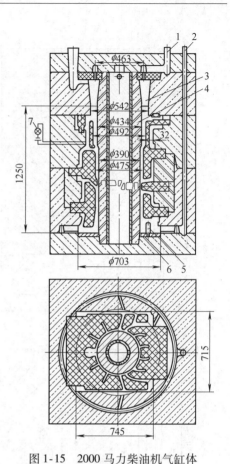

图 1-15　2000 马力柴油机气缸体
铸造工艺简图

1—顶注式浇注系统　2—底注式浇注系统　3—环形
顶冒口　4—中央圆筒形砂芯　5—主螺栓孔内冷铁
6—气缸上平面外冷铁　7—铸型内铁液
上升位置指示灯

采用底注式浇注系统时，一般将内浇道设置在铸型的底部一侧或两侧，也可设置在气缸筒砂芯周围的气缸平面上。如图 1-17 所示的大型双联气缸体，其材质为 HT250。气缸的结构特点是将凸轮箱部分与气缸体设计成为整体。轮廓尺寸为 2420mm×2120mm×1750mm（长×宽×高），毛重约 15t。采用底注式浇注系统，内浇道 φ30mm 设置在缸筒周围及凸轮箱侧，使铸型底部的铁液温度分布较为均匀，铁液在铸型中上升平稳。整个浇注系统由专制瓷管组成。按此工艺生产，获得了较好的质量效果。

大型气缸体的总高度尺寸较大，如果采用底注式浇注系统，铁液在型腔中上升至顶部时的温度降幅较大，致使顶部温度较低，不利于铁液中夹杂物上浮和气体的排除等，应注意适当提高浇注温度和缩短浇注时间。

（3）阶梯式浇注系统　大型气缸体的体积较大，浇注的铁液量较多，宜采用阶梯式浇注系统。它能使铁液在铸型内上升较平稳，缩小铸型内各部分的铁液温度差，尤其是能提高型腔顶部的铁液温度，有利于铁液中的气体及夹杂物的上浮及排除等。阶梯的层数要根据气缸体的高度等因素而定，一般为 2～4 层。如图 1-18 所示的大型气缸体，其材质为 HT250，轮廓尺寸为

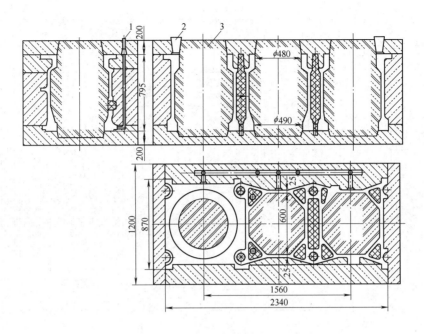

图 1-16　三联气缸体铸造工艺简图
1—底注式浇注系统　2—冒口　3—缸筒砂芯

1700mm × 150mm × 2755mm（长 × 宽 × 高），毛重约 16t，气缸内腔结构较复杂。由于气缸高度较大，采用四层阶梯式浇注系统，分别设置在气缸体两侧，每层设有 5 道内浇道。浇注时，铁液在铸型内上升较平稳，有利于提高上部的温度，减少上、下部温度差，使温度分布较均匀，获得了较好的质量效果。

气缸体的浇注速度过快或过慢都会对质量有很大的不利影响。浇注系统的相关计算公式较多，主要根据工厂的具体生产条件确定。

8. 化学成分

灰铸铁的结晶组织及力学性能主要取决于其化学成分和冷却速度。低速柴油机气缸体的体积和质量较大，壁厚，浇注后的冷却速度非常缓慢。为获得所需的力学性能，特别是要保证气缸上部肥厚区域所必需的强度及硬度，必须严格控制化学成分。

（1）碳、硅　灰铸铁中的碳、硅是强烈的促使石墨化元素，尤以碳的影响更强。如果碳、硅的含量偏高，气缸本体的力学性能将很难得到保证，使用中可能引发重大的质量事故；如果碳、硅的含量偏低，尽管会对提高力学性能产生有利影响，但可能增加收缩性和降低流动性等。因此化学成分的选择，要考虑到对力学性能和铸造性能等的综合影响。特别是大型低速柴油机气缸体的壁厚相差很大，更应特别注意。根据经验，综合对各方面的影响，碳、硅的质量分数一般控制在以下范围内：$w(C) = 3.1\% \sim 3.4\%$，$w(Si) = 1.1\% \sim 1.7\%$。

（2）锰　锰的质量分数在 1.6% 以下时，随着其质量分数的增加，由于其能细化基体和石墨，故可提高铸铁强度。锰的最高允许含量与碳、硅的含量有关。碳、硅含量越低，且石墨化的其他条件越差，锰的最高允许含量就越低。为充分发挥锰对提高力学性能的有利影响，气缸体的化学成分中锰的质量分数一般控制在 0.7% ~ 1.0% 的范围内。

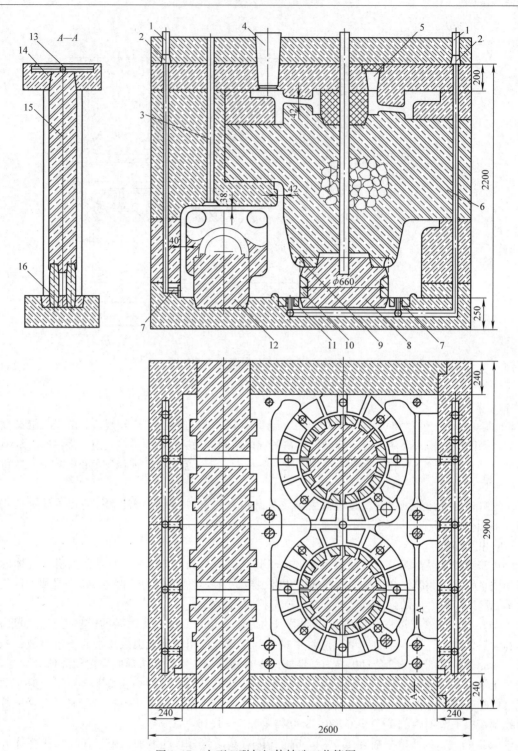

图 1-17　大型双联气缸体铸造工艺简图

1—直浇道　2—横浇道　3—出气孔　4—冒口　5—观察孔　6—气缸内腔大砂芯　7—底部内浇道
8—缸筒砂芯　9—环形集渣道　10—缸筒内表面外冷铁　11—气缸上平面外冷铁　12—凸轮箱砂芯
13—砂芯（15）固定装置　14—顶部砂芯　15—砂芯　16—内冷铁

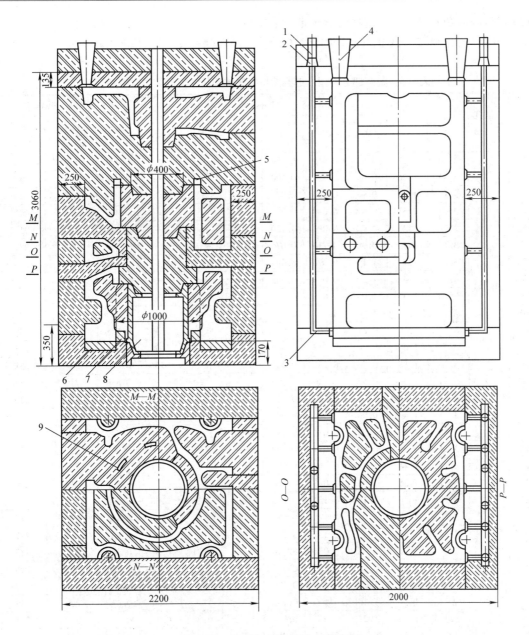

图 1-18 大型气缸体铸造工艺简图
1—直浇道 2—横浇道 3—内浇道 4—冒口 5—环形集渣道 6—气缸体上平面外冷铁
7—缸筒内表面外冷铁 8—缸筒砂芯 9—铁液导流孔

（3）硫、磷 在气缸体的化学成分中，一般要求：$w(P) < 0.10\%$，$w(S) = 0.06\% \sim 0.10\%$。

（4）合金元素 在大型低速柴油机气缸体铸铁中，可采用的合金元素有铜、铬、钼等。鉴于铜对气缸体质量的综合有利影响，其目前已被广泛使用，铜的质量分数一般为 $0.5\% \sim 1.0\%$。

综上所述，灰铸铁气缸体的化学成分一般控制在以下范围内：$w(C) = 3.1\% \sim 3.4\%$，$w(Si) = 1.1\% \sim 1.7\%$，$w(Mn) = 0.7\% \sim 1.0\%$，$w(P) < 0.10\%$，$w(S) = 0.06\% \sim 0.10\%$，$w(Cu) = 0.5\% \sim 1.0\%$。除此之外，还可以添加少量其他合金元素：铬，$w(Cr) = 0.2\% \sim 0.3\%$；

钼，$w(Mo)=0.2\%\sim0.4\%$，这样力学性能会更好。

国产部分大型低速柴油机气缸体的化学成分及力学性能见表1-3，供参考。

表1-3　国产部分大型低速柴油机气缸体的化学成分及力学性能

序号	气缸直径/mm	化学成分（质量分数,%）								共晶度 S_c	力学性能	
		C	Si	Mn	P	S	Cu	Cr	Mo		抗拉强度 R_m/MPa	硬度 HBW
1	500～600	3.20	1.18	0.82	0.110	0.082	—	—	—	0.827	310	223
2		3.34	1.26	0.96	0.130	0.100	—	—	—	0.872	305	217
3		3.21	1.48	0.97	0.100	0.071	0.87	—	—	0.857	325	225
4		3.17	1.51	0.92	0.090	0.085	0.99	—	—	0.840	328	228
5		3.34	1.20	0.97	0.080	0.120	—	—	—	0.858	295	217
6		3.18	1.40	0.80	0.110	0.076	1.01	0.24	0.31	0.836	345	241
7		3.24	1.72	1.19	0.070	0.087	—	—	—	0.875	314	235
8		3.35	1.43	1.20	0.075	0.105	—	—	—	0.882	326	235
9		3.26	1.31	1.08	0.076	0.110	1.05	0.27	0.32	0.849	360	235
10		3.21	1.47	1.00	0.073	0.070	—	—	—	0.847	341	223
11		3.15	1.29	0.81	0.061	0.071	0.91	0.33	0.39	0.818	370	248
12		3.25	1.67	0.94	0.062	0.070	0.97	0.33	0.30	0.873	340	241
13		3.34	1.38	0.96	0.138	0.103	1.25	0.29	0.33	0.880	344	251
14		3.24	1.35	0.93	0.110	0.100	—	—	—	0.850	310	235
15		3.26	1.36	1.07	0.090	0.110	—	—	—	0.854	315	229
16		3.27	1.46	0.96	0.100	0.082	0.98	—	—	0.864	329	228
17		3.32	1.51	0.92	0.081	0.086	0.87	—	—	0.879	316	217
18	620～780	3.24	1.27	0.89	0.071	0.090	—	—	—	0.84	330	229
19		3.34	1.41	1.14	0.108	0.098	—	—	—	0.88	323	241
20		3.37	1.35	1.25	0.095	0.088	—	—	—	0.883	314	229
21		3.30	1.36	0.72	0.150	0.120	0.92	0.25	0.35	0.868	340	217
22		3.26	1.33	1.04	0.110	0.086	—	—	—	0.853	305	217
23		3.22	1.42	0.87	0.140	0.120	—	—	—	0.852	320	217
24		3.22	1.38	1.01	0.084	0.098	0.89	0.21	0.31	0.845	325	235
25		3.32	1.56	0.96	0.095	0.075	0.98	—	—	0.884	305	223
26		3.28	1.55	1.02	0.140	0.120	0.72	—	—	0.875	315	229
27		3.28	1.34	1.10	0.100	0.103	—	—	—	0.859	300	229
28		3.38	1.36	1.21	0.074	0.074	0.72	0.26	0.37	0.855	340	241
29		3.22	1.34	0.91	0.041	0.099	—	—	—	0.839	305	212
30		3.12	1.22	1.06	0.055	0.102	—	—	—	0.853	330	229
31		3.20	1.56	0.94	0.074	0.076	1.11	0.40	0.37	0.853	365	248
32		3.30	1.60	0.82	0.072	0.072	1.17	0.43	0.43	0.882	350	255
33	800～930	3.34	1.37	1.06	0.097	0.120	0.71	—	—	0.876	320	235
34		3.34	1.43	0.90	0.200	0.100	0.76	—	—	0.889	325	223
35		3.16	1.31	0.96	0.160	0.110	0.81	—	—	0.830	320	223
36		3.22	1.13	0.84	0.074	0.082	0.96	—	—	0.826	300	229
37		3.26	1.61	0.95	0.090	0.100	0.92	—	—	0.872	308	217
38		3.33	1.70	0.89	0.065	0.085	0.88	—	—	0.895	305	215
39		3.40	1.37	1.09	0.091	0.093	0.96	0.26	0.42	0.892	385	248
40		3.38	1.30	1.11	0.120	0.100	1.02	0.32	0.43	0.883	360	255

9. 气缸本体力学性能检验的典型实例

大型低速柴油机工作时，气缸体承受着强大的复杂机械负载作用，尤其是气缸上部区域。如果气缸上平面主螺栓孔区域内部的力学性能达不到所需数值，可能导致重大质量事故。因此，气缸体内部质量的检验及实际所达到的力学性能数值尤为重要。以下介绍两种机型的 3 件气缸体在本体上进行力学性能检验的典型实例。

实例一　图 1-19 所示气缸体的材质为 HT250，轮廓尺寸为 1300mm × 1100mm × 2100mm（长×宽×高），毛重为 7t。气缸筒内表面的硬度应不小于 150HBW。气缸上部的最大厚度为 250mm，在其附近取样的抗拉强度应不小于 150MPa。冷却水腔的水压试验压力为 0.7MPa。为确保气缸上部质量，设置了外冷铁，以加快冷却速度，提高结晶组织的致密性。采取组芯造型方法和阶梯式浇注系统，气缸内腔结构复杂，砂芯数量较多，各砂芯的分界如图 1-19 所示。

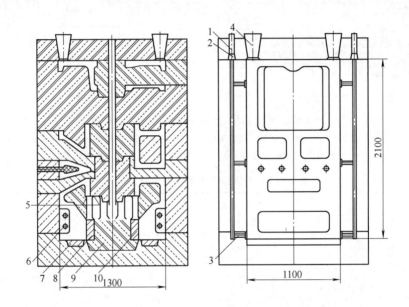

图 1-19　大型低速柴油机气缸体铸造工艺及质量检验位置示意图
1—直浇道　2—横浇道　3—内浇道　4—冒口　5—对加强筋进行裂纹检查（采用磁粉或着色检测法）　6—在气缸连接法兰上钻孔取样进行力学性能检验　7—气缸上平面外冷铁　8—气缸筒内表面外冷铁　9—缸筒砂芯　10—在气缸筒内表面上（经机械粗加工后）进行硬度检验

按此工艺进行铸造，铸件的表面质量较好。为全面检验气缸体的内部质量，对气缸体进行了解剖，解剖后的情况及切取试样位置如图 1-20 所示。从气缸上部、中部、底部及气缸筒内下方加强筋上分别切取试样，编号为 1～4，然后进行力学性能试验，其结果见表 1-4。从表中可以看出，气缸本体各部分具有较好的力学性能。

为了使大型气缸体具有良好的力学性能，必须选用合适的化学成分，形成良好的金相组织。不同的金相组织结构对气缸体的常温、高温力学性能有很大的影响。解剖气缸体金相组织的检验结果见表 1-5，解剖气缸体的金相组织如图 1-21 所示。

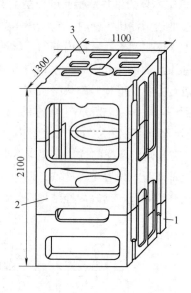

a)   b)

图 1-20　气缸体解剖后的情况及切取试样位置

a）气缸体解剖后的情况　b）切取试样位置

1—气缸上部　2—气缸中部　3—气缸底部　4—气缸筒内下方加强筋

表 1-4　解剖气缸体的力学性能检验结果

试样编号	试样来源	抗拉强度 R_m/MPa	硬度 HBW	备　注
	炉前单浇试样（ϕ30mm）	284.2	229	1）炉前单浇试样的化学成分：$w(C) = 3.30\%$，$w(Si) = 1.07\%$，$w(Mn) = 1.02\%$，$w(P) = 0.082\%$，$w(S) = 0.093\%$ 2）抗拉强度试样直径：ϕ20mm
1	气缸上部取样	183.3	167	
2	气缸中部取样	187.2	179	
3	气缸底部取样	183.3	170	
4	气缸筒内下方加强筋上取样	217.6	179	

表 1-5　解剖气缸体金相组织的检验结果

试样编号	在解剖气缸体上的取样位置	在图 1-21 中的金相图编号	金属基体	石墨形状、尺寸、分布情况及数量	磷共晶体特征
1	气缸上部	1-1 1-2	层状珠光体及少量铁素体	片状石墨，长度为100～200μm，均匀分布，体积分数为10%～15%	二元磷共晶体，体积分数<3%
2	气缸中部	2-1 2-2	层状珠光体及微量铁素体	片状石墨，长度为200～300μm，均匀分布，体积分数为10%～15%	二元磷共晶体，体积分数<3%

（续）

试样编号	在解剖气缸体上的取样位置	在图 1-21 中的金相图编号	金属基体	石墨形状、尺寸、分布情况及数量	磷共晶体特征
3	气缸底部（冒口根部）	3-1 3-2	层状珠光体及微量铁素体	片状石墨，长度为200～300μm，均匀分布，体积分数为10%～15%	二元磷共晶体，体积分数<3%
4	气缸筒内下方加强筋	4-1 4-2	层状珠光体及微量铁素体	片状石墨，长度为100～250μm，均匀分布，体积分数为15%	二元磷共晶体，体积分数<3%

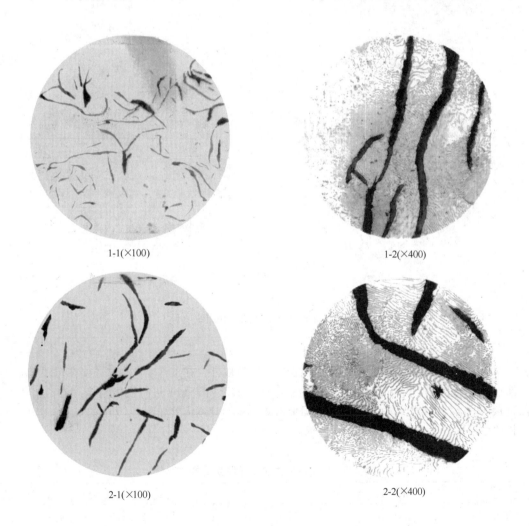

1-1(×100)　　　　　　　　　　　1-2(×400)

2-1(×100)　　　　　　　　　　　2-2(×400)

图 1-21　解剖气缸体的金相组织

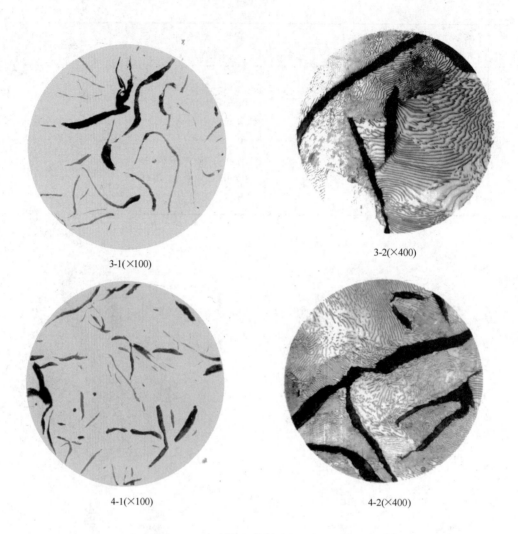

3-1(×100)　　　3-2(×400)

4-1(×100)　　　4-2(×400)

图 1-21　解剖气缸体的金相组织（续）

对于该气缸体，除应进行解剖全面检查内部质量以外，在正常生产中，还要在每件气缸上部侧面连接法兰上钻取试样进行抗拉强度检验，在气缸筒内表面上进行硬度检验（在气缸上部侧面连接法兰上钻取试样和在气缸筒内表面上检测硬度的具体位置如图 1-19 中的 6、10 所示）。部分检验结果见表 1-6，均达到了技术要求。

表 1-6　气缸本体力学性能检验结果（部分）

序号	化学成分(质量分数,%)					共晶度 S_c	力 学 性 能	
	C	Si	Mn	P	S		抗拉强度 R_m/MPa	气缸筒内表面硬度 HBW
1	3.20	0.99	1.01	0.065	0.10	0.810	183	159
2	3.42	1.26	1.20	0.089	0.11	0.888	163	156

（续）

序号	化学成分（质量分数，%）					共晶度 S_c	力 学 性 能	
	C	Si	Mn	P	S		抗拉强度 R_m/MPa	气缸筒内表面硬度 HBW
3	3.28	1.12	1.03	0.085	0.110	0.848	182	163
4	3.30	1.18	1.05	0.092	0.110	0.851	178	156
5	3.20	1.16	1.08	0.064	0.083	0.823	180	163
6	3.30	1.07	1.02	0.082	0.093	0.843	176	156
7	3.32	1.09	1.07	0.078	0.100	0.849	200	152
8	3.30	1.09	1.21	0.120	0.093	0.847	219	163
9	3.23	1.21	1.25	0.051	0.096	0.832	222	163
10	3.35	1.10	1.32	0.110	0.103	0.860	181	156
11	3.26	1.09	1.26	0.102	0.105	0.848	199	167
12	3.18	1.24	1.17	0.088	0.100	0.824	176	163
13	3.21	1.40	1.30	0.058	0.086	0.842	183	156
14	3.29	1.25	1.32	0.068	0.093	0.852	180	163
15	3.27	1.16	1.24	0.063	0.074	0.840	189	156
16	3.34	1.33	1.30	0.089	0.077	0.873	166	156
17	3.16	1.06	1.23	0.043	0.083	0.804	183	163
18	3.38	1.14	1.35	0.043	0.020	0.865	173	156
19	3.20	0.97	1.29	0.053	0.086	0.808	189	163
平均值	3.27	1.15	1.19	0.076	0.091	0.841	185.4	158.4

实例二　图 1-22 所示气缸体的材质为 HT250，轮廓尺寸为 1800mm × 1300mm × 2400mm（长 × 宽 × 高），主要壁厚为 50mm，毛重为 14t。气缸上部最大壁厚为 340mm，壁厚相差很大，增加了铸造难度。采用将气缸上部朝下的垂直浇注位置和组芯造型方法，在气缸上平面和缸筒内表面设置石墨材质外冷铁。阶梯式浇注系统设置在气缸两侧，每侧每层设置三道内浇道，共设四层。这样可使铸型内铁液的温度趋于均匀，提高铸型上方的铁液温度，更有利于减少铸件顶部的铸造缺陷。

　　该气缸体按照此工艺进行铸造，获得了较好的质量。气缸体上部区域特别肥厚，由于冷却速度较为缓慢，容易导致结晶组织较粗大，力学性能达不到设计要求。当柴油机工作时，该区域受力最大。为了检查内部的力学性能，任意抽查两件气缸，在每件气缸体上平面的任意两个主联接螺栓孔内钻取试样，如图 1-23 所示，进行力学性能试验，其结果见表 1-7。钻孔取样气缸体金相组织的检验结果见表 1-8，钻孔取样气缸体的金相组织如图 1-24 所示。

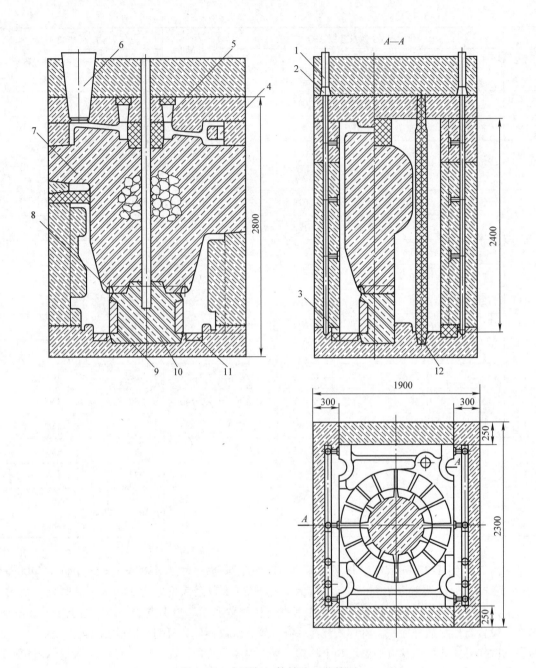

图 1-22　大型气缸体铸造工艺简图

1—直浇道　2—横浇道　3—内浇道　4—铁液导流道

5—观察孔　6—冒口　7—气缸心部大砂芯　8—环形集渣道

9—缸筒内表面外冷铁　10—缸筒砂芯　11—气缸上平面外冷铁

12—"油拉管"砂芯

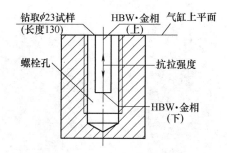

图 1-23　从气缸体上平面的主联接螺栓孔内钻取试样（ϕ23mm × 130mm）

表 1-7　钻孔取样气缸体的化学成分及力学性能检验结果

气缸体序号	试样来源		化学成分（质量分数，%）					力学性能		备注
			C	Si	Mn	P	S	抗拉强度 R_m/MPa	硬度 HBW	
1	炉前单浇试样（ϕ30mm）		3.44	1.26	0.92	0.091	0.10	300	212	拉伸试样直径 ϕ20mm
	气缸体上平面钻孔取样	1-1						190	1-1-上　159	
									1-1-下　125	
		1-2						165	1-2-上　165	
									1-2-下　137	
2	炉前单浇试样（ϕ30mm）		3.36	0.96	0.97	0.083	0.096	305	260	
	气缸体上平面钻孔取样	2-1						190	2-1-上　187	
									2-1-下　129	
		2-2						165	2-2-上　167	
									2-2-下　134	

注：1-1、1-2、2-1、2-2 为气缸体上钻孔取样编号。

表 1-8　钻孔取样气缸体金相组织的检验结果

气缸体序号	气缸体上钻孔取样编号	在图 1-24 中的金相图编号	金相组织	
			金属基体	石　墨
1	1-1	1-1-上	珠光体 + 少量铁素体	片状石墨
		1-1-下	珠光体 + 少量铁素体	片状石墨
	1-2	1-2-上	珠光体 + 少量铁素体	片状石墨
		1-2-下	珠光体 + 少量铁素体	片状石墨
2	2-1	2-1-上	珠光体 + 少量铁素体 + 少量磷共晶体（Fe_3P）	片状石墨
		2-1-下	珠光体 + 少量铁素体	片状石墨
	2-2	2-2-上	珠光体 + 少量铁素体	片状石墨
		2-2-下	珠光体 + 少量铁素体	片状石墨

1-1-上 (×100)　　　　　　1-2-上 (×100)

1-1-下 (×100)　　　　　　1-2-下 (×100)

2-1-上 (×100)　　　　　　2-2-上 (×100)

2-1-下 (×100)　　　　　　2-2-下 (×100)

图 1-24　钻孔取样气缸体的金相组织

从以上钻孔取样的力学性能和金相组织检验结果可以看出，各项指标完全达到了气缸体的技术要求。

10. 铁液状态

铁液状态对气缸体的质量有着很大的影响，主要应注意以下几点。

（1）孕育处理　在选定合适的化学成分后，铁液在出炉时一定要进行孕育处理，以促进石墨化，减少"白口"倾向和对铸壁厚度的敏感性。控制石墨形态，减少过冷石墨，可获得中等尺寸的 A 型石墨。大型气缸体的结构特点之一是壁厚相差很大，而铁液经孕育处理后，能显著改善各断面组织的均匀性，提高其力学性能。应缩短孕育处理后的停留时间，尽快进行浇注，以保持孕育处理效果，防止孕育衰退。

（2）过热程度　在一定范围内适当提高铁液的过热程度（过热温度及在高温下的停留时间），能使石墨细化，基体组织致密，增加强度，减少铁液中的夹杂物含量，提高纯净度等，从而可提高气缸体的质量。当采用冲天炉熔化时，铁液的出炉温度应达到 1440～1480℃；当使用电炉熔化时，出炉温度为 1470～1500℃。具体数值的选择要根据气缸大小及生产条件等因素而定。

（3）浇注温度　浇注温度对铸铁的结晶组织、力学性能、铸造性能和铸件质量等，都有着重要的影响。大型气缸体的浇注温度一般为 1330～1350℃。如果浇注温度过低（<1300℃），铁液的流动性将显著降低，铁液中的夹杂物等不易上浮排除，气孔、夹杂等铸造缺陷将增加。浇注温度过高对各性能也是不利的，尤其是低速柴油机气缸体的结构设计特点是气缸上部区域特别肥厚，与其相邻壁的厚度相差很大。若浇注温度过高，则会增加铁液的液态收缩量等，容易引起缩裂等铸造缺陷。

图 1-25 所示大型双联气缸体的材质为 HT250，轮廓尺寸为 2400mm×1500mm×2200mm（长×宽×高），主要壁厚为 30mm，毛重为 16t。采用将气缸上部朝下的垂直浇注位置，在气缸上平面和缸筒内表面设置外冷铁。阶梯式浇注系统设置在气缸两侧，每侧每层设置三道内浇道，共有三层。为防止侧壁上大型圆形铸孔 φ700mm 下方产生夹杂等缺陷，适当调整了该处的加工量，如图 1-25 中"B 放大"所示。

按照此工艺铸造该机型双联气缸体或单缸体，均可获得较好的质量。铸造这种壁厚相差很大的大型气缸体时，浇注温度的控制非常重要。浇注单缸体时，曾将浇注温度提高到 1385℃（出炉温度为 1469℃），结果在距离铸型底平面 490mm 处（图 1-25 中的 A 部位）产生了一条长度达 300mm 的横向裂纹，造成气缸体报废。产生缩裂的部位正是厚壁（215mm）与薄壁（30mm）连接处。铸型下部的铁液量较多，提高浇注温度后，相应增加了该区域的液态收缩量和厚、薄壁的凝固时间差，这是产生缩裂的主要原因。后来将浇注温度严格控制在 1330～1350℃的范围内，则完全避免了该缺陷。

11. 冷铁的应用

（1）设置冷铁的主要部位　当发动机工作时，气缸上部承受着强大、复杂的载荷作用，尤其是上平面主联接螺栓孔处更是如此，故气缸上部区域的设计结构特点是特别肥厚。与气缸套相接触的气缸筒周围区域的厚度×高度一般为 190mm×250mm～370mm×600mm。由于冷却速度极度缓慢，内部容易产生较粗大的结晶、局部缩松等缺陷，这是技术要求所不允许的。但该区域肥厚，浇注时处于铸型下方，又不能设置冒口进行有效的补缩。最有效的办法是设置冷铁，加快该区域的冷却速度，确保无内部缺陷，并达到所需的力学性能指标。

（2）冷铁形式、材质及尺寸

1）冷铁形式。根据气缸上部区域的设计结构及尺寸不同，冷铁的形式各异。图 1-26 所示大型气缸体的材质为 HT250，轮廓尺寸为 2300mm×1850mm×2650mm（长×宽×高），毛重约 25.6t。

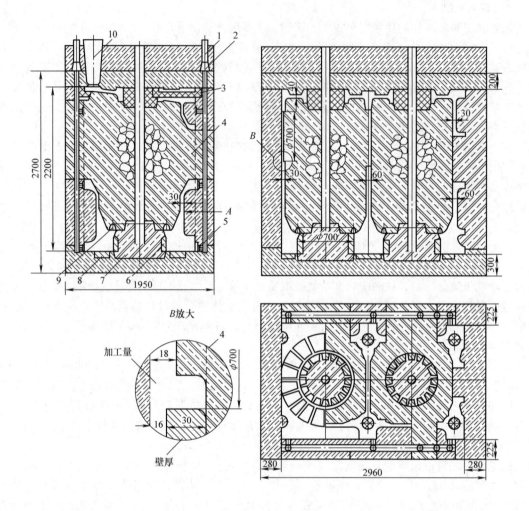

图 1-25　大型双联气缸体铸造工艺简图

1—直浇道　2—横浇道　3—流油道砂芯　4—气缸内腔大型砂芯　5—内浇道
6—缸筒内表面外冷铁　7—缸筒砂芯　8—气缸上平面外冷铁　9—环形集渣道　10—冒口

　　气缸上平面的外冷铁如图 1-26 中的 11 所示，一般为平板型。为了避免铸件表面产生冷铁下缩裂纹缺陷，不能采用圆盘形整块形式，而要根据缸径大小分成 8～20 块，每块之间留 15～20mm 的间隙。

　　缸筒内表面的外冷铁如图 1-26 中的 9 所示。为了防止阻碍铸件固态收缩，根据缸筒直径大小，沿径向分成 8～20 块，彼此间留 20～25mm 的间隙。外冷铁须固定于砂芯上，并防止松动。

　　对于超大型柴油机气缸体，由于其上部区域特别"肥厚"，考虑到即使在气缸上平面和缸筒内表面都设置外冷铁，仍不足以确保"肥厚"区域中心获得较致密的结晶组织，这时可在主联接螺栓孔内设置内冷铁，如图 1-26 中的 12 所示。内冷铁宜用圆钢车成，且必须经镀铜或挂锡处理，严防锈蚀，位置须准确。这样更能使螺栓孔周围的结晶组织致密，达到所需的力学性能。

　　2）冷铁材质。用作冷铁的材料，一般有石墨板材、钢板和铸铁等，它们主要影响激冷效果和使用寿命。石墨具有较高的热导率、热容量和蓄热系数，在生产中可获得很好的使用效果，但

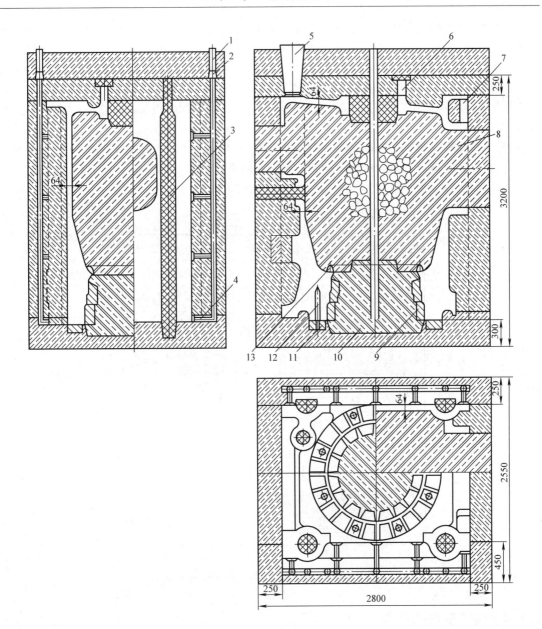

图 1-26　大型气缸体铸造工艺简图

1—直浇道　2—横浇道　3—"油拉管"砂芯　4—内浇道　5—冒口　6—观察孔
7—铁液导流道　8—气缸心部大砂芯　9—缸筒内表面外冷铁　10—缸筒砂芯
11—气缸上平面外冷铁　12—主联接螺栓孔内冷铁　13—环形集渣道

因成本较高而限制了它的应用。钢材和铸铁的应用较为普遍，异形冷铁材料一般是采用铸铁。

上述三种材料中，铸铁的熔点最低，易被高温铁液冲刷而熔化，不宜用于制作内冷铁，更不能用来支承或固定砂芯。

3）冷铁尺寸。根据气缸直径不同，一般外冷铁的厚度：采用石墨板材料时，可取 60 ~ 90mm；采用钢板或铸铁材料时，可取 70 ~ 120mm。

外冷铁工作表面不能生锈，尤其是铸铁外冷铁，其使用次数应受到限制，使用次数过多容易产生气孔。浇注前，冷铁应有适当的预热温度。

图1-27所示大型柴油机气缸体的材质为铬-钼-铜合金铸铁，轮廓尺寸为1756mm×1646mm×1958mm（长×宽×高），主要壁厚为45mm，毛重为13t。此气缸体内腔结构复杂，有进、排气口及冷却水腔等砂芯的分界，阶梯式浇注系统设置在气缸两侧。采用指示灯可较准确地控制顶层浇注系统的启用时间。气缸上部特别肥厚，达210mm×550mm（厚度×高度）。气缸上平面设置的外冷铁厚度为120mm，并衬有砂层（厚度为8mm）。缸筒内表面设置的外冷铁厚度为90mm。上平面有16个M90×165mm的螺栓孔，其内设置φ58mm×138mm（长度）的钢质内冷铁（经挂锡处理）。按照此工艺，该气缸体获得了较好的质量。

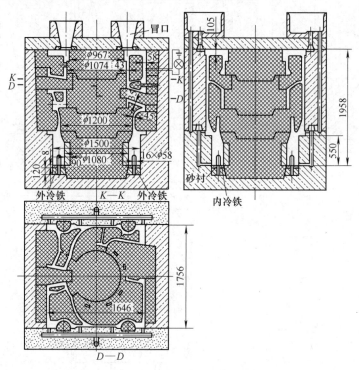

图1-27　大型柴油机气缸体铸造工艺简图

1.1.4　铸造缺陷的修复

对于大型复杂的气缸体等铸件，目前尚不能完全避免铸造缺陷的产生。要根据铸件结构及铸造缺陷的特征（产生缺陷的部位，缺陷种类、大小、分布情况等），在不影响铸件结构强度、使用性能及确保安全运行的前提下，选择较合适的修复方案，尽量减少损失。

1. 打磨法

当缺陷较轻微时，可采用打磨法去除缺陷。打磨处必须光滑，与其周围母材必须圆滑过渡，不能有锐角。在决定打磨范围时，应考虑整个零件的表面状态。

2. 钻孔法或钻孔堵塞法

根据缺陷所在部位的具体情况，用钻孔法将缺陷去除，钻孔直径应大到足以将缺陷全部去除，然后用同种铸铁材质进行堵塞。对于发生在较大筋板上的小型钻通孔，也可考虑不进行堵塞，但须将钻通孔的边缘打磨圆滑。

3. 镶嵌板法

当缺陷产生在铸件平面（如气缸底部等）或凸台等部位时，可用机械加工法将缺陷去除，铣成圆形或方形，然后用同种铸铁材料板进行镶嵌。为了确保镶嵌质量，达到强度高、结合牢固和颜色一致的效果，机械加工时的尺寸精度为过盈配合。镶嵌前，将已经过机械加工的嵌板放入液态氮中进行低温处理，使其尺寸缩小，然后立即进行镶嵌。这样在达到常温时，配合将非常牢固。

4. 镶套法

当没有往复相对滑动配件的圆孔内表面上产生较轻微的铸造缺陷时，可采用机械加工方法扩大内径，将缺陷车除掉，然后镶嵌同种材料和规格的铸铁套。采用紧配合，并在嵌入端用埋头螺钉进行紧固，以防松动。

5. 工业修补剂

金属填补系列修补剂是一类由不同金属、陶瓷粉末、纤维、高韧性耐热树脂及固化剂组成的胶泥状双组分复合修补剂，具有修补后颜色可保持与被修基体基本一致和与被修金属结合强度较高等特点。工业修补剂可用于铸件非加工表面的铸造缺陷的修复，如气孔、砂孔和渣孔等。

工业修补剂的使用方法：先将缺陷表面打磨干净，并用清洗剂（如丙酮等）进行清洗，以防止有油；然后用修补剂填塞满，待固化完毕后，对填塞表面进行加工或打磨。

另有一种单组分低黏度渗透剂，其对微孔缩松有很强的渗透力，无须加温、加压即可渗入孔内，密封性很强，可用于对微孔、缩松及渗漏的修补。

6. 焊接法

由于铸铁的焊接性能较差，焊补质量较难控制，尤其是焊后可能产生的微裂纹及使用中可能出现的微裂纹的延伸扩展较难避免，故船用柴油机气缸体一般不允许采用焊补法。但随着现代焊接技术的提高、新型焊接材料的出现，焊接质量不断提高，如果严格按焊接工艺施工，焊完后用磁粉、着色检测等方法对微裂纹等缺陷进行严格检查和控制，则完全可以确保焊补质量。

（1）用被焊补铸件的铁屑进行焊补　对于加工面上出现的轻微缺陷，可用被焊补铸件的铁屑，使用铸件焊补机等设备进行焊补。焊补后的颜色可保持与被焊基体一致。

（2）电焊法　对于非加工表面的较小缺陷，应先将铸件充分预热，然后使用铸铁焊条进行焊补。焊完后进行覆盖保温，使其缓慢冷却。焊完后的颜色可与基体基本相同，硬度也比较接近。

（3）气焊法　对于较大的缺陷，必须采用气焊法进行焊补，制订完整的焊补工艺规程并周密地组织施焊。先将铸件进炉，缓慢升温到 550 ~ 600℃，适当保温一段时间，使温度均匀化，然后将铸件出炉，用铸铁气焊条进行施焊。尽量缩短焊补时间，并做好焊补时的保温工作，防止铸件过度降温而产生裂纹。焊完后再次进炉，进行升温、保温和缓慢冷却。

气焊法焊补的铸件质量最好，能达到所需的焊接强度、硬度和颜色一致的要求。为获得预期的焊补效果，应注意以下几点：

1）应首先将铸造缺陷表面清除干净。

2）选用优质铸铁气焊条。

3）将铸件局部或整体进行充分预热（根据铸件及缺陷特征来定），严防在铸件加热、施焊过程中及焊后产生裂纹。

4）配备技术熟练的气焊工人，防止焊接区域内部再产生气孔、夹杂和微裂纹等缺陷。

5）焊补后严格进行质量检验等。

1.2　中速柴油机气缸体

1.2.1　一般结构及铸造工艺性分析

1. 对气缸体结构的主要要求

1）气缸体结构及组合方式应使其体积小、质量小，有最大的结构强度及刚性，防止产生振动及变形。

2）当发动机在全载荷下工作时，气缸内的燃气温度很高。此时，气缸体的自然冷却不足以保证发动机的正常运转，故其结构应便于对气缸壁进行强制冷却，使缸壁温度保持在正常范围内。

3）在工作状态下，气缸体各部分的磨损程度不一致，其结构应保证在有局部损坏时容易更换。

4）气缸镜面（不另设气缸套时）的工作条件最为繁重，其结构应有利于这部分具有最好的强度、耐磨性、致密性及热稳定性等。

5）气缸体的内腔结构、壁厚及壁的连接等方面，在满足气缸体工作性能要求的同时，应充分考虑有利于保证铸造质量。如气缸体的整体形状，尤其是内腔结构应尽量简化；壁厚应适当，在能够保证所需强度的前提下，不要过厚或过薄，力求壁厚均匀；壁的连接力求平滑过渡，圆根半径不能过大或过小，避免造成局部金属聚积，形成铸造"热节"；避免采用封闭的内腔结构，要开设铸造孔，便于砂芯的固定、浇注时砂芯内气体的排除和清砂等。

2. 气缸体的组合形式

柴油发动机气缸体按缸筒数量，在结构上可分为两类。

（1）单体铸造气缸体　各气缸单体铸造，借凸缘法兰和螺栓联接成整体。这种形式多用于大型气缸体。

（2）多缸筒铸成整体的气缸组或气缸排　随着现代铸造生产技术的发展、生产设备能力的提升，已铸造出有 2~18 个气缸筒的气缸组，甚至整排气缸筒的气缸排。在中高速柴油机中，因为燃气压力高，要求整台柴油机具有最高的刚性，所以均采用气缸排的结构。这种结构的主要优点有：

1）具有最高的结构强度和刚度。

2）减小了整台发动机的质量和体积。

3）简化了加工、装配工艺过程。

4）降低了总体成本，提高了生产率。

这种结构的主要缺点有：

1）由于气缸体的体积增大、质量增加和结构更加复杂，要求有大型铸造生产设备和高的铸造技术水平。由于铸造难度的增加、铸造内应力的加大等，更容易产生铸造缺陷。

2）当有局部铸造缺陷和损坏时，不便于更换。特别是气缸体的主要部位，即使只有轻微的铸造缺陷，因不允许用焊补的方法进行修复，也会导致整个气缸体报废，损失很大。

在现代高速柴油机制造中，为了更大程度地提高发动机的结构强度、刚度，借助于焊接技术的发展，也有采用焊接结构的气缸排。

图 1-28 所示为带滑块的四缸筒发动机气缸体，它一般由气缸本体、气缸套、换气道、排气道、冷却水腔、机架、导滑块等部分组成。

气缸本体 1 内镶入具有换气道的气缸套 2。另设气缸套后，使气缸内部结构大为简化，便于铸造。气缸镜面由于承受燃气的高温、高压作用，并与活塞环发生强烈的摩擦，故磨蚀严重，尤其是气缸上部内表面。如果不另设气缸套，则当镜面的磨蚀程度超过其允许范围时，须更换整个气缸体。另外，气缸镜面的质量要求最高，容易产生铸造缺陷而达不到技术要求。另设气缸套不但可在有局部缺陷或损坏时便于更换，减少损失，同时可选用特殊合金材料和工艺方法来提高气缸套的质量，使其具有最好的耐磨性等使用性能，从而延长整台发动机的工作寿命，提高经济效益。

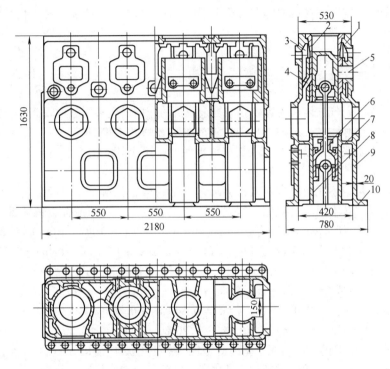

图 1-28 带滑块的四缸筒发动机气缸体

1—气缸本体 2—气缸套 3—冷却水腔 4—换气道 5—排气道 6—十字头
7—横隔板 8—导滑块 9—机架 10—机架下部法兰

气缸体内设有换气道 4，其形状较弯曲，且位于气缸体内部，不能进行机械加工，故要求所铸出的气道，不但形状、位置及尺寸要很准确，同时工作内表面应很光滑平整，以保证工作气体的正常流通。在与换气道相对应的缸壁上设有排气道 5，供排出缸内乏气用。气缸的上部分（气缸筒部分）与下部分（机架部分）之间设有横隔板 7，将两部分隔开。缸筒周围为一封闭的冷却水腔 3，供循环冷却水流通，对气缸套上部分进行强制冷却，将其温度控制在允许范围以内，保证其正常工作。

用于连接气缸的机架 9 与气缸体一起铸成。机架下部法兰 10 与机座部分相配合。气缸筒的下方设有导滑块 8，十字头 6 在其上做往复运动。导滑块的工作内表面要经精细加工，不允许有局部缩松等铸造缺陷。

3. 多联气缸体的结构特点

从铸造工艺方面考虑，中速柴油机气缸体的结构具有以下两个主要特点。

（1）复杂性　由气缸筒、换气道、冷却水腔、机架和导滑块等部分组成的多联气缸体，其内腔结构很复杂。例如，由 6 个缸筒连成整体的气缸体，其铸造时使用的砂芯数量在 20 个以上；至于由更多缸筒组成的气缸体，其结构就更为复杂。由于结构复杂，更容易产生铸造缺陷，铸造难度更大，要求的铸造技术水平更高。

（2）零件壁薄　中速多联气缸体的体积较大，壁厚较小，一般仅为 16 ~ 20mm，且壁厚又很不均匀，结构很复杂，属于大型薄壁复杂铸件。在发动机工作时，气缸体承受着复杂载荷的作用，要求具有足够的强度和刚度。对于这种铸件，其毛坯铸造是相当困难的，很容易产生夹杂、浇不足和裂纹等铸造缺陷。这就要求在铸造工艺设计中，对砂芯、浇注系统、化学成分和浇注温度等方面予以更多的重视。

1.2.2　主要技术要求

1. 材质

当发动机工作时，气缸体承受着较大的复杂载荷的作用，应采用强度较高的铸铁材质，以使气缸具有足够的强度和刚度。一般选用 HT250，硬度为 180 ~ 240HBW。对于这种大型薄壁的复杂铸件，其材质不仅要有良好的力学性能和物理性能，还应具有良好的铸造性能和机械切削性能等。

为了更好地满足上述性能要求，通常会加入少量的合金元素。要根据合金元素对铸铁各项性能的综合影响及其在本国的资源储备情况等因素进行选用。常用的合金铸铁系列有：铜合金铸铁，$w(Cu) = 0.5\% ~ 0.8\%$；铜-铬合金铸铁，$w(Cu) = 0.5\% ~ 0.8\%$，$w(Cr) = 0.20\% ~ 0.35\%$；铜-铬-钼合金铸铁，$w(Cu) = 0.5\% ~ 0.8\%$，$w(Cr) = 0.20\% ~ 0.30\%$，$w(Mo) = 0.20\% ~ 0.30\%$。

对于薄壁、复杂的中、小型气缸体，材质为 HT250，常将碳当量控制在 3.9% ~ 4.19% 范围内。可参考下列化学成分：$w(C) = 3.25\% ~ 3.45\%$，$w(Si) = 1.90\% ~ 2.15\%$，$w(Mn) = 0.50\% ~ 0.80\%$，$w(P) \leqslant 0.035\%$，$w(S) = 0.060\% ~ 0.085\%$，$w(Cu) = 0.4\% ~ 0.6\%$，$w(Sn) = 0.05\% ~ 0.08\%$，$w(Cr) = 0.15\% ~ 0.20\%$，$w(Pb) < 0.004\%$，$w(Ti) < 0.03\%$，$w(As) < 0.01\%$。气缸体的金相组织：基体应是较细密的片状珠光体，允许有少量的铁素体，体积分数宜小于 3% ~ 5%；石墨应呈较细小或中等片状均匀分布，体积分数为 5% ~ 10%，石墨长度宜为 3 ~ 5 级。

大型船用柴油机气缸体，如 14V 型机气缸体等，因功率大，要求具有更高的强度和刚度，选用材质为 QT400-15A，铸件主要壁厚为 30 ~ 60mm。铸态力学性能要求 $R_m \geqslant 390MPa$，$A \geqslant 14\%$，硬度为 135 ~ 185HBW。铸态金相组织以铁素体为主，珠光体的体积分数 ≤15%，不允许存在渗碳体。

2. 水压试验

气缸的冷却水腔要进行水压试验，试验压力一般为 0.5 ~ 1.2MPa，在常温下保压 5 ~ 10min，不准有渗漏现象。

3. 铸造缺陷

气缸镜面（对于不另设缸套的气缸体）、滑块工作内表面、上平面上的主联接（与气缸盖联接）螺栓孔内，不允许有任何铸造缺陷，并且不允许采用焊补的方法对缺陷进行修补。

4. 热处理

应进行消除铸造内应力的人工时效处理。对于船用大功率柴油机（12 ~ 18V 型机等）气缸体（灰铸铁或球墨铸铁），由于体积、质量较大，在铸型内的最少吃砂量一般大于 200mm；浇注后，在砂型内的保温冷却时间很长，一般为 148 ~ 250h 或更长。因为在铸型内的冷却速度极其缓慢，形成的铸造残余应力很小，故可以不再进行消除铸造内应力的人工时效处理。

其他要求，如铸件壁厚的尺寸偏差等，要根据气缸尺寸大小、部位、复杂程度等具体情况进行处理。

1.2.3　铸造工艺过程的主要设计

1. 浇注位置

中速柴油机气缸体根据缸筒的排列形式，一般有直列式（即各缸筒呈直线排列）和 V 形（即各缸筒呈 V 字形排列）两种。直列式气缸体一般采取将气缸体上部朝下的垂直浇注位置，其主要优点如下：

1）使质量要求较高的气缸体上部朝下，不易产生气孔、砂孔及夹杂等铸造缺陷，并且是在较大的静压力作用下结晶，其结晶组织更加致密。

2）气缸体上部平面及主螺栓孔（用于将气缸盖紧固于气缸体上）是受力最大的部位，螺栓孔周围会形成较大的"热节"，容易产生内部缩松缺陷，导致整台气缸体报废。如果将这部分朝下，则更有利于消除螺栓孔内的局部缩松缺陷，以保证质量。

图 1-29 所示为中速柴油机气缸体铸造工艺简图。这是一台有 6 个缸筒的气缸体，材质为HT250；其体积较大，总长度为 3625mm，总高度为 1560mm；侧壁厚度较薄，主要壁厚为 18mm。气缸镜面另设气缸套。气缸内腔结构复杂，砂芯数量较多。采用气缸体上部朝下的垂直浇注位置，这样更有利于保证铸件质量。针对大型薄壁铸件的特点，在气缸两侧各设置三层阶梯式浇注系统，使铁液较快且平稳地充满铸型，并尽量使铸型内各部分铁液的温度差别减小，以避免气孔、夹杂、浇不足和裂纹等缺陷的产生。采用这种铸造工艺方案，严格控制金属熔炼、炉料配比、型砂和组芯浇注等各道工序，获得了较好的质量。

2. 分型面

中速柴油机气缸体的浇注位置确定之后，再选择分型面，根据气缸体外形有两种分型方案。

（1）垂直分型　缸筒数目较多、体积较大的发动机气缸体大都采用垂直分型，如图 1-29 所示。这种形式对设置浇注系统、组芯和合箱等工序的操作都比较方便。

（2）水平分型　水平分型、竖直浇注方案，主要用于缸筒数目不多、体积较小的气缸体。在全部砂芯组装完毕后，将整个砂型竖起的操作过程较为麻烦，要注意防止砂芯、砂型松动。

图 1-30 所示为柴油发动机三联气缸体铸造工艺简图。其材质为 HT250，由三个缸筒组成，总长度为 1460mm，总高度为 1740mm，侧壁的主要厚度为 16 ~ 18mm。缸筒内另设有气缸套，内腔结构较为复杂，采用水平分型、竖直浇注方案，两层阶梯式浇注系统，直浇道设置在气缸体两端，底层内浇道均匀地分布在铸型底部（按浇注位置）的芯头周围，上层浇注系统设置在铸型中部。

3. 砂芯

气缸体的砂芯主要可分为缸筒砂芯、冷却水腔砂芯、换气道砂芯和曲轴箱砂芯等。各砂芯的分界线依照分型面的不同和气缸体内腔的具体结构进行设计，分别如图 1-29 和图 1-30 所示。采用水平分型时，冷却水腔砂芯也应采用水平分界，分别组装在上、下两半砂型中。进行砂芯设计时，应注意以下几点：

1）为减少尺寸误差，应尽量减少砂芯数量。

2）缸筒砂芯宜制成整体，不要分段或分成两半。

3）采用垂直分型时，水腔砂芯宜制成整体圆形；采用水平分型时，水腔砂芯要制成两半，此时须防止两半组装后成椭圆形。

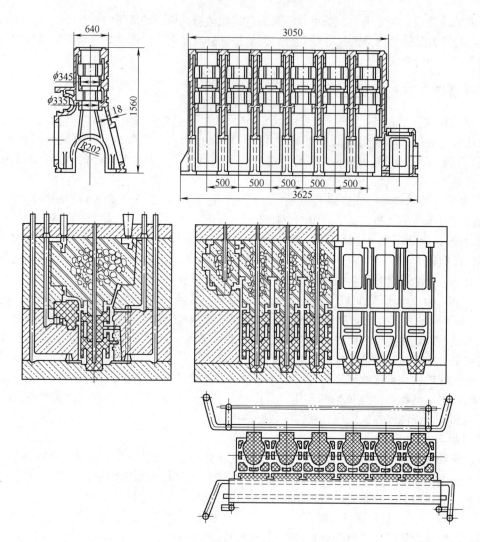

图 1-29　中速柴油机气缸体铸造工艺简图

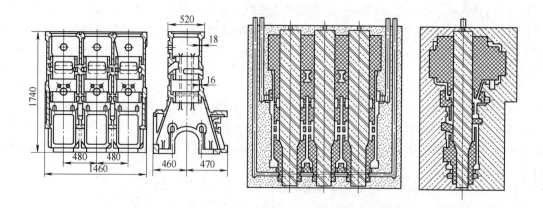

图 1-30　柴油发动机三联气缸体铸造工艺简图

4）换气道砂芯的形状、位置和尺寸须准确。

5）应方便模样、砂芯的制作，砂芯的组装及固定和浇注时砂芯内气体的排出等。

4. 铸造线收缩率

中速柴油发动机气缸体的体积较大，结构较复杂、壁薄、砂芯数量较多，对铸件固态收缩的机械阻碍作用较强。因此，铸造线收缩率常取下限，一般为 0.6% ~ 0.8%。铸件的不同方向可采取不同的线收缩率。

5. 浇注系统

中速柴油发动机气缸体结构的主要特点是体积较大，形状较复杂和壁薄等。最常见的铸造缺陷有气孔、夹杂、局部冷隔和裂纹等。根据这些特点，一般不适于采用顶注式或上注式浇注系统。在实际生产中，应用最广的是阶梯式多层浇注系统，如图 1-29 和图 1-30 所示。为减少铸造缺陷，设计浇注系统时应主要注意以下几点：

1）封闭式浇注系统具有较强的集渣能力，可使铁液中的熔渣、氧化皮等夹杂物不进入铸型内。

2）内浇道较均匀地分布于气缸体的周围，使铸型内各部分的铁液温度差别较小，从而可调节温度平衡，减小铸造应力，避免局部冷隔和裂纹等缺陷。因此，一般将浇注系统设置在气缸体的两侧，并根据气缸体高度设置两层或三层浇注系统。

3）浇注系统的截面积应适度增加，以缩短浇注时间。要求在较短时间内，使铁液在型腔的各部分较均匀平稳地上升，以减小对砂型、砂芯的冲击。

气缸体的种类很多，图 1-31 所示 600 马力内燃机气缸体的材质为 HT250。它有两个缸筒，缸筒内的水压试验压力为 7.5MPa，冷却水腔压力为 0.6MPa；侧壁的主要厚度为 8mm。根据气缸的结构特点，在两个缸筒上方

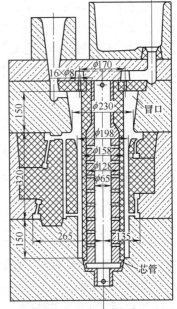

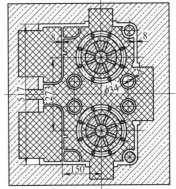

图 1-31　600 马力内燃机气缸体铸造工艺简图

设置了环形顶冒口。采用雨淋式顶注浇注系统，内浇道的直径为 8mm，共 16 个。缸筒砂芯采用管壁厚度为 30mm 的铸铁芯管，芯管外表面的砂层厚度仅 15mm，适当加快了缸筒内表面的冷却速度。铁液的浇注温度较高，为 1370 ~ 1380℃。由于采取了以上措施，所以缸筒部分得到了充分的补缩，结晶组织致密，可承受较高压力的水压试验，获得了较好的质量效果。

6. 化学成分

根据中速柴油机气缸体的主要结构特点，为满足所需的力学性能要求，并使其具有良好的铸造性能和加工性能，避免产生局部冷隔等铸造缺陷和局部薄壁处出现硬度过高等现象，对化学成分的选择须特别注意。为更好地提高综合使用性能，常加入少量合金元素。化学成分一般控制在如下范围：$w(C) = 3.25\% ~ 3.45\%$，$w(Si) = 1.6\% ~ 2.0\%$，$w(Mn) = 0.6\% ~ 0.9\%$，$w(P) < 0.2\%$，$w(S) < 0.12\%$，$w(Cu) = 0.5\% ~ 0.8\%$。

7. 浇注温度

铁液状态（过热程度、浇注温度和炉前孕育处理等）对气缸体质量的影响很大。因此，铁液必须有足够的过热程度，进行精炼后，将其中的夹杂物等的含量降低到最低程度。冲天炉熔炼铁液的出炉温度必须达到 1450 ~ 1480℃，电炉熔炼铁液的出炉温度为 1500 ~ 1520℃。

中速柴油发动机气缸体具有壁薄等特点，因此其散热、降温和冷却速度较快，为防止出现局部冷隔等铸造缺陷，气缸的浇注温度为 1360 ~ 1380℃。

铁液在炉前必须进行孕育处理，这样有利于提高力学性能，改善气缸体各截面结晶组织的均匀程度，并防止最薄壁处产生"白口"等缺陷。

中速柴油机气缸的缸筒数越多、尺寸越大、内腔结构越复杂，铸造难度就越大。图 1-32 所示为大型中速柴油机气缸体，它有 8 个缸筒，缸径为 $\phi350mm$，材质为 HT250，轮廓尺寸为 5420mm × 1602mm × 1140mm（长×高×宽），主要壁厚为 15 ~ 18mm，毛重约 8.5t。采用气缸上部朝下的垂直浇注位置，垂直分型，设三道分型面。内腔结构较复杂，砂芯数量较多，各主要砂芯的分界线如图 1-32b 所示。

三层阶梯式浇注系统设置于气缸两侧，内浇道数目较多，较均匀地分布于气缸体上、中、下部，使铁液在铸型内较均匀、平稳地上升。浇注速度较快，浇注时间为 70 ~ 80s。采用该工艺方案，严格控制各道工序，获得了较好的质量效果。

8. V 型中速柴油机气缸体

（1）结构特点

1）体积大、结构复杂。12 ~ 18V 型大型中速柴油机气缸体的轮廓尺寸为（8000 ~ 11000）mm × 2400mm × 2600mm（长×宽×高），主要壁厚为 30mm。这种特大型的复杂气缸体应采用气缸上部朝下的浇注位置，如图 1-33 所示。

气缸直径较小的 12V 型中速柴油机气缸体铸造工艺简图如图 1-34 所示。它有 12 个缸筒，呈 V 形排列，轮廓尺寸为 1677mm × 850mm × 620mm（长×宽×高）。气缸体的几何形状及内腔结构较为复杂，砂芯数量较多，共由 15 件主要砂芯组成。

2）铸件壁薄。主要壁厚为 12mm，且壁厚不均匀，最大壁厚为 54mm。

3）铸管的要求。铸件中央设有 $\phi30mm × 6mm$ 的铸管，它是气缸体工作时的注油管道。要求它与母材结合良好，不允许有渗、漏油现象，并须保持形状及位置准确，这更增加了铸造难度。

（2）主要技术要求

1）材质。材质为 HT250 合金铸铁，硬度为 180 ~ 241HBW。化学成分：$w(C) = 3.1\% ~ 3.5\%$，$w(Si) = 1.5\% ~ 1.9\%$，$w(Mn) = 0.7\% ~ 1.0\%$，$w(P) \leqslant 0.15\%$，$w(S) \leqslant 0.12\%$，$w(Cr) = 0.2\% ~ 0.4\%$，$w(Mo) = 0.2\% ~ 0.4\%$，$w(Cu) = 0.5\% ~ 1.0\%$。

金相组织：片状珠光体基体，允许有少量铁素体（体积分数 ≤8%）和磷共晶体（体积分数 ≤4%）。石墨呈细小或中等片状均匀分布，长度为 3 ~ 5 级。

2）须进行水压试验，试验压力为 1.2MPa。

3）须进行人工时效处理，以消除铸造内应力。

（3）铸造工艺过程设计

1）浇注位置。根据气缸的结构特点，采用使主轴承座部位朝下的浇注位置，这样更便于缸筒砂芯的组合，以保证质量。

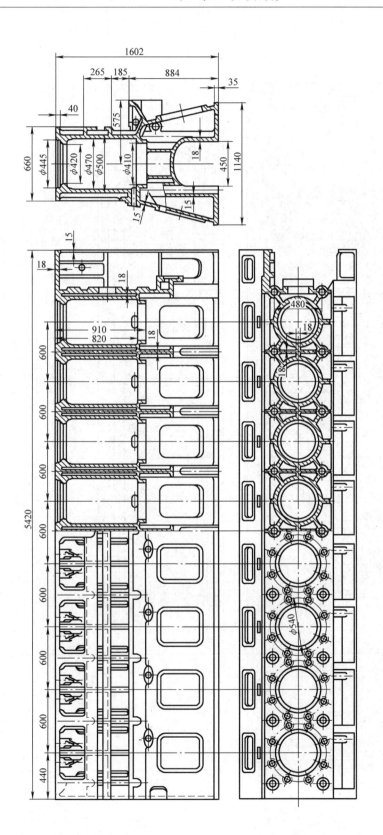

a)

图 1-32　大型中速柴油机气缸体

a) 零件简图

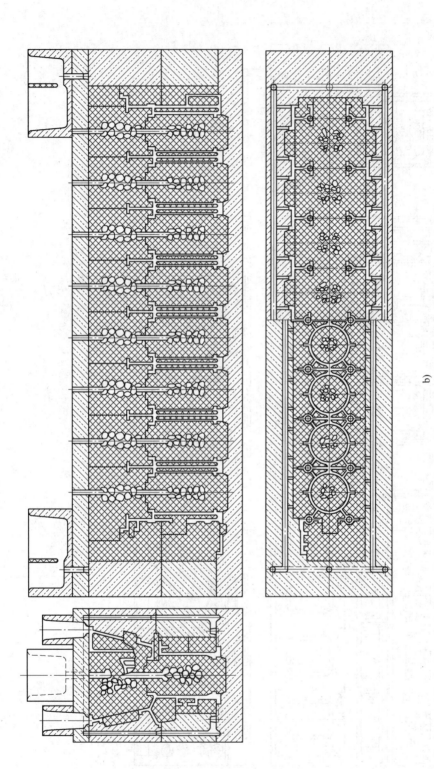

b)

图 1-32　大型中速柴油机机气缸体（续）

b) 铸造工艺简图

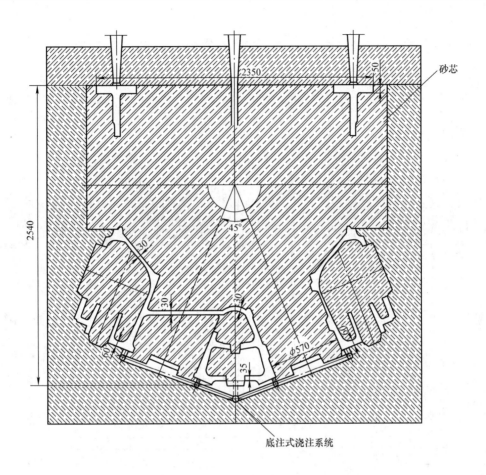

图 1-33　特大 V 型中速柴油机气缸体浇注位置示意图

2）浇注系统。浇注系统设置在气缸两侧，采用上下各两层的阶梯式浇注系统。内浇道数量较多，可使铁液在铸型内较快地平稳上升。气缸体净重为 1.35t，毛重为 1.8t。浇注时间约 40s，浇注温度为 1360~1370℃。

3）为防止尺寸偏差所采取的主要措施

①气缸体结构复杂，砂芯数量较多，几何尺寸多且不易测量。为便于组芯和尺寸的测量及控制，应采用组芯造型法，即整个铸型全部由砂芯组装而成。

②设计全套专用砂箱及尺寸检测工具，底箱平面及芯头座等全都经过精加工。

③各砂芯分界的设计，力求便于尺寸控制，减小尺寸偏差。例如，主轴承座砂芯设计成一个整体长条形状，为保持中心的一致性，应使其在一条直线上，如图 1-34 中的件 12。又如，将图 1-34 中互成 60°夹角的气缸筒砂芯 13 设计成了一个整体，这样尽管会给制模和制芯带来一些不便，但能保持 12 个缸筒的位置、形状及尺寸准确。

④采用 X、Y、Z 三坐标尺寸检测法，以底箱上平面为基准，借助导滑座、直角尺和直杆尺等测量工具，待砂芯组装时，对每块砂芯的尺寸进行测控，以确保整个气缸的尺寸准确。12V 型中速柴油机气缸体铸造组芯过程如图 1-35 所示。

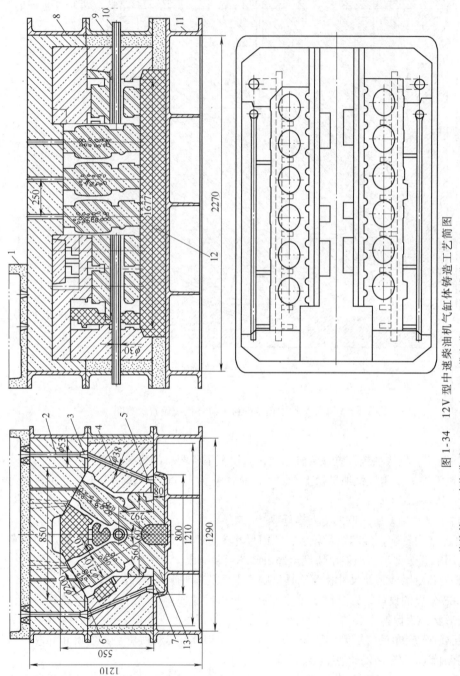

图 1-34　12V 型中速柴油机气缸体铸造工艺简图

1—浇注箱　2—直浇道（2×φ53mm）　3—横浇道　4—过渡浇道（4×φ38mm）　5—底层横浇道
6—上层内浇道　7—底层内浇道　8—上箱　9—中箱　10—φ30mm×6mm（壁厚）无缝钢管　11—底箱　12—轴承座砂芯　13—气缸筒砂芯

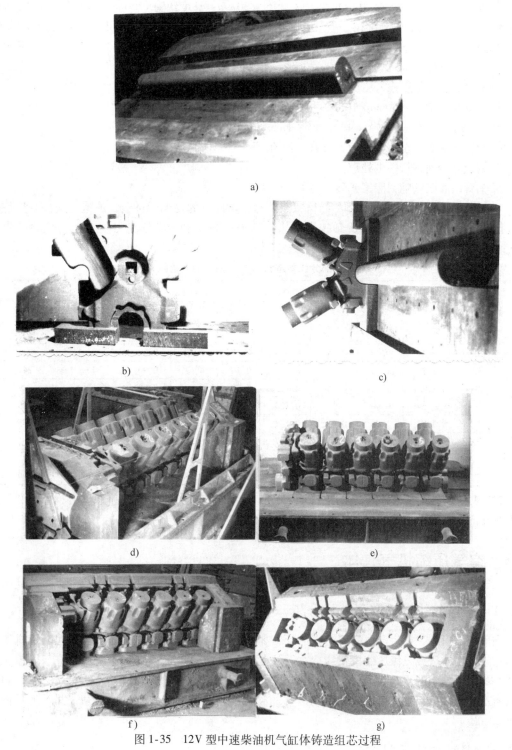

图 1-35　12V 型中速柴油机气缸体铸造组芯过程

a) 主轴承座砂芯置于底箱中　b) 端部砂芯　c) 端部双缸筒砂芯置于底箱中　d) 利用三坐标尺寸检测法进行尺寸测控
e) 双缸筒砂芯组装完毕　f) 双缸筒、端部砂芯组装完毕　g) 全部砂芯基本组装完毕（仅有上部一块砂芯待装）

4）中心注油管。气缸体中心的油道（直径为30mm，长度约为1700mm）加工困难，要求用无缝钢管铸入。但由于钢管细长，上下方受热不均匀及受热膨胀等，可能引起翘曲变形。另外，钢管外表面与铸件结合不良，待油孔钻出后，会产生渗油、漏油现象。为此特采取以下主要措施：

① 增加无缝钢管壁厚，由原设计的 $\phi30mm \times 3mm$ 改为 $\phi30mm \times 6mm$。

② 在铸件中增设 $\phi20mm \times 10mm$ 的凹穴，使用型芯撑固定钢管。

③ 钢管外表面车成螺纹状沟槽，槽深 1mm。

④ 钢管两端延伸至铸型外面，可自由伸缩。

⑤ 钢管外表面进行镀铜处理。

⑥ 钢管内腔装呋喃树脂铬矿砂，并留出气道。

5）化学成分。应根据气缸体的结构特点及对化学成分的要求，对金属炉料的配比及熔炼过程进行严格控制，使材质性能达到技术要求。其中，部分化学成分和力学性能的检验结果见表1-9。

表 1-9　部分化学成分和力学性能的检验结果

序号	化学成分（质量分数，%）								力学性能	
	C	Si	Mn	P	S	Cr	Mo	Cu	抗拉强度 R_m/MPa	硬度 HBW
1	3.50	1.49	0.93	0.087	0.098	0.25	0.39	0.80	338	241
2	3.30	1.85	1.03	0.069	0.109	0.34	0.41	0.90	317	241
3	3.30	1.75	1.03	0.088	0.115	0.30	0.39	0.95	333	229
4	3.48	1.64	0.90	0.110	0.100	0.28	0.34	0.83	296	229
5	3.34	1.77	1.04	0.083	0.108	0.27	0.38	0.86	356	255
6	3.38	1.63	1.00	0.071	0.097	0.30	0.35	1.03	328	235
7	3.30	1.85	1.03	0.069	0.109	0.34	0.41	0.90	317	241
平均	3.37	1.71	0.99	0.082	0.105	0.30	0.38	0.90	326	239

12V 型中速柴油机气缸体，采用上述铸造工艺，严格进行工序管理，细致精心操作，获得了令人满意的质量效果。

1.3　空气压缩机气缸体

1.3.1　一般结构及铸造工艺性分析

空气压缩机在工业生产中的用途很广泛，如雾化船用柴油主机所用的燃料和起动主机所需的压缩空气由二级或三级压缩机供应，在石油化工和矿山等中也被广泛地应用。空气压缩机气缸体，特别是其中的高压气缸体，具有结构复杂和耐压力性能要求很高等特点。图1-36 和图1-37所示的气缸体都设有用水进行强制冷却的夹层结构，这使其结构更加复杂，并增加了铸造难度。

1.3.2　主要技术要求

1. 材质

根据空气压缩机气缸体的工作压力大小，采用不同的材质。当工作压力在 8MPa 以下时，一般选用 HT200～HT250；当工作压力达到 15MPa 时，应选用高强度铸铁 HT300、低合金铸铁、球墨铸铁和铸钢；当工作压力在 15MPa 以上时，则应选用锻钢。

2. 水压试验

水压试验压力：高压气缸，10～12MPa；中压气缸，3～4MPa；低压气缸，0.6～0.8MPa；冷却水腔，0.7MPa。

3. 铸造缺陷

气缸镜面不应有气孔、砂孔、夹杂及局部缩松等铸造缺陷。

4. 热处理

应进行消除铸造内应力的人工时效处理。

1.3.3　铸造工艺过程的主要设计

1. 浇注位置

根据空气压缩机气缸体的结构特点及主要技术要求，为确保质量，一般都是采用将致密性能要求较高的高压部分朝下的垂直浇注位置。

图 1-36 所示为石油化工企业使用的大型空气压缩机气缸体。其材质为 HT250，气缸直径为 890mm，总高度为 1500mm，缸筒壁厚为 50mm，毛重为 8.5t。为减少铸造缺陷，提高致密性，采用将气缸上平面朝上的垂直浇注位置，以及雨淋顶注式与底注式相结合的浇注系统。按此铸造工艺获得了较好的质量效果。

图 1-37 所示为船用空气压缩机高低压气缸体。其上部为高压部分，缸径为 ϕ80mm，水压试验压力为 12MPa；下部为低压部分，缸径为 ϕ284mm，水压试验压力为 3.2MPa。冷却水腔的水压试验压力为 0.7MPa。

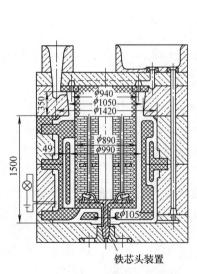

图 1-36　大型空气压缩机气缸体
铸造工艺简图

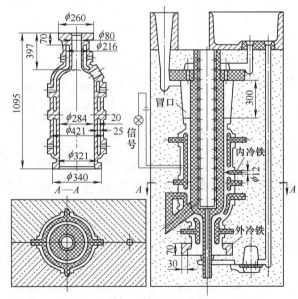

图 1-37　船用空气压缩机高低压气缸体
铸造工艺简图

改进前的铸造方案是使直径较大的低压部分朝下浇注。这样虽然使缸筒砂芯在铸型中较易固定，但却使气缸体凝固时的方向性不明显，补缩作用较差，尤其是在高压缸内表面经常会产生局部缩松缺陷及渗漏现象。后经改进，采用如图 1-37 所示的浇注方法，将高压部分朝下浇注，并采用底注式与雨淋顶注式相结合的浇注系统。另外，在低压缸上方设置了较高的环形顶冒口，使型腔中铁液的温差较合理，尤其是使高压缸部分在较大的静压力作用下进行结晶。这样完全克服了上述缺陷，获得了较好的质量效果。

2. 分型面

空气压缩机气缸体分型面的选择，主要取决于气缸体的外部形状。一般采用垂直分型的方法，但个别气缸体由于外形的影响，只能采用水平分型、竖直浇注的方法，如图 1-37 所示。此时，将形成冷却水腔的夹层砂芯制作成两半，可分别组装在上、下两半铸型内。这种结构气缸的夹层砂芯壁薄且形状复杂，必须保证排气畅通。

3. 砂芯

空气压缩机气缸体的砂芯主要有气缸筒砂芯和夹层（单夹层和双夹层）砂芯。对于缸径较小的缸筒砂芯，一般采用实芯盒；对于缸径较大的缸筒砂芯，如果是单件生产，可采用刮板法，如图 1-38 所示。首先刮制缸底部分，如图 1-38a 所示；经初次烘干后，再刮制缸身部分，如图 1-38b 所示。如果所需砂芯数量较多或采用呋喃树脂砂芯，则须制作成对开实芯盒。

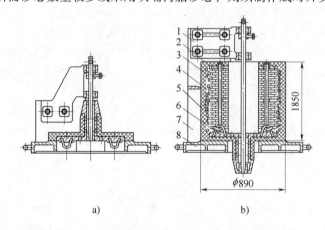

图 1-38　大型缸筒砂芯制造过程示意图

a）刮制缸底部分　b）刮制缸身部分

1—活页刮板装置　2—上部铁压板　3—红砖层　4—煤炉渣层
5—芯砂层　6—铁芯头定位装置　7—刮板　8—铁底板

夹层砂芯的形状及结构较复杂，如果是单件生产，可采用水平刮板制芯；如果所需砂芯数量较多或采用呋喃树脂砂芯，则须做成实芯盒。特别注意形状应准确，防止呈椭圆。

4. 浇注系统

空气压缩机气缸体，特别是其中的高压气缸属于高压零件。浇注系统的设置应有利于促进气缸体的方向性凝固，增强补缩作用，以防止产生局部缩松和渗漏现象。因此，一般应尽量采用雨淋式浇注系统。如果由于气缸体结构的影响，单纯采用雨淋式浇注系统会对外型或砂芯产生不良的冲刷作用而出现砂孔、夹杂等缺陷，则可采用联合浇注系统，如图 1-36 和图 1-37 所示。浇注时，先启用底注式浇注系统，当铸型内铁液上升到设定的位置时（指示信号灯亮），再启用雨淋式浇注系统，这样可以获得较好的质量效果。

5. 冷铁的应用

空气压缩机气缸体由于结构较复杂、壁厚及壁的连接不均匀，易形成局部"热节"。当补缩不良时，就会产生局部缩松缺陷及渗漏现象。设置冷铁可适度提高冷却速度，消除"热节"，增强补缩，是防止上述缺陷产生的有效途径。冷铁主要用于下列部位：

1）气缸体端部厚法兰部位。如在图 1-37 所示的气缸体高压部分的法兰外缘处设置了外冷铁，获得了很好的质量效果。

2）与缸筒壁相连接的局部"肥厚"部位。根据实际情况，可分别设置外冷铁或加工时能车去的内冷铁，如图 1-37 所示。

3）气道与缸筒壁相连接的圆根部位。

为获得预期效果，必须注意冷铁的质量：外冷铁工作面须光滑平整，不能生锈等；内冷铁须进行镀铜或挂锡处理等。冷铁结构形状及尺寸等须根据具体情况进行设置。

第 2 章　圆筒形铸件

2.1　气缸套

气缸套是动力机械中很重要的零件。因其工作条件的复杂性，对产品质量的技术要求很高，铸造难度很大。稍有疏忽，就会使铸造废品率很高，故必须严格进行控制。

2.1.1　一般结构及铸造工艺性分析

1. 气缸套的一般结构

气缸套按在气缸内安装方法不同，可分为干式气缸套和湿式气缸套两种。

（1）干式气缸套　干式气缸套一般尺寸较小，外形简单而均整，紧密地安装在气缸体上部的圆孔中，并且冷却水不直接流过来进行强制冷却，主要用于小功率的发动机。采用这种气缸套能增加整个气缸排的结构强度及刚性。因此，当发动机工作时，其变形较小。小功率风冷式柴油机气缸套不具备水冷式柴油机的水冷条件，故采用散热片结构，气缸套外表面设有许多薄壁散热片，从而增加了铸造难度。

（2）湿式气缸套　湿式气缸套的周围有强制冷却水流过，套壁的热量能更好地传给冷却水，以降低气缸套上部的温度，故被广泛用于大功率发动机。湿式气缸套的外形结构因经受循环冷却水的冷却，故一般设有密封环槽，或在气缸套上部钻有许多冷却水孔。由于环槽或冷却水孔的影响，其在设计上均采用局部加厚的方法来增加强度，以满足工作需要。这样会使气缸套的外形结构复杂，气缸套侧壁厚度上下相差很大，使得在厚截面一段内极易产生局部缩松缺陷。

气缸套可通过许多方法固定在气缸体上，一般是以气缸套上部承肩与气缸上部的相应肩座相配合。缸套下部则插在缸体下端的圆孔内，可以自由伸长。

2. 铸造工艺性分析

低速大功率回流扫气柴油机气缸套的结构最为复杂，如图 2-1 所示。这种缸套的侧壁上设有两排换气口：排气口 2 和扫气口 3。为使换气良好，空气能达到气缸顶部和更好地将气缸上部的燃烧产物排出，换气口通常制成倾斜式。铸造时须严格保证各气口几何形状及尺寸的准确性，以免影响燃烧室内的燃烧效果。

气口的上、下方设有环形水腔 4、5，各气口间设有贯通于上下水腔的细长贯通水孔 6（直径为 18mm），以便流过循环冷却水。此孔可以直接铸出，但铸造难度大，须具备较高的铸造技术，也可采用机械钻孔的方法加工。这种气缸套气口区域的壁厚很不均匀，易形成局部"热节"。在凝固过程中，"热节"周围的补缩通道会被堵塞，不易得到充分补缩，容易产生内部缩松缺陷及渗漏。为了消除"热节"和节约金属，应尽量使壁厚均匀。例如，在气口的对面壁上、观察孔 7 的周围，套壁 D 区厚度很大，形成局部金属聚积，可以将它改为 F 所示结构，这样更有利于保证该区的铸造质量。

2.1.2　工作条件

发动机工作时，作用于气缸套上的载荷主要为机械载荷和热力载荷。

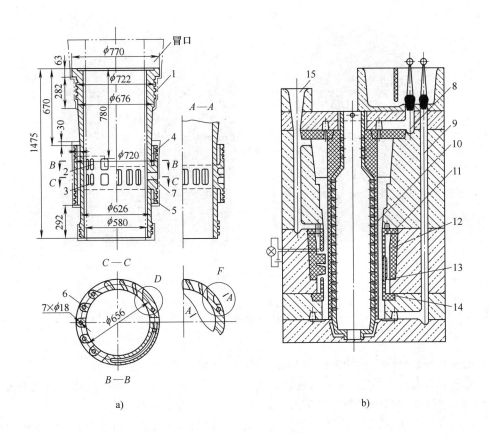

图 2-1　低速大功率回流扫气柴油机气缸套
a）零件结构简图　b）铸造工艺简图
1—环形槽　2—排气口　3—扫气口　4—上水腔　5—下水腔　6—贯通水孔　7—观察孔
8—雨淋式顶注浇注系统　9—底注式浇注系统　10—圆筒形砂芯　11—上水腔砂芯
12—气口砂芯　13—贯通水孔砂芯　14—下水腔砂芯　15—排气道

1. 机械载荷

1）气体压力。随着现代柴油机功率的不断提高，燃烧室内燃气的爆发压力最高可达 10 ~ 13MPa。

2）连杆离开中心时产生的侧压力。

3）将气缸套紧固于气缸体上时所产生的压缩或拉伸应力。

2. 热力载荷

柴油机燃烧室内的燃气温度可达 1800℃ 以上。气缸套内表面与高温燃气直接接触而急剧受热，温度可能上升至 200 ~ 250℃。因此，这部分所受的热力载荷是很大的。过高的温度会引起力学性能的下降、润滑条件的恶化，从而促进气缸套的磨蚀。例如，某油轮柴油主机气缸套曾由于强制冷却不够，而致使局部温度剧增。在高热力载荷作用下，其仅工作 400h 后，上部内表面便产生了长达 360mm 的裂纹，如图 2-2 所示。从气缸套排气口排出的废气温度约为 400℃。当强制冷却不良时，各气口间的铸壁将受热膨胀而发生变形，可能引起"拉缸"现象。

气缸套内表面易发生剧烈的磨蚀现象，尤其是上部。最大的磨蚀通常发生在活塞上部第一道活塞环附近，往下磨蚀量逐渐减小。气缸套产生磨蚀的主要原因：

a)

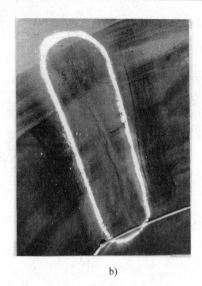
b)

图 2-2　某油轮柴油主机气缸套裂纹

a) 气缸套上部内表面裂纹位置　b) 产生裂纹局部情况

1) 活塞环与套壁间的强烈摩擦而引起的磨耗。

2) 燃料和润滑油的燃烧产物中有残余的细小硬渣, 会使气缸套产生砂粒性的机械磨损。此外, 金属磨损时产生的粉状产物以及落入的灰尘等都会促进机械磨损。

3) 在高温干燥气体的影响下所产生的化学腐蚀, 以及由于各种水溶液在套壁上沉淀而产生的电化学腐蚀。

2.1.3　主要技术要求

气缸套是柴油机上的重要零件, 其质量的好坏, 尤其是耐磨性, 将直接影响柴油机的使用性能和经济效果。因此, 气缸套具有很高的技术要求。

1. 材质

对气缸套材质的主要要求: 具有足够的强度, 良好的耐磨性、耐热性、致密性和耐蚀性等。其中, 耐磨性是优质气缸套的重要特性。当耐磨性差时, 磨损将加剧, 并使气缸套与活塞环间的配合紧密度变差, 从而引起漏气现象, 使发动机起动困难和功率降低。当磨损过大时, 会加剧活塞环槽的磨损, 甚至会使活塞环被折断; 或每当活塞的运动方向改变时, 必然会发生敲击现象。

为提高气缸套的耐磨性, 国内外都进行了大量的研究工作, 先后研制了铬-钼-铜铸铁、高磷铸铁、镍-铬铸铁、硼铸铁、钒-钛铸铁和铌铸铁等不同材料的合金铸铁气缸套。也可采用表面强化的方法来提高气缸套的耐磨性, 进行表面淬火、镀铬、渗氮处理和挤渗碳化硅等工艺, 都可以不同程度地获得一定的效果, 使气缸套的耐磨性得到很大的提高。例如, 国外生产的大型低速柴油主机气缸套, 其中有的磨损率仅为 0.013mm/1000h。国内生产的船用主机气缸套的耐磨性也获得了较好的效果: 某中速柴油机气缸套, 有的使用 4500~6500h 的平均磨损率为 0.0017mm/1000h; 某油轮主机低速柴油机气缸套的磨损率不超过 0.02mm/1000h。

气缸套在使用中的受力很复杂, 材质的抗拉强度一般应为 $R_m \geqslant 250MPa$, 硬度为 180~248HBW。对于大型船用主机气缸套, 其上部本体抗拉强度 R_m 应为 215~245MPa, 硬度为 180~

230HBW。气缸套材料的种类很多，各国要根据本国的资源情况和发动机的种类、用途及使用条件等进行选用，目前常用的有以下几种。

（1）以钒为基的合金系列　目前选用较多的是以钒为基的合金系列。瑞士、丹麦、日本、挪威等国的柴油机气缸套，一般采用含钒的合金铸铁，如钒铜铸铁、钒钛铸铁和钒铜钼铸铁等。

1）钒的作用。

① 钒是强烈的形成碳化物的元素，在铸铁中将生成碳化铁和碳化钒；它与氮有较强的亲和力，将形成氮化物，并弥散地分布在基体之中。这些碳、氮化物具有高温稳定性和很高的显微硬度，能构成坚韧的抗磨骨架；并能细化晶粒，强化基体组织，增加珠光体中化合碳的数量，促使得到细密的或索氏体型珠光体。

② 钒具有抗高温软化的能力，并能减小铸铁的热膨胀系数，这些性能对提高气缸套的耐磨性都是极为有利的。

③ 钒能细化石墨，使石墨分布得更加均匀。

④ 钒能消除由于断面面积相差很大、冷却速度相差很大而引起组织不均匀的不良影响，在大断面中不会生成大量的铁素体。

⑤ 钒可提高铸铁的力学性能，特别是高碳条件下的力学性能。另外，由于钒的加入而提高的硬度，一般不会导致加工性能的降低。

2）钛的作用。钛具有与钒相同的作用，它与碳和氮的亲和力比钒强，将生成很稳定的碳化物和氮化物，对提高铸铁的耐磨性有着良好的作用。少量的钛具有强石墨化作用，随着钛含量的增加，磨损量将下降，当钛的质量分数为 0.16% 时，可获得很好的耐磨性。

钒与钛元素一般同时使用，并以适当的比例搭配，可对铸铁组织的性能发挥各自最好的作用，而又相互抑制了对方的不良影响。如微量的钛能抑制钒的"白口"倾向，使其能获得更好的效果。早在 60 多年前，挪威、丹麦等国就研究和采用了钒钛铸铁气缸套，并获得了很好的效果。

含钒的气缸套比普通铸铁气缸套的耐磨性要好得多。例如，国外某气缸套十年间运行54454h，平均磨损率仅为 0.0753mm/1000h；20 世纪 50 年代建造的国外某轮船，运行 15000h 时，五个气缸套的平均磨损率为 0.0586mm/1000h。随着含钒量的增加，气缸套的磨损量显著下降。大型气缸套中钒的质量分数一般为 0.15% ~ 0.4%，钛的质量分数为 0.05% ~ 0.16%。

3）铜的作用。铜在铸铁中是促进石墨化的元素，能细化晶粒，获得致密的珠光体组织，从而提高铸铁的强度、硬度和耐磨性，在生产中被广泛应用。大型气缸套多采用钒铜铸铁，其中钒的质量分数为 0.15% ~ 0.30%，铜的质量分数为 0.9% ~ 1.2%，磷的质量分数为 0.25% ~ 0.45%，能获得很好的耐磨性。

4）硅的作用。为进一步提高气缸套的耐磨性，国内研究了中硅钒钛铸铁（硅的质量分数为3.0% ~ 3.8%），主要用于生产各种规格的拖拉机气缸套。研究表明，这种材料具有很高的耐磨性，甚至优于高磷铸铁等，是制造发动机气缸套的优良新材料，有待进一步推广应用。

5）磷的作用。磷是影响铸铁耐磨性的重要元素。在各种耐磨铸铁中，几乎都有一定数量的磷存在。一定数量的磷共晶体，如果很牢固地存在于金属基体上，形成坚固的骨架，承受载荷作用，则能显著提高铸铁的耐磨性。国内外普遍采用中磷铸铁，其磷的质量分数一般为 0.3% ~ 0.6%。在钒钛铸铁中，磷的质量分数一般为 0.25% ~ 0.4%。个别国外柴油机公司生产的气缸套中磷的质量分数高达 0.7% ~ 1.0%。但是，过高的含磷量会使铸铁的力学性能，特别是冲击性能显著降低，脆性剧增；并促使析出粗大的连续网状或块状磷共晶体，反而会对气缸套的耐磨性产生不良影响。

（2）硼铸铁 在铸铁中加入一定量的硼，能强化珠光体和细化石墨及共晶团，并能析出硼碳化物，当磷的质量分数≥0.2%时，还能析出硼碳化物与磷共晶的复化物。在摩擦过程中，这些显微硬度很高的硬化相——硼碳化物和含硼的复合磷共晶体，是支承载荷的主骨架。珠光体基体的显微硬度远低于硼碳化物，它将被较快磨损而形成凹下的沟槽，从而保持油膜连续，改善润滑，减少磨损，使气缸套具有很好的耐磨性。硼碳化物的显微硬度（803～1048HV）高于磷铸铁中的磷共晶体（503～690HV）。因此，硼铸铁比高磷铸铁具有更好的耐磨性。硼碳化物应呈细小分散均匀分布和细小断续网状分布，这些硬化相可牢固地镶嵌于基体之中，不易剥落，具有良好的耐磨性和可加工性。如果呈枝晶状分布，则会由于镶嵌不牢而在摩擦过程中容易剥落。更不允许呈严重聚集状和大块状分布，以免对耐磨性和力学性能产生不良影响。

硼铸铁中的硼含量必须得到严格控制。当硼的质量分数达到0.05%时，对其强度影响不大，而析出的硼碳化物量可达10%～15%，具有很好的耐磨性。如果含硼量偏高，硼碳化物的析出量过多，则会使力学性能明显变差。综合硼对耐磨性及力学性能的影响，一般将硼的质量分数控制在0.03%～0.06%的范围内。

为了更好地提高硼铸铁的耐磨性，常加入微量的锡。锡在铸铁一次结晶过程中有石墨化和孕育作用，能减少渗碳体和过冷石墨的形成；而在共析转变时又可强烈地阻碍石墨化，故又有较强的稳定珠光体作用。同时，锡还能减小对铸件厚薄的敏感性，而使各断面组织更加均匀。少量的锡还能提高铸铁的抗氧化性和耐蚀性，这对提高气缸套在实际使用中的耐磨性有更重要的作用。当用硼铸铁生产大型气缸套时，常加入微量的锡，其质量分数一般为0.08%～0.10%。

锑在铸铁中有着与锡相似的作用，是一种更强烈地稳定珠光体的元素，其能力超过锡。为更有利于提高气缸套的耐磨性，也可加入微量的锑（质量分数为0.03%～0.05%）。

由于硼铸铁具有优良的耐磨性，近年来国内外广泛将它用于制作各种气缸套和机床导轨等摩擦零件。特别是现代大型气缸套，已普遍采用硼铸铁，并获得了令人满意的效果。

（3）铬钼铜铸铁 国内使用铬钼铜铸铁气缸套比较普遍。铬在铸铁中是阻碍石墨化和强烈地稳定碳化物的元素。适量的铬可细化结晶组织，强化珠光体，能提高铸铁的强度和硬度；形成高热稳定性的铬碳化物，特别是能显著提高铸铁的耐热性和抗"生长"性，成为在高温下工作的铸铁件的最有价值的合金元素。铬还能提高磷共晶体的热稳定性和显微硬度，故适量的铬能提高气缸套的耐磨性。但铬的加入量须严格控制，并与碳硅含量适当搭配。在高碳当量条件下，铬的加入量可以稍高一些。铬使铸铁的"白口"倾向增大，容易生成"白口"；并促使形成三元磷共晶体，使磷共晶变脆，从而影响机械加工，并对耐磨性产生不利影响。铬钼铜铸铁气缸套中铬的质量分数一般为0.15%～0.35%。

铸铁中加入适量的钼，可细化和稳定珠光体，形成钼碳化物，具有良好的热稳定性。加入少量的钼就能提高铸铁的强度、硬度和耐磨性。一般将铬钼搭配使用，钼的质量分数为0.2%～0.6%。

与钒系铸铁相同，在铬钼铸铁中常加入适量的铜，以进一步细化晶粒和石墨，得到很致密的珠光体，提高铸铁的强度、硬度和耐磨性。铬钼铜铸铁气缸套中铜的质量分数一般为0.6%～1.2%。在我国目前缺少镍的情况下，镍的价格很昂贵，在耐磨铸铁中，用铜代替部分镍，对提高气缸套的耐磨性很有必要，故获得广泛的应用。

（4）镍铬铸铁 镍在铸铁中是促进石墨化的元素。在低硅铸铁中，镍的石墨化能力约为硅的一半。随着碳、硅含量的增加，镍的活性将减小。

镍能细化晶粒，便于得到细密的珠光体或索氏体型珠光体，从而可提高铸铁的强度、硬度和耐磨性。镍在气缸套中的质量分数一般为0.4%～1.2%。

为了更好地发挥镍、铬对提高气缸套耐磨性的良好影响，一般将其以适当的比例进行搭配，同时使用。铬的质量分数一般为 0.2% ~ 0.4%。

镍铬铸铁是一种优良的气缸套材料，但由于我国镍资源少，镍的价格很高，使这种材料的应用受到了很大的限制。

（5）高强度球墨铸铁　高强度球墨铸铁具有良好的耐磨性。有些比较小的气缸套多采用 QT500-7 制造，但由于球墨铸铁的热导率约为片状石墨铸铁的一半，故其在大功率柴油机气缸套上的应用受到了限制，至今尚未见到这方面的应用。

（6）蠕墨铸铁　蠕墨铸铁是一种新的铸铁材料，其石墨形态介于片状与球状之间。因其石墨形态的特性，使其兼有灰铸铁和球墨铸铁的某些特性，具有良好的综合性能。这种铸铁的显著特点是其热导率接近于灰铸铁而优于球墨铸铁。因此，它既具有接近于球墨铸铁的高力学性能，又有接近于片状石墨铸铁的耐磨性和耐热性，以及良好的铸造性能。如果在蠕墨铸铁中添加少量的硼、磷等元素，将使其具有更高的耐磨性、耐热性等性能，是一种制作气缸套的很有发展前途的新材料。

气缸套金相组织的选择与活塞环基本相同（详见第 3 章中的 3.1.2）。

2. 水压试验

气缸套要求有高度的致密性，能够承受燃烧室内爆发压力的作用和冷却水压力的作用，不能有任何渗漏现象。故在机械加工后，必须对其进行水压试验，试验压力的大小一般取工作压力的 1.2 ~ 1.3 倍。工作压力随机型而异：对于大型低速柴油机气缸套，自气缸套上端往下至全长 1/3 的范围内，试验压力一般为 7 ~ 13MPa，其余 2/3 范围内为 0.7 ~ 1MPa。

3. 铸造缺陷

气缸套的工作内表面（柴油机气缸套主要是上端往下至全长 1/3 的范围内）、缸套上端外部承肩区域和密封环槽区域，不允许有局部缩松等影响强度及密封性的任何铸造缺陷，不允许用焊接方法对缺陷进行修补。

4. 热处理

经过粗机械加工后，应进行消除铸造内应力的人工时效处理。

2.1.4　铸造工艺过程的主要设计

1. 浇注位置

气缸套是一种要经受精密加工的高强度、高致密性零件。浇注位置的选择须保证对其进行充分的补缩和防止产生气孔、砂眼和夹渣等任何铸造缺陷。因此，应采用垂直浇注位置，大中型气缸套更是如此。对于个别外形很简单的小型气缸套，有的生产单位采用水平浇注位置，此时更要注意防止砂眼、渣孔等缺陷的产生。

气缸套的上部分因直接与高温、高压燃气接触，质量要求最高，故所选定的浇注位置应首先确保这部分的质量。

根据上述原则，对于上、下部分壁厚相差不是很大的气缸套，经常采用将气缸套上部朝下的浇注位置，如图 2-3 所示。这样可使上部在较大静压力的作用下，得到更为充分的补缩，使结晶组织更致密，同时更不易产生气孔、砂眼和渣孔等缺陷。

从大型气缸套的结构上可以看出，侧壁厚度自下而上逐渐增加。此时能否继续采用将气缸套上部朝下的浇注位置，要根据上、下壁厚的差值大小而定。如果气缸套上端仅承肩部分较厚或自上端往下不长范围内的壁厚略大于其余部分的壁厚，并采取了下列措施，则考虑到仍能保证对局部"肥厚"部分进行充分补缩，仍可采用将气缸套上部朝下的浇注位置。

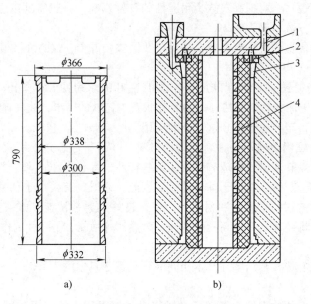

图 2-3　气缸套铸造工艺

a）零件简图　b）铸造工艺简图

1—雨淋式顶注浇注系统　2—内浇道砂芯　3—冒口　4—圆筒形砂芯

1）在局部"肥厚"部分设置外冷铁，使该部分仍较处于其上的薄壁部分冷却快，而能自上方得到补缩。

2）采用顶注式浇注方法，使型腔内铁液的温度差合理，有利于自上而下地补缩。

3）受缸套自身及冒口静压力的作用。

如果气缸套上部分的壁厚较下部分的壁厚大得多，在上述措施的综合影响下，仍不能保证对上部分肥厚区域的充分补缩，则须将气缸套上部朝上浇注，如图 2-4 所示。该大型气缸套的结构特点是上、下部分的壁厚相差很大，具有双排气口，必须铸出。因此，必须采用将气缸套上部朝上的浇注方案。浇注系统的特殊设计是采用底注式与雨淋式顶注相结合的联合浇注系统。浇注时，首先开启底注式浇注系统，待铸型内铁液上升至缸套气口以上时（用电信号灯控制），改用雨淋式顶注浇注系统。该浇注方法具有很多优点，效果很好。

现代大型低速柴油机气缸套的上部分，因工作时承受强大的载荷及设有强制冷却水孔等特殊结构，故其壁厚很大，且厚壁区域较长，上、下部分壁厚相差很大。根据不同机型，气缸套下部分壁厚为 45～80mm，而上部分壁厚一般为 190～240mm，厚壁区域长度达 800～1300mm。故必须采用将气缸套上部朝上的浇注位置，如图 2-5 所示，并采用雨淋式顶注浇注系统，使铸型内铁液的温度梯度更趋于合理，自下而上进行凝固，对气缸套上部分进行更加充分的补缩，以确保质量。这类气缸套的气口都是采用机械加工，不需要直接铸出。

2. 分型面

气缸套的浇注位置确定以后，根据外形结构、尺寸、质量大小和所需数量等因素的不同，有垂直和水平两种不同的分型方法。水平分型主要用于外形比较简单的直流扫气且所需数量较多的中小型气缸套和少数小型回流扫气气缸套。此时，气口砂芯须分成两部分分别装配在两半铸型中，因此不容易保证气口尺寸的精确度。

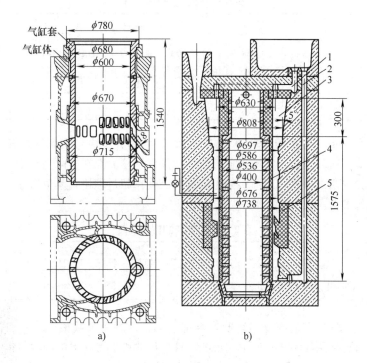

图 2-4　双排气口气缸套
a）零件简图　b）铸造工艺简图
1—雨淋式浇注系统　2—底注式浇注系统　3—冒口　4—圆筒形砂芯　5—气口砂芯

水平分型虽能减少分型面的数量，但对于立式浇注的气缸套，在组芯合箱后将整体铸型竖起来的操作较为困难，同时也不便于设置雨淋式顶注浇注系统。因此对于大型、必须直接铸出气口及水腔部分的气缸套，必须采取垂直分型的方法。

3. 主要工艺参数的选定

（1）线收缩率　径向线收缩为 0.8%，轴向线收缩率为 1%。

（2）加工量　气缸套的加工量主要取决于尺寸大小和铸造工艺方法。铸造工艺水平不同时，加工量的大小有着很大的差别。为了提高气缸套结晶组织的致密性和减少金属消耗，在保证质量的前提下，应尽量减小加工量。表 2-1 所列气缸套的加工量可供参考。气缸套的气口一般全由机械加工铣口；如果是铸造出气口，则应在气口表面上留少许打磨量或 2~4mm 的加工量。

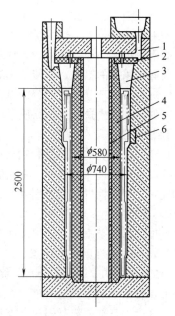

图 2-5　大型柴油机气缸套铸造工艺简图
1—雨淋式顶注浇注系统　2—内浇道砂芯
3—冒口　4—圆筒形砂芯　5—芯铁管　6—冷铁

表 2-1　气缸套的加工量　　　　　　　　　　（单位：mm）

加工面	气缸套尺寸						
	300 ~ 500	500 ~ 800	800 ~ 1200	1200 ~ 1600	1600 ~ 2000	2000 ~ 2500	2500 ~ 3500
内表面	4	5	5	6	7	8	9
外表面	3	4	5	5	6	7	8

（3）冒口　气缸套一般采用环形顶冒口。冒口尺寸的大小应考虑到气缸套的凝固收缩量及冒口的补缩效率等因素的影响，在理论上可粗略地加以估算。但在实际生产中，为了增加对气缸套凝固时的静压力作用，国内外工厂所采用的冒口高度均超过理论计算值很多。表 2-2 所列气缸套的冒口高度可供参考。

表 2-2　气缸套的冒口高度　　　　　　　　　　（单位：mm）

气缸套总长度	300 ~ 500	500 ~ 800	800 ~ 1200	1200 ~ 1600	1600 ~ 2000	2000 ~ 2500	2500 ~ 3000	3000 ~ 3500
冒口高度	80 ~ 120	100 ~ 200	150 ~ 250	200 ~ 300	250 ~ 350	300 ~ 400	350 ~ 450	380 ~ 500

现代大型柴油机气缸套上部分的铸壁厚度都很大，且厚壁区域很长。为了提高冒口的补缩效率，环形顶冒口可采用如图 2-6 所示的形状。冒口尺寸可参考如下的经验数据：采用顶注式浇注系统时，$T = (1.2 \sim 1.4)t$，$H = (1.5 \sim 2.0)T$；采用底注式浇注系统时，$T = (1.3 \sim 1.6)t$，$H = (1.8 \sim 2.5)T$。为了可靠地进行补缩，获得致密的组织，气缸套的冒口尺寸一般都比较大。批量生产时，应先进行试制，对冒口进行纵向解剖，从而确定内部缩孔、缩松的位置，以确定既能充分补缩，又能使成品率达到最高的冒口尺寸。

（4）工艺补贴量　由于气缸套采用高强度铸铁或低合金铸铁制成，在外表面的薄、厚壁连接处或密封槽内等位置，较容易产生局部缩松等缺陷。为了减少这些缺陷，必须实现自下而上的方向性凝固，以增强补缩作用，故常采用工艺补贴量。尽管这样增大了局部的加工量，但仍是确保质量而必须采取的措施。即使是小的气缸套，也会存在这种情况。根据经验，图 2-7 所示的小型湿式气缸套须以环槽加厚部分为基准往上取 3° ~ 5°的补贴量，以促使缸套的方向性凝固，克服环槽内的局部缩松缺陷，提高质量。

4. 浇注系统

气缸套浇注系统的形式是影响气缸套质量的重要因素之一。在常见的缺陷中，多数是因为浇注系统设置不合理而造成的。常用的气缸套的浇注系统有顶注式、底注式、顶注与底注结合式和阶梯式等，要根据气缸套的种类、大小、结构、壁厚及铸造工艺等情况而定。同时对铸型种类、型砂、涂料及生产条件等，均应给予充分的注意。在这些不同的浇注系统中，应用最多、最合理和效果最好的是雨淋式顶注浇注系统。

（1）雨淋式浇注系统的优点

1）使铸型中的上下温差合理，促使自下而上发生较明显的"方向"性凝固。铁液经均匀分布于环形顶冒口上的小圆形内浇口流入型腔，使铸型内的铁液温度自下而上逐渐升高，形成合理的温度梯度。下部铁液凝固时，能源源不断地得到上部铁液的补给，形成很明显的方向性凝固，制造良好的补缩条件，从而使铸件得到充分的补缩，获得结晶组织很致密的铸件。

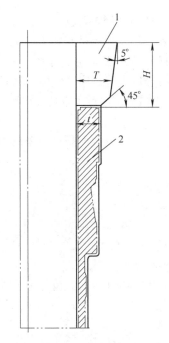

图 2-6　大型气缸套环形顶冒口
1—环形顶冒口　2—气缸套上部分

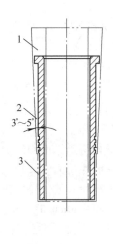

图 2-7　小型湿式气缸套
1—冒口　2—补贴量　3—加工量

2) 增加对缸套凝固时的动压力作用。铁液自缸套顶部内浇口流入型腔时，相当于做自由落体运动，当它落到铸型内铁液表面上时，产生了冲量，给整个铸件以动压力作用。由于尚未凝固的铁液具有压力的传递性，因而就对下部铁液产生了压力作用，更增强了铁液的补缩能力，故能获得比使用底注式时致密性更高的气缸套。因为后者不能产生这种动压力作用。

3) 减少夹渣等缺陷。采用底注式浇注系统时，铁液沿铸型壁上升。由于铁液与型壁接触，其温度降低得很快，表面张力和黏度迅速增加，流动性降低；而中部铁液的温度下降得慢，故其温度比与型壁相接触的铁液要高，流动性好，所以表力张力和黏度也小，从而使上升的铁液表面呈凸形，如图 2-8 所示。铁液表面与空气的接触面积大，故表面产生了一层氧化物夹杂黑点。这些夹杂物容易黏附在铸型上或卷入铁液内部。如果来不及将其排除或在加工时不能被车去，则会产生夹杂等缺陷。而氧化物夹杂黑点常是缸套渗漏的主要原因之一，并降低了气缸套的强度。如果采用雨淋式顶注浇注系统，由于铁液表面不停地"振荡"，则不会产生上述缺陷，从而可以提高缸套的耐压力性。此外，雨淋式浇注系统的内浇道直径较小，具有较强的挡渣能力，可防止熔渣等杂物进入型腔内而产生渣孔等缺陷。

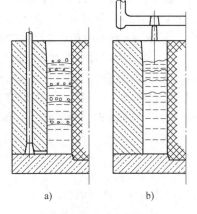

图 2-8　底注式与顶注式
浇注系统比较
a) 底注式　b) 顶注式

（2）雨淋式浇注系统参数的选择　要获得雨淋式顶注浇注系统的预期效果，必须对铸型的充填速度，内浇道的形状、大小及数量等进行合理的选择。

1）浇注时间。采用顶注式浇注系统时，按照理论分析，适当地增加浇注时间，可以加强液态补缩，故有人认为其浇注时间应比浇注一般铸件增加 15% ~ 20%。但是有的工厂根据自身经验认为，浇注气缸套时，采取较大的充填速度，适度缩短时间，效果反而会更好些。这主要是因为适当地缩短浇注时间后，可在较短的时间内建立起较大的静压力头，降低气体向铸件内渗透的危险性，促使气体从阻力较小的铸型方向排出。此外，还可减轻浇注过程中高温铁液对铸型的烘烤程度，从而对提高质量产生有利影响。

对于不同质量和壁厚的气缸套，采用雨淋式浇注系统时，内浇道截面积推荐采用如下的经验公式计算：

$$\Sigma A_3 = K\sqrt{G}$$

式中　ΣA_3——内浇道总面积（cm^2）；

　　　　G——铸件毛重（kg）；

　　　　K——经验系数，与缸套壁厚有关，当壁厚 $s = 16 \sim 30mm$ 时，$K = 0.5 \sim 0.6$；当壁厚 $s = 30 \sim 60mm$ 时，$K = 0.6 \sim 0.7$。

另外，根据经验，当铁液在圆筒形铸型内的上升速度为 15 ~ 40mm/s 时，铸件质量较好。

2）内浇道的位置及形状。采用顶注式浇注系统时，内浇道的位置有多种选择，如多道内浇道均匀分布在中央圆筒形砂芯周围，高温铁液沿砂芯外表面流下并充满铸型，这样会使铁液直接冲刷内浇道下面很长一段砂芯表面。若涂料附着强度低，则容易被冲刷剥落，产生夹杂等缺陷，故不宜采用。

实践证明，使用效果较好的是雨淋式浇注系统，即内浇道的中心位置均匀分布在气缸套最小壁厚处的中心，如图 2-9 所示，这样可避免铁液对砂芯表面的冲刷作用及由其引起的缺陷。对于厚壁气缸套，内浇道中心可以取 $s/3$（s 为壁厚），这样更有利于避免气缸套内表面产生缺陷。内浇道的形状有圆形、长方形及椭圆形等，为制作方便等原因，一般采用圆形。为避免铁液喷射和对铸型的冲击，须采用正圆锥体。

3）内浇道的大小。内浇道的直径对浇注质量也有很大影响，直径过小或过大都不能获得令人满意的效果。若过小，则容易"凝死"；若过大，则挡渣能力差。根据经验，内浇道直径为 8 ~ 20mm 时效果最佳。它与缸套壁厚的关系可参考下列经验公式：

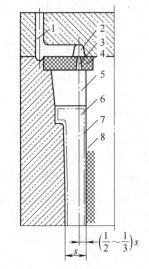

图 2-9　雨淋式浇注系统
1—直浇道　2—横浇道　3—内浇道
4—内浇道砂芯　5—冒口　6—气缸套
7—加工量　8—圆筒形砂芯

$$D = \frac{1}{2}s - K$$

式中　D——内浇道的直径（mm）；

　　　　s——气缸套侧壁的最小厚度（mm）；

　　　　K——经验系数，$s < 25mm$ 时，$K = 0 \sim 2.5$；$s = 25 \sim 30mm$ 时，$K = 2 \sim 3$；$s = 30 \sim 40mm$ 时，$K = 3 \sim 6$；$s = 40 \sim 60mm$ 时，$K = 6 \sim 17$；$s = 60 \sim 70mm$ 时，$K = 10 \sim 15$。

内浇道的长度不应过长，一般为 30 ~ 80mm。目前，根据国内工厂的实际经验，采用浇注总长为 2500 ~ 3500mm 的雨淋式顶注浇注系统的气缸套，其效果很好。

（3）其他浇注系统的应用　对于长度过长（大于 3500 ~ 4000mm）的气缸套，当单纯采用雨淋式浇注系统时，在浇注初期，对铸型底部的冲击作用过大，铁液会发生不良的飞溅现象或冲坏型底。此时，可采用雨淋式和底注式相结合的联合浇注系统。浇注初期，采用底注式浇注系统，当铁液在铸型内上升高度达 100~150mm 时，再改用雨淋式浇注系统。

有些工厂使用雨淋式浇注系统浇注中小型气缸套时，为了防止浇注开始时落下的"冷铁液"和喷溅的"铁豆"影响气缸套质量，而采取了储存措施，并在清铲时将其敲掉。即视缸套大小不同，设置 4~6 个"冷铁穴"，每个"冷铁穴"的质量为 2~5kg，其形式如图 2-10 所示。有些工厂是将气缸套下部直接加长约 30mm，待加工时车去。

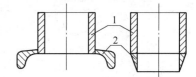

图 2-10　气缸套底部的"冷铁穴"
1—气缸套下部分　2—冷铁穴

图 2-11 所示为二冲程柴油机气缸套，上端内口呈喇叭形，将上端朝下并采用上述联合浇注系统。在缸套承肩处外缘设置外冷铁，以加快该区域的冷却速度，防止局部缩松缺陷。浇注初期，启用底注式浇注系统，待铸型内铁液上升位置超过喇叭口 100mm 时，改用雨淋式浇注系统，效果很好。

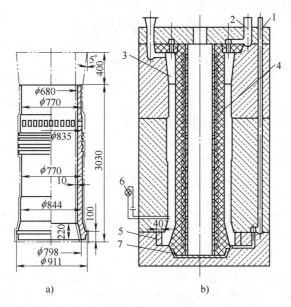

a)　　　　　　　　　b)

图 2-11　二冲程柴油机气缸套

a）零件简图　b）铸造工艺简图

1—底注式浇注系统　2—雨淋式浇注系统　3—冒口　4—圆筒形砂芯　5—外冷铁　6—铁液位置指示灯　7—铁底盘

大型船用二冲程回流扫气柴油机气缸套如图 2-12 所示。其缸径为 $\phi930mm$，外形结构较复杂。如果单独采用雨淋式顶注浇注系统，铁液落下时有可能冲坏砂芯，造成砂眼等缺陷。采用底注式与雨淋式联合浇注系统，可获得很好的效果。

个别中小型气缸套由于外形结构的影响，不能采用顶注式浇注系统，只适合设置底注式浇注系统，如图 2-13 所示。该缸套外表面上设有散热片，套壁厚度小，采用底注式浇注系统比较合适。

应当指出：气缸套采用底注式浇注系统时，对补缩条件有不利影响，会促使反方向凝固。故应适当提高浇注温度，加快浇注速度和增大冒口。

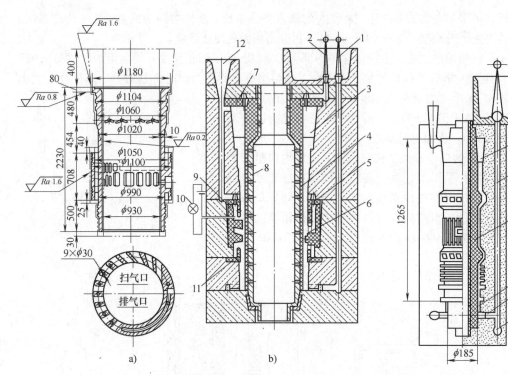

图 2-12　大型船用二冲程回流扫气柴油机气缸套
a) 零件简图　b) 铸造工艺简图

1—底注式浇注系统　2—雨淋式顶注浇注系统　3—冒口　4—圆筒形砂芯
5—上水腔砂芯　6—细长铸孔砂芯　7—内浇道砂芯　8—厚壁铸铁芯铁管
9—气口砂芯　10—铁液上升位置指示灯　11—下水腔砂芯　12—排气道

图 2-13　仅适合设置底注式浇注
系统的气缸套

1—冒口　2—直浇道　3—砂芯
4—内浇道　5—横浇道　6—集渣包

阶梯式浇注系统虽能适当提高铸型上方的铁液温度，有利于改善补缩条件，但在气缸套上应用较少。

5. 制芯

气缸套的砂芯质量，尤其是透气性、强度等性能，对气缸套的质量有着很大的影响。对芯砂的成分及操作应予以特别注意。图 2-14 所示为大型柴油机气缸套，缸径为 $\phi780mm$。其外形结构较为复杂，侧壁设有进、出两排换气口，要求铸出气口，且尺寸及形状要很准确。气口上下方设有狭窄的冷却水腔，气口间的铸壁中有连接上、下水腔，供冷却水流经的细长贯通小孔（$\phi25mm$），这增加了铸造难度。

气缸套采用雨淋式浇注系统时，全部铁液都要流经内浇道而进入型腔，内浇道周围芯砂的强度、耐火度等性能对气缸套质量有很大影响。特别是大型气缸套，其毛重约达 10t，如果芯砂的强度低、耐火度低，经不住铁液较长时间的冲刷，则容易将砂子冲刷掉入铸件内而产生砂孔、夹杂等缺陷。因此，应在内浇道周围芯砂中掺入耐火砖粉和石墨粉等耐火度高的材料，并在制芯时舂得很紧实。如果用合适的小陶瓷管或石墨管等作为内浇道，则效果更好。

气缸套中央的圆筒形砂芯是气缸套最主要的砂芯，一般采用对开实芯盒造芯。对于数量需求不多的中小型气缸套，可采用水平车板法造芯，一般不采用水平刮板造芯法（即整个圆柱砂芯由两半圆柱体砂芯对成），因为由两半圆柱体砂芯对合而成时不易保证准确的圆形。对于大型气缸套（缸径在 $\phi600mm$ 以上），可参考如图 2-15 所示的立式刮板造芯法，其效果较好。对于定型批量生产的大型气缸套，应采用对开实芯盒造芯，此方法生产率较高。对于大型圆柱砂芯，为避免组芯时可能产生的偏斜，须采用特制的铁芯管和铁底座。

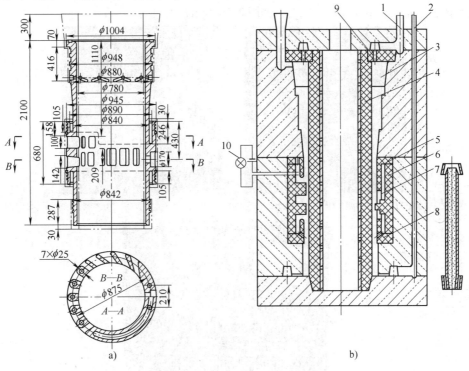

a)　　　　　　　　　　　　　　b)

图 2-14　大型柴油机气缸套

a) 零件简图　b) 铸造工艺简图

1—雨淋式顶注浇注系统　2—底注式浇注系统　3—冒口　4—圆筒形砂芯　5—上水腔夹层砂芯
6—气口砂芯　7—细长铸孔砂芯　8—下水腔夹层砂芯　9—内浇道砂芯　10—铁液上升位置指示灯

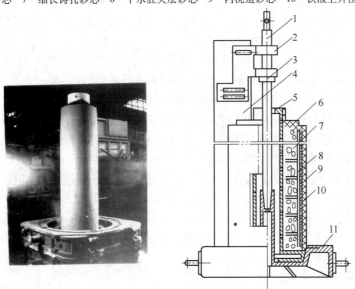

图 2-15　立式刮板造芯法

1—轴杠　2—活页　3—垫圈　4—刮板　5—芯铁管　6—砂芯
7—煤炉渣层　8—芯骨网层　9—稻草绳层　10—芯砂层　11—底座

气缸套的进、出两排换气口的形状及尺寸必须很准确，以保证气缸套的工作性能。因此，通常做成整体实芯盒，造出整体气口砂芯，如图2-16所示。

图2-16　气缸套整体气口砂芯

气缸套气口上下方的水腔夹层砂芯很薄，容易变形，尤其对排气道的设置应特别予以注意，既要确保浇注时气体能顺利排出，又要严防铁液"钻进"砂芯内，造成清砂困难。因此，应做成整体实芯盒，造出整体夹层砂芯，如图2-17所示。

气缸套上、下水腔间供冷却水流经的细长小孔的铸造是很难的。这7个$\phi 25mm$铸孔的长度为470mm（图2-14），很容易产生砂孔、气孔、渗漏和清砂困难等缺陷。为了避免这些问题，某厂已探索出一个有效方法，即采用内径为$\phi 25mm$的无缝钢管来确保砂芯具有足够的强度。为使钢管能与铸件母材熔接良好，必须将钢管外表面车出深度约1mm的沟槽，并须进行镀铜处理。浇注前保持干净，并适当进行预热。钢管内壁挂上涂料，并用芯砂填紧，中央留出排气道。芯砂须具有高耐火性和良好的溃散性，以便于清砂，可用以下两种砂：①铬铁矿砂（或钛铁矿砂），它具有独特的抗渗透性粘砂能力；②锆砂47%、石墨粉50%、糖浆3%。钢管须用管座固定于上、下水腔夹层砂芯上。上芯头与芯座之间的配合须留有适当间隙，供钢管受热膨胀伸长。此砂芯中的气体须经上水腔夹层砂芯顺利排出，且必须严防铁液"钻进"砂芯内部。$\phi 580mm$、$\phi 780mm$和$\phi 930mm$的大型柴油机气缸套上的细长铸孔$\phi 18mm$、$\phi 25mm$和$\phi 30mm$，都按这种方法进行仔细操作，均获得了良好效果。

6. 石墨砂及其应用

众所周知，气缸套上最重要的工作部位是内表面，这部分的工作载荷最重，技术要求最高。因此，如何保证内表面的质量是气缸套铸造的中心环节。对于小型气缸套，为提高内表面的质量，延长气缸套使用寿命，可采用多孔性镀铬等表面处理工艺，获得了较好的效果。但对于现代大型气缸套，采用这种表面处理工艺是困难的。因此，只能从铸造工艺及材质的选用等方面入手

图 2-17　气缸套水腔夹层砂芯

来达到提高质量的目的。

（1）对提高气缸套内表面质量的铸造工艺分析　从气缸套的工作条件分析可知，为满足内表面的技术要求，除了不准有砂眼、夹杂等铸造缺陷以外，还应使内表面比外表面具有更加致密的结晶组织，以提高耐磨性。而铸铁的结晶组织的粗细程度，除了受化学成分的影响以外，还与冷却速度有很大关系。采用普通砂型铸造时，气缸套内表面处于铸型中央，散热条件最差，冷却速度最慢，故比外表面更容易出现结晶组织粗大和局部缩松等缺陷。为适当加快大型气缸套内表面的冷却速度，目前国内外主要采取以下措施。

1）采用隔砂冷铁。即在圆筒形砂芯上设置外冷铁，造芯时将几百块外冷铁交错叠起，在外冷铁的外表面敷上薄层芯砂。整个造芯操作过程较为复杂。

2）采用隔砂芯铁管。将圆筒形砂芯的芯铁管壁厚增加到 60～80mm，起到一部分外冷铁的作用。芯铁管外表面的砂层厚度为 25～30mm。采用这种方法，因砂层较厚，实际上加速冷却的效果不太明显，另外清砂也非常困难。

3）应用外冷铁。在圆筒形砂芯上设置局部外冷铁或石墨块，但只能起到局部的激冷作用。

以上方法虽有一定的作用，但都不能很有效地达到预期的目的。

（2）石墨砂的应用　在分析各种铸造工艺优缺点的基础上，某厂提出了采用石墨砂作为大型气缸套圆筒形砂芯的材料。经该厂的实践证明，石墨砂具有激冷效果显著、操作简便、清砂容易和成本低廉等独特优点。

1）石墨砂的原理。影响铸件凝固时间的因素很多，概括起来主要有三个方面：铸型材料的导热性、铸件特征（形状、壁厚、大小和质量等）和浇注条件。因为各种材料具有不同的热物理性能，所以铸型材料对铸件的凝固时间有着很大的影响。例如，在其他条件相同时，金属型中铸件的凝固时间是砂型中铸件凝固时间的 1/9 ~ 1/4。铸件的凝固速度是受铸型吸热速度控制的，铸型吸热快，则凝固得就快，反之亦然。而一定时间内铸型的吸热总量，主要与铸型的热扩散率或蓄热系数有关：铸型的蓄热系数大，吸热能力就大，铸件的凝固时间就短。因此，可以使用不同的造型材料来控制铸件在铸型中的冷却、凝固速度。在 γ-铁、碳化硅砖、石墨、耐火砖、型砂和镁砂等材料中，石墨的热导率是最高的，因此采用石墨材料能显著地加快铸件的冷却速度。石墨砂的导热速度虽低于石墨型，但比砂型要快得多。

铸件的缩孔、缩松倾向与合金成分之间有一定的规律。纯金属及共晶成分合金倾向于形成集中缩孔，而结晶间隔大的合金则易于形成分散性缩松，铸件的致密性就差。在铸件的凝固过程中，表面凝固层与中心尚未凝固的液相区域之间，存在着固-液两相共存区。影响凝固区域宽度的因素很多，其中铸件的冷却速度是重要因素

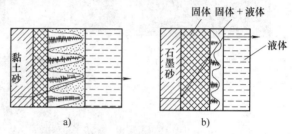

图 2-18　铸型材料对凝固区域宽度的影响
a）激冷程度小（黏土砂）　b）激冷程度大（石墨砂）

之一。石墨砂的导热速度快，使铸件的冷却速度提高，凝固区域宽度缩小，如图 2-18 所示，从而增加了温度梯度，有利于增强补缩，减小缩松面积。冷却速度越快，则凝固区域越小。而凝固区域越小，越有利于补缩，则铸件的缩松区域相应越狭小，结晶组织越致密。因此，使用石墨砂能获得预期的良好效果。

石墨砂不但能显著提高铸件质量，还具有使用方便、清砂容易等优点；不但可用于大型气缸套，其他许多结构复杂、技术要求很高的重要铸件，如气缸、气缸盖、泵壳、阀体及箱体等也可以应用。这些铸件普遍具有壁厚不均等特点，容易形成"热节"，并产生局部缩松和渗漏等缺陷。应用一般外冷铁，一方面激冷效果不及石墨冷铁，另一方面有些铸件内腔、铸壁与筋的连接部分放冷铁很困难，清理不出来，操作不方便。因此，石墨砂在这些铸件的生产中有着广泛的应用前景。

2）石墨砂的组成。在型砂中加入能增加热导率的物质（如煤粉），能够使铸型的导热速度加快。在型砂中加入 6% 的煤粉时，能使铸型的导热速度提高约 15%。在生产中采用过以下激冷砂：

① 碳素砂。其组成：废焦炭颗粒（2 ~ 3mm）60%、石墨粉 30%、黏土粉 10%。国内某重型机床厂将其用在机床导轨上，获得了较好的效果。

② 焦炭粉砂。其组成：焦炭粉 30%、石墨粉 30%、天然硅砂 30%、黏土粉 10%。国内某厂将其用作大型气缸套水腔夹层砂芯，对防止渗漏起到了一定作用。

③ 铁屑砂。其组成：经过除锈处理的铁屑（过 1mm 筛子孔）65% ~ 75%、型砂 17% ~ 27%、水玻璃 6% ~ 8%。某厂将其用在柴油机气缸盖燃烧室部位，效果较好。

以上激冷砂的激冷程度都不能满足大型气缸套的要求。因此，某厂研制出了一种以导热性能最好的石墨为主要原料的石墨砂，其组成：石墨屑 90%、黏土粉 10%。所采用的石墨屑是石墨加工厂的车屑，经过筛处理后加入黏结剂，在混砂机内混制而成，使用前须再经过筛处理。石墨砂层厚度为铸件被激冷处厚度的 1 ~ 1.5 倍。石墨砂芯必须在 400 ~ 450℃的温度下进行烘干。

石墨砂首先在小型气缸套（内径为 φ200mm，长度为 400mm，壁厚为 30mm）上进行试验。试验方法：铸造两个完全相同的气缸套的圆筒形砂芯，一个用普通黏土砂，另一个用石墨砂，其

他铸造条件完全相同，采用铬-钼-铜合金铸铁。铸造后将两个缸套进行解剖，在本体上取样进行检验，其结果见表2-3。

表2-3　气缸套的化学成分、力学性能和金相组织检验结果

炉号	砂芯材料	化学成分（质量分数,%）								抗拉强度 R_m/MPa	金相组织
		C	Si	Mn	P	S	Cr	Mo	Cu		
9-34-5	普通黏土砂	3.55	1.62	1.13	0.17	0.10	0.19	0.21	0.29	247	片状石墨，均匀分布，长度为150~300μm，体积分数为8%~10%。珠光体基体，少量二元磷共晶体，如图2-19a所示
9-34-6	石墨砂	3.62	1.70	1.13	0.16	0.095	0.18	0.21	0.29	289	片状石墨，呈菊花状分布，长度为100~200μm，体积分数为10%~12%。珠光体基体，少量二元磷共晶体，如图2-19b所示

从以上结果可以看出：采用石墨砂芯的缸套，其结晶组织细化，可使缸套本体的强度提高15%。片状石墨长度由150~300μm缩短到100~200μm，并由均匀分布变为菊花状分布，如图2-19所示。

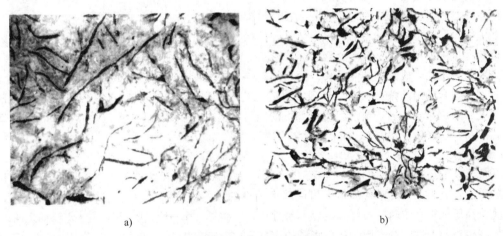

a)　　　　　　　　　　　　　　　　　　　b)

图2-19　小型气缸套的金相组织

a）普通黏土砂（×100）　b）石墨砂（×100）

7. 冷铁的应用

柴油机气缸套侧壁的厚度不均，形成了金属的局部聚积。尤其是现代二冲程柴油机气缸套，其上、下壁厚相差很大，如果补缩不良，就会经常出现局部缩松缺陷。适当地应用冷铁，加快局部的冷却速度，对消除"热节"、增强补缩能起到很好的作用。冷铁一般应用在下列部位。

（1）气缸套下部密封环槽区域　该区域因受环槽的影响，壁厚增加。按照经验，对于较小型的湿式气缸套，当侧壁厚度差接近或超过该处断面厚度的40%时，即会产生局部缩松，达到50%~60%时最为严重。对于大中型气缸套，当厚薄差在20%~30%的范围内时，尚不会产生显著缺陷；如果达到40%，则须考虑设置外冷铁。

（2）上部承肩法兰处　当将气缸套上部承肩法兰朝下浇注时，如果该部分过于"肥厚"，则须考虑在法兰（如图2-11中的件5）外侧或圆根部分设置外冷铁。

（3）气缸套内表面　缸套内表面是质量要求最高的工作面，一般不允许有任何铸造缺陷。

为了提高结晶组织的致密性和耐磨性等，可设置外冷铁。国内某厂铸造如图 2-20 所示的辅助空气压缩机小型高压气缸套时，要求进行水压试验（压力为 12MPa），在内表面上设置厚度为 16mm 的外冷铁，效果很好。但要注意，浇注前要对冷铁进行适度预热，以防止产生气孔。圆筒形砂芯上的外冷铁共由 8 块组成，在径向分成 4 块，彼此间留有间隙，以防阻碍铸件收缩。

8. 化学成分

为了满足气缸套的力学性能及金相组织要求，保证其具有优良的耐磨性和铸造性能等，应根据不同的铸造工艺和生产条件，选择适当的化学成分。

根据碳对上述性能的综合影响，一般将碳的质量分数控制在 3.0% ~ 3.4% 的范围内。含碳量过高，可能对力学性能产生不利影响；含碳量过低，则主要影响铸造性能，如发生缩孔、缩松的

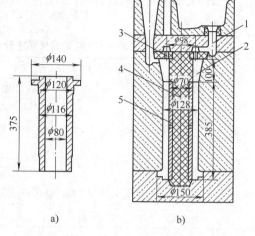

图 2-20　辅助空气压缩机小型高压气缸套
a）零件简图　b）铸造工艺简图
1—雨淋式顶注浇注系统　2—冒口　3—内浇道（6 × φ12mm）　4—砂芯　5—外冷铁
（厚度为 16mm）

倾向增大等，同时不能保证所需的一定数量的片状石墨，从而会对耐磨性产生不利影响。

硅的含量主要考虑碳、硅等元素的综合影响，由气缸套的主要壁厚等因素决定。铸铁的结晶组织主要取决于化学成分和结晶条件，而结晶条件主要是指冷却速度。故在选择碳、硅含量时，还要考虑气缸套的结晶条件，如气缸套的铸造工艺、铸型种类、造型材料和结构特征（如侧壁主要厚度）等因素的综合影响。可参考如下的经验数据：对于侧壁主要厚度小于 25mm 的小型气缸套，$w(Si) = 1.6\% \sim 2.0\%$；对于侧壁主要厚度为 25 ~ 40mm 的中型气缸套，$w(Si) = 1.3\% \sim 1.6\%$；对于侧壁主要厚度大于 40mm 的大型气缸套，$w(Si) = 0.9\% \sim 1.3\%$。

其他元素的质量分数：$w(Mn) = 0.7\% \sim 1.1\%$，$w(S) < 0.12\%$。关于含磷量的选择有不太一致的看法：有人认为提高含磷量有可能降低铸件的致密性，为避免高磷时可能出现的渗漏现象，主张高压气缸套中磷的质量分数以不超过 0.2% 为宜；另一种主张是为了提高气缸套的耐磨性，发挥磷对耐磨性的有利影响，应将磷的质量分数控制在 0.2% ~ 0.5% 的范围内。

为了更好地提高气缸套的耐磨性和热稳定性等，必须加入合金元素铬、钼、铜、钒、锡、钛和硼等，目前国内外已很少采用不加入合金元素的普通铸铁。根据国内外的研究及实际经验，铬钼铜系、硼铸铁系和钒钛系的使用较为广泛，效果较好。至于镍铬系，主要因为镍太昂贵，故其广泛应用受到了很大限制。前面已经论述了气缸套的合金材质及常控制的合金成分范围，此处不再赘述。目前工厂常用气缸套的化学成分及力学性能可参考表 2-4，国内某厂生产的部分大型气缸套的化学成分及力学性能见表 2-5，可供参考。

9. 浇注温度

铁液的过热程度和浇注温度对气缸套的质量有着很大的影响。适当提高铁液的过热程度，会使结晶组织更加致密，是获得优质气缸套的基本条件。采用冲天炉熔炼时，应采取预热送风、精选炉料和优质焦炭等措施，必须使铁液的出炉温度达到 1460 ~ 1480℃，而达到该温度也仅仅是满足铸造工艺的最基本要求。如果采用电炉熔炼，铁液的熔炼温度一般应达到 1500 ~ 1520℃，某些情况下也可达到 1520 ~ 1560℃。

表 2-4　常用气缸套的化学成分及力学性能

材质	化学成分(质量分数,%)												力学性能	
	C	Si	Mn	P	S	Cr	Mo	Cu	V	Ti	B	Sn	抗拉强度 R_m/MPa	硬度 HBW
铬-钼-铜铸铁	3.0 ~ 3.4	1.6 ~ 2.0	0.7 ~ 1.0	0.2 ~ 0.4	<0.10	0.15 ~ 0.35	0.2 ~ 0.4	0.8 ~ 1.2					>250	180 ~ 248
	3.0 ~ 3.3	1.1 ~ 1.6	0.7 ~ 1.0	0.3 ~ 0.5	<0.10	0.2 ~ 0.4	0.3 ~ 0.5	0.8 ~ 1.2					>250	180 ~ 248
铬-钼-铜-硼铸铁	3.0 ~ 3.4	1.5 ~ 2.0	0.7 ~ 1.0	0.2	<0.10	0.2 ~ 0.4	0.4 ~ 0.8	0.8 ~ 1.2			0.03 ~ 0.06		>250	190 ~ 248
	3.0 ~ 3.4	1.7 ~ 2.0	0.7 ~ 1.0	0.2	<0.10	0.2 ~ 0.4	0.2 ~ 0.5	0.6 ~ 1.2			0.03 ~ 0.06		>250	190 ~ 248
硼铸铁	3.0 ~ 3.3	1.1 ~ 1.3	0.7 ~ 1.0	0.2 ~ 0.4	<0.10						0.03 ~ 0.05	0.08 ~ 0.10	>215	180 ~ 240
钒-铜-硼铸铁	3.0 ~ 3.4	1.0 ~ 1.3	0.7 ~ 1.0	0.2 ~ 0.4	<0.10			0.9 ~ 1.4	0.10 ~ 0.25		0.02 ~ 0.04		>250	180 ~ 240
钒-铜铸铁	3.0 ~ 3.4	1.0 ~ 1.3	0.7 ~ 1.0	0.3 ~ 0.5	<0.10			0.9 ~ 1.3	0.15 ~ 0.40				>250	190 ~ 248
钒-钛铸铁	3.0 ~ 3.3	1.0 ~ 1.4	0.7 ~ 1.0	0.25 ~ 0.45	<0.10				0.15 ~ 0.40	0.05 ~ 0.16			>250	190 ~ 248

表 2-5　国内某厂生产的部分大型气缸套的化学成分及力学性能

材质	化学成分（质量分数,%）											力学性能	
	C	Si	Mn	P	S	Cr	Mo	Cu	V	B	Sn	抗拉强度 R_m/MPa	硬度 HBW
铬-钼-铜铸铁	3.37	1.26	1.03	0.36	0.067	0.26	0.31	1.12				320	223
	3.40	1.21	1.01	0.34	0.078	0.28	0.30	1.02				310	223
	3.36	1.22	1.04	0.51	0.072	0.27	0.32	1.10				315	227
	3.33	1.25	0.91	0.39	0.073	0.26	0.33	1.07				305	225
	3.20	1.24	0.90	0.38	0.093	0.28	0.31	1.06				315	229
钒-铜铸铁	3.40	1.06	0.85	0.42	0.049			1.25	0.33			295	229
	3.38	1.18	0.87	0.48	0.058			1.02	0.30			345	223
	3.36	1.15	0.82	0.42	0.075			1.17	0.34			320	217
	3.20	1.18	0.72	0.45	0.110			1.16	0.31			305	212
	3.21	1.24	0.73	0.35	0.057			1.12	0.30			300	212
	3.22	1.18	0.74	0.36	0.066			1.13	0.35			370	229
	3.25	1.31	0.83	0.31	0.079			1.08	0.34			357	232
硼铸铁	3.28	1.21	0.82	0.30	0.100					0.036	0.09	315	223
	3.24	1.35	0.84	0.32	0.110					0.038	0.11	298	217
	3.25	1.29	0.85	0.28	0.058			1.20		0.028		310	223
	3.35	1.19	0.88	0.26	0.058			1.08	0.09	0.024		315	225
	3.24	1.26	0.80	0.29	0.056			1.23	0.11	0.031		317	227

提高浇注温度对缩孔、缩松的影响表现在两个方面：一方面会增加液态体积收缩，从而使总的体积收缩量增加；另一方面，由于提高了铁液的流动性，改善了补缩条件，从而减少了铸件内部的局部缩松。在多数情况下，提高浇注温度后，会使缩孔体积增加：浇注温度为 1270℃ 时，缩孔体积为 0；浇注温度为 1320℃ 时，缩孔体积为 3.3cm^3；浇注温度为 1370℃ 时，缩孔体积为 4.9cm^3。

浇注温度还影响缩孔的形状及分布情况。当浇注温度较低时，由于铁液的流动性降低，使补缩条件恶化，则会形成内部的、分散的缩孔和缩松。这样会使铸铁的密度减小，致密性急剧下降，尤其是当原铁液的流动性较差时（如含硫量过高等）更是如此。相反，提高浇注温度后，会使铁液的流动性增强，改善了补缩条件，促使形成外部的、集中的缩孔，使致密性大为提高，铸铁的密度增大。

根据某工厂的试验结果，同样可以看出高温浇注的铸铁，其密度比低温浇注的要高，而其密度差值随碳、硅含量的增加而减小，如图 2-21 所示。

在砂型中浇注大型厚壁铸件时，提高浇注温度虽可改善补缩条件，但在结晶开始之前，因冷却速度很缓慢，且铸铁的对流性很好，故铸件各断面上的温度更趋近于一致。结晶是在整个断面上同时进行的，这对消除内部缩孔、缩松是不利的。此时，须将浇注温度的选择和加快冷却速度及控制浇注时间等方面结合起来，才能更有利于保证铸件的致密性。

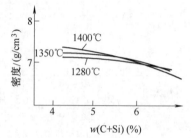

图 2-21   浇注温度对铸铁
密度的影响

综上所述，气缸套应采用较高的浇注温度。这主要是因为：

1）提高浇注温度后，改善了缸套的补缩条件，增强了补缩，特别有利于防止局部缩松缺陷。

2）使结晶组织更加致密，可提高整个缸套的致密性。

3）特别有利于铁液中的氧化皮及其他夹杂物的排除，对减少缸套的气孔、夹杂等缺陷尤为重要。

实际应用中，应根据气缸套的结构特征（如形状、大小、壁厚等）、浇注方法等因素来选择浇注温度。根据经验，大型气缸套的浇注温度一般为 1340~1360℃，小型气缸套的浇注温度为 1360~1380℃。

2.1.5   大型气缸套的低压铸造

大型回流扫气二冲程柴油机气缸套采用低压铸造工艺，可获得比采用普通重力浇注更好的质量和经济效益。

1. 低压铸造基本原理

低压铸造是使干燥的压缩空气充满盛着液体金属的密闭容器，在液体金属面上形成一定的压力。在该压力的作用下，液体金属通过升液管压注系统沿着与重力相反的方向平稳地充满铸型，并在压力（一般小于 0.8MPa）作用下进行结晶。低压铸造铸件具有结晶组织致密和铸造缺陷少等特点。

2. 低压铸造设备

大型气缸套具有尺寸大、质量大、铁液温度高和压注周期长等特点。因此，对这种大型低压铸造设备的设计有以下特殊要求：

1）因为铸件尺寸和质量都比较大，整体铸型重达数十吨。因此一般采用侧压式，即将铸型放在升液管的一侧，利用弯管将升液管与铸型相连通。

2）大型低压铸造设备的主要零件，如加压密封气缸体、气缸盖和双爪卡环等工作受力都很大，必须具有足够的强度、刚度，以确保安全可靠。

3）铁液的温度比较高，压铸全过程的时间又比较长，升液管较长时间浸在高温铁液中，故必须具有良好的耐热性和高温强度。

4）良好的密封性能，以确保在压铸过程中不发生漏气现象。

5）结构简单、操作灵活可靠和维修方便。

根据上述要求研制成功的大型低压铸造设备如图 2-22 所示。该设备主要由加压气缸本体、气缸盖、双爪卡环、升液管和气动锁紧装置等组成，并配有压缩空气控制系统及指示型内、包内铁液位置的电控信号系统。

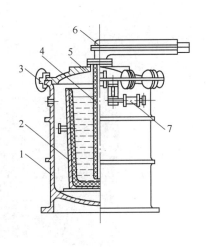

图 2-22　气动锁紧双爪卡环式低压铸造装置结构简图

1—加压气缸本体　2—浇包　3—双爪卡环　4—升液管　5—气缸盖　6—弯管　7—气动锁紧装置

（1）加压气缸本体　如图 2-23 所示，气缸内径为 1440mm，有效深度为 1620mm，缸体内最大可放置一件质量为 5t 的浇包，缸壁厚度为 30mm，材质为 ZG270-500。气缸底部呈球形，上部法兰与气缸盖配合，法兰外缘设有 12 个缺口，尺寸为 130mm×32mm，供安装双爪卡环使用，与其下爪相配合。法兰上平面设有燕尾形密封环槽，其直径为 1589mm，槽内装有厚度为 3mm 的橡胶密封圈。工作时槽内充压缩空气，顶紧密封圈，使低压铸造时气缸体与气缸盖之间不致产生漏气现象。

受压容器的主要部位必须进行强度核算。核算结果：气缸体上部法兰上的凸缘体安全可靠。

（2）气缸盖　如图 2-24 所示，气缸盖的材质为 ZG270-500，主要壁厚为 45mm。气缸盖法兰外缘设有 12 个缺口与双爪卡环上爪相配合。

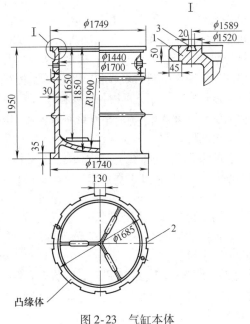

图 2-23　气缸本体

1—法兰　2—缺口　3—密封环槽

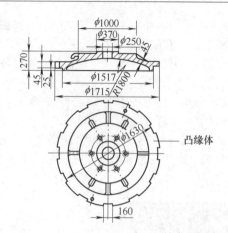

图 2-24　气缸盖

（3）双爪卡环　双爪卡环如图 2-25 所示，其材质为 ZG270-500。它在小型气缸组（参见图 2-22 中的件 7）的推动下用于锁紧或松开气缸本体与气缸盖之间的法兰连接。工作时该卡环要承受超过 100kN 的载荷，它是大型低压铸造装置的关键零件。过去主要采用单爪卡环与压板螺栓联接的结构，如图 2-26 所示。螺栓的安全系数较低并容易松动，需要经常检修，安全可靠性较差。现在采用新研制的双爪卡环结构，取消了螺栓联接，而是用上下各 12 个固定双爪将气缸盖与气缸体锁紧。上、下爪的各主要截面（1~4）都经过详细的强度核算（双爪截面的受力分析可近似按悬壁梁计算），最小安全系数 $K = 5.24$。从而解决了大型低压铸造装置设计中的结构选型及安全问题。

（4）升液管　如图 2-27 所示，升液管采用钢管-耐火砖管-型砂层组合的特殊结构，用 $\phi194mm \times 6mm$ 的无缝钢管与法兰焊接。内衬为耐火砖管，内径为 120mm，砖管与钢管间留有适当间隙并填满干砂。钢管外表面为厚度 18mm 的特殊型砂层（组成：耐火砖粉 60%，焦炭粉 27%，黏土粉 13%，水分适量），使用前须经充分烘干（烘干温度为 400~450℃，保温 3~4h，使用前再次加热至 300~350℃ 充分预热），以使其具有足够的强度和一定的透气性，严防产生裂纹等损坏现象。

（5）喉管　如图 2-28 所示，喉管全由钢板焊接而成，安装在铸型与弯管之间。铁液充满铸型后，在冒口内进行加压之前，循环冷却水对喉管进行强制冷却，使喉管内的铁液迅速凝固，防止铸型内铁液回流入浇包内。

（6）气动锁紧装置　采用两组对称布置的小气缸（缸径为 $\phi205mm$）推动双爪卡环正、反

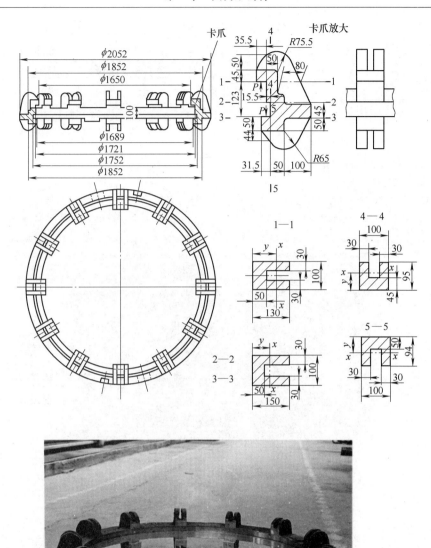

图 2-25　双爪卡环

转动，以实现低压浇注中气缸盖与气缸体相配合后的锁紧或松开。

（7）压缩空气控制系统　来自储气稳压罐中的压缩空气，必须经过油水分离装置以除去其中的油和水。整个压铸过程的操作在控制中心实施。

（8）指示铁液位置的电控信号系统　在压铸全过程中，利用设置于浇包内铁液面上的浮动测位装置和安放在铸型腔内不同高度的导线电控信号系统，准确控制浇包内铁液的下降情况和铸型腔中铁液的上升情况，及时调整压力大小及压注速度等，以确保压铸质量及安全。

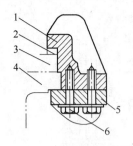

图 2-26　单爪卡环与压板
螺栓联接的结构

1—单爪卡环　2—楔铁　3—气缸盖法兰
4—气缸体法兰　5—压板　6—联接螺栓

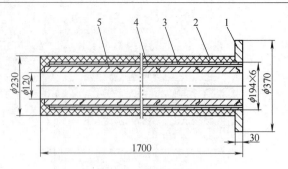

图 2-27　升液管结构

1—法兰　2—型砂层　3—无缝钢管
4—间隙（填满干砂）　5—耐火砖管

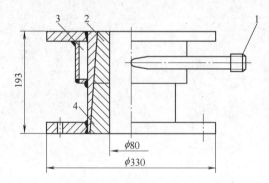

图 2-28　喉管结构

1—外接进、出循环冷却水管　2—石墨圈　3—循环冷却水腔　4—型砂层

3. 低压铸造工艺

大型柴油机气缸套的材质通常为 HT250 低合金铸铁，气缸套本体的硬度为 190 ~ 241HBW。缸套上部往下 1/3 的范围内，水压试验压力为 13MPa，其余部分为 0.7MPa。缸套净重为 925kg，毛重为 1300kg。为提高质量，采用低压铸造工艺，如图 2-29 所示。

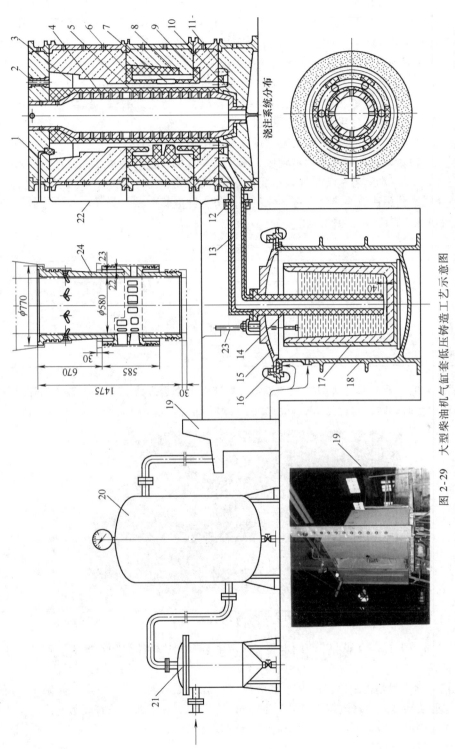

图 2-29　大型柴油机气缸套气缸套低压铸造工艺示意图

1—冒口加压装置　2—出气孔　3—冒口　4—中央圆筒形砂芯　5—砂芯铁管　6—上水腔夹层砂芯　7—φ18mm 铸孔小管

8—气口砂芯　9—下水腔夹层砂芯　10—内浇道　11—横浇道　12—密封圈　13—弯管　14—升液管　15—气缸盖　16—双爪卡环　17—浇包

18—气缸本体　19—操作台　20—储气稳压罐　21—油水分离器　22—铸型型腔中铁液上升位置电控指示信号　23—浇包内液面下降位置电控指示信号　24—气缸套简图

钢管（4～5 根 φ10mm×1mm 钢管）

（1）工艺参数　铸造线收缩率为0.8%。气缸套上部设有环形顶冒口，高度为200mm，与重力浇注工艺相比，冒口高度减小了一半。在压注铁液的过程中，要使铸型中的气体能尽快地顺利排出，否则会建立起较大的背压，降低充型速度。采用4~5根ϕ10mm×1mm（外径×壁厚）的钢管，将其预埋在箱盖中。但要特别注意，小管不能伸长到冒口内。当铁液充满铸型时，出气孔内的铁液应能尽快凝固，以防止铁液从此出气孔溢出。

（2）压注系统　低压铸造压注系统应能使铁液在铸型中平稳上升，不会产生冲击、飞溅等现象。浇道距离要短，集渣能力要强。压注系统由升液管、弯管、喉管、横浇道和内浇道等组成。大型气缸套低压铸造压注系统的尺寸见表2-6。

1）内浇道。内浇道的位置设在气缸套底部，呈喇叭形。

2）升液管。升液管长期浸在高温铁液中，必须具有高的强度和耐火度。压注时，首先将升液管紧固于气缸盖上，和缸盖一起与气缸相配合。升液管被压入浇包内时，须使其在铁液中上下往复运动3~4次，利用铁液的热量将它充分预热，防止升液管内铁液凝固。升液管是铁液被压进铸型的主要通道，它距离浇包底部约40mm。

表 2-6　大型气缸套低压铸造压注系统的尺寸

组成	升液管		弯管		喉管		横浇道		内浇道	
尺寸/mm 与面积/cm²	尺寸	$A_升$	尺寸	$A_弯$	尺寸	$A_喉$	尺寸	$A_横$	尺寸	$A_内$
	ϕ120	113	ϕ100	78.5	ϕ85	56.4	60×80×100	140	40×60（4道）	96
比例	$A_升 : A_弯 : A_喉 : A_横 : A_内 = 2 : 1.4 : 1 : 2.5 : 1.7$									

3）弯管。弯管是升液管与铸型的连接部分，其外壳由钢板焊成。为便于清砂，升液管由两半组合，内衬为普通型砂，内径为100mm，如图2-30所示。

图 2-30　弯管结构

4）喉管。喉管上有供冷却水流经的水腔。内筒中装有导热性能好的石墨圈，可及时迅速地切断铁液"回路"。

（3）压注温度　严格控制压注温度非常重要。根据该气缸套的结构特点，如果压注温度过高，则会使水腔夹层砂芯严重过热，容易产生凹角、缩孔等缺陷。如果压注温度过低，则会使升液管内的铁液凝固或产生"压注不满"的危险，并降低冒口的补缩功能。在冲天炉熔炼条件下，根据经验，压注温度应控制在1350~1360℃的范围内。

（4）充型压力　充型所需压力应根据铸件总高度及合金材料的种类等而定。在没有背压的情况下，充型压力可按下式计算：

$$p_{充} = \frac{H\rho K}{10^4}$$

式中　$p_{充}$——充型压力（MPa）；

　　　H——充型总高度（cm），即从充型完毕的最低金属液面至铸件顶部的总高度；

　　　ρ——金属液的密度（g/cm³）；

　　　K——阻力系数，一般为 1 ~ 1.2。

根据上式计算得，压力为 0.1MPa 时，可使铁液上升 1.45m。该气缸套所需的充型压力为 0.28MPa。

（5）充型速度　充型速度受压注温度、压注系统大小、气缸内气体压力的增加速率和铸型腔内的阻力等因素的影响。在保持铁液平稳上升的前提下，应缩短充型时间。该气缸套的充型时间为 50 ~ 60s。在压铸过程中，当快要充满铸型时，应适当减少进气量，降低充型速度，以减轻铁液对箱盖的冲击力，并避免发生铁液从出气孔喷溅等现象。

（6）低压铸造工艺流程　整个压铸过程包括充型压注、增压、保压、冒口加压、喉管通水冷却和卸压等，须严格按如下工艺流程进行操作：充型压铸 $\xrightarrow[\text{时间 } t = 50 ~ 60s]{\text{压力由 0 增加至 0.28MPa}}$ 增压

$\xrightarrow[\text{时间 } t = 60s]{\text{压力由 0.28MPa 增至 0.55MPa}}$ 保压 $\xrightarrow[\text{时间 } t = 6 ~ 7min]{\text{压力保持为 0.55MPa}}$ 冒口加压（铁液充满铸型后

2min 开始）$\xrightarrow[\text{保压时间为 15min}]{\text{压力由 0 增至 0.55MPa}}$ 喉管通水冷却（增压后开始）$\xrightarrow[\text{时间 } t = 6min]{\text{加速喉管内铁液凝固}}$

卸压（压铸完毕）。

1）增压与保压。为充分发挥压力补缩作用，铁液充满铸型后，应稍停 5 ~ 10s，待箱盖中小出气孔内的铁液凝固后，立即将压力增加到 0.55MPa，并保持此压力，直到喉管内的铁液凝固为止。保压时间一般为 6 ~ 7min。

2）串水冷却。增压以后，为加速对喉管的冷却作用，在喉管内进行串水强制冷却，水冷时间为 6 ~ 7min。

3）冒口加压。根据该气缸套结构较复杂、壁厚不均的特点，不能实现整个气缸套的"方向"性凝固。因此，在低压充型、增压的基础上，还必须采用冒口加压的方法，提高顶冒口对气缸套上部的补缩作用。顶冒口的上方设有四个小砂芯，内插 $\phi 8mm \times 1mm$（直径×壁厚）的小钢管。在铁液充满铸型后约 2min，立即通压缩空气加压到 0.55MPa，并持续保压 15min，这样可提高冒口的补缩效能。从冒口的解剖中可以看出，形成了较大的集中孔穴，如图 2-31 所示。

图 2-31　气缸套压缩
空气加压冒口

为有效发挥冒口加压作用，必须根据压注温度情况，及时调整加压时间：如果冒口加压过早，则喉管内的铁液尚未凝固，可能将型腔内铁液压回铁液包内；如果冒口加压过晚，则不起加压作用。另外，还要注意内插加压管的砂芯直径不能过大，一般取 $\phi 30 ~ \phi 40mm$。如果此砂芯直径过大，吸收热量过多，则会使砂芯周围的铁液很快凝固并形成硬壳，将阻止压缩空气进入冒口内形成压力而发挥不了加压作用。小砂芯必须具有足够的强度、良好的耐火度和透气性。

4. 低压铸造中的主要问题及其对策

（1）铁液"回流" 全用普通型砂制作喉管时，因冷却缓慢，容易使气缸套下部局部铁液"回流"到浇包内。如果在喉管内放一块石墨圈以提高传热效率，则能及时切断铁液"回流"。

（2）升液管内"凝死" 造成升液管内"凝死"的主要原因有：升液管不干；未经充分预热，铁液温度太低；升液管压入铁液包中以后至开始加压充型的停留时间过长等。如果能严格按前述各项要求执行，则完全能避免升液管内"凝死"。

（3）局部渗漏 气缸套的气口周围出现局部缩松漏水现象的主要原因：气口周围壁厚很不均匀，形成局部"热节"，最后凝固时得不到补缩形成局部缩松而导致渗漏。采取特殊芯砂（中央圆筒形砂芯用石墨砂，水腔夹层砂芯用铬铁矿砂、钛铁矿砂或焦炭粉-石墨砂），具有一定的激冷作用和严格控制压铸温度等措施，质量可显著提高。

（4）$\phi18mm$ 细长铸孔清砂困难 细长砂芯受热最严重，且在压力作用下容易产生粘砂现象，致使清砂困难。采用小管内壁挂涂料的方法，并严格按前述各项要求仔细操作，清砂便容易些。

5. 气缸套低压铸造的特点及主要效果

（1）特点

1）铁液在外界气体压力作用下流动并充满铸型，充型方法是自下而上。升液管浸入浇包底部，使洁净的铁液充满铸型，显著减少夹杂缺陷，且铁液充型速度可以控制。

2）采用开放式压注系统，保持铁液平稳上升，减轻了其对铸型的冲刷及铁液飞溅等现象，减少了砂眼和涂料剥落等缺陷。由于低压铸造充型过程非常平稳，避免了卷入大量空气的危险，并减轻了铁液的氧化，从而减少了气孔及氧化皮夹杂等缺陷。

3）低压铸造从充型开始，直到铸件凝固，一直是在外界压力的作用下进行的。特别是采用冒口加压方法时，更能发挥压力补缩作用。因此，铸件组织致密，耐压性能好。气缸套上部虽然要承受13MPa的高压水密性试验，但从未出现过渗漏现象。

4）在低压铸造和冒口加压的基础上，中央圆筒形砂芯采用石墨砂，有效地加快了冷却速度。在这两方面的配合作用下，更增强了对气缸套内表面的补缩作用，减少了局部缩松等缺陷。

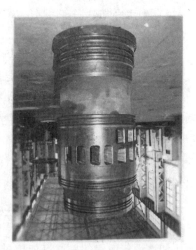

图 2-32 大型柴油机气缸套

（2）主要效果

1）提高质量，降低废品率。由于大型气缸套采用的石墨砂芯和低压铸造工艺具有以上所述的特点，工厂生产实践表明，气缸套的废品率大幅度下降，质量得到显著提高。

采用上述工艺生产的大型柴油机气缸套如图 2-32 所示。为全面检查气缸套的内部质量，国外著名船级社的验船师任意抽检一件，对其进行解剖，并在气缸套上的六处不同部位切取试样。大型气缸套解剖取样位置及编号和解剖后的状态分别如图2-33和图2-34所示。

① 力学性能的变化。对切取的试样进行宏观、微观组织和力学性能检验，其结果见表2-7。从检验结果可以看出，气缸套本体的力学性能很好，六处不同部位的内部宏观组织很致密，未发现任何铸造缺陷，得到了验船师的好评。

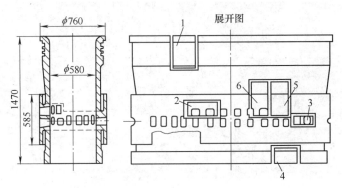

图 2-33　大型气缸套解剖取样位置及编号

a)

图 2-34　大型气缸套解剖后的状态（本体及试样）

a）气缸套解剖后状态

b)

图 2-34　大型气缸套解剖后的状态（本体及试样）（续）

b）从气缸套上切取的试样

表 2-7　大型气缸套本体力学性能检验结果

检验项目	抗拉强度 R_m/MPa			硬度 HBW		
在气缸套上取样位置	上部	中部	下部	上部	中部	下部
试样编号	1	6	4	1	6	4
原设计要求 （单浇 ϕ30mm 试样）	>250			190 ~ 241		
单浇 ϕ30mm 试样	350			269		
气缸套本体	312	296	303	241	229	241

单浇 ϕ30mm 试样的化学成分：$w(C) = 3.26\%$，$w(Si) = 1.09\%$，$w(Mn) = 0.91\%$，$w(P) = 0.35\%$，$w(S) = 0.11\%$，$w(V) = 0.27\%$，$w(Cu) = 1.05\%$

为了进一步了解大型气缸套石墨砂芯低压铸造的结晶条件，对气缸套纵截面上的温度进行了测量，测量点的位置如图 2-35 所示。在其他条件相同的情况下，测定了中央圆筒形砂芯采用石墨砂与普通黏土砂时温度场的变化情况，其冷却曲线如图 2-36 所示。测定结果表明：采用石墨砂芯时的冷却速度比采用普通黏土砂芯时要快得多，一般可以提前凝固 10min 左右。

对用石墨砂芯低压铸造的气缸套进行了更全面的机械解剖，分别从气缸套的不同部位（上、中、下部，靠近内表面和靠近外表面，横截面和纵截面）切取试样，其力学性能的检验结果见表 2-8。

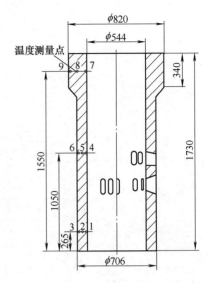

图 2-35　测量气缸套温度的测量点位置

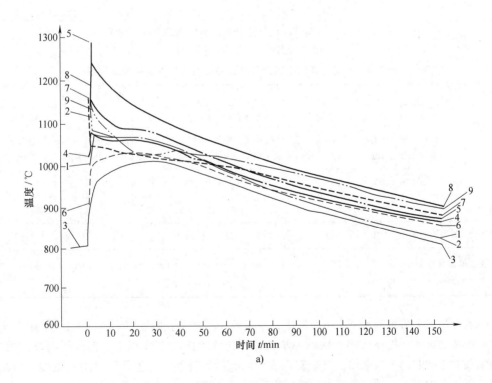

图 2-36　大型柴油机气缸套低压铸造冷却曲线
a）中央圆筒形砂芯采用石墨砂

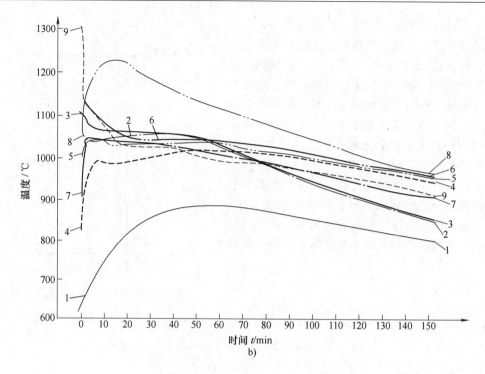

图 2-36　大型柴油机气缸套低压铸造冷却曲线（续）

b）中央圆筒形砂芯采用普通黏土砂

表 2-8　石墨砂芯低压铸造气缸套各部位力学性能的检验结果

部位	横截面（径向）						纵截面（轴向）					
	靠近内表面		中间		靠近外表面		靠近内表面		中间		靠近外表面	
	抗拉强度 R_m/MPa	硬度 HBW	抗拉强度 R_m/MPa	硬度 HBW	抗拉强度 R_m/MPa	硬度 HBW	抗拉强度 R_m/MPa	硬度 HBW	抗拉强度 R_m/MPa	硬度 HBW	抗拉强度 R_m/MPa	硬度 HBW
上部	267	229	232	217	264	223	296	223	239	207	264	229
中部	267	212			223	207	296	223			277	217
下部	305	212			223	217	296	223			287	217

气缸套本体化学成分：$w(C) = 3.16\%$，$w(Si) = 1.07\%$，$w(Mn) = 1.08\%$，$w(P) = 0.38\%$，$w(S) = 0.103\%$，$w(Cu) = 1.15\%$，$w(V) = 0.34\%$

综合分析以上各种检验结果可以看出：在靠近气缸套内表面的整个截面上，20mm 范围内的宏观组织特别细致；提高了内表面的力学性能，比外表面高 17% 以上；提高了内表面的硬度。按照采用黏土砂芯的一般规律，气缸套内表面的硬度比外表面要低，但采用石墨砂芯后则与此相反，气缸套内表面的硬度比外表面的硬度高 5 ~ 10HBW。大型气缸套径向最大厚度截面上的硬度变化情况如图 2-37 所示。

② 金相组织的变化。气缸套靠近内表面的金相组织中的珠光体更加细化，片状石墨比较细小并呈菊花状分布；靠近外表面上的石墨则比较粗大，如图 2-38 所示。

由于低压铸造气缸套具有在压力下结晶的特点，且中央圆筒形砂芯采用石墨砂材料，使气缸套内表面的结晶组织更加致密，并使石墨形状及分布情况得到了进一步改善。因此能提高气缸套的耐磨性，延长其使用寿命。

2）提高经济效益。由于提高了气缸套的质量，降低了废品率；改进工艺，减小冒口，节约了金属；减少机械加工工时，提高了效率等，从而显著降低了成本，提高了经济效益。

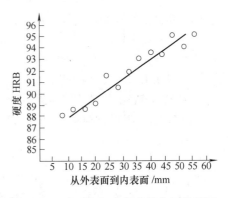

图 2-37　大型气缸套径向最大厚度截面上的硬度变化情况

2.1.6　气缸套的离心铸造

外形较均整、结构较简单的中小型气缸套适合采用离心铸造。与普通砂型铸造相比，离心铸造具有质量好、生产率高和节约金属等优点。它有着悠久的历史，在国内外已得到广泛的应用。目前，国内工厂采用离心铸造的气缸套型号主要有 175、250、260、270、300、350、390 和 430 等。为了获得良好的效果，须严格控制工艺过程。

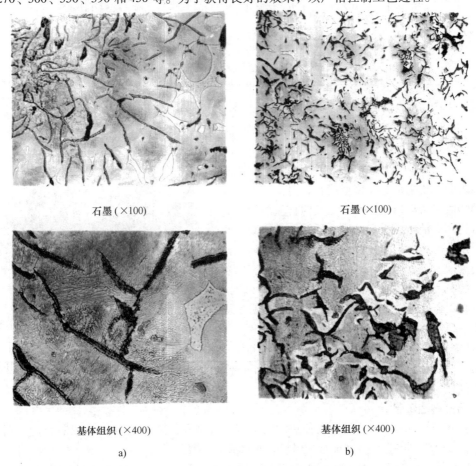

石墨（×100）　　　　　　　　　　石墨（×100）

基体组织（×400）　　　　　　　基体组织（×400）

a)　　　　　　　　　　　　　b)

图 2-38　气缸套径向截面上的金相组织变化情况

a）外表面　b）内表面

1. 离心铸造设备

生产气缸套的离心铸造机种类很多，主要有两种。

（1）卧式悬臂离心铸造机　对于直径较小、长度较短的小型气缸套，一般采用单头或双头卧式悬臂离心铸造机，如图2-39和图2-40所示。卧式悬臂离心铸造机主要由传动装置、主转动轴、铸型、浇注系统、脱模（顶杆）、安全防护及水冷等部分组成。对于大量生产的小型气缸套，则采用多工位卧式离心铸造机。

（2）滚筒式离心铸造机　对于中型气缸套，可采用大中型滚筒式离心铸造机，如图2-41所示。这种机型的结构比较简单，安全可靠且操作方便。

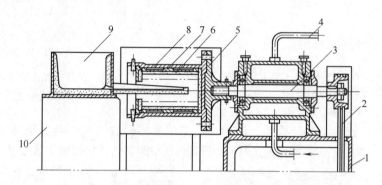

图2-39　小型单头卧式悬臂离心铸造机
1—底座　2—传动装置　3—主转动轴　4—水冷装置　5—主转动盘　6—砂衬套
7—内铁衬套　8—外铁型　9—浇注系统　10—浇注移动小车

1）驱动装置。大型滚筒式离心铸造机由直流电动机（功率为60kW）驱动，采用晶闸管整流无级变速装置，以满足不同转速的需要。

2）主要部件。直流电动机直接与主传动轴连接。由两个主动托轮带动铸型旋转，再由铸型带动另一侧的两个从动托轮转动。托轮的材质为球墨铸铁或铸钢，直径为500mm。从动托轮的横向距离可调节，以满足大小不同铸件的需要。为减少铸型旋转时的振动，在铸型上方设有可调安全压轮装置。浇注系统安装在可移动的浇注小车上。

具有六个托轮的卧式离心铸造机，可以满足不同长度中型气缸套的生产需要。

图2-40　中型单头卧式悬臂离心铸造机

3）中心夹角的选择。主、从动托轮中心与铸型中心夹角的大小（图2-41）将影响浇注过程的安全。为减轻振动，确保安全，一般取夹角 $\alpha=120°$。因一机多用，允许 α 在 $110°\sim123°$ 的范围内取值。

2. 离心铸造工艺

（1）铸型　气缸套离心铸造时使用的铸型有金属型和非金属型两种。金属型按其主体结构的特点，可分为单层金属型和设有金属衬套的双层金属型。

单层金属型的结构较简单、操作较方便，但在此铸型中只能浇注外径尺寸相同的单一小缸套。如果铸型损坏，则必须重新制造铸型才能开始生产，因此成本较高，一般只适用于单件生产。

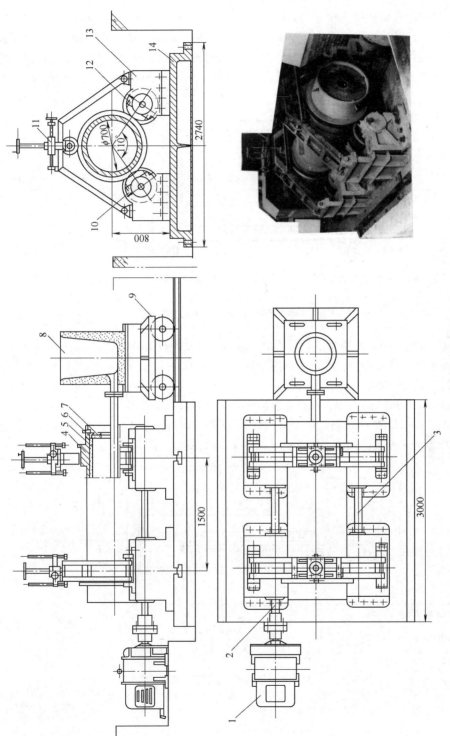

图 2-41　大型滚筒式离心铸造机

1—直流电动机　2—主传动轴　3—从动轴　4—铸型　5—砂衬　6—销子　7—端盖　8—浇注系统　9—浇注用移动小车　10—主动托轮
11—安全压轮装置　12—从动托轮　13—托轮支承座　14—底座

　　双层金属型，即在外型内装有金属衬套。其结构虽较复杂，但只要更换衬套（内型），改变衬套的内径尺寸，就可以生产多种外形尺寸的小缸套，如图 2-42 所示。为了便于浇注时排出铸型内的气体，外型上可钻些排气小孔。为使浇注后方便取出铸件，外、内型间的配合表面及内型的内表面应具有一定的锥度。如果内型是由两半组成，则可免去内型内表面的锥度。但要注意，内型经反复多次使用后，可能会发生变形。浇注后，内型因受热温度急剧上升，比外型的膨胀量要大，为了避免相互卡住，外、内型之间及内型与端盖之间应留有 1 ~ 2mm 的小量间隙。

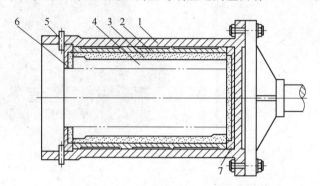

图 2-42　离心铸造用双层金属型
1—外层金属型（外型）　2—内层金属型（内型）　3—砂层
4—气缸套坯料　5—销子　6—端盖　7—底盘

大中型滚筒式离心铸造机铸型一般采用单层结构，对设计有更高的要求：
① 具有足够的强度及刚性，尽量减小热变形。
② 壁厚应满足增强蓄热和散热的要求。
③ 应保证内、外圆的同心度，符合高速旋转的动平衡和同步要求。
④ 应考虑设备安装时平面度误差、轴向热膨胀间隙和运转振动产生跳动的限位安全设施。
图 2-43 所示为大型滚筒式离心铸造机（图 2-41）的铸型设计实例。

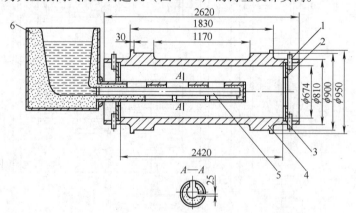

图 2-43　大型滚筒式离心铸造机的铸型设计实例
1—销子　2—端盖　3—压板　4—铸型　5—浇注槽　6—浇注箱

　　1）铸型材料的选择。在离心浇注过程中，滚动铸型承受离心力和振动等复杂应力的作用，因此要求铸型材质具有高的强度和韧性。最常用的材质是 ZG230-450，这种材质既安全可靠又经久耐用，其次可采用球墨铸铁。如果选用普通灰铸铁，则应仔细检查铸型内部是否存在铸造缺陷及由于多次使用而产生的微裂纹（龟裂等）。这种微裂纹缺陷在浇注过程中容易延伸扩大，而可能导致整个铸型断裂等重大安全事故的发生，所以不建议采用这种脆性材料。

2）铸型厚度。铸型厚度对铸型强度和缸套的冷却速度都有显著的影响。当气缸套的主要壁厚为 30 ~ 70mm 时，铸型厚度取壁厚的 0.9 ~ 1.3。

3）铸型滚道中心部位

$$K = \frac{l}{L} = 0.55 \sim 0.65$$

式中　K——滚道中心距离与铸型总长的比例系数；

　　　l——铸型滚道中心距离（mm）；

　　　L——铸型总长（mm）。

4）滚道外挡圈。离心铸造时，铸型易发生不平衡振动而引起轴向位移。为了防止由这种轴向位移引起的脱轨危险，在滚道外端设有一道法兰圈，其高度约为 25mm，起限位作用，效果良好。

（2）控制气缸套外表面冷却速度的主要措施　在铸铁的结晶过程中，冷却速度对结晶组织的影响很大。为了提高气缸套的使用寿命，除了要选用优质材料，并进行合金化孕育处理等以外，在工艺上还必须严格控制冷却速度，以获得良好的金相组织，防止外表面硬度过高。主要措施如下：

1）喷刷厚层涂料。采用金属型离心铸造工艺生产小型气缸套时，可在铸型内表面喷刷厚层涂料（1 ~ 3mm），涂料组成：石英粉 65%，石墨粉 25%，膨润土（陶土）10%，加适量水充分搅拌均匀。为增强涂料的绝热性能，也可在涂料中加入石棉粉等其他材料，有的涂料层厚度可达到 3 ~ 5mm。

由于喷涂工艺的影响，铸型的局部区域，尤其是转角区，涂料层厚度往往达不到所需值，这会使气缸套外圆根部（如气缸套上部承肩处的外圆根部）的冷却速度过快，容易产生过冷石墨，甚至出现游离渗碳体和莱氏体等组织，使整个断面的金相组织不均匀。随着冷却速度的增大，气缸套产生冷迭分层的倾向也增加，从而将严重影响气缸套的质量及其使用的可靠性和稳定性。浇注前应将铸型充分预热，根据气缸套大小、壁厚和涂料层的厚薄等因素，预热温度为 100 ~ 250℃。

2）在铸型内挂砂。对于中型气缸套，采用在铸型内挂砂的方法可获得较好的效果。如果是新制铸型或成批生产的首次浇注铸型，需在烘炉中升温至 580 ~ 600℃，并保温 4 ~ 5h，然后出炉挂砂。砂浆配比：石英砂（40 ~ 70 目）100%，外加石墨涂膏 40%，陶土 10%，并加入适量水充分搅拌成厚粥状。石墨涂膏的配比：土状石墨粉 57%，鳞片状石墨 25%，煤粉（60 目）5%，黏土粉 10%，糊精粉 3%，加入适量水辗压 8h 后备用。

将定量的砂浆倒入旋转的铸型内，采用翻槽法挂砂，必须确保砂层厚度（6 ~ 10mm）均匀。气缸套法兰圆根部位可采用专用刮板刮出所需形状。铸型内挂砂后，必须刷石墨粉基或炭灰水涂料，以使铸件表面光滑，防止产生粘砂缺陷。浇注前应将铸型适当预热，控制温度为 60 ~ 100℃。

3）采用砂衬。为了更好地控制气缸套的冷却速度，可在铸型内装一件砂质衬套。这样可以消除“白口”和金相组织中出现过冷石墨。砂衬厚度的选择十分重要：若砂衬过薄，则作用不大，制作也困难；若砂衬过厚，则会由于冷却速度过于缓慢，而使偏析、缩松等倾向加剧，石墨及基体组织变粗大。

砂衬厚度应由气缸套大小及壁厚等决定。对于小型气缸套，砂衬厚度一般为 10 ~ 20mm；较大尺寸的气缸套，其砂衬厚度为 20 ~ 60mm。对于外形较简单的小气缸套，可用砂衬一型多铸，采用耐火度高、强度较好、膨胀收缩小的焦炭粉砂，使用次数可达 20 ~ 30 次。这样可防止层状结晶和非金属夹杂、偏析的产生，使其断面组织更加均匀，这也是保证气缸套质量的有效措施。采用砂衬离心铸造生产气缸套，还可减少外表面的加工量和节省机械加工工时。但造型工艺较复杂，生产率较低。

直径为 350mm 的柴油机气缸套的砂衬离心铸造工艺如图 2-44 所示。其材质为 HT250，硬度为 190 ~ 248HBW。铬钼铜铸铁的化学成分：$w(C) = 3.43\%$，$w(Si) = 1.78\%$，$w(Mn) = 0.96\%$，$w(P) = 0.14\%$，$w(S) = 0.10\%$，$w(Cr) = 0.27\%$，$w(Mo) = 0.32\%$，$w(Cu) = 0.96\%$。砂衬厚度为 27mm，须将砂衬烘干，以防止产生气孔。浇注前须将铸型进行预热，温度控制在 50 ~ 100℃ 的范围内；铸型浇注转速 $n = 600r/min$。气缸套本体的金相组织：蜷曲状片状石墨，均匀分布，体积分数为 6% ~ 8%；细片状珠光体基体；3% ~ 5% 的磷共晶体，其中磷共晶和渗碳体复合碳化物占 1% ~ 3%，如图 2-45 所示。

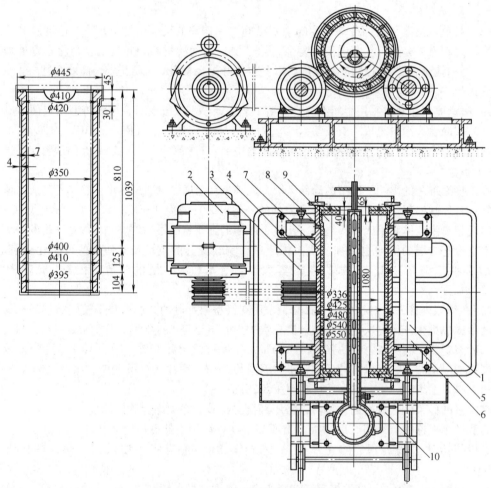

图 2-44　柴油机气缸套的砂衬离心铸造工艺

1—底座　2—直流电动机　3—主传动轴　4—主传动托轮　5—从动轴　6—从动托轮
7—金属型本体　8—砂衬　9—气缸套坯料　10—浇注系统及移动浇注车装置

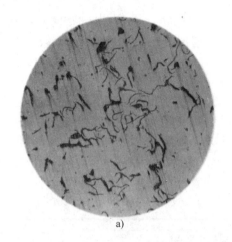 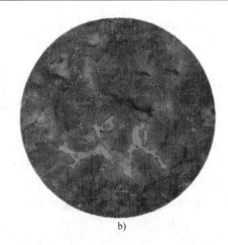

图 2-45　离心铸造气缸套金相组织

a) 石墨（×100）　b) 基体组织（×400）

（3）砂衬离心铸造气缸套的结晶特点　离心铸造厚壁的气缸套时，将铁液浇入旋转的铸型中，与铸型发生热交换，温度随之下降，达到结晶温度时，就开始结晶。由于铸型壁的散热速度快，铸件结晶总是先从外表开始。气缸套在离心力和振动的作用下进行结晶，其外层组织能受到强力而有效的补缩，故结晶组织很致密，没有缩松等铸造缺陷，能获得致密的细片状珠光体组织和分布较为均匀的中等尺寸片状石墨。这是采用普通砂型铸造方法时难以达到的最佳状态。

在气缸套外表面开始结晶的同时，与空气直接接触的自由内表面不断将热量辐射传给空气介质，内表面受到强对流和辐射而散失热量，温度也迅速下降而开始结晶。所以砂衬离心铸造时，结晶特点是两面先凝固、中间后凝固的双面同时结晶，如图 2-46 所示。

因为具有上述结晶特点，所以靠近内表面处容易产生缩松及石墨粗大等缺陷。由于厚壁气缸套结晶过程的时间较长，首先在外表面形成结晶层，随后在内表面也形成结晶层，而铁液在离心力的作用下尽量向外流动，使外层结晶能得到充分的补缩。最后凝固的部分与内表面的结晶硬壳有脱离倾向，得不到高温铁液的充分补缩，因此形成了缩松区域。从试验及生产实践中发现，砂衬离心铸造厚壁气缸套时确实是双面结晶。外、内表面的结晶组织及石墨均较细，而越靠近内表面的内部，结晶组织越粗，石墨尺寸也越大，同时数量也逐渐增加。由于气缸套的侧壁越厚、冷却速度越慢、凝固时间越长，越有利于石墨化过程，使初析出的石墨在离心力的作用下，有充分的时间向内移动。

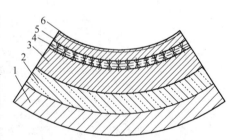

图 2-46　砂衬离心铸造厚壁
气缸套的结晶示意图

1—铸型　2—砂衬　3—外结晶层

4—中间缩松区域　5—内结晶层

6—氧化、夹杂物层

在离心力的作用下，铸铁的组织成分会产生偏析。在双面结晶的最后区域，聚集着较多的低熔点多元合金偏析物。这些低熔点复合磷共晶偏析物也有内移的趋向，越靠近内表面的最后凝固的内部，磷共晶体的数量越多，尺寸也越粗大。

（4）主要工艺参数

1）机械加工量的选择。由于砂衬离心铸造厚壁气缸套具有双面结晶的特点，内表面结晶层下易形成内部缩松。同时，虽有部分气体与夹杂物被挤出结晶层，但仍有少量留在内表面结晶层附近。因此，内表面的加工量必须留得较多，原则上应超过图 2-46 中所示的缩松区，才能去除氧化物、夹杂、缩松及析出气体而生成的小气孔等缺陷。否则，有时虽用宏观方法检查不出缩松微痕，但仍会降低气缸套的机械加工质量及使用寿命。

气缸套最重要的要求是内表面具有高质量，而离心铸造则难以保证内表面的质量，这就是砂衬离心铸造厚壁气缸套时存在的主要问题。需要调整和控制冷却速度、化学成分、浇注温度、浇注速度和铸型转速等方面，才能使这一问题得到解决或改善。气缸套外表面的质量较佳，为了保留好的结晶组织，应尽量减少加工量。根据经验，对于内径为 200 ~ 430mm、毛坯平均壁厚为 40 ~ 60mm 的气缸套，外表面的加工量可取 3 ~ 5mm，内表面为 8 ~ 12mm。

2）线收缩率。径向线收缩率为 1.0% ~ 1.2%，轴向线收缩率为 0.8% ~ 1.0%。

（5）浇注系统

1）技术要求。浇注系统的设计应满足以下主要技术要求：

① 集渣能力强，可防止浇包内铁液中的熔渣、氧化夹杂物等流进铸型。

② 减少铁液的冲击和飞溅。铁液流进铸型的方向应与铸型的旋转方向一致，并尽量降低铁液的落下高度。

③ 铁液能较均匀地分布于铸型内表面，尽量减少铁液在铸型内的轴向流动。

④ 各部分的尺寸大小合适，能满足浇注速度的需要，可在所设定的时间内浇注完毕。

根据以上要求，在卧式悬臂离心铸造机上生产小型气缸套时，浇注系统的形式如图 2-47 所示。采用端注式，将浇注箱和浇注槽安装在浇注移动小车上。在浇注箱与浇注槽的连接处设置石墨喉管。铁液经浇注槽下方的内浇道（长方形）流入旋转铸型内。如果将内浇道开在浇注槽的侧面（如图中所示），则更能减少浇注时铁液的飞溅现象。

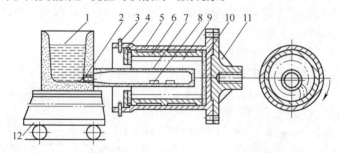

图 2-47　在卧式悬臂离心铸造机上生产小型气缸套的浇注系统示意图

1—浇注箱　2—石墨喉管　3—销子　4—端盖　5—金属外型　6—金属内型（衬套）

7—浇注槽　8—侧向内浇道　9—气缸套坯料　10—底盘　11—主转动盘　12—浇注移动小车

在滚筒式离心铸造机上生产中型气缸套时，浇注系统的形式如图 2-48 所示。这种浇注系统的特点如下：

① 因气缸套尺寸增大，长形浇注槽采用直径为 90 ~ 140mm 的无缝钢管焊接而成。

② 在浇注槽侧面开设内浇道，如图 2-48 所示。铁液经内浇道流入铸型时的流动方向与铸型壁的旋转方向一致，并使落下高度降至最低，这样更有利于减少铁液的飞溅现象。

③ 浇注槽上开设的数道内浇道的尺寸大小不一，靠近浇注端的尺寸较小，远离浇注端的尺寸逐渐增大。尽量让流经每道内浇道的铁液量趋于相同，使铁液较均匀地分布于铸型内表面，并尽量减少铁液在铸型内的轴向流动。

④ 为了更准确地控制浇注速度，增强挡渣能力和尽量避免浇注过程中因铁液冲刷而引起的

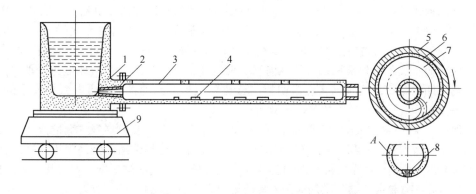

图 2-48　在滚筒式离心铸造机上生产中型气缸套的浇注系统示意图
1—浇注箱　2—石墨喉管　3—浇注槽　4—侧向内浇道　5—金属外型
6—砂衬　7—气缸套坯料　8—石墨内浇道　9—浇注移动小车

渣孔、砂眼、夹杂等缺陷，在浇注箱底部增设了石墨喉管。内浇道可设置于浇注槽下部，采用石墨材料制成的内浇道如图 2-48 中的 A 所示。

　　⑤ 如果浇注槽过长，为防止浇注时可能产生的轻微位移，则可在浇注端的另一端增设支承架。

　　2）造型材料。浇注槽内的造型材料必须具有高的耐火度和强度，在铁液的冲刷下不易剥落。可采用炉衬材料，如石英砂、耐火砖粉、焦炭粉和黏土粉等，加适量水混碾而成。在浇注槽内表面焊上一些铁钉，可使型砂层更加牢固。浇注系统必须充分烘干，浇注前应适当预热。

　　3）浇注速度。浇注速度即单位时间内的铁液流量，其对气缸套的质量有很大影响。浇注速度显著地影响着铁液在铸型内的流动状态和这种状态持续时间的长短。如果浇注速度过慢，则单位时间内的流量过少，会导致铸型内铁液的轴向层状流动，可能出现离心铸造所特有的层状偏析组织，即产生"云斑"区域偏析。浇注时间越长，单位面积和单位时间内的流量越少，产生这种偏析的情况越严重，有时甚至会产生"鱼鳞斑"的层状偏析。因此必须严格控制浇注速度，减少铁液在铸型内的轴向层状流动和轴向螺旋流动，避免产生轴向层状偏析和轴向组织的不均匀性。离心铸造气缸套时一般采用较快的浇注速度，力求在较短的时间内，使铁液能较均匀地分布于整个铸型内。

　　由国内工厂经验可知，根据气缸套的大小、毛重和砂衬的厚薄，单位面积和单位时间的铁液流量控制范围为 $5 \sim 18\mathrm{kg/(m^2 \cdot s)}$。气缸套的尺寸越小、毛重越轻、侧壁和砂衬的厚度越薄，流量应越接近上限，即浇注速度应越快；相反则可取靠近下限。浇注流量主要由浇注箱（或浇注杯）下方侧面的铁液出口尺寸控制，如国内生产直径为 $270 \sim 430\mathrm{mm}$ 的气缸套时，该出口直径为 $36 \sim 48\mathrm{mm}$，浇注时间为 $20 \sim 55\mathrm{s}$。

　　离心铸造时必须准确控制浇注铁液的定量，因为它直接影响气缸套内表面加工量的大小。常用的定量控制方法有两种。一种是重量法：在浇注前先称准所需铁液的质量，然后进行浇注。用此法定量准确可靠，在炉前采用起重机上的悬挂式电子秤，操作简便。另一种是容积法：用一定体积的浇包来控制所需的铁液量，此法虽较简便，但受到铁液温度、熔渣等影响，定量不太准确。

　　（6）浇注温度　铁液的过热程度（过热温度及过热时间）及浇注温度对离心铸造气缸套的质量有着重要影响。采用电炉熔炼时，过热温度一般为 $1480 \sim 1530℃$。浇注温度主要影响冷却速度、结晶凝固期、流动性、偏析及夹杂等缺陷。提高浇注温度可以降低冷却速度，延长结晶凝固期，增加流动性，有利于减少轴向层状偏析和轴向组织的不均匀性。虽然前期的"云斑"偏析有所减少，但由于延长了结晶凝固期，反而会增加后期的"云斑"偏析。由于流动性的增加有利于铁液中气体、夹杂物的排出，可减少气孔、夹杂等缺陷。反之，降低浇注温度会使冷却速度加快，使前期"云斑"偏析增加，使轴向层状偏析和轴向组织的不均匀性更为严重。但由于整个结晶凝固期缩短了，反而可减轻后期的"云斑"偏析。流动性的降低导致铁液中的气体、夹杂物不易排出，气孔、夹杂等缺陷显著增加。

综上所述，浇注温度的选择，要考虑对各方面的综合影响。要根据气缸套的尺寸大小、毛重、壁厚、金属铸型的涂料层厚度、砂衬厚度等结晶条件，选择合适的浇注温度，一般控制在1270～1340℃的范围内。小型气缸套的侧壁厚度小、涂料层（或砂衬）薄，可选择靠近上限值。具体数值应根据实际情况，通过实测检验质量效果而定。

（7）铸型转速　铸型转速的选择，不仅应使气缸套形成正圆筒形，还要充分利用离心力场的作用，用足够大的离心力，避免铸件产生气孔、夹杂、缩松和偏析等缺陷，获得高度致密的优良铸件。

铁液浇入铸型后立即向周围流动，但不能立即同时均匀地分布于整个铸型内。在一定时间内，铁液与铸型壁、铁液内部之间存在相对运动，从而影响铁液的流动状态，使其处于紊流状态。提高铸型转速，会增大相对速度，使铁液处于更严重的紊流状态，产生一种自行的搅拌作用，从而可抵消离心力对产生偏析的不良影响，使结晶组织趋于均匀，有利于减轻前期"云斑"偏析。反之，若铸型转速偏低，则不能充分发挥离心力对提高质量的有利作用，还会增加气孔、夹杂和前期"云斑"偏析等缺陷。

关于铸型转速的计算，可参考 Л. С. 康斯坦丁诺夫公式

$$n = \frac{5520}{\sqrt{R\rho}}$$

式中　　n——铸型转速（r/min）；

　　　　ρ——金属液体的密度（g/cm³）；

　　　　R——铸件内表面半径（cm）。

根据国内工厂离心铸造气缸套的经验，实际采用的铸型转速要比上式的计算值增加20%～30%，这样才能获得更好的铸件质量。在浇注开始时，采用稍低的转速，随着铁液的不断浇入，逐渐将转速增至所需设定值，以保证获得完整铸件。浇注完毕后，不能立即减速，应继续运转。对于砂衬离心铸造的中型气缸套，其冷却速度比较缓慢，浇注完毕后的继续运转时间较长。待内表面温度降至900℃以下后，才能停止转动。

必须指出，铸型转速不宜过高，因为高速运转对离心铸造机的制造和安装精度提出了更高的要求。这样不但影响离心铸造机的寿命，更重要的是难以确保安全生产。如果离心铸造机的精度不高，则过分提高转速可能引起铸型的剧烈跳动，甚至引发铸型"出轨"的重大安全事故。

（8）起模和冷却　停机后不能立即将气缸套自铸型内取出，必须控制适当的型内冷却时间，避免铸件因受到冷风激冷而提高硬度。根据气缸套大小、壁厚等因素确定型内冷却时间，一般应待铸件温度降至600℃以下后才能起模。如果采用铸型外表喷水加速冷却措施，则可缩短型内冷却时间。必须指出，金属型经喷水冷却反复使用，要严格检查其是否发生变形和是否有微裂纹。尤其是对于用普通铸铁材质制造的金属型要更加注意，以确保安全生产。

起模后的气缸套需进入烘炉内或采用专用的保温罩，使其缓慢冷却。

离心铸造的气缸套，必须进行人工时效处理，以消除铸造内应力。

图2-49所示为发电机气缸套的砂衬离心铸造示意图。其材质为合金铸铁，$w(Cr) = 0.2\%$～

0.3%，$w(Mo) = 0.25\% \sim 0.35\%$，$w(Cu) =$
0.6% ~ 0.8%，硬度为 180 ~ 220HBW，金
属型内的砂衬厚度为 37.5mm。在四托轮滚
筒式离心铸造机上进行浇注，浇注质量为
110kg，一块坯料可车出三件成品。铸型转速
$n = 900r/min$，浇注速度为 6kg/s，浇注时间
约为 20s。采用端注式，浇注杯底侧部铁液
出口直径为 32mm，浇注温度为 1330℃。

3. 常见主要质量问题及其对策

（1）偏析　气缸套经加工后，在其内、
外表面宏观出现的偏析呈"云斑"状，这

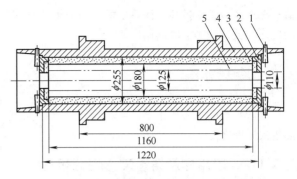

图 2-49　发电机气缸套的砂衬离心铸造示意图
1—销子　2—端盖　3—砂衬　4—金属型　5—气缸套坯料

是离心铸造所特有的常见主要缺陷。一般情况下，气缸套上部外表面的承肩区不允许有任何偏
析现象；其他部位出现的偏析，则要视偏析程度而定。轻微的偏析尚不影响加工和使用，而严重
的偏析在任何部位都不允许出现。

影响偏析产生的主要因素有：铸件的冷却速度、铸型的转速、浇注流量、浇注温度和化学成
分等。经化学成分分析和金相组织检验结果可知，区域偏析的主要金相组织是低熔点的复合磷
共晶。

离心铸造时，铁液是在铸型高速旋转而处于动态下及离心力的强作用下进行结晶的，影响
偏析产生的主要因素较多，且相互有影响，所以产生偏析的机理很复杂，尚在不断研究之中。

气缸套经加工后，外表面上出现的前期"云斑"状偏析，产生于自浇注开始至浇注结束的
一段时间内。其产生的主要原因：冷却速度较快、铁液浇注流量较小、铸型转速较低和浇注温度
较低等。如果适当提高铸型转速，增加铁液浇注流量，缩短浇注时间，使铁液处于紊流状态，充
分发挥搅拌作用，并适当提高浇注温度，采取一些减慢冷却速度的措施（如适当增加砂衬厚度
等），则可减轻甚至消除这种偏析。

气缸套内表面上出现的后期"云斑"状偏析，是在浇注结束后的双面结晶凝固过程中产生
的。铸件尺寸越大、壁越厚、砂衬越厚、浇注温度越高，冷却速度将越缓慢，双面结晶凝固时间
越长，则这种偏析越严重。如果采取措施加快这段时间的结晶速度，促使自外表面至内表面的顺
序凝固或等截面的同时凝固，则可减轻或消除这种偏析。适度调整化学成分，如适当降低磷的含
量等，也有利于减轻这种偏析。但要注意，磷是影响气缸套耐磨性的重要元素，一般应保持一定
的含磷量。

综上所述，气缸套离心铸造时所特有的这种偏析缺陷，其影响因素多，形成机理很复杂。只
有综合各种因素的影响，才能更有效地克服这种偏析，获得完好铸件。

（2）局部缩松　气缸套内表面出现局部缩松的主要原因是，最后结晶凝固的局部得不到铁
液的充分补缩。气缸套的侧壁越厚，冷却速度越缓慢，结晶凝固的时间越长，这种局部缩松缺陷
越严重。要消除这种缺陷，必须采取相应措施，如调整控制砂衬厚度、浇注温度、铸型转速，浇
注完毕后在铸型外表面进行喷水冷却等，加快整个铸件的冷却速度，缩短凝固时间。如前所述的
减少后期"云斑"状偏析的一些措施，同样有利于减少局部缩松缺陷。

（3）气孔、夹杂　在离心力场的强作用下，密度较小的氧化夹杂物等会自铁液中排出并聚
集在自由表面。如果这些夹杂物来不及排出而停留在铸件内部，将使气缸套内表面出现个别小
气孔、夹杂等缺陷。其主要原因是铁液中的气体、夹杂物太多，或浇注温度过低，导致铁液的流
动性很差。主要改进措施有：首先要精炼、净化铁液，使铁液中的气体、夹杂物等的含量降至最

低；在浇注过程中提高浇注系统的挡渣能力；提高浇注温度，增强铁液的流动性，使铁液中已有的气体、夹杂物等能顺利排出。

2.2　冷却水套

冷却水套的主要作用是供循环冷却水流过对气缸套进行强制冷却，它是安装在气缸体上方的重要零件之一。

2.2.1　一般结构及铸造工艺性分析

早期设计的冷却水套是具有双层侧壁的夹层水腔，结构较为复杂，如图 2-50 所示。随着大功率发动机设计的不断发展和创新，功率不断增加，气缸体结构不断改进，冷却水套也相应地由夹层水腔式改进为单层侧壁式，简化了内腔结构，便于铸造。

冷却水套的结构特点对其铸造提出了更高的要求：侧壁很薄，一般仅有 12~14mm，属于薄壁铸件，且要求壁厚很均匀；图 2-50 中串水嘴砂芯 7 处的壁厚仅有 8mm，"嘴"形及尺寸须很准确；改进后的冷却水套的外径及内径尺寸偏差值很小，以免影响气缸体上平面联接螺栓的安装及冷却水套内部冷却水的流量。为满足上述要求，必须采取相应措施确保铸造的尺寸精度。

2.2.2　主要技术要求

1. 材质

冷却水套工作时承受与气缸体上平面联接螺栓的紧固力和振动作用，必须具有足够的强度。选用的材质一般为 HT200 和 HT250 等。

2. 水压试验

必须对冷却水套进行水压试验，试验压力一般为 0.7MPa，保压时间为 10~15min，不能有渗漏现象。

3. 铸造缺陷

因为侧壁厚度较薄，所以不能有气孔、夹杂等任何铸造缺陷，以免影响强度和致密性，更不允许用焊补的方法对缺陷进行修复。因为铸铁的焊接性能较差，电焊容易产生渣裂，在航行中受振动的影响，微裂纹会产生应力集中，裂纹将不断扩展而导致渗漏。

4. 尺寸偏差

冷却水套的内、外表面均为非加工表面，铸造尺寸偏差须控制在设计尺寸的允许偏差范围以内。

5. 变形

冷却水套的径向尺寸因壁薄而容易产生变形，应注意防范。

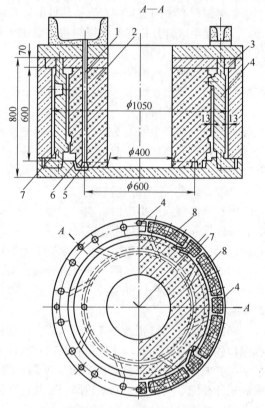

图 2-50　早期冷却水套铸造工艺示意图
1—直浇道　2—中央圆筒形砂芯　3—控制定位砂芯
4—砂芯　5—整圈横浇道　6—内浇道（共 8 道）
7—串水嘴砂芯　8—双孔砂芯

2.2.3　铸造工艺过程的主要设计

1. 浇注位置

根据冷却水套的结构特点，为确保质量和便于操作，一般采用垂直浇注位置。

2. 分型面

根据所确定的浇注位置，为方便组芯，一般沿冷却水套上、下两个平面分型，如图 2-50 所示。

3. 砂芯与型砂

图 2-50 所示冷却水套是同类产品中结构最为复杂，铸造难度最大的。其采用组芯造型方法，夹层水腔由三种共 16 块砂芯形成，每块砂芯都用定位芯头。芯头大小、芯头与芯座之间的间隙都须经仔细设计，以使砂芯位置准确、牢固和操作方便。全部砂芯组装后，再用样板检查，防止偏移。

芯砂材料全部采用呋喃树脂砂，以使砂芯具有足够的强度、良好的透气性和溃散性。

4. 工艺参数的选定

（1）线收缩率　轴向线收缩率为 1%，径向线收缩率为 0.8%。冷却水套的侧壁较薄，影响收缩率的因素较多，较准确的数据要根据对首批铸件的实测结果而定。

（2）加工量　冷却水套内表面的加工量为 4 ~ 7mm；上端平面的加工余量应根据浇注方法不同而适当增加，若采用无箱盖的"敞箱"浇注方式，则加工量为 20 ~ 30mm；底平面的加工余量为 10 ~ 15mm。改进后的冷却水套铸造工艺示意图如图 2-51 所示。内表面 A 为非加工铸造表面，可以改为加工面，留加工量 3 ~ 5mm，这样可保持侧壁厚度均匀。该平面上的轻微铸造缺陷在加工时可以去掉，更有利于保证产品质量。

5. 浇注系统

根据冷却水套侧壁较薄的结构特点，宜采用底注式浇注系统，如图 2-51 所示。浇注系统可设置在铸件外围，也可设置在中央圆筒形砂芯上。主要应注意以下几点：

1）6 ~ 8 道内浇道均匀分布于铸件的周围，使铁液能均匀平稳地充满铸型。

2）浇注速度较快，适当缩短浇注时间。浇注系统的截面积应比一般铸件增加 20% ~ 30%。

3）浇注过程中，铸型中铁液的降温幅度大，要适当提高浇注温度。

当采用无箱盖的"敞箱"浇注方式时，可在铸型顶部设溢流口，让适量的低温铁液溢流出铸型外。

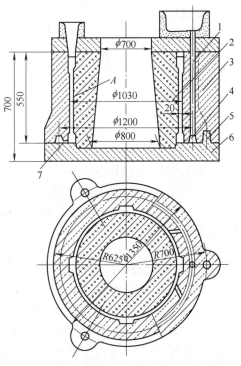

图 2-51　改进后的冷却水套铸造工艺示意图
1—直浇道　2—中央圆筒形砂芯　3—外型砂芯
4—整圈横浇道　5—定位销　6—箱底砂芯
7—内浇道（共 6 道）

6. 浇注温度

对于这类薄壁铸件，如果浇注温度偏低，则铁液中的气体、夹杂物等不易上浮排出，将停留在铸件内部，使气孔、夹杂和渗漏等缺陷显著增加，因此必须适当提高浇注温度。根据经验，浇注温度宜为 1360～1380℃。

2.3　烘缸

2.3.1　一般结构及铸造工艺性分析

烘缸是造纸机上的重要零件，是直径与长度尺寸均较大、侧壁厚度均匀的大型长圆筒形铸件。烘缸两端内侧设有与缸盖相连接的法兰，主要工作面是外表面。它的表面积很大，且质量要求高，铸造难度较大。

2.3.2　主要技术要求

1. 材质

采用铸铁材质 HT250。

2. 铸造缺陷

外表面上不允许有气孔、砂眼、夹杂及局部缩松等铸造缺陷。

3. 热处理

须进行消除铸造内应力的人工时效处理。

2.3.3　铸造工艺过程的主要设计

1. 浇注位置

根据烘缸的结构特点，为确保外表面的质量，应采用垂直浇注位置。

2. 分型面

根据所确定的浇注位置及烘缸的外形特点，为便于造型及组芯，应采用垂直分型方法。

3. 主要工艺参数的选择

（1）线收缩率　径向线收缩率为 0.8%，轴向线收缩率为 1%。

（2）加工量　烘缸总长度为 3500～4500mm，外表面的加工量常取 8～10mm，底平面和内侧法兰上平面的加工量为 15～20mm。

4. 铸型

根据烘缸的结构特点，铸型的选择有特殊之处。按照经验，常用的铸型有两种。

（1）一次性铸型　即一个铸型只能浇注使用一次。这种铸型的型砂可采用呋喃树脂砂制造，它具有高强度、高透气性和良好的溃散性，有利于保证铸件质量。也可采用普通黏土砂。

（2）一型多铸　即一个铸型可重复使用 4～6 次。每次浇注以后，对轻微损坏之处进行修复，刷上涂料，又可再次进行浇注。采用这种一型多铸的方法，既可保证质量，又可提高生产率和降低成本。有多种一型多铸的造型材料，现对其中的一种材料及其操作方法简介如下。

铸型材料由外至内，共由四层组成：

1）最外层材料。细碎块焦炭渣（块度为 12～20mm）40%～45%，黄黏土 55%～60%，外加稻草 1%、清水 12%～13%，充分搅拌均匀。

2）大材料。焦炭渣（块度为 10～12mm）55%～60%，黄黏土 40%～45%，加清水充分搅拌均匀。造型时一定要舂紧，使其均匀坚实，用锤敲击一遍，不留间隙，并要多扎出气孔。然后进行低温烘烤，缓慢地烘干。

3）二细材料。焦炭渣（块度为 3 ~ 4mm）65% ~ 70%，黄黏土 30% ~ 35%，加水搅拌成粥状，此材料层的厚度为 3 ~ 6mm。然后用木炭进行低温缓慢烘烤。

4）细材料。耐火砖粉 20%，焦炭粉 60%，黄黏土 20%，加清水充分搅拌均匀，涂料层厚度约为 1mm。最后进行低温烘烤，缓慢地烘干。

上述材料中使用的焦炭渣，最好选用冲天炉熔炼中剩余的底焦，经碾碎过筛处理。

5. 制芯

烘缸的铸造，仅有一个中央圆筒形大砂芯，砂芯材料及其制作对烘缸质量有很大影响。砂芯应具有高强度、高透气性和良好的溃散性等。为满足这些性能要求，须采用呋喃树脂砂。若用普通黏土砂，则应在制芯材料、操作工艺等方面符合更详细的规定，才能达到上述要求。

6. 模样

根据所选定的铸型种类和型砂，决定模样的制作方法。

（1）铸型用外模　如果铸型采用呋喃树脂砂，则外模只能做成实体模样，不能采用刮板造型法。烘缸体积较大，为造型和起模方便，可做成钢结构活块抽芯式实体模样。尽管这种模样的结构较复杂、成本较高，但对于定型批量生产是合适的。

如果采用一型多铸和上述造型材料，则可采用垂直刮板造型方法。铸型应是整体的，中间不设分型面，须设计制作一套刮板装置。可采用角钢等材料，经焊接、加工而成，确保铸型形状及尺寸准确。

（2）制芯用模样　如果芯砂材料采用呋喃树脂砂，则须做成实体芯盒。为便于造芯操作和起模，应根据内腔法兰的具体情况和烘缸的总长度尺寸决定芯盒的分段节数，每节芯盒是对开的。制成的砂芯应是一个整体的圆筒形状，中间不宜分段。

如果采用普通黏土砂，则可采用垂直刮板造芯方法。整个长芯可一次整体刮制而成，也可将圆筒形砂芯直接与底节砂箱一起进行刮制，这样可不必另外进行组芯工序。

7. 浇注系统

烘缸铸造工艺简图如图 2-52 所示。根据烘缸的结构特点及所选定的铸型等因素，采用雨淋式顶注浇注系统，无箱盖"敞箱"浇注方式。浇注箱安放在铸型顶部，并与铸型顶部保持一段距离（约 100mm）。

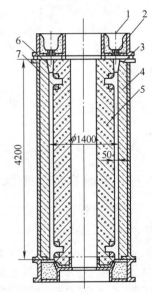

浇注完毕后，大型浇注箱内无剩余铁液，略加修复后备下次浇注使用。内浇道直径为 18 ~ 20mm，均匀分布于烘缸侧壁顶部。为防止因高温铁液冲刷使砂粒掉入铸型内，内浇道应由石墨棒材加工而成；也可用石墨粉、耐火砖粉、黏土粉加水搅拌制成直径约为 60mm 的小砂芯（或选用小直径陶瓷管），组装入浇注箱内，每次浇注时进行更换。铸型顶部设有一个铁液溢流道，浇满铸型后，多余铁液经此溢流道溢流出铸型外。因铸型高度大，砂型底部要垫耐火砖来增加强度，防止浇注开始时，铁液落下的冲击力太大而损坏底部砂型。

图 2-52　烘缸铸造工艺简图
1—浇注箱　2—内浇道　3—铁液溢流道　4—外铸型　5—中央圆筒形砂芯　6—冒口　7—外冷铁

采用这种浇注系统的主要优点有：

1）保留了雨淋式顶注浇注系统的优点，有利于获得优质铸件。

2）有利于采用一型多铸工艺。浇注箱可多次使用，简化了造型，提高了生产率。

8. 冒口

采用环形顶冒口，有效高度为 200 ~ 300mm。浇注完毕后，迅速将浇注箱吊开，在冒口顶面覆盖保温剂，提高冒口的补缩功能。

9. 冷铁的应用

烘缸两端内侧的法兰处较厚，在法兰与侧壁的连接区域易形成较大的"热节"，最后凝固而得不到充分补缩时，可能产生影响法兰强度的局部缩松缺陷。根据法兰厚度及"热节"大小等具体情况，在法兰的单面或双面设置外冷铁，加快该区域的冷却速度，消除"热节"，避免产生缩松缺陷。

10. 化学成分

根据烘缸侧壁较厚的特点，为获得所需的力学性能、良好的铸造性能，保证烘缸经加工后外表面有很好的质量，必须选择合适的化学成分。根据经验，烘缸的化学成分可控制在如下范围内：$w(C) = 3.2\% ~ 3.4\%$，$w(Si) = 1.2\% ~ 1.4\%$，$w(Mn) = 0.8\% ~ 1.0\%$，$w(P) \leq 0.20\%$，$w(S) \leq 0.12\%$。为细化晶粒，提高性能，要在炉前进行孕育处理。

11. 浇注温度

根据浇注温度对质量的综合影响，为充分发挥顶注式浇注系统的优点，应严格控制浇注温度。如果浇注温度偏低，则容易产生气孔、砂眼和夹杂等缺陷。根据经验，浇注温度的范围为 1330 ~ 1350℃。

如果能严格按以上各项要求细致地进行操作，则能获得良好的效果。从一型多铸型中刚脱型的烘缸如图 2-53 所示。

图 2-53　烘缸毛坯

2.4　活塞

本节主要叙述大型活塞裙、活塞头、气柱等的铸造实践。

2.4.1　一般结构及铸造工艺性分析

大型柴油机活塞组一般是由活塞裙和活塞头组成的。柴油机工作时，活塞裙在气缸套内上下滑动，主要起导向作用。其结构特点：侧壁厚度较小且不均匀；与活塞头相连接部分的厚度较大，达 35 ~ 40mm，往上逐渐变薄，最薄处仅有 8 ~ 10mm。由于其体积较大，技术要求很高，故铸造难度较大。

2.4.2　主要技术要求

1. 材质

大型活塞裙及中小型活塞应具有较高的强度和刚性，一般选用灰铸铁 HT250 制造，硬度为 190 ~ 230HBW。

球墨铸铁具有良好的力学性能，是制造活塞的优良材料。对于载荷较高的中小型活塞，根据不同的工作条件，可选用球墨铸铁 QT600-3 或 QT700-2。为改善性能，还可添加少量合金元素。

如直径为 190～350mm，质量为 15～120kg 的活塞，为达到上述性能，可采用低合金球墨铸铁。其成分：$w(C) = 3.65\% \sim 3.75\%$，$w(Si) = 2.4\% \sim 2.8\%$，$w(Mn) < 0.35\%$，$w(P) < 0.035\%$，$w(S) < 0.02\%$，$w(Cu) = 0.8\% \sim 1.2\%$，$w(Mo) = 0.25\% \sim 0.40\%$，$w(Ni) = 0.4\% \sim 0.8\%$。铸态力学性能：抗拉强度 $R_m > 700MPa$，伸长率 $A > 10\%$，球化率为 1～2 级，珠光体量大于45%。如果进行正火（升温 910℃，保温 2.5～3.5h，出炉空冷或风冷）、回火热处理，则抗拉强度 $R_m > 900MPa$，伸长率 $A > 4\%$。

2. 铸造缺陷

活塞侧壁外表面、顶面及活塞销孔表面等不允许有气孔、砂眼、缩松及夹杂等铸造缺陷。

3. 质量偏差

为减小活塞组、活塞运动时所产生的惯性力，提高发动机功率，活塞质量应尽可能减小。因此，这些运动组件的质量偏差一般应为 ±（3%～5%），并应严格控制尺寸误差。

4. 热处理

须进行消除铸造内应力的人工时效处理。对于球墨铸铁材质，应根据零件技术要求进行热处理。

2.4.3　铸造工艺过程的主要设计

1. 浇注位置

大型柴油主机活塞裙的材质为 HT250，直径为 599mm，总长为 1453mm，侧壁最小厚度为 8mm。一般采用将活塞裙与活塞头相连接的较厚部位朝下的垂直浇注位置，如图 2-54 所示。

2. 浇注系统

（1）雨淋式　低速大型柴油机活塞裙的轮廓尺寸较大，对这种圆筒形铸件，一般推荐采用雨淋式浇注系统，如图 2-54 所示。内浇道均匀地分布在活塞裙的外圆壁上，其直径大小根据侧壁厚度而定，一般为 $\phi10 \sim \phi12mm$。采用该设计的主要优点是，能较充分地发挥顶注式浇注系统对提高质量的有利影响，金属的结晶组织更加致密，可获得完好的铸件。

直径更大的圆盘形活塞如图 2-55 所示。在活塞中央活塞杆孔上方，设有环形顶冒口及雨淋

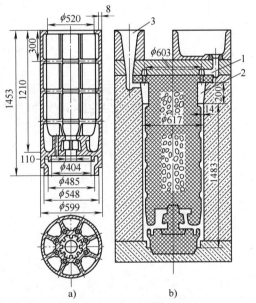

图 2-54　柴油主机活塞裙
a）零件简图　b）铸造工艺简图
1—雨淋式浇注系统　2—冒口　3—出气孔

式浇注系统，其主要优点是能促使活塞自边缘部分至中央呈较明显的方向性凝固，最后凝固的中央部分，可从冒口得到更充分的补缩。该类活塞的内部为一封闭内腔，仅上面留有孔眼与外界相通，便于砂芯在铸型内固定和浇注后芯砂的清除。将此砂芯固定在上型中，更有利于浇注时砂芯内所产生的大量气体的顺利排出，从而更好地保证了铸件质量。

图 2-56 所示高压活塞的直径为 625mm，材质为 HT250。它是实心铸件，技术要求较高，不允许有局部缩松等任何铸造缺陷。在活塞外缘及中央活塞杆孔内设置外冷铁，活塞杆孔上方设置高度为 180mm 的环形顶冒口。采用雨淋式顶注浇注系统，促使形成较明显的方向性凝固，对铸件进行较充分的补缩，从而获得了优质铸件。

（2）底注式　对于较小的活塞，当活塞顶部设置有外冷铁时，可采用底注式浇注系统，如

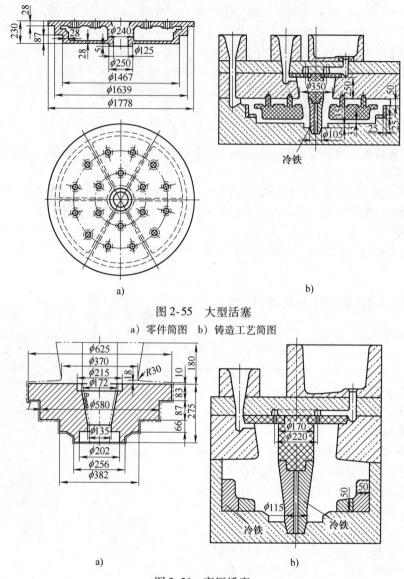

图 2-55　大型活塞

a）零件简图　b）铸造工艺简图

图 2-56　高压活塞

a）零件简图　b）铸造工艺简图

图 2-57 所示。活塞直径为 406mm，总长为 981mm，材质为 HT250。活塞环槽部位及活塞顶部都设置了外冷铁。如果采用雨淋式浇注系统，则在浇注初期，当铁液落下至顶部外冷铁上时，容易产生铁液飞溅及"铁豆"等危险，故宜采用底注式浇注系统。底注式浇注系统对铸型没有很大的冲击作用，铁液在铸型中上升得比较平稳，铸件质量也比较稳定。

（3）联合浇注系统　对于特大型活塞，当活塞顶部设有外冷铁时，或对于中低压空气压缩机活塞等异形活塞，可采用雨淋式与底注式相结合的联合浇注系统，如图 2-58 所示。浇注初期开启底注式浇注系统，当铸型中的铁液平稳上升至信号指示处时，开启雨淋式浇注系统。采用这种浇注方式，避免了雨淋式浇注系统在初始阶段因铁液对砂芯的冲刷作用而可能造成的不良影响，充分发挥了底注式与雨淋式浇注的优点。

3. 冷铁的应用

活塞的结构特点之一是侧壁厚度很不均匀。局部"肥厚"部分由于冷却较为缓慢，极易因

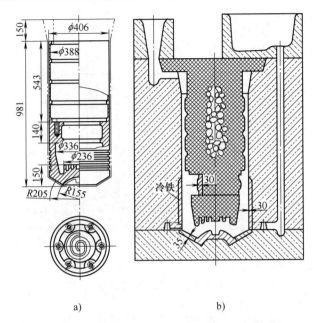

a)　　　　　　　　　b)

图 2-57　柴油发动机活塞（底注式浇注系统）

a) 零件简图　b) 铸造工艺简图

补缩不良而产生局部结晶组织粗大、局部缩松及渗漏现象，特别是在采用将顶部朝下的浇注位置或底注式浇注系统时尤为显著。克服这种缺陷的最有效方法是设置外冷铁，一般应用于下列部位。

（1）顶部　当柴油发动机工作时，活塞顶部要承受燃气压力（40～100 个大气压力），并直接与高温燃气（温度高达 500～800℃）接触，吸收大量热量。而活塞的冷却条件是很不好的，因此顶部温度升高得很严重，一般可达 300～420℃。由于顶部受高温、高压的燃气作用，故要求结晶组织相当致密，使其具有较高的力学性能和耐热性能等，更不允许有任何微小的铸造缺陷。根据经验，当活塞顶部壁厚超过 25～30mm 时，就应设置成形外冷铁，其厚度为该处壁厚的 60%～80%，以确保结晶组织的高度致密性。

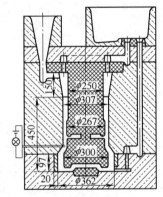

图 2-58　空气压缩机
活塞铸造工艺简图

图 2-59 所示柴油发动机活塞的直径为 390mm，总长为 635mm，材质为 HT250 低合金铸铁。活塞顶部呈凹形，壁厚为 48mm，设置了厚度为 30mm 的成形外冷铁。采用底注式浇注系统，并在直浇道下方设置了过滤网，增强了挡渣能力，获得了完好的铸件。

（2）侧壁封严部位　在此处设置外冷铁主要是为了防止活塞环槽内产生局部缩松缺陷。外冷铁的厚度为该处壁厚的 50%～60%。如果活塞环槽的深度在 15mm 以下，则可以不设外冷铁。

图 2-60 所示大型空气压缩机活塞的材质为 HT250，直径为 900mm。活塞外缘活塞环的深度达 25mm，设置了厚度为 25mm 的外冷铁；中央活塞杆孔内也设置了冷铁。为防止阻碍收缩而可能产生的表层裂纹缺陷，冷铁由 4 块组合而成。在活塞杆孔上方设置环形顶冒口，采用雨淋式浇注系统。活塞外缘至中央有较明显的方向性凝固，从中央冒口得到了较充分的补缩。活塞内腔砂芯固定在上型中，使砂芯中的气体能顺利排出。按此工艺获得了好的质量。

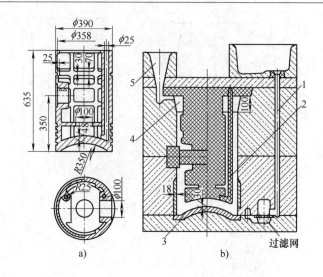

图 2-59　柴油发动机活塞

a）零件简图　b）铸造工艺简图

1—底注式浇注系统　2—油道砂芯　3—成形外冷铁　4—冒口　5—出气孔

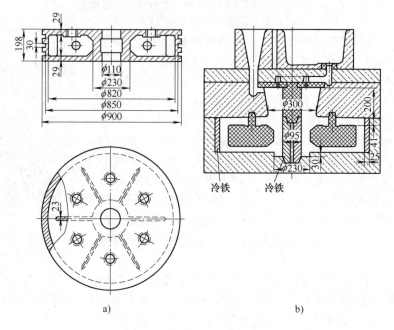

图 2-60　大型空气压缩机活塞

a）零件简图　b）铸造工艺简图

（3）其他局部"肥厚"部位及局部"热节"处　柴油机活塞类铸件，如活塞头及活塞裙等的壁厚相差很大。例如，活塞销孔及联接螺栓孔周围等部位易形成金属聚积，容易产生局部缩松等缺陷。根据这些特点，须设置外冷铁。

图 2-61 所示柴油主机活塞头的直径为 760mm，总高为 567mm。其顶部（壁厚为 115mm）、侧壁封严部位（壁厚为 92mm）及中央螺栓孔周围易形成局部"热节"。为确保质量，在这三个部位分别设置了外冷铁，获得了较好效果。

为获得预期效果，对冷铁形状及尺寸设计应予以特别注意。图 2-62 所示为大型柱塞铸造工艺简图。柱塞外径为 $\phi555mm$，总长为 1830mm，材质为 HT250，毛重为 2.3t，采用雨淋式浇注系统。柱塞侧壁及顶部厚度分别为 91mm 和 170mm。在原铸造工艺方案中，侧壁及顶部的外冷铁厚度分别为 80mm 和 90mm，如图 2-62a 所示。铸造后在柱塞顶部与侧壁交接处产生了多条较大的径向裂纹，主要原因是冷铁的激冷程度过大及冷铁形状欠佳。改进后冷铁组合形式及尺寸如图 2-62b 所示，获得了较好的效果。

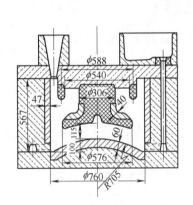

图 2-61　柴油主机活塞头
铸造工艺简图

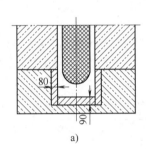

a)

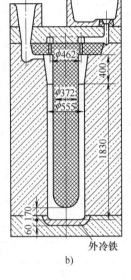

b)

图 2-62　大型柱塞铸造工艺简图
a) 改进前冷铁组合形式及尺寸　b) 改进后冷铁组合形式及尺寸

2.4.4　砂衬金属型铸造

用金属型铸造铸铁件，由于加快了铸铁的冷却速度，使其结晶组织细化，能显著提高铸件的致密性和力学性能。但当控制不良，激冷程度过大时，容易使铸件硬度过高、加工困难，甚至产生"白口"、裂纹等缺陷，故金属型铸造的应用受到了很大的限制。如果在金属型的工作面上衬上一层厚度为 8~20mm 的型砂，则可缓和初期的激冷作用，完全能避免上述缺陷，而且可以达到适当提高铸件致密性、力学性能和防止渗漏的目的，实际应用效果很好。

1. 中型活塞

图 2-63 所示为柴油发动机活塞砂衬金属型铸造简图。活塞直径为 300mm，总长为 640mm，材质为 HT250。采用砂衬金属型铸造工艺，砂衬厚度为 20mm。同时采用雨淋式顶注浇注系统，按此工艺铸造效果较好。

对于大负荷的柴油机活塞、活塞裙，更较普遍采用具有良好热稳定性、高耐磨性及较低线胀系数等的高强度灰铸铁 HT300。为获得更好的使用性能，常须加入少量合金元素，如 Cr、Mo、Cu、Ni 等，使之具有细小弥散的致密珠光体基体和 A 型或 AB 型为主的石墨形态。常用的低合金灰铸铁活塞、活塞裙化学成分，可参考表 2-9。我国因 Ni 资源较少，且价格昂贵，故较多采用 Cr-Mo-Cu 系合金；国外较普遍采用 Ni-Cr-Mo 系合金。

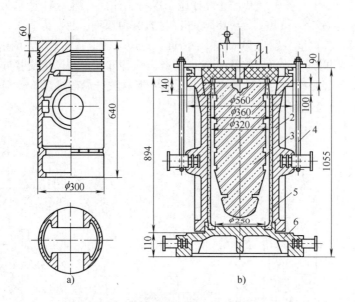

图 2-63　柴油发动机活塞砂衬金属型铸造简图

a）零件简图　b）铸造工艺简图

1—雨淋式浇注系统　2—金属型　3—砂芯　4—固紧装置　5—砂衬（厚度为20mm）　6—金属型底座

表 2-9　常用的低合金灰铸铁活塞、活塞裙化学成分

成分\系列	化学成分（质量分数,%）								
	C	Si	Mn	P	S	Cr	Mo	Cu	Ni
Cr-Mo-Cu 系	3.0 ~ 3.3	1.8 ~ 2.1	0.8 ~ 1.2	≤0.15	0.06 ~ 0.12	0.15 ~ 0.35	0.15 ~ 0.30	0.6 ~ 0.8	
Ni-Cr-Mo 系	3.0 ~ 3.4	1.8 ~ 2.2	0.8 ~ 1.2	≤0.15	0.06 ~ 0.12	0.3 ~ 0.5	0.2 ~ 0.4	<0.15	1.0 ~ 1.5

2. 大型活塞裙

图 2-64 所示为大型柴油机活塞裙砂衬金属型铸造简图。大型活塞裙直径为600mm，总长为1350mm，材质为HT250。其侧壁厚度为14mm，金属型侧壁厚度为70mm，砂衬厚度为12mm。采用雨淋式顶注浇注系统，内浇道直径为8mm，均匀地分布在活塞裙侧壁圆周上。浇注结束时，少量多余铁液从溢流道 8 流出。浇注温度为 1360 ~ 1370℃。采用该铸造工艺，获得了较好的效果。

3. 大型气柱

图 2-65 所示为大型气柱砂衬金属型铸造简图。大型气柱直径为1020mm，总长为2720mm，材质为HT250，毛重为12.5t。其结构特点是壁厚达 120 ~ 250mm，中间段有长达550mm的实心区域；技术要求高，外表面及中央 φ90mm 孔等部位不能有铸造缺陷。为获得优质铸件，特采用砂衬金属型铸造工艺。金属型壁厚为200mm，侧壁上钻有很多出气小孔。砂衬厚度仅为12mm，以适度提高铸件的冷却速度，提高结晶组织的致密性。为获得预期效果，应特别注意砂衬的型砂种类、强度、通气性及操作工艺等。为增强砂衬的附着性，金属型的内表面上车出了沟槽（槽深2mm，上、下槽的距离为4mm）。

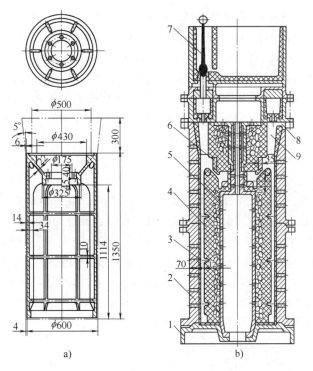

图 2-64　大型柴油机活塞裙砂衬金属型铸造简图

a）零件简图　b）铸造工艺简图

1—金属型底座　2—金属型　3—砂衬（厚度为 12mm）　4—砂芯　5—芯铁管
6—外冷铁　7—浇注箱　8—溢流道　9—冒口

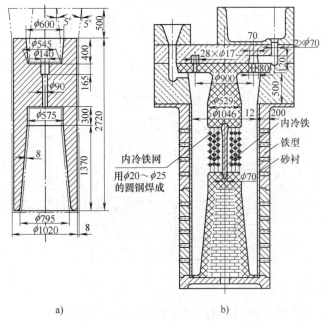

图 2-65　大型气柱砂衬金属型铸造简图

a）零件简图　b）铸造工艺简图

为增强对铸件的补缩作用,在铸件上部设有较高的环形顶冒口。采用雨淋式顶注浇注系统,28 个 $\phi 17mm$ 圆形内浇道均匀地分布在气柱侧壁上,以充分发挥雨淋式浇注系统的优点。

气柱中间段的实心区域特别"肥厚",应注意防止其产生内部缩孔、缩松等缺陷,因此设置内冷铁是十分有效的措施。在 $\phi 90mm$ 的中央长孔内,设置了直径为 70mm 的石墨或钢质冷铁,可完全防止该长孔内表面上产生局部缩松缺陷。实心区域的内冷铁用 $\phi 20 \sim \phi 25mm$ 的圆钢焊成网状,网格间距为 100mm。为确保质量,应对冷铁网进行喷(抛)丸处理,彻底清除其表面上的锈皮等杂物。为防止产生气孔,浇注前应对冷铁进行预热,使冷铁温度达到 $80 \sim 100℃$。气柱的浇注温度为 $1320 \sim 1330℃$。按照该铸造方法,获得了较好的质量效果。

4. 球墨铸铁活塞

对于载荷较重的中、小型近代发动机活塞,较多采用高强度球墨铸铁材质。根据活塞外形的结构特点,为确保质量,采用砂衬金属型铸造工艺,能获得良好的效果。

图 2-66 所示球墨铸铁活塞的材质为 QT700-2,抗拉强度 $R_m > 686MPa$,硬度为 $225 \sim 305HBW$,轮廓尺寸为 $\phi 210mm \times 300mm$(直径 × 总长),毛重约 30kg。该活塞的内腔结构较复杂,侧壁的主要壁厚仅 5mm(成品);技术要求很高,机械加工表面不允许有气孔、夹杂及缩松等任何铸造缺陷,不允许对缺陷进行修复;尺寸及质量偏差必须严格控制在允许范围内;活塞顶部冷却水腔的密闭性试验压力为 0.7MPa,历时 5min 不允许有渗漏现象。

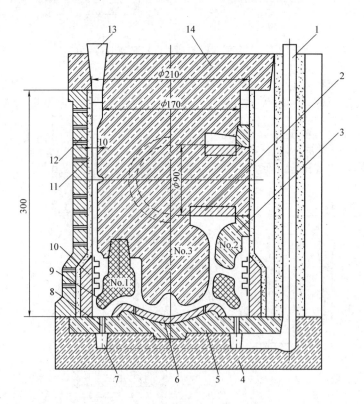

图 2-66　球墨铸铁活塞砂衬金属型铸造工艺简图

1—底注式浇注系统　2—活塞销孔外冷铁　3—No.2 活塞内腔砂芯　4—底型　5—活塞顶部砂芯
6—顶部外冷铁　7—横浇道　8—内浇道　9—No.1 冷却水腔砂芯　10—活塞环区外冷铁
11—薄层砂衬　12—金属型　13—冒口　14—No.3 中央砂芯

砂衬金属型铸造工艺设计，采取将活塞顶部朝下的垂直浇注位置；金属型主要壁厚约为25mm。砂衬厚度为10mm，系水玻璃砂；采用底注式浇注系统，6 道扁形内浇道，均匀分布在铸型底面，使铁液在型内平稳上升；为确保活塞顶部、侧壁活塞环槽区域及活塞销孔的质量，分别设置厚度适宜的外冷铁。侧壁及销孔部位的外冷铁各分别由 4 块组成；全部砂芯均采用自硬呋喃树脂砂或用酚醛树脂砂（热芯盒法），以确保砂芯具有足够的强度、良好的透气性及溃散性等。

为使活塞具有高力学性能及致密性等优异性能，以满足繁重的工作条件要求，一般都选用高强度球墨铸铁 QT600-3、QT700-2 等。为获得更好的使用性能，常添加少量合金元素，如 Cu、Mo、Ni、Sb 等，使结晶组织更加致密、强化珠光体基体和改善石墨形态等。常用的低合金球墨铸铁活塞化学成分，可参考表 2-10。我国因 Ni 资源较少，且价格昂贵，一般不用或少用 Ni；国外产品中较多的添加 Ni 元素。表 2-10 中微量元素锑（Sb）的加入，可采用硅锑合金孕育剂：w(Si) =73%，w(Sb) =3%，粒度为 1 ~ 1.5mm，当铸件浇注时，在浇注箱（杯）中进行随流孕育处理。

表 2-10　常用的低合金球墨铸铁活塞化学成分

类别	化学成分（质量分数,%）									
	C	Si	Mn	P	S	Cu	Mo	Ni	Sb	Re	Mg
Cu-Ni-Mo 系	3.70 ~ 3.80	2.50 ~ 2.70	≤0.30	≤0.040	≤0.015	0.40 ~ 0.70	0.20 ~ 0.35	0.40 ~ 0.70		0.010 ~ 0.025	0.035 ~ 0.050
Cu-Mo 系	3.70 ~ 3.78	2.10 ~ 2.30	0.20 ~ 0.40				0.20 ~ 0.40				
Sb	3.70 ~ 3.80	2.20 ~ 2.40	0.20 ~ 0.30						0.005 ~ 0.008		

为了更好地稳定活塞的高力学性能，有些出口产品还要求进行正火热处理。球墨铸铁活塞正火热处理工艺如图 2-67 所示。

在球墨铸铁活塞的生产实践中，获得了良好的质量效果。部分活塞的化学成分、力学性能和金相组织检测结果，分别见表2-11、表2-12 及图2-68，供做参考。

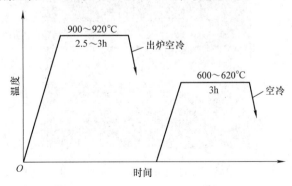

图 2-67　球墨铸铁活塞正火热处理工艺

表 2-11　球墨铸铁活塞的化学成分及力学性能

范围及实测		化学成分（质量分数，%）										力学性能			
		C	Si	Mn	P	S	Ni	Cu	Mo	RE	Mg	抗拉强度 R_m /MPa	规定塑性延伸强度 $R_{p0.2}$ /MPa	伸长率 $A(\%)$	硬度 HBW
控制范围		3.70~3.80	2.50~2.7	≤0.30	≤0.035	≤0.015	0.40~0.70	0.40~0.70	0.20~0.35	0.010~0.025	0.035~0.050	≥700	≥420	≥2	225~305
实测	1	3.73	2.62	0.142	0.027	0.0048	0.443	0.57	0.216	0.0166	0.035	910	595	7	275
	2	3.78	2.66	0.140	0.031	0.0059	0.420	0.56	0.219	0.0176	0.036	985	645	5	293
	3	3.72	2.60	0.160	0.028	0.0067	0.440	0.53	0.210	0.0220	0.038	960	625	6	257

表 2-12　球墨铸铁活塞的金相组织检测结果

范围及实测		石墨形态		基体组织	
		球化率（%）	球径大小等级	珠光体（体积分数，%）	硬化相（体积分数，%）（磷共晶及渗碳体）
控制范围		≥70	5~6	≥80	≤5
实测	1	>90	6	>90	<1
	2	>90	6	>90	<1
	3	>90	6	>90	<1

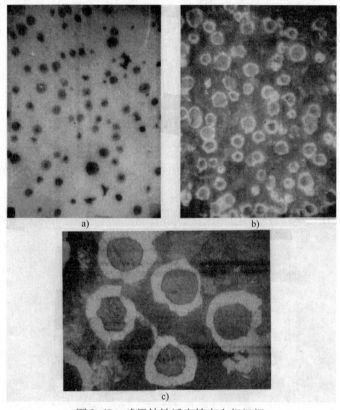

a)　　　　　　　　b)

c)

图 2-68　球墨铸铁活塞铸态金相组织

a) 腐蚀前（×100）　　b) 腐蚀后（×100）　　c) 腐蚀后（×400）

第3章 环形铸件

3.1 活塞环

3.1.1 概述

活塞环是发动机上的重要零件，也是最容易磨损的零件，其质量的好坏直接影响发动机的工作性能及经济性，是衡量发动机质量的重要指标之一。因此，研究提高活塞环质量的方法，以延长其工作寿命，具有重要的经济意义。

1. 活塞环的作用

活塞环通常做成开口的，在自由状态下有渐变的曲率半径，平均直径大于气缸直径，装入气缸中压缩成圆形。活塞环具有以下主要作用：

（1）密封作用　活塞环最基本的作用是紧贴气缸壁而使其不漏气。为了使密封可靠，要求活塞环在整个工作期限中，在沿活塞环长度的每一点上都对气缸壁产生一定的均匀压力，使活塞环与气缸壁紧密接触，在高温下密封住高压气体。否则，高压气体会将活塞环从气缸壁上推开而造成漏气。

（2）传热作用　与高温燃气直接接触的活塞顶部不断受热，温度升高，活塞环可以传递活塞顶部的一部分热量。

（3）布油和刮油作用　油环的作用是调节供向活塞侧面和压缩环的润滑油量，改善润滑条件，并将气缸壁上多余的润滑油刮回曲轴箱，以限制进入燃烧室的润滑油量。

2. 大型船用柴油机活塞环的工作特点

大型船用柴油主机活塞环与一般汽车、拖拉机等小型发动机活塞环相比，虽然其基本原理是一样的，但是在设计结构、尺寸和制造方法等方面都有显著的区别，特别是在工作条件方面独具以下特点：

1）大型船用柴油主机一般采用大功率低速柴油机。主机转速较低且活塞行程大，最大行程可达 2000～2500mm。

2）主机的单缸功率大。目前船用低速柴油主机的最大单缸功率已达到 3000～4000kW，因此活塞环尺寸较大，且工作条件繁重，密封要求更严格。

3）润滑条件差。大型船用柴油主机不如一般中小型发动机能得到较充分的润滑，因此活塞环处于半干摩擦状态的情况更多一些，要求活塞环具有更高的耐磨性。

4）远洋巨轮连续航行几十天不靠岸，有时遇上狂风恶浪，主机在全负荷下工作的延续时间很长。因此，要求活塞环具有更高的可靠性，经得住持久性工作的考验。

3. 主要性能要求

活塞环的工作条件复杂，为保证其具有良好的工作性能，提出了以下主要性能要求。

（1）弹性　活塞环装入气缸内，由于材料的弹性作用，借助环体开口后所产生的径向压力，以整个圆周与气缸壁紧密接触。如果材料的弹性不好，则会使接触不良，密封不严，容易造成漏气。而且会使最上部的活塞环受到强烈的过热，润滑条件被破坏，促使磨损加剧。如果弹性过大，在超过某一临界数值后，也会使磨损加剧。因此，要求每道活塞环具有一定大小的均匀弹力，弹性模量 E 一般为 95 000 ~ 120 000MPa，以使密封严密，并保持足够强度的油膜，维持良好的润滑，减少磨损。

活塞环的弹性由将其切口压缩到规定的标准间隙时所必需的负荷（单位为 kg）来确定，此负荷垂直地加在通过切口的直径上。对一般发动机活塞环来说，根据活塞环的设计、材料等不同，此负荷为 3 ~ 16kg。例如，对于解放牌汽车的活塞环，该负荷应不小于 4.5kg。

（2）耐磨性　为保持气缸套（设有气缸套的气缸）内的密封性，活塞环应均匀地压紧在气缸套壁上。当活塞往复运动时，活塞环与气缸套壁将产生很大的摩擦力，引起活塞环工作表面的强烈磨损。因为活塞环单位面积上的摩擦功常比气缸套壁大，所以其磨损程度比气缸套壁更为严重。

活塞环的工作条件很差，尤其是第一道环，它与高温燃气和活塞的高温部分直接接触，同时它所做的摩擦功很大，而向外传热有限，不能很好地散热，因此该环的最高温度可达 300℃。在高温下，润滑油会发生碳化，则保证第一道环的必要润滑便更加困难。第一道环在近似于半干摩擦的状态下上下滑动，是最容易磨损的零件。如果活塞环的耐磨性不好，则会发生急剧磨损，使发动机不能正常工作。因此，要求活塞环在高温、高压、全载荷和润滑不足的工作条件下，有较小的摩擦因数，具有较高的耐磨性。这是优质活塞环最重要的质量指标之一。一般船用柴油机活塞环的磨损量为 0.1 ~ 0.5mm/1000h（气缸套为 0.02 ~ 0.08mm/1000h）。近年来，磨损量已接近下限，大致达到了长时间（运行 10000h 以上）不需拆开检修的水平。

（3）热稳定性和导热性　发动机燃烧室内的燃气温度高达 1800℃，与高温燃气直接接触的活塞顶部温度可达约 400℃。活塞顶部传来的热量，使得活塞环的温度不断升高。尤其是在活塞顶部第一道活塞环的温度，有时会上升至 150 ~ 200℃，最高可达约 300℃。长期在高温下工作，可能由于发生塑性变形而使活塞环的弹性显著下降，从而破坏了发动机的正常工作条件。因此，要求活塞环材料具有良好的热稳定性，使环体可在高温下长期工作，而不发生塑性变形和力学性能的变化，材料的组织始终是稳定的，仍具有良好的弹性等力学和物理性能。

活塞顶部的热量，一部分是通过活塞环传给气缸套壁而起散热的作用，使活塞顶部的温度不超过允许的温度范围，因此要求活塞环材料具有良好的导热性。

（4）强度　活塞环应具有足够的强度，以承受复杂的工作载荷作用。根据发动机的种类，活塞环的尺寸、材质和铸造工艺等差别，对强度有不同的要求。一般要求硬度为 96 ~ 108HRB，抗弯强度不小于 392 ~ 471MPa。活塞环用 250MPa 的应力做弯曲试验时，其永久变形不得大于 10%。活塞环在较高温度下应具有较高的弯曲许用应力，以保证能在较高应力下工作而无折断的危险。

（5）耐蚀性和化学稳定性　活塞环在气缸套中与燃料、润滑油的燃烧产物和吸入空气中的腐蚀性物质等的相互作用，均会引起腐蚀。尤其是大型低速、中速柴油机，如果燃烧低质柴油，则引起的腐蚀更为严重。因此，要求活塞环材料具有良好的耐蚀性和化学稳定性。

（6）均匀的材质及性能　同一活塞环上的硬度差不得超过 3 ~ 5HRB，并应具有良好的机械加工性能。

（7）无铸造缺陷　活塞环不应有气孔、砂眼、夹杂和局部缩松等任何铸造缺陷，且不允许用焊补的方法对缺陷进行修补。即使是轻微的局部缩松缺陷也是不允许存在的，因为它不但降低了活塞环的强度，而且当活塞环工作时或磨蚀以后，在局部缩松处会掉出细颗粒的粉末状金属，将引起机械磨料磨损，使活塞环的磨损急剧增加。

（8）热处理　粗加工后，须进行人工时效处理，以消除铸造内应力，减少变形。

4. 制造铸铁活塞环的主要方法

活塞环装入气缸套中，由于材料的弹性作用而与气缸套壁保持紧密接触。使活塞环获得弹性的过程，习惯上称为活塞环的成形。制造活塞环的方法有多种，根据使活塞环产生弹性的方法不同，以及所用坯料形状不同，主要可分为热定形法和切割部分环法等。

（1）热定形法

1）坯料。用活塞环的成品尺寸加上机械加工量及铸造线收缩率，浇注成圆形坯料（圆筒形或单环）。

2）成形方法。在机械加工时，将正圆的坯料首先车内、外圆，使其接近成品尺寸，尚留有在定形处理后进行修整用的很少的余量；然后开口，切口宽度应相当于环在工作状态时的热间隙。之后将环套在心轴上，并在环的开口处嵌入垫片，垫片的宽度约等于环在自由状态时的开口长度。将这样撑开的单环，在盐浴槽或电炉内加热至 600~630℃ 进行定形处理。由于材料发生了塑性变形，失去了使活塞环回复到原来形状的内应力。这样，活塞环将固定为新的椭圆形，从而获得了应有的弹性。

在活塞环热定形处理后，将其开口两端合拢得到正确的圆形，进行最后的加工。

某厂用热定形法生产直径为 350~930mm 的柴油机活塞环，热定形工艺：加热到 600~630℃，保温 1.5~2.5h，随炉缓冷至 350℃，改在空气中冷却。按此工艺处理后的活塞环，其质量较好。

3）主要优、缺点

① 优点。圆筒形坯料作正圆车削，环的加工量很少，坯料的结晶组织较致密，不易产生缩松等缺陷。此外，机械加工时不需要复杂的靠模设备及专用夹具，所以生产率较高。比较适用于多品种的中、小批量生产。

② 缺点。活塞环的弹性是通过热处理的方法获得的。活塞环的工作温度较高，因而比较容易因受热而减少弹性。正是这个主要缺点，限制了它的广泛应用。

（2）切割部分环法　切割部分环法是将活塞环切掉一部分而得到所需的弹性。这种方法又可分为以下几种。

1）椭圆形坯料。利用椭圆形模样浇注成椭圆形的单体或筒形活塞环坯料。椭圆形坯料经初加工后，从制模样时已规定的切口处切去相当于自由开口大小的一块，然后合拢成为正确的圆形，装入专用夹具中，精车外、内圆。

这种活塞环的弹力是直接从铸态下获得的，因而其热稳定性好，不易在工作时因受热而显著降低弹性。机械加工量小而均匀，不会因在加工过程中引起的材料组织的变化而影响其径向压力的分布情况。从而有利于提高质量，使用寿命较长。椭圆形活塞环不需要经过复杂的热处理，零件端面的翘曲变形也较小。机械加工所需专用夹具较多，适用于成批大量生产。我国大部分工厂采用椭圆环单体铸造方法。

2）圆筒形坯料，初加工时车成椭圆形。按照活塞环第一次加工尺寸铸造圆筒形坯料。利用特制的靠模，将圆筒形坯料的内、外圆不均匀地车去较大的加工量，使其成椭圆形。然后进行人工时效处理，消除铸造内应力后车成单环，并在环上开口。将开口的两端闭合时，要成为正确的圆形。此时，环的每边尚留有 1mm 左右的加工量。在第二次精加工时，因它已有正确的圆形，故只均匀地车去很少的加工量即可。

国外某厂将圆筒形坯料进行初加工后，在特制的凸轮仿形立式车床上同时精车内、外圆，将其车成椭圆形。然后在同一车床上将其切成单环，并在磨床上磨上、下平面，最后在铣床上进行铣口。采用这种方法，可以生产汽车、机车、柴油机等的各种铸铁活塞环，环的直径为 175~

1500mm，产品质量较好，畅销很多国家。

3）圆筒形坯料，初加工时车成圆筒形。按照活塞环第一次加工尺寸铸造圆筒形坯料，将这块坯料初车内、外圆，并进行消除铸造内应力的人工时效处理。然后将其车成单体圆形，并在环上开口，缺口比自由状态时活塞环的开口约大20%。开口以后，将活塞环合拢，第二次精加工为成品，得到正确的圆形。

这种成形方法的主要缺点：第二次精加工前将活塞环对缝闭合时，它是呈椭圆形的，由于此椭圆形活塞环在精加工时要不均匀地车去很多加工量，因此在活塞环中将产生较大的不均匀应力，会使环再变成椭圆形，不能保证其与气缸套壁紧密接触，并对套壁产生不均匀的压力，从而促成不均匀的急剧磨损。此外，由于坯料的加工量很大，铸件壁厚增加，结晶组织变粗大，容易产生局部缩松等缺陷，而坯料表层结晶较细的组织则全部被车掉。所有这些问题，均会使活塞环的耐磨性降低。

为了进一步延长铸铁活塞环的使用寿命，在选用优质材料的基础上，进行表面处理是最有效的措施。对于直径较小的活塞环，可进行多孔镀铬处理。这种镀层能保存润滑油，提高摩擦表面的附油性，使其摩擦因数极小，耐磨性和硬度均较高，在含酸、碱及硫化氢的介质中有高的化学稳定性。对于直径较大的活塞环（如直径为760mm的船用低速柴油机活塞环等），可在活塞环的工作外表面上车出细小槽纹，槽深0.5～1.0mm，并镀上一层纯铜，以加速活塞环的磨合，并能提高耐蚀性，对提高活塞环的耐磨性有显著作用。

3.1.2　主要技术要求

影响活塞环工作寿命的因素很多，且其影响过程很复杂。活塞环的工作寿命除了受到材料性能（化学成分、金相组织和力学性能等）和铸造质量的影响以外，还与设计结构、制造方法、机械加工质量、表面处理方法（多孔镀铬、磷化、镀锡和镀铜等）、安装质量、润滑情况（润滑油的质量、给油量等）和操作运转等许多因素有关。但从许多试验研究和工作实践得知，活塞环材料的影响是最基本的因素之一。材质是最主要的技术要求。特别是船用主机，不同于陆用发动机，其工作条件独具特点，质量要求更高。要获得优质的活塞环，首先必须选用优质材料，并在铸造过程中严格控制材料性能。

1. 材质种类

根据活塞环的主要技术要求，各国都采用铸铁活塞环。因为铸铁具有足够的强度，良好的耐磨性、弹性和热稳定性等，而且易于加工制造、成本较低。常用的铸铁活塞环材料有以下几种。

（1）普通孕育灰铸铁　以前大多采用普通孕育灰铸铁活塞环，之后为提高活塞环的使用性能，较广泛地采用低合金铸铁。采用普通孕育灰铸铁时，如果严格控制化学成分和铸造工艺过程，则能获得较好的效果。国内某厂在单体铸造活塞环时，将化学成分控制在如下范围内：$w(C_总) = 3.0\% \sim 3.2\%$，$w(C_{化合}) = 0.7\% \sim 0.8\%$，$w(Si) = 2.8\% \sim 3.2\%$，$w(S) \leqslant 0.1\%$，$w(P) = 0.4\% \sim 0.6\%$。浇注温度大于1350℃，可不经热处理而获得95%甚至接近100%的索氏体状态的金相组织。

（2）低合金铸铁　为了更好地提高活塞环的质量，延长其使用寿命，可在普通孕育灰铸铁中加入少量合金元素，进行合金化处理。这样可以强化金属基体，提高珠光体的分散度及碳化物的稳定性，从而使活塞环具有更好的耐磨性、弹性及热稳定性等，工作寿命将显著增加。在高温、高压、高速条件下工作的大功率船用柴油机活塞环，普遍采用低合金铸铁制造。

根据活塞环的使用要求和本国的资源条件等情况，采用不同系列的低合金铸铁。目前，应用较多的有以下系列。

1) 铬钼铜铸铁。国内采用铬钼铜铸铁活塞环比较普遍，尤其是在中速、低速柴油机活塞环上应用更广泛。因为这种铸铁具有较高的耐磨性等性能，基本上能满足活塞环的主要技术要求；合金材料来源又较为丰富，在最近几十年的实际使用中获得了较好的效果。

铬在铸铁中是强烈阻碍石墨化的元素。如果硅的石墨化作用为 +1，则铬的作用为 -1（即阻碍石墨化）。适量的铬能细化石墨，阻碍铁素体的形成，增加珠光体的数量，阻碍珠光体的分解，稳定珠光体，从而可提高铸铁的强度、硬度、耐磨性和耐热性等。但它有增加"白口"的倾向，并促使形成三元磷共晶体，故铬的含量须得到严格控制。活塞环中铬的质量分数一般为 0.2% ~ 0.4%。

钼在铸铁中也是阻碍石墨化的元素，但不及铬那样强烈。加入适量的钼能细化和稳定珠光体，使珠光体的分散度增加。当钼的质量分数达到 0.5% 时，金属基体中将无铁素体存在。钼的另一个显著作用是与碳形成钼碳化物，具有良好的热稳定性。加入少量的钼，就能提高铸铁的强度、硬度、耐磨性和热稳定性等。钼与铬搭配使用，可获得更好的性能，效果更好，其搭配比例可取 1:1。活塞环中钼的质量分数一般为 0.2% ~ 0.4%。

铜在铸铁中是促进石墨化的元素，石墨化能力约为硅的 20%，同时能降低铸铁的"白口"倾向。在含铬铸铁中，铬有促进"白口"的倾向，而铜的加入能部分地抑制铬的这种不良作用。适量的铜能进一步细化石墨，得到均匀分布的细薄片状石墨和细密层状珠光体，强化珠光体基体，故能提高铸铁的强度、硬度和耐蚀性。为充分发挥铬、铜对提高活塞环质量的有利作用，一般将两者配合使用。铜、铬共用时的比例一般为 2:1 ~ 3:1。活塞环中铜的质量分数一般为 0.6% ~ 1.2%。

由于铜对提高活塞环质量的有利影响，在我国镍资源比较缺乏、镍的价格昂贵的条件下，用铜代替部分镍很有实用价值，获得了广泛的应用。

2) 硼铸铁。硼在铸铁中是最强烈的阻碍石墨化的元素，它与碳形成硼碳化物。当磷的质量分数不小于 0.2% 时，还能析出硼碳化物和含硼的复合磷共晶，能显著提高铸铁的耐磨性。

硼铸铁是国内外近年来研制的耐磨铸铁，在气缸套、机床导轨等摩擦零件中已获得广泛应用，特别是在现代大型船用柴油机气缸套上应用更广泛，并获得了良好的效果。硼铸铁活塞环的应用也会日趋广泛。为获得预期效果，必须严格控制含硼量，活塞环中硼的质量分数一般为 0.025% ~ 0.05%。

为了更好地提高硼铸铁活塞环的性能，还可添加其他合金元素，如硼钨铬铸铁、硼钒钛铸铁和硼铬钼铜铸铁等。

3) 钒钛铸铁。钒在铸铁中是强烈阻碍石墨化的元素，并可形成特殊的碳化物，能使石墨细化，分布更加均匀。同时可促进形成珠化体，并能细化和强化珠光体基体，从而提高铸铁的强度、硬度、热稳定性和耐磨性等。

钛在铸铁中与碳和氮的亲和力很强，将形成碳化钛等碳化物，以极细的颗粒存在于铸铁中，对提高铸铁的耐磨性有着良好的影响。当钛的质量分数较小时（小于 1%），碳化钛能起到石墨化核心作用，能细化晶粒和促进石墨化；它还能进行脱氧，使铁液纯净而改善铸铁的性能。

钒和钛一般搭配使用，各自发挥最好的作用，而又相互抑制了对方的不良影响。如微量的钛能抑制钒的"白口"倾向，以获得更好的性能。

钒钛铸铁是近几十年研制的耐磨铸铁，在大型柴油机气缸套等零件中已广泛应用，并获得了良好效果。钒钛铸铁活塞环的化学成分可取 $w(V) = 0.15\% ~ 0.25\%$, $w(Ti) = 0.10\% ~ 0.16\%$。

为了更好地提高钒钛铸铁活塞环的性能，还可添加其他合金元素，如钒钛铜铸铁等。

4）钨铸铁。钨在铸铁中是稳定碳化物的元素，其作用与钼相似，不过作用程度较钼弱。钨可与碳形成复合碳化物，并细化珠光体，提高铸铁的强度、硬度和耐磨性。钨铸铁活塞环中钨的质量分数一般为 0.3% ~ 0.6%。

为了更好地提高钨铸铁活塞环的耐磨性等性能，延长其使用寿命，还可添加其他合金元素，如钨铬铸铁、钨铬钼铜铸铁、钨钒钛铸铁等。这些钨系耐磨铸铁活塞环主要用于汽车、拖拉机等的小型发动机，并获得了良好的效果。

5）镍铬铸铁。镍在铸铁中是促进石墨化的元素，但其促进石墨化能力比硅弱，约为硅的1/3。镍对铸铁的基体组织有较大影响，能细化珠光体和增加珠光体数量，强化基体组织，并能提高铸件组织的均匀性。因此，镍能显著提高铸铁的力学性能和耐磨性等，是对铸铁性能有良好影响的重要元素。镍铬铸铁活塞环中镍的质量分数一般为 0.5% ~ 1.2%。

为了更好地提高活塞环的耐磨性，延长其使用寿命，镍铬同时使用效果更好。镍铬铸铁活塞环中铬的质量分数一般为 0.2% ~ 0.4%，镍、铬的配合比例见表 3-1。

表 3-1　镍铬铸铁活塞环中镍、铬的配合比例

镍、铬比例	含铬量（质量分数,%）		
	< 0.2	0.2 ~ 0.3	0.3 ~ 0.4
Ni∶Cr	2.5∶1	2.5 ~ 3∶1	3 ~ 3.5∶1

镍铬铸铁活塞环中还可添加其他合金元素，使其使用效果更佳，如镍铬钼铸铁等。

镍铬系列铸铁活塞环具有很好的使用性能，但因为镍资源缺乏，且价格昂贵，故其应用受到了很大限制，在欧洲国家应用较多，我国已很少采用。

（3）球墨铸铁　低合金铸铁与普通灰铸铁相比，在使用性能上虽有较大提高，但仍不能完全满足强力发动机的要求。球墨铸铁有很高的力学性能和良好的耐磨性等，具有许多独特的优点。许多研究资料及生产实践证明：球墨铸铁比某些低合金铸铁的耐磨性、热稳定性及弹性等都要优越得多，能满足强力发动机的要求，并能节约贵重的镍、铬、钨、钛等合金元素，是制造活塞环的优良材料。

20 世纪 60 年代研制成功的、采用我国资源丰富的稀土镁合金生产的球墨铸铁，比纯镁球墨铸铁具有更好的铸造性能，使球墨铸铁的应用范围日益扩大。球墨铸铁活塞环材料主要有两种类型。

1）珠光体基体球墨铸铁活塞环。这是目前世界上一些国家较广泛采用的活塞环材料，其珠光体数量在 80% 以上。国内某厂生产的球墨铸铁活塞环用在某船主机上，获得了良好的效果。根据其他工厂的经验，球墨铸铁活塞环的使用寿命已超过 6000h。苏联一些工厂在船用柴油机上成功地采用了镍钼低合金球墨铸铁 [$w(Ni) < 1.0\%$，$w(Mo) < 0.5\%$] 活塞环，使活塞环的热稳定性、弹性及耐磨性等大为提高。其他如美国、英国等国家，也在大中型柴油机上采用珠光体球墨铸铁活塞环，并获得了良好效果。

2）中硅铁素体球墨铸铁活塞环。罗马尼亚冶金研究所用硅的质量分数为 4% ~ 5% 的铁素体球墨铸铁活塞环，分别在 M42 型 12 缸 2000 马力航空发动机和 350 马力柴油发动机上进行了比较试验，试验时间分别为 119h 和 855h。试验结果表明：中硅铁素体球墨铸铁活塞环比珠光体球墨铸铁和片状石墨灰铸铁活塞环具有更好的耐磨性。这是一种新型的活塞环材料，有待进一步研究。但必须指出：这种材料的铸造性能较差，采用普通砂型铸造圆筒形坯料时，砂芯须具有良好的溃散性，以避免产生纵向裂纹。

用于制作活塞环的，还有其他一些特殊材料，如粉末冶金等。这种活塞环目前在国外应用较

广，主要用于少数汽车发动机。

（4）蠕墨铸铁　蠕墨铸铁具有高致密性、耐热性及耐磨性等优良性能。国外有的工厂已批量生产蠕墨铸铁活塞环，用于气缸直径为 300mm～700mm（特大型直径为 900mm）的发动机上，获得了较好效果。

2. 材质的控制

为使活塞环具有优良的性能，特别是要有很高的耐磨性，在选定材料的种类以后，还必须严格控制以下几个方面。

（1）金相组织　活塞环的性能主要取决于铸铁的金相组织。化学成分、炉料组成、熔炼方式、铁液过热程度、孕育处理效果、冷却速度等结晶条件，以及热处理等各种因素，最终都是通过改变金相组织来影响活塞环性能的。

1）石墨。普通灰铸铁的片状石墨在金属基体中不但缩减金属截面，还会形成尖锐的切缝。切缝周围易引起局部应力集中，使铸铁强度大为降低。同时，这些切缝是金属受磨损而破坏的根源。但石墨可吸附和存留润滑油，石墨本身也是一种润滑剂，故其对提高耐磨性有良好的影响。在液体润滑和半干摩擦条件下，磨损量随石墨的增加而减少。石墨对活塞环质量的影响主要取决于石墨的形状、大小、数量及分布特征等。

① 石墨的形状及分布特征。石墨的形状及分布特征会影响金属基体的强度，以及能否充分发挥其对提高耐磨性的有利作用，一般要求为均匀分布的片状石墨、菊花状石墨。低合金铸铁活塞环一般均为菊花状石墨；对于采用过共晶低合金铸铁单体铸造的汽车活塞环，一般为均匀分布的细片状、巢状和短丝状的混合型石墨，允许存在少量无序分布的细小点状石墨，但不允许有呈严重枝晶状的石墨。

② 石墨的大小。灰铸铁活塞环以中等片状石墨为宜。石墨的长度一般为 0.03～0.15mm，石墨粗大会显著降低铸铁的力学性能。过于粗大的片状石墨或很小的点状石墨，都会使耐磨性降低，故一般不允许这两种形态的石墨存在。

③ 石墨的数量。石墨数量过多，会使铸铁的金属基体大为变松，降低基体强度，结果是使磨损加剧。石墨数量过少，则不能充分发挥石墨对提高活塞环耐磨性的有利影响，从而也会增加磨损。石墨的数量一般为视场面积的 6%～15%。

2）金属基体。铸铁金属基体组织中的片状珠光体是铁素体和渗碳体的片层相间、交替排列的组织，按其片层间距大小，有粗大、中等和细小片状三种形式。铸铁活塞环的金属基体组织应为细小片状珠光体（放大 500 倍下，片间距不大于 1mm），具有较好的耐磨性。珠光体中的碳化物越细，抗蠕变及抗塑性变形的能力越强。细晶粒组织更能提高基体之间的结合力，减少摩擦过程中的剥落现象。粒状碳化物对塑性变形的抗力较差，对耐磨性有不利影响，故不允许粒状珠光体组织存在。分布很不均匀的珠光体和粗大片状珠光体（放大 500 倍下，片间距大于 2mm）也是不允许的。

极细片状的索氏体型珠光体（放大 500 倍下，铁素体和渗碳体难以分辨），在过共晶成分低合金铸铁单体铸造的小型活塞环上，容易得到这样的基体组织。它具有更好的强度、耐磨性、耐蚀性和导热性等。

铁素体的强度和硬度都很低，其硬度约为 100HBW，耐磨性很差，因此一般不允许有铁素体存在。在个别情况下，只允许有均匀分布的小颗粒状铁素体，且其数量不能超过视场面积的 5%。随着铁素体数量的增加，磨损也会加大，同时容易发生"拉缸"现象。

贝氏体组织在强度、硬度、耐磨性、耐热性和耐蚀性等方面都比珠光体组织好。在灰铸铁中添加镍、铬、钼等合金元素或采用等温淬火、回火热处理工艺，均可得到贝氏体组织。它具有多向针状结构，硬度可达 250～300HBW，可用于高速汽油或柴油机活塞环。

不允许有莱氏体组织存在。

一般不允许存在游离渗碳体，也有的允许有较均匀分布的、分散的、细小块状的游离渗碳体，但其数量应不超过视场面积的 3%。

3）磷共晶体。磷共晶体的组成相及分布特征、形状、大小和数量是影响铸铁活塞环耐磨性的最重要因素之一。

① 磷共晶体的组成相及分布特征。铸铁中一定数量的磷共晶体，如果能很牢固地存在于金属基体上，形成坚硬的骨架，承受载荷作用，则能显著地提高铸铁活塞环的耐磨性。如果金属基体上的磷共晶体不牢固，且易碎裂，则将起磨料作用，反而会显著地促进铸铁活塞环的磨损。为了提高铸铁活塞环的耐磨性，一般将磷的质量分数控制在 0.35%～0.60% 的范围内，并添加其他合金元素，磷共晶体的组成相有二元（α-Fe+Fe$_3$P）、三元（α-Fe+Fe$_3$P+Fe$_3$C）及复合物式（α-Fe+Fe$_3$P+合金碳化物）几种形式。

铸铁活塞环中均存在一定数量的均匀分散分布的二元磷共晶体，且彼此不连续，呈细小薄片状或连续、断续的细小密集网络状。在合金铸铁活塞环中，三元磷共晶体也是经常存在的。近年来的研究和实践表明，磷共晶体中的碳化物或复合物式磷共晶体能提高活塞环的耐磨性，延长其使用寿命。因此，允许少量不连续的三元磷共晶体及均匀分布的细小复合物式磷共晶体存在。

② 磷共晶体的大小。分布不均匀的粗大成块的磷共晶体降低了金属基体的强度，往往是使活塞环急剧磨损的主要原因之一。关于磷共晶体的合适尺寸，目前尚无很确切的数据。一般认为，单个磷共晶体的最大面积应控制在 1000μm² 以下或磷共晶体的最大链长小于 150μm。

③ 磷共晶体的数量。低合金铸铁活塞环中必须具有一定数量的磷共晶体，以使其具有最好的耐磨性。根据经验，磷共晶体的数量一般应控制为视场面积的 7%～15%。

（2）化学成分　铸铁活塞环的力学性能、金相组织和其他使用性能，主要取决于其化学成分和结晶条件（如冷却速度等），而化学成分的影响是最基本的因素。其中，磷及合金元素的含量选择尤为重要。

1）碳。碳在铸铁中是强烈促进石墨化的元素。活塞环成分中须有一定的含碳量，以使金属基体上分布一定数量的石墨。低碳铸铁虽能提高活塞环的强度、硬度及弹性等，但会由于石墨数量减少而对耐磨性产生不利影响。若碳含量过高，则会导致析出大量粗大片状石墨及降低铸件力学性能，也会使活塞环的磨损增加。

含碳量的选择，主要与活塞环的大小、壁厚、铸造方法（如单体铸造、圆筒形砂型铸造、离心铸造等）及合金元素含量等因素有关。一般应控制在以下范围内：单体铸造时，w(C)=3.4%～3.9%；圆筒形砂型铸造时，w(C)=3.1%～3.4%。对于球墨铸铁活塞环，原铁液中的 w(C)>3.7%。

2）硅。硅在铸铁中是促进石墨化的元素，其促进石墨化的能力约为碳的1/3。含硅量过高或过低都会使活塞环的磨损增加，应根据碳、硅总量综合考虑。一般在选定含碳量以后，再估算出所需要的含硅量。对于单体铸造活塞环，w(Si)=2.0%～2.8%；大型柴油机活塞环圆筒形砂型铸造时，w(Si)=1.3%～1.7%。

3）锰。铸铁中的锰是促使碳化物形成的元素，能细化晶粒和稳定珠光体中的碳化物。从而提高铸铁的力学性能，使活塞环的耐磨性增加。活塞环中锰的质量分数一般为 0.6%～1.0%。

4）硫。铸铁活塞环中硫的质量分数一般为 0.06%～0.10%。

5）磷。在铸铁活塞环成分中，磷是一种非常重要的元素。提高铸铁活塞环耐磨性的主要措施之一，就是适当提高含磷量。

随着含磷量的提高，在金属基体上分布一定数量的磷共晶体，使铸铁的磨损量逐渐减少，如图3-1所示。

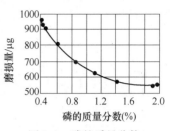

图3-1 磷的质量分数
与磨损量之间的关系

为了更有效地提高铸铁活塞环的性能，除了提高含磷量以外，还须添加适量的合金元素，其主要作用是细化晶粒、强化基体，增加珠光体的分散度和碳化物的稳定性，并形成合金碳化物及复合物式磷共晶体。从而提高活塞环的耐磨性、弹性和热稳定性，延长其使用寿命。关于可供选用的合金元素，已在前面论述，这里不再赘述。

铸铁活塞环化学成分的选择主要取决于所需的力学性能、尺寸大小和铸造工艺方法等。铸铁活塞环材料的种类很多，要根据生产的具体情况进行选用。表3-2中列出了部分常用灰铸铁活塞环的化学成分和力学性能，可供参考。

（3）硬度 铸铁活塞环的硬度是影响其工作寿命的一个重要因素。众所周知，活塞环的工作条件比气缸套要繁重得多，其单位面积上所受的摩擦功比气缸套要大，故容易磨损。一般认为，活塞环的硬度应比气缸套的硬度高10～20HBW，中低速发动机活塞环的硬度一般为190～240HBW。

必须指出：

1）活塞环与气缸套的硬度差值比它们的绝对硬度值更有意义。即彼此要有较好的硬度配合，才能更好地减少磨损。

2）有些研究认为，当活塞环和气缸套有相同硬度时，耐磨效果最好。而且它们的共同硬度越高，磨损量越小。

3）如果活塞环和气缸套的金相组织相同，则它们的磨损量将减少。由此可知，为了减少磨损，更要使活塞环与气缸套的硬度相匹配。

在实际生产中，尤其是在修船时，由于旧主机气缸套的硬度差别很大，给控制活塞环的硬度带来了很大困难。关于硬度差值的具体选择，根据活塞环的工作条件及实际经验，认为主机活塞环的硬度比气缸套的硬度高10～30HBW较为合适，也允许略低，但不得超过10HBW。在修船生产中，如果旧主机气缸套的硬度低于170HBW，则活塞环的硬度推荐采用180～210HBW。

3. 磷共晶体的控制

铸铁活塞环中磷共晶体的特征是影响活塞环工作寿命的重要因素之一。为稳定质量，必须加强对磷共晶体的控制。

（1）磷共晶体的组成及类型 铸铁金属基体上的磷共晶体，根据其组成相的不同，主要存在以下类型。

1）二元磷共晶体。二元磷共晶体由磷化铁和 α-铁（$Fe_3P + \alpha$-Fe）组成，其中磷的质量分数约为10.4%，熔点为1030℃。在金相显微镜下观察其结构特征是细点粒状 α-铁均匀分布于明亮的 Fe_3P 基底上。

莱氏体状二元磷共晶体由 Fe_3P + 珠光体组成。其结构特点是珠光体呈黑色斑点，充塞于 Fe_3P 骨架内，颇似鱼骨状和蜂窝状莱氏体。

2）三元磷共晶体。三元磷共晶体由磷化铁、α-铁和渗碳体组成（α-$Fe + Fe_3P + Fe_3C$），其化学成分为 $w(C) = 1.96\%$，$w(P) = 6.89\%$，$w(Fe) = 91.15\%$，熔点为953℃。因为在它的组成中多了一个 Fe_3C 相，所以比二元磷共晶体具有更高的硬度。在金相显微镜下观察其结构特征：白色的 Fe_3C 条带一般都穿过或附着于二元磷共晶体边缘，并与二元磷共晶体之间形成鲜明的直线界限，在 Fe_3C 之上没有 α-Fe 点粒。

表 3-2　部分常用灰铸铁活塞环的化学成分和力学性能

序号	化学成分（质量分数，%）												力学性能				铸造方法	主要用途
	C	Si	Mn	P	S	Cr	Mo	Cu	V	Ti	W	B	硬度 HRB	R_m/MPa	抗弯强度/MPa	弹性模量 E		
1	3.7~3.9	2.6~2.8	0.6~0.8	0.3~0.5	<0.05	0.25~0.35	0.25~0.45						96~109		440~470	75 000~100 000	单体砂型铸造	汽车发动机等
2	3.8~3.9	2.26~2.42	0.7~1.0	0.4~0.6	<0.10	0.20~0.38	0.25~0.45	0.4~0.6					96~109		440~500	70 000~95 000		小型发动机等
3	3.6~3.9	2.5~2.7	0.6~0.9	0.4~0.6	<0.05	0.15~0.25		0.5~0.7	0.15~0.25	0.12~0.18			96~109		440~470	75 000~100 000		汽车发动机等
4	3.4~3.7	2.0~2.5	0.5~0.8	0.35~0.5	<0.10	0.15~0.25	0.25~0.35	0.7~0.9					220~260HBW	≥240	≥470	80 000~100 000		中速柴油机等
5	3.2~3.4	1.8~2.3	0.8~1.0	0.4~0.6	<0.10	0.25~0.35	0.25~0.40	0.7~1.0					200~250HBW	≥240	≥480	80 000~100 000		大型低速柴油机等
6	3.2~3.4	1.8~2.2	0.7~1.0	0.4~0.6	<0.10	0.25~0.40	0.30~0.45	0.7~1.0					96~107		≥470	75 000~95 000		小型发动机等
7	3.1~3.4	1.6~2.1	0.7~1.0	0.4~0.6	<0.10	0.25~0.40	0.35~0.45	0.7~1.0					190~240HBW		≥470	80 000~100 000	圆筒形砂型铸造	中速发动机等
8	3.1~3.4	1.3~1.7	0.8~1.0	0.4~0.6	<0.10	0.25~0.40	0.3~0.5	0.7~1.0					190~240HBW		≥480	80 000~100 000		大型低速柴油机等
9	3.1~3.4	1.7~2.0	0.6~1.0	0.3~0.5	<0.10	0.20~0.30	0.3~0.4	0.6~1.0			0.4~0.7		98~105		≥480	84 000~100 000		汽车发动机等
10	3.0~3.3	1.8~2.2	0.8~1.2	0.2~0.3	<0.06	0.20~0.30	0.3~0.4	0.8~1.2				0.030~0.045	100~108		570~620	120 000~134 000		强力发动机等

另一种三元磷共晶体是由 $Fe_3P + \alpha\text{-}Fe$ + 少量碳化物组成的。其结构特征：在 Fe_3P 基底上散布着大小和分布不均匀的 $\alpha\text{-}Fe$ 颗粒（有些则串连成条状分布）；同时，在整个共晶体中隐约可以看出微微凸起的亮白色杆状或粒状碳化物，它们分布在共晶体中，故又称其为共溶型三元磷共晶体。

在 Cr、Mo、V、Ti、W、B 等元素含量较高的合金铸铁活塞环中，常出现以合金碳化物为基底的三元磷共晶体，它是由 $\alpha\text{-}Fe + Fe_3P$ + 合金碳化物组成的。其结构特征：共晶体外形各异且不规则，边缘附近常分布着一些须状碳化物；二元磷共晶体点粒状物较少，分布也不均匀，一般都聚积在几个地方。基体中的碳化物主要是由加入的合金元素与碳作用而生成的合金碳化物，具有较高的硬度，有利于提高活塞环的耐磨性。

（2）影响磷共晶体析出的主要因素　铸铁中磷共晶体析出的形态特征、大小及数量，主要与以下三个方面有关。

1）铸铁的化学成分。根据影响磷共晶体析出的数量和大小的不同，可将元素分为两类：

① 第一类。促使磷共晶体析出数量和尺寸增加的元素，如磷、碳和铬。

② 第二类。促使磷共晶体析出数量和尺寸减小的元素，如硅、锰、镍和硫等。

磷是影响磷共晶体的主要元素。磷能溶于铁液中，但在固态铸铁中的溶解度很小。因此，当铸铁中的含磷量提高时，很容易析出大量的较粗大的磷共晶体。

铸铁中的碳与磷有互相排挤的性质。当含碳量提高时，磷逐渐被挤出，并以 Fe_3P 的形态呈共晶体析出。如在纯铁中，磷的溶解度为 1.2%；而在碳的质量分数为 3.5% 的铸铁中，磷的溶解度只有 0.3%。因此，当含磷量及冷却速度都相同时，含碳量高的铸铁所析出的磷共晶体的数量比含碳量低的铸铁多，同时也较粗大。

凡是降低磷在固溶体中溶解度的元素，都会使磷共晶体的析出数量增加，并使其粗大。铸铁中硅、锰、硫的含量提高时，均使磷共晶体的析出数量减少，并使其形状细小。如果铸铁中有形成碳化物、强化渗碳体的元素存在，使碳的扩散和石墨化受到阻碍，提高金属基体的含碳量，则更容易形成三元磷共晶体。在这方面，铬的作用较强，且非常敏感。

2）铸件的冷却速度。磷共晶体尺寸的大小与铸件的冷却速度有很大关系。活塞环的尺寸越小，冷却速度越快，则析出的磷共晶体网络越细小。试验指出，虽然铸铁中磷的质量分数较高，如 $w(P) = 0.56\%$，但在冷却速度较快的试验棒（直径为 5mm）上，也没有发现粗大的磷共晶体。如果冷却速度缓慢，则会促使析出粗大的磷共晶体。

国内某厂在实际生产中进行过以下试验：在其他条件相同的前提下，分别用不同的铸造方法（圆筒形普通砂型铸造、圆筒形砂衬金属型铸造和单体铸造）铸造同一尺寸的活塞环，并对其进行比较。结果发现，冷却速度最快的单体铸造活塞环的磷共晶体最为细小，使活塞环的耐磨性提高。但是必须指出：随着冷却速度的加快，碳的扩散速度减小，石墨化过程受阻，金属基体中的含碳量提高，更容易析出三元磷共晶体。

3）铁液状态的影响。铁液状态对磷共晶体的析出特性也有较大的影响，试验结果如图 3-2 所示。

① 过热程度。提高铁液的过热程度（过热温度及在过热温度下的停留时间），会使析出的磷共晶体尺寸增大，如图 3-2a 所示。

② 浇注温度。由图 3-2b 可以看出：当过热温度一定时，降低浇注温度，也会使磷共晶体的尺寸增大。在实际生产中也发现过这样的现象：当浇注温度在 1340℃ 以上时，析出均匀分布的薄网状磷共晶体；当浇注温度为 1300~1320℃ 时，析出连续的二元磷共晶体；当浇注温度降至 1280℃ 时，就出现三元磷共晶体。

③ 孕育处理。铸铁进行孕育处理对析出磷共晶体大小的影响在于，减弱了冷却速度对磷共晶体大小的敏感作用。由图 3-2c 可以看出：用 Si-Ca 孕育剂进行孕育处理后，磷共晶体的大小随冷却速度的减小而增大的曲线变得平坦。故孕育处理对减小磷共晶体尺寸是有利的。

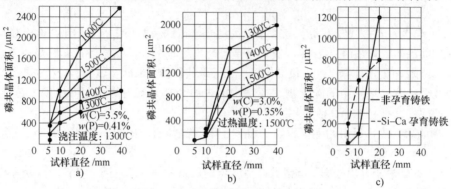

图 3-2　铁液状态对磷共晶体的影响

a）过热程度的影响　b）浇注温度的影响　c）用 Si-Ca 孕育剂

进行孕育处理的影响 $[w(C)=3.0\%,\ w(P)=0.4\%]$

（3）磷共晶体的控制方法　要防止产生大量粗大块状的二元或三元磷共晶体，主要应控制以下几个主要因素。

1）控制化学成分。铸铁的化学成分，特别是磷及合金元素（如铬、钒等）的含量，是影响磷共晶体结构及分布特征等的主要因素。

① 控制含磷量　磷是铸铁活塞环材料中最主要的元素之一。含磷量过低，将不能产生适量的磷共晶体以提高耐磨性；含磷量过高，则会产生大量粗大的二元或三元磷共晶体。铸铁活塞环中磷的质量分数一般应控制为 0.35% ~ 0.60%。对于铸造厚度较大、冷却速度较为缓慢的圆筒形活塞环坯料，其含磷量宜靠近下限；单体铸造活塞环，则可适当取高些。

② 控制含碳量。铸铁中的碳、磷之间有着互相排挤的性质。如果含碳量过高，则磷在铸铁中的溶解度将大为下降，为析出粗大的磷共晶体提供了有利条件。如果含碳量过低，则会使石墨化作用程度减弱，并提高了金属基体中的含碳量，也易产生三元磷共晶体。根据碳对铸铁力学性能、缩松和磷共晶体等方面的综合影响，对于圆筒形砂型铸造活塞环，其碳的质量分数控制在 3.1% ~ 3.4% 的范围内较为合适；对于单体砂型铸造活塞环，主要考虑到其冷却速度较快，为防止硬度过高，宜将碳的质量分数控制在 3.4% ~ 3.9% 的范围内。

③ 控制合金元素的含量。目前国内常用的铸铁活塞环材料中，对磷共晶体有显著影响的合金元素以铬较为突出。铬对提高活塞环的热稳定性及耐磨性等有较好的影响，但铬又是强烈的促使形成碳化物及产生三元磷共晶体的元素。活塞环中的铬的质量分数一般应控制在 0.2% ~ 0.4% 的范围内。为了充分发挥铬对提高活塞环耐磨性的有利影响，而又避免它的不良作用，最好将铬与铜搭配使用。

关于其他合金元素，如钼、钒、钛、硼、钨等的适宜控制范围，可参考本章前文中的相关内容。

2）控制冷却速度。铸铁活塞环铸造宜采用较快的冷却速度，以便得到较细小的薄片或网络状的磷共晶体。可采用单体铸造、砂衬金属型铸造和砂衬离心铸造等方法。

3）控制浇注温度和进行孕育处理。在目前冲天炉、冲天炉与电炉双重熔炼或电炉熔炼条件下，适当提高浇注温度对细化二元磷共晶体有一定作用。应根据活塞环的尺寸和铸造方法选择合适的浇注温度。

铸铁活塞环材料应在炉前进行孕育处理，这对提高材料性能、细化晶粒和磷共晶体等均有良好的效果。

3.1.3 铸造工艺过程的主要设计

1. 模样制作

模样形状及尺寸的准确性非常重要。根据活塞环制造方法的不同，模样内、外径尺寸的计算方法也有差别。

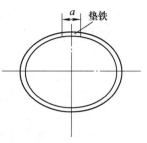

图 3-3 椭圆形活塞环模样坯料

（1）采用椭圆形坯料的活塞环模样 在大量生产活塞环的工厂中，大都采用椭圆形坯料，如图 3-3 所示。椭圆形模样的准备过程在前文中已经叙述，这里不再赘述。嵌入垫铁的长度与弹性大小有关，一般可按活塞环自由开口的大小来决定，可参考下面的公式进行计算：

$$a = (1.1 \sim 1.2)a_0 + b$$

式中 a——开口处嵌入垫铁长度（mm）；

a_0——图样设计的自由开口量（mm）；

b——锯缝宽度（mm），可取 $3 \sim 4$ mm。

垫铁的长度应略大于自由开口长度，这是因为环在加工好后合拢时，铸铁有一定的塑性变形，再放开后，不能保持自由开口的大小，故将尺寸略微放大。

（2）采用圆筒形坯料的活塞环模样 对于采用圆筒形坯料，初加工时车成圆筒形，以切割法定形的活塞环和阶梯形锁口的活塞环，初加工（第一次加工）后的内、外径尺寸可参考下式进行计算：

$$D'_{外} = D_{外} + \frac{c}{\pi} + m$$

$$D'_{内} = D_{内} + \frac{c}{\pi} - m$$

式中 $D'_{外}$、$D'_{内}$——活塞环坯料第一次加工后的外、内径尺寸（mm）；

$D_{外}$、$D_{内}$——活塞环第二次加工后成品的外、内径尺寸（mm）；

c——活塞环的切口尺寸（mm）；

m——取 $5 \sim 8$ mm。

按上式计算出活塞环坯料第一次加工后的外、内径尺寸，加上加工量和铸造线收缩率，即得模样的外、内径尺寸。

（3）采用热定形法的活塞环模样 用活塞环的外、内径成品尺寸，加上加工量和铸造线收缩率，即得活塞环模样的外、内径尺寸。

以单体铸造直径在 100mm 以下的小型活塞环圆形坯料为例，其模样尺寸可以参考下式进行计算：

$$D'_{外} = D_{外} + 2.8 + (D_{外} \times 1\%)$$

$$D'_{内} = D_{内} - 1.6$$

$$H' = H + 1.6$$

式中 $D'_{外}$、$D'_{内}$、H'——活塞环模样的实际外径、内径、高度尺寸（mm）；

$D_{外}$、$D_{内}$、H——活塞环图样中的外径、内径、高度尺寸（mm）。

其他数值分别为加工量和铸造线收缩率。

圆筒形铸造活塞环，当圆形坯料的直径在 400mm 以上时，单件生产可采用刮板造型法。单体铸造活塞环时，均采用实样金属模样，其材料最好选用青铜、黄铜等，硬度以 80 ~ 90HBW 为宜。活塞环金属模样和浇冒口系统都须固定在同一型板上。

2. 单体铸造

单体铸造活塞环的坯料形状可以是圆环形或椭圆形，即相当于活塞环在自由状态下的形状。这种铸造方法具有许多独特优点，因此已广泛应用于大量生产中。

（1）单体铸造的主要优点

1）加工量显著减少，金属消耗量降低。

2）由于环的截面尺寸小，一般均用湿型铸造，冷却速度较快，可促使结晶组织变细和析出较细小的二元磷共晶体。如果能适当选择化学成分和铁液状态，则在铸态下可直接获得较理想的石墨形态和细密的层状珠光体基体，其力学性能、弹性和耐磨性能很好，使用寿命很长。

3）由于活塞环各部分冷却速度的差别小，故硬度和弹性等的均匀性程度有所提高，并可更好地利用坯料外层的原有弹性和耐磨性。

4）由于环的铸造厚度变小，故产生局部缩松等缺陷的危险性减小。

目前，大型活塞环采用单体铸造的情况也比较多。但环的截面尺寸越大，单体铸造的优越性就越差。为了充分保持单体铸造的优点，环的截面尺寸不宜超过 16 ~ 18mm。当小于该尺寸时，单体铸造比筒形铸造较易获得较高的硬度和细密的结晶组织。

（2）铸型　单体铸造活塞环时，均采用叠箱浇注，一般以 10 ~ 18 箱为一组。对于小型活塞环，每箱内可装 4 ~ 6 片活塞环，如图 3-4 所示。砂箱通常用铝合金制成，砂箱的形状可设计成方形或圆形。表 3-3 所列砂箱尺寸可供参考。

对于中型活塞环，每个砂箱内只能设置一片活塞环。浇冒口系统都设置在活塞环内圈，如图 3-5 和图 3-6 所示。

（3）加工量和铸造线收缩率　根据活塞环的定形方法和铸造方法不同，应采用不同的加工量。椭圆形活塞环坯料的加工量最小；直径在 125mm 以下的小型活塞环，其外表面的加工量一般为 1 ~ 2mm，内表面的加工量为 0.8 ~ 1.2mm，端面的加工量为 0.5 ~ 0.8mm。对于大中型活塞环，根据环直径大小的不同，一般加工量选择：外表面为 2 ~ 3mm，内表面为 1.5 ~ 2.5mm，端面为 1.5 ~ 3mm。大型椭圆形活塞环内表面的加工量可以少些。

起模斜度的大小，对于高度在 4mm 以上的活塞环，可取 1° ~ 1.5°；对于高度在 4mm 以下的活塞环，可取 1.5° ~ 2°。

根据活塞环直径大小的不同，铸造线收缩率为 0.8% ~ 1%。

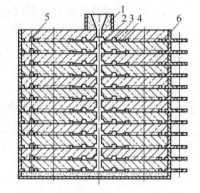
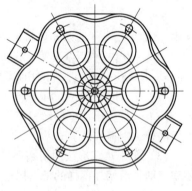

图 3-4　小型活塞环叠
箱式单体铸造示意图
1—浇注杯　2—直浇道　3—集渣包
4—内浇道　5—暗冒口　6—砂箱

（4）浇注系统　浇注系统的设计对单体铸造活塞环的质量有很大影响，要根据活塞环的大小进行浇注系统的设计。小型单体铸造活塞环的浇注系统如图 3-7 所示。

表3-3　单体铸造活塞环砂箱尺寸

砂箱尺寸/mm		活塞环	
内口尺寸	高　度	外径/mm	每箱片数
325×325	28~30	≤120	4
350×350	32	≤140	4
400×400	35~40	≤160	4
420×420	35~42	≤180	4
φ350	28~30	≤100	5
φ400	35~40	≤120	5
φ400	55	≤320	1
φ460	42	≤155	4
φ460	60	≤350	1

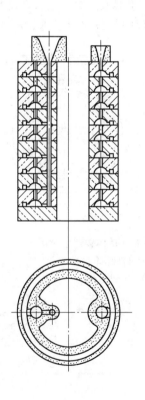

图3-5　中小型活塞环叠箱
式单体铸造示意图

图3-6　中型活塞环叠箱
式单体铸造简图

对于小型活塞环，内浇道应设在环的开口处，内浇道的对面开一个侧冒口。设计这种浇冒口系统主要是考虑到：

1) 内浇道处长期流过铁液，温度较高，结晶组织及性能比别处要差些，而这部分在加工时正好会被车削掉。

2) 内浇道设置在环的开口处，正好借以识别开口位置，以便进行机械加工。

3）铁液流经内浇道后，分两路从相反方向充满整个铸型。在内浇道的正对面，即两股铁液相遇的地方，铁液温度较低，硬度必然会较高。在此处设置侧冒口，会使这股冷铁液进入冒口内，而不会留在铸件中。

4）设置较大的侧冒口，其质量为活塞环质量的1/4 ~ 1/3，以增加铁液流量，减少环体各处的温度差，使冷却速度较为均匀，从而使整片活塞环的力学性能，如硬度、弹性和耐磨性等更趋于均匀。

5）冒口顶部设有一个小出气口，一方面可便于气体排出，另一方面可判断铁液流动性的好坏（如果铁液能从小孔中冲出，则证明流动性较好）。

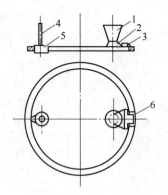

图 3-7　小型单体铸造活塞环的浇注系统
1—直浇道　2—横浇道　3—内浇道
4—出气道　5—存冷铁搭子
6—切开处

单体铸造大中型活塞环时，如果仅开一道内浇道，则铁液流经整个铸型后温度降低过多，整个环上的温度差别增大，冷却速度更不均匀，会使环的力学性能的均匀性程度降低，严重时甚至会产生"浇不足"缺陷。因此，可采用环形横浇道和开设多道内浇道，或采用轮辐式浇注系统，如图3-8所示。

浇注系统越长或表面积越大，则进入型腔的铁液温度越低，环冷得就越快，产生缺陷的可能性也就越大。

浇注系统中，内浇道的形状、大小及数量的选择与活塞环的大小等很多因素有关，经验设计方法也较多。如果内浇道面积过大，浇注速度过快，则会引起冲砂、胀砂等缺陷；如果内浇道面积过小，浇注速度过慢，则会导致铁液温度降低得太多，而出现"浇不足"缺陷。内浇道、侧冒口与环相接处的厚度为环高的20% ~ 30%。

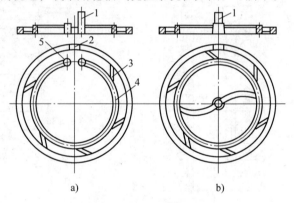

a)　　　　b)

图 3-8　大中型活塞环单体铸造示意图
1—直浇道　2—开口处　3—内浇道
4—横浇道　5—集渣包

在叠箱式浇注系统中，直浇道的截面积应大于内浇道截面积的总和，各部分的比例关系可参照下式进行计算：

$$A_3 : A_2 : A_1 = 1 : 1.5 : 1.2$$

式中　A_3——各内浇道截面积的总和；
　　　A_2——横浇道的截面积；
　　　A_1——直浇道的截面积。

以上叠箱式封闭浇注系统具有较强的集渣能力。

（5）化学成分　单体铸造活塞环因具有冷却速度较快的特点，故化学成分中碳、硅的含量较高。单体铸造大型船用发动机活塞环时，可参考以下化学成分：$w(C) = 3.2\% ~ 3.4\%$，$w(Si) = 1.8\% ~ 2.5\%$，$w(Mn) = 0.6\% ~ 1.0\%$，$w(S) < 0.10\%$，$w(P) = 0.35\% ~ 0.6\%$，$w(Cr) = 0.15\% ~ 0.35\%$，$w(Mo) = 0.25\% ~ 0.4\%$，$w(Cu) = 0.7\% ~ 1.0\%$。

采用单体铸造的小型活塞环，其化学成分可参考表3-4。表中的镍元素是我国资源较为缺乏的贵重金属，价格昂贵。可参考3.1.2中相关内容选用其他合金元素。

表 3-4 单体铸造小型活塞环的化学成分

序号	活塞环高度/mm	化学成分（质量分数,%）									
		$C_总$	Si	Mn	P	S	Ni	Cr	Mo	Cu	Ti
1	2.0~2.5		2.6~3.0								
2	>2.5~3.0		2.6~2.8								
3	>3.0~4.0	3.5~3.8	2.5~2.75	0.5~0.8	0.3~0.6	≤0.10	0.9~1.2				
4	>4.0~5.0		2.4~2.65								
5	>5.0~6.0		2.2~2.5								
6	>6.0~7.0		2.0~2.4								
7	3.0~4.8	3.7~3.9	2.7~2.9	0.6~0.8	0.3~0.5	≤0.05		0.25~0.35	0.25~0.35		
8	3.0~4.8		2.4~2.6							0.25~0.5	0.1~0.2

部分大型单体铸造活塞环的化学成分分析数据见表 3-5，供参考。如果将表中合金元素的含量进行适当调整，将使活塞环具有更好的使用性能。

表 3-5 部分大型单体铸造活塞环的化学成分分析数据

环的直径/mm	径向宽度/mm	环的高度/mm	化学成分（质量分数,%）									共晶度 S_c	硬度 HBW
			$C_总$	Si	Mn	P	S	Cr	Cu	Mo	Ni		
205	12.5	8	3.66	1.80	0.53	0.56	0.069	0.05	0.07			1.00	245
300	14	8	3.60	2.15	0.86	0.34	0.083	0.17	0.26			1.00	232
305	15	8	3.10	2.70	0.71	0.43	0.110	0.12	0.16	0.11		0.93	238
365	16	10	3.16	2.48	0.76	0.47	0.076	0.08	0.04			0.97	227
405	16	11	3.48	2.27	0.68	0.36	0.037	0.12	0.17		0.31	0.99	249
465	19	12.5	3.22	2.06	0.76	0.31	0.068	0.06	0.12	0.06		0.90	234
490	20	12	3.41	1.99	0.67	0.32	0.072	0.03	0.07			0.947	229
545	16	12	3.58	1.80	0.72	0.25	0.047			0.31		0.99	248
565	22	12	3.19	2.16	0.88	0.38	0.031	0.16	0.21	0.14		0.90	236
570	23	14	3.37	2.02	0.83	0.31	0.068	0.17	0.12		0.34	0.94	244
648	26	15	3.43	1.98	0.76	0.47	0.112	0.19	0.18			0.935	216
662	25	15	3.49	1.73	0.83	0.41	0.093	0.22	0.04	0.25		0.95	247
760	22	12	3.32	1.55	0.76	0.29	0.074	0.08		0.24		0.885	233
770	30	14	3.16	2.10	0.88	0.31	0.074	0.16	0.12	0.15	0.07	0.886	244
776	29	16	3.39	1.81	0.69	0.33	0.033	0.24	0.21			0.928	227
780	23	18	3.38	1.85	0.75	0.50	0.048	0.32	0.58	0.25		0.95	241

（6）浇注温度 为确保活塞环的质量，保证铁液的质量是很重要的环节。首先要适当提高铁液的过热程度，减少夹杂物的含量。在电炉熔炼条件下，铁液的出炉温度一般为 1520~1560℃；冲天炉的出炉温度要达到 1480℃。

浇注温度与活塞环大小及浇注条件等因素有关。采用较高的浇注温度，可以避免产生局部"白口""浇不足"等缺陷，获得良好的致密组织，并可提高整个环的组织均匀化程度等，从而降低废品率。小型活塞环的浇注温度一般为 1400~1430℃，中型活塞环的浇注温度为 1370~1400℃，大型活塞环的浇注温度为 1360~1380℃。要根据具体生产条件选用合适的浇注温度，以获得预期的良好效果。

3. 筒形铸造

活塞环的筒形铸造与单体铸造相比，筒形铸件较厚，冷却速度较慢，故析出的石墨及结晶组织较粗，并容易产生铁素体。这会对铸件的力学性能产生不良影响，使环的硬度、弹性降低，永久变形量增大。另外，筒形铸件内部存在很轻微的缩松、气孔等缺陷的可能性较大，而这些缺陷往往是活塞环在工作中发生折断的原因。因此，在大量生产中，一般不采用此方法铸造。

但是应该指出，如果在生产工艺方法等方面进行严格控制，则上述不足所产生的一些不良影响完全可降低到最低程度，能达到活塞环性能的基本要求，满足其使用性能。另外，这种铸造方法所使用的铸造、机械加工设备及模具等均较简单，故其在设备较简单、品种多、单件或小批量生产的修配企业中被广泛应用。目前，国外也有活塞环产量很大的公司在使用此法生产，而且产品质量很好，畅销于很多国家。另外，目前世界上的船舶发动机，尤其是大型船舶柴油主机活塞环坯料，也大都采用筒形铸造。

（1）普通砂型铸造

1）加工量及铸造线收缩率。加工量的大小与生产批量及造型方法有关。手工造型、单件生产的筒形活塞环坯料的加工量和铸造线收缩率，可参考表3-6进行选择。

表3-6　筒形活塞环的加工量及铸造线收缩率

活塞环直径/mm	加工量/mm	铸造线收缩率（%）	活塞环直径/mm	加工量/mm	铸造线收缩率（%）
<200	2~2.5	1.0	600~900	4~5	0.8
200~400	2.5~3.0				
400~600	3~4		900~1100	5~6	

2）坯料高度的选择。筒形活塞环坯料的高度对活塞环的硬度、弹性的均匀性有很大的影响。坯料高度越高，这种不均匀性的程度也就越大。根据国内某厂所做的试验，用雨淋式浇注系统浇注的总高为1220mm的柴油主机活塞环坯料如图3-9所示。坯料的化学成分为 $w(C)=3.15\%$，$w(Si)=1.56\%$，$w(Mn)=0.85\%$，$w(P)=0.41\%$，$w(S)=0.09\%$，$w(Ni)=0.25\%$，$w(Cr)=0.27\%$，$w(Cu)=0.50\%$。在坯料上、中、下部切取试样进行硬度试验，其结果分别为212HBW、230HBW和241HBW。由于坯料的凝固自下而上有较明显的方向性，且坯料的下部承受较大的静压力作用，故其结果是下部结晶组织的致密性程度和硬度最高，往上逐渐降低，上、下部分的硬度差达29HBW。为使在同一坯料中车出的活塞环有较一致的硬度和弹性，坯料的高度不能太大。根据经验，坯料总高（包括冒口）取250~350mm较为合适。

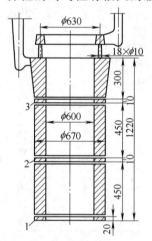

图3-9　柴油主机活塞环坯料（试验）
1、2、3—试片

3）浇注系统。筒形活塞环坯料的浇注系统，主要有顶注式和底注式两种主要形式。中小型活塞环宜采用顶注式浇注系统，如图3-10所示。这种浇注形式的主要优点：型内的铁液温差较为合理，有利于增强补缩效能，减少环体内部的局部缩松缺陷。当活塞环直径在170mm以下时，每个砂箱内可放置2~4片活塞环；当直径在170mm以上时，则只能放置一片活塞环。对于直径较小的活塞环，浇注系统可设置在环体外部，如图3-10a所示；当环的直径较大时，浇注系统可设置在环体内部，如图3-10b所示；采用雨淋式浇注系统则更加合适，如图3-10c所示。内浇道沿环的周围均匀分布，以调节铁液温度更趋于均匀。

采用底注式浇注系统（图3-11）时，铁液在铸型内上升得较为平稳，但不具备顶注式浇注系统的主要优点。此时，应适当提高浇注温度和铸型的充填速度。浇满后，应立刻在冒口上表面覆盖一层保温剂，以提高冒口的补缩能力。

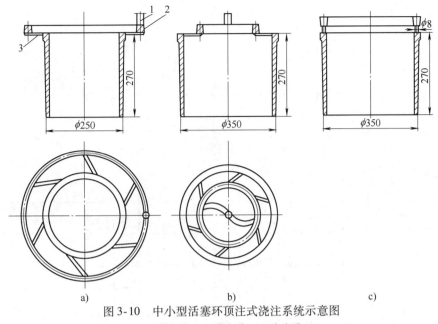

图 3-10 中小型活塞环顶注式浇注系统示意图

1—直浇道 2—横浇道 3—内浇道

直径为 1778mm 的大型活塞环的铸造工艺示意图如图 3-12 所示。对这类大型活塞环的铸造，必须予以特别注意，因为它不允许有任何铸造缺陷。最容易出现的问题是局部缩松，必须从化学成分、浇冒口系统、浇注温度等方面进行合理的严格控制。坯料总高取 350mm，采用雨淋式浇注系统更为合适，如图 3-12a 所示。为了增强挡渣能力，防止产生夹杂等缺陷，采用了石墨制成的内浇道，直径为 10mm。浇满后，须立即在冒口上平面覆盖保温材料。如果采用底注式浇注系统，如图 3-12b 所示，为减轻底注式浇注系统对铸件补缩方面的不利影响，必须采取适当提高浇注温度和缩短浇注时间的措施。

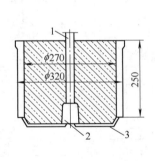

图 3-11 中型活塞环底注
式浇注系统示意图

1—直浇道 2—集渣包 3—内浇道

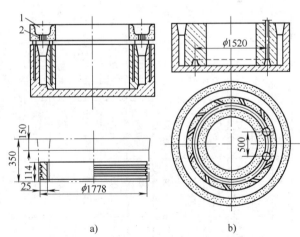

图 3-12 大型活塞环铸造工艺示意图

a) 雨淋式浇注系统 b) 底注式浇注系统

1—外浇道 2—石墨材料内浇道

4）化学成分。活塞环的筒形铸造与单体铸造相比，坯料的壁厚增加，冷却速度减慢，为获得所需的力学性能和使用性能，必须适当降低碳、硅的含量。活塞环化学成分的选用可参考表 3-2。部分筒形铸造活塞环的化学成分见表 3-7，可供参考。

表 3-7 部分筒形铸造活塞环的化学成分（砂型铸造）

活塞环直径/mm	化学成分（质量分数,%）											共晶度 S_c	硬度 HBW
	$C_{总}$	Si	Mn	P	S	Cr	Mo	Cu	V	Ti	Ni		
80~180	3.1~3.3	1.8~2.2	0.8~1.0	0.4~0.6	<0.10	0.20~0.35	0.2~0.4	0.5~0.8					190~248
110	3.1~3.3	2.0~2.3	0.8~1.1	0.35~0.45	<0.10	0.25~0.35	0.25~0.35				0.8~1.0		190~240
145/122	3.39	1.81	0.88	0.21	0.063							0.93	207
185/159	3.45	1.64	0.82	0.24	0.053							0.93	216
225/211	3.20	1.40	0.80	0.23	0.10							0.85	220
286/260	3.16	2.05	1.04	0.52	0.08							0.88	210
350/318	3.1~3.4	1.4~1.9	0.7~1.0	0.35~0.50	<0.10	0.15~0.25	0.25~0.35	0.6~0.9					200~248
450/420	3.34	1.41	0.88	0.21	0.046				0.21	0.07		0.88	202
600	3.18	2.01	0.77	0.35	0.09	0.4					1.09	0.90	215
<850	3.1~3.3	1.3~1.6	0.8~1.0	0.3~0.4	<0.10								190~220
606/562	3.23	1.36	0.83	0.30	0.039							0.85	200
720/678	3.31	1.36	0.82	0.17	0.041			0.81	0.23	0.06		0.87	193
350~930	3.1~3.4	1.3~1.6	0.7~1.1	0.35~0.55	<0.10	0.20~0.35	0.25~0.45	0.6~0.9					190~240
200~1000	3.2~3.5	1.3~1.9	0.7~1.0	0.3~0.4	<0.09		0.3~0.5	0.5~0.7			0.2~0.4		180~240
430	3.2	2.1	0.85	0.35	0.10	0.5	0.6	0.9				0.91	220
580	3.25	1.76	0.79	0.38	0.08	0.25	0.51	1.0				0.90	218
780/734	3.21	1.66	0.73	0.42	0.09	0.33	0.34	1.1				0.88	223
930/876	3.15	2.06	0.95	0.49	0.08	0.31	0.31	1.02				0.91	225

某公司筒形铸造活塞环的化学成分：$w(C) = 3.35\%$，$w(Si) = 1.5\%$，$w(Mn) = 0.8\%$，$w(P) = 0.35\%$，$w(S) = 0.06\%$，$w(Mo) = 0.5\%$，$w(Cu) = 0.55\%$，$w(Ni) = 0.2\%$。其硬度为229HBW，使用性能较好，金相组织如图3-13所示，供参考。其中，图3-13a所示为片状石墨，长度为100～250μm，呈菊花状分布，数量为8%～10%；图3-13b所示为片状珠光体，主要是二元磷共晶体，数量为5%～10%。

a)

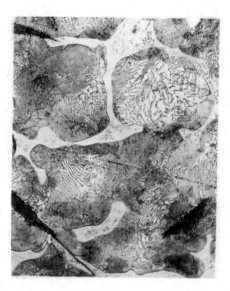

b)

图 3-13　低合金铸铁活塞环金相组织

a）石墨（×100）　b）基体（×400）

5）浇注温度。筒形活塞环坯料的浇注温度与铸造方法及生产条件等因素有关。根据经验，小型活塞环的浇注温度一般为1360～1380℃，大中型活塞环的浇注温度为1340～1360℃。

（2）砂衬金属型铸造　大型活塞环筒形坯料的厚度较大。当采用普通砂型铸造时，由于冷却速度较为缓慢，结晶组织较粗大，析出的磷共晶体也较粗大，使活塞环的耐磨性降低，并容易产生局部缩松缺陷。如果采用砂衬金属型铸造工艺，如图3-14所示，由于适当加快了坯料的冷却速度，增强了补缩，使结晶组织较细，析出的磷共晶体尺寸减小，则可避免产生局部缩松缺陷，降低废品率，提高活塞环的耐磨性。

1）金属型。根据活塞环筒形坯料的壁厚，选择金属型的壁厚，可取筒形坯料壁厚的1.5～1.8倍。坯料越厚、金属型内砂衬的厚度越大时，金属型的壁厚也应越大。

因砂衬厚度较薄，造型时型砂不易黏附在金属型内壁上，故应在内表面上车出细小的沟槽，深1.5～2mm，以便使型砂能黏附在其上。侧壁上要钻很多通气小孔，使排气畅通。

2）砂衬

① 砂衬厚度。在其他条件相同的情况下，砂衬越厚，金属型的激冷能力越差。根据经验，砂衬厚度为8～12mm较为合适。

② 砂衬组成。因砂衬层较薄，故要求型砂具有一定的强度和很高的透气性。根据实际使用效果，下列型砂成分是合适的：石英砂92%，黏土8%～10%，水分适量。采用冷硬呋喃树脂砂时，砂衬厚度可减小为8～10mm，这样更能提高金属型的激冷作用，获得更好的效果。

采用普通黏土砂衬时，如果因砂衬过薄而不易黏附在金属型内表面上，可将金属型预热到

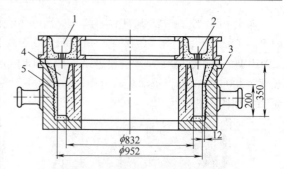

60~100℃。在刮砂（采用刮板造型时）过程中，利用金属型本身的蓄热将砂衬烘干而不致掉下，使刮砂工序能较顺利地进行。

3）浇注系统。宜采用顶注式浇注系统，如图3-14中所示。这样可使铸型内铁液温度的分布更趋于合理，与采用砂衬金属型相配合，能进行更充分的补缩，获得更致密的结晶组织。采用石墨材料制成的内浇道，是为了提高挡渣能力，并防止内浇道型砂被铁液冲刷而落入型腔内产生砂孔等缺陷。

（3）离心铸造　中小型活塞环筒形坯料宜采用离心铸造。其主要优点：由于冷却速度较

图 3-14　大型活塞环筒形坯
料的砂衬金属型铸造工艺简图
1—外浇道　2—石墨材料内浇道（直径为 10mm）
3—金属型　4—冒口　5—砂衬（厚度为 8~12mm）

快和离心力作用的结果，结晶组织致密且较均匀，使活塞环的强度和弹性增加，永久变形量减小，提高了耐磨性；由于不用砂芯且排气容易，可减少气孔、砂孔和夹杂等铸造缺陷；与手工造型相比，离心铸造的效率较高。

1）离心铸造工艺及主要工艺参数的选择。离心浇注筒形活塞环坯料，一般是在卧式离心浇注机上进行，如图3-15所示。坯料的加工量：外表面为2.5~3mm，内表面为3~5mm。坯料长度以200~250mm为宜。如果坯料过长，则会降低整块坯料结晶组织的均匀性。

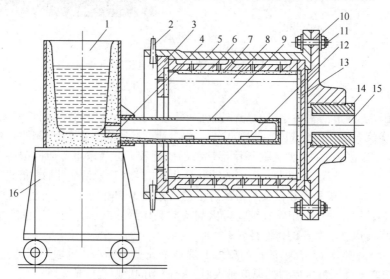

图 3-15　离心浇注中小型活塞环筒形坯料示意图
1—浇注杯　2—销子　3—端盖　4—石墨喉管　5—金属外型　6—金属内型（衬套）　7—砂衬　8—活塞环坯料
9—浇注槽　10—主传动盘　11—联接螺栓　12—侧向内浇道　13—底盘　14—主传动轴　15—顶杆　16—浇注移动小车

由于离心浇注的铸件冷却速度较快，为了防止因硬度过高而造成加工困难，最有效的方法是使用砂衬。砂衬筒壳造型装置示意图如图3-16所示。

铁液的出炉温度应大于1430℃（冲天炉熔炼），浇注温度一般为1350~1375℃。浇注前铁液必须经过称量，以准确控制其质量，保持铸件壁厚一致。采用端注式浇注方式，浇注时间以30~40s为宜，浇注过程不能断续进行。铁液浇完后，主轴必须继续运转5~10min，直到铸件内部完

全凝固为止，否则会使铸件内部产生夹层、夹杂和缩松等缺陷。

当采用无砂衬的金属型离心铸造时，必须在金属型的内表面刷上一层较厚的涂料。浇注前须经充分预热，预热温度为 150~250℃。

关于主轴转速的计算，可参考 Л. С. 康斯坦丁诺夫公式。须将计算值增加 20%~30%，以获得更好的效果。中小型活塞环的转速一般为 1000~1400r/min，要根据具体情况不断进行修正，以获得最佳的质量。

2）化学成分。活塞环筒形坯料采用离心铸造的特性之一，是铸件的冷却速度较快，尤其是无砂衬的金属型离心铸造更是如此。为获得较理想的预期力学性能和金相组织，须正确选择化学成分。当其他条件相同时，应稍提高碳、硅的含量，其值主要与铸件的壁厚有关。表 3-8 列出了部分筒形活塞环的化学成分（离心铸造），可供参考。

以上是关于活塞环筒形坯料离心铸造的简述，其他可参阅第 2 章中 2.1.6 的相关内容。

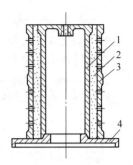

图 3-16　砂衬筒壳
造型装置示意图
1—内胎模　2—型砂
3—金属内型（衬套）
4—底座

表 3-8　部分筒形活塞环的化学成分（离心铸造）

筒形尺寸 直径×壁厚 /mm	化学成分（质量分数,%）									共晶度 S_c	硬度 HBW
	$C_总$	Si	Mn	P	S	Cr	Mo	Cu	Ni		
75×7	3.59	1.91	0.59	0.34	0.036	0.58	0.54		0.04	0.99	245
100×7.5	3.59	2.12	0.84	0.41	0.04	0.23				1.01	229
100×7.5	3.62	2.08	0.83	0.41	<0.08	0.24				1.01	236
175×10.5	3.57	2.03	0.74	0.75	0.076	0.25				0.99	244
180×12	3.24	2.23	0.55	0.67	0.044	0.25				0.92	210
210×12	2.79	2.3	0.83	0.23	0.055	0.38			0.92	0.73	217
	3.30	1.90	0.80	0.30	0.05					0.92	230
	3.30	1.40	0.80	0.30	<0.06	0.30				0.88	240
	3.30	1.90	0.80	0.30	<0.06	0.30	0.60			0.92	250
直径 100~350	3.30~ 3.50	1.60~ 1.90	0.70~ 1.00	0.35~ 0.50	<0.10	0.20~ 0.35	0.25~ 0.40	0.60~ 0.90			210~ 240

3.2　L 形环

环形铸件主要有两种类型，第一种是与直径相比，高度很小的圆筒形件，最有代表性的是普通活塞环；第二种是与高度相比，有很宽截面的环形件，L 形环就属于这类铸件。它是一种特殊的活塞环或压盖之类的铸件。L 形环的形状虽较简单，但技术要求却很高，经加工后，不允许有任何铸造缺陷，且不允许用焊补的方法对缺陷进行修补，故铸造难度较大。

3.2.1　L 形环的单体铸造

1. 浇注位置

L 形活塞环须经全面加工，且任何位置都不能有任何轻微铸造缺陷，因此其平面朝上或朝下都不是很主要。一般而言，是将平面朝下，如图 3-17 所示。

2. 浇注系统

L 形活塞环的浇注系统有底注式和顶注式两种形式。图 3-17 所示采用底注式浇注系统，5~

6 道内浇道均匀地分布于环的内圆周上，可使铁液迅速而平稳地充满铸型。

采用底注式浇注系统的缺点：环的两壁交接处圆根部位型砂的受热程度增加，对防止该处的局部缩松缺陷产生了不利的影响，因此可采用顶注式浇注系统，如图 3-18 所示。铁液通过数道直径为 14mm 的内浇道充满铸型，如果内浇道不是均匀地分布于环的圆周上，则会影响活塞环结晶组织和性能的均匀性。

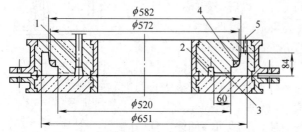

图 3-17　L 形活塞环单体铸造简图（底注式浇注系统）
1—直浇道　2—横浇道　3—内浇道　4—冷铁　5—出气孔

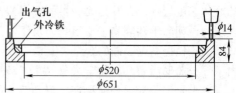

图 3-18　L 形活塞环顶注
式浇注系统示意图

L 形活塞环顶注式浇注系统的另一种形式如图 3-19 所示。内浇道均匀地分布在环的内圆周上，使铸型内铁液的温度趋于均匀，有利于改善活塞环性能的均匀程度，获得较好的质量。

3. 冷铁的应用

L 形活塞环的两壁连接圆根部位易形成"热节"。该处的散热条件较差，最后凝固时，由于得不到充分补缩，经常会产生局部缩松缺陷。因此，必须在圆根处设置外冷铁，加快该处的冷却速度，消除"热节"，这样才能根除局部缩松缺陷，从而获得良好的效果。如果采用暗冷铁形式，则必须适度增大冷铁尺寸，并将冷铁工作面上的砂层厚度控制在 10mm 以内，才能获得预期效果。

3.2.2　L 形环的筒形铸造

1. 普通砂型铸造

L 形活塞环筒形坯料的普通砂型铸造工艺简图如图 3-20 所示。坯料总高为 350mm；采用底注式浇注系统，5 道内浇道均匀地分布于环的内圆周

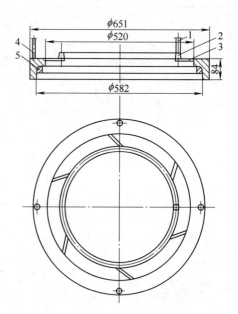

图 3-19　L 形活塞环单体铸造
工艺简图（顶注式浇注系统）
1—直浇道　2—横浇道　3—内浇道
4—出气孔　5—外冷铁

上，铸型内的铁液可平稳上升。但环的侧壁较厚，冷却速度较慢，铸型内铁液的温度分布情况、坯料的结晶及机械加工结果如图 3-21 所示。坯料中间段的温度最高，最后凝固时，由于得不到充分补缩，会产生严重的中心缩松，导致在该处车出的活塞环的内表面上有严重的局部缩松缺陷，坯料的成品率很低。如果改用顶注式浇注系统，并对冒口部分进行保温，则可增强补缩效率，减轻或消除上述缺陷，提高成品率。

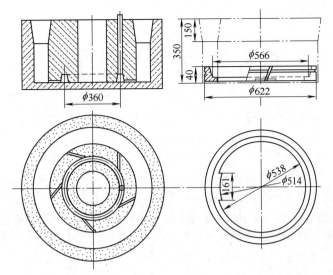

图 3-20 L 形活塞环筒形坯料的普通砂型铸造工艺简图

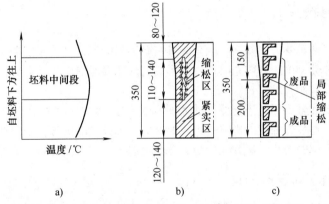

图 3-21 L 形活塞环（砂型铸造筒形坯料，底注式）

a）铸型内铁液的温度分布示意图 b）坯料结晶示意图 c）坯料加工情况

2. 砂衬金属型铸造

L 形活塞环筒形坯料因侧壁较厚，最适合采用砂衬金属型铸造，如图 3-22 所示。采用雨淋式顶注浇注系统，石墨材料加工而成的内浇道的直径为 10mm，共 16 道，均匀分布于环形顶冒口上方。金属型侧壁厚度为 90mm，约为铸件壁厚的 1.5 倍，砂衬厚度为 10mm，浇注温度宜控制在 1340 ~ 1350℃ 的范围内。浇注完成后，冒口上平面应覆盖保温材料进行保温。由于适当加快了铸件的冷却速度，促进了方向性顺遂凝固，得到了充分的补缩，从而获得了完好的铸件。

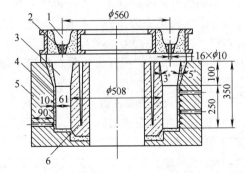

图 3-22 L 形活塞环筒形坯料砂衬金属型铸造工艺简图

1—外浇道 2—石墨材料内浇道（直径为 10mm）
3—冒口 4—砂衬（厚度为 10mm）
5—金属型（厚度为 90mm） 6—砂芯

第4章 球墨铸铁曲轴

曲轴是动力机上最重要的零件之一，以往大都采用锻钢材质。但随着铸造技术的不断发展，特别是球墨铸铁的问世——它独具许多优良性能，如较高的抗拉强度、弯曲疲劳强度及扭转疲劳强度；很好的耐磨性、吸振性及对表面刻痕的不敏感性；在小能量多次冲击载荷作用下，有较好的抗冲击性能等，锻钢材质正被逐步取代。与锻钢材质曲轴比较，球墨铸铁曲轴还具有制造较简便及成本较低等优点，是一种优良的曲轴材质。

球墨铸铁曲轴已获得了广泛应用，特别是铸态高强度球墨铸铁的迅速发展，更为球墨铸铁曲轴的推广创造了更为有利的条件。目前，不但汽车、拖拉机及中小型柴油机上广泛采用球墨铸铁曲轴，而且其正向着高速、大功率动力机方向发展。

我国在研究、推广应用球墨铸铁曲轴方面，已取得了很大的成绩。

4.1 主要结构特点

发动机工作时，曲轴受力很复杂，故其应具有足够的强度，以承受复杂多变的载荷作用。同时，曲轴要具有足够的刚度，以防止其产生变形，此外还要考虑便于装拆等。曲轴的设计尺寸主要取决于所需的强度和刚度。

铸造曲轴与锻造曲轴不同，不能采用锻造曲轴的结构形式。曲轴设计的工艺性对曲轴性能的影响很大，尤其是对疲劳强度的影响更大。要充分发挥铸造的优势，如曲臂可根据工作时的受力情况设计成比较理想的形状，使其上的应力分布更趋于均匀，以提高疲劳强度。

4.1.1 曲臂与轴颈的连接结构

曲臂是连接曲柄销与主轴颈的元件。当发动机工作时，曲臂部分不但受扭转和弯曲应力，还要受拉、压应力，故曲轴的破坏、断裂等常发生在曲臂及其连接处。影响曲臂耐疲劳强度的因素很多，如材料的力学性能和尺寸等，但主要是应力集中的影响。而应力集中程度的大小，主要取决于曲臂的表面形状和其结构形式。曲臂的结构形式如图4-1和图4-2所示。为使应力分布更趋于均匀，应主要做以下改进：

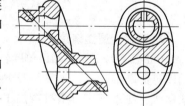

图4-1 曲臂的结构形式（一）

1）不增加曲轴质量，而将它改为椭圆形。

2）在靠近曲轴拐臂面上，设计出拐臂凹入的圆弧，形成曲轴轴颈的内表面，这样能使应力更加均匀地分布在拐臂的截面上。

3）使曲轴轴颈内孔与油孔交叉之处局部加厚。

4）曲轴轴颈内部的孔，应呈具有较高疲劳强度的辊状或腰鼓空心结构，如图4-3所示。

铸造曲轴一般都设计成空心的，这一方面能减小整根曲轴的质量，更重要的是可以增加扭转疲劳强度，还能减轻或消除中心部位的内部缩孔、缩松等缺陷，使断面结晶组织的均匀性更趋向一致，从而有利于提高铸造曲轴的质量。关于腹孔直径，一般推荐为主轴颈直径的35% ~ 40%。

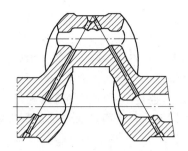

图 4-2　曲臂的结构形式（二）

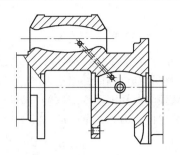

图 4-3　曲轴轴颈内部孔的形状

4.1.2　组合式曲轴

组合式铸造曲轴具有很多独特的优点，如能降低制造成本，有较好的经济效益；曲轴容易设计成较好的几何形状，使其应力分布更趋于均匀，有利于提高曲拐的疲劳强度和刚度；铸造质量更易得到保证等。组合式曲轴在国内外都有采用，并获得了较好的使用效果，但仍需不断总结，努力推广应用。图 4-4 所示为一种柴油机组合式铸造曲轴的外形及剖面简图。

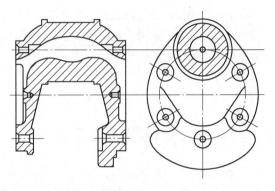

图 4-4　柴油机组合式铸造曲轴

4.2　主要技术要求

4.2.1　材质

根据曲轴工作时的受力特点，要求曲轴材质不但要具有较高的强度、一定的韧性，而且要有一定的硬度和很好的耐磨性等。根据不同机型、功率大小和结构特点等因素，一般选用的材质为 QT600-3 ~ QT800-2，硬度为 190 ~ 350HBW。例如：195 柴油机等的小型曲轴采用 QT600-3；4000 马力柴油机等的较大型曲轴，则选用 QT800-2，硬度为 260 ~ 320HBW。

大型曲轴常为空心结构，其尺寸较大，主截面较厚，冷却速度较为缓慢，采用普通球墨铸铁很难达到所需的力学性能，必须采用低合金球墨铸铁，如 Cu-Mo 合金球墨铸铁等。对于有特殊要求的高速小型曲轴，可采用 QT900-2 及贝氏体球墨铸铁等（抗拉强度 $R_m > 900 ~ 1000MPa$，伸长率 $A \geqslant 5\%$）。

汽车发动机及拖拉机等的小型曲轴，常用材质有 QT450-10、QT500-7、QT600-3、QT600-10、QT7002 及 QT800-3 等。随着对产品质量要求越来越高和铸造技术的不断进步，目前已有选用铸态高强度、高韧性的 QT800-6、QT850-3 等。

力学性能试验片，一般规定从铸造毛坯顶端冒口底部的加长部分截取，因为此处是冷凝条件较差的部位。

4.2.2　铸造缺陷

主轴颈及曲拐销轴颈的加工表面不允许有影响结构强度的任何铸造缺陷，且不允许用焊补的方法进行修复，也不允许用修补剂等填充物进行填塞。

4.2.3　质量检验

曲轴经机械加工后，须进行无损检测，不允许有内部缩孔、缩松等铸造缺陷。主要存在于曲柄与轴颈重叠部位的内部缩松，容易扩展到各轴颈内部，将严重影响曲轴的工作寿命。

主轴颈与曲柄销重叠部位的过渡圆角区是应力集中区，也是承受冲击载荷最大、最容易发生断裂的部位。因此，该区域的技术检验规定最为严格，即使允许有微量的"黑点"，也是有严格规定的。

4.2.4　热处理

由于近代铸态高性能球墨铸铁技术的发展，部分中小型动力机采用铸态球墨铸铁曲轴，已不需要进行热处理。但对于有特殊要求的球墨铸铁曲轴，为了获得所需的力学性能，仍须进行完全退火、正火或淬火及回火等热处理。在机械加工前，有时需要进行消除铸造内应力的人工时效处理。具体的热处理工艺，要根据力学性能要求、曲轴大小、结构特点、化学成分和铸态组织等因素来确定。

4.3　铸造工艺过程的主要设计

曲轴铸造工艺过程的设计，要充分考虑球墨铸铁铸造性能的特点和曲轴结构特点等主要因素对质量的综合影响。对于汽车、拖拉机等的小型曲轴，还要满足大量流水生产的要求，以获得优质、低成本的产品。

4.3.1　浇注位置

铸造曲轴浇注位置的选择，主要与曲轴大小、结构特点及数量等因素有关。常用的浇注位置有以下几种。

1. 卧浇卧冷工艺

汽车发动机等的小型球墨铸铁曲轴，为适应大量流水生产的要求，一般采用卧浇卧冷的浇注位置。为了确保质量，须从化学成分的选择、浇冒口系统的设置等方面采取相应措施。

图 4-5 所示为小型曲轴铸造工艺简图。该曲轴的材质为 QT600-3，毛重为 20kg。采用卧浇卧冷工艺，浇冒口系统及冷铁设置等如图中所示。为确保本体性能，加入了少量的铜。其化学成分：$w(C) = 3.78\%$，$w(Si) = 2.48\%$，$w(Mn) = 0.11\%$，$w(P) = 0.048\%$，$w(S) = 0.014\%$，$w(Cu) = 0.52\%$，$w(RE) = 0.036\%$，$w(Mg) = 0.049\%$。铸态力学性能：抗拉强度 $R_m = 782\text{MPa}$，伸长率 $A = 6.4\%$，硬度为 260HBW。小型曲轴铸态金相组织如图 4-6 所示，球化率为 90%，基体为珠光体 + 少量铁素体。

2. 卧浇竖冷工艺

采用卧浇竖冷的浇注位置时，曲轴的功率输出端处于竖冷位置的下端，使该端在较大静压力的作用下进行结晶，以减少铸造缺陷，有利于保证该端的质量。

图 4-7 所示为小型动力机球墨铸铁曲轴铸造工艺简图。该曲轴的材质为 QT600-3，主轴颈尺寸为 $\phi 78\text{mm}$，总长为 730mm。采用卧浇竖冷的浇注位置，在曲轴竖冷位置上端设有球形冒口，球形半径为 80mm。采用过滤网缓冲式浇注系统，提高了除渣能力。铁液由内浇道流经冒口进入型腔中，使冒口内的铁液温度最高，充分发挥了冒口的补缩功能，获得了良好的效果。小型动力机曲轴成品如图 4-8 所示。

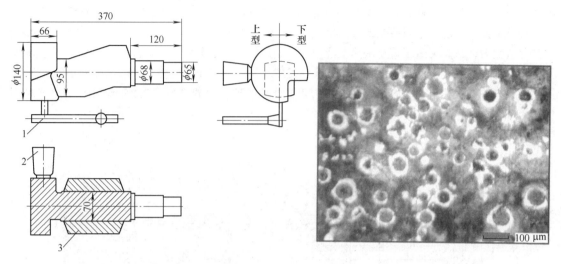

图 4-5　小型曲轴铸造工艺简图　　　　　　　　图 4-6　小型曲轴铸态金相组织（×100）

1—浇注系统　2—冒口　3—冷铁

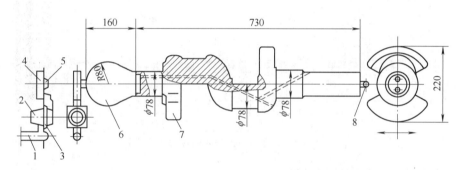

图 4-7　小型动力机球墨铸铁曲轴铸造工艺简图

1—直浇道　2—集渣包　3—过滤网　4—横浇道

5—内浇道　6—球形冒口　7—曲轴　8—出气孔

目前，国内生产的较大型球墨铸铁曲轴主要有 6120 型、6160 型、6300 型（1000 马力）、2000 马力和 4000 马力中速柴油机曲轴等。国内某厂曾试制了 350 中速柴油机的大型球墨铸铁曲轴，如图 4-9 所示。其材质为 QT600-3，主轴颈尺寸为 $\phi240mm$，连杆轴颈尺寸为 $\phi225mm$，总长为 5612mm，毛重约 4t。

该曲轴采用卧浇竖冷的浇注位置，如图 4-10 所示。曲轴的功率输出端处于竖冷位置的下端，使该端在较大静压力的作用下进行结晶，既可获得较为细致的结晶组织，还可减少铸造缺陷，更有利于获得完好的曲轴。

图 4-8　小型动力机曲轴成品

从图 4-10 中可以看出，在竖冷位置的曲轴顶端设有球形顶冒口，半径为 250mm，冒口总长为700mm。铁液通过设在冒口两侧的浇注系统进入冒口充满型腔，使冒口内的铁液温度保持最高，提高了补缩功能。采用特制的大型浇注箱8，设置拔塞9。在浇注系统中设有集渣包6，用来提高除渣能力，减少夹渣等铸造缺陷。浇注时，整体铸型呈倾斜状态，浇注系统端低，往上倾斜3°~5°，使铁液可以更平稳地充满型腔，减少飞溅现象。铁液充满型腔后，待尾端的出气孔7凝固后，再将铸型旋转93°~95°进行竖冷。为防止曲柄与曲颈重叠部位产生内部缩孔、缩松缺陷，设置了外冷铁5。

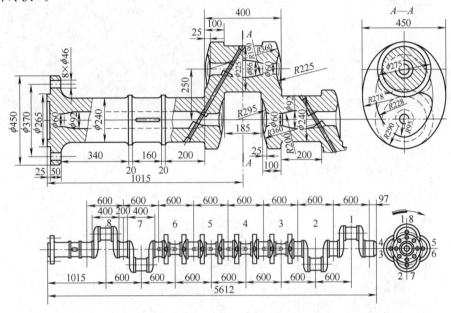

图 4-9　350 中速柴油机的大型球墨铸铁曲轴

采用上述铸造工艺浇注的350柴油机球墨铸铁曲轴毛坯如图4-11所示，经机械加工后质量较好。

卧浇竖冷的浇注位置特别适用于大型球墨铸铁曲轴的生产。但需要特制的翻转机构和大型浇注地坑等设施，其生产率较低，不太适合大批量流水生产。

3. 竖浇竖冷工艺

对于结构较简单的小型曲轴，可采用竖浇竖冷工艺。这种工艺适用于一箱多型的大批量流水生产。一般采用阶梯式浇注系统，使铁液能较平稳地充满铸型。最上层的内浇道设在冒口部位，以提高冒口内的温度，增强补缩作用。

4. 侧浇侧冷工艺

采用垂直分型无箱射挤压 DISA 造型线生产小型球墨铸铁曲轴时，可采用侧浇侧冷工艺。该工艺为一箱多型，具有造型速度快、生产率高等优点。

4.3.2　模样

根据曲轴尺寸大小及结构复杂程度，模样的线收缩率为 0.65% ~ 1.0%。轴颈的加工量为3.5 ~ 12mm。按照铸造工艺要求，制作浇注系统（包括铁液通道等）、冒口及供检验力学性能用的试样模样。曲轴造型的分型面，均沿轴颈轴线分型。制模材料和造型方法主要取决于生产所需数量：对于大批量生产的小型曲轴，均采用金属模样和机器造型；对于生产批量较小的大型曲轴，则采用金属模样和特制的漏模机、振实台等。

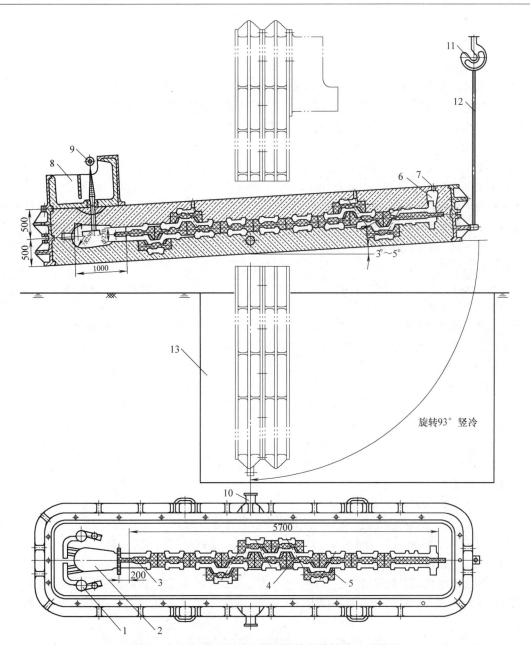

图 4-10　350 中速柴油机球墨铸铁曲轴铸造工艺简图

1—浇注系统　2—冒口　3—砂芯　4—铁液过道　5—外冷铁　6—集渣包　7—出气孔
8—浇注箱　9—拔塞　10—砂箱转轴　11—起重机吊钩　12—钢丝绳　13—地坑

图 4-11　350 柴油机球墨铸铁曲轴毛坯

4.3.3　型砂及造型

1. 铸型的强度及刚度

（1）铸型的强度　对于采用卧浇竖冷和低压铸造工艺的大型球墨铸铁曲轴，因铸型的长度及质量都较大，在吊装、旋转及压铸过程中，要承受较大的载荷作用，故对铸型的强度及刚度等有较高的要求。工装应尽量采用钢质材料。计算强度时的主要安全系数值，要符合起吊设备、吊索具的相关安全规定。

（2）铸型的刚度　球墨铸铁的凝固过程，需要在一个较大的温度区间内完成，即存在较宽的固、液共晶凝固的中后期。当共晶团之间的少量残余液体凝固时，如果得不到外来液体的补缩，则极易形成晶间缩松，这种缺陷较难通过冒口进行补缩而消除掉。另外，曲轴的结构较复杂，曲拐多，"热节"分散，铸造难度就更大。在凝固过程中，石墨球的析出及长大会产生石墨化膨胀，这种膨胀力会作用到铸型壁上。故须提高铸型的刚度，以充分利用石墨化膨胀的自身补缩或外加压力（如压力充型、增压、保压及冒口加压等）的强行补缩。

如果铸型刚度高，大于石墨化膨胀力，受热、受压后不产生尺寸变化，就会束缚石墨化膨胀，外加压力才能通过液体传递给晶间缝隙进行挤压，起到补缩作用，使结晶组织致密，从而减小甚至完全消除晶间缩松。反之，如果铸型刚度不够，小于石墨化膨胀力，则受热、受压后，铸型尺寸将发生变化，就不能充分利用石墨化膨胀的自身补缩和外加压力的强行补缩，从而导致产生内部缩松等缺陷。

2. 型砂

（1）普通黏土砂　对于单件、小批量生产的较大型球墨铸铁曲轴，在采用普通黏土砂、干型铸造时，型砂的组成可参考下列值（体积分数）：新砂（粒度40/70目）60%，再生旧砂28%~26%，黏土粉12%~14%，水分适量。芯砂中可加入15%~25%的铅粉、焦炭粉等。

（2）呋喃树脂砂　目前生产的大型球墨铸铁曲轴普遍采用呋喃树脂砂。原砂采用内蒙古产天然硅砂，经擦洗、烘干处理。其中，SiO_2的质量分数≥93%，泥的质量分数≤0.3%；烧结点≥1400℃，角形系数≤1.2，规格为40/70目。

呋喃树脂及固化剂的质量是影响曲轴质量的重要因素，应选择适用于大型球墨铸铁件的无氮或低氮（糠醇的质量分数为80%~85%，氮的质量分数≤3%）呋喃树脂，游离甲醛含量≤0.1%，水分≤5%。国内某厂生产的呋喃树脂及固化剂的技术指标符合要求，经实际使用效果较好。为确保呋喃树脂砂的性能，应根据生产条件、温度、空气湿度等具体情况，严格按制订的工艺规程进行操作，以达到所需各项技术性能要求，如抗拉强度应达到1.2~1.6MPa，以确保铸型的刚度。

对于大型球墨铸铁曲轴等结构特殊的复杂铸件，一定要选用耐火度高、强度高、悬浮性和涂挂性好的涂料。可以选用以锆粉等为主要成分（如含锆粉30%，鳞片状及土状石墨60%，氧化铁红粉6%的酚醛树脂酒精溶液）的醇基涂料，使用效果较好。

在采用呋喃树脂砂生产大型球墨铸铁曲轴时，为避免因型砂中残余含硫量较高而可能对球化产生不良影响，即可能导致铸件局部表面（深度为2~5mm）的球化不良，应注意以下问题：

1）靠近铸件表面的面砂层应全用新砂，尽量不用或少用旧砂。

2）在确保型砂强度和铸型刚度的前提下，应严格控制呋喃树脂和固化剂的加入量，尽量减少型砂中的残余含硫量。

3）选用符合技术要求的磺酸类固化剂，严防使用掺有化工厂副余料的不合格固化剂。

4）使用完善的旧砂再生处理装置，尽量去除旧砂粒表面的树脂薄膜及旧砂中的粉尘等。

3. 造型

为确保铸型有足够的刚度，造型时须均匀地将型砂冲春紧实。对于大型曲轴，还可利用呋喃树脂砂流动性好的特性，特制大型振实台，确定最佳的振幅、振动频率和时间等参数，从而更有效地保证铸型有均匀的紧实度。

大型曲轴铁液充型时，铸型中的排气性要满足两个基本要求：

1）排气要畅通。特别是树脂砂的发气量很大，而铸型的紧实度又较高，致使砂型的透气性能降低。如果排气不畅，则会造成很大的背压，从而降低铁液充型速度，延长充型时间。

2）当铁液充满铸型时，进入排气孔内的铁液要很快凝固，以便迅速进行增压、保压、旋转铸型和冒口加压等工序。如果在铸型中采用一般的砂质排气孔，一旦排气孔内的铁液不能及时凝固，不但会影响下道工序的进行，还有产生"跑火"的危险。

造型时，如果在铸件顶部设置 6~8 根 $\phi 10mm \times 1mm$（外径 × 壁厚）的钢管，则可完全满足上述两点的要求，获得预期效果。

4.3.4　浇冒口系统

1. 浇注系统

（1）内浇道位置的选择　曲轴浇注系统中的内浇道位置一般选在冒口端，铁液首先进入冒口，然后流入型腔。这种集中浇入方式可使冒口内的温度最高，曲轴从冒口端至尾端有较明显的温度梯度，促成方向性凝固，有利于增强补缩，减少内部缩松缺陷。

另一种方案是沿曲轴的一侧，将内浇道设在每个曲柄部位的分散浇入方式，使铸型内的温度分布趋于均匀。但这种方案增加了各轴颈处的过热程度，可能导致内部缩松位置扩展到各轴颈或轴柄颊部。实践证明，这种分散浇入方式不宜采用。

（2）充型速度　大型曲轴具有体长和结构复杂等特点，充型速度的选择尤为重要。影响充型速度的因素较多，如浇注温度、充型压力、浇注系统中的最小截面积和铸型阻力等。在确保浇注铁液平稳流动的前提下，宜采用比灰铸铁件快的充型速度。例如，净重 1.5~2t 的较大型曲轴，其充型时间为 40~45s。

（3）浇注系统各截面积的比例　为了提高浇注系统的挡渣能力，宜采用封闭式浇注系统，各截面积的比例参考值为

$$A_3 : A_2 : A_1 = 1 : 1.5 : 1.2$$

如果采用过滤网，则有

$$A_3 : A_2 : A_4 : A_1 = 1 : 1.5 : 1.1 : 1.2$$

式中　A_3——内浇道截面积；

A_2——横浇道截面积；

A_1——直浇道截面积；

A_4——过滤网处截面积。

如果采用半封闭式或开放式浇注系统，虽能使铁液在铸型中流动得较平稳、无冲击等，但挡渣能力较差。

（4）提高挡渣能力　球墨铸铁经球化、孕育处理后，产生的渣量较多，故须提高浇注系统的挡渣能力。如采用茶壶嘴式浇包、设有过桥挡渣板和提塞的大型浇注箱，增设集渣包和过滤网等。使铁液在铸型中流动时保持平稳，避免出现冲击、漩涡、喷射、飞溅和卷入空气等现象，防止产生二次氧化渣等。

2. 冒口

根据球墨铸铁曲轴的不同铸造工艺，其冒口形式各异，主要有以下几种。

（1）圆柱形侧冒口　采用卧浇卧冷铸造工艺的小型曲轴，一般均采用圆柱形侧冒口。侧冒口设在曲轴端部，如图 4-12 所示。内浇道与冒口连接，浇注时铁液从内浇道进入冒口，再流入型腔中，以提高冒口内的铁液温度，增强补缩效能。侧冒口尺寸的参考值如下：

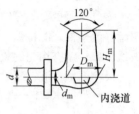

图 4-12　侧冒口

$$D_m = (1.3 \sim 1.5)d$$

$$H_m = (1.2 \sim 1.5)D_m$$

$$d_m = \left(\frac{1}{2} \sim \frac{2}{3}\right)d$$

式中　D_m——冒口直径；

　　　H_m——冒口高度；

　　　d_m——冒口颈直径；

　　　d——曲轴毛坯直径。

（2）球形顶冒口　采用卧浇竖冷铸造工艺的曲轴，均在竖冷位置的顶部设置球形顶冒口，如图 4-13 所示。冒口尺寸的参考值如下：

$$D_m = (1.2 \sim 1.4)d_m$$

$$d_m = (1.1 \sim 1.2)d$$

$$H_m = (1.2 \sim 1.5)D_m$$

为了提高冒口的补缩作用，可采用保温冒口、大气压力冒口和压缩空气加压冒口等。

图 4-13　球形顶冒口

4.3.5　冷却速度

从铸铁凝固的特性可以看出，铸铁的力学性能除与其化学成分有关以外，还在很大程度上取决于铸件的冷却速度。相同的化学成分，由于冷却速度不同可获得不同的组织，从而具有不同的性能。适当加快铸件的冷却速度，不但可使铸件截面上的温度梯度增大，促进方向性凝固，增强补缩作用，而且有利于加强石墨化膨胀的自身补缩能力，减少内部缩孔、缩松缺陷。还能使晶核的析出速度加快，促使形成连续的、分枝很少的细小等轴晶体。由于铸件的凝固时间缩短了，相应地抑制了可能发生的石墨变态和石墨飘浮等问题。

总之，采取一定的措施、适当加快冷却速度，能促进珠光体基体的形成，细化晶粒，使铸件具有较高的强度和致密性。在曲轴生产中，可采取以下措施提高冷却速度。

1. 砂衬金属型铸造

用金属型铸造铸铁件，能显著提高铸件的致密性，但当控制不良时，容易使铸件硬度过高、加工困难，甚至产生"白口"、裂纹等缺陷，故其应用受到了很大的限制。如果在金属型的工作面上衬一层一定厚度的型砂（如酚醛树脂砂射砂成形和流态砂等），则可缓和初期的激冷作用，完全能避免上述缺陷，又可充分利用金属型的高刚度及石墨化膨胀产生的自补缩作用，提高铸件的致密性。这是目前能够稳定获得性能更高的曲轴铸造生产工艺。

根据具体条件，球墨铸铁曲轴可采用砂衬金属型铸造。砂衬层的厚度直接影响铸件的激冷程度，覆砂层厚度越小，激冷效果越好，但会给实际造型操作带来困难；砂层厚度增加，则会使激冷效果降低。根据曲轴的结构特点，砂层厚度一般为 6 ~ 12mm，在此范围内可获得较好的效果。

2. 冷铁的应用

由于大型球墨铸铁曲轴具有结构复杂、尺寸大、质量大、壁厚、曲拐多、"热节"分散等特点，不能全用冒口进行补缩和实现方向性凝固。因此，在最后凝固的局部区域，如曲拐臂与主轴颈、连杆轴颈的重叠区域等，容易产生内部缩松缺陷，即使利用石墨化膨胀而形成的自身补缩作用，也很难将其全部消除。

在这些区域设置外冷铁是最有效的措施。由于冷铁的激冷作用可加快冷却作用，消除"热节"，细化结晶组织，提高强度，故被广泛采用。冷铁厚度可取被激冷处铸件壁厚的 50% ~ 70%。冷铁材料有铸铁、铸钢等。以石墨板材制成的冷铁最为适宜，激冷效果最佳。在曲柄销部位，也可设置衬砂串水冷铁，注意控制串水流量，稳定激冷效果。

3. 铬铁矿（或钛铁矿）砂

受曲轴结构的影响，对于设置外冷铁较为困难的部位，如轴颈是中空结构等，则砂芯可用铬铁矿砂或钛铁矿砂制成。它们可以起一定的激冷作用，不受铸件形状的限制，并能防止发生渗透性粘砂，故被广泛应用，效果较好。

4. 铸型喷水冷却

大型球墨铸铁曲轴浇注的铁液量多，冷却缓慢，为适度加快冷却速度，竖箱后应用喷水管沿铸型自下而上逐面喷水，持续时间为 40 ~ 80min。这样可以加快砂层向外的传热速度，起到加快曲轴凝固和冷却的作用。应根据具体情况，适当控制喷水速度、流量和时间等因素，以获得预期效果。

4.3.6　熔炼、球化处理及浇注

随着现代球墨铸铁生产技术的迅速提高，且由于铸态高性能球墨铸铁具有能耗低、保护环境、生产周期短、效率高、成本低等独特优点，而获得了日益广泛的应用。化学成分和球化处理是影响球墨铸铁性能的重要因素，必须严格控制。

1. 铸态珠光体球墨铸铁生产机理

从铁碳相图可以看出，如果铸件的冷却速度不过快且化学成分适当，不考虑产生共晶渗碳体，则决定球墨铸铁最终基体组织的是共析相变。共析相变有两种形式：由奥氏体转变为珠光体，以及由奥氏体分解为石墨与铁素体。在一般的铸造生产条件下，铸态球墨铸铁的常温基体组织为牛眼状铁素体和珠光体混合组织。

由以上分析可知，获得铸态珠光体球墨铸铁的途径有两条：促进珠光体的形核与长大，以及阻碍铁素体的形成。铸件的冷却速度对铸铁组织有着很大的影响，相同化学成分的铸铁在不同的冷却条件下可获得不同的铸态组织。因此，控制铸铁件各部分的冷却速度是很重要的。

改变铸铁的化学成分是获得不同组织的根本途径。采用由强珠光体元素（如 Cu、Sn 等）和强石墨化元素组成的复合孕育剂是生产铸态珠光体球墨铸铁的重要方法之一。使之既能充分发挥出强珠光体化的作用，又能抑制自由渗碳体的生成，防止产生"白口"，这对薄壁球墨铸铁的生产尤为重要。合金化元素的选择除了考虑价廉、珠光体化能力、铸件的特征、生产控制的稳定性等以外，还要考虑多元合金化及其相互影响问题，力求使多元合金元素的珠光体化能力呈叠加作用。

2. 化学成分的选择

球墨铸铁力学性能的高低，主要取决于基体组织（珠光体的数量及细化程度、铁素体数量）和石墨形状、球径大小、数量及分布情况等。

球墨铸铁曲轴，特别是大型曲轴的技术要求高，结构复杂，铸件壁很厚，冷却速度慢，曲拐多，"热节"分散，尤其是主轴颈与连杆颈重叠处的颊部，容易产生内部缩松、黑点等铸造缺陷。化学成分是影响球墨铸铁力学性能、铸造性能和切削性能等的重要因素之一。

（1）碳　铸造球墨铸铁时的铁液主要是高熔点非金属相碳与低熔点金属相铁所构成的悬浊

液。其中不溶的碳颗粒直接充当石墨生长时的自生晶核，其他碳原子则作为晶核生长的组元。碳颗粒的多少取决于碳含量的高低。高的碳当量因含碳量高，球墨核心必然多于低碳当量的情况。而颗粒多、核心多，可使其周围基体中被溶入的碳原子能就近析出，从而使颗粒变成核心而长成球墨。因此，含碳量高是促使铁碳合金按稳定系转变的决定性因素，适当提高碳当量是获得高强度、高韧性铸态球墨铸铁的必要条件。

碳是强烈促进石墨化的元素。碳当量高，析出石墨的数量就多，球径小，圆整度增加；同时，镁的吸收率高，即在同样条件下，加入少量的镁就可以发生球化。另外，适当增加含碳量对提高铸铁的流动性和铸件的致密性等有良好的影响。如果铸型有足够的刚度，则可充分利用石墨化膨胀所产生的自补缩作用，减少铸件的内部缩孔、缩松体积，消除缩松缺陷，使铸件更加致密，这对提高曲轴质量具有很重要的作用。

（2）硅　硅是促进石墨化的元素。随着含硅量的提高，金属基体中的铁素体量将增加，珠光体量减少，抑制了渗碳体的形成，减小了铸件的"白口"倾向。尤其是当硅以孕育剂的方式在球化处理后加入时，其作用更为强烈。另外，硅还能增加球状石墨的圆整度，细化石墨和使其分布得更加均匀，可提高球墨铸铁的韧性。但是，硅能固溶于铁素体中，并提高铸件塑性—脆性转变温度，故过高的含硅量反而会使铸件发脆，力学性能降低。因此，必须严格控制终硅量。对于铸态铁素体球墨铸铁，宜取原铁液中碳的质量分数为 3.7% ~ 3.9%，终硅量为 2.7% ~ 2.85%；对于铸态珠光体球墨铸铁，宜取原铁液中碳的质量分数为 3.6% ~ 3.8%，终硅量为 2.0% ~ 2.4%。

必须指出：为了充分发挥孕育处理对提高铸件力学性能的良好影响，均采用加大孕育量的方法，而将原铁液中的含硅量控制在较低值。无论哪一种球墨铸铁，均应严格控制原铁液中硅的质量分数，一般宜取 1.0% ~ 1.5%。当含硅量确定以后，再配以适当的含碳量。

根据碳、硅含量对保证球化、减少缩松、防止产生渗碳体和提高力学性能等的有利影响，应采用较高的碳当量。但碳当量过高又会析出大量石墨，产生石墨漂浮缺陷和降低力学性能。导致石墨漂浮的出现，有一个临界碳当量值，该值与铸件的冷却速度、壁厚及浇注温度等因素有关。随着铸件的冷却速度降低、壁厚增加及浇注温度提高等，临界值会降低。石墨漂浮的程度，随着碳当量的提高（尤其是含碳量的提高）、铸件冷却速度的降低（如铸件壁厚增加等）及浇注温度的提高而增加。

碳当量选在共晶点附近较为合适，因为此时的流动性最好，集中缩孔倾向较大，易于补缩，分散性缩松倾向较小。具体碳当量的选定，要根据铸件的技术要求、结构特性（铸件大小、质量及结构特点等）、生产工艺及生产条件等因素而定。综合碳当量的上述影响，一般应将其控制在 4.6% 以下。对于珠光体基体球墨铸铁，在不产生石墨漂浮、铁素体和渗碳体的前提下，一般采用过共晶成分，碳当量值为 4.3% ~ 4.55%；对于铁素体基体球墨铸铁，碳当量值可取 4.55% ~ 4.75%；对于厚大断面的球墨铸铁，碳当量值宜取 4.3% ~ 4.4%。

（3）锰　锰与铁液中的氧作用生成氧化锰，与硫作用生成硫化锰。锰的氧化物和硫化物在铁液中的溶解度很小，可以炉渣的形式被除掉。故锰能起到脱氧、脱硫的作用。

锰又是形成碳化物较强的元素。若含锰量高，则铸件的缩松倾向较大。锰能降低铸铁的共析转变温度，稳定并细化珠光体组织，增加珠光体数量。当球化率相同时，球墨铸铁的力学性能主要由金属基体中的珠光体量决定：珠光体量增加时，强度和硬度增加，伸长率下降。当锰的质量分数为 0.4% ~ 0.9% 时，其对铸件强度、硬度和珠光体量的影响是十分明显的。在碳、硅含量一定的条件下，改变含锰量，可以改变球墨铸铁的力学性能。例如：当 $w(Mn) = 0.3\%$ 时，$R_m = 511MPa$，$A = 15\%$；当 $w(Mn) = 0.9\%$ 时，$R_m = 678MPa$，$A = 10\%$。

因锰是稳定碳化物的元素，随着含锰量的增加，石墨的数量减少，球径增大，石墨形态有变得不规则的趋势，晶间偏析倾向较大。因此，锰含量较高的球墨铸铁难以得到较好的韧性。为了抑制锰对铸态球墨铸铁的不利影响，一般应控制锰的质量分数小于 0.4%。只有采取相应措施消除由锰含量高所造成的晶间偏析及晶间碳化物，才能充分发挥锰对促进珠光体化的良好作用。至于锰能细化珠光体组织的有利影响，可采用加入其他低合金元素的方法来达到。除了对耐磨性有特殊要求的球墨铸铁以外，锰对各种球墨铸铁都是一种有不利影响的元素，最适宜的质量分数为不大于 0.3%。

（4）磷　尽管磷对球化没有不利的影响，但其能形成坚硬且脆的磷共晶体分布在晶界上，将非常显著地降低球墨铸铁的塑性、韧性，增加其硬度及耐磨性，对强度的影响不是特别显著。另外，磷有促进形成缩孔、缩松的倾向。因此，若无其他特殊要求（如要求耐磨而力学性能要求不太高），含磷量越低越好。一般原铁液中磷的质量分数应小于 0.05%。在生产实践中，目前尚无有效的脱磷措施，一般只能依靠采用优质球墨铸铁生铁等原材料来实现。

（5）硫　硫与球化剂镁、稀土元素等有很强的亲和力。原铁液中的含硫量越高，球化剂消耗在脱硫上的量越多，为保证球化所需的球化剂加入量及残余量就越高，这往往会造成球化不良及球化衰退现象。含硫量高及球化剂用量的增加，使铁液温度降低很多，流动性变差，并会形成很多硫化镁等夹杂物。形成的熔渣很稠，很难清除干净，使铸件容易产生缩孔、缩松、夹杂和皮下气孔等缺陷。综上所述，硫会使球墨铸铁的力学性能显著降低，严重恶化了铸造性能。

为了降低含硫量，在球化处理前应采取脱硫措施。目前，主要有包内冲入法、摇包法、吹气搅动法和喷粉法等。例如：在包内加入 1.0%～1.5% 的粉状或细粒状碳化钙进行脱硫；用包底透气砖通氮气搅拌脱硫；用包芯线法脱硫，即将脱硫剂（碳化钙）制成粉粒状，然后用钢带包制成芯线，再用喂线机以适当的输入速度将芯线喂到感应电炉内的铁液深部熔化，并用电磁搅拌，使脱硫剂与铁液中的硫充分接触、反应而起到脱硫作用，使原铁液中硫的质量分数不大于 0.02%。经球化处理后，铸件中硫的质量分数不大于 0.01%。

为了进一步提高铸态球墨铸铁的强度，达到所需的高性能要求，须添加少量合金元素。

（6）铜　铜属于促进石墨化的元素，在铸铁中可呈铜铁固溶体分散状态存在。当含铜量增加时，将析出超显微分散性的多余铜相，在石墨球与基体晶面上有一富集层。铜的富集层有阻碍铁素体生核与碳原子扩散的作用。而生成铁素体比生成珠光体更需要碳原子扩散，因而铜的加入能促进珠光体化，使结晶组织致密，并能增加石墨球数量，减小球径和改善石墨形态，提高球墨铸铁的强度、硬度和耐磨性。同时，铜的加入能降低球墨铸铁对断面的敏感性，使曲轴的厚壁处也能有较高的珠光体含量。因此，铜是首选的合金元素。小型球墨铸铁曲轴中铜的质量分数可取 0.5%～0.7%，大型球墨铸铁曲轴宜取 0.7%～1.0%。

（7）锡　由于铁素体的晶格与石墨球晶格的某些晶面之间存在着原子排列的共格关系，因而铁素体以石墨球为基底生长、长大。在含锡的球墨铸铁中，由于锡的富集层的存在，石墨球与基体之间将形成一个隔离层。而锡与铁在元素周期表中的位置相距很远，且锡又是很复杂的不全金刚石晶格结构。因此，富锡层不能成为牛眼状铁素体生核的基底，阻碍了碳原子向石墨球扩散，从而可阻碍铁素体的形成，促使形成珠光体并细化结晶组织，提高了铸件的强度、硬度和伸长率。对于稳定珠光体的能力，Sn 约为 Cu 的 10 倍。一般认为，锡的质量分数达到 0.10% 就可使球墨铸铁在铸态时得到全部珠光体组织。另外，一些研究指出，当铜的质量分数小于 2.0% 或锡的质量分数小于 0.10% 时，不会影响石墨球化，且可以细化石墨球。锡的质量分数一般取 0.10%，就可获得很好的效果。如果与适量的铜配合使用，则效果更好。

（8）钼　钼是阻碍石墨化、稳定碳化物的元素。它能促使生成并稳定珠光体，细化晶粒，提高强度、硬度和耐磨性，还能提高热处理时的淬透性，改善回火脆性，对提高曲轴质量起良好的作用。但若含量过高，则会降低球墨铸铁曲轴的韧性和塑性指标。为提高球墨铸铁的伸长率和冲击性能，将钼的质量分数控制为 0.2%～0.4%，小型曲轴取 0.2%～0.3%，大型曲轴取 0.25%～0.40%。钼一般与适量的铜配合使用，在球墨铸铁曲轴生产中被较广泛采用，效果较好。

（9）铌　铌是强碳化物形成元素，与碳、氢有极强的亲和力，容易形成稳定的硬度相 NbC。铌对石墨化的作用甚微。有文献指出，当球墨铸铁中铌的质量分数超过 0.15% 时，有反球化作用。但也有文献认为，铌的质量分数达到 0.35% 时仍球化良好。可见，铌的反球化作用并不明显。铌具有使石墨细小、圆整、数量增多、分布均匀和细化基体组织等作用，可以提高强度、硬度、耐磨性、热稳定性、耐蚀性和低温性能等。铜、铌奥-贝球墨铸铁是一种有待进一步研究的新型金属材料。根据铌的综合影响，应将铌的质量分数控制在 0.15% 以内。

（10）锑　锑是反球化干扰元素。但在稀土球墨铸铁中加入适量的锑，无论是普通球墨铸铁还是厚断面球墨铸铁，均有较明显的良好作用。锑在稀土球墨铸铁中生成稳定的复杂化合物，可促进大量的石墨异质核心形成，起到了良好的孕育作用，使石墨球数量显著增加，石墨球更加细小、圆整。同时，能更有效地消除厚断面球墨铸铁中的畸变石墨，相应地提高强度，特别是可使塑性明显提高。锑的质量分数一般小于 0.02%。在小型球墨铸铁曲轴的生产中，锑与适量的铜配合使用，效果更好。

（11）微量干扰元素　在球墨铸铁生产中，还必须注意微量干扰元素的影响，它能起到反球化或引起石墨畸变的作用。因此，选用原材料时，应注意限制其使用。但微量干扰元素的作用并非孤立的存在，在某种条件下，它不但不起反球化作用，还可能对铸态球墨铸铁的组织和性能起有益作用。如微量（0.005%）的铋元素有明显的孕育作用，可细化共晶团，显著增加石墨球数量，并能使石墨球更加细小、圆整，对消除石墨畸形是有利的。同时，它也可使铁素体量增加，使相应的力学性能有所提高，尤其可使塑性明显增加。

综上所述，球墨铸铁曲轴化学成分的选择，要考虑曲轴的结构特性（质量、壁厚、复杂程度等）、技术要求、铸造工艺方法和生产条件（熔化设备等）等诸多因素的综合影响。表 4-1 所列为部分球墨铸铁曲轴的材质，可供参考。

为了研究推广应用铸态高强度球墨铸铁，并为在曲轴等耐磨零件上应用提供参考，选定如下化学成分进行了试验：$w(C) = 3.8\% \sim 4.1\%$（原铁液），$w(Si) = 2.0\% \sim 2.4\%$ [原铁液 $w(Si) = 1.0\% \sim 1.2\%$]，$w(Mn) < 0.5\%$，$w(P) < 0.05\%$，$w(S) < 0.03\%$，$w(Cu) = 0.8\% \sim 1.1\%$，$w(Sn) = 0.10\%$。铜锡低合金铸态高强度球墨铸铁的化学成分、力学性能和金相组织检验结果见表 4-2。

从表 4-2 中可以看出，铜锡低合金球墨铸铁的铸态力学性能较好，45 炉次的平均抗拉强度 $R_m = 821MPa$，伸长率 $A = 4.34\%$，硬度为 288HBW，相当于 QT800-2 的性能。

为了对这种具有较好铸态力学性能的铜锡低合金球墨铸铁进行分析，第一次选择了其中的四个炉次做金相检验，试样编号分别为 36、39、40 和 41。首先用 NEDPHOT-21 型金相显微镜测试石墨分布，即测试单位面积内含有多少个石墨球。测试方法是显微镜放大 100 倍，在显微镜投影屏上规定一定的范围（112mm×82mm），然后在该范围中数出若干个大小不同的石墨数。在相同面积下数出三个若干数，取其平均值，即可换算成每平方毫米面积中有多少个石墨球。按下面的公式计算：

$$N = \frac{N_1 + N_2 + N_3}{3} \div \frac{112 \times 82}{10\ 000}$$

式中　N——每平方毫米面积中所含的石墨球数（个/mm²）；
N_1、N_2、N_3——三个相同面积中各含的石墨球数。

然后用 BS-540 型透射电子显微镜，在放大 5000 倍的条件下，选择三个比较典型的视场对珠光体组织进行拍照。分别在三张照片上测出珠光体的片间距（s_1、s_2、s_3），并取其平均值。再按下式换算成珠光体片间距的真实尺寸 s：

$$s = \frac{s_1 + s_2 + s_3}{3} \div 5000$$

表 4-1　部分球墨铸铁曲轴的材质

材质		主要化学成分(质量分数,%)									热处理工艺
		C	Si	Mn	P	S	Cu	Mo	Sn	Sb	
普通球墨铸铁	QT600-3	3.8~4.0	2.0~2.4	0.5~0.8	≤0.10	≤0.02					正火
	QT700-2		1.8~2.2	0.7~1.0							铸态
合金球墨铸铁	铜球墨铸铁 QT600-3	3.75~3.95	1.8~2.1	<0.5	≤0.07	≤0.02	0.45~0.6				铸态
	铜锡球墨铸铁 QT700-2	3.8~4.0	2.0~2.4	<0.5	≤0.06	≤0.02	0.8~1.0		0.10		铸态
	中速柴油机 QT600-3 铜钼球墨铸铁	3.7~3.9	2.2~2.4	≤0.5	≤0.07	≤0.015	0.8~1.0	0.2~0.3			正火
	大马力柴油机 QT800-2	3.5~3.8	2.4~2.5	0.74~0.96	0.046~0.061	0.01	0.42~0.53	0.15~0.20		0.02~0.05	淬火回火
	铸球墨铸铁 QT700-2	3.5~3.9	2.5~3.0	0.5~0.8	≤0.10	≤0.04					铸态

表 4-2　铜锡低合金铸态高强度球墨铸铁的化学成分、力学性能和金相组织检验结果

编号	化学成分(质量分数,%)									力学性能			金相组织		
	C	Si	Mn	P	S	Cu	Sn	RE	Mg	抗拉强度 R_m/MPa	伸长率 A(%)	硬度 HBW	球化等级	珠光体(%)	铁素体(%)
1	4.18/3.62	1.10/2.20	0.42/0.45	0.034/0.061	0.032/0.019	1.08	0.10	0.021	0.035	800	4.3	285	1~2	>95	<5
2	/3.51	/2.25	/0.44	/0.06	/0.016	1.09	0.09	0.021	0.035	805	3.9	285	1~2	>95	<5
3	/3.61	/2.22	/0.47	/0.07	/0.014	1.08	0.10	0.021	0.040	825	4.6	285	1~2	>95	<5
4	/3.66	/2.20	/0.46	/0.058	/0.016	1.08	0.09	0.021	0.400	830	6.0	285			
5	4.10/3.63	1.08/2.39	0.43/0.44	0.038/0.037	0.035/0.014	1.03		0.030	0.040	830	4.3	285	1	>95	<5

（续）

编号	化学成分（质量分数,%）									力学性能			球化等级	金相组织	
	C	Si	Mn	P	S	Cu	Sn	RE	Mg	抗拉强度 R_m/MPa	伸长率 A(%)	硬度 HBW		珠光体 (%)	铁素体 (%)
6	/3.61	/2.40	/0.43	/0.064	/0.013	1.00		0.031	0.040	800	5.0	285	1	>95	<5
7	/3.56	/2.34	/0.43	/0.034	/0.013	1.02		0.029	0.040	825	5.4	285	1	>95	<5
8	/3.61	/2.41	/0.43	/0.054	/0.012	1.02		0.029	0.040	810	4.0	285	1	>95	<5
9	3.93/3.61	1.14/2.25	0.42/0.43	0.044/0.055	0.042/0.024	1.04		0.022	0.035	820	3.7	285	1	>95	<5
10	/3.49	/2.29	/0.43	/0.058	/0.021	1.04		0.021	0.035	810	3.3	285	1~2	>95	
11	4.00/3.45	1.11/2.21	0.35/0.45	0.04/0.043	0.04/0.043	1.02		0.026	0.035	840	4.0	285	1~2	>95	
12	/3.38	/2.11	/0.37	/0.047	/0.016	1.02		0.025	0.035	830	4.3	285	1~2	>95	
13	/3.50	/2.16	/0.36	/0.044	/0.015	1.02		0.025	0.035	825	6.6	285	1~2	>95	
14	/3.25	/2.17	/0.39	/0.04	/0.011	1.03		0.025	0.035	840	5.0	285	1~2	>95	
15	3.94/3.54	1.06/2.22	0.43/0.43	0.043/0.043	0.038/0.027	1.10			0.025	815	4.1	293	1~2	>95	
16	/3.45	/2.22	/0.43	/0.043	/0.023	1.10			0.027	810	4.3	302	1~2	>95	
17	3.94/3.50	1.02/2.38	0.42/0.43	0.042/0.048	0.043/0.021	0.86			0.040	835	4.3	302	1~2	>95	
18	/3.56	/2.33	/0.42	/0.046	/0.022	1.06			0.040	820	5.0	293	1~2	>95	
19	/3.45	/2.38	/0.43	/0.054	/0.028	1.08			0.045	825	5.0	302	1~2	>95	
20	/3.54	/2.33	/0.43	/0.046	/0.019	1.17			0.055	825	4.9	302	1~2	>95	
21	4.13/3.42	1.11/2.31	0.40/0.41	0.051/0.047	0.029/0.014	0.77			0.040	820	5.0	285	1~2	>95	
22	4.05/3.21	1.13/2.20	0.40/0.33	0.045/0.05	0.034/0.017	1.11			0.040	820	4.3	285	1~2	>95	
23	/3.60	/2.23	/0.42	/0.051	/0.017	1.13			0.040	840	4.6	293	1~2	>95	
24	/3.47	/2.24	/0.43	/0.045	/0.018	1.11			0.040	825	4.3	293	1~2	>95	
25	3.92/3.67	1.11/2.31	0.43/0.41	0.051/0.05	0.031/0.019	1.15	0.14		0.040	845	3.6	293	1~2	>95	
26	/3.58	/2.31	/0.41	/0.058	/0.019	1.18	0.14	0.030	0.040	820	3.0	293	1~2	>95	
27	/3.65	/2.31	/0.43	/0.055	/0.021	1.16	0.14	0.022	0.040	860	3.6	293	1~2	>95	

28	/3.58	/2.18	.44	/0.053	/0.018	1.21	0.14	0.028	0.040	820	3.4	293	1~2	>95
29	4.07/3.40	1.25/2.16	0.42/0.42	0.043/0.047	0.026/0.015	1.10		0.025	0.035	800	3.4	285	1~2	>95
30	/3.21	/2.23	/0.42	/0.04	/0.012	1.10		0.032	0.032	830	4.0	285	1~2	>95
31	/3.58	/2.23	/0.42	/0.041	/0.015	1.10		0.032	0.035	845	4.6	293	1~2	>95
32	4.18/3.57	1.20/2.40	0.37/0.42	0.035/0.038	0.026/0.016	1.08		0.022	0.040	805	4.3	285	1~2	>95
33	3.97/3.70	1.07/2.37	0.42/0.38	0.051/0.045	0.038/0.018	1.14		0.040	0.040	830	5.7	285	1~2	>95
34	/3.55	/2.36	/0.41	/0.049	/0.018	1.15		0.041	0.040	805	4.7	285	1~2	>95
35	/3.55	/2.38	/0.40	/0.045	/0.016	1.11		0.041	0.040	800	5.7	285	1~2	>95
36	/3.66	/2.34	/0.42	/0.053	/0.016	1.03		0.040	0.040	830	4.4	293	1~2	>95
37	/3.60	/2.21	/0.42	/0.045	/0.017	1.09	0.08	0.039	0.035	810	3.4	285	1~2	>95
38	/3.51	/2.25	/0.41	/0.031	/0.012	1.02	0.07	0.026	0.035	840	4.6	285	1~2	>95
39	/3.44	/2.25	/0.47	/0.035	/0.012	1.01	0.07	0.024	0.035	840	3.6	285	1~2	>95
40	4.25/3.50	0.70/1.81	0.31/0.35	0.039/0.045	0.035/0.02	1.06	0.08	0.034	0.030	800	4.3	285	1~2	>95
41	/3.47	/1.81	/0.36	/0.032	/0.022	1.05	0.07	0.035	0.030	825	3.9	300	1~2	>95
42	4.03/3.70	0.74/1.94	0.18/0.22	0.023/0.07	0.044/0.045	1.06/1.00		0.051	0.040	800	4.0	285	1~2	>95
43	/3.60	/1.99	/0.22	/0.038	/0.035	/1.00		0.040	0.040	805	4.0	285	1~2	>95
44	4.10/2.90	0.84/1.72	0.17/0.24	0.037/0.038	0.041/0.032	1.30/1.29		0.035	0.040	800	3.4	277	1~2	>95
45	4.24/4.37	0.76/1.85	0.16/0.17	0.033/0.028	0.042/0.043	/1.08		0.057	0.050	810	3.6	262	1~2	>95
平均	4.06/3.54	1.03/2.22	0.36/0.40	0.04/0.047	0.038/0.02	1.18/1.07	0.10	0.025	0.037	821	4.34	288	1~2	>95

注：1. 表中数值为单铸试样的力学性能。

2. 分数表达式中的分子为原铁液成分，分母为终铁液成分。

　　石墨球数（N）和珠光体片间距（s）的检测结果见表4-3，金相组织分别如图4-14～图4-17所示。从图中可以看出，金属基体均为致密层状珠光体组织。

表4-3　石墨球数（N）和珠光体片间距（s）的检测结果

试样编号	金相法					透射电镜法			
	N_1	N_2	N_3	平均值	石墨球数 $N/(个/mm^2)$	s_1 /μm	s_2 /μm	s_3 /μm	珠光体片间距 平均值 s/μm
36	202	212	212	208	226	0.368	0.448		0.41
39	202	212	223	212	230	0.55	0.547	0.55	0.55
40	77	92	95	88	96	0.42	0.44		0.43
41	154	149	159	154	167	0.63	0.50		0.57

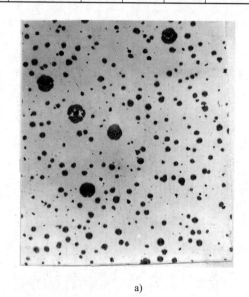

a)

b)

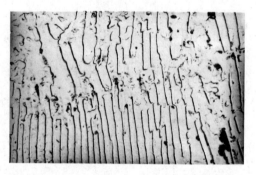

c)

图4-14　金相组织（试样编号36）

a）×100　b）×500　c）×5000

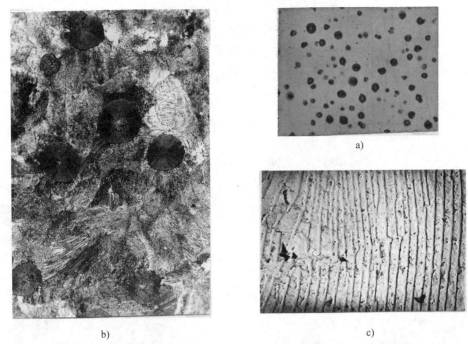

图 4-15　金相组织（试样编号 39）

a）×100　b）×500　c）×5000

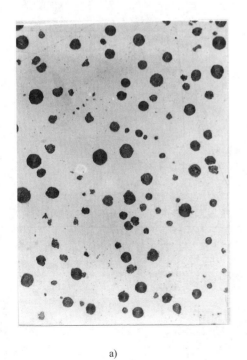

图 4-16　金相组织（试样编号 40）

a）×100　b）×500

c)

图 4-16 金相组织（试样编号 40）（续）

c）×5000

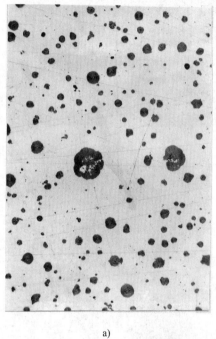

a)

b)

c)

图 4-17 金相组织（试样编号 41）

a）×100 b）×500 c）×5000

　　为了进一步了解珠光体组织的致密程度，第二次抽样检测了编号为 25、26 和 27 三个炉次试样的珠光体片间距。采用的检测设备是 EPM-810Q 型电子探针仪。首先将试样抛光并腐蚀，在扫描电镜下观察其形貌，每隔一定间距取一视场进行拍照。每个试样取八个视场，先分别算出这八个视场中珠光体的片间距，然后取平均值，即可得出每个试样的珠光体片间距 s，见表 4-4。金相组织的电子探针检测结果如图 4-18 所示。

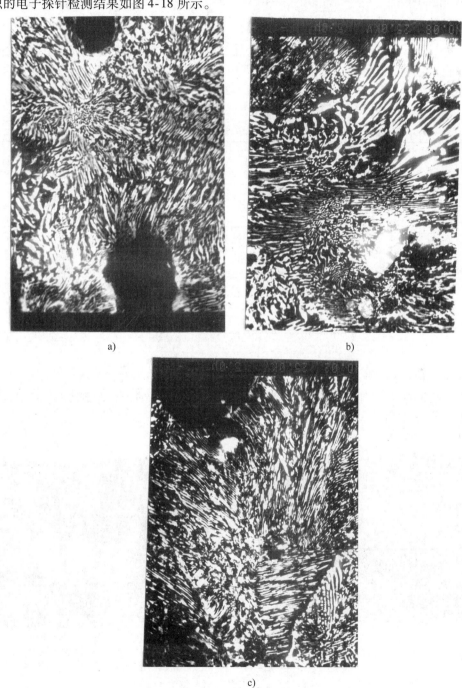

a)　　　　　　　　　　　　　　　　　　b)

c)

图 4-18　金相组织（电子探针仪）

a）试样编号 27　b）试样编号 26　c）试验编号 25

表 4-4　珠光体片间距

试样编号	25	26	27
珠光体片间距 $s/\mu m$	0.51	0.48	0.56

为了更全面地了解这种铸态高强度球墨铸铁的金相组织结构，又选择了三个炉次的试样进行金相检验，编号分别为 11、12 和 14。在不同放大倍数下观察石墨形态、分布情况及珠光体基体片间距等，检验结果见表 4-5 及图 4-19 ~ 图 4-21。

表 4-5　铜锡低合金铸态高强度球墨铸铁的金相组织

试样编号	石墨形态	石墨	基体	珠光体片间距 $s/\mu m$
11	从低倍（×100）至高倍（×500）下的石墨形态（图 4-19 ~ 图 4-21）	球状石墨，石墨大小不均	珠光体基体，未发现渗碳体	0.33
12		球状石墨，石墨大小不均	珠光体基体，未发现渗碳体	0.22
14		球状石墨，石墨大小不均	珠光体基体 + 少量铁素体（大部分位于石墨周围，呈牛眼状）	0.22

通过以上对力学性能、金相组织的全面检测结果可以看出，球化情况良好，均为细密层状珠光体基体，片间距很小，仅为 0.22 ~ 0.33μm，因此获得了较好的铸态力学性能，是制造曲轴及其他耐磨零件的优良材料。

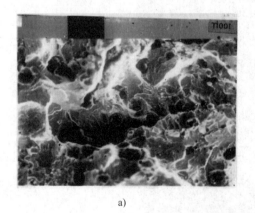
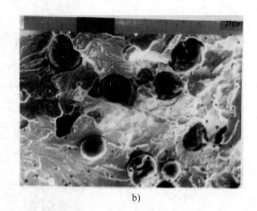

a)　　　　　　　　　　　　　　　b)

图 4-19　金相组织（试样编号 11）
a）低倍下石墨形态（×200）　b）较高倍下石墨形态（×250）

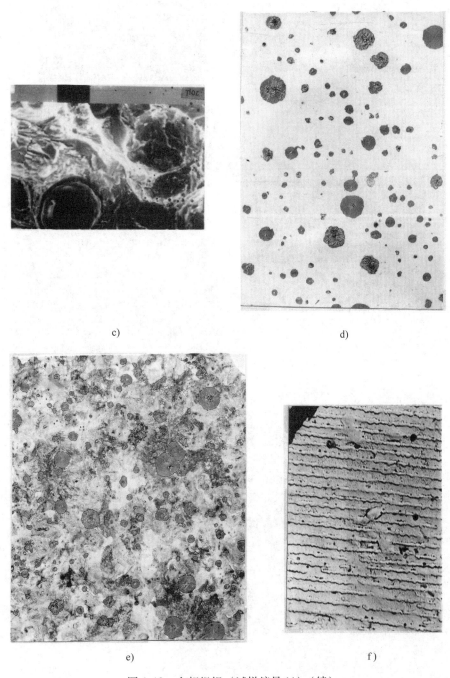

c)　　　　　　　　　　　　　　　　　　　　　　d)

e)　　　　　　　　　　　　　　　　　　　　　　f)

图 4-19　金相组织（试样编号 11）（续）

c）高倍下，解理面上的石墨形态（×500）　d）球状石墨，大小不均（腐蚀前，×100）

e）球状石墨，珠光体基体（4% HNO₃ 浸蚀，×100）　f）珠光体基体，片间距 0.33μm（×9000）

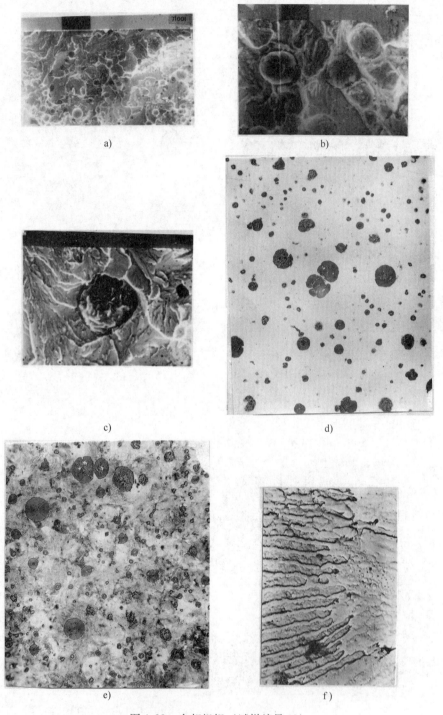

图 4-20　金相组织（试样编号 12）

a）低倍下石墨形态（×100）　b）高倍下石墨形态（×500）　c）高倍下，解理面上的石墨形态（×500）

d）球状石墨，大小不均（腐蚀前，×100）　e）球状石墨，珠光体基体（4% HNO$_3$ 浸蚀，×100）

f）珠光体基体，片间距 0.22μm（×9000）

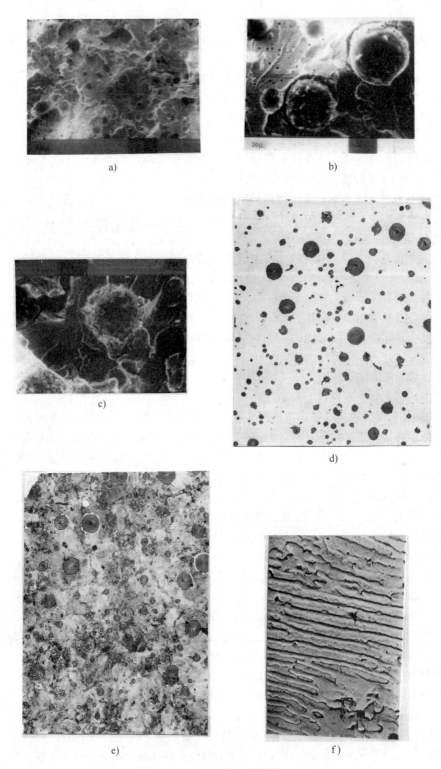

图 4-21　金相组织（试样编号 14）

a）低倍下石墨形态（×100）　b）高倍下石墨形态（×500）　c）高倍下，解理面上的石墨形态（×500）

d）球状石墨，大小不均（腐蚀前，×100）　e）球状石墨，珠光体基体（4% HNO₃ 浸蚀，×100）

f）珠光体基体，片间距 0.22μm（×9000）

3. 熔炼

（1）炉料组成　在选定了化学成分以后，要进行炉料配比。根据目前国内的情况，炉料组成中以硫、磷、锰含量较低的优质球墨铸铁生铁为主（如 Q12、Q10 等），具体配比：球墨铸铁生铁 50% ~ 60%，废钢 5% ~ 10%，球墨铸铁回炉料 40% ~ 50%。

（2）脱硫　目前，国内生产球墨铸铁曲轴的铸造厂一般都用电炉进行熔炼，或用冲天炉、电炉双联熔炼，仅有个别工厂仍使用冲天炉。在球化处理前，应特别注意对含硫量的控制。应采用碳化钙（加入量约为 1.5%）等脱硫剂进行脱硫，使原铁液中的含硫量降到 0.02% 以下。有资料指出，当采用碳化钙芯线——喂线机脱硫技术时，在铁液温度为 1410 ~ 1430℃ 的条件下，喂入速度为 22 ~ 23m/min 较适宜，脱硫效果较佳。

（3）控制铁液的过热程度　适度提高铁液的过热程度（过热温度及过热时间），进行精炼，可以提高铁液质量。冲天炉的出炉温度应达到 1420 ~ 1460℃，电炉的熔化温度为 1500 ~ 1520℃。

4. 球化处理

（1）球化剂的选择　镁是球化能力最强的良好球化剂。稀土元素既有一定的球化作用（程度低于镁），又与硫有很强的亲和力，加入铁液中能起到脱硫、提高铁液纯净度的作用，并能减少或消除夹杂物的有害影响，起到精炼作用。稀土元素还有细化晶粒，改善铸造性能，减少铸造缺陷，提高力学性能的作用。但其"白口"倾向较大，容易引起偏析等不良影响。

稀土镁复合球化剂是在镁球墨铸铁和稀土球墨铸铁的基础上发展起来的。利用镁球化能力强，对铁液化学成分适用范围广的特点，同时加入少量稀土合金，充分利用其有利影响，能显著地减少夹渣、缩松等缺陷，故被广泛采用。

目前常用的球化剂主要有以下几种。

1）纯镁加微量混合稀土。国内工厂在生产大型球墨铸铁曲轴时，为充分发挥纯镁和极少量稀土对确保球墨铸铁质量的综合有利影响，在较长时期内采用的球化剂是纯镁加微量混合稀土。

2）稀土镁硅铁合金。常用的稀土镁球化剂由稀土、硅铁和纯镁熔制而成。其主要成分：$w(\mathrm{Si}) = 38\% ~ 44\%$，$w(\mathrm{Mg}) = 6\% ~ 9\%$，$w(\mathrm{RE}) = 1\% ~ 7\%$，$w(\mathrm{Ca}) = 2\% ~ 3.5\%$。

稀土镁球化剂的选用，应考虑铸件特性（如大小、质量、壁厚等）、铁液温度和原铁液中含硫量等因素的影响。例如：冲天炉熔炼的铁液因含硫量偏高，不宜选用镁、稀土含量太低的球化剂（稀土的质量分数小于 3%）；当用电炉熔炼时，硫的质量分数较小（小于 0.02%），则宜取镁、稀土质量分数较小的球化剂（Mg：6% ~ 8%，RE：1.5% ~ 4%）。

球化剂中硅、铁的含量主要影响其熔点及密度。如果球化剂的熔点高、密度大，则球化处理时较难熔化；如果其密度小，则容易上浮，这会加剧氧化烧损，降低镁的吸收率，造成球化不良或球化衰退等缺陷。一般将硅的质量分数控制在 38% ~ 44% 的范围内。

若球化剂中氧化镁的含量高，则使球化元素的含量降低，易造成球化衰退，并使铸件的夹渣缺陷增加，故其含量越低越好。应使 MgO 的质量分数小于 1.0%。

球化剂中的钙对促进球化和细化晶粒有良好的影响，其质量分数宜取 2% ~ 3.5%。

球墨铸铁曲轴用稀土镁球化剂，宜将其成分控制在上述范围内，并根据曲轴大小及熔化设备等情况进行适度调整。

3）特种稀土镁合金。球化剂的选用与铸件特征、技术要求及生产工艺等因素有关，应根据实际情况选用合适的球化剂。例如，对于大断面结构或有特殊技术要求的球墨铸铁件等，采用一般的稀土镁硅铁合金球化剂难以满足要求，故必须在球化剂中添加其他合金元素或其他稀土元素，以提高球化剂的效能，确保铸件的球化良好，不产生球化衰退或使铸件具有其他特殊性能。

以铸态铁素体球墨铸铁件为例，可选用低稀土含钡、钙球化剂，其中 $w(\mathrm{Mg}) = 5.5\% ~$

6.5%，$w(RE) = 1.0\% \sim 1.2\%$，$w(Ca) = 2.5\% \sim 3.0\%$，$w(Ba) = 3\%$。加钡是为了更好地发挥稀土、镁、钙的协调作用。钡是石墨化元素，可提高镁的吸收率，增加石墨球数量，强化孕育效果，抑制碳化物形成。钙有强烈的促进石墨化作用，钙与镁可形成 Mg_2Ca 金属化合物，延缓镁的分解，起到控制球化剂在铁液中的吸收与反应速度的作用。钙还能强化孕育效果、细化晶粒。

铸态珠光体球墨铸铁，如小型曲轴等，可选用含铜、锑或含铜、锡等合金元素的复合球化剂；大型厚断面球墨铸铁，如大型曲轴等，可选用钇基重稀土镁复合球化剂。它以重稀土元素为主，钇的质量分数为 $50\% \sim 60\%$，还包含了其他稀土元素，并复配了镁、钙、硅、钡等，充分利用复合综合作用，使其具有球化作用强、球化质量高和球化反应平稳等特点，并具有很强的抗球化衰退能力，甚至在重熔时，球状石墨还有明显的遗传性。

（2）球化剂的加入量 进行球化处理时，球化剂的加入量应适当，主要控制铁液经球化处理后，镁和稀土金属在铁液中的残余量。镁是阻碍石墨化、稳定碳化物的元素；稀土残余量过高，会使石墨形状恶化，"白口"倾向增大，偏析严重，晶间会形成少量碳化物。镁及稀土元素的残余量都过高，可能产生铸态渗碳体，使铸件力学性能降低，并恶化铸造性能，如产生缩孔、缩松、夹渣、皮下气孔等缺陷。如果残余总量太低，则可能产生球化不良或球化衰退等缺陷。因此，控制镁、稀土在铁液中的残余量是很重要的。

在能保证球化良好的条件下，应采用低镁、低稀土含量的球化剂，使残余的镁量和稀土量尽量降低。对于普通球墨铸铁件，$w(Mg_{残}) - w(S) \geqslant 0.025\%$；对于薄壁球墨铸铁件，$w(Mg_{残}) - w(S) \geqslant 0.02\%$。一般的控制范围为 $w(Mg_{残}) = 0.035\% \sim 0.045\%$，特别厚大的铸件可达 $w(Mg_{残}) = 0.04\% \sim 0.06\%$；残余稀土量 $w(RE_{残}) = 0.01\% \sim 0.025\%$。如果残余稀土量超过残余镁量，易出现碎块状石墨，因此残余稀土量应小于 0.025%。

球化剂的加入量与铸件特性（质量、壁厚等）、生产工艺、技术要求、熔炼方法、原铁液中的含硫量、球化剂种类及球化处理方法等诸多因素有关，应根据具体条件决定。可参考表4-6。

表 4-6 球化剂的主要成分及其加入量

熔 炼 方 法			冲 天 炉	电 炉
球化剂		出炉温度/℃	1420 ~ 1450	1450 ~ 1500
		硫的质量分数（%）	< 0.08	< 0.02
主要成分（%）	纯镁	Mg	99.9	99.9
	混合稀土	RE	95 ~ 98	95 ~ 98
	稀土镁硅铁合金	Mg	7 ~ 9	5 ~ 7
		RE	4 ~ 7	1 ~ 4
		Si	38 ~ 44	38 ~ 44
		Ca	2 ~ 3.5	2 ~ 3
加入量（%）	压力加镁法	纯镁	0.29 ~ 0.31	0.29 ~ 0.30
		混合稀土	0.01 ~ 0.015	0.01 ~ 0.015
	稀土镁冲入法		1.4 ~ 1.6	1.2 ~ 1.4

（3）球化处理方法 目前球化处理的方法很多，且正在不断改进和发展。在球墨铸铁曲轴生产中，曾采用的和正在采用的球化处理方法，主要有以下几种。

1）压力加镁法。镁是球化能力最强的元素，是应用最广的球化剂之一。生产大型球墨铸铁曲轴时，为了确保球化质量，在较长时间内一直采用纯镁球化剂。镁的沸点低，气化猛烈，易引起铁液的剧烈翻腾和飞溅，故必须采用压力加镁法。

国内某厂早在 1958 年 7 月，便采用这种方法生产了 6ДР30/50 型柴油机（转速为 300r/min，功率为 600 马力）的大型球墨铸铁曲轴。其主轴颈尺寸为 ϕ220mm，连杆颈尺寸为 ϕ200mm，总长度为 4m，毛重约 5t。并对压力加镁法进行了重要改进，设计、制造和使用了减容压力加镁装置，提高了镁的回收率。1971 年，该厂采用此装置进行球化处理，浇注了 350 中速柴油机的大型球墨铸铁曲轴。其球化处理方法：球化剂纯镁的加入量为 0.29%，并附加混合稀土金属 0.015%，将 0.2% 的苏打粉和全部混合稀土放入球化处理包底→初次出浇注铁液总量的 50%→在铁液液面上覆盖保温集渣剂→压入纯镁球化剂→除渣后再覆盖 0.1% 的集渣剂→补充剩余的 50% 浇注铁液，并同时随流加入硅铁和硅钙合金孕育剂进行孕育处理→充分搅拌并加入 0.3% 的冰晶石粉→扒渣→再加入 0.1% 的冰晶石粉→扒渣→加覆盖剂保温，准备浇注。

压力加镁包内处理的铁液量是浇注铁液总量的 1/3 ~ 1/2。待压力加镁结束后，再补加高温铁液至所需浇注铁液总量，同时添加孕育剂。这样既可增强孕育作用，又能保证所需的浇注温度。球化处理前的铁液温度宜为 1360 ~ 1400℃。

采用压力加镁法，在保证大型球墨铸铁曲轴的球化质量方面虽有显著优点，但安全性是其最大的问题。首先是加镁装置的结构设计，要按照受压容器标准进行强度核算，以确保装置有足够的强度、刚度，操作简单、灵活、可靠，检修维护方便等。特别是包体与包盖间要有可靠的密封结构，严防漏气和铁液喷出，并要有防止铁液喷出的防护罩。其次，使用中要有严格的操作规程、岗位责任制等，否则，可能发生重大安全事故。这些安全问题限制了压力加镁法的使用。另外，其他的球化处理方法很多，其技术水平不断提高，导致使用压力加镁法的单位逐渐减少。

2）冲入法。自稀土硅铁镁球化剂研制成功以来，国内外普遍采用冲入法球化处理工艺。其主要优点是操作较简便，球化处理时铁液反应较平稳、安全，在严格的监控条件下，可以实现稳定生产。但如果监控不严，则容易出现球化剂上浮、过早熔化、部分球化剂呈熔融状结于包底等现象，将影响球化元素的吸收率，导致球化不良等缺陷。为此，必须注意以下几个方面：

① 应首先对球化处理包（包底呈凹坑式或堤坝形）内的形状及尺寸等进行检修，使其符合技术要求。

② 选择合适的稀土硅铁镁球化剂及加入量。

③ 球化剂块度要适宜，按处理铁液量及不同的铁液温度，一般为 10 ~ 25mm，不宜有粉状物。

④ 球化剂放入包底凹坑后，应在其上覆盖部分孕育剂（或使用干净的铁屑、苏打粉或珍珠岩等），要控制覆盖物层的紧实度及厚度，不能过厚或过薄，以免影响球化剂的起始反应时间，最后还要在表面覆盖适量珍珠岩粉等集渣剂。

⑤ 处理时，应将铁液冲向未放球化剂的一侧。

⑥ 根据炉型、浇注质量及浇注温度等的不同，出炉温度一般为 1420 ~ 1480℃。

⑦ 可以是一次性处理，也可以先处理浇注总量的 2/3，待球化处理反应终止后，再冲入余下的 1/3 铁液量，同时添加孕育剂并充分搅拌。

⑧ 球化处理反应时间一般为 1 ~ 2min。

⑨ 应准确控制处理铁液量（在吊车上悬挂电子秤），以免影响球化剂的加入量。

⑩ 孕育处理后投放集渣剂，反复扒渣 3 ~ 4 次，最后覆盖保温剂，进行浇注。

根据不同的处理铁液量及出炉温度等，处理后要降温 50 ~ 100℃。采用冲入法时，镁的吸收率偏低，为 25% ~ 40%。在球化处理反应过程中，镁的燃烧会散发大量烟雾，使生产环境恶化。

国内外现正不断改进这一不足，如正在发展的盖包法球化处理工艺，可以减少球化处理过程中镁的燃烧及烟雾等，一般可将镁的吸收率提高 10% ~ 20%。

3）喂线法。喂线法球化处理技术，在国外于 20 世纪 80 年代后期发展较快、应用得较多。我国于 20 世纪 90 年代后期开始研究应用，现已获得了较快的发展和较多的应用。

喂线装置主要由包芯线、喂线机和导管等组成。可根据不同情况，及时、准确地调整和控制喂线速度及球化剂加入量，从而获得较好的球化处理效果。其主要优点有：

① 由于可采用高镁型合金球化剂（可根据不同要求调整包芯线的成分，一般：$w(Mg) = 25\% ~ 30\%$，$w(RE) = 2\% ~ 5\%$，$w(Si) = 40\% ~ 50\%$，还可复合一定量的 Ca、Ba 等），从而可使石墨球圆整、均匀、细小，提高了力学性能。国内某厂在铁型覆砂工艺条件下，采用包芯喂线法与型内孕育工艺相结合等措施，较稳定地生产出了铸态高强度球墨铸铁小型曲轴 QT800-2 ~ QT900-2。

② 球化处理操作简便，实现了机械化，提高了球化处理效果的稳定性，适用范围广，可用于各种类型（如流水生产线等）的生产。

③ 镁的吸收率提高，减少了球化剂用量，可降低成本。

④ 使球化处理后的铁液降温幅度减小，二次氧化渣量减少，从而可减少夹渣、气孔等铸造缺陷。

⑤ 减少了球化处理反应过程中产生的烟雾，改善了生产环境等。

这种球化处理方法尚在不断改进和应用发展中。最近，国内某厂已采用此方法生产出了大型球墨铸铁曲轴。

球化处理方法是球墨铸铁生产中的关键技术，我国从 20 世纪 50 年代的压力加镁法、20 世纪 60 年代中期开始的稀土硅铁镁球化剂冲入法，直到 20 世纪 90 年代后期开始的喂线法，一直在不断改进和提高球化处理技术，促进球墨铸铁的生产发展。

5. 孕育处理

孕育处理和球化处理一样，也是球墨铸铁生产中很重要的过程。由于球化处理时加入了镁、稀土等强烈阻碍石墨化的元素，促使碳以渗碳体的形态析出。在球化处理后，应紧接着加入强烈促进石墨化的硅、钙等元素进行孕育处理。这样不但可使基体组织中无渗碳体出现，还会使球墨变圆、变细，分布更加均匀，从而获得更好的力学性能。要想获得预期的孕育效果，必须注意孕育剂的种类、加入量及加入方法等。

（1）孕育剂的种类　孕育剂的种类对孕育效果有着很大的影响。在 FeSi75 合金的基础上，附加以强石墨化元素和稳定珠光体的元素所制得的复合孕育剂，具有显著的孕育效果。钙能球化石墨，其脱硫能力比镁强，也能阻碍球化衰退。铝是强石墨化元素。钡的沸点较高，溶解到铁液中的速度较慢，能较长时间保持成核的有效状态。因此，钡不仅能促使石墨成球、细化球墨，还有长效孕育作用。由 Si、Al、Ca、Ba 多元素组成的高效复合孕育剂，具有形核率高、抗球化衰退能力强、形成的石墨球细小圆整和分布均匀等特点，能有效地消除碳化物和提高铸态力学性能。较常用的复合孕育剂有：硅钙合金，$w(Si) = 60\% ~ 65\%$，$w(Al) = 0.9\% ~ 1.1\%$，$w(Ca) = 28\% ~ 32\%$；硅钡合金，$w(Si) = 60\% ~ 65\%$，$w(Ca) = 0.8\% ~ 2.2\%$，$w(Al) = 1\% ~ 2\%$，$w(Ba) = 4\% ~ 6\%$。另外，可将 FeSi75 和复合孕育剂配合使用。

（2）孕育剂的加入量　选用相同的终硅量，让硅存在于原铁液中，或以孕育剂的方式加入，其效果是不一样的。实践证明，在终硅量不变的情况下，降低原铁液中的含硅量，增加孕育硅量，能获得更好的孕育效果。从试验中可以看出，原铁液中硅的质量分数为 1.1%，采用增大孕育量的方法后，可使终硅量达到 2.26%，从而可获得高的铸态力学性能。

根据原铁液中的含硅量及所选定的终硅量,核算所需孕育剂的加入量,一般为1.0% ~ 1.6%。

(3) 孕育处理方法　孕育处理工艺对孕育效果有着十分重要的影响。为了充分发挥孕育作用,可进行多次孕育处理。

1) 包内孕育。铁液在球化处理后,应随即在包内补足所需的铁液量,并进行大剂量孕育处理,以尽快使铁液达到饱和孕育状态,防止铁液的早期衰退。大量孕育剂加入后须充分搅拌,使其全部熔化,并应用除渣剂等反复扒渣3 ~ 4次。

孕育剂的粒度随铁液量和孕育方法的不同而异,一般为3 ~ 10mm,可参考表4-7。

表4-7　孕育剂粒度的选择

铁液包容量/kg	20 ~ 200	200 ~ 1000	1000 ~ 2000	2000 ~ 10000	10000 ~ 30000
粒度/mm	0.5 ~ 2	1.5 ~ 5	3 ~ 10	5 ~ 15	10 ~ 25

铁液经大剂量多次孕育处理后,停留时间越短,孕育效果越显著,为防止孕育衰退,应尽快进行浇注。

2) 随流孕育。在铁液转包或浇注过程中,在浇注箱(杯)中进行随流孕育。孕育量为0.1% ~ 0.15%,粒度为1 ~ 1.5mm。随流孕育时,要使铁液的浇注流与添加的孕育剂同步、均匀地进行混合。

3) 型内孕育。将孕育剂用黏结剂粘成固定的形状,放在直浇道底部。要注意改善其溶解条件,缩短溶解时间,适当增大横浇道面积,设置集渣包,在内浇道前放过滤网,以阻止未充分溶解的孕育剂、氧化渣等进入铸型内,防止铸件产生硬质点或夹渣等缺陷。孕育量为0.05% ~ 0.10%,粒度过60目筛。

其他还有喂线法等,它是将孕育剂粉碎,制成包芯线。其加入装置及操作方法与喂线法球化处理工艺相同。

随流孕育、型内孕育等属于包外瞬时孕育,可增加孕育次数,以强化孕育和保持铁液始终处于最佳饱和孕育状态,从而显著提高孕育效果。通过大量球墨铸铁生产的验证,包外瞬时孕育有以下主要优点:

1) 增加了石墨球的数量,使石墨球圆整、细小、分布均匀。

2) 能减少或消除铸态碳化物。

3) 对于有磷共晶体的球墨铸铁,能改善磷共晶体的分布形态,使分布高度弥散化,减少磷共晶体的数量和减小其尺寸。

4) 细化晶粒和使组织致密。

5) 减少球化衰退现象等。

由于具有以上主要优点,从而提高了铸件的综合力学性能,特别是对消除薄壁小件的渗碳体和降低壁厚敏感性,效果十分明显。

6. 球化处理温度和浇注温度

(1) 球化处理温度　进行球化处理时,铁液的出炉温度不是越高越好。如果温度过高,则会使球化剂中镁的汽化蒸发加剧(镁的汽化温度为1107 ~ 1120℃),从而引起铁液的剧烈翻腾、飞溅。这样反而会使铁液的温度大幅度下降,同时会引起镁的严重烧损,降低镁的吸收率,因此要保证球化效果,势必要增加球化剂的用量。如果温度太低,则会显著降低孕育处理效果,尤其是对瞬时孕育剂的溶解、熔化、吸收和扩散的影响更大。

当采用熔点较高的硅钙合金时，更要注意球化处理温度。如果孕育剂不能充分熔化而进入铸型中，则有可能形成硬质点。同时，还会由于氧化贫硅现象产生大量的夹杂物，且不易清除干净，从而造成气孔、夹渣、冷隔等铸造缺陷。选择铁液的出炉温度时，要估计球化处理和孕育处理过程中的降温幅度，以保证所需的浇注温度。球墨铸铁曲轴的球化处理温度一般为 1420 ~ 1480℃。

（2）浇注温度　浇注温度对铸造性能、力学性能和铸造缺陷等诸方面均有很大的影响。如大型球墨铸铁曲轴，其浇注温度如果过高，则液态收缩量增加，冷却速度减缓，容易产生内部缩孔、缩松等缺陷。相反，如果浇注温度过低，则会恶化补缩条件，降低补缩效果，并使流动性显著降低，容易产生气孔、夹渣及冷隔等缺陷。

浇注温度的选择，要考虑曲轴的特性（大小、质量、壁厚及结构复杂程度等）、生产工艺方法（重力浇注、低压铸造及砂衬金属型铸造等）等因素的综合影响。大型球墨铸铁曲轴的浇注温度一般为 1320 ~ 1340℃，小型球墨铸铁曲轴的浇注温度为 1330 ~ 1360℃。

4.4　热处理

影响球墨铸铁力学性能的基本因素有：铸态结晶组织及石墨形态、金属及非金属夹杂物和金属的基体组织。正确地选择化学成分，严格控制造型、熔炼及浇注等全过程，可以获得良好的铸态结晶组织和石墨形态，减少或消除夹杂物。在此基础上，通过合理的热处理工艺改变金属的基体组织，能更充分地发挥材料的潜力，进一步提高其综合力学性能。这是提高曲轴质量的重要措施。

球墨铸铁是一种多元合金，但主要是 Fe、C、Si 三种元素。因含硅量较高，其共析转变温度范围较宽，并受成分、加热及冷却速度等的影响。在共析转变温度范围内，有奥氏体、铁素体和石墨三相共存。如果改变加热温度、保温时间和冷却速度，则可获得不同数量和形态的珠光体、铁素体或其他奥氏体转变产物以及残留奥氏体，从而可改变球墨铸铁的力学性能。球墨铸铁曲轴常采用的热处理方法包括退火、正火、回火和调质处理等。各种热处理的加热温度、保温时间、升温及降温速度等，都要根据曲轴结构特性等因素而定。

4.4.1　退火处理

如果球墨铸铁曲轴的化学成分选择和控制不当，如小型曲轴的终硅量较低（1.8% ~ 2.1%）或冷却速度过快（曲轴的开箱时间过早等），铸态组织中将出现游离渗碳体或发生化学成分偏析等，则必须进行高温退火处理，以消除一次渗碳体和使组织均匀化。退火处理的加热温度为 950 ~ 980℃。

但须指出：即使进行了高温退火处理，有时也较难全部消除铸态游离渗碳体，并会导致生产周期较长，曲轴的变形伸长较大。因此，必须采取合理选择化学成分、严格控制生产全过程等措施，这样才可以避免产生游离渗碳体，获得良好的铸态组织，不需进行高温退火处理。

4.4.2　正火、回火处理

一般情况下，铸态曲轴的珠光体量为 60% ~ 80%，为了获得珠光体（ > 95% ）或索氏体球墨铸铁，提高曲轴的硬度（小型曲轴的硬度不小于250HBW），须进行正火、回火处理。

当铸态组织中的游离渗碳体量大于或等于3%时，为消除渗碳体和防止沿珠光体晶界形成网状碳化物，可采用两阶段正火处理工艺，即在高温阶段分解游离渗碳体后，炉冷至较低的奥氏体化温度并保温，如图 4-22 所示。

如果选择合适的化学成分，并严格控制生产全过程，则完全可以获得不产生游离渗碳体的良好铸态组织，此时可采用如图 4-23 所示的正火工艺。

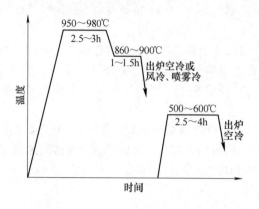

图 4-22　有渗碳体时的正火工艺

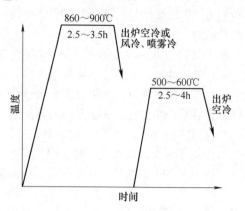

图 4-23　无游离渗碳体时的正火工艺

球墨铸铁曲轴正火后要进行回火，以改善韧性和消除内应力。回火温度为 500 ~ 600℃。回火后的曲轴硬度，随回火温度的提高而降低。

4.4.3　调质（淬火与回火）处理

对于铸态组织中没有游离渗碳体，但具有细小均匀共晶团的曲轴，可以进行调质（淬火与回火）处理，以获得强度、塑性与韧性综合性能更好的力学性能。

将曲轴加热到 860 ~ 880℃，保温时间根据壁厚而定，一般每 20 ~ 25mm 保温 1h，进行奥氏体化处理；或加热到 830 ~ 840℃，进行部分奥氏体化处理。然后在淬火冷却介质中淬火，以获得马氏体或部分马氏体组织。由于球墨铸铁的淬透性较好，尤其是添加铜、钼元素的稀土镁球墨铸铁，铜和钼能有效地提高淬透性，可以采用较缓和的淬火冷却介质，一般选用油。

淬火后，根据曲轴的技术要求选择不同的回火温度。随着回火温度的升高，强度和硬度下降，而塑性和韧性提高。为了获得高强度和良好韧性相结合的综合力学性能，一般选用较高的回火温度（520 ~ 560℃），保温 2 ~ 4h 后空冷或风冷。

4.4.4　等温淬火

对于综合力学性能要求很高的球墨铸铁曲轴，可以采用等温淬火工艺。

进行等温淬火处理之前，要求曲轴的铸态组织球化良好，共晶团细小均匀，没有游离渗碳体。上贝氏体等温淬火工艺如图 4-24 所示。将曲轴升温至 880 ~ 900℃，进行奥氏体化处理，保温时间视曲轴壁厚而定，一般约为 2h。然后在温度为 370℃（360 ~ 380℃）的盐浴中进行等温淬火。等温时间视曲轴特性而定，如果等温时间太短，则上贝氏体量不足；如果等温时间过长，则会析出碳化物，并使力学性能降低。等温时间一般为 1.5 ~ 2h。添加铜、钼元素的稀土镁球墨铸铁，可提高淬透性，

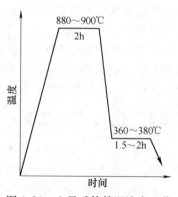

图 4-24　上贝氏体等温淬火工艺

缩短等温时间，并降低材料对等温时间的敏感性。

等温淬火后的基体组织为上贝氏体和残留奥氏体（30% ~ 40%）。其综合力学性能可达到以下数值：抗拉强度 $R_m \geqslant 1000MPa$，断后伸长率 $A \geqslant 5\%$，无缺口冲击韧度 $a_K \geqslant 70J/cm^2$，硬度 $\geqslant 30HRC$，具有良好的冲击韧度和疲劳强度。

4.5　大型球墨铸铁曲轴的低压铸造

低压铸造具有较多优点，在有色金属铸造中获得了较广泛的应用。国内某厂曾用低压铸造方法生产大型船用柴油机气缸套，获得了较好的效果。

采用普通重力浇注时，不论是翻包或漏包浇注，在浇注的全过程中，铁液流均与外界空气接触，铁液流动不平稳，易产生翻腾、飞溅或卷入空气等现象，使铁液产生氧化物渣等。这些氧化物渣一旦流入铸型中，将在充型过程中继续产生。因其具有密度大、黏度大、分散等特点，而难以漂浮集中和清除，从而将形成夹渣等铸造缺陷。

低压铸造的基本特征：比较纯净的铁液经升液管进入型腔直至全部充满的过程，都是在平稳、平衡的状态下进行，不会产生翻腾、飞溅或卷入空气等现象，从而可在很大程度上减少产生氧化夹渣物的机会。同时，铁液充型时约呈 40°倾斜上升，最上部温度较低的铁液及少量氧化夹渣物等会流入最上端的集渣包内而被车掉，基本上可以避免轴颈表面产生夹渣等缺陷。

因此，充分利用低压铸造的独特优点，并采用诸多综合性措施，例如：在压力作用下充型、增压、保压和竖箱后在冒口内加压等，以提高冒口的补缩能力，增强补缩效能，使铸件各部位都在较大压力的作用下进行结晶凝固；严格选用、控制化学成分；提高铸型刚度，充分利用石墨化膨胀的自身补缩作用和控制压注温度等，能增强晶间补缩作用，减少晶间微观孔洞和降低气体溶解度，从而可减少内部缩松缺陷和增加结晶组织的致密性，提高力学性能。

大型球墨铸铁曲轴采用低压铸造工艺是确保其质量的最有效的方法。如果采用砂衬金属型低压铸造，充分发挥这两种工艺各自的优点，则可获得更好的质量。但需要有大型低压铸造设备、地坑等生产条件，且工艺操作过程较复杂，因此使其推广应用受到了很大限制。

有关大型低压铸造的主要设备及工艺流程等的较详细论述，可参阅第 2 章中 2.1.5 的相关内容。

第 5 章　盖 类 铸 件

5.1　柴油机气缸盖

柴油机气缸盖的作用是固紧于气缸体上部平面，作为燃烧室的封闭端，并与缸壁上部分及活塞顶部共同决定燃烧室的形状、大小及燃气的压缩比。所选气缸盖的种类主要取决于发动机的类别及燃烧室的形状等。柴油机气缸盖具有形状较复杂、壁薄等结构特征，其技术要求高、铸造难度大，是盖类铸件中最典型的代表产品之一。

5.1.1　一般结构及铸造工艺性分析

1. 铸造实例

（1）四冲程柴油机气缸盖　一般四冲程柴油机气缸盖的结构如图 5-1 所示，它由上、下两块平行的板组成，板间利用侧壁连接。气缸盖的周界可呈圆形、八角形、六角形或方形等。

气缸盖中央有 5 个与缸盖上、下平面铸在一起的空心套筒，其内分别装进气阀、排气阀、燃料阀（喷油器）、起动阀和安全阀。进气阀和排气阀经缸盖的内气道分别与进气管和排气管相连接。气道壁与缸盖一起铸成，并用循环水进行强制冷却。

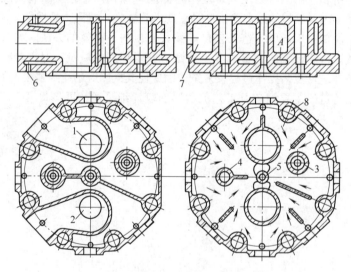

图 5-1　四冲程柴油机气缸盖的结构

1—排气阀孔　2—进气阀孔　3—起动阀孔　4—安全阀孔　5—燃料阀（喷油器）孔
6—通冷却水管孔　7—循环冷却水腔　8—联接螺栓孔

气缸盖借助螺栓固定在气缸体上端的凸缘平面上。强制冷却水从缸体、缸套间进入缸盖内腔。为增强对缸盖下壁的冷却，设计成双层内腔，即缸盖的内部空间用横隔板 A 隔成上、下两部分。冷却水自缸套空间出来后，先进入缸盖下层冷却室，由径向筋条导至缸盖中央，然后经燃料阀与排气阀之间的孔洞转入上层冷却室。由于水流速度加快，使受热最剧烈的缸盖底部、燃料阀和排气阀周围能得到更好的冷却。这种气缸盖的内腔结构复杂，铸造难度较大，故要求有很高的铸造技术。

为便于清洗缸盖内部空间，缸盖周边侧壁上留有 4～6 个开口。这样也便于内腔型芯在铸型内固定，以及浇注时型芯内气体的排出和清砂等。

（2）二冲程柴油机气缸盖　二冲程柴油机气缸盖的结构比较简单，其上只有燃料阀、起动阀和安全阀等，因此铸造也较方便。

缸径在 φ600mm 以上的二冲程柴油机气缸盖，也有采用组合结构的，即受高温、高压作用的气缸盖下部分采用铸钢结构，而上部分采用铸铁。这种组合结构有利于保证铸件质量。

2. 设计要求

为使气缸盖便于铸造，特对设计方面提出以下要求。

（1）壁厚　虽然气缸盖的强度和刚度主要由所选用的铸造材料及设计结构来保证，但是在设计时，必须选择合适的壁厚，因为壁厚过大或过小都会给铸造带来困难。

气缸盖下平面的壁厚与缸径大小有关，可参考表 5-1 中的经验数据。

表 5-1　气缸盖下平面的壁厚　　　　　　（单位：mm）

气缸直径	100	200	300	400	500	600	700
缸盖壁厚	12	12～18	15～22	21～29	28～35	33～41	40～45

壁厚力求均匀，壁连接处的过渡要缓慢，圆根半径要小，尽量避免金属的局部聚积，否则会形成"热节"，容易产生内部缩孔、缩松等缺陷及渗漏现象。

（2）内腔结构　设计时应尽量简化气缸盖的内腔结构，以便于夹层型芯的制造，有利于保证铸造质量。

（3）加工表面　应尽量减少机械加工表面，保持铸态"黑皮"。位于气缸盖周边的螺栓孔如图 5-2 所示。如果由图 5-2a 所示结构改为图 5-2b 所示带空隙的结构，则可防止螺栓孔内表面产生局部缩松缺陷。

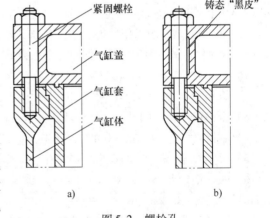

a)　　　　　　　　　b)

图 5-2　螺栓孔

5.1.2　主要技术要求

1. 载荷类型

发动机工作时，作用于气缸盖上的载荷主要有机械载荷和热应力。

（1）机械载荷

1）燃气压力。该压力一般为 3.2～4MPa。随着现代发动机技术的不断发展，功率不断提高，该压力值将更大。

2）冲击载荷。发动机工作时，气缸盖不仅受很大的燃气压力，而且在进、排气阀处受到极频繁的冲击载荷。以一台六缸四冲程柴油机为例，假设转速为 550r/min，运转了 1000h，则气阀

的拍击次数为 5.5×10^5 次。虽然它是交变均匀的冲击载荷，但实际上柴油机的工作时间已远远超过 1000h，故气阀所产生的拍击数是相当大的。

3）压缩力。将气缸盖紧固于气缸体上，拧紧螺栓所产生的压缩力。

（2）热应力　气缸盖的下端平面直接与高温燃气相接触，燃气温度高达 $500 \sim 800℃$，燃料阀附近的温度则更高。在这样高的温度下工作，会产生很大的热应力。同时，又因为排气阀所处的一边不可避免地较进气阀一边所受的热量多，所以更会增加热力载荷的不对称性。受热最剧烈之处，在热应力的作用下极易产生裂纹。

2. 材质

根据气缸盖工作时所受的主要载荷，对其材质的基本要求如下：

1）高的力学性能。

2）良好的抗氧化性及抗生长性，使气缸盖在高温下有良好的热稳定性。

3）良好的抗冲击能力及疲劳强度，使气缸盖可以保持长期工作的稳定性。

4）良好的耐蚀性。

5）结晶组织的高度致密性，防止渗漏现象的发生。

6）良好的铸造性能。因气缸盖内腔的结构极为复杂，壁薄且很不均匀，厚度相差很大，故要求其材质有良好的铸造性能，这样才能获得优质铸件。

7）良好的金属切削性能等。

为满足对材质的上述主要要求，常采用以下几种材质。

（1）高强度孕育铸铁或低合金高强度孕育铸铁　可采用孕育铸铁 HT250，其硬度为 $190 \sim 240HBW$，铸铁的金相组织为致密的珠光体基体。

为了提高气缸盖的工作性能，常采用加入少量合金元素的低合金高强度孕育铸铁 HT250 ~ HT300，硬度为 $190 \sim 248HBW$。常用合金系列如下：

1）铜钼合金：$w(Cu) = 0.4\% \sim 0.8\%$，$w(Mo) = 0.2\% \sim 0.5\%$。

2）铜铬合金：$w(Cu) = 0.4\% \sim 0.8\%$，$w(Cr) = 0.20\% \sim 0.35\%$。

3）铜铬钼合金：$w(Cu) = 0.5\% \sim 1.0\%$，$w(Cr) = 0.20\% \sim 0.35\%$，$w(Mo) = 0.2\% \sim 0.4\%$。

4）铜铬锡合金：$w(Cu) = 0.4\% \sim 0.6\%$，$w(Cr) = 0.15\% \sim 0.20\%$，$w(Sn) = 0.05\% \sim 0.08\%$。

5）镍铬合金：$w(Ni) = 0.5\% \sim 1.0\%$，$w(Cr) = 0.2\% \sim 0.4\%$。

6）镍铬铜钼合金：$w(Ni) = 0.6\% \sim 1.0\%$，$w(Cr) = 0.2\% \sim 0.4\%$，$w(Cu) = 0.6\% \sim 1.0\%$，$w(Mo) = 0.2\% \sim 0.4\%$。

国外工厂采用含镍的合金，效果很好。但我国因镍资源缺乏，价格昂贵，所以较少采用。

（2）蠕墨铸铁　蠕墨铸铁是指石墨大部分呈蠕虫状、部分呈球状的一种铸铁。蠕虫状石墨是介于片状石墨和球状石墨之间的中间石墨形态。

蠕墨铸铁的力学性能介于灰铸铁和球墨铸铁之间，具有良好的综合性能。它有较高的抗拉强度；特别是具有较好的抗热疲劳性能，抗蠕变能力和塑性等均优于铜钼等低合金铸铁；其铸造性能与灰铸铁差不多，比球墨铸铁好。因此，蠕墨铸铁可用于铸造结构形状复杂的铸件。此外，蠕墨铸铁具有良好的致密性、耐热性和耐磨性等，故得到了广泛的应用。

综上所述，蠕墨铸铁是用来制造气缸盖的优良材质，国内外有许多用蠕墨铸铁代替较高牌号的低合金灰铸铁，生产大功率柴油机气缸盖并取得良好效果的实例，如 6110 型柴油机气缸盖、12V240 型 2248kW 大功率柴油机气缸盖等。蠕墨铸铁气缸盖底部喷油嘴座旁的缸盖壁因热疲劳而引起的裂纹现象较其他材质气缸盖可明显减少，使用寿命显著提高。

蠕墨铸铁气缸盖一般可选用 RuT300、RuT350 等材料，硬度为 170 ~ 250HBW，蠕化率 ≥50%。技术要求更高的，可选用 RuT450，蠕化率≥80%，铸态基体组织中的珠光体量≥90%。

国内某厂生产的内燃机气缸盖毛重为 130kg，轮廓尺寸为 460mm × 400mm × 250mm（长 × 宽 × 高），主要壁厚为 8mm，最大壁厚为 35mm。采用将燃烧室工作面朝下的水平浇注位置。内腔结构复杂，分为上、下两层砂芯。采用上注式浇注系统，浇注温度为 1380 ~ 1390℃。铸态力学性能：抗拉强度 R_m = 450 ~ 500MPa，硬度为 190 ~ 244HBW，蠕化率为 80%。金相组织中，珠光体的体积分数为 50% ~ 75%，获得了较好的质量。

蠕化剂及蠕化工艺是影响蠕墨铸铁件质量的关键因素。蠕化剂的种类很多，如镁系蠕化剂、稀土系蠕化剂、钙系蠕化剂及低镧镁硅铁蠕化剂等，须根据铸件结构特征、主要技术要求及生产条件等因素进行选用，才能获得预期效果。

（3）球墨铸铁　球墨铸铁具有高的力学性能、高度致密的耐压性能和较好的铸造性能等综合性能，在机械制造业中得到了广泛的应用。

应当特别指出的是球墨铸铁的抗氧化性及抗生长性。灰铸铁中的石墨呈较长的沟道，在高温下，空气和其他氧化性气体沿石墨向金属内部渗入，从而蔓延到整个体积，将显著降低铸件抵抗气体腐蚀的能力。球墨铸铁中的球状石墨彼此分离，与灰铸铁相比，阻碍了氧在高温下的扩散，故球墨铸铁比灰铸铁具有更高的抗氧化性及抗生长性。铸铁组织中的珠光体在高温下会分解成铁素体，引起体积的微小增长及石墨量的增加，为氧化过程提供良好条件，故铁素体球墨铸铁的高温抗生长性优于珠光体球墨铸铁。球墨铸铁的这些优良性能，特别适用于气缸盖的制造，有利于防止底部工作面上产生微裂纹。

大型柴油机气缸盖球墨铸铁的材质可选用 QT400-15。为了进一步提高球墨铸铁的使用性能，常加入少量合金元素。气缸盖采用合金球墨铸铁，可提高其使用寿命。常用的合金元素有铜等。

3. 水压试验

气缸盖各部位的水压试验压力如下：

1）下部燃烧室平面：7 ~ 12MPa。

2）起动阀部位：2.5 ~ 4.8MPa。

3）冷却水腔：0.6 ~ 0.75MPa。

4. 铸造缺陷

气缸盖下部的燃烧室表面和供安装各阀的套筒内表面，不允许有气孔、砂孔、局部缩松等任何铸造缺陷，且不允许用焊补等方法对缺陷进行修复。

5. 热处理

气缸盖经粗加工后，须进行人工时效处理，以消除铸造内应力。

6. 清砂

铸造后须将冷却水腔中的芯砂及芯骨等彻底清除干净，使循环冷却水畅通无阻。

5.1.3　铸造工艺过程的主要设计

1. 浇注位置

（1）水平浇注　采用将气缸盖底部燃烧室平面朝下的水平浇注位置，如图 5-3 所示。这是一种普遍采用的设计方案，其主要优点如下：

1）气缸盖最重要的部位——燃烧室平面处于铸型下方，在气缸盖自重及冒口的静压力作用下，其结晶组织较致密。如果在该部位设置适当的外冷铁，加快冷却速度，促成较为明显的方向性凝固，使补缩作用进行得更为充分，则结晶组织会更加致密，更不容易产生局部缩松缺陷及渗漏等现象。此外，燃烧室平面不易产生气孔、砂孔等铸造缺陷。

2）气缸盖中央供安装各阀用的套筒，在铸型内处于垂直位置，故内表面上产生气孔、砂孔等铸造缺陷的可能性有所减少。

3）便于设置浇冒口系统和促进气缸盖的方向性凝固。

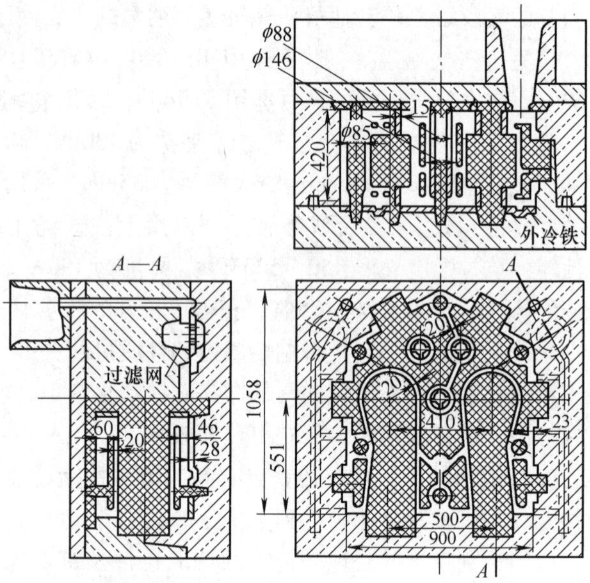

图 5-3　柴油主机气缸盖铸造工艺简图

4）铸造操作过程较为方便，特别是组装砂芯容易。

5）在批量生产中，生产率较高。

（2）竖直浇注　采用水平分型、竖直浇注方案，虽然有时也能得到无表面宏观缺陷的铸件，但是无法实现水平浇注位置的上述优点，故一般不推荐采用。

2. 分型面

（1）在气缸盖的上、下平面处分型　如图 5-3 所示，这主要是为了便于组芯操作和设置底注式浇注系统。

（2）在气缸盖的上平面处分型　主要适用于采用顶注式浇注系统的小型气缸盖。

3. 主要工艺参数的选择

（1）铸造线收缩率　铸造线收缩率为 0.8% ~ 1.0%。

（2）加工量　根据气缸盖轮廓尺寸大小，底部及侧面的加工量为 4 ~ 6mm，上平面的加工量为 6 ~ 12mm。

4. 浇注系统

气缸盖浇注系统的设计，主要应有利于促进方向性凝固，增强补缩作用。同时要求铁液在铸型内上升时较平稳，不要对夹层砂芯等有冲击作用。

（1）顶注式　这种浇注系统的主要优点是使气缸盖的上下温差较合理，促成方向性凝固，增强补缩作用。另外，其操作比较方便，不需要再设一个箱圈。但是浇注时，铁液对外型及砂芯的冲击力较大，容易产生冲砂等缺陷。当气缸盖下部燃烧室平面设有外冷铁时，则有产生铁豆等的危险，特别是对于大型主机气缸盖，尤须注意。

气缸盖的顶注式浇注系统有两种设计形式：

1）铁液由分型面上引入，如图 5-4 所示，该形式应用较广。

2）雨淋式。内浇道（φ8 ~ φ10mm 或长方形）均匀地分布在气缸盖的外缘侧壁上，生产中应用较少。

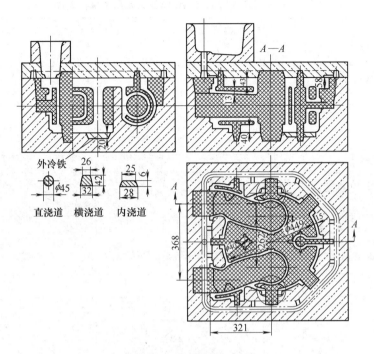

图 5-4 柴油机气缸盖铸造工艺简图（一）

根据气缸盖的具体结构形式，可采用如图 5-5 所示的雨淋式浇注系统。在气缸盖中央 ϕ75mm 孔的上方设置环形顶冒口，8 个 ϕ12mm 的内浇道均匀地分布在孔壁上，充分发挥雨淋式浇注系统的优点，能获得良好的效果。

（2）底注式 采用底注式浇注系统时，可使铁液在铸型内较平稳地上升，对外型和砂芯的冲击作用小，砂芯内的气体更能顺利排出。但无法实现顶注式浇注系统的主要优点。

图 5-6 所示小型柴油机气缸盖的材质为 HT250，毛重为 110kg，轮廓尺寸为 450mm × 400mm × 260mm（长×宽×高），内腔主要壁厚为 8mm，燃烧室平面壁厚为 23mm。在温度大于 5℃的条件下，用水对其进行致密性试验，不得有渗漏现象，其试验压力和压力保持时间见表 5-2。采用如图 5-6 所示的底注式浇注系统，获得了较好的效果。

一般来说，顶注式浇注系统适用于中小型的、结构不是十分复杂且燃烧室平面不设置外冷铁的气缸盖。对于结构复杂的大型气缸盖，也可采用底注式与顶注式相结合的联合浇注系统。

5. 冷铁的应用

气缸盖的内腔结构很复杂，壁厚不均，易形成"热节"，凝固时的方向性不明显，不能保证对各部分的充分补缩，因此容易产生局部缩松缺陷及渗漏现象。根据经验，适当设置冷铁是克服上述缺陷十分有效的措施。

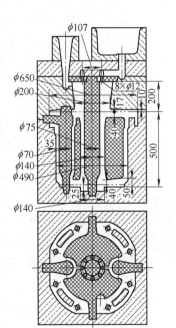

图 5-5 柴油机气缸盖
铸造工艺简图（二）

表 5-2　气缸盖水压试验的试验压力和压力保持时间

试压部位	试验压力/MPa	压力保持时间/min
水　腔	0.4	5
空气腔	4.5	10
燃烧室空间	7.0	10

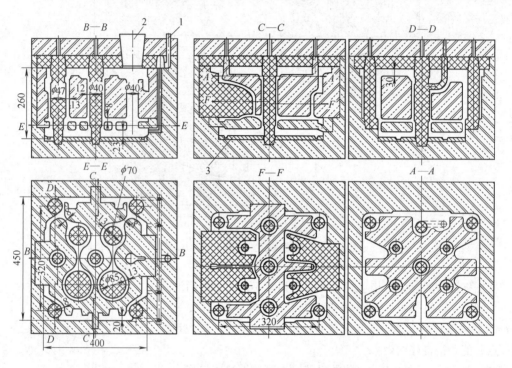

图 5-6　小型柴油机气缸盖铸造工艺简图
1—浇注系统　2—冒口　3—外冷铁

气缸盖上的冷铁主要应用在以下部位。

（1）气缸盖下部的燃烧室平面　该部位的质量要求最高，要承受 7～12MPa 的致密性试验。采用水平浇注位置时，燃烧室平面虽处于铸型底部，但由于厚度较大，冷却速度较缓慢，故常出现结晶组织不致密及渗漏现象。气缸盖底部外冷铁厚度与该部位壁厚的关系可参考表 5-3。

表 5-3　气缸盖底部外冷铁厚度与该部位壁厚的关系　　　　　　（单位：mm）

气缸盖底平面壁厚	20～25	26～30	31～35	36～40	41～50	51～55
外冷铁厚度	13～16	17～19	20～22	23～25	26～30	31～40

为了减缓浇注初期外冷铁的激冷作用，可以在外冷铁的工作面上刮上薄层型砂（砂层厚度为7～10mm），此时应将外冷铁的厚度增加 25%～30%。

图 5-7 所示柴油机气缸盖的轮廓尺寸为 315mm×220mm×180mm（长×宽×高），底部壁厚为 26mm。为了提高该部位结晶组织的致密性，设置了厚度为 16mm 的外冷铁，获得了良好效果。

（2）气缸盖中央供安装各阀用的套筒　虽然筒壁厚度不大，但其与相邻壁的连接处容易形成小"热节"。同时因处于气缸盖的中央，散热条件较差，冷却缓慢，不易得到很充分的补缩，故常在内表面上产生局部缩松缺陷及渗漏现象。气缸盖阀孔内的冷铁形式如图5-8所示。

1）当孔径小于40mm时，可采用内冷铁。内冷铁的材质可以是普通圆形钢材（须经挂锡或镀铜处理）或碳棒。

2）当孔径大于或等于40mm时，将成形外冷铁（由3~4块组成，彼此间留少量间隙，防止阻碍径向收缩）固定在砂芯表面上。

3）在外缘部位的螺栓孔内，设置厚度为10~15mm的外冷铁。

（3）其他部位

1）其他局部直径较大的螺栓孔内可设置内冷铁，如图5-7所示。

2）其他局部"肥厚"部位，如交接壁的圆根部位等，可设置成形外冷铁。

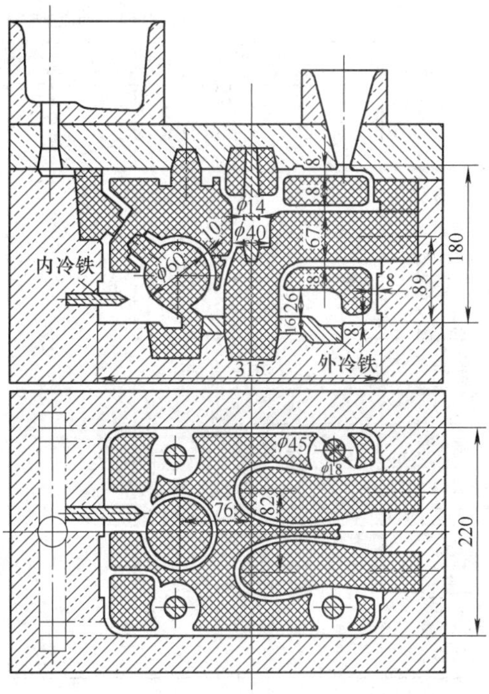

图5-7 柴油机气缸盖铸造工艺简图（三）

3）上、下水腔结构复杂，发现局部缩松或漏水部位，当不宜设置成形外冷铁时（如清理困难），可在该处采用铬矿砂制芯。

6. 化学成分

根据不同机型气缸盖的结构特征（尺寸、质量及壁厚等），选用合适的化学成分。图5-6所示小型柴油机气缸盖的材质为HT250低合金铸铁，要求硬度为179~255HBW，金相基体组织的珠光体量大于90%。实际达到的力学性能：抗拉强度R_m=285MPa，硬度为223HBW。化学成分：$w(C)$=3.24%，$w(Si)$=1.67%，$w(Mn)$=1.11%，$w(P)$=0.092%，$w(S)$=0.10%，$w(Cr)$=0.23%，$w(Cu)$=0.47%。其金相基体组织为珠光体，如图5-9所示。

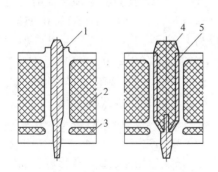

图5-8 气缸盖阀孔内的冷铁形式
1—内冷铁 2—上层水腔砂芯 3—下层水
腔砂芯 4—砂芯 5—外冷铁

图5-9 气缸盖的金相组织
——珠光体基体（×400）

表5-4列出了部分气缸盖的化学成分及力学性能，可供参考。

表 5-4　部分气缸盖的化学成分及力学性能

类　　别	化学成分（质量分数，%）								力学性能	
	C	Si	Mn	P	S	Cu	Cr	Mo	抗拉强度 R_m/MPa	硬度 HBW
柴油发动机（一）	3.2 ~ 3.4	1.8 ~ 2.0	0.6 ~ 0.9	≤0.08	≤0.10	0.4 ~ 0.6	0.20 ~ 0.35		≥250	190 ~ 255
柴油发动机（二）		1.7 ~ 1.9						0.20 ~ 0.35		
柴油发动机（三）	3.1 ~ 3.3	1.6 ~ 1.8					0.20 ~ 0.35	0.25 ~ 0.35		
汽车发动机（一）		1.7 ~ 2.0	0.6 ~ 1.0			0.4 ~ 0.8		0.3 ~ 0.5		
汽车发动机（二）	3.2 ~ 3.4	1.8 ~ 2.1					0.20 ~ 0.35			
汽车发动机（三）		1.8 ~ 2.2				0.5 ~ 1.0	0.2 ~ 0.3	0.2 ~ 0.4		

重要气缸盖，选用高牌号蠕墨铸铁 RuT450 等。力学性能要求：抗拉强度 R_m≥450MPa，规定塑性延伸强度 $R_{p0.2}$≥340MPa，伸长率 A≥1.0%，硬度为 200 ~ 255HBW；金相组织要求：蠕化率 >80%，珠光体体积分数 >90%，碳化物体积分数 <1%。为确保达到以上技术要求，须注意以下主要几点：

（1）选用优质原材料

1）选用高纯生铁。化学成分：$w(Mn)<0.2\%$，$w(P)<0.05\%$，$w(S)<0.02\%$，$w(Ti)<0.04\%$，微量元素 Pb、Al、Sb、Zr 含量之和 <0.10%。

2）选用优质低碳废钢。化学成分：$w(Mn)<0.3\%$，$w(P)<0.025\%$，$w(S)<0.02\%$，$w(Ti)<0.02\%$。

3）增碳剂。当大批量使用废钢或采用合成铸铁熔炼工艺时，须选用经过高温煅烧提纯石墨化处理的具有一定晶体度的优质晶体石墨增碳剂，其成分：$w(C)≥99\%$，$w(S)≤0.05\%$，$w(N)≤0.012\%$，灰分 + 挥发分 + 水分含量之和 ≤1%，粒度为 1 ~ 5mm。

4）预处理剂。首选优质碳化硅，其成分：$w(C)=25\% ~ 28\%$，$w(Si)=59\% ~ 63\%$。

（2）严格控制化学成分　宜将碳当量控制在 4.30% ~ 4.60% 范围内。尤须注意控制含硫量，即 $w(S)=0.015\% ~ 0.020\%$。过量的含硫量会增加镁的损耗，影响蠕化效果。如果 $w(S)≥0.02\%$，则须进行脱硫处理。蠕化处理后：$w(S)=0.01\% ~ 0.02\%$，$w(Mg_{残})=0.01\% ~ 0.020\%$，$w(Ce_{残})=0.01\% ~ 0.02\%$。

为提高力学性能，可添加少量合金元素，以细化结晶组织，增加珠光体数量，获得铸态细致珠光体基体。常用合金系列如下：

1）铜钼合金：$w(Cu)=0.5\% ~ 0.8\%$，$w(Mo)=0.2\% ~ 0.4\%$。

2）铜锡合金：$w(Cu)=0.5\% ~ 0.8\%$，$w(Sn)=0.06\% ~ 0.10\%$。

根据气缸盖的结构特点、技术要求等因素，选用合适的化学成分。蠕墨铸铁气缸盖化学成分见表 5-5，可供参考。

表 5-5　蠕墨铸铁气缸盖化学成分

化学成分		C	Si	Mn	P	S	Cu	Mo	Sn	Cr	Ti	Mg	Ce
质量分数 (w,%)	铜钼系	3.60 ~ 3.85	2.10 ~ 2.50	0.20 ~ 0.50	0.015 ~ 0.030	0.010 ~ 0.02	0.50 ~ 0.80	0.20 ~ 0.40		0.02 ~ 0.04	0.01 ~ 0.02	0.01 ~ 0.02	0.01 ~ 0.02
	铜锡系								0.06 ~ 0.10				

注：原铁液中 $w(Si)=1.1\% \sim 1.4\%$。

（3）适度提高铁液的过热程度　根据过热温度对蠕墨铸铁力学性能的影响，须适度提高铁液的过热程度。当用中频电炉熔炼时，过热温度为 1510 ~ 1530℃，保温静置时间为 8 ~ 10min，以提高铁液的纯净度。

（4）进行预处理　在适度提高铁液的过热程度、纯净度后，要用碳化硅（SiC）对铁液进行预处理，以增加石墨结晶核心，改善石墨形态；降低铁液的过冷度，有效降低铸件断面敏感性，防止铸件薄壁部位产生白口或碳化物；提高力学性能，改善加工性能及减缓孕育衰退等。SiC 也是增碳、增硅剂。加入量要根据原铁液中的 C、Si 含量等因素而定，一般为 0.3% ~ 0.7%。可在 1500 ~ 1520℃ 时出炉进行预处理。

（5）蠕化处理及孕育处理　蠕化、孕育处理是确保质量的关键环节。蠕化剂的种类较多，须根据铸件技术要求、蠕化处理方法及生产条件等因素进行选用。如选用稀土硅铁合金（占蠕化剂加入总量的 2/3，粒度为 3 ~ 12mm）和稀土镁硅铁合金（占蠕化剂加入总量的 1/3）复合使用。蠕化剂的总加入量为 0.4% ~ 0.8%，主要根据原铁液中的含硫量等因素进行调整。蠕化处理温度要根据铸件结构特点所需浇注温度及在处理过程中铁液的降温幅度等因素而定，一般为 1460 ~ 1480℃。

待蠕化处理反应结束，后补高温铁液的同时进行孕育处理。孕育剂的种类很多，常用的有 FeSi75，也可再添加 0.10% ~ 0.15% 的硅钙合金 [w(Ca)=30%]，以增强孕育效果，改善结晶组织。孕育剂的加入量，要根据原铁液中的碳、硅量及终硅量进行核定，一般为 0.5% ~ 0.8%。除在炉前孕育处理外，还可在浇注时进行随流孕育等。应注意控制孕育量，若孕育量不足，则白口倾向大，难以消除碳化物，甚至产生白口；若孕育量过大，则促使形成球状石墨，降低蠕化率等。

铁液经蠕化、孕育处理后，为防止处理效果衰退，要尽快进行浇注，宜在 10min 以内浇注完毕。

严格控制熔炼、浇注过程，能提高力学性能。蠕墨铸铁气缸盖的力学性能及金相组织见表 5-6，以供参考。

表 5-6　蠕墨铸铁气缸盖的力学性能及金相组织

力学性能 及金相组织	力学性能				金相组织	
	抗拉强度 R_m/MPa	规定塑性延伸强度 $R_{p0.2}$/MPa	伸长率 $A(\%)$	硬度 HBW	蠕化率 (%)	珠光体体积分数（%）
数值	450 ~ 550	350 ~ 450	1.0 ~ 4.0	200 ~ 255	80 ~ 95	>90

7. 铁液状态

铁液状态是影响气缸盖质量的重要因素之一，最宜选用电炉熔炼。为提高铁液的过热程度，应尽量减少铁液中杂质的含量，铁液的熔炼温度应达到 1500 ~ 1520℃，出炉温度视具体情况而定，以确保所需的浇注温度为原则。

铁液在出炉时，均须进行孕育处理，并保持良好的孕育效果，以提高不同壁厚部位结晶组织的致密性及均匀性。

因气缸盖的结构特征是内腔结构很复杂、壁薄且壁厚很不均匀，故一般须选用较高的浇注温度。根据不同机型，浇注温度可控制在 1360 ~ 1400℃ 的范围内。

5.2 空气压缩机气缸盖

5.2.1 一般结构及铸造工艺性分析

船用辅助空气压缩机高压气缸盖如图 5-10 所示。高压气缸套 1 内有高压活塞做往复运动，将空气压缩至最终压力。活塞环与气缸壁之间有强烈的摩擦，容易磨损。高压气缸盖一般另设有气缸套，这样可简化结构，便于铸造，同时在磨损后容易更换。气缸盖上设有供安装进、排气阀的阀孔 2 及与相应的进、排气管相连接的法兰 3。气缸盖的双层壁所形成的空腔中有冷却水循环，可对高压气缸壁进行强制冷却。

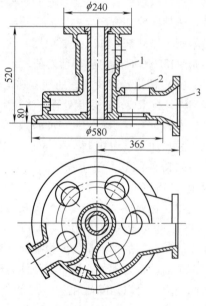

图 5-10　船用辅助空气压缩机高压气缸盖
1—高压气缸套　2—阀孔　3—法兰

5.2.2 主要技术要求

1. 材质

由中压气缸出来的具有 1.5 ~ 2.0MPa 压力的压缩空气，在高压气缸内被压缩后的最终压力高达 7 ~ 8MPa，温度可达到 200 ~ 260℃。因此，高压气缸盖的材质应具有较高的力学性能，一般选用 HT250 以上或低合金（如铜的质量分数为 0.6% ~ 0.8% 等）孕育铸铁，硬度为 190 ~ 255HBW，金相基体组织为珠光体。

2. 水压试验

各部分的水压试验压力如下：

1）高压气缸筒：10 ~ 12MPa。

2）冷却水腔：0.6 ~ 0.7MPa。

3. 铸造缺陷

气缸筒内表面不允许有气孔、砂孔和局部缩松等铸造缺陷，并且不允许用焊补的方法进行修复。

4. 热处理

铸件经粗加工后，须进行消除铸造内应力的人工时效处理。

5.2.3 铸造工艺过程的主要设计

1. 浇注位置

高压气缸盖一般采用将主要工作面朝下的竖直浇注位置，如图 5-11 所示（该气缸盖的水压

试验压力为 12MPa）。其主要优点是能同时保
证气缸筒部分和底部的铸造质量。

2. 浇注系统

为了促进气缸盖的方向性凝固，增强补缩
作用，提高结晶组织的致密性，应采用雨淋式
浇注系统。但由于缸盖底部呈凹形，为防止浇
注初期铁液的飞溅，还设有带过滤网的底注式
浇注系统。浇注时，铁液首先由底注式浇注系
统进入铸型，待铸型中铁液上升到 150mm 时，
再改用雨淋式浇注系统。

3. 冷铁的应用

1）缸盖中央套筒部分设置了厚度为
15~20mm 的外冷铁，更能促进该部位的方向
性凝固，完全可以避免内表面上的局部缩松缺
陷及渗漏现象。

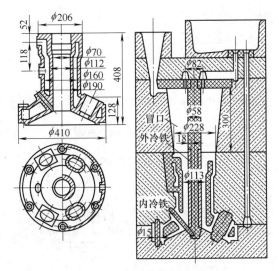

图 5-11　空气压缩机高压
气缸盖铸造工艺简图

2）缸盖边缘的螺栓内设置了直径为 15~20mm 的内冷铁。

5.3　其他形式气缸盖

5.3.1　一般结构及铸造工艺性分析

气缸盖的结构形式较多，图 5-12 所示气缸盖
的结构形式较为简单。

发动机工作时，在气缸内往复运动的活塞不
能与缸底及缸盖相碰，以免发生敲击，而又要求
两者间的空隙最小。因此，气缸盖工作表面的形
状须与活塞顶面形状相适应。该气缸盖的主要工
作面要进入气缸内，故比一般平面缸盖的结构要
复杂。该气缸盖设有凸缘法兰 1，借助螺栓与气
缸上部法兰相连接。下部的工作面上有一缺口 2，
与气缸的气口位置相对应，供气体出入气缸用。
缸盖中央部位设有大的凹坑 3，当活塞运动到上
部极限位置时，活塞杆顶部和其上的紧固螺母进
入其中。此外，为增强缸盖的结构强度，在其背
面的凹坑 4 内设有径向加强筋 5。

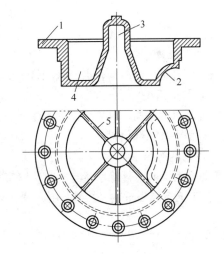

图 5-12　简单气缸盖
1—凸缘法兰　2—缺口　3、4—凹坑　5—径向加强筋

5.3.2　主要技术要求

1. 材质

该缸盖的材质与缸体相同，一般为 HT250，硬度为 180~220HBW。

2. 水压试验

缸盖在加工后，须与缸体紧固在一起进行水压试验。试验压力为 0.8MPa，历时 15min，不

允许有渗漏现象。

3. 铸造缺陷

缸盖的主要工作表面不允许有气孔、砂孔、缩松及夹渣等影响结构强度的铸造缺陷。

4. 热处理

缸盖经粗加工后，须进行消除铸造内应力的人工时效处理。

5.3.3　铸造工艺过程的主要设计

该气缸盖的铸造工艺简图如图 5-13 所示。

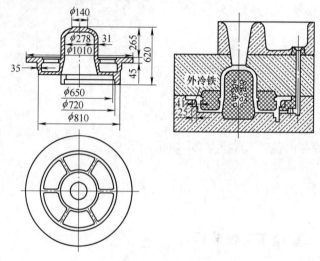

图 5-13　气缸盖铸造工艺简图

1. 浇注位置

根据该气缸盖的结构特点，采取将主要工作面朝下的水平浇注位置。

2. 浇冒口系统

根据缸盖的结构，仅便于设置底注式浇注系统，或将内浇道开设在凸缘法兰的分型面上。冒口设在缸盖中央顶部位置。

3. 冷铁的应用

根据经验，缸盖外缘法兰与垂直侧壁交接处，因冷却速度较缓慢，容易产生局部缩松缺陷，故设置了厚度为 25mm 的外冷铁，并取得了较好的效果。

第6章 箱体及壳体类铸件

6.1 大型链轮箱体

大型链轮箱体是动力机械上的重要零件之一。其结构复杂、砂芯数量多，容易产生裂纹等铸造缺陷；技术要求较高，铸造难度较大，是典型的重大箱体类铸件。

6.1.1 一般结构及铸造工艺性分析

链轮箱体的结构具有以下主要特征。

1. 体积大

链轮箱体的体积较大，根据不同机型而异。轮廓的尺寸范围一般为 1200mm×1000mm×1700mm ~ 4200mm×1500mm×2700mm（长×宽×高）。

2. 质量大

链轮箱体的质量较大，不同机型的毛重为 4 ~ 20t。

3. 结构复杂

链轮箱体的内腔有多个部位是多层封闭双壁箱式结构，砂芯数量多，且不易固定。由于内腔结构复杂，更增加了铸造难度。

4. 壁薄，铸造内应力大

链轮箱体的铸壁较薄且厚度很不均匀。根据机型不同，主要壁厚为 20 ~ 35mm。

由于链轮箱体的体积大、结构复杂，且壁厚不均匀，在浇注后的凝固及随后的冷却过程中，各部位的冷却速度不同。当收缩受到阻碍时，便会在铸件中产生热应力、相变应力和机械阻碍应力，统称为铸造应力。铸件结构越复杂、冷却速度相差越大，产生的铸造内应力就越大。在铸壁的连接部位，尤其是在内腔结构中各加强筋板的交叉连接及其圆根等部位，会产生较大的铸造内应力或应力集中。当局部的铸造内应力超过该部位的铸造强度极限时，便会产生裂纹。

大型链轮箱体的上述主要结构特征，更增加了其铸造难度，因此很容易产生气孔、砂孔及裂纹等铸造缺陷。

6.1.2 主要技术要求

1. 材质

链轮箱体的材质一般采用 HT250。

2. 铸造缺陷

链轮箱体不允许有影响结构强度的铸造缺陷，如气孔、渣孔及裂纹等。轻微的铸造缺陷应是允许修复的。

3. 热处理

链轮箱体浇注后，一般要在砂型中保持 3 ~ 7 天，极其缓慢地进行降温冷却。这样可以起到人工时效处理作用，达到消除铸造内应力的目的，可以不再进行消除铸造内应力的热处理。

6.1.3　铸造工艺过程的主要设计

1. 浇注位置

根据链轮箱体的结构特点，为了便于砂芯的组装固定，保证铸件质量，一般采用将主要工作面朝下的垂直浇注位置，如图6-1所示。该链轮箱体的轮廓尺寸为3800mm×1500mm×2750mm（长×宽×高），材质为HT250，毛重为18t。在生产实践中，采用该浇注位置的铸件均获得了优质效果。

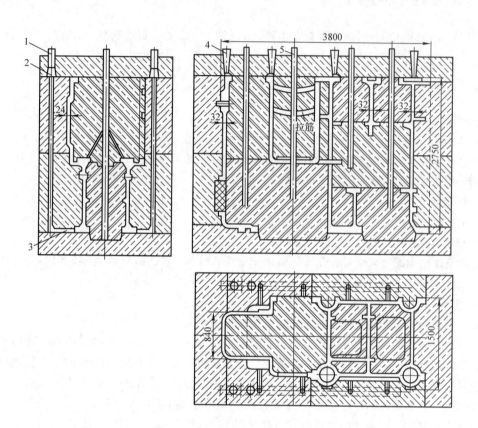

图6-1　大型链轮箱体铸造工艺简图

1—直浇道（采用分别设置在箱体两侧的阶梯式浇注系统）　2—横浇道

3—内浇道（两侧各2层，共计16道）　4—出气冒口　5—排气孔

2. 分型面

根据链轮箱体外形的结构特点及所确定的浇注位置，无论是采用实体模样造型或是组芯造型，均设计成上、下两道分型面，以便于组芯操作。

3. 主要工艺参数的选定

（1）铸造线收缩率　大型链轮箱体的内腔结构复杂，铸件收缩时受到的机械阻碍较大，故铸造线收缩率一般取0.8%。

（2）加工量　根据链轮箱体的尺寸大小，底部和侧面的加工量为8~14mm，顶面的加工量为20~30mm，其余局部的加工量可适当调整。

（3）补贴量　链轮箱体具有独特的结构特征，为确保铸件的尺寸准确，须根据不同的生产条件及管控能力，在非加工部位，如法兰背面等，适当增加工艺补贴量 1～4mm。

4. 模样

目前国内生产大型链轮箱体时，分实体模样造型和组芯造型两种方法。

（1）实体模样造型　为确保实体模样具有足够的强度、刚度、耐用性和便于进行造型、起模操作等，模样中央采用抽芯式钢结构，可用方形钢管 100mm×100mm×2mm（壁厚）焊接而成。木模分成数块，用螺栓紧固于钢骨架上。木模块度、起模斜度和起模顺序等要符合要求。

（2）组芯造型　组芯造型时，链轮箱体的外形及内腔全用砂芯组合装配而成，外型由 6～14 块砂芯组成。为防止芯盒变形，可设计成漏斗式芯盒。

组芯时，为确保尺寸准确，须采用立体坐标轴系尺寸检测法。

5. 浇注系统

根据链轮箱体的结构特征，浇注系统的主要设计原则如下：

1）箱体各部位的铁液温度应尽量均匀，以促使同时凝固。这样可以减小铸造内应力，防止产生裂纹缺陷。

2）应使铁液平稳地充满铸型，尽量减少其对铸型各部位的冲击，避免卷入空气，防止产生气孔、砂孔等缺陷。

3）保持适当的浇注速度。如果浇注速度过快，则会增大对铸型的冲击力，由此可能引起砂孔等缺陷；如果浇注速度过慢，浇注时间过长，则可能产生浇不足、冷隔等缺陷。

根据以上主要设计原则，生产中常采用以下两种浇注系统。

（1）阶梯式浇注系统　根据链轮箱体的大小，在箱体的一侧或两侧设置阶梯式浇注系统，每侧设 2～3 层内浇道，每层设 3～4 道内浇道。图 6-1 中的阶梯式浇注系统设在链轮箱体的两侧，每侧设两层内浇道，每层设 4 道内浇道，共 16 道内浇道。

这种浇注系统的主要优点是可使箱体各部位，特别是上、下部位的铁液温度较为均匀。适度提高箱体上部的铁液温度，更有利于气体及夹杂物的上浮排出，可以防止上平面产生气孔、夹杂等缺陷。阶梯式浇注系统在生产实践中获得了较广泛的应用及较好的质量。

（2）底注式浇注系统　这种浇注系统宜用于小型链轮箱体，其主要优点是可使铁液在铸型中平稳地上升。大型链轮箱体，因其高度大、质量大，如果采用底注式浇注系统，则会使箱体上、下部位铁液的温度梯度增大，不利于确保上平面的质量。

6. 化学成分

链轮箱体的材质为 HT250。根据其结构特点，须考虑化学成分对力学性能和铸造性能等的综合影响，一般控制范围：$w(C)=3.10\%～3.40\%$，$w(Si)=1.20\%～1.60\%$，$w(Mn)=0.70\%～1.10\%$，$w(P)\leqslant0.20\%$，$w(S)\leqslant0.15\%$。国内某厂部分链轮箱体的化学成分和力学性能资料见表 6-1，可供参考。

7. 铁液状态

根据链轮箱体的结构特征及铁液状态对铸件质量的重要影响，必须注意以下两点。

（1）提高铁液的过热程度　适当提高铁液的过热温度及在高温下的停留时间，尽量降低铁液中杂质的含量。电炉熔炼的过热温度为 1500～1520℃，冲天炉熔炼的出炉温度应达到 1450～1470℃。

表 6-1　国内某厂部分链轮箱体的化学成分和力学性能资料

序号	化学成分（质量分数，%）						力学性能	
	C	Si	Mn	P	S	CE	抗拉强度 R_m/MPa	硬度 HBW
1	3.32	1.49	1.02	0.094	0.110	3.82	300	223
	3.32	1.23	0.94	0.110	0.100	3.73	320	223
2	3.33	1.32	0.98	0.088	0.120	3.77	310	212
	3.34	1.43	0.84	0.096	0.140	3.72	325	223
3	3.39	1.39	1.06	0.071	0.094	3.85	335	229
	3.34	1.50	0.97	0.095	0.110	3.84	300	223
4	3.16	1.30	0.84	0.190	0.120	3.60	315	201
	3.38	1.30	1.09	0.120	0.094	3.81	305	207
5	3.10	1.20	0.98	0.180	0.110	3.50	320	223
	3.22	1.27	0.80	0.140	0.099	3.64	310	223
平均	3.28	1.34	0.95	0.118	0.110	3.72	314	220

（2）控制浇注温度　链轮箱体的壁厚不均匀，易形成较多的小"热节"，且不易用冒口对"热节"进行补缩。如果浇注温度过高，则会导致增加铁液的液态收缩量等不良影响。如果浇注温度过低，则会产生冷隔、浇不足、气孔、夹杂等缺陷，尤其是会增加产生裂纹的倾向。因此，应严格控制浇注温度，一般为1340～1360℃。

6.2　增压器进气涡壳体

为提高柴油发动机功率，普遍采用增压器装置。进气涡壳体是增压器上最重要的零件之一。它具有形状复杂、壁薄等结构特征，技术要求较高，铸造难度较大，是典型的壳体类铸件。

6.2.1　一般结构及铸造工艺性分析

增压器进气涡壳体的外形呈"漩涡"状，如图6-2a所示。其轮廓尺寸为1430mm×1250mm×880mm（长×宽×高），材质为低合金铸铁HT250，毛重约1.4t，主要壁厚为18mm。气缸排出的废气温度高达400℃以上，流经进气道。为了防止进气道壁温度过高，在道壁周围设有强制冷却水腔，致使壳体的内腔结构更加复杂，增加了铸造难度。形状复杂、壁薄、夹层结构的壳体类铸件，最容易产生气孔、夹渣及渗漏等铸造缺陷。

6.2.2　主要技术要求

1. 材质
进气涡壳体是在较高温度和一定压力下工作的，因此要求铸造材质具有较高的力学性能和良好的耐热、耐压等性能。其金相组织应为致密的珠光体基体。一般选用低合金铸铁HT250～HT300，硬度为190～260HBW，或采用蠕墨铸铁。

2. 水压试验
冷却水腔须进行水压试验，压力为0.6MPa，水温为70～80℃，历时5min，不允许有渗漏现象。

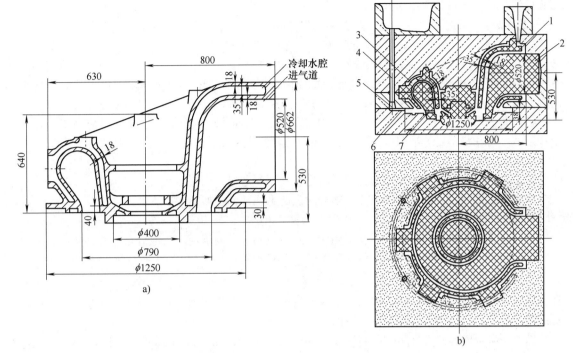

图 6-2　大型增压器进气涡壳体

a）零件简图　b）铸造工艺简图

1—冷却水腔砂芯　2—进气道砂芯　3—φ20 ~ φ25mm 铁液导流道

4—直浇道　5—横浇道　6—内浇道　7—过渡导流道

3. 铸造缺陷

一般不允许有影响铸件结构强度、致密性等使用性能的气孔、砂孔和夹渣等铸造缺陷，更不允许用焊补的方法对缺陷进行修补。

4. 热处理

铸件须进行消除铸造内应力的人工时效处理。

6.2.3　铸造工艺过程的主要设计

1. 浇注位置

根据进气涡壳体的结构特征，只能采用水平浇注位置。

2. 分型面

在浇注位置确定以后，根据进气涡壳体的冷却水腔外形来确定分型面，其呈不规则的漩涡状上升形态。这种异形分型面的造型操作较为困难。

3. 主要工艺参数的选择

（1）加工量　进气涡壳体的结构较复杂，影响了铸造尺寸精度。根据涡壳尺寸的大小，加工量一般为 5 ~ 7mm。

（2）铸件线收缩率　铸件实际线收缩率的大小受金属种类和收缩过程中机械阻碍收缩的程度等诸多因素的综合影响。进气涡壳体的结构复杂、壁薄，在固态收缩过程中，受机械阻碍收缩的程度较大，线收缩率一般为 0.7% ~ 0.8%。

4. 造型

（1）模样　根据进气涡壳体结构复杂、壁薄等特征，须做实体模样，且对其质量要求高，须确保壁厚均匀，形状及尺寸准确。

（2）型砂　采用强度高、通气性能好及具有良好溃散性的冷硬呋喃树脂砂。

（3）芯骨　进气涡壳体的冷却水腔砂芯（图6-2中的件1）形状复杂、面积大、厚度小（35mm），制造难度最大，是影响该铸件质量的最主要部分之一。它应具有足够的强度、良好的通气性和溃散性、便于清理等，尤其应具有最大的刚度，以防止变形，确保壁厚均匀。因此，对芯骨的刚性有特殊要求。实践证明，芯骨不宜采用圆钢丝编制成形，最宜采用铸铁材质整体铸造而成。

该芯骨的形状复杂、轮廓尺寸较大、厚度较小（10mm），要整体铸造成功并非易事，容易出现形状不符和浇不足等缺陷。可利用进气涡壳体模样，采用"贴皮"方法及通过提高浇注温度等措施精制而成。

要从工艺设计上采取相应措施，组芯时避免使用型芯撑，因它容易引起漏水。

冷却水腔夹层砂芯，为便于组芯，须分为上、下两部分，如图6-2所示。

5. 浇注系统

根据进气涡壳体的结构特征，宜采用底注式浇注系统，内浇道均匀地分布在底部周围，如图6-2所示，使铁液在铸型中平稳地上升。必须指出：在图6-2中，冷却水腔砂芯1中必须较均匀地分布适量的 $\phi 20 \sim \phi 25mm$ 小孔（铁液导流道3），供铁液流通。因壳体壁薄，且结构形状复杂，在浇注过程中，铁液的降温幅度较大，故应适当增加浇注系统面积，缩短浇注时间。尤其要注意提高浇注系统的挡渣能力，如设置过滤网等，以防止产生夹渣等缺陷。

图6-3所示增压器进气涡壳体的轮廓尺寸为 $1500mm \times 1400mm \times 750mm$（长×宽×高），材质为HT250低合金铸铁，毛重约1.5t。采用反雨淋式底注浇注系统，设置22道 $\phi 15mm$ 内浇道，

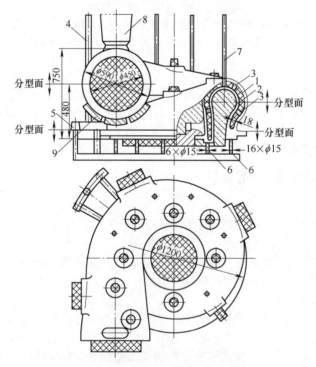

图6-3　增压器进气涡壳体铸造工艺示意图

1—冷却水腔砂芯　2—进气道砂芯　3—导流孔　4—直浇道（$\phi 75mm$）

5—横浇道$\left(\dfrac{45mm}{55mm} \times 60mm\right)$　6—内浇道（$22 \times \phi 15mm$）　7—出气孔　8—冒口　9—外冷铁

分为内、外两圈均匀地分布于铸件底平面。采用封闭式浇注系统，各部分的截面积比例为

$$A_3 : A_2 : A_1 = 38.72 \text{cm}^2 : 60 \text{cm}^2 : 44 \text{cm}^2 = 1 : 1.55 : 1.14$$

并在系统中设置了过滤网来提高挡渣能力，获得了较好效果。

6. 化学成分

为满足进气涡壳体结构强度及使用性能的要求，一般选用低合金灰铸铁。图 6-2 所示实例使用的是铜铬合金铸铁 HT250，其化学成分如下：$w(\text{C}) = 3.1\% \sim 3.3\%$，$w(\text{Si}) = 1.6\% \sim 1.9\%$，$w(\text{Mn}) = 0.7\% \sim 1.0\%$，$w(\text{S}) \leqslant 0.10\%$，$w(\text{P}) \leqslant 0.15\%$，$w(\text{Cu}) = 0.6\% \sim 1.0\%$，$w(\text{Cr}) = 0.2\% \sim 0.35\%$，可供参考。也有单位采用铜铬钼合金铸铁，合金成分：$w(\text{Cr}) = 0.20\% \sim 0.35\%$，$w(\text{Mo}) = 0.2\% \sim 0.35\%$，$w(\text{Cu}) = 0.5\% \sim 1.0\%$。表 6-2 中所列为某厂部分增压器进气涡壳体的化学成分及力学性能资料，供参考。

表 6-2　某厂部分增压器进气涡壳体的化学成分及力学性能资料

序号	化学成分（质量分数，%）							力 学 性 能	
	C	Si	Mn	P	S	Cu	Cr	抗拉强度 R_m/MPa	硬度 HBW
1	3.50	1.70	1.03	0.090	0.089	1.13	0.25	296	229
2	3.45	1.65	0.845	0.095	0.073	1.13	0.33	321	255
3	3.26	2.00	1.00	0.093	0.089	1.10	0.19	277	241
4	3.31	1.94	1.00	0.098	0.078	0.845	0.22	292	235
5	3.40	1.84	1.16	0.106	0.074	1.03	0.21	325	241
6	3.22	2.04	0.97	0.098	0.095	1.28	0.29	347	241
7	3.48	2.04	0.96	0.075	0.072	1.20	0.22	280	241
8	3.13	1.85	1.02	0.120	0.075	1.25	0.19	350	241
平均	3.34	1.88	1.00	0.097	0.080	1.12	0.24	311	240

7. 铁液状态

铁液状态对具有独特结构特征的进气涡壳体类铸件的质量有着极其重要的影响。首先要适当提高铁液的过热程度，即适度提高过热温度和在此温度下的停留时间。冲天炉熔炼的过热温度要达到 1460 ~ 1480℃，电炉熔炼的过热温度为 1500 ~ 1520℃。将铁液进行精炼，清除夹杂物，提高其力学性能及结晶组织的致密性等，防止出现渗漏等缺陷。

因进气涡壳体的结构形状特殊，铁液在型腔内上升过程中的降温幅度较大，故应适当提高浇注温度，一般为 1360 ~ 1380℃。

6.3　排气阀壳体

6.3.1　一般结构及铸造工艺性分析

柴油发动机上供安装排气阀用的壳体结构称为排气阀壳体，其铸造工艺简图如图 6-4 所示。该壳体主要有 4 个部位：供安装排气阀用的中央套筒孔、弯形排气通道、供循环强制冷却水流经

的水腔及周缘的数个紧固螺栓孔等。排气阀壳体的上平面及中央套筒区是最重要的工作部位。排气阀壳体的整体结构虽不是很复杂，但技术要求较高，生产实践表明，它是铸造难度较大的典型壳体铸件之一。

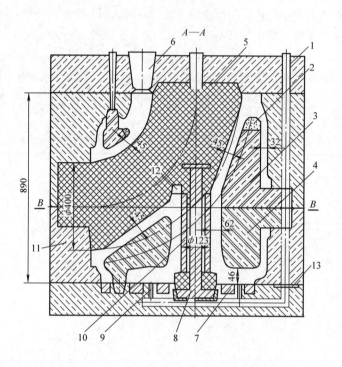

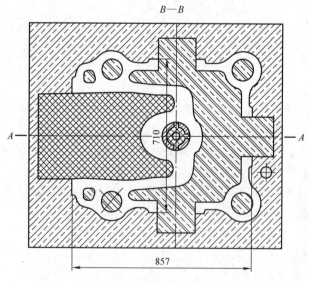

图 6-4　排气阀壳体铸造工艺简图

1—直浇道　2—铬铁矿砂　3—上层水腔砂芯　4—下层水腔砂芯　5—排气道砂芯　6—冒口　7—平面冷铁
8—支承芯骨　9—内浇道　10—圆筒外冷铁　11—定位芯头　12—集渣包　13—过滤网

6.3.2　主要技术要求

1. 材质

大型排气阀壳体工作时，与温度高达 400℃ 以上的气体相接触，承受着较大的机械载荷与热力载荷，要求其材质具有较高的力学性能和耐热性能。一般选用灰铸铁 HT250、蠕墨铸铁 RuT300 和 RuT350 或球墨铸铁 QT450-10。

2. 铸造缺陷

排气阀壳体的上平面及中央套筒部位是最重要的工作面，一般不允许有任何铸造缺陷，更不允许用焊补的方法对缺陷进行修复。

3. 水压试验

排气阀壳体内腔要进行水压试验，试验压力为 0.7MPa，历时 10～15min，不准有渗漏现象。

4. 热处理

排气阀壳体经粗加工之后，应进行消除铸造内应力的人工时效处理。

6.3.3　铸造工艺过程的主要设计

1. 浇注位置与分型面

根据排气阀壳体的结构特征及主要技术要求，为确保质量，采用将主要工作面朝下的垂直浇注位置。根据该壳体的外部形状，为方便组芯操作，采用垂直分型，共设三道分型面，如图 6-4 所示。

排气阀壳体内部的水腔砂芯，须分为上、下两层（图 6-4 中的 3、4）。排气道砂芯 5 的固定较为困难，须使用定位芯头 11，并特设支承芯骨 8，以支承排气道砂芯的质量和固定位置。

2. 主要工艺参数的选择

（1）铸造线收缩率　因排气阀壳体结构较复杂，固态收缩时所受机械阻碍程度较大，故取线收缩率为 0.8%。

（2）加工量　浇注位置底部的加工量为 4～5mm，上部的加工量为 6～10mm，其他局部须根据实际情况适当调整。

3. 浇注系统

根据排气阀壳体的结构特征，宜采用底注式浇注系统，使铁液在铸型内平稳上升。圆柱形内浇道 9 均匀地分布在底平面上，如图 6-4 所示。浇注系统中须设置过滤网 13；在中央圆套筒部位上方，须设集渣包 12，以提高集渣能力，防止产生夹渣等铸造缺陷。

4. 冒口

排气阀壳体的顶冒口有两种设计形式：一种是单个明冒口，如图 6-4 中的 6；另一种是环形顶冒口，使用这种冒口时所需铁液量较多，将降低成品率。

5. 冷铁的应用

为防止产生局部缩松和渗漏现象，下列部位必须设置冷铁等激冷材料，以适当增加冷却速度，提高结晶组织的致密性。

（1）底部平面　设置厚度适当的石墨平面冷铁 7（图 6-4）。

（2）中央圆套筒表面　设置厚度适当的圆筒外冷铁 10，共由 4 块组合而成，最好用石墨板材制成。

（3）上层水腔砂芯 3 上方的圆根部位　该部位须采用铬铁矿砂制成，这样可消除"热节"

和防止渗透性粘砂。

6. 铁液状态

将铁液的过热温度提升至 1480～1520℃，可提高纯净度，对力学性能等方面均会产生有利影响。适当提高铁液的过热程度，是获得优质铸件的必要条件。

浇注温度过高或过低均会对质量产生不利影响，排气阀壳体的浇注温度应控制在 1320～1340℃ 的范围内。

6.4 球墨铸铁机端壳体

球墨铸铁机端壳体的形状较简单，是典型的壳体类铸件。其技术要求很高，在铸造过程中，如果工艺控制不当，则很容易产生较严重的铸造缺陷。

6.4.1 一般结构及铸造工艺性分析

机端壳体安装在机器的端部，其铸造工艺简图如图 6-5 所示。该机端壳体的轮廓尺寸为 φ850mm×180mm（外径×高），毛重为 250kg。外缘设有凸缘法兰 1 和支承架 2，侧壁厚度为 22mm，底部 3 的壁厚为 20mm。中央设有轴承孔 4，孔径为 100mm，孔壁厚度为 40mm。在轴承孔与外缘侧壁之间，设有加强斜筋 5。该壳体的结构形状虽不复杂，但壁厚不均匀，局部"热节"多，在生产实践中，要获得无任何铸造缺陷的优质铸件并非易事。

6.4.2 主要技术要求

1. 材质

机端壳体安装在机器的端部，工作时承受较大的机械载荷和振动，因此要求具有较高的力学性能。一般选用材质为 QT450-10，本体硬度为 140～210HBW，球化率≥80%，金相基体组织为铁素体+珠光体。

2. 铸造缺陷

铸件不允许有气孔、砂孔、夹杂、缩孔和缩松等铸造缺陷，且不允许用焊补的方法对缺陷进行修复。

3. 热处理

铸件应进行消除铸造内应力的人工时效处理，以防止其变形。

4. 质量检验

（1）力学性能检验　取每炉铸件的浇注试样，供力学性能检验。

（2）金相检验　在试样和本体上进行金相检验，不允许有局部球化不良等缺陷。

（3）表面质量检查　对铸件的形状、尺寸及表面质量进行全面检查。

（4）内部质量检查　用超声波检测仪对铸件内部质量进行检查，不允许有局部缩松等铸造缺陷。

6.4.3 铸造工艺过程的主要设计

1. 浇注位置

根据机端壳体的结构特点，一般采用如图 6-5 所示的将主要加工面朝下的水平浇注位置。使铁液温度分布较为均匀，有利于保证铸件质量和便于造型操作。不宜采取相反的浇注位置，更不

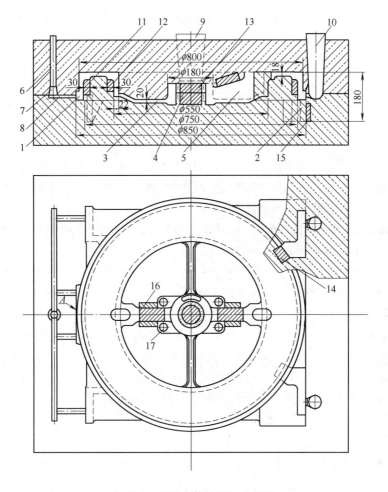

图 6-5　机端壳体铸造工艺简图

1—凸缘法兰　2—支承架　3—底部　4—轴承孔　5—加强斜筋　6—直浇道（$\phi50\text{mm}$）

7—横浇道（$\dfrac{40\text{mm}}{50\text{mm}}\times55\text{mm}$）　8—内浇道（$4\times\dfrac{50\text{mm}}{52\text{mm}}\times8\text{mm}$）　9—中央冒口（$\phi80\text{mm}$）

10—侧冒口（$\phi70\text{mm}$）　11—$\phi750\text{mm}$ 圆面上冷铁　12—$\phi550\text{mm}$ 圆面上冷铁

13—$\phi100\text{mm}$ 轴承孔内暗冷铁　14—大支承架内侧冷铁　15—大支承架外侧平面冷铁

16—加强斜筋周围冷铁　17—小凸台平面冷铁

宜采取竖直浇注位置。

2. 分型面

根据所确定的浇注位置及壳体的外形特点，将分型面选定在外缘法兰部位较为合适，这样可使铸造过程的操作较为方便。

3. 主要工艺参数的选择

（1）铸造线收缩率　铸造线收缩率为 1%。

（2）加工量　上平面的加工量为 5mm，其余加工量为 4mm。

4. 浇注系统

浇注系统设置在分型面上，4 道内浇道分散地分布于铸件外侧周边，内浇道之间的距离较大，分布范围较广，不能集中在小段区域内，以尽量使铸型内铁液分布较均匀且平稳地上升。在

内浇道上设置过滤网，提高挡渣能力，防止产生夹渣等缺陷。采用封闭式浇注系统，各部分截面积的比例为

$$A_3 : A_2 : A_1 = 16.32\,\mathrm{cm}^2 : 24.7\,\mathrm{cm}^2 : 19.6\,\mathrm{cm}^2 = 1 : 1.52 : 1.2$$

5. 冒口

在机端壳体中心轴承孔端面设置顶冒口，直径为80mm，并须采用覆盖保温剂等措施，以提高冒口的补缩效果。在大支承架侧面设 ϕ70mm 的侧冒口。

6. 冷铁的应用

实践证明，在该壳体上适当设置外冷铁，加快局部区域的冷却速度，增强局部补缩作用，提高结晶组织的致密度，对克服局部缩松缺陷起着非常重要的作用，是特别有效的措施。以下主要部位由于常出现局部缩松缺陷，必须设置外冷铁。

1）ϕ550mm 及 ϕ750mm 的圆面上。冷铁厚度为30mm，分别由8块和12块组成整圆，彼此留间隙量5mm，并将用铬矿砂制成的小垫片塞入此间隙中。

2）中央 ϕ100mm 轴承孔内表面。尽管轴承孔的上端平面设有顶冒口，但仍难以完全避免铸件内部的缩松缺陷（超声检测）。此时可设置暗冷铁，即在圆柱体冷铁的外表面上附着上厚度为 6 ~ 7mm 的薄层型砂，可获得很好的效果。

3）横向加强斜筋5，矩形横截面尺寸为55mm × 50mm。该部位不宜设置顶冒口进行补缩。为克服内部缩松缺陷，可在筋的上斜平面及两侧设置外冷铁。

4）中央轴承孔壁与加强斜筋5的连接部位。该部位会形成局部"热节"，即使在其上方设置了冒口，也不能完全克服内部缩松缺陷，须在下方设置外冷铁。

5）支承架2与主体外侧的连接部位。

7. 化学成分

为了达到对材质性能的技术要求，避免产生局部球化不良、缩松和石墨漂浮等铸造缺陷，对化学成分的选定及控制，须特别注意。

在生产实践中，机端壳体产品选用铸态铁素体球墨铸铁。充分考虑化学成分对力学性能、铸造性能和铸造缺陷等诸方面的综合影响，选定的化学成分见表6-3。

表6-3　机端壳体化学成分

球化处理	化学成分（质量分数，%）							
	C	Si	Mn	P	S	RE	Mg	CE
处理前（原铁液）	3.70 ~ 3.73	1.0 ~ 1.3	≤0.35	≤0.035	≤0.02			4.59 ~ 4.64
处理后	3.4 ~ 3.6	2.68 ~ 2.73	≤0.35	≤0.035	≤0.01	0.015 ~ 0.025	0.04 ~ 0.06	

根据生产实践资料的统计分析结果可知，将化学成分控制在上述范围内，铸件的质量较稳定，铸态力学性能较好，铸造缺陷较少。在前述工艺条件下进行生产，完全可以避免局部缩松和石墨漂浮等铸造缺陷。表6-4所列为机端壳体部分实际生产资料，供参考。

符合表6-4中所列化学成分的壳体，均具有良好的铸态力学性能和金相组织。例如，表中序号为20的壳体，其铸态抗拉强度为510MPa，伸长率为22.7%，硬度为166HBW。其铸态金相组织如图6-6所示，球化率为90%，球状石墨分布较均匀。腐蚀前，分布较均匀的球状石墨，如图6-6a所示；腐蚀后，金属基体为铁素体（85%）+ 少量珠光体，如图6-6b、c所示。

表 6-4　机端壳体部分实际生产资料

序号	化学成分（质量分数，%）								铸态力学性能		
	C	Si	Mn	P	S	RE	Mg	CE	抗拉强度 R_m/MPa	伸长率 A（%）	硬度 HBW
1	3.68	2.78	0.22	0.031	0.008	0.021	0.041	4.61	520	20.3	168
2	3.75	2.53	0.20	0.031	0.009	0.012	0.040	4.59	468	23.9	153
3	3.75	2.69	0.24	0.034	0.009	0.022	0.058	4.65	538	17.6	179
4	3.70	2.73	0.19	0.032	0.009	0.019	0.045	4.61	513	19.3	164
5	3.73	2.75	0.15	0.029	0.009	0.024	0.035	4.65	529	19.9	170
6	3.68	2.72	0.16	0.030	0.008	0.017	0.040	4.58	511	18.5	169
7	3.77	2.63	0.25	0.031	0.009	0.022	0.048	4.65	527	17.7	171
8	3.80	2.67	0.19	0.031	0.009	0.021	0.051	4.69	498	22.5	167
9	3.77	2.76	0.19	0.032	0.009	0.025	0.050	4.69	499	21.7	167
10	3.71	2.60	0.25	0.032	0.008	0.022	0.055	4.58	527	19.2	171
11	3.70	2.69	0.21	0.030	0.008	0.022	0.054	4.60	509	21.1	171
12	3.72	2.66	0.22	0.030	0.008	0.019	0.054	4.60	527	18.7	174
13	3.68	2.67	0.26	0.032	0.008	0.021	0.048	4.67	535	17.9	183
14	3.73	2.64	0.21	0.035	0.010	0.018	0.050	4.61	528	18.6	174
15	3.73	2.79	0.22	0.033	0.009	0.021	0.052	4.66	519	20.5	177
16	3.73	2.74	0.20	0.033	0.010	0.017	0.050	4.64	503	21.7	167
17	3.70	2.60	0.21	0.030	0.009	0.012	0.046	4.57	494	23.9	163
18	3.73	2.72	0.24	0.031	0.011	0.016	0.037	4.64	518	20.5	168
19	3.73	2.72	0.20	0.034	0.010	0.016	0.052	4.64	532	18.4	175
20	3.73	2.81	0.25	0.031	0.012	0.009	0.047	4.67	510	22.7	166
平均	3.72	2.69	0.20	0.032	0.009	0.019	0.048	4.63	515	20.3	170

8. 温度的控制

适当提高铁液的过热程度，可以提高铁液的纯净度，对力学性能和结晶组织有着良好的影响。一般将熔化温度控制在 1500～1520℃ 的范围内。

球化处理温度对镁的吸收率有很大影响，温度越高，镁的消耗越多，吸收率越低。在能满足所需浇注温度的前提下，宜取较低的球化处理温度。一般根据铸件结构特征所需的浇注温度及球化处理过程中可能降低的温度幅度来选择球化处理温度。根据机端壳体的结构特征及生产条件等因素的影响，球化处理温度为 1440～1450℃。

浇注温度对铸件的冷却速度、缩孔、缩松、气孔、夹杂等铸造缺陷有着重要影响。在确保铸件不产生浇不足、冷隔、气孔和夹杂等铸造缺陷的前提下，宜采用较低的浇注温度。根据机端壳体的结构特征及浇注数量等生产条件的限制，浇注温度的控制范围为 1320～1360℃。

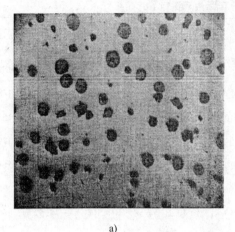
a)

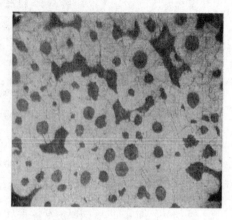
b)

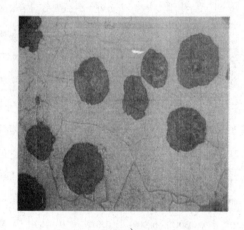
c)

图 6-6　机端壳体的铸态金相组织

a）腐蚀前（×100）　b）腐蚀后（×100）　c）腐蚀后（×400）

6.5　球墨铸铁水泵壳体

6.5.1　主要技术要求

1. 材质

考虑到水泵的工作载荷及使用环境等因素的影响，特别是可能要在严寒地区使用，而铁素体球墨铸铁的脆性转变温度最低，并具有较高的冲击韧度，故一般选用铸态铁素体球墨铸铁 QT400-18。对于在非严寒地区使用的泵体，也可以选用 QT450-10 或 QT400-15 等。

2. 水压试验

泵体均须承受水压致密性试验。根据不同的工作条件，水压试验压力一般为 0.7 ~ 2.5MPa。

3. 铸造缺陷

在不影响结构强度及使用性能的前提下，对于较轻微的气孔、砂孔和夹杂等铸造缺陷，允许进行修补。在采用气焊法等进行修补后，要进行消除应力处理，并须用着色法对修补质量进行检验。

6.5.2　铸造工艺过程的主要设计

1. 浇注位置及分型面

根据水泵壳体的结构特点，一般采用水平浇注位置及水平分型。图 6-7 所示为水泵壳体铸造工艺简图。该泵体的轮廓尺寸为 400mm × 290mm × 170mm（长 × 宽 × 高），主要壁厚为 10mm，材质为 QT400-18。从图中可以看出：根据该水泵壳体外形结构特点，为便于起模，设有两道分型面。

2. 铸型

（1）模样　根据所需批量及生产工艺来选择模样结构及材质。小型水泵壳体的铸造线收缩率为 1%。

（2）造型材料　根据不同的生产工艺，选择相应的造型材料。目前，小批量生产均选用冷硬呋喃树脂砂，以确保铸型质量。

从图 6-7 中可以看出，为防止 No.2 砂芯错位，须采用定位芯头。

3. 浇注系统

根据水泵壳体外形结构特点，将浇注系统设置在下层主分型面上。为使铁液在铸型中平稳上升，铁液经设置在两侧支架部位的 4 道内浇道引入型腔。要在浇注系统中设置过滤网，以提高阻渣能力。

4. 冒口

根据铁素体球墨铸铁的凝固结晶特性，因碳、硅含量高，凝固过程中会析出大量石墨而产生体积膨胀。在铸型有较高刚性的前提下，可充分利用石墨化引起体积膨胀而产生的自身补缩作用，来消除内部缩孔、缩松缺陷，实现

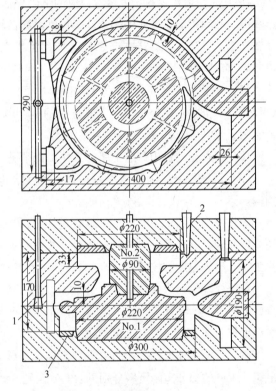

图 6-7　水泵壳体铸造工艺简图
1—浇注系统　2—冒口　3—冷铁

无冒口铸造。还需要采取严格控制浇注温度及适当加快冷却速度（如设置外冷铁）等有效措施，使效果更好。从图 6-7 中可以看出，仅在法兰的侧部或顶部分别设置了出气冒口。

5. 冷铁的应用

对于铸件的厚壁部位或"热节"部位，必须设置冷铁，适当加快该部分的冷却速度，可防止产生内部缩孔、缩松缺陷，细化晶粒，提高结晶组织的致密性。从图 6-7 中可以看出，在水泵壳体的下平面和顶部法兰平面均设置了外冷铁，获得了较好的效果。

6. 熔炼及浇注

（1）化学成分　根据水泵壳体的材质及结构特点（件小、壁薄，冷却速度较快等），为获得具有所需铸态性能的完好铸件，选用的化学成分控制范围见表 6-5。

表 6-5　球墨铸铁水泵壳体化学成分控制范围

球化处理	化学成分（质量分数，%）							
	C	Si	Mn	P	S	RE	Mg	CE
处理前（原铁液）	3.70 ~ 3.80	1.2 ~ 1.5	≤0.30	≤0.040	≤0.020			4.60 ~ 4.74
处理后	3.40 ~ 3.70	2.68 ~ 2.82	≤0.30	≤0.040	≤0.015	0.012 ~ 0.025	0.035 ~ 0.050	

化学成分中，须严格控制碳当量。对主要壁厚大于 10mm 的较大型水泵壳体或当材质为 QT450-10 时，可按表 6-5 中参考数值的下限控制。如果碳当量过高，则容易产生石墨漂浮等铸造缺陷。必须指出：硅对铁素体球墨铸铁的脆性转变温度有强烈的影响，随着含硅量的增加，会使转变温度升高。故对于在严寒地区使用的水泵壳体，宜将硅的质量分数控制在 2.85% 以下，以防止出现脆性断裂。

（2）球化处理　在感应电炉中熔炼时，可采用冲入法进行球化处理，可选用低稀土球化剂 QMg8RE3。如果炉中原铁液化学成分中的锰、磷和硫的含量都在控制范围以内，则球化剂的加入量为 1.30% ~ 1.40%。

球化处理全过程中每道工序的操作，都须进行严格控制，以确保获得预期效果。

（3）温度控制　为提高原铁液的纯净度，电炉内的熔化温度宜控制在 1500 ~ 1520℃ 的范围内。

球化处理时的出炉温度，对球化剂中镁的吸收率及浇注温度有重要影响。应根据所需的浇注温度及球化处理过程中的降温幅度，来选择合适的出炉温度。根据水泵壳体的结构特点及浇注工艺，出炉温度宜控制在 1460 ~ 1480℃ 的范围内。

球化处理后，为保持最佳处理效果，防止衰退，应尽快进行浇注。根据水泵壳体的结构特点，如质量、壁厚及浇注方式等情况，并要防止产生气孔、夹杂及冷隔等铸造缺陷，一般宜将浇注温度控制在 1350 ~ 1370℃ 的范围内。

按照以上所述工艺生产的铸态铁素体球墨铸铁水泵壳体，具有良好的铸态力学性能和金相组织。工厂的部分实际资料分别见表 6-6 及图 6-8，可供参考。

表 6-6　水泵壳体的化学成分、铸态力学性能及金相组织

化学成分（质量分数，%）								铸态力学性能				金相组织		
C	Si	Mn	P	S	RE	Mg	CE	抗拉强度 R_m /MPa	规定塑性延伸强度 $R_{p0.2}$ /MPa	伸长率 A（%）	硬度 HBW	球化级别	球化率（%）	铁素体量（%）
3.78	2.69	0.18	0.035	0.014	0.017	0.049	4.68	503	352	22.4	162	2	90	90 ~ 95

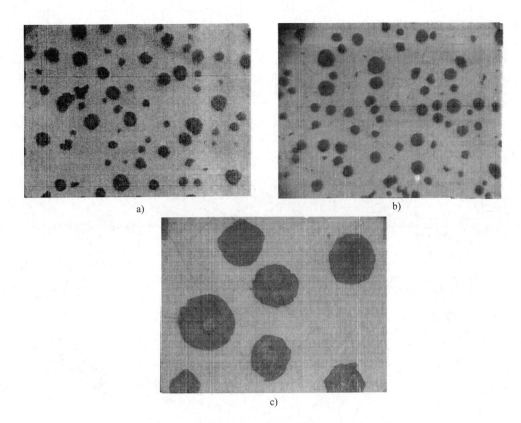

图 6-8　水泵壳体铸态铁素体球墨铸铁的金相组织

a）腐蚀前（×100）　b）腐蚀后（×100）　c）腐蚀后（×400）

6.6　球墨铸铁分配器壳体

大型柴油机系统中的分配器壳体，其结构形状虽较简单，仅是一件圆盘体，但因其内部设有许多孔径与外部管系连接，所以对铸造质量有很高的技术要求。

6.6.1　主要技术要求

1. 材质

分配器壳体选用的材质为 QT400-15，抗拉强度 $R_m > 400\text{MPa}$，规定塑性延伸强度 $R_{p0.2} > 250\text{MPa}$，伸长率 $A > 15\%$，本体硬度为 $130 \sim 180\text{HBW}$。其主要金相组织为铁素体基体，珠光体量小于 10%，不允许有游离碳化物。

2. 铸造缺陷

不允许有气孔、砂孔、夹杂、缩孔及缩松等任何轻微的铸造缺陷，并且不允许用任何方法对缺陷进行修复。

3. 热处理

球墨铸铁分配器壳体的铸态力学性能等能达到材质要求，可以不进行退火热处理。

6.6.2　铸造工艺过程的主要设计

图 6-9 所示的分配器壳体是大型柴油机配件，其结构形状简单，是直径为 456mm、厚度为 90mm 的圆盘体，毛重为 90kg。但其技术要求很高，不允许有任何铸造缺陷。在铸造实践中，要重点控制以下几个方面。

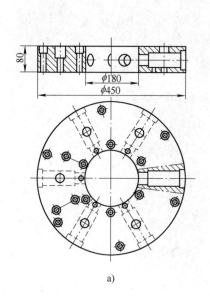 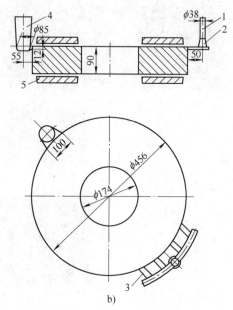

图 6-9　分配器壳体

a）零件简图　b）铸造工艺简图

1—直浇道　2—横浇道 $\left(\dfrac{30\text{mm}}{35\text{mm}} \times 35\text{mm}\right)$　3—内浇道（28mm×10mm）　4—侧冒口　5—冷铁

1. 浇冒口系统

（1）浇注系统　采用设置在分型面上的上注式浇注系统，如图 6-9b 所示。浇注系统中设有过滤网，增强了阻渣能力。铁液经 4 道内浇道引入型腔。采用径向引入比切向引入更有利于石墨化膨胀的作用。

（2）冒口　根据铁素体球墨铸铁呈糊状凝固的结晶特征，碳、硅含量较高，凝固过程中将析出大量石墨而产生较大的体积膨胀。当铸型有足够的刚度时，可充分利用石墨化膨胀所产生的自身补缩作用。此时，冒口的尺寸或模数可以小于铸件的壁厚或模数。

较厚大铸件的补缩要求低，在严格控制浇注温度，适当加快冷却速度及应用溢流技术等的条件下，完全可采用小冒口或无冒口铸造。用均衡凝固工艺，特别强调内浇道根部、冒口根部和铸件热节不能重合。因此，在浇注系统的对面设置了小冒口，并采用了短、薄、宽的冒口颈，具体尺寸如图 6-9 所示。

2. 冷却速度

大模数的球墨铸铁件，因冷却速度较缓慢、凝固时间较长，会降低石墨球化率，导致石墨粗大、形状畸变或产生石墨漂浮等缺陷。分配器壳体的厚度较大，必须适当加快整体的冷却速度，使铸件的凝固区域变窄，这样可对整体起到增强自身补缩的作用，有利于消除内部缩松缺陷。提高冷却速度的主要有效措施有：

1）在上、下平面设置外冷铁，如图6-9中的件5。冷铁的材质最好选用石墨板材。

2）在上、下平面设置暗冷铁，即采用厚度较大的铸铁冷铁，在冷铁的工作表面上保持厚度为8~12mm的砂层。

3）采用金属型覆砂铸造，覆砂层厚度为7~8mm。

3. 化学成分

根据分配器壳体的材质要求及结构特点，所选用的化学成分控制范围见表6-7。

表 6-7　球墨铸铁分配器壳体化学成分控制范围

球化处理	化学成分（质量分数，%）							
	C	Si	Mn	P	S	RE（残余）	Mg（残余）	CE
处理前（原铁液）	3.70~3.73	1.10~1.50	<0.30	<0.035	<0.020			4.55~
处理后	3.40~3.70	2.54~2.64	<0.30	<0.035	<0.015	0.012~0.025	0.04~0.05	4.61

（1）球化剂　在电炉中熔炼，采用冲入法进行球化处理。采用低稀土球化剂 QMg8RE3，球化剂的加入量为 1.47%~1.52%。

（2）孕育处理　为提高孕育处理效果，在炉前用硅铁（FeSi75-A）进行孕育处理时，应加入占孕育剂总量（质量分数）25%的硅钙合金（Ca31Si60，粒度为 8~12mm）。浇注时，在浇注箱内进行随流孕育。孕育剂为细颗粒（0.8~1.5mm）硅铁 FeSi75-A，加入量为 0.1%~0.15%。

4. 温度控制

为确保铁液的纯净度，在电炉中的熔炼温度应达到 1500~1510℃。

根据分配器壳体壁厚的结构特点，所需浇注温度较低，应将球化处理的出炉温度控制在 1440~1450℃ 的范围内，以提高球化剂中镁的吸收率。

因分配器壳体的铸壁厚度较大，冷却速度较缓慢，须严格控制浇注温度。在防止产生气孔、夹杂及冷隔等铸造缺陷的前提下，宜采用较低的浇注温度（1320~1330℃）。

根据上述工艺生产的铸态铁素体球墨铸铁分配器壳体，获得了优质效果，具有良好的铸态力学性能和金相组织。工厂的部分实际资料分别见表6-8及图6-10，可供参考。

表 6-8　分配器壳体的化学成分、铸态力学性能及金相组织

序　号	化学成分（质量分数，%）								铸态力学性能				金相组织		
	C	Si	Mn	P	S	RE	Mg	CE	抗拉强度 R_m /MPa	规定塑性延伸强度 $R_{p0.2}$ /MPa	伸长率 A（%）	硬度 HBW	球化级别	球化率（%）	铁素体量（%）
1	3.68	2.72	0.21	0.031	0.014	0.012	0.044	4.59	506	354	20.5	164	2	90	90
2	3.66	2.66	0.26	0.033	0.010	0.018	0.052	4.55	509	356	21.0	167	2	90	90
平均	3.67	2.69	0.24	0.032	0.012	0.015	0.048	4.57	507.5	355	20.8	165.5	2	90	90

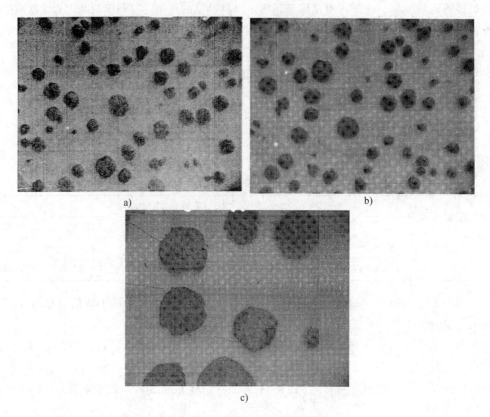

图 6-10   分配器壳体铸态铁素体球墨铸铁的金相组织

a）腐蚀前（×100）   b）腐蚀后（×100）   c）腐蚀后（×400）

6.7   低温铁素体球墨铸铁联接箱体

联接箱体是风力发电机组中的配套零件。轮廓尺寸为 $\phi480mm \times 280mm$（最大外径×总高），主要壁厚为 30mm，最大壁厚为 86mm，重约 120kg。无论在陆上或海上，尤其是在严寒地区，风力发电机组的运行环境条件都十分恶劣，因此对铸件的质量要求很高。

6.7.1   主要技术要求

1. 材质

联接箱体的材质为低温铁素体球墨铸铁 QT400 – 18AL。附铸试样的力学性能：抗拉强度 $R_m \geqslant$ 400MPa，规定塑性延伸强度 $R_{p0.2} \geqslant$ 240MPa，伸长率 $A \geqslant 18\%$，硬度为 120 ~ 175HBW， – 20℃低温冲击吸收能量 $KV \geqslant 12J$。应具有良好的低温冲击性能。

铸件的金相组织：球化率 $\geqslant 90\%$，铁素体 $\geqslant 90\%$，渗碳体 $\leqslant 1\%$，磷共晶体 $\leqslant 1\%$；球状石墨大小应为 5 级及以上。

2. 铸造缺陷

不允许有缩孔、缩松及夹杂等任何铸造缺陷，更不允许用焊补的方法对缺陷进行修复。

3. 无损检测

为确保风电产品质量的可靠性和稳定性，除对铸件的力学性能、金相组织及表面质量进行严格检测外，还须对铸件的内部质量进行无损检测（超声波检测、磁粉检测等）。具体实施按国标（GB/T 25390—2010）执行。

6.7.2　铸造工艺过程的主要设计

1. 浇注位置及分型面

根据联接箱体的结构特点，为确保质量，采取将主要联接面朝下的垂直浇注位置，仅设一个分型面，如图 6-11 所示。

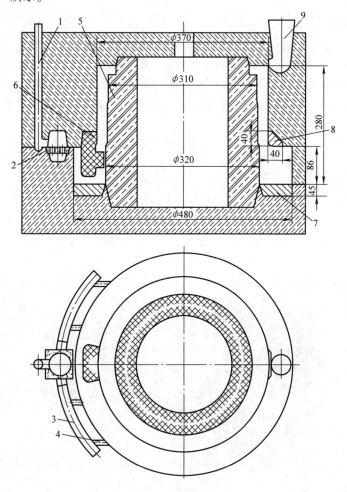

图 6-11　低温铁素体球墨铸铁联接箱体铸造工艺简图

1—直浇道（ϕ38mm）　　2—陶瓷过滤器（100mm×100mm×20mm）　　3—横浇道（$\frac{30mm}{40mm}$×46mm）

4—内浇道（$\frac{28mm}{32mm}$×9mm，共 4 道）　　5—中央圆筒形砂芯　　6—外侧小芯

7—底平面外冷铁（厚度 45mm）　　8—法兰背面圆根部位外冷铁（厚度 40mm）　　9—侧冒口

2. 型砂

采用自硬呋喃树脂砂，使其砂型、砂芯具有较高的强度、刚度及良好的透气性等。

侧部砂芯 6（即外侧小芯），采用铬铁矿砂，以防止产生渗透性粘砂缺陷，并具有一定的激冷作用。

3. 浇冒口系统

浇注系统设置在分型面上。采用设有过滤器的双面缓流式浇注系统，具有较强的挡渣能力。在铸件顶部设有侧冒口。

4. 冷铁的应用

为确保厚壁区域的高质量，在箱体法兰联接面及其背面圆根处，分别设置厚度为 45mm、40mm 的外冷铁，以适当加快该区域的冷却速度，防止产生内部缩松等铸造缺陷，提高结晶组织的致密性。

5. 提高铁液的冶金质量

严格控制化学成分，应选用优质炉料，金属炉料组成及其配比见表 6-9。要全面严格控制熔炼全过程，如采取高效预处理工艺、微合金化处理、低稀土复合球化剂、高效长效复合孕育剂、脱硫处理、多频次随流瞬时孕育处理及适度提高铁液的过热程度等，以确保铁液的高冶金质量。可参阅第 8 章 8.6.3 中 "6. 铁液的冶金质量及其控制" 的相关论述。该铸件的浇注温度为 1340～1350℃。

表 6-9　金属炉料组成及其配比

材料名称	加入量（质量分数，%）
高纯生铁	82
优质废钢	18

该铸件经机械加工、超声波检测内部质量后，将铸件进行了解剖，没有发现任何铸造缺陷，如图 6-12 所示。

　　　　　　a)　　　　　　　　　　　　　　b)

图 6-12　低温铁素体球墨铸铁联接箱体
a）机械加工后　b）对内部质量进行无损检测（UT、MT）及解剖检查后，切取试样

为了较全面地了解该铸件的铸态力学性能，分别对单铸试样（U 型、厚度为 25mm）、附铸试样（厚度为 25mm、40mm）和本体切取试样（在本体最厚部位 86mm 处切取）进行检测，其检测结果见表 6-10。从表中可以看出，化学成分都在控制范围内；力学性能各主要指标都优于技术要求值。

表 6-10　化学成分及铸态力学性能检测结果

控制范围及实测值		化学成分（质量分数，%）							力学性能					
		C	Si	Mn	P	S	RE	Mg	抗拉强度 R_m /MPa (min)	规定塑性延伸强度 $R_{p0.2}$ /MPa (min)	伸长率 $A(\%)$ (min)	硬度 HBW	最小冲击吸收能量 KV/J 低温（-20 ± 2）℃	
													三个试样平均值	个别值
控制范围	单铸 U 型 25mm	3.78 ~ 3.82	2.00 ~ 2.20	<0.10	<0.030	<0.012	0.008 ~ 0.015	0.040 ~ 0.045	400	240	18	120 ~ 175		
	附铸 25mm 或 40mm								400	240	18	120 ~ 175	12	9
实测值	单铸 U 型 25mm	炉中 3.80 炉终 3.55	2.10	0.057	0.0293	0.012	0.014	0.042	422	253	22.3	145		
	附铸 40mm								432	255	23.5	141	14 （附铸 25mm）	15 14 12
	法兰 本体 86mm								410	244	24.9	131	15	15 15 15

　　为了在同一铸型中浇注条件都基本相同的前提下，研究不同厚度附铸试样的冷却速度对石墨形态及力学性能的影响，共设置了三种规格（厚度分别为 40mm、25mm 及 6mm）的附铸试样。其中两种试样及联接箱体本体试样（从最厚部位 86mm 处切取）的铸态金相组织检测结果，见表 6-11、图 6-13 ~ 图 6-15。从表 6-11 中可看出：球化率都达到 2 级，石墨大小为 6 ~ 8 级，石墨球数为 333 ~ 594 个/mm²。严格控制铸造工艺全过程，尤其是适当加快了铸件厚壁部位的冷却速度和提高铁液的冶金质量，因此取得了较好的球化效果：球化率 >90%，石墨球径较细、圆整度好，石墨球数量较多，联接箱体本体的金属基体组织均为铁素体。特别是联接箱体本体最厚处（86mm 处）的力学性能及金相组织都获得了较好的效果，能保证铸件具有良好的低温冲击性能。

表 6-11　铸态金相组织检测结果

试样类型和厚度	石墨形态			金属基本组织	附图
	球化率等级	石墨大小等级	石墨球数量/（个/mm²）		
联接箱体本体 86mm	2	6	333	铁素体	图 6-13
附铸 25mm	2	7	560	铁素体 + 珠光体（~15%）	图 6-14
附铸 6mm	2	8	594	铁素体 + 珠光体（~5%）	图 6-15

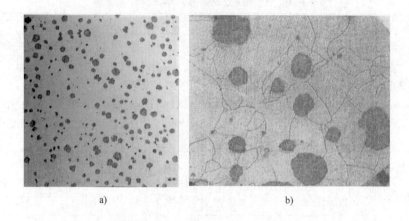

a)　　　　　　　　　　b)

图 6-13　联接箱体本体试样（厚度 86mm 处）的铸态金相组织

a）腐蚀前（×100）　b）腐蚀后（×400）

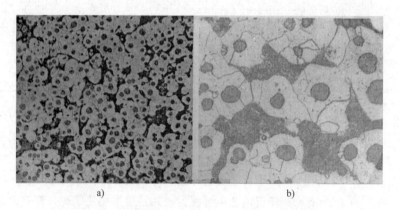

a)　　　　　　　　　　b)

图 6-14　附铸试样（厚度 25mm）的铸态金相组织

a）腐蚀前（×100）　b）腐蚀后（×400）

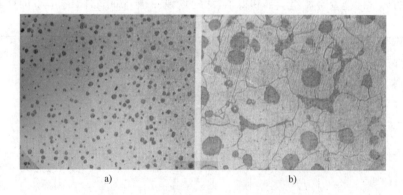

a)　　　　　　　　　　b)

图 6-15　附铸试样（厚度 6mm）的铸态金相组织

a）腐蚀前（×100）　b）腐蚀后（×400）

第7章 阀体及管件

一般阀体及铸管（如离心铸管、连续铸管等）都是由专门的铸造厂（如阀门厂、铸管厂）来生产的。本章仅对较特殊的阀体及管件，如特大型阀体、异形管件等的铸造生产工艺进行介绍。

7.1 灰铸铁大型阀体

7.1.1 主要技术要求

1. 材质

阀门的种类繁多，应根据不同的工作条件，如用途、工作压力及温度等因素的综合影响来选择适当的材质，使其具有足够的强度及良好的使用性能。灰铸铁大型阀体的材质一般选用 HT250。

2. 水压试验

阀体都须进行水压试验，试验压力的大小一般为工作压力的 1.2~1.5 倍。大型阀体的试验压力为 0.6MPa。

3. 铸造缺陷

在不影响结构强度和使用性能的前提下，对于较轻微的气孔、砂孔等铸造缺陷，允许进行修复。一般不采用电焊法修复，因为该方法容易产生微裂纹。在采用气焊法修复后，应进行着色检测，防止产生微裂纹。焊补后应进行消除内应力热处理。

4. 热处理

阀体类铸件一般应进行消除铸造内应力的人工时效处理。但对于特大型阀体，如果浇注后在铸型中的冷却时间很长，如长达 72~96h，则形成的铸造内应力很小，就不需要再进行消除铸造内应力的热处理。

7.1.2 铸造工艺过程的主要设计

1. 浇注位置及分型面

特大型阀体的主要铸造特点是因体积、质量较大，而使铸造难度加大。图 7-1 所示是口径为 2400mm 的大型闸阀。其最大法兰尺寸为 $\phi2685$mm，长度为 2400mm，组装总高为 5352mm。

该大型闸阀的材质为 HT250，毛重约 14t，主要壁厚为 40mm。根据阀体的结构特征，为确保质量和便于操作，一般采用水平浇注位置和水平分型，其铸造工艺简图如图 7-2 所示。

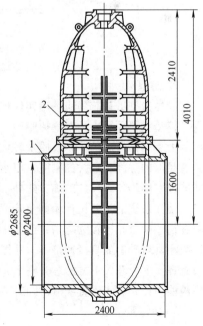

图 7-1 口径为 2400mm 的大型闸阀
1—阀体 2—阀盖

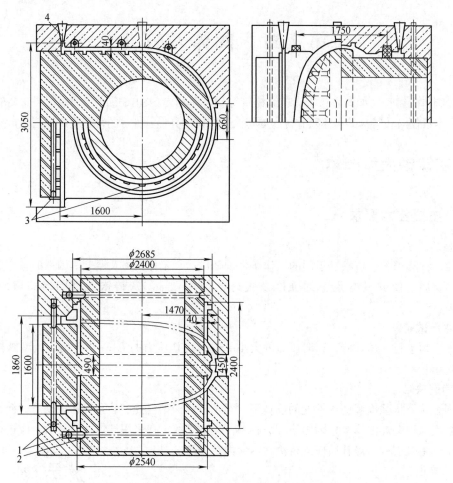

图 7-2　口径为 2400mm 的大型闸阀铸造工艺简图
1—直浇道　2—横浇道　3—内浇道　4—冒口

2. 铸型

阀体造型、造芯均应采用实体模样及芯盒。铸造线收缩率为 0.8%。

铸型材料采用冷硬呋喃树脂砂，24h 后的常温抗拉强度应不小于 1.2MPa。

大型阀体砂芯的体积及质量较大，应对芯骨的形状、尺寸及组装进行特殊设计，使整体砂芯具有足够的强度和最大的刚度，以承受住砂芯自重及浇注时浮力的作用，确保砂芯不变形，这样才能使壁厚均匀，尺寸准确。此外，还应便于浇注后的清砂及芯骨的取出。

浇注系统的主要设计原则是应具有较强的集渣能力，严防熔渣等夹杂物流入铸型内；使铁液在铸型中分布得较为均匀，以缩小各部位的温度差别，减小应力；铁液应在铸型内平稳上升，以减小其对砂芯的直接冲击等。从图 7-2 中可以看出，该铸件采用底注式浇注系统，内浇道分别布置在 3 个大芯头下方的芯头座上，使铁液沿砂芯方向引入铸型内；横浇道设在芯头内，可增强集渣能力；共有 4 道直浇道，同时从大型浇注箱内引入铁液。

3. 熔炼及浇注

按所需材质，为使大型阀体具有较高的强度及良好的耐压性能，根据其结构特性及冷却速度缓慢等情况，选用的化学成分：$w(C) = 3.1\% \sim 3.4\%$，$w(Si) = 1.2\% \sim 1.5\%$，$w(Mn) =$

$0.9\% \sim 1.1\%$，$w(P) \leqslant 0.20\%$，$w(S) \leqslant 0.15\%$。

选定化学成分后，还要选择合适的炉料配比，废钢的加入量为 $20\% \sim 30\%$，还可选用适当的合成生铁及用增碳方法调节含碳量的合成铸铁及其熔炼方法等，以提高铸铁的强度。

熔炼设备有冲天炉、冲天炉与电炉双联或电炉。为确保铁液质量，须提高其过热程度。冲天炉熔炼的出炉温度应达到 1420～1440℃；电炉的熔化温度为 1500～1520℃，出炉温度为 1440～1450℃。

为提高阀体结晶组织的致密性及各断面组织的均匀性，须在炉前进行孕育处理及在浇注箱内进行随流孕育处理。

浇注温度不宜过高或过低，一般为 1320～1340℃。

国内某厂生产的口径为 2400mm 大型阀体的化学成分及力学性能见表 7-1，供参考。

表 7-1　口径为 2400mm 大型阀体的化学成分及力学性能

序号	化学成分（质量分数，%）						力学性能	
	C	Si	Mn	P	S	CE	抗拉强度 R_m/MPa	硬度 HBW
1	3.36	1.39	0.92	0.19	0.13	3.83	300	217
2	3.16	1.24	0.96	0.20	0.10	3.59	290	207
3	3.29	1.43	0.95	0.17	0.13	3.77	305	212
平均	3.27	1.35	0.94	0.18	0.12	3.73	298	212

7.2　灰铸铁大型阀盖

7.2.1　主要技术要求

口径为 2400mm 大型阀盖的体积较大，轮廓尺寸为 3050mm × 1860mm × 2410mm（长 × 宽 × 高），主要壁厚为 45mm，毛重约 7t，材质为 HT250，如图 7-3 所示。

阀盖经加工后，须进行试验压力约为 0.6MPa 的水压试验。较轻微铸造缺陷的修复处理与大型阀体相同。

7.2.2　铸造工艺过程的主要设计

1. 浇注位置及分型面

根据大型阀盖的结构特征，为确保质量，采用将法兰面朝下的垂直浇注位置，如图 7-4 所示。

浇注位置确定后，根据阀盖外形、造型材料及铸型种类等因素，决定分型面的类型。如果造型材料采用冷硬呋喃树脂砂一次性使用铸型，则可采用水平分型；如果采用一型多铸，则可选用"劈箱"组合垂直分型。

2. 铸型

阀盖造型、造芯均采用实体模样及芯盒，铸造线收缩率为 0.8%。

（1）种类　铸型的种类有两种：一种是采用冷硬呋喃树脂砂造型的砂型，即一次性使用的普通铸型；另一种是一型多铸的造型，该种铸型所使用的造型材料及造型方法与普通树脂砂型

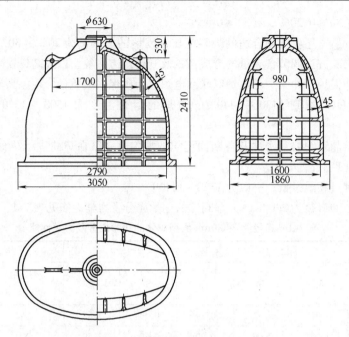

图 7-3 口径为 2400mm 的大型阀盖

完全不同。铸型经使用一次后略加修补，重新刷涂料后，即可再次使用，一般可重复使用 4~6次，从而可降低造型成本和提高生产率。口径为 2400mm 大型阀盖的一型多铸如图 7-5 所示。

（2）浇注系统 从图 7-4 中可以看出，其主要采用底注式浇注系统，内浇道设置在底部法

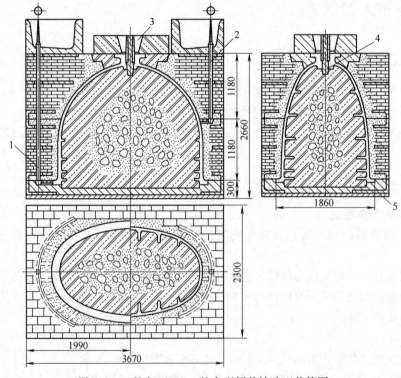

图 7-4 口径为 2400mm 的大型阀盖铸造工艺简图

1—底层浇注系统 2—上层浇注系统 3—顶冒口 4—冷铁 5—底板

兰处，以使铸型内铁液平稳地上升。因铸件较高，故设置了上层浇注系统 2，适当提高铸型上部的铁液温度，有利于铁液中的气体及夹杂物上浮排出。

a)　　　　　　　　　　　　　　　　b)

图 7-5　口径为 2400mm 大型阀盖的一型多铸

a）组型过程　b）上部半节铸型

在铸件最上方设置顶冒口 3，以适当增强对该部位的补缩。

（3）冷铁的应用　阀盖顶部中央设有 $\phi105mm$ 的阀杆孔。因孔壁较厚，散热条件较差，冷却速度缓慢，容易产生内部缩松缺陷，故设置了 $\phi75mm$ 的冷铁，适当加快了该部位的冷却速度，获得了良好的效果。

3. 熔炼及浇注

阀盖的材质等技术要求与阀体基本相同，其化学成分的控制等可参考大型阀体。

如果采用一型多铸方法进行生产，为减少铸型的损坏，使其能多次重复使用，可将浇注温度控制在 1310~1320℃ 的范围内。

7.3　球墨铸铁阀体

7.3.1　主要技术要求

球墨铸铁具有较高的强度、韧性、塑性及耐低温冲击性等许多特殊性能，是制造阀体的优良材质，应用范围日益扩大，产量不断增加。一般可用于制造工作温度为 -20~350℃、公称压力为 1.6~4MPa 的中低压阀体，可选用材质有 QT450-10、QT400-15 和 QT400-18。

一般工程金属材料，不仅要具有较高的屈服强度，还应具有一定的屈强比（$R_{p0.2}/R_m$）。如果屈强比小，则结构零件的安全可靠性高，即万一超载，也能由于塑性变形使金属的强度提高而不致突然断裂。但如果屈强比过低，则材料强度的有效利用率将太低，故一般希望屈强比高一些。阀体主要承受拉伸和弯曲载荷，设计计算时，一般根据屈服强度决定许用应力。球墨铸铁的屈服强度比铸钢约高 14%，屈强比约为铸钢的 1.2 倍。从静载强度来看，在选用与铸钢件相同壁厚的条件下，球墨铸铁件既安全又经济，这就是球墨铸铁能够代替部分铸钢而获得广泛应用的主要原因之一。

阀体材质在弹性极限之下工作，屈服强度起主导作用，要求用于阀体的材质具有一定的塑性。这是因为：一方面是在低温条件下，阀体不至于冻裂；另一方面是在超压或相连构件（如管件等）变形时，阀体由于发生塑性变形而不至于被破坏。QT450-10、QT400-15 和 QT400-18 三种铸态球墨铸铁能够完全满足以上技术要求，被广泛用于制作船舶海底阀、船舷阀等各种阀体。

球墨铸铁在 350℃ 以下具有良好的高温性能，其屈服强度比铸钢高，这也是球墨铸铁比铸钢优越的主要特点之一。如果壁厚相同，在高温（<350℃）条件下，球墨铸铁阀比铸钢阀更安全可靠。

阀体属于受压容器，研究试验阀体材质的耐压性尤为重要。某工厂曾用四种不同材质制造了 12 件相同规格的阀体，并对其进行了水压爆破试验，结果见表 7-2。

从试验结果可以看出：球墨铸铁阀体的爆破压力接近于铸钢阀体，两者的压力比值（P_B/P_g）相近。除灰铸铁阀体为脆性破裂外，其他三种材质的阀体都是塑性破裂，屈服现象很明显。试验表明球墨铸铁阀体具有很好的耐压性能。

表 7-2　不同材质阀体的水压爆破试验结果

种　　类	材　　质	公称直径 D/mm	公称压力 P_g/MPa	爆破压力 P_B/MPa			压力比值 P_B/P_g		
				①	②	③	①	②	③
球墨铸铁阀体	QT450-10	65	1.6	40	42	48	25	26.2	30.0
铸钢阀体	ZG230-450	65	1.6	40	46	52	25	28.8	32.5
青铜阀体	ZCuSn10Zn2	65	1.0	34	38	38	34	38.0	38.0
灰铸铁阀体	HT200	65	1.0	10	18	18	10	18.0	18.0

为进一步验证球墨铸铁阀体的耐压性，工厂再次爆破了一件球墨铸铁阀体（公称直径 D = 65mm 的直通阀体），爆破压力达到 42MPa。检测阀体破裂处的壁厚，仅有 3mm（因芯骨太细，浇注时"抬芯"导致壁薄），再次证实了球墨铸铁阀体具有良好的耐压性。该爆破部位的金相组织（铁素体）如图 7-6 所示。

7.3.2　铸造工艺过程的主要设计

1. 铸型

（1）造型和造芯　根据球墨铸铁阀体的结构特点、大小及数量等，选择不同的生产方式、工艺和铸型等。小量生产时，可选用普通湿型或用冷硬呋喃树脂砂生产。

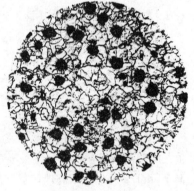

图 7-6　球墨铸铁阀体爆破部位
的金相组织（×100）

球墨铸铁阀体的造型、造芯均采用实体模样及芯盒。中小型阀体的铸造线收缩率一般取 1.0% 。

（2）浇注位置和分型面　铸造阀体一般采用水平浇注位置及水平分型。对于壁厚尺寸精度要求特别严格的小型阀体，也可采用水平分型、竖直浇注方案，这样更有利于保持壁厚均匀。图 7-7 所示球墨铸铁阀体的轮廓尺寸为 ϕ660mm × 640mm（法兰直径×长度），主要壁厚为 16mm，毛重为 340kg，材质为 QT450-10。该阀体的水压试验压力为 3.2MPa，采用水平浇注位置。

（3）浇注系统和冒口　中小型球墨铸铁阀体的浇注系统一般设在分型面上，内浇道设在法兰或阀体薄壁部位。在浇注系统中须设置陶瓷过滤网，以增强集渣能力、净化铁液，严防夹杂物流入型腔内，如图 7-7 所示。

球墨铸铁具有"糊状"凝固特性，可以充分利用在凝固过程中析出石墨的体积膨胀所产生的自身补缩作用和浇注系统的后补缩。根据铸件的结构（如质量、壁厚）、铸型种类、浇注系统、化学成分及浇注温度等情况来决定冒口的设置方案。需要特别指出的是，对于铸态高韧性铁素体球墨铸铁阀体等，可以采用小冒口或无冒口铸造工艺。

阀体的冒口一般设置在连接法兰的顶部或侧部。采用侧冒口时，铁液经由冒口流入型内，以提高冒口温度，增强补缩功能。图 7-8 所示为空气头阀体铸造工艺简图。该阀体的轮廓尺寸为 $700mm \times 550mm \times 540mm$（长×宽×高），主要壁厚为 12mm，毛重为 150kg，材质为 QT400-18。

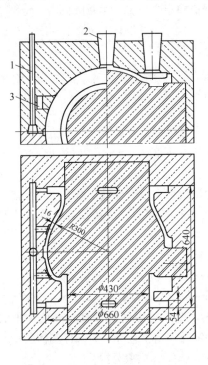

图 7-7　球墨铸铁阀体铸造工艺简图
1—浇注系统（横浇道中设过滤网）
2—冒口　3—冷铁

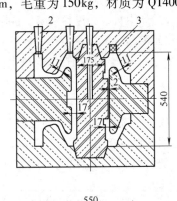

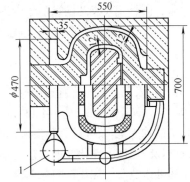

图 7-8　空气头阀体铸造工艺简图
1—浇注系统及侧冒口　2—出气孔
3—冷铁

（4）冷铁的应用　铸件的局部"肥厚"部位及连接部位会形成局部"热节"，其在最后凝固过程中，因得不到充分补缩而容易形成内部缩孔、缩松缺陷。这种缺陷仅靠设置冒口补缩是很难避免的。最有效的方法是设置适当的冷铁，加快该部位的冷却速度，从而消除"热节"，避免产生内部缩孔、缩松缺陷。这种方法不但对设置冷铁的部位有作用，对铸件的整体也有增强自身补缩的作用。在阀体铸造中，特别是结构较特殊的大中型阀体，冷铁的应用较为广泛，如图 7-7 和图 7-8 所示。

2. 熔炼及浇注

（1）化学成分的选择　按照球墨铸铁阀体的材质要求，根据阀体结构特征及铸造工艺方案等情况，为获得铸态高韧性铁素体球墨铸铁，避免产生局部缩松、石墨漂浮等铸造缺陷，选用的化学成分控制范围见表7-3。

表7-3　球墨铸铁阀体化学成分控制范围

球 化 处 理	化学成分（质量分数，%）							
	C	Si	Mn	P	S	RE（残留）	Mg（残留）	CE
处理前（原铁液）	3.70 ~ 3.80	1.2 ~ 1.5	≤0.30	≤0.040	≤0.020			4.60 ~ 4.73
处理后	3.40 ~ 3.70	2.70 ~ 2.80	≤0.30	≤0.040	≤0.012	0.010 ~ 0.025	0.035 ~ 0.050	

化学成分中，须严格控制 C、Si 含量，使碳当量 CE 值为 4.60% ~ 4.73%。若碳当量过低，则会使铸态铁素体量减少，伸长率下降，收缩率增加，容易产生内部缩松等缺陷；若碳当量过高，则容易产生石墨漂浮等缺陷。选用低的含锰量，严格控制含硫量，尽量降低磷，特别是微量干扰球化元素的含量。

（2）主要原材料的选择及炉料组成

1）生铁。目前国内一般可选用 $w(\text{Mn}) < 0.3\%$，$w(\text{P}) < 0.05\%$，$w(\text{S}) < 0.02\%$ 的 Q10、Q12 铸造生产。

2）废钢。选用普通碳素钢废料。

3）回炉料。选用本厂或本产品回炉料。

4）炉料组成。炉料组成（质量分数）一般为：铸造生铁 40% ~ 45%，回炉料 43% ~ 52%，废钢 8% ~ 12%。

近年来，国外工业发达国家由于废钢供应十分充足，价格也较新生铁便宜，于是发展了不加新生铁，仅用废钢和回炉料，采用合适的增碳剂在炉内进行增碳的合成铸铁及熔炼方法来生产球墨铸铁，获得了较好效果。

（3）球化处理

1）球化剂及其加入量。宜选用 QRMg8RE3 低稀土球化剂，其主要成分的质量分数：$w(\text{Mg}) = 7.0\% ~ 9.0\%$，$w(\text{RE}) = 2.5\% ~ 4.0\%$，$w(\text{Si}) = 35.0\% ~ 44.0\%$，$w(\text{Ca}) = 2.0\% ~ 3.5\%$。

球化剂的加入量与很多因素有关，如原铁液中的含硫量、铁液的纯净度、球化剂中的含镁量、铁液的处理温度、球化处理工艺措施、铸件结构特征及铸造工艺等。为确保阀体的良好球化效果，采用冲入法时，球化剂的加入量一般为 1.30% ~ 1.40%（质量分数）。

2）球化处理方法。目前国内普遍采用操作较简便的冲入法。须严格控制每道工序，如包体的预热程度、球化剂的准备（粒度及预热等）、球化剂放入堤坝式凹坑内的覆盖及铁液的冲入等，以确保获得预期的球化效果。

采用喂线法进行球化处理，具有能准确控制球化剂的加入量等许多优点，显著提高了球化处理质量。

3）温度控制。为提高铁液的纯净度，中频电炉内的熔化温度宜控制在 1500 ~ 1520℃ 的范围内。

球化处理的出炉温度，对球化剂中镁的吸收率有很重要的影响。要预估球化处理全过程的降温幅度等情况，以保证阀体所需的浇注温度。一般将阀体的球化处理出炉温度控制在 1450 ~ 1470℃。

（4）孕育处理　进行孕育处理，并强化孕育效果是确保铸态高韧性球墨铸铁质量的最重要措施之一，其关键是优选孕育剂和孕育处理方法。

1）孕育剂。应选用 FeSi75 和含有 Si、Ca、Ba 等多种元素的复合孕育剂。这种高效孕育剂具有孕育作用强、形核率高和抗衰退能力强等特点，可促使铸态铁素体形成，并使石墨球圆整、细小、数量增多和分布均匀。它还能有效地消除铸态组织中的碳化物，使晶粒细小、组织致密，从而提高力学性能等。

2）孕育量及孕育处理方法。孕育剂的加入总量，应使处理后的含硅量达到表 7-3 中所选定的终硅量。

孕育处理方法应采用多频次进行，如在球化处理包内、转包和浇注时随流孕育或型内孕育等。用占浇注质量的 0.1% ~ 0.2% 的少剂量高效复合孕育剂（粒度为 0.8 ~ 1.5mm），在浇注箱内进行随流孕育，可获得显著的强化孕育效果。

（5）浇注　球化处理后，为防止球化、孕育效果衰退，应缩短停留时间，尽快进行浇注。

阀体的浇注温度不宜过高或过低，一般控制在 1340 ~ 1360℃ 的范围内。

按上述工艺生产的铸态高韧性铁素体球墨铸铁阀体，具有良好的铸态力学性能。表 7-4 中所列的部分实际资料（其铸态金相组织如图 7-9 所示）可供参考。

表 7-4　铸态高韧性铁素体球墨铸铁阀体的化学成分、力学性能及金相组织

| 序号 | 化学成分（质量分数，%） | | | | | | | | 力学性能 | | | | 金相组织 | | |
	C	Si	Mn	P	S	RE	Mg	CE	抗拉强度 R_m /MPa	规定塑性延伸强度 $R_{p0.2}$ /MPa	伸长率 A （%）	硬度 HBW	球化级别	球化率 （%）	铁素体量 （体积分数，%）
1	3.76	2.73	0.18	0.034	0.011	0.019	0.054	4.68	501	350	24.9	167	2	90	95
2	3.72	2.76	0.17	0.040	0.020	0.013	0.054	4.64	494	340	24.1	160	2	90	95
3	3.78	2.76	0.18	0.040	0.016	0.018	0.047	4.70	508	355	24.7	175	2	90	95
4	3.78	2.69	0.18	0.035	0.017	0.017	0.052	4.67	503	349	22.4	162	2	90	95
5	3.90	2.72	0.18	0.038	0.012	0.015	0.045	4.80	498	346	27.2	163	2	90	95
6	3.73	2.77	0.16	0.034	0.012	0.017	0.045	4.65	504	353	25.1	164	2	90	95
7	3.76	2.79	0.20	0.030	0.014	0.014	0.042	4.69	490	338	25.0	172	2	90	95
8	3.74	2.68	0.17	0.027	0.016	0.016	0.042	4.63	472	330	25.7	157	2	90	95
9	3.72	2.68	0.20	0.027	0.012	0.016	0.049	4.61	487	336	22.1	162	2	90	95
10	3.73	2.81	0.25	0.031	0.012	0.009	0.047	4.66	510	356	22.7	166	2	90	95
平均	3.76	2.74	0.19	0.033	0.014	0.015	0.048	4.67	498	345	24.4	165	2	90	95

铸态高韧性铁素体球墨铸铁阀体等铸件，不但本体的铸态力学性能良好，就连附铸的厚度仅为 2mm 的薄片，也具有很好的塑性，当用锤击弯曲达 40° 时，仍未出现断裂。该薄片的金相组织如图 7-10 所示。球状石墨圆整、细小、分布均匀、数量多，以铁素体为基体，因此塑性很好，可供生产薄壁（厚度为 3mm）球墨铸铁件。

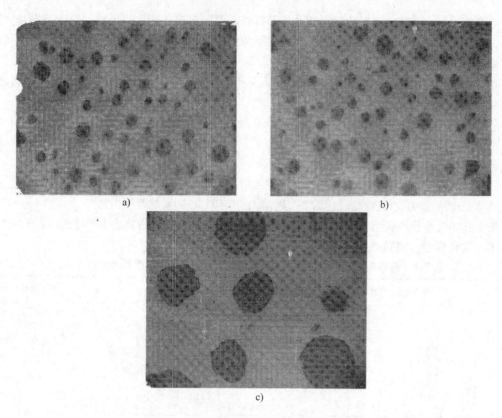

图 7-9　铸态高韧性球墨铸铁的金相组织
a）腐蚀前（×100）　b）腐蚀后（×100）　c）腐蚀后（×400）

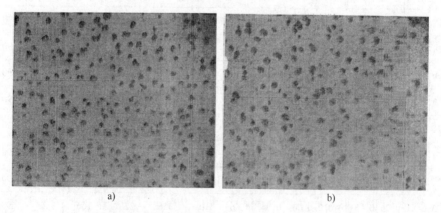

图 7-10　铸态高韧性球墨铸铁薄片（厚度 2mm）的金相组织
a）腐蚀前（×100）　b）腐蚀后（×100）

7.4　管件

　　管件与铸管配套，有等直径的，也有变直径的；有直通式的，也有弯管式的；有单向的，也有多向的等。因此，大型管件的生产也有较高的要求及较大的难度。

7.4.1　主要技术要求

大型管件的常用材质一般为灰铸铁 HT200、HT250 或球墨铸铁 QT450-10、QT400-15。对于流经液体或气体的管件，须进行密封性能试验，其试验压力一般约为 0.6MPa。对于特殊用途的高压管件，试验压力一般为工作压力的 1.2 ~1.5 倍。在不影响结构强度和使用性能的前提下，对于较轻微的铸造缺陷，可以进行修复，但须对修复质量进行检验。

7.4.2　铸造工艺过程的主要设计

1. 模样

口径大于 1000mm 的大型管件，其铸造线收缩率一般为 0.8% 。

大型管件的造型和造芯，一般采用实体模样和芯盒。对于单件生产的大型管件，根据结构特点，也可采用刮板造型方法。

2. 浇注位置及分型面

（1）竖直浇注位置　大型管件的浇注位置要根据管件的结构特点、技术要求、数量及生产条件等因素综合考虑确定。为更有效地保证质量，如果生产条件允许，则采用竖直浇注位置更为可靠。这样能使管件壁厚尺寸均匀，减少内、外表面铸造缺陷，并能使管件具有较高的耐压性能等。

图 7-11 所示为大型直管铸造工艺简图。其轮廓尺寸为 $\phi3100mm \times 2580mm$（法兰直径 × 长度），管径为 2800mm，主要壁厚为 28mm，毛重约 7.5t，材质为 HT200。从图中

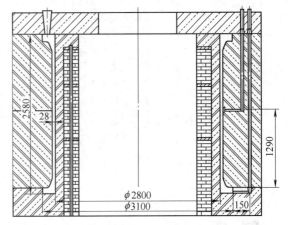

图 7-11　大型直管铸造工艺简图

可以看出，该铸件采用竖直浇注位置，在上、下法兰面处设分型面。因为是直管，外形结构简单，所以可采用竖直刮板造型方法，将中央圆形砂芯直接刮制在底箱上。采用该造型法，虽可节省制作实体模样及芯盒的费用，但须具备较熟练的刮板造型操作技术。

变径直管也可采用竖直浇注位置，如图 7-12 所示。该管的主管径为 2000mm，管壁厚度为 40mm，毛重约 5t，材质为 HT200。从图中可以看出，该铸件的上段砂芯是用实体芯盒造芯；下段则采用刮板造芯，将中央圆形砂芯直接刮制在底箱上。当然也可全用实体模样造型，两者均可获得较好的效果。

对于大口径的三通管等异形管件，根据技术要求及生产条件等因素，为了更有利于确保质量，也可采用竖直浇注位置。图 7-13 所示为大型循环水泵外吐出管铸造工艺简图。其管径为 2800mm，轮廓尺寸为 3300mm × 2565mm（宽度 × 高度），主要壁厚为 30mm，毛重约 6.5t，材质为 HT200。从图中可以看出，因是单件生产，故采用部分实体模样造型与刮板造型相结合的造型方法，获得了较好效果。

（2）水平浇注位置和水平分型　大型管件的共同特点：一般仅端部法兰的结合面需进行加工，内、外表面都不加工；允许有较轻微的气孔、夹杂等铸造缺陷，也允许对缺陷进行修复，只要能承受住所需的水压试验压力就算合格；对铸壁厚度尺寸精度没有太严格的要求等。因此，从

便于生产的角度考虑，大多选择水平浇注位置和水平分型。图 7-14 所示为大型三通管铸造工艺简图。其主管径为 2000mm，轮廓尺寸为 2612mm × 2900mm（总宽度 × 总长度），主要壁厚为 40mm，毛重约 7.2t。

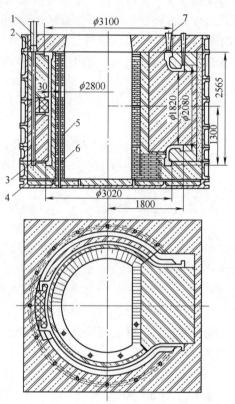

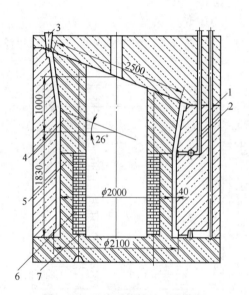

图 7-12　马蹄形管铸造工艺简图

1—底层浇注系统　2—上层浇注系统　3—冒口
4—上段砂芯　5—下段砂芯　6—压板
7—紧固螺栓

图 7-13　大型循环水泵外吐出管铸造工艺简图

1—直浇道　2—横浇道　3—内浇道
4—底板　5—砌砖　6—紧固螺栓
7—冒口

大型管件在采用水平浇注时，对中央砂芯的质量要求很高。因整体砂芯的自重较大，在造芯、运输及组芯等过程中，要能承受较大的自重作用，尤其是在浇注过程中，须能承受住铁液产生的很大的浮力作用等。因此，要求整体砂芯具有足够的强度和刚度等性能。造芯材料须选用强度较高的呋喃树脂砂，更重要的是要设计特制组合式芯骨，如图 7-14 中的件 5，以满足上述主要技术要求，使整体砂芯不产生裂纹、变形或位移等问题，尽量减小铸壁厚度的尺寸误差等。对芯骨的要求是便于卸装等。

3. 浇注系统

管件的浇注位置及分型面确定后，应根据结构特征（如形状、管径、长度、壁厚及质量等）及铸型种类等因素设置合适的浇注系统。主要设置原则：保证铁液在铸型内的流经距离较短；保证铁液的温度分布较为均匀；保证铁液在铸型内平稳上升；减少对砂芯的冲击及铁液的飞溅；具有较强的集渣能力；有利于气体及夹杂物的排出。应按照以上原则设置浇注系统，以减少气孔、砂孔及渣孔等铸造缺陷的产生。

（1）竖直浇注

1）顶注式。大型直径管件，采用竖直浇注位置时，可以选用顶注式浇注系统。它主要有两种形式：一种是雨淋式，可参阅第 2 章中气缸套的浇注系统进行设计；另一种是缝隙式，即多道扁平形内浇道设置在管件上端的芯头部位，使其均匀分布，使铁液沿着中央圆筒形砂芯顺流而下充满铸型。顶注式浇注系统具有较多优点，可获得较好的效果，但操作工艺较为复杂。

2）底注式。选用底注式浇注系统的情况较为普遍。它是将多道内浇道设置在管件下端的法兰部位。如果管件较高，则可增设第二层浇注系统，以提高管件上部分的铁液温度，如图 7-11 所示。

对于变径直管或多通直形管件，宜选用单层或双层底注式浇注系统，使铸型内的铁液平稳上升，如图 7-12 和图 7-13 所示。

3）阶梯式。其他外形或内部结构较为复杂的大型管件，多选用阶梯式浇注系统。图 7-15 所示为大型循环水泵内吐出管铸造工艺简图。其管径为 1800mm，轮廓尺寸为 $\phi 2710mm \times 2510mm$（最大法兰直径×总高度），主要壁厚为 30mm，毛重约 5.5t，材质为 HT200。从图中可以看出，该铸件采用组芯造型及竖直浇注位置。为使铸型内的铁液平稳上升，温度分布较为均匀，设置了三层阶梯式浇注系统，获得了较好效果。

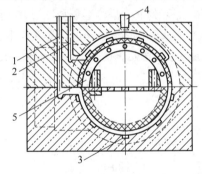

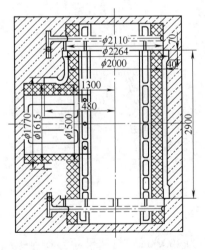

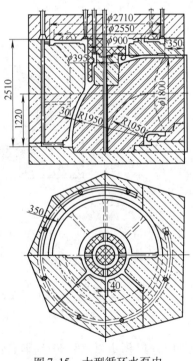

图 7-14 大型三通管铸造工艺简图

1—底层浇注系统 2—上层浇注系统

3—内浇道 4—冒口 5—特制组合式芯骨

图 7-15 大型循环水泵内
吐出管铸造工艺简图

（2）水平浇注 管件水平浇注常用的浇注系统有以下几种主要形式。

1）长度尺寸较小（小于1500mm）的中小型管件。在两端法兰与管中心线垂直的方向（即对着法兰厚度方向）开设内浇道。

2）较长的中小型管件。沿管的长度方向，在分型面上设置多道内浇道，进行快速浇注。由于管壁较薄，铁液对砂芯的激烈冲刷，很容易将砂芯冲坏，产生砂孔等缺陷，故应尽量少采用这种浇注形式。

较长的直形管件可采用倾斜浇注，即使铸型与地面成3°~10°的角度。与水平浇注相比，倾斜浇注铸型内的气体更容易排出，有利于减少管件上部表面的气孔、夹渣等缺陷。

3）大型管件。最常用的典型浇注系统是铁液沿着芯头方向，由开设在芯头下半型中的多道内浇道引入铸型。因为铁液是沿着与管中心线平行的管壁方向流动，所以其对铸型、砂芯的直接冲击作用较小，能较平稳地上升。同时，应将横浇道设置在砂芯的芯头内，即在内浇道的上方，以增强集渣能力。

这种浇注系统也有两种类型：一种是将内浇道仅设置在芯头铸型的下半部分；另一种是在上半部分也设置多道内浇道，这样可以提高铸型内上部的铁液温度，减小上、下部分的温度差，如图7-14所示。

图7-16所示为大型弯管铸造工艺简图。其管径为2000mm，法兰直径为2430mm，主要壁厚为40mm，毛重约8.4t，材质为HT200。大型管件（直管、弯管等）的典型浇注系统如图7-16所示，铁液同时由管件两端引入，多道内浇道分别设置在管件两端芯头部位的上、下两半芯座上。在管件两端法兰顶部设置出气冒口，在中段上方设溢流冒口，通过溢流来防止产生冷隔、气孔及夹杂等铸造缺陷，获得了较好的效果。

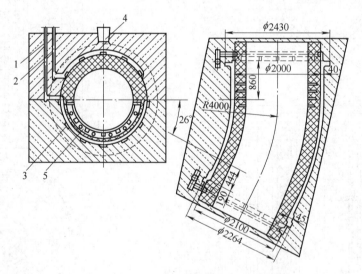

图7-16　大型弯管铸造工艺简图
1—底层浇注系统　2—上层浇注系统　3—内浇道　4—冒口　5—特制组合式芯骨

图7-17所示为大型90°异形管铸造工艺简图。其管径为1000mm，轮廓尺寸为φ1500mm×2360mm（大端口径×总长度），主要壁厚为33mm，毛重约1.8t，材质为HT200。从图中可以看出，浇注系统设置在管件的小口径端，内浇道设置在芯头部位。

在大型弯形管件铸造工艺设计中，要特别注意砂芯的固定。为了防止砂芯变形及浮动等，必须设计特制组合式芯骨及型芯撑，如图7-17中的件2、件3。

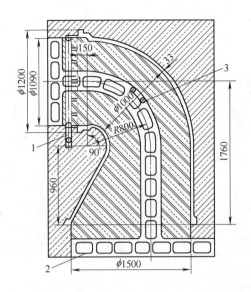

图 7-17　大型 90° 异形管铸造工艺简图
1—底注式浇注系统　2—特制组合式芯骨　3—型芯撑

7.5　球墨铸铁螺纹管件

7.5.1　主要技术要求

1. 材质

球墨铸铁螺纹管件的材质为 QT450-10。

2. 尺寸

螺纹管件的结构特点是上、下两件的工作表面设有铸造螺纹，成对配合使用。交货状态为铸态毛坯，经精细打磨。因不经机械加工，故要求铸造尺寸精确。

3. 铸造缺陷

铸件表面质量要求较高，不准有气孔、砂孔、缩孔、夹杂及冷隔等铸造缺陷。

7.5.2　铸造工艺过程的主要设计

图 7-18 所示为球墨铸铁内螺纹管件铸造工艺简图。其轮廓尺寸为 $\phi420\text{mm} \times 670\text{mm}$（法兰直径×总长度），主要壁厚为 7mm，毛重约 33kg。

图 7-19 所示为球墨铸铁外螺纹管件铸造工艺简图。其轮廓尺寸为 $\phi252\text{mm} \times 630\text{mm}$（大端直径×总长度），主要壁厚为 7mm，毛重约 35kg。

1. 模样

批量生产时，采用金属模样及芯盒。铸造线收缩率为 1%。

2. 浇注位置及分型面

根据管件的结构特点，应采用水平浇注位置及水平分型。

3. 铸型

可选用冷硬呋喃树脂砂造型。根据生产方案，铸型也可选用湿型。

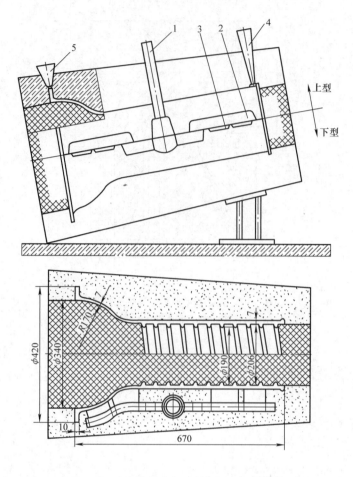

图 7-18　球墨铸铁内螺纹管件铸造工艺简图

1—中注式浇注系统　2—双面缓流横浇道
3—薄片式内浇道　4—出气孔　5—冒口

为提高外螺纹管件的大端与管盖的配合精度，可采用酚醛树脂砂芯，如图 7-19 中的件 3。

4. 浇注系统

根据管件壁薄的结构特点，为防止产生冷隔等铸造缺陷，须采取提高浇注速度等措施。

从图 7-19 中可以看出，外螺纹管件采用楔形浇道，尺寸为 8mm×70mm（厚度×长度）。铁液直接从铸型上部注入，快速充满整个铸型，可获得完好铸件。

从图 7-18 中可以看出，内螺纹管件的浇注系统设置在分型面管件的一侧，采用截面呈薄扁形的多道内浇道（件 3）。采用上述工艺，铁液能迅速充满铸型，获得了较好的效果。

5. 化学成分

根据螺纹管件的材质要求和结构特点（壁薄及冷却速度较快等），选定化学成分的质量分数：$w(C_{炉中}) = 3.75\% \sim 3.85\%$，$w(Si_{终}) = 2.7\% \sim 2.8\%$，$w(Mn) \leqslant 0.35\%$，$w(P) = 0.035\%$，$w(S) \leqslant 0.02\%$。

选用 QRMg8RE3 低稀土球化剂，采用冲入法，球化剂加入量为 1.30% ~ 1.35%，严格控制球化处理全过程，从而获得良好的铸态力学性能和金相组织。表 7-5 中所列为部分内、外螺纹管

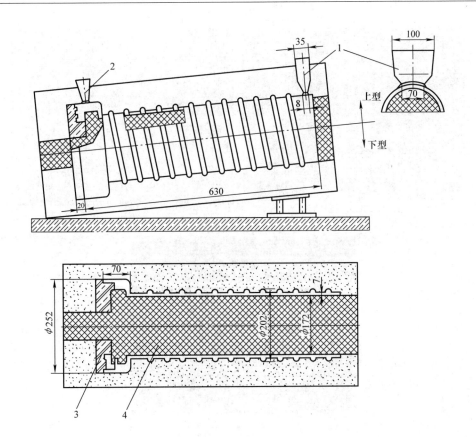

图 7-19 球墨铸铁外螺纹管件铸造工艺简图

1—楔形浇道 2—冒口 3—酚醛树脂砂芯 4—自硬呋喃树脂砂芯

件的实际资料，其铸态金相组织如图 7-20 所示，可供参考。

表 7-5 内、外螺纹管件的化学成分、力学性能及金相组织

序号	化学成分（质量分数，%）								力学性能				金相组织		
	C	Si	Mn	P	S	RE	Mg	CE	抗拉强度 R_m /MPa	规定塑性延伸强度 $R_{p0.2}$ /MPa	伸长率 $A(\%)$	硬度 HBW	球化级别	球化率（%）	铁素体量（体积分数，%）
1	3.87	2.58	0.27	0.032	0.015	0.014	0.042	4.73	513	359	18.3	165	2	90	90
2	3.80	2.84	0.22	0.033	0.013	0.013	0.037	4.75	518	360	22.8	167	2	90	90
3	3.83	2.76	0.21	0.038	0.016	0.011	0.040	4.75	530	366	21.6	172	2	90	90
4	3.91	2.60	0.20	0.035	0.015	0.012	0.041	4.78	524	362	18.0	172	2	90	90
5	3.78	2.75	0.23	0.036	0.014	0.012	0.049	4.70	514	355	21.6	164	2	90	90
平均	3.84	2.71	0.23	0.035	0.015	0.012	0.042	4.74	520	360	20.5	168	2	90	90

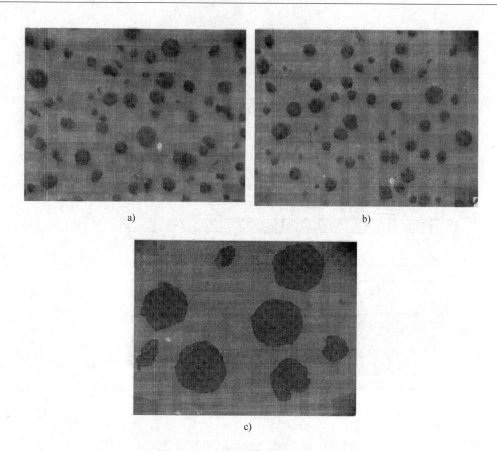

图 7-20　内、外螺纹管件的铸态金相组织

a) 腐蚀前（×100）　b) 腐蚀后（×100）　c) 腐蚀后（×400）

6. 温度控制

为提高铁液的纯净度，宜将熔化温度控制在 1510～1530℃ 的范围内。

考虑到管件壁薄，所需浇注温度较高，应将球化处理的出炉温度提高到 1480～1500℃。

螺纹管件壁薄，一包铁液可浇注的数量较多，为防止产生冷隔等铸造缺陷，宜将浇注温度控制在 1400～1440℃ 的范围内。

7.6　球墨铸铁螺旋输送管

7.6.1　主要技术要求

球墨铸铁螺旋输送管是螺旋输送器的重要配件，一般用于输送小块状、颗粒状、粉状或膏状等物料。根据不同的用途，其主要技术要求各异。图 7-21 所示螺旋输送管的主要技术要求如下。

1. 材质

螺旋输送管的球墨铸铁材质为 QT600 - 3。

2. 尺寸

螺旋输送管的结构特点是薄壁叶片呈螺旋状，管件两端与配件联接，装入螺旋输送器壳体内。工作时进行回转运动，以推动物料前进。铸态毛坯交货，须经精细打磨，要求铸造尺寸精确。

3. 铸造缺陷

铸件表面质量要求较高，不准有气孔、砂孔、缩孔、缩松及夹杂等铸造缺陷。

7.6.2　铸造工艺过程的主要设计

螺旋输送管的轮廓尺寸为 $\phi290mm \times 600mm$（螺旋叶片外径 × 总长度），管壁厚度为 $20mm$，螺旋叶片厚度为 $18mm$，毛重约 $80kg$。其铸造工艺简图如图 7-21 所示。

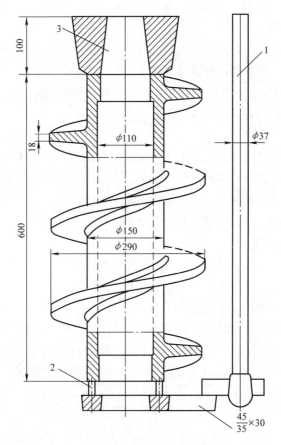

图 7-21　球墨铸铁螺旋输送管铸造工艺简图

1—底注式浇注系统　2—内浇道（$6 \times \phi14mm$）　3—环形顶冒口

1. 浇注位置

根据螺旋输送管的结构特点及主要技术要求，为使铸件在结晶凝固过程中能得到较充分的补缩和尽量减少铸造缺陷，故采用垂直浇注位置。

2. 铸型

根据该铸件的结构特点及所选定的浇注位置，有两种铸型可供选择，应根据生产条件等具体情况进行选用。

（1）自硬呋喃树脂砂　自硬呋喃树脂砂具有强度高、透气性能好等许多独特优点，完全能满足铸件的质量要求。根据该铸件的外形结构特点，只能采取水平分型、垂直浇注方法。当采用水平分型时，螺旋状叶片模样不能直接起出来，须在叶片旁边设置多块小砂芯。这样，不但增加造型、制芯、清铲打磨等工作量，还影响尺寸精度等表面质量。

（2）消失模空壳铸造　根据螺旋输送管的外形结构特点，其适于采用消失模空壳铸造。其主要优点：泡沫塑料模样（或简称"白模"）是一件整体实样，不需要分型及起模等工序，可显著提高尺寸精度等表面质量，减少铸件清铲打磨等工作量。

为确保螺旋输送管消失模空壳铸造质量，须注意以下几点：

1）"白模"须具有足够的强度和刚度，严防变形，确保尺寸精度。

2）选用超强、耐烧优质涂料。涂刷 2～3 层，总厚度为 1.5～2mm。烘烤干透，使涂料层具有最高的强度和耐烧性能等。

3）控制好浇注前的负压富氧快速烧空工艺。将全部泡沫烧尽，并将整个壳型快速升温至适当程度，以免产生碳缺陷，如夹渣、皱皮及气孔等。

4）控制好负压浇注的各项工艺参数及操作要领。确保铸型完好无损，充分发挥负压空壳浇注的优点，以获得具有高致密性的优质铸件。

3. 浇冒口系统

（1）浇注系统　根据球墨铸铁在浇注过程中易产生二次氧化夹杂物等特点，为使铁液较平稳地充满铸型，应采用底注式浇注系统。6 个 $\phi14mm$ 内浇道均布于铸件底部。为增强浇注系统的挡渣能力，采用单面缓流式横浇道，并在搭接处放纤维过滤网。

（2）冒口　在铸件顶部设置环形顶冒口。

4. 化学成分及铸态力学性能

根据螺旋输送管的材质及结构特点等，选定的化学成分控制范围见表 7-6。为使其具有更好的铸态力学性能及使用性能，添加了少量合金元素 Cu。

根据所选定的化学成分进行炉料配比及其熔炼。球化处理采用冲入法，选用低稀土钙钡复合球化剂，加入量为 1.35%～1.40%，严格控制球化处理及孕育处理的全过程，获得了良好的球化效果及较高的力学性能，见表 7-6。螺旋输送管的铸态金相组织如图 7-22 所示，可供参考。

表 7-6　螺旋输送管的化学成分、力学性能及金相组织

控制范围及实测值	化学成分（质量分数，%）								力学性能			金相组织		
	C（炉中）	Si	Mn	P	S	Cu	RE	Mg	抗拉强度 R_m /MPa	伸长率 $A(\%)$	硬度 HBW	球化级别	球状石墨大小级别	珠光体量（体积分数,%）
控制范围	3.70～3.91	2.30～2.65	≤0.50	≤0.040	≤0.020	0.40～0.80	0.010～0.025	0.040～0.060	≥600	≥3	190～270	2～3	4～6	>50
实测值 1	3.87	2.54	0.30	0.039	0.020	0.51	0.020	0.055	842	7.0	260	2	6	
实测值 2	3.91	2.64	0.20	0.040	0.011	0.56	0.018	0.058	874	5.2	265	2	6	
实测值 3	3.71	2.34	0.40	0.037	0.019	0.76	0.015	0.059	884	5.2	267	2	6	

5. 温度控制

为提高铁液的纯净度，应适度提高铁液的过热程度。一般过热温度应达到 1510～1530℃。

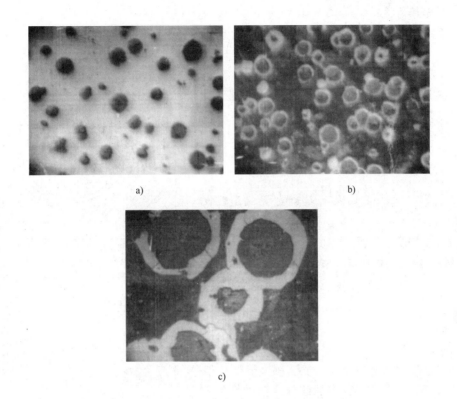

图 7-22　螺旋输送管的铸态金相组织
a）腐蚀前（×100）　b）腐蚀后（×100）　c）腐蚀后（×400）

根据螺旋输送管的结构特点和不同的铸型条件等因素，选定球化处理温度和浇注温度。当采用自硬呋喃树脂砂型时，球化处理温度可取 1460 ~ 1470℃，浇注温度为 1360 ~ 1370℃；当采用消失模空壳浇注时，为尽量减少铸件表面的碳缺陷等，则须有较高的浇注温度，球化处理温度可取 1500 ~ 1510℃，浇注温度为 1430 ~ 1450℃。

7.7　球墨铸铁管卡箍

球墨铸铁管卡箍用于直管的紧固连接，要求具有良好的密封性能，以防止气体、液体向外泄漏。它是管系中的重要配件，必须确保铸造质量。

7.7.1　主要技术要求

1. 材质

对球墨铸铁材质的力学性能要求：抗拉强度 $R_m \geq 450\text{MPa}$，规定塑性延伸强度 $R_{p0.2} \geq 310\text{MPa}$，伸长率 $A \geq 12\%$，硬度为 155 ~ 200HBW；金相组织要求：球化率大于 80%，珠光体的体积分数小于 45%，任意视场的碳化物的体积分数小于 2%。

2. 尺寸

铸造尺寸必须准确，两端结合面上螺栓孔的中心距离及孔径等均须通过样板检验。

3. 铸造缺陷

管卡箍铸件不允许有影响结构强度的气孔、砂孔、夹杂、缩孔及缩松等铸造缺陷。

7.7.2　铸造工艺过程的主要设计

管卡箍的结构形状虽然较简单，但却是铸造质量要求很高的铸件。其铸造工艺示意图如图7-23所示。管卡箍的口径为500mm，轮廓尺寸为710mm×90mm（长度×宽度），主要壁厚为17mm，毛重为18kg。

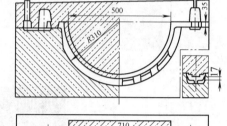

1. 模样

批量生产时，采用金属模样及其模板。铸造线收缩率为1%。

2. 浇注位置及分型面

根据管卡箍的结构特点，采用将管口朝上的水平浇注位置及水平分型。根据管径大小，一箱内可放置4~6件。

3. 铸型

为提高铸型强度，采用冷硬呋喃树脂砂造型。需要特别指出，冷硬呋喃树脂砂一般选用磺酸类（如二甲苯磺酸等）固化剂，其中的部分硫会残留在旧砂中。如果累积残留的硫量过多，则会使铸件表面产生局部球化不良缺陷而严重影响产品质量。因此，要注意提高旧砂回收、再生质量，除掉旧砂颗粒表面黏附的树脂薄膜及其粉尘，并要添加部分（10%~20%）新砂，以确保管卡箍的质量。

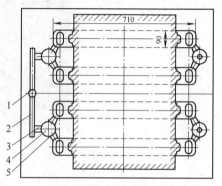

图7-23　管卡箍铸造工艺示意图
1—直浇道　2—横浇道及过滤网
3—内浇道　4—侧冒口　5—冒口颈
6—出气孔

4. 浇冒口系统

根据管卡箍的结构特点及所选定的浇注位置和分型面，将浇注系统设置在分型面的一侧（图7-23）。在每两件管卡箍间设置一个侧冒口4，铁液沿内浇道3，经冒口颈5流入型腔内，使侧冒口内的铁液温度较高，有利于增强补缩效能。

5. 化学成分

根据管卡箍的材质要求、结构特点（件小、壁薄、冷却速度较快）及使用地区的环境温度等因素选择合适的化学成分，避免产生缩孔、缩松及石墨漂浮等铸造缺陷。

铁素体球墨铸铁的脆性转变温度最低且具有较高的冲击韧度。但须着重指出：硅对铁素体球墨铸铁的脆性转变温度有强烈的影响，提高含硅量，会使转变温度升高，并使冲击韧度 a_K 值明显下降。当硅的质量分数超过3%时，铁素体球墨铸铁的冲击韧度会急剧降低。因此，为获得较佳的冲击韧度，含硅量不能过高。对于在严寒地区使用的管卡箍，为了防止出现因气温太低，使冲击韧度急剧下降而可能引发的脆性断裂，宜将硅的质量分数控制在2.75%以下。含锰量也应尽量降低，以防止珠光体及碳化物的形成。磷属于有害元素，应尽量降低其含量。综上所述，管卡箍化学成分的选择可参考表7-7。

表 7-7　管卡箍化学成分的选择

处理阶段	化学成分（质量分数，%）							
	C	Si	Mn	P	S	RE	Mg	CE
球化处理前	3.73~3.83	1.3~1.6	<0.35	<0.035	<0.020			4.63~
球化处理后	3.40~3.65	2.50~2.72	<0.35	<0.035	<0.015	0.011~0.022	0.038~0.050	4.74

　　选用球墨铸铁生铁 Q10 或 Q12。

　　选用 QRMg8RE3 低稀土球化剂，其中钙的质量分数为 2%~3.5%。采用冲入法，球化剂的加入量为 1.35%~1.40%。为准确控制球化剂的加入量及提高镁的吸收率，可采用喂线法进行球化处理。严格控制熔炼及球化处理全过程中的每道工序，获得了良好的预期效果。某工厂的部分实际资料见表 7-8 及图 7-24，可供参考。

表 7-8　管卡箍的化学成分、力学性能及金相组织

序号	化学成分（质量分数，%）								力学性能				金相组织		
	C	Si	Mn	P	S	RE	Mg	CE	抗拉强度 R_m /MPa	规定塑性延伸强度 $R_{p0.2}$ /MPa	伸长率 $A(\%)$	硬度 HBW	球化级别	球化率（%）	铁素体量（体积分数，%）
1	3.77	2.58	0.18	0.033	0.013	0.016	0.042	4.63	498	349	23.6	161	2	90	90
2	3.75	2.65	0.25	0.037	0.009	0.012	0.046	4.63	506	354	19.3	167	2	90	90
3	3.77	2.82	0.28	0.038	0.014	0.011	0.044	4.71	525	366	18.9	172	2	90	90
4	3.75	2.68	0.19	0.031	0.012	0.017	0.045	4.64	494	348	23.9	160	2	90	90
5	3.82	2.78	0.22	0.032	0.012	0.012	0.038	4.75	516	361	20.8	169	2	90	90
6	3.83	2.77	0.20	0.032	0.011	0.014	0.038	4.75	510	360	21.6	167	2	90	90
7	3.85	2.77	0.16	0.032	0.013	0.016	0.043	4.77	512	362	22.2	163	2	90	90
8	3.80	2.70	0.18	0.031	0.009	0.012	0.046	4.70	514	357	21.9	169	2	90	90
9	3.85	2.68	0.24	0.035	0.014	0.012	0.040	4.74	513	364	21.6	167	2	90	90
10	3.82	2.64	0.20	0.032	0.019	0.019	0.038	4.70	517	365	19.2	173	2	90	90
平均	3.80	2.70	0.21	0.033	0.013	0.014	0.042	4.70	510	358	21.3	167	2	90	90

6. 温度控制

　　铁液温度是影响铸件质量的重要因素之一。在一定范围内，适当提高过热程度，可提高铁液的纯净度，促使石墨细化，改善基体组织，提高抗拉强度。因此，一般将电炉内的熔化温度控制在 1500~1520℃ 的范围内。

　　球化处理温度的选择，要考虑球化剂中镁的吸收率。过高的球化处理温度，会增加镁的损耗，降低吸收率。在能确保所需浇注温度的前提下，应选择较低的球化处理温度。在球化处理过程中，因处理方法及具体操作控制不同，降温幅度差别较大。因此，要根据具体的生产条件进行选择。管卡箍的球化处理出炉温度应控制在 1470~1490℃ 的范围内。

　　根据浇注温度对铸件质量的综合影响，以及管卡箍的结构特点、浇注工艺及一次浇注数量等生产条件，在确保最后浇注的管卡箍不产生气孔、夹杂及冷隔等缺陷的前提下，选择浇注温度为 1330~1380℃。

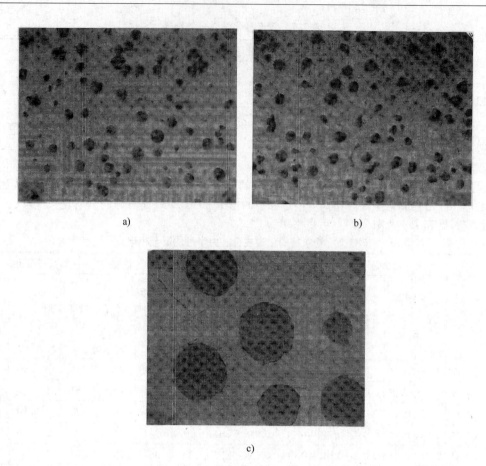

a)　　　　　　　　　　　　　　　　b)

c)

图 7-24　管卡箍的铸态金相组织

a）腐蚀前（×100）　b）腐蚀后（×100）　c）腐蚀后（×400）

第8章 轮形铸件

轮形铸件常指飞轮、调频轮、齿轮、带轮及滑轮等。本章主要论述其中典型的、铸造难度大的轮形铸件。

8.1 飞轮

8.1.1 一般结构及铸造工艺性分析

大型发动机均设有供盘车起动主机用的大型飞轮，安装在主机主轴端部，一般由轮缘、内法兰及轮辐板等部分组成，如图8-1所示。轮缘外周的齿形，有直接铸造而成或由机械加工铣齿两种。有的大型飞轮上还设有重型平衡铁，用来增加转动惯量，起动平衡调频作用。飞轮的外形结构虽不是很复杂，但具有以下主要特点。

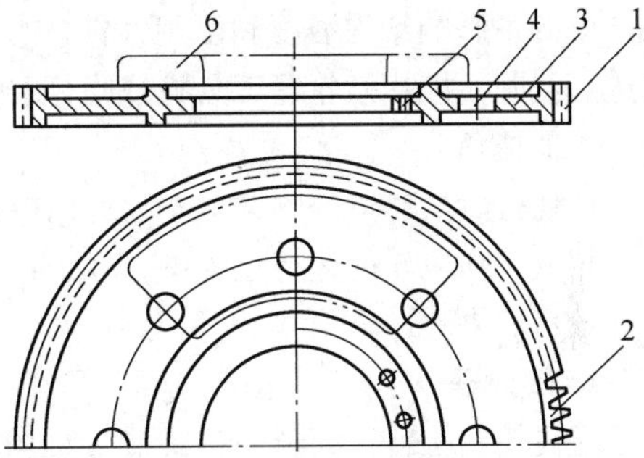

图 8-1 大型飞轮示意图
1—轮缘 2—齿 3—轮辐板 4—铸孔
5—内法兰 6—平衡铁

1. 体积大

根据不同的机型，大型飞轮的外径可达 2500 ~ 4500mm。铸造时需要使用大型砂箱等工装设备。

2. 铸壁较厚且相差很大

大型飞轮，不但直径大，而且铸壁较厚，最薄部位的厚度也有40mm。设有平衡铁的大型飞轮，其各部位的厚度相差很大，最薄处为 60 ~ 100mm，最厚部位则达 400 ~ 600mm。对于铣齿的飞轮，轮缘部位的厚度达 120 ~ 260mm。

3. 质量大

最轻的飞轮毛重约 2t，最重的飞轮毛重达 19t。

根据以上主要结构特点，飞轮的铸造需要较大型的铸造工装设备，如大型砂箱、起重及熔化设备等。因铸壁较厚且相差很大，使铸件各部位的温度分布很不均匀，冷却速度相差很大，很容易产生缩孔、缩松及裂纹等铸造缺陷。因此，必须采取有效措施，才能获得完好铸件。

8.1.2 主要技术要求

1. 材质

飞轮工作时承受较大的载荷，要求其材质具有较高的力学性能，一般选用 HT300 ~ HT350。

由于受大型飞轮结构特性的影响，为确保飞轮本体，特别是轮缘齿部位有足够的强度和耐磨性等，必须采用低合金高强度铸铁。添加的主要合金元素为铜、铬等，它们能细化结晶组织，促使形成较细致的珠光体基体，提高材料的强度和硬度等。

为检验本体性能，有些飞轮要求设置在其轮缘齿顶部位的附铸试验样块的力学性能：抗拉强度 R_m > 230 ~ 260MPa，硬度大于 180 ~ 185HBW，齿加工表面硬度大于 160HBW。齿部的金相组织应为珠光体基体 + 少量铁素体和碳化物（体积分数 < 5%）。由于大型飞轮的铸壁厚度大，特别是设有平衡铁的特重型飞轮，在铸型中的冷却速度很缓慢，要达到上述性能要求并非易事，必须选择适当的合金元素及其加入量。

2. 尺寸要求

为保持飞轮的静、动平衡，全部尺寸必须准确。特别是铸齿部位，更要有严格的质量要求。因为齿是铸造而成，不需再经机械加工，所以对齿面的表面粗糙度及齿形尺寸的精度都有较高的要求。

3. 铸造缺陷

要根据铸造缺陷的性质、位置及大小等特征对其进行处理。飞轮最重要的工作部位是轮缘上的传动齿区及中央与主轴连接的内法兰区，这些部位一般不允许有任何铸造缺陷。在其他部位产生的不影响结构强度和使用性能的轻微的气孔、砂孔及夹杂等铸造缺陷，允许用打磨的方法进行清除。即用砂轮等工具将缺陷打磨掉，并与缺陷周围母材打磨成圆滑平整过渡，不允许形成尖锐的棱角。

任何位置的铸造缺陷，均不允许用电焊的方法进行修复，因为焊补区、热影响区内很容易产生微裂纹。在飞轮的运行过程中，在工作应力及振动的作用下，可能导致裂纹伸展及产生应力集中等不良后果。

4. 热处理

受飞轮结构特征的影响，铸造过程中易产生较大的铸造残余应力。如果铸型浇注后的开箱时间过早，则容易产生裂纹缺陷。为使残余应力降至最小，铸件在铸型内必须很缓慢地冷却，时间长短须根据飞轮的结构特征（如直径大小、质量、壁厚、复杂程度及化学成分等）而定，一般冷却时间为 48~144h。待铸件温度降到 150℃ 以下后才能开箱，可以不再进行消除内应力的热处理。

如果在较高温度下开箱，则在铸件清理和粗加工后，必须进行人工时效处理。热处理炉的预热温度为 250℃，以低于 50℃/h 的速度达到 550℃。保温时间视飞轮的最大厚度而定，一般可取每 20mm 延长 1h。保温后要在炉内缓慢冷却，降温速度应小于 40℃/h，降至 150° 后才能出炉空冷。

8.1.3 铸造工艺过程的主要设计

1. 浇注位置及分型面

根据结构特性，飞轮一般都是采用水平浇注位置及水平分型，并将重要的轮缘部位等置于铸型下方。

2. 模样

根据所确定的浇注位置及分型面等，模样的制作可分为实体模样造型和刮板造型两种方案。

（1）实体模样造型　为使飞轮尺寸准确和铸造操作方便，一般制成实体模样。飞轮的直径较大，呈扁平形状，如果采用普通木质结构实体模样，当停放时间较长时，容易产生翘曲、变形等缺陷。因此，可采用钢结构、金属圆盘与木模相结合的组合式模样。

图 8-2 所示为大型飞轮模样结构及铸造工艺示意图。飞轮的轮廓尺寸为 $\phi 4200mm \times 430mm$（轮缘最大外径×总高度），材质为 HT300，毛重为 22t。轮缘铸齿部位共由 10 块铸齿砂芯 3 组成。采用底注式浇注系统，12 个 $\phi 35mm$ 内浇道 5 分别设置在两块大型木质平衡铁 2 部位。为适当加快局部冷却速度，在木质平衡铁上平面及圆根部位，分别设置了外冷铁 7 和 8。该组合式模

样的结构：飞轮的主要圆盘部分，设计成金属型（HT200）圆盘体模样；两块大型木质平衡铁 2 则采用木质模样，牢固地镶嵌在金属型圆盘体 1 上。这种组合式模样便于造型操作，可长期使用，不会变形，获得了较好的效果。

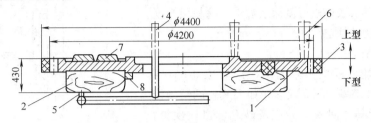

图 8-2　大型飞轮模样结构及铸造工艺示意图

1—金属型圆盘体　2—木质平衡铁　3—铸齿砂芯（共 10 块）

4—直浇道（4×ϕ65mm）　5—内浇道（12×ϕ35mm）

6—冒口　7—平面外冷铁（厚度为 80mm，石墨板材）

8—圆根部位外冷铁（石墨板材）

（2）刮板造型　刮板造型可节省大量制模木材和工时，从而大幅度降低了模样成本。

3. 铸型

对大型飞轮铸型最主要的要求是，铸型必须具有足够的强度和刚度，以在生产全过程中承受飞轮自重及浇注时产生的很大的浮力作用等，不能产生尺寸变化等缺陷。

（1）造型材料　造型材料目前一般采用强度较高的冷硬呋喃树脂砂，24h 后的抗拉强度应控制为 1.0~1.5MPa。为确保树脂砂的基本性能合格，旧砂经回收、再生处理后，新砂的补充加入量应达到 15%~20%；或靠模样表面全部采用新砂混制的面砂，砂层厚度为 60~80mm，背砂则使用旧砂混制的型砂。树脂砂仅适用于实体模样造型。

目前，个别单位仍在继续采用普通黏土砂，配合采用刮板造型法，可大幅度降低铸型成本。

（2）造型方法　目前，大型飞轮等轮形铸件生产中应用的造型方法有以下两种。

1）用实体模样造型。这是普遍采用的方法，这种方法更有利于保证铸件质量。

2）刮板造型法。轮形铸件采用刮板造型方法时，造型材料必须应用黏土砂。大型轮形铸件刮板造型装置简图如图 8-3 所示。

首先将底座 6 紧固于砂箱底板 7 上成为整体，将轴杠 1 插入底座 6 中。将飞轮刮板 8 固定于活页 2 上，再将活页套在轴杠上，活页可沿轴杠上、下滑动，根据刮板形状及砂箱高度调节活页至合适位置。然后使用顶钉 5，将调整垫块 4 的位置固定。活页刮板绕轴杠旋转，即可进行刮板造型。在整个造型过程中，必须注意防止刮板、活页及轴杠有任何松动，以确保刮制成的砂型尺寸准确。刮板造型的砂型，一般依据分型面上的中心线及随刮板刮出的"止口"来定位。为减少刮板工作面在刮砂型时的磨损，须在与工作面相垂直的板面上镶一块厚度为 2~4mm 的钢板条，以防因刮板磨损而影响尺寸精度。

（3）铸齿砂芯　大型飞轮的铸齿质量是最受关注的。铸齿必须具有足够的强度、光滑的表面和合格的尺寸精度，且无内部缺陷。

1）芯盒结构。芯盒的结构要求：每个铸齿砂芯包括 6~8 个齿，为减少变形和尺寸误差，齿数不宜过多或过少；每块砂芯之间的分界接缝应设在齿顶部位；齿的工作表面应平直，不能留有斜度；沿齿轮径向起模。铸齿芯盒结构示意图如图 8-4 所示。

2）造砂芯材料。选用呋喃树脂砂，且全部用新原砂经混制而成，不得加入旧砂，使其具有足够的强度等良好性能。砂芯中要放入铸铁芯骨，以增加强度及刚度。造芯时的春砂方向和起模方向如图8-4所示。

3）涂料。铸齿表面进行流涂或喷涂，涂料层厚度要均匀，确保涂料层质量。

4）尺寸控制

① 大型飞轮的径向线收缩率一般可取 0.6% ~ 0.8%。影响线收缩率的因素较多，如大飞轮的结构特性、化学成分、铸型种类、砂型及砂芯的退让性等。要经过多次校正测量，才能得出较准确的具体数值。

② 用样板检查。常用的检查样板如图8-5所示。铸齿砂芯组装时，首先要用一个特制的单齿模样，置入每两块砂芯对接处型腔中，以检查对接齿外形轮廓尺寸的准确性；然后用图8-5b所示的覆盖5个齿的样板，检查两块砂芯对接组合后的圆度。

齿根尺寸的控制非常重要。采用刮板造型法时，先将轴杠插入砂箱底板上的轴杠底座中，再将如图8-5a所示的样板套在轴杠上，检查每块铸齿砂芯的齿根尺寸。经过反复多次调整，即可保持整体铸齿尺寸的基本准确。

全部铸齿砂芯组装并调整尺寸后，要用型砂将对接缝隙及芯头间隙填紧，严防砂芯发生径向移动。

③ 铸齿砂芯经充分硬化后才能起模，然后平放在平板上。在搬运、组芯全过程中，不准有任何变形或损伤，更不准进行修补，以保持齿形良好。

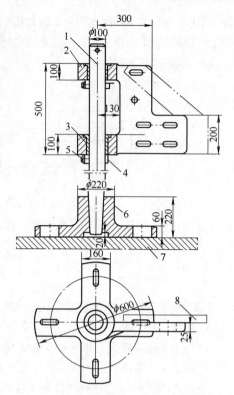

图 8-3　大型轮形铸件刮板造型装置简图

1—轴杠（45 钢）　2—活页（ZL102）　3—衬套（ZCuSn5Pb5Zn5）　4—调整垫圈（45 钢）　5—顶钉（45 钢）　6—底座（HT200）　7—砂箱底板（HT200）　8—飞轮刮板（木质）

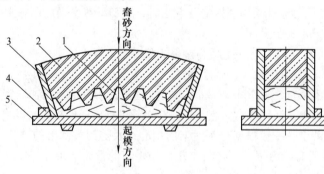

图 8-4　铸齿芯盒结构示意图

1—铸齿模样　2—铸齿砂芯　3—芯盒框　4—定位装置　5—芯盒底板

树脂砂型组芯、合箱完成后，要用热风烘干机进行充分烘干。热风温度为 160 ~ 180℃，连续烘干 10 ~ 12h 后，才能进行浇注。

4. 浇注系统

（1）对浇注系统的基本要求　大型飞轮浇注系统的设置，应考虑诸多相关因素的综合影响，如结构特点，包括直径大小、壁厚、质量、复杂程度、铸型种类及铸件材质等。浇注系统要着重满足以下主要基本要求：

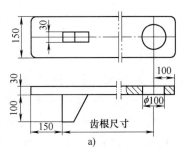

1）大型飞轮扁平型铸件的表面积很大，铁液在铸型内应平稳、连续地上升，避免对砂型和砂芯发生冲击、出现漩涡、卷入空气、产生氧化夹杂物等。

2）设有平衡铁的大型飞轮的壁厚相差很大，各部位的温度差别很大，致使产生很大的铸造内应力，很容易引发裂纹。根据同时凝固原则，应尽量使铁液从飞轮的薄壁部位引入，以调节温度分布，减小各部位的温度差，防止产生裂纹缺陷。

3）飞轮铸件对铸齿质量的要求很高，应使铁液的流经距离较短，并要控制流动方向和速度，使其在设定的时间内均匀地充满每个铸齿，使齿形轮廓清晰、完整，不能有皱皮、冷隔等缺陷。内浇道不宜设置在轮缘的局部区段。因为轮径较大，铁液流到轮缘相应对面的距离较远，温差也相应增大，将影响铸齿结晶组织的均匀性等。在设置内浇道的区段内，容易停留氧化夹杂物等，从而会对铸齿质量产生不良影响。

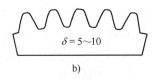

图 8-5　大型飞轮铸齿尺寸
检查样板
a）齿根尺寸检查样板
b）铸齿砂芯组合尺寸检查样板

4）应具有很强的挡渣能力，不能让熔渣、氧化夹杂物等进入铸型内，以防止产生夹杂等缺陷。在大轮生产中，多采用设有拔塞、挡渣板的大容量浇注箱。在浇注过程中，应使浇注箱内的铁液量保持有足够的高度，不能产生漩涡，让熔渣等杂物浮在浇注箱内铁液的表面上，不流入直浇道内。封闭式浇注系统具有更强的挡渣能力，其各部分截面积的比例为

$$A_3 : A_2 : A_1 = 1 : 1.5 : (1 \sim 1.2)$$

（2）典型浇注系统　大型飞轮的类型很多，其中较典型的铸造工艺浇注系统的形式如下。

图 8-6 所示大型飞轮的最大轮径为 2600mm，材质为 HT300，毛重约 3t，轮辐板壁厚为 40～50mm，采用机械加工铣齿。从图中可以看出，该铸件采用底注式浇注系统。8 道内浇道均匀地分布在飞轮中心区域的分型面上，铁液能同时均匀地流动，并平稳上升至轮缘区充满铸型。铸型的气体能顺利排出，获得了良好的效果。

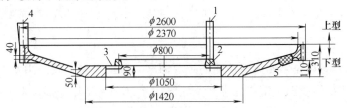

图 8-6　大型飞轮铸造工艺示意图（一）

1—直浇道（$2 \times \phi53mm$）　2—横浇道（整圈 $\frac{50mm}{60mm} \times 60mm$）

3—内浇道（共 8 道，均布，$\frac{32mm}{36mm} \times 14mm$）　4—冒口　5—铸孔砂芯

图 8-7 所示大型飞轮的直径为 2500mm，材质为 HT300，毛重约 7t，铸壁厚度最薄部位为 120mm。铸齿砂芯 1 共有 7 块。从图中可以看出，该铸件采用底注式浇注系统。12 个 $\phi28mm$ 内浇道均匀地分布在飞轮中心内法兰部位底部，使铁液较均匀而平稳地上升并充满铸型。为适度加快局部冷却速度，在上平面及圆根部位分别设置了外冷铁 5、6，对防止产生缩凹及缩松等缺

陷，均可获得较好的效果。

根据大型齿轮的结构特点，也可采用雨淋式顶注浇注系统。图 8-8 所示船用大型齿轮的外径为 1820mm，材质为 HT250。轮缘部位设有铸齿砂芯 3，共由 8 块组成整圆。中心轮毂壁厚为 90mm。为防止轴孔内表面上产生局部缩松缺陷，设置了外冷铁 4，它由 4 块组成，彼此间留间隙量 10mm，以防阻碍收缩。在轮毂上方设有环形顶冒口 2。采用雨淋式顶注浇注系统 1，内浇道均匀地分布

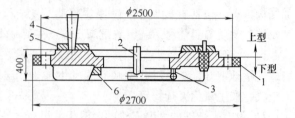

图 8-7　大型飞轮铸造工艺示意图（二）

1—铸齿砂芯　2—直浇道（3×ϕ60mm）　3—内浇道（12×ϕ28mm）　4—冒口　5—平面外冷铁（厚度为 80mm，石墨板材）　6—圆根部位外冷铁（石墨板材）

于轮毂壁上，使铁液能较均匀地流向轮缘并充满铸型，有利于保证铸齿质量，并提高了冒口的补缩功能，防止轴孔部位产生缩孔、缩松等铸造缺陷，获得了良好的效果。

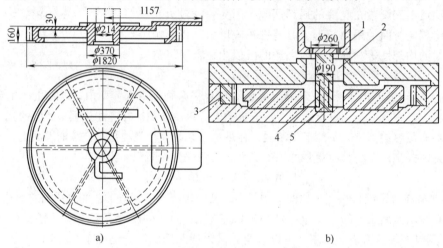

图 8-8　船用大型齿轮

a）零件简图　b）铸造工艺简图

1—雨淋式顶注浇注系统　2—环形顶冒口　3—铸齿砂芯　4—外冷铁　5—轴孔砂芯

5. 化学成分

化学成分和冷却速度是影响铸铁性能的重要因素。根据大型飞轮的主要技术要求及结构特性，为达到所需的力学性能，常将化学成分控制：$w(C) = 3.0\% \sim 3.3\%$，$w(Si) = 1.10\% \sim 1.50\%$，$w(Mn) = 0.70\% \sim 1.10\%$，$w(P) < 0.20\%$，$w(S) < 0.12\%$。

厚壁大型飞轮的壁厚较大且相差很大，冷却速度缓慢。为提高本体的力学性能，还应加入少量合金元素。但要注意，各元素对铸铁石墨化能力的影响不但与各元素本身的含量有关，还与其他各元素发生的作用有关。各元素对基体的影响，主要体现在珠光体、铁素体的相对数量和珠光体弥散度的变化上。铜是促进石墨化作用较弱的元素，能使石墨和结晶组织细化，得到很致密的珠光体，从而可提高铸件的力学性能、硬度及耐磨性，还能提高各断面组织与性能的均匀性。因此，铜是大型飞轮的首选合金元素，其加入量 $w(Cu) = 0.6\% \sim 1.0\%$。

铬是强烈阻碍石墨化的元素，在共析转变时起稳定珠光体的作用。少量的铬能细化石墨，增加珠光体量，并促使其细化，因此能提高铸件的强度和硬度。在厚壁大型飞轮中，可加入少量的

铬，$w(\text{Cr}) = 0.20\% \sim 0.40\%$。

在选定合适的化学成分后，还应选择优质炉料及其合理组成配比，尤其是进行有效的孕育处理，即要采取有效措施来获得最好的孕育效果和防止孕育衰退现象，从而促使铁液按稳定系共晶进行凝固，改善石墨形态、细化晶粒，提高结晶组织和性能的均匀性，降低对冷却速度的敏感性，更好地提高铸铁的力学性能。

工厂生产的大型飞轮的部分实际资料，包括化学成分及力学性能，见表8-1，可供参考。

表8-1 大型飞轮的化学成分及力学性能

序号	化学成分（质量分数，%）								力 学 性 能	
	C	Si	Mn	P	S	Cu	Cr	CE	抗拉强度 R_m/MPa	硬度 HBW
1	3.25	1.43	0.86	0.120	0.100	0.88	0.23	3.77	370	242
2	3.26	1.21	1.08	0.092	0.090	0.76	0.36	3.69	355	255
3	3.15	1.48	0.94	0.075	0.110	0.86	0.38	3.67	360	245
4	3.12	1.40	0.82	0.070	0.104	0.80	0.40	3.61	365	248
5	3.27	1.44	1.05	0.070	0.100	0.76	0.27	3.77	365	248
6	3.10	1.42	1.02	0.075	0.102	0.84	0.38	3.60	400	241
7	3.27	1.04	1.01	0.077	0.095	1.12	0.29	3.64	400	242
8	3.26	1.02	1.03	0.083	0.086	0.91	0.28	3.63	355	235
9	3.12	1.51	0.98	0.110	0.094	0.64	0.32	3.66	360	241
10	3.21	1.45	0.81	0.120	0.093	0.74	0.28	3.73	365	243
平均	3.20	1.34	0.96	0.089	0.097	0.83	0.31	3.68	369	244

6. 温度控制

（1）适当提高铁液的过热程度 在一定温度范围内，适当提高铁液的过热温度及在高温下的停留时间，可以提高铁液的纯净度，并使石墨形态及基体组织细化，从而可提高铸铁的力学性能。但要注意，如果在较低温度下静置的时间过长，则会使过热效果局部或全部消失。因此，在铁液过热后，应尽快进行后续工序的操作，以保持过热效果。铸铁的熔化温度一般控制在以下范围：电炉 1500~1520℃，冲天炉 1420~1480℃。

（2）控制浇注温度 大型飞轮必须严格控制浇注温度，这对厚壁飞轮尤为重要。如果浇注温度过高，则会使液态收缩量增加，容易出现缩凹、缩孔等缺陷，仅靠加大冒口等措施是难以奏效的。如果浇注温度过低，则会使流动性大幅度降低，将不能获得清晰的铸齿轮廓，气体和夹杂物等也不易排出，容易产生皱皮、冷隔、浇不足、气孔及夹杂等缺陷。必须根据飞轮的结构特性，如直径大小、壁厚及复杂程度等，选定合适的浇注温度。浇注温度一般的控制范围为 1290~1320℃。

7. 冷铁的应用

适当加快飞轮局部"肥厚"或"热节"区域的冷却速度，是防止缩孔、缩松缺陷的有效措施。常设置外冷铁的主要部位如下：

（1）蜗轮铣齿等重要"肥厚"部位 图8-9所示为大型柴油主机飞轮，其轮廓尺寸为

$\phi2100mm \times 400mm$（外径×总高），材质为 HT250，毛重约 6t，轮辐板厚度为 95mm，轮缘厚度为 200mm。该飞轮采用底注式浇注系统，10 道内浇道均匀地分布于轮缘内侧。为确保蜗轮铣齿部位的内部质量，防止产生局部缩松缺陷，特设置外冷铁 7，共由 24 小块组成整圆。浇注温度为 1310℃，浇注时间为 65s，可获得良好的效果。

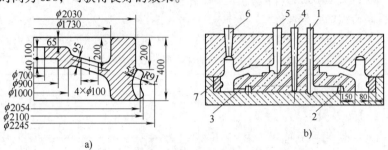

图 8-9　大型柴油主机飞轮
a）零件简图　b）铸造工艺简图

1—直浇道（$2 \times \phi60mm$）　2—横浇道$\left(\text{整圈}, \dfrac{55mm}{65mm} \times 65mm\right)$　3—内浇道$\left(10\ \text{道，均布}, \dfrac{32mm}{40mm} \times 14mm\right)$

4—出气孔　5—侧冒口　6—顶冒口（4 个）　7—外冷铁（共 24 小块）

（2）平衡铁上方　设有重型平衡铁的厚壁飞轮，不宜直接在平衡铁上方设置大直径顶冒口，因为这样更容易在冒口颈根部产生缩孔等缺陷。此时可采取设置外冷铁的方法（图 8-7 中的件 5），并严格控制化学成分及浇注温度等，可有效地防止产生缩凹、缩孔等缺陷。

（3）圆根部位　在厚壁飞轮上，重型平衡铁与轮辐板相连接的内圆根部位的散热条件较差，冷却缓慢，最后凝固时得不到充分的补缩，而铁液中析出的气体及砂型中的气体容易集聚在该部位，从而产生缩孔、缩松及气孔等缺陷。如果在圆根部位设置外冷铁（图 8-7 中的件 6），由于适当加快了该部位的冷却速度，可完全避免产生以上缺陷，从而可获得完好的铸件。

8.2　调频轮

8.2.1　一般结构及铸造工艺性分析

大型发动机上的调频轮主要用于调节动平衡，提高主机运转过程中的稳定性，减小振动。调频轮具有以下主要结构特点。

1. 体积大

调频轮工作时，会产生较大的转动惯量，因此必须具有较大的体积，直径为 2200～3800mm，高度为 170～670mm。

2. 质量大

根据不同的机型，配置不同质量的调频轮，毛重为 6～20t。

3. 断面厚大

大型调频轮的外形结构简单，没有内腔，全部为实心，是典型的厚大断面灰铸铁件。

4. 设有吊装孔

大型调频轮上都设有较大的吊装孔，孔壁至轮缘的壁厚不能过小。如果该壁厚过小，则使强度较低，容易因铸造应力而产生裂纹。

8.2.2 主要技术要求

1. 材质

调频轮运转时，会产生较大的转动惯量，要求材质具有足够的强度。一般选用的材质为 HT250，也有的选用 HT300，甚至含铜的低合金铸铁。铜在铸铁中具有许多作用，如能细化结晶组织，促使形成致密的珠光体基体，可较显著地提高铸铁的力学性能。铜能降低材质对断面厚度的敏感性，使铸件各部位的组织性能更趋于均匀。在断面厚大的铸铁件上更突显其优越性，获得了较广泛的应用。但铜是较贵的材料，会使成本增加。铜的质量分数一般为 0.6% ~ 1.0%。

2. 铸造缺陷

不允许有影响结构强度的铸造缺陷，如气孔、砂孔及夹杂等。较轻微的缺陷必须通过打磨消除，保证圆滑过渡。不允许有裂纹，严防裂纹延伸及引起应力集中等。

3. 热处理

浇注后，铸件应在砂型中很缓慢地冷却。根据不同的结构特点，如直径、壁厚及质量等，铸件在砂型内的冷却时间为 48 ~ 168h，直至铸件温度降至 150℃ 以下后，才能开箱。这样基本上可以消除铸造收缩应力，无须再进行消除铸造内应力的人工时效处理。

8.2.3 铸造工艺过程的主要设计

1. 浇注位置及分型面

根据调频轮的结构特点，均采用水平浇注位置及水平分型，整个铸件均处于下型内，如图 8-10 所示。该调频轮的外径为 3400mm，高度为 400mm，材质为 HT250，毛重约 21t。

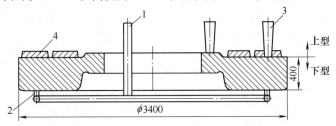

图 8-10 大型调频轮铸造工艺示意图
1—直浇道（4 × φ65mm） 2—内浇道（12 × φ35mm） 3—出气冒口
4—外冷铁（厚度为 80mm，石墨板材）

2. 铸型

（1）模样 铸造线收缩率为 0.8%。根据所采用的造型方法，可以制成实体模样或刮板。

（2）造型材料及造型方法 根据调频轮的结构特点，对铸型质量的主要要求是应具有足够的强度和刚度。造型材料的选用与造型方法有关。为满足对铸型的基本要求，宜采用实体模样造型，造型材料可选用强度高的冷硬呋喃树脂砂。如果属于单件或少量生产，为降低制模成本，可选用刮板造型方法，此时只能采用普通黏土砂造型，然后进行烘干。

3. 浇注系统

设计浇注系统的基本原则之一，是要使铁液在铸型内均匀而平稳地上升，这对特大型调频轮尤为重要。因此一般采用底注式浇注系统，如图 8-10 所示。12 个 φ35mm 内浇道均匀地分布在铸型底部，可尽量减小铁液对铸型的冲击等。

对于高度尺寸较小的调频轮，浇注系统也可设置在轮的中央内法兰部位；小型调频轮的浇注系统也可设置在分型面上。如果铁液从轮的薄壁部位引入，则更有利于减小厚、薄部位之间的温度差别。

4. 冒口

大型调频轮是典型的厚大断面灰铸铁件。根据均衡凝固的补缩技术，应着重利用石墨化膨胀产生的自身补缩作用，可实现无冒口铸造（详见第 11 章中 11.6.3）。

8.3　中小型轮形铸件

8.3.1　一般结构及铸造工艺性分析

中小型轮形铸件是生产中的常见产品，如齿轮、带轮、车轮、手轮及滑轮等。这类零件的共同特点是结构简单，高度不大。中小型轮形铸件一般由轮缘、轮毂及轮辐组成，如图 8-11 所示。其中，轮缘、轮毂部位较厚，容易出现缩孔、缩松等铸造缺陷。轮缘与轮毂之间靠辐板或辐条连接。辐板厚度或辐条的形状及尺寸，必须与轮缘、轮毂厚度相匹配，防止因凝固及冷却速度相差过大，而在辐板、辐条上或连接部位产生断裂缺陷。

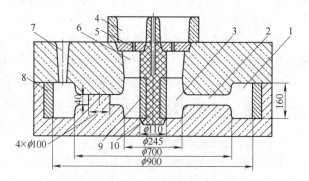

图 8-11　齿轮铸造工艺简图

1—轮缘　2—轮辐　3—轮毂　4—浇注箱　5—内浇道（4×φ20mm）
6—环形顶冒口　7—冒口　8—外冷铁（厚度为 50mm，石墨板材）
9—外冷铁（厚度为 30mm，石墨板材）　10—轴孔砂芯

8.3.2　主要技术要求

1. 材质

根据中小型轮形零件的工作载荷，一般选用的材质为 HT200、HT250 等。对于受力较大的重要齿轮、飞轮、带轮等，可选用 HT300、QT500-7、QT600-3、QT700-2、QT450-10、QT400-15 等。

2. 铸造缺陷

齿轮、V 带轮及重要滑轮等的轮缘外表面及轮毂中心孔内表面等重要部位，一般不允许有缩孔、缩松、气孔、裂纹及夹杂等铸造缺陷。其他部位允许有较轻微的铸造缺陷，并可以对缺陷进行修复。

8.3.3　铸造工艺过程的主要设计

1. 浇注位置及分型面

根据中小型轮形铸件的共同结构特点，均采用水平浇注位置及水平分型。铸件的主要部位均处于下型内，这样更有利于获得完好的铸件。图 8-11 所示齿轮的外径为 900mm，材质为

HT250，毛重为 440kg，采用机械加工铣齿。按图 8-11 中所示铸造工艺制造，获得了良好的效果。

2. 铸型

（1）模样　铸造线收缩率为 1.0%。一般采用实体模样造型，如果数量很多，采用机械化流水线生产，则必须是金属模样或塑料模样等。对于直径在 500mm 以上的单件生产，也可制成刮板，采用刮板造型方法。

（2）造型材料及铸型种类　对于这种结构简单的中小型轮形铸件，较多地采用湿型铸造，具有生产率高及成本低等独特优点。对于直径略大的齿轮等较重要的轮形铸件，为了更有利于保证质量，可采用干型铸造或自硬树脂砂铸造等。

3. 浇注系统

（1）浇注系统设计的主要原则　虽然中小型轮形铸件的质量较小，但在设计浇注系统时，仍应遵循一些通用的主要原则，如浇注系统应具有较强的挡渣能力；力求使铁液在铸型内平稳上升；尽量缩小各部位的温度差别，以有利于增强补缩等。

（2）内浇道位置的选择　中小型轮形铸件的浇注系统一般有两种形式：一种是顶注式，将内浇道设置在轮毂或轮缘的上方；另一种是将内浇道设置在分型面上，铁液首先进入轮缘型腔。

（3）浇注形式的选择　中小型轮形铸件浇注系统的形式较多，见表 8-2。要根据铸件的结构特点（如轮径大小、壁厚）、技术要求、铸型种类、生产性质、生产条件等因素综合考虑进行选定。

1）浇注系统设置在轮毂部位上方。此时应采用雨淋式、一侧顶注式或压边式浇注系统。这种浇注方式在轮形铸件中应用较为普遍。其主要优点如下：

① 挡渣能力较强。内浇道直径较小，一般为 φ10 ~ φ20mm。压边浇道压入的最大深度为 4 ~ 10mm，铁液经过这个窄缝进入型腔。熔渣、夹杂物等被挡在浇注杯内或压边冒口内，从而能有效地避免铸件产生夹渣等缺陷。

② 铁液首先注入轮毂，流经轮辐而到达轮缘，流经距离最短，且较均匀而平稳地上升，有利于减小铸件各部位的温度差别。一般是轮辐厚度最薄，适当提高轮辐部位的温度，可以减少裂纹缺陷。

③ 在雨淋浇道或压边浇道中，全部铁液经过窄缝，将该处的尖角砂强烈加热至高温，因而可在较长时间内保持补缩通道的畅通，使较厚的轮毂部位能得到较充分的补缩，可避免产生缩孔、缩松等缺陷。

采用雨淋式浇注系统时，为增强补缩，可设置环形顶冒口，也可设置浇、冒口兼用的浇注杯，见表 8-2 中的 4。如果采用发热材料制作该杯，则补缩效果会更好。

根据轮径大小等不同情况，雨淋式浇注系统的内浇道数量可为 1 ~ 3 个，设置在轮毂上平面的一侧，并在对侧设置一个冒口（表 8-2 中的 3）或仅设一个出气冒口（表 8-2 中的 5）。

对于顶注式浇注系统，在浇注开始时，铁液对轮毂底部有较大的冲击，要求铸型具有较高的强度。此外，对于小型铸件，如果在一个砂箱内要同时浇注多个铸件，则不宜采用这种浇注形式。

2）浇注系统设置在轮缘部位。这种浇注形式一般用于轮径较小的轮形铸件。其常用形式有四种：

① 顶注式。根据轮径大小等不同情况，将 2 ~ 4 道圆形浇道设置在轮缘一侧的上方，在其对

表 8-2　中小型轮形铸件浇注系统形式及实例示意图

部位				
	齿轮1	V带轮1	传动轮	车轮	滑轮
轮毂	1. 雨淋式	2. 压边式	3. 一侧顶注式	4. 雨淋式	5. 一侧顶注式

（齿轮1：冷铁，φ680，90，140；V带轮1：φ850，200，95；传动轮：φ750，120，30；滑轮：φ600，60）

部位				
	V带轮2	齿轮2	齿轮3	传动轮2
轮缘	6. 顶注式	7. 上注式（轮缘外周局环式）	8. 上注式（轮缘外周整环式）	9. 压边式

（V带轮2：φ800，180，60；齿轮2：φ700，180，70；齿轮3：φ700，180，70；传动轮2：φ400，100，35）

侧设置冒口。这种浇注形式操作较简便，所需砂箱尺寸最小，成品率较高，应用较广，但会增加轮缘与其他部位的温度差别。

② 上注式（轮缘外周局环式）。浇注系统设置在分型面上，数道压边内浇道置于轮缘外周局部，尺寸较大的横浇道还可起到补缩作用。如果内浇道呈切线方向，则会使轮缘区的铁液温度趋于较均匀。应注意调控化学成分及浇注温度等，防止内浇道处产生缩孔、缩松等缺陷。要求铸型强度较高，以防产生夹砂等缺陷。

③ 上注式（轮缘外周整环式）。这种浇注形式有数道压边内浇道，沿径向均匀分布于整个轮缘外周，使铁液较均匀地流经轮缘而充满整个铸型。轮缘部位的温度分布较为均匀。如果横浇道尺寸较大，则能对整个轮缘起到较均匀的补缩作用，获得较致密的铸件。其缺点是要求使用尺寸较大的砂箱；浇注系统消耗的金属材料较多，降低了成品率等，使其在生产实践中的应用受到了限制。

④ 压边式。这种浇注形式是将缝隙式压边浇道设置在轮缘外周，狭窄缝隙的宽度为 4 ~ 6mm。由于浇注过程中全部高温铁液流经缝隙，将该处型砂加热至高温，故能在较长时间内保持该补缩通道畅通，压边冒口能充分发挥补缩作用，从而使较厚的轮缘部位得到较充分的补缩，可防止产生缩孔等缺陷。

4. 浇注温度

铸造中小型轮形铸件时，须注意控制浇注温度。提高浇注温度，具有增加铁液流动性等有利影响，可防止产生皱皮、冷隔等缺陷，但会增加液态收缩量和减慢铸件的冷却速度等。如果浇注温度过低，则会产生冷隔、气孔和夹杂等缺陷。因此，应根据轮的结构特点、生产工艺及生产条件等因素综合考虑，选择适当的浇注温度，一般控制范围为 1320 ~ 1380℃。

5. 冷铁的应用

由于轮形铸件的结构特点，轮缘、轮毂及轮辐三个主要部位的壁厚相差较大，冷却速度很不均匀，并会在彼此连接处形成"热节"。在厚壁部位及"热节"处，容易产生缩孔、缩松及在轮辐上产生裂纹等缺陷，而仅靠加大冒口来避免这类缺陷是很难完全奏效的。此时，可根据不同情况，在厚壁部位或"热节"处设置外冷铁，可适当加快冷却速度，并能缩小各部位的温度差别。实践表明，设置外冷铁是防止产生缩孔、缩松及裂纹等缺陷的有效措施。外冷铁主要设置在以下部位：

（1）轮缘部位　对于需要进行机械加工铣齿的齿轮、蜗轮及 V 带轮等，如果齿形模数较大、齿高为 25 ~ 35mm，为防止铣齿后出现局部缩松缺陷，可酌情在轮缘外周设置外冷铁。外冷铁厚度可取轮缘壁厚的 40% ~ 60%，如图 8-11 中的件 8 所示。

（2）轮毂部位　轮毂中心孔壁较厚，冷却速度较为缓慢，如果得不到较充分的补缩，容易在孔的内表面上产生局部缩松缺陷。适当加快该部位的冷却速度、增强补缩，是防止产生缩松缺陷的有效措施。外冷铁的形式可根据孔径大小及孔壁厚度而定。当孔径较小（如小于 60mm）时，可采用石墨棒或圆钢棒代替砂芯；当孔径较大时，可设置外冷铁，如图 8-11 中的件 9 所示。为防止外冷铁阻碍铸件收缩，可由 3 ~ 4 小块组成整圆，彼此间留适当间隙量（3 ~ 5mm）；并要注意冷铁质量，采取相应措施，防止产生气孔等缺陷。

（3）连接部位　轮辐与轮缘、轮毂的连接部位是否需要设置外冷铁，应根据铸件的具体结构特点决定。

8.4　球墨铸铁轮盘

8.4.1　主要技术要求

图 8-12 所示球墨铸铁轮盘的材质为 QT400-12，毛重为 100kg。铸件全部表面均需进行机械加工，不允许有气孔、渣孔、缩孔及缩松等任何铸造缺陷。轮盘结构简单，但技术要求很高，是较典型的球墨铸铁轮形铸件。采用图 8-12 所示的铸造工艺，获得了优质效果。

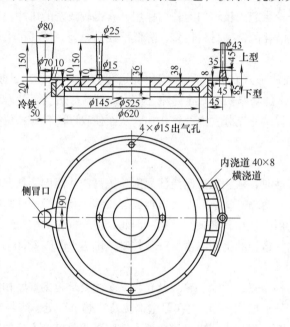

图 8-12　球墨铸铁轮盘铸造工艺简图

8.4.2　铸造工艺过程的主要设计

1. 模样

该轮盘属于小批量生产品种，采用金属模样。铸造线收缩率为 1%。采用单面型板造型方法，上、下型模样分别装配在两块型板上。

2. 造型材料

根据球墨铸铁的"糊状"凝固特性，铸件在凝固过程中会析出石墨而产生体积膨胀。因此，造型材料应采用冷硬呋喃树脂砂，以使铸型具有足够的刚度和强度，在石墨化产生的膨胀力作用下，不至于出现型壁迁移，可充分利用石墨化产生的自身补偿作用，从而避免出现缩孔、缩松等缺陷。这是铁素体球墨铸铁实现无冒口铸造的重要措施之一。

3. 浇冒口系统

根据球墨铸铁的"糊状"凝固特性和铸件均衡凝固原则，为避免铸件产生缩孔、缩松等缺陷，在进行浇冒口系统的设计时，应注意以下几点：

1）采用均衡凝固的补缩技术，充分利用石墨化膨胀而产生的自身补缩作用。冒口不能设置在铸件的几何"热节"上，而要离开"热节"，以减少冒口对铸件的热干扰；又要靠近"热节"，以利于补缩，但冒口的补缩是有限的。冒口不设置在铸件的"热节"上，因此有利于消除冒口根部的缩孔、缩松等缺陷。

2）浇注系统要设置在铸件的薄壁部位，尽量使铸件各部位的温度分布趋于均匀，减小温差，以避免局部过热。

3）如果将冒口设置在铸件的几何"热节"上，内浇道又设置在冒口根部，铁液首先流经冒口，然后进入型腔，这样产生缩孔、缩松等缺陷的可能性最大。因此要特别注意，内浇道根部、冒口根部与铸件几何"热节"不能重合。

4）冒口颈的形式宜短、薄、宽。由于较多金属液流经冒口颈，而冒口的补缩流动对冒口颈金属液有更新作用和流动效应，所以既能使冒口较充分地进行补缩，又能防止产生接触"热节"，有利于避免冒口根部产生缩孔、缩松等缺陷。

（1）浇注系统 如图 8-12 所示，在轮缘一侧外周设置上注式浇注系统。4 道扁梯形（40mm×8mm）内浇道呈径向分布，将铁液引入型腔。尺寸较大的横浇道靠近轮缘，还能起到补缩作用。采用封闭式浇注系统，各部分截面积的比例为 $A_3:A_2:A_1 = 1:2.8:1.13$。设置了过滤网，用来增强挡渣能力。

（2）冒口 在轮缘一侧浇注系统的对面，设置了一个 $\phi70 \sim \phi80mm$ 的侧冒口，如图 8-12 所示。采用了短、薄、宽（10mm×10mm×90mm）的冒口颈结构形式。经生产实践验证，完全获得了预期的优质效果。

4. 化学成分

根据轮盘的材质要求、结构特点及铸造工艺等情况，为获得铸态高韧性铁素体球墨铸铁，须严格控制化学成分。为使铸件具有高的石墨化程度，铸态铁素体的体积分数应大于85%。这样可充分利用石墨化膨胀而产生的自身补缩作用，避免产生缩孔、缩松等缺陷，实现铁素体球墨铸铁件的无冒口铸造。

化学成分中，碳、硅的含量是影响石墨化程度最重要的元素。如果碳当量过低，则石墨化程度下降，将降低铸态铁素体含量及伸长率等，并使收缩量增加，容易产生缩孔、缩松等缺陷；如果碳当量过高，则会产生石墨漂浮等缺陷。球墨铸铁轮盘化学成分控制范围见表 8-3。

表 8-3 球墨铸铁轮盘化学成分控制范围

球化处理	化学成分（质量分数，%）							
	C	Si	Mn	P	S	RE（残留）	Mg（残留）	CE
处理前（原铁液）	3.68～3.74	1.10～1.50	≤0.35	≤0.040	≤0.020			4.56～4.65
处理后	3.40～3.70	2.63～2.73	≤0.35	≤0.040	≤0.015	0.015～0.025	0.04～0.05	

化学成分选定后，应注意选择优质炉料及其配比，严格控制球化处理及孕育处理等全过程，这样才能获得预期效果。

生产中采用的球化剂为含钙（质量分数为 2.0%～3.5%）的低稀土球化剂 QRMg8RE3。考虑到轮缘壁厚达到 50mm，冷却速度较为缓慢，球化剂的加入量为 1.40%～1.45%。

生产实践证明，按以上工艺制造的轮盘具有良好的铸态力学性能。表 8-4 所列为部分球墨铸铁轮盘的化学成分、铸态力学性能及金相组织（图 8-13），可供参考。

表8-4　部分球墨铸铁轮盘的化学成分、铸态力学性能及金相组织

序号	化学成分（质量分数，%）									铸态力学性能				铸态金相组织		
	C	Si	Mn	P	S	RE	Mg	CE	抗拉强度 R_m /MPa	规定塑性延伸强度 $R_{p0.2}$ /MPa	伸长率 $A(\%)$	硬度 HBW	球化级别	球化率（%）	铁素体量（体积分数,%）
1	3.68	2.59	0.20	0.032	0.007	0.020	0.045	4.54	499	350	19.5	166	2	90	85
2	3.70	2.59	0.21	0.035	0.011	0.022	0.049	4.56	513	359	18.3	168	2	90	85
3	3.74	2.56	0.24	0.034	0.010	0.015	0.047	4.59	505	354	21.9	164	2	90	85
4	3.72	2.73	0.24	0.040	0.012	0.017	0.050	4.63	529	370	19.6	169	2	90	85
5	3.73	2.59	0.20	0.026	0.009	0.022	0.046	4.59	520	364	18.3	164	2	90	85
平均	3.71	2.61	0.22	0.033	0.0098	0.019	0.047	4.59	513	359	19.5	166	2	90	85

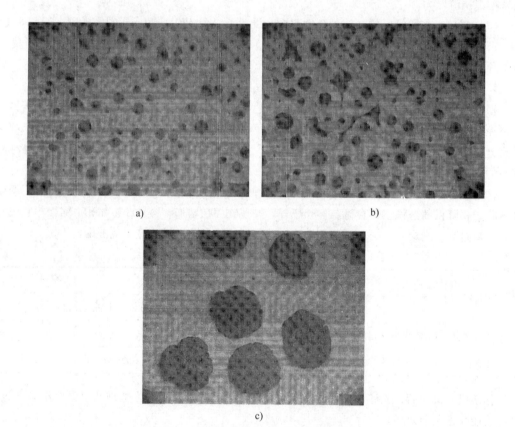

a) 　　　　　　　b)

c)

图 8-13　球墨铸铁轮盘的铸态金相组织
a）腐蚀前（×100）　b）腐蚀后（×100）　c）腐蚀后（×400）

5. 温度控制

（1）过热程度　为确保铸件质量，须适度提高铁液的过热程度。中频电炉中的熔化温度宜

控制在 1500 ~ 1520℃ 的范围内。

（2）球化处理温度　球化处理的适宜温度受很多因素的综合影响，如铸件所需的浇注温度，球化处理至浇注前的降温幅度，尽量减少球化剂的烧损，提高镁的吸收率，以及生产条件等。轮盘球化处理温度的一般控制范围为 1440 ~ 1460℃。

（3）浇注温度　浇注温度对铸铁的铸造性能及力学性能等均有很大影响。对于铁素体球墨铸铁件，主要考虑减少铁液的液态收缩量及适当加快铸件的冷却速度，充分利用石墨化膨胀的自身补缩作用，在不产生气孔、夹杂及冷隔等铸造缺陷的前提下，宜取较低的浇注温度。根据轮盘的结构特点及生产方法等，一般浇注温度的控制范围为 1320 ~ 1340℃。

另外，因轮盘的铸壁较厚，为增强孕育处理效果，应在浇注时进行随流孕育处理。孕育剂为 FeSi75A，粒度为 0.8 ~ 1.5mm，加入量为浇注质量的 0.10% ~ 0.15%。

6. 冷铁的应用

为防止轮缘部位产生局部缩松缺陷，在轮缘外周及内侧圆根处，须设置外冷铁，其厚度分别为 30mm 和 20mm，获得了较好的效果。

8.5　球墨铸铁滑轮

一般用途滑轮的铸造工艺设计较为简单，但对于有特殊要求的重要滑轮，如绳槽表面须进行高频感应淬火处理的中型滑轮，下面将介绍铸造工艺过程的主要设计。

图 8-14 所示球墨铸铁滑轮的轮廓尺寸为 $\phi1100mm \times 150mm$（最大直径×高度），毛重约 350kg。

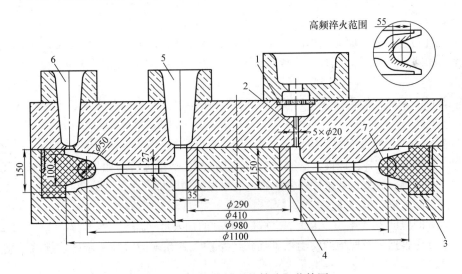

图 8-14　球墨铸铁滑轮铸造工艺简图

1—顶注式浇注系统（带过滤器）　2—内浇道（$5 \times \phi20mm$）　3—轮槽砂芯（由 6 块组成）
4—轮毂内表面外冷铁　5—2 个顶冒口　6—4 个顶冒口　7—轮槽表面高频感应淬火范围

8.5.1　主要技术要求

该滑轮是在重载荷下工作的重要零件，须具有较高的强度和高耐磨性，故对绳槽表面须进行高频感应淬火处理。技术要求很高，主要有以下几点。

1. 热处理

轮槽表面，如图8-14中"7"所示范围内，须进行高频感应淬火处理。淬火后的表层硬度应达到51~58HRC，并尽量靠近上限值，即达到55~58HRC。淬硬层深度≥2mm，要求淬硬层均匀分布，以使其表面具有均匀的高耐磨性。

2. 材质

轮槽表面经高频感应淬火后，获得马氏体基体组织，以提高其耐磨性，同时还能保留铸件心部具有良好的塑性与韧性。

为达到高频感应淬火的预期效果，轮槽表面经机械加工后，高频感应淬火前的珠光体体积分数不应低于50%，最好大于70%，正常生产可控制在55%~90%范围内。

为满足上述要求，选用QT600-3材质较为合适。既有高的力学性能，又能保证轮槽区域的铸态组织中的珠光体含量，这是获得高频感应淬火预期效果的重要前提。同时还要求铸态金相组织均匀，以获得均匀的淬硬层深度。

QT500-7仅适用于高频感应淬火后，表面硬度值要求较低的滑轮等铸件。因要满足铸态珠光体组织高含量要求，故会相应降低伸长率值，可能会使$A \leqslant 7\%$。

3. 铸造缺陷

轮槽区域及轮毂内表面，不准有气孔、缩孔、缩松及夹杂等铸造缺陷。不允许用焊补等方法对缺陷进行修复。如果轮槽区域出现铸造缺陷，则会影响高频感应淬火后的硬度及淬硬层深度的均匀性。

8.5.2　铸造工艺过程的主要设计

1. 铸型

（1）浇注位置及分型面　根据滑轮的外形结构特点及技术要求等，宜采用水平浇注位置和水平分型，如图8-14所示。滑轮的主要部位都设置于下半铸型中，这更有利于保证质量和便于实际操作。

（2）型砂　采用实体模样和自硬呋喃树脂砂，使铸型具有较高的强度、良好的透气性及溃散性等。

（3）芯砂　对轮槽表面的铸造质量要求很高，不仅不允许产生任何铸造缺陷，还应使金相组织中含有足够的珠光体。因此，必须适当加快该区域的冷却速度。如果设置外冷铁，则会使冷铁的清除非常困难，故最适合采用铬铁矿砂。既可对轮槽区域产生一定的激冷作用，增加珠光体含量，又使芯砂的清除很容易。

铬铁矿砂的粒度为筛号40/70。自硬呋喃树脂砂的加入量（质量分数）为1.8%~2.2%。固化剂的加入量应根据生产现场的室温条件而定。铬铁矿砂和自硬呋喃树脂砂的抗拉强度（24h）应≥0.8MPa。

因该滑轮直径较大，轮槽砂芯可均分为6块组成。轮槽砂芯芯盒结构示意图如图8-15所示。制芯时的舂砂方向如图中所示，须均匀紧实芯砂，并放通气绳和扎径向气孔。不仅要使砂芯的形状、尺寸准确，而且要使其具有足够的强度和良好的透气性等。

2. 浇冒口系统

该滑轮的浇冒口系统的设计，除了应遵循一般通用设计原则外，还应使铁液在铸型内的温度分布尽量均匀。否则，会因轮槽区域的温度差别大，冷却速度不一致，而导致结晶组织不均，最终影响高频感应淬火的硬度及淬硬层深度的均匀性。

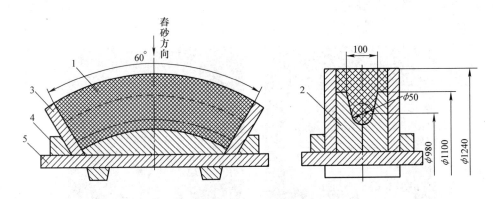

图 8-15 轮槽砂芯芯盒结构示意图
1—轮槽砂芯 2—轮槽形状模型 3—芯盒框 4—定位装置 5—芯盒底板

（1）浇注系统 根据上述要求，浇注系统设置在轮毂上方较为合适。若在轮毂上平面设置环形顶冒口，则采用雨淋式浇注系统，将多道内浇道均匀分布于冒口上方的方案最好，如图 8-11 所示。这样既能使轮毂厚壁区域得到充分的补缩，避免产生缩孔、缩松等缺陷，又能使铁液自轮毂部位较均匀地流至轮槽、轮缘区域而充满铸型，使整个轮槽的温度趋于均匀一致。

图 8-14 中所示的是顶注式浇注系统的另一种较简单形式。5 个 $\phi 20mm$ 内浇道设置在轮毂上平面的一侧，并设置陶瓷过滤器，以增强挡渣能力，获得了很好的效果。

（2）冒口 在轮毂上方设置 2 个较大的顶冒口，以增强对轮毂厚壁部位的补缩。在轮缘上设置 4 个顶冒口。

3. 化学成分的选择及其控制

化学成分的选择及其控制对该滑轮的力学性能、金相组织及高频感应淬火效果有着很重要的影响，是能否获得高频感应淬火预期效果的关键因素和重要前提。必须确保铸态组织中所需珠光体数量。如果铸态组织是铁素体基体为主，则经淬火后达不到所需的硬度值。球墨铸铁滑轮的化学成分、力学性能及金相组织见表 8-5。

表 8-5 球墨铸铁滑轮的化学成分、力学性能及金相组织

化学成分（质量分数，%）								力学性能				铸态金相组织（轮槽区域珠光体的体积分数，%）
C	Si	Mn	P	S	RE	Mg	Cu	抗拉强度 R_m/MPa	伸长率 A(%)	硬度 HBW		
										U 型试样	轮槽铸态表面	
3.80~3.90	2.30~2.40	≤0.40	≤0.04	≤0.015	0.010~0.020	0.045~0.060	0.50~0.80	≥600	≥3	245~265	225~250	≥55

注：轮槽表面需进行高频感应淬火。

为更好地获得高频感应淬火的预期效果，可在化学成分中加入少量合金元素铜。它是促进石墨化的元素，是影响珠光体含量的重要因素。为使轮槽区域的铸态珠光体的体积分数大于 55%，可加入铜：$w(Cu)=0.5\%～0.8\%$。表 8-5 中所列化学成分，可使铸态性能达到 QT600-3～

QT800-2。轮槽部位的铸态金相组织如图 8-16 所示，球化率为 90%，珠光体的体积分数为 85%。若仅要求达到 QT500 - 7，则可不加或仅加入少量铜，如取 $w(Cu) = 0.4\%$。

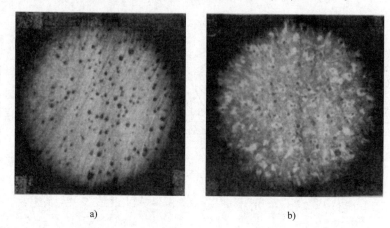

　　　　　　a)　　　　　　　　　　　　　　　　　　b)

图 8-16　轮槽部位的铸态金相组织（便携式显微镜，在铸件上实拍）

a）腐蚀前（×100）（球化率为 90%）　　b）腐蚀后（×100）（珠光体的体积分数为 85%）

4. 温度控制

（1）铁液的过热程度　适度提高铁液的过热程度，可使铁液更加纯净，有利于提高力学性能等。滑轮的熔化温度可控制在 1500 ~ 1520℃ 的范围内。

（2）球化处理温度　球化处理采用冲入法。采用低稀土钙钡复合球化剂，加入量为 1.4%。球化处理过程中的降温幅度为 80 ~ 100℃。一般应根据铸件所需的浇注温度来确定适宜的球化处理温度，过高的球化处理温度会大幅度降低镁的吸收率，故在满足所需浇注温度前提下，应取较低的球化处理温度。滑轮生产的球化处理温度可控制在 1450 ~ 1460℃ 的范围内。

（3）浇注温度　浇注温度对铸件的冷却速度、铁液的流动性及缩孔、缩松、夹杂等铸造缺陷的产生等都有着较大的影响。该滑轮的浇注温度宜取 1360 ~ 1370℃。

5. 冷铁的应用

轮毂部位的壁厚达 60mm，且其内表面不允许有局部缩松等任何铸造缺陷。为适当增加该部位的冷却速度，提高设置在其上面的顶冒口的补缩功能，以防止产生缩孔、缩松等铸造缺陷，在轮毂内表面设置厚度为 35mm 的外冷铁，其由 4 块组成，彼此间留间隙量 10mm，获得了很好的质量效果。

6. 高频感应淬火后的质量检测及其控制

根据铸件的结构尺寸、化学成分、铸态金相组织、淬火硬度及淬硬层深度要求等制订高频感应淬火工艺，如高频感应淬火专用感应加热器的设置、频率、电源功率、功率密度、加热温度、加热时间、淬火冷却介质、回火温度及保温时间等，以获得高频感应淬火的预期效果。

（1）铸件变形的控制　高频感应淬火前，须将滑轮进行机械加工。轮槽部位须机械加工至成品尺寸，因经淬火后，表面硬度很高，为保持淬火效果，不能再进行加工；除轮槽以外的其他需机械加工部位，可进行粗加工，尚留出 2 ~ 3mm 的机械加工余量。经高频感应淬火后，铸件各部位要产生变形，但变形量应在加工量的可控范围内，经精加工后可以达到图样要求。

必须指出：轮槽经高频感应淬火后，轮槽形状尺寸会产生较大变形。轮槽口（尺寸为 100mm）会缩小，须采取有效的预防措施。

轮槽经高频感应淬火后，因受淬火冷却介质的影响，会产生严重锈斑，须进行抛光除锈处理等。

（2）轮槽表面高频感应淬火硬度及淬硬层深度的检测　轮槽表面经高频感应淬火后，可用便携式里氏硬度计进行表面硬度检测。淬硬层深度及其均匀性，则可将铸件解剖取样而进行检测，图 8-17 所示为轮槽截面形状（半部分）经高频感应淬火后的宏观组织。从照片上可以看出：靠轮槽表面的淬硬层深度线较为明显，且均匀性较好。并在其上截取小试块"A"进行检测，其结果：淬硬层深度为 2.7 ~ 3.2mm（按 GB/T 6462—2005，测至基体组织），表面硬度为 58 ~ 60HRC（按 GB/T 230.1—2018）。

必须指出：轮槽经高频感应淬火后，在开始淬火与淬火结束的交界部位，存在小段"软区"，宽度为 5 ~ 10mm，即此"软区"的硬度达不到所需目标值。

铸件解剖检测结果表明：所制订的铸造工艺及其控制，完全能保证铸件质量，获得了预期的高频感应淬火效果，达到了技术要求。

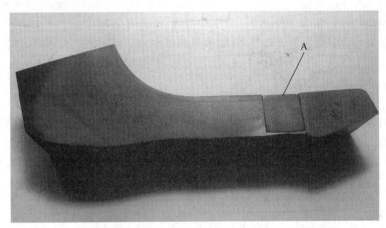

图 8-17　轮槽截面形状（半部分）经高频感应淬火后的宏观组织
A—取下小块进行表面硬度及淬硬层深度检测

8.6　低温铁素体球墨铸铁轮毂

我国随着陆上、海上风力发电的迅猛发展，现已是世界上风力发电设备制造大国和风电装机容量最多的国家，成为名副其实的风电大国。由于无论在陆上或海上，风力发电机组的运行环境都十分恶劣，尤其是在严寒地区，因此对铸件的质量要求很高。其中轮毂是典型的特大型低温铁素体球墨铸铁件，铸造难度较大。

8.6.1　一般结构及铸造工艺性分析

随着风电工业的迅速发展，风电机组结构设计的不断改进，轮毂结构具有以下主要特点。

1. 结构形线复杂

大型轮毂外形呈腰鼓形，中间带有连接迎风端与主轴端的筒壁。四周外缘连接多个大型叶片，内装主要与动力轴装置连接。结构形线较为复杂，尺寸精度要求很高，控制难度较大。

2. 体积大

随着风力发电机组功率不断增加，轮毂体积不断扩大，如 6MW 海上风力发电机组的轮毂轮廓尺寸为 4485m×3870mm×4070mm（长×宽×高）。由于铸件的体积很大，生产单位需要具有大型铸造生产工艺设备等。

3. 质量大

6MW 海上风力发电机组的轮毂质量达 50.87t。由于铸件的质量超大，需要大型的熔炼及浇注设备，如 20~30t 的中频感应电炉、30t 的铁液保温炉及多个 20~30t 的电动铁液浇包等。

4. 铸壁厚度大且相差很大

铸件的结构特点，对其冷却速度有很大的影响，从而影响铸件的结晶组织及力学性能等。轮毂的主要壁厚为 80mm，最小壁厚为 66mm，最大壁厚为 330mm。铸壁厚度大，且相差很大，在厚大的中心区域，由于冷却速度很缓慢，容易出现球化效果衰退，产生球化不良等缺陷。如何保证这类特大型厚壁高韧性低温铁素体球墨铸铁件的球化质量，至今仍是一个最为重大的技术难题。必须采取许多有效的重要措施，才能完全保证这类铸件的质量。

8.6.2　主要技术要求

由于风电机组的工作条件十分恶劣，对球墨铸铁件的材质等提出了很高的要求；而对铸件质量的可靠性也有较高要求，必须保证 20 年不需要更换等，其主要技术要求如下：

1. 材质

（1）力学性能　根据风电铸件的特殊工作条件，尤其是在严寒地区，其环境温度通常为 −20~−40℃。为防止因气温太低，使材质的冲击性能大幅度急剧下降，而可能引发的脆性断裂等问题，其材质与一般铸件相比需要满足特殊要求，质量要求更高。除要求有良好的抗拉强度、屈服强度及较高的伸长率外，还须具有良好的低温冲击性能，须进行 −20~−40℃ 的低温冲击吸收能量检测。大型轮毂等常选用的球墨铸铁材质为 GB/T 1348—2009 中的 QT350-22AL、QT400-18AL。材质的力学性能和低温冲击吸收能量分别见表 8-6 和表 8-7（GB/T 25390—2010）。

表 8-6　试块上加工的试样的力学性能

牌号	铸件主要壁厚/mm	试块类型	抗拉强度 R_m/MPa ≥	规定塑性延伸强度 $R_{p0.2}$/MPa ≥	伸长率 A（%）≥	硬度 HBW
QT350-22AL	>60~200	70mm 附铸	320	200	15	120~160
QT400-18AL	>60~200	70mm 附铸	370	220	12	120~175

注：1. 牌号中"A"表示附铸试块上加工的试样测得的力学性能，以区别于单铸试棒上测得的性能。
　　2. 牌号中"L"表示该牌号有低温冲击吸收能量要求。

表 8-7　试块上加工的试样的低温冲击吸收能量

牌号	铸件主要壁厚/mm	试块类型和厚度	最小冲击吸收能量 KV/J			
			（−20±2）℃		（−40±2）℃	
			平均	单个	平均	单个
QT350-22AL	≤60	25mm 或 40mm 附铸	—	—	12	9
	>60~200	70mm 附铸	—	—	10	7
QT400-18AL	≤60	25mm 或 40mm 附铸	12	9	—	—
	>60~200	70mm 附铸	10	7	—	—

对于特别重要的铸件，可以再适度提高力学性能指标作为验收要求或要求在铸件上切取本

体试样，但取样部位及要达到的力学性能指标，须经供需双方商定。必须指出：因铸铁件的结晶特性，致使铸件的致密性受铸件结构特点、化学成分及冷却速度等诸多因素的影响，故铸件各部位的性能无统一标准值。铸件本体的力学性能，一般低于试块的力学性能。

附铸试块应设置在铸件的主要壁厚部位，以不影响铸件的使用性能、外观质量和试块的致密性等，并由供需双方确认。附铸试块测得的力学性能，并不能准确地反映铸件本体的力学性能，但与单铸试棒上所测得的数值相比更接近于铸件的实际性能数值。

铸件一般不需进行热处理，但如果铸态性能达不到要求或在特严寒地区工作的特殊重要铸件，需要进行 -40 ~ -50℃的低温冲击吸收能量检测，可进行热处理，则附铸试块需与铸件一起热处理后再从铸件上切取下。

随着风电工业的迅速发展，对铸件质量不断提出新的更高的要求，如要求试块和铸件本体达到更高的性能：

1）在达到标准规定的抗拉强度时，还要求达到更高的低温冲击吸收能量或更低温度时的冲击吸收能量。如对 QT400-18AL 在 70mm 附铸试块上 -20℃低温冲击吸收能量，要求达到平均 12J 和单个 9J 或要求在 -30 ~ -40℃低温冲击吸收能量达到平均 10J 和单个 7J。

2）在达到标准规定的低温冲击吸收能量时，还要求达到更高的抗拉强度。如对 QT350-22AL，在达到 -40℃低温最小冲击吸收能量时，还要求抗拉强度达到 350MPa（标准规定为 320MPa）。

3）在更厚大试块上要求达到标准试块上的抗拉强度和低温冲击吸收能量。如有的用户要求在 150mm 厚的附铸试块上达到 70mm 附铸试块的要求数值。

4）要求在铸件本体上取样，抗拉强度和低温冲击吸收能量要达到附铸试块的要求数值。若遇到这种要求，则要特别注意商定适当的取样位置。因铸件本体的不同部位，力学性能会产生较大的差别。

除以上所述较高要求外，对于一些高端低温全铁素体球墨铸铁件，对其低温冲击吸收能量提出更高的要求。如对 QT400-18AL（用 25mm Y 型附铸试块），要求抗拉强度 ≥400MPa，屈服强度 ≥240MPa，伸长率 ≥18%，在硬度为 130 ~ 150HBW 的条件下，其 -40℃、-50℃、-60℃低温冲击吸收能量皆要求平均值 ≥12J 和单个最小值为 9J。

对于以上所述在力学性能方面不同的特殊要求，尽管有一定的铸造难度，特别是其中所提要求达到 -60℃低温冲击吸收能量 ≥12J，其难度更大。但只要严格执行后述各项工艺措施，确保铁液的高冶金质量，完全可以达到以上各项要求。

（2）金相组织

1）金属基体组织。风电球墨铸铁件要具有较高的低温冲击性能，关键取决于材质的塑-脆性转变温度。球墨铸铁的金属基体组织对其塑-脆性转变温度有着显著的影响。100%铁素体基体具有最低的塑-脆性转变温度及最好的低温冲击性能，是提高球墨铸铁低温冲击性能的重要基础。即使仅有 1% ~ 2%的珠光体组织和晶界上存有微量（1%）的碳化物或磷共晶体都会导致低温冲击吸收能量的大幅度降低。因此，对于在特严寒地区工作的球墨铸铁件，须达到 100%的铁素体基体，不允许存在渗碳体和磷共晶体。

2）石墨形态。球墨铸铁的裂纹是沿着球墨边界扩展的。球形越圆，越不容易产生裂纹。因此，圆整度越好、球化率越高，越有利于提高力学性能等。通常要求球化率 ≥90%，铸件本体的球化率不低于 85%。有用户要求铸件本体的球化率要达到 >90%。

石墨球大小和石墨球数量，显著影响球墨铸铁的力学性能，生产中要注意控制这两项指标。

石墨球大小要≥5级，最好能达到6～7级。适当增加石墨球数量，更有利于提高低温冲击性能，具体数量要根据铸件结构特点，经试验确定，如对主要壁厚为30mm的铸件，以90～200个/mm² 为宜。铁素体球墨铸铁轮毂试块的金相组织见表8-8（按GB/T 25390—2010）。

表8-8　铁素体球墨铸铁轮毂试块的金相组织

牌号	球化率（%）	铁素体（体积分数,%）	珠光体（体积分数,%）	渗碳体（体积分数,%）	石墨球大小	磷共晶（体积分数,%）
QT350-22AL	≥90	≥90	—	≤1	5级及以上	≤1
QT400-18AL						

2. 铸件外观质量

风力发电机组常用球墨铸铁典型件不同区域部位的质量等级要求，在GB/T 25390—2010及图样中都有明确规定。重要部位不允许有影响强度及使用性能等的气孔、砂孔、缩孔、缩松、裂纹及夹杂等铸造缺陷。

对于特大型厚壁复杂的轮毂等典型球墨铸铁件等，目前尚不能完全避免铸造缺陷的产生。要根据铸件结构及铸造缺陷特征（产生缺陷的部位、大小、分布情况等），在不影响结构强度、使用性能及确保安全运行等前提下，可选择合适的修复方案，尽量减少损失。如铸件表面存在较轻微的铸造缺陷，可用打磨方法将缺陷清除，但最大的打磨深度、打磨面积及缺陷周围打磨弧度尺寸等都须在国家相关标准范围以内，特殊情况须经供需双方商定。

鉴于风电机组的使用环境十分恶劣，不允用焊补方法对铸造缺陷进行修复。

铸件的尺寸公差、重量公差及表面粗糙度等，都应按GB/T 25390—2010及订货技术文件规定执行。

3. 铸件内部质量

为确保风电铸件质量的可靠性和稳定性，除对铸件的物理化学性能和表面质量进行严格检查外，还须对铸件的内部质量进行无损检测。由于铸铁凝固特性及工艺设计等原因，球墨铸铁件的内部缩松、夹渣等缺陷，一般还不能完全避免，但必须控制在允许范围内，使铸件的致密性达到技术要求。在进行无损检测（超声波检测、磁粉检测等）时，根据风电机组中球墨铸铁典型件各部位的重要程度，超声波检测要求其缺陷允许范围分为两级：质量要求高的重要部位（如轮毂桨叶法兰、底座连接法兰面等）达到2级；相对中等要求区域达到3级。当受检部位公称壁厚为50～200mm时，按2级、3级质量要求，缩松类缺陷最大厚度占壁厚分别<20%、<25%；夹渣类缺陷最大厚度占壁厚分别<10%、<15%。具体实施按GB/T 25390—2010及图样设计等技术文件，须经供需双方商定。

还须指出：超声波声速能反映球化状况，球化率越高，则超声波声速越高。而且声速是受检部位整个壁厚的平均值，反映了该部位由外至内的平均球化状况，故对铸件本体进行超声波声速测定是有用的。对于球墨铸铁件，超声波声速铸态须达到5550m/s以上，退火热处理后须达到5500m/s以上。

4. 热处理

风电机组中球墨铸铁件一般无须进行热处理，铸态力学性能必须达到技术要求。对于轮毂等特大型厚壁复杂典型球墨铸铁件，由于体积和质量都较大，因此其浇注后在砂型中缓慢冷却时间很长，一般为96～192h。因为冷却速度极其缓慢，形成的铸造残余应力很小，所以可不再进行用来消除铸造内应力的人工时效处理。

必须指出：低温铁素体球墨铸铁的冲击性能与热处理有很大关系。因铸态组织很难完全保证化学成分不偏析、晶界杂质极少而均匀分布和100%纯铁素体。根据对比试验结果，当试验温度为 0 ~ -20℃时，铸态和退火态球墨铸铁冲击吸收能量相差不大，一般都能达到要求值，但温度越低，为 -40 -50℃时，两者的差别越大。因此，对于在 -20 ~ -50℃环境温度下工作的铁素体球墨铸铁件，须进行高温退火热处理，使其低温冲击性能更佳，从而稳定可靠、安全运行。

8.6.3 铸造工艺过程的主要设计

根据以上简述，要获得具有高致密性的优质风电球墨铸铁件，铸造难度较大。现将铸造工艺过程的主要设计综述如下。

1. 浇注位置及分型面

（1）浇注位置 大型轮毂是典型的厚大断面球墨铸铁件。它具有结构复杂、技术要求高及铸造难度较大等特点，其上的主轴法兰联接面是相对于其他区域的最重要部位。按照"将最重要的加工面或最主要受力面等质量要求最高的部位设置在铸型底部"的一般工艺原则，为便于设置浇冒口系统、增强补缩及造型操作等，以更有利于保证质量，须采取将主轴法兰面朝下的垂直浇注位置，如图 8-18 所示。还须指出，为保证铸件的长期使用性能，对该件的浇注位置有不同方案，即要求将重要的主轴法兰面朝上浇注。这与铸件通用的铸造工艺设计原则不一致，主要是想用适量的加工余量彻底地消除可能存在的内部夹渣等铸造缺陷，以确保铸件的性能。

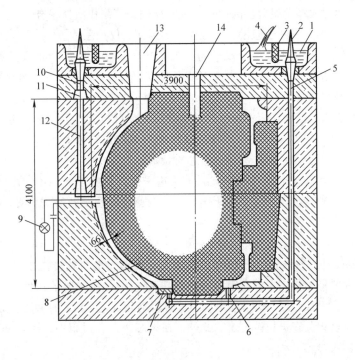

图 8-18 大型球墨铸铁轮毂铸造工艺示意图

1—大容量浇注箱 2—拔塞 3—挡渣板 4—随流孕育 5—底注式浇注系统 6—底层内浇道（圆形内浇道）
7—局部肥厚区域、热节处及重要加工面等设置外冷铁 8—大型心部砂芯 9—铁液上升位置信号指示灯
10—中注式浇注系统（直流道） 11—环形横浇道 12—过渡浇道 13—冒口 14—中央砂芯排气道

（2）分型面　根据铸件的外形结构、所确定的浇注位置，以及便于造型操作等原则来设置分型面的位置及其数量。大型轮毂的浇注位置确定以后，根据外形结构，为便于设置浇注系统及进行造型操作等，需设置三个分型面，即采取四开箱分型方案。

2. 铸型

铸型须具有足够的强度和刚度，以充分利用球墨铸铁在结晶凝固过程中发生共晶石墨化体积膨胀而产生的自补缩作用。

（1）模样

1）主要工艺参数

① 铸造线收缩率。根据铸件结构特点、材质及生产条件等不同，铸造线收缩率一般为0.8%～1.0%。大型轮毂等复杂球墨铸铁件，可约取0.8%。对铸件的不同方向可采取不同的线收缩率，并在生产中适当调整。

② 加工量。按照铸件浇注位置的不同部位，选用不同的加工量。按大型轮毂的浇注位置，底面的加工量为13～14mm，侧面的加工量为15～17mm，顶面的加工量为20～25mm，其他局部的加工量可适当调整。

③ 补正量。在生产过程中，受铸件结构、生产条件等诸多因素的综合影响，使铸件的尺寸偏差增大，甚至超出尺寸公差范围，尤以大型复杂铸件为甚。为防止这类问题的产生，在进行铸造工艺设计时，采用适当的工艺补正量，其值要根据具体不同情况而定。此外，还应采用适当的分型负数等。

2）外模。为确保大型轮毂模样的形状、尺寸准确，须制作实体模样，并须具有足够的强度和刚度，严防翘曲变形，以便于起模、减轻模样的损伤。仅采用一般的木质模样结构很难满足这些要求，故须将实体模样的中央部分设计为"抽芯式"钢结构框架，然后将木质外表部分按照便于起模的要求分割成数块，牢固于中央钢结构框架上。该框架可用100mm×100mm×3mm（壁厚）的正方形钢管焊接而成。

3）芯盒。芯盒的装配形式应根据砂芯的复杂程度及尺寸大小等因素而定。对于大型轮毂砂芯，应采用"漏斗式"芯盒，外框可用铁质板材经机械加工组装而成，并配备铁底板，以确保芯盒的强度、刚度，便于制芯操作和保证砂芯质量。

（2）造型材料　大型轮毂造型材料，目前普遍采用自硬呋喃树脂砂。因它具有强度大、透气性高及溃散性好等独特优点。关于它所用原砂、树脂、固化剂及其配比等，可参阅第11章中11.3的相关内容。

（3）造型及制芯

1）砂箱工装设计。轮毂的体积很大，在造型、翻箱、组箱及浇注全过程中，除铸型自重外，还要承受很大的外力作用。铸型组装后的总高度达5m，浇注时的铁液压头很高，产生很大的抬箱力。因此，应设计专用的砂箱工装，其必须具有很高的强度和刚度，严防变形。设计强度安全系数，使其符合相关安全规范要求。此外，在组芯及合箱过程中，还须采取其他紧固措施，严防产生胀箱及跑火等。

2）造型。轮毂铸型必须具有足够的强度、高的透气性及耐火度等，以承受浇注时铁液所产生的很大压力、浮力及冲击力等，并能使产生的大量气体迅速排至型外。因此，必须适当增加树脂的加入量，24h的抗拉强度宜达到1.5MPa。造型时必须有足够均匀的紧实度等，可以在大型振动台上来紧实型砂。

3) 制芯。砂芯大都被铁液所包围，其受热程度、承受铁液的作用力等远比铸型壁更大，故要求砂芯具有更高的强度、透气性、耐火度及溃散性等。特别是对前述大型铸件砂芯的使用性能要求更高。为确保砂芯质量，轮毂中央大型砂芯须特制专用芯骨，芯砂宜由全部新砂混制而成，并具有足够均匀的紧实度，还应采取增强排气性能措施等。

4) 涂料。为了增强涂料的耐火度及高温强度，防止粘砂及涂料层出现龟裂、脱落等现象，可以采用石墨基醇基涂料或锆英粉基涂料。对于厚大球墨铸铁件，应刷两遍涂料，涂料层厚度为1.2 ~ 1.5mm。须严格控制涂料质量，按涂刷工艺进行操作。尤应注意两遍涂料之间的结合强度，防止剥离。

对于低温冲击性能要求特别高的低温纯铁素体球墨铸铁件，宜再刷上阻硫涂料，更有利于保证铸件表层的球化质量。

关于涂料的组成，可参考第 11 章中表 11-21。

5) 烘干。为防止铸件产生气孔等缺陷，铸型组芯后合箱前需进行表层烘干。对于厚大球墨铸铁件，须用移动式热风机进行烘干。一般热风温度控制在 160 ~ 180℃ 范围内，烘烤时间为10 ~ 12h。须注意将数根热风管插入铸型中的位置及深度，严防热风管出风口附近砂型（芯）局部受长时间加热而损坏。经过烘干的铸型应尽快进行浇注。

3. 浇注系统

（1）浇注系统结构形式的选择　根据铸件的结构特点、技术要求、生产条件及所确定的浇注位置等因素，综合考虑选择合适的浇注系统结构形式。对于中、小型风电铸件，一般采取中注式浇注系统；对于大型铸件，一般采取底注式或阶梯式浇注系统。底注式浇注系统的显著优点是铁液充型较平稳，减少二次氧化渣的产生，以及型腔排气畅通等。主要缺点是充型后铸件上部温度低于下部温度，不利于补缩。尤其是当铸件很高时，上、下部间的温差过大，在浇注时间较长、浇注温度较低时，在铸件上平面容易产生气孔、氧化夹杂物等缺陷，铸件越高大，其缺点越显突出。因此，当铸件高度超过 2m 时，一般宜用阶梯式浇注系统，或采用 2 套以上的独立浇注系统来进行浇注。

6MW 轮毂的质量大，总高度达 4m，如果全采用底注式浇注系统，则其缺点非常明显。铁液流经这么大的高度充满铸型，温度下降的幅度很大，会造成铸件上表面磁粉检测时缺陷较多等。尽管可采取其他措施，如适当提高浇注温度和浇注速度等来加以适当弥补，但为了更好地有利于保证铸件质量，宜采用 2 套独立的联合浇注系统，如图 8-18 所示。浇注时首先开启底注式浇注系统，数道圆形内浇道 6 均匀分布于铸型底平面，将铁液较均匀而平稳地从铸型底部引入型腔。当铸型内铁液上升至预定高度位置时，信号指示灯 9 亮，启用中注式浇注系统。铁液从直浇道 10 进入环形横浇道 11，再流经 3 道（或 >3 道）过渡浇道 12，多道内浇道置于中部分型面上，将铁液从中部引入型腔。这种浇注方式的主要优点是提高铸型上部的铁液温度，减小上、下部之间的温差，提高铸件各部位结晶组织的均匀性等，能在很大程度上避免全用一套底注式浇注系统的不足之处。其他厚大断面铸件，如 6MW 主机架等，也可参考采用这种浇注方法。

（2）浇注系统各组元截面积比例　根据铸件的结构特点、技术要求、材质的凝固特性及生产条件等因素，确定合适的浇注时间，浇注速度不能过慢或过快。浇注系统中铁液的流量主要与浇道的截面积及铁液在该处的流动速度有关。而影响铁液流速的因素很多，主要有浇注压头大小、阻力系数及铁液的流动性。在生产实践中，开放式与封闭式浇注系统的区别，只是简单按照浇注系统各组元截面积的相对比例进行区分。

球墨铸铁件生产中，在进行球化处理时会产生大量的氧化夹杂物。虽经过集渣、排渣等处理，绝大部分熔渣均被排除掉，但仍有极细小的夹杂物残留在铁液中。另外在浇注过程中还会产生二次氧化夹杂物。这些微量细小的氧化物、碳化物存在于铸件内或结晶晶界上，会降低铸件的致密性、力学性能，更严重影响低温冲击性能。因此，风电球墨铸铁件浇注系统设计的首要要求是，应具有很强的集渣、挡渣能力和在浇注过程中确保铁液的流动平稳，不产生冲击、飞溅、涡流等紊流现象。因此一般采用开放式或半封闭式浇注系统，各组元截面积比例可参考下式：

$$\sum A_{直} : \sum A_{阻} : \sum A_{横} : \sum A_{内} = 1.2 : 1 : (2 \sim 3) : (1.5 \sim 3)。$$

（3）过滤器的应用　球墨铸铁铁液中含有残余的氧化夹杂物。即使仅有微量细小氧化物、碳化物存在于铸件内或结晶晶界上，也会影响力学性能，更会严重降低低温铁素体球墨铸铁的冲击性能。因此要求浇注系统具有很强的阻渣能力。在浇注系统中设置过滤器是最有效的措施。随着过滤技术的不断发展，现已在重达数十吨的厚大断面球墨铸铁件上，获得了较好的应用效果。

关于过滤器应用的论述，可参阅第 11 章中 11.5.4 的相关内容。

4. 冒口

风电铸件系铸态铁素体高韧性球墨铸铁，化学成分的碳当量较高，在铸件的结晶凝固过程中析出大量石墨。特别是轮毂等是典型的厚大断面球墨铸铁件，浇注后在砂型中的冷却速度极度缓慢，石墨化程度更高。球墨铸铁凝固时比灰铸铁具有更大的体积膨胀压力。铸造工艺设计基础是特别强调要使铸型具有最大的刚度和强度，以充分利用结晶凝固过程中石墨析出致使体积膨胀而产生的自补缩作用，避免产生内部缩孔、缩松等缺陷，可显著提高铸件的致密性。

对于风电铸态铁素体球墨铸铁件，根据铸件的结构特点，按照均衡凝固与有限补缩的工艺原则来设计铸造工艺，从铸型的刚度及强度、浇注系统、冷铁应用、化学成分、铁液冶金质量及浇注温度等全过程各方面的综合控制，完全可以实现少用冒口或无冒口铸造。

6MW 风电轮毂的体积及质量都很大。如果全部采用底注式浇注系统，则铁液在型腔内上升过程中的降温幅度很大，使铸件上部温度较低，对补缩产生很不利的影响。如果采用底注式与中注式的联合浇注方法，则能显著提高铸件上部的温度。为更好地保证铸件质量，防止产生缩凹、缩孔及缩松等缺陷，可在轮毂迎风端厚大法兰上部及轮毂上平面设置数个发热保温冒口，以提高补缩效能。还应设置数个排气冒口，以使排气畅通。

冒口设置在铸件最高处，也可按模数法设计为小颈顶冒口，既对铸件进行液态收缩时的补缩，又保证铁液凝固膨胀前冒口颈能及时封闭，以充分利用石墨化膨胀所产生的自补缩作用。

5. 冷铁的应用

大型轮毂等厚大断面球墨铸铁件，由于冷却速度极度缓慢，易使球化、孕育效果衰退，出现球化不良，特别是在厚大断面的心部更加严重，还可能出现石墨漂浮、缩孔、缩松及夹杂等铸造缺陷。其结果会使力学性能下降，尤其会严重降低塑性及低温冲击性能等。为此须适当加快铸件肥厚区域及局部热节处的冷却速度，可以起到改善石墨形态、细化结晶组织和防止产生铸造缺陷等作用，显著提高铸件质量。

根据大型轮毂的结构特点，可以确定在下部法兰底面及 3 个侧部大法兰外侧表面设置石墨外冷铁，厚度为 80 ~ 90mm，可获得较好效果。

有关冷铁应用，可参阅第 11 章中 11.4 的相关内容。

6. 铁液的冶金质量及其控制

（1）技术难点　为获得高质量的轮毂等典型厚大球墨铸铁件，必须解决以下主要技术难点：

1）要获得铸态高韧性球墨铸铁，金属基体必须是100%铁素体，无磷化物和碳化物等，这是低温铁素体球墨铸铁的最重要基础和首要条件。因为铁素体基体球墨铸铁的脆性转变温度低，并具有较高的低温冲击性能。同时还须指出：同样是全铁素体基体、低磷、低硅，经高温退火处理的全铁素体球墨铸铁的低温冲击性能最好。生产实践及研究表明：即使只有体积分数为1%～2%的珠光体和微量碳化物等，也会导致低温冲击性能的显著降低。

2）防止出现球化不良。重达数十吨的厚大球墨铸铁件，浇注后的冷却速度极度缓慢，结晶凝固时间很长。因镁的逐渐损耗，导致残余镁量不足而出现球化不良。特别是厚大断面中心部位的球化质量很难保证，容易出现球化衰退、石墨漂浮、石墨开花、石墨畸变、石墨尺寸过大、石墨球数量少及蠕虫状、碎块状、片状石墨等球化不良现象。

3）低温冲击性能。一般风电球墨铸铁件 QT400-18AL 仅检测 –20℃ 的低温冲击吸收能量。但在极严寒地区工作的铸件，一般选用材质为 QT350-22AL 或另有更高要求的其他产品材质，尚须检测 –40～–60℃ 的低温冲击吸收能量：三个试样的平均值 ≥12J，单个试样的最小值 ≥9J。这些产品的低温冲击性能要求特别高，也更为严格，因此铸造难度也就更大。

综合以上三个主要技术难点，其解决办法，除了从造型方面采取最有效措施，如适当加快铸件厚大部位的冷却速度等，更须在球墨铸铁熔炼全过程中，采取有效措施，才能攻克技术难点，以确保铁液高质量。还须着重指出：选用优质炉料是首要条件，选择合适的化学成分是最重要的基础，球化及孕育处理是关键，严格的工序质量管理和精细的过程控制是稳定质量的基本保证。

（2）化学成分的选择　球墨铸铁的化学成分对金属基体组织、石墨形态、力学性能，特别是对低温冲击性能有着很重要的影响，必须合适选用并严格控制。

1）碳。碳是最主要的石墨化元素。在球墨铸铁生产中，适当提高含碳量，可促进镁的吸收，提高球化率，增加石墨球数量；缩短碳的扩散距离，有利于奥氏体转变成铁素体；有利于促进石墨化及伴随产生的体积膨胀，在铸型具有足够的刚度和强度条件下，可增强铸件在结晶凝固过程中的自补缩能力，降低铸件产生缩孔、缩松的倾向，显著提高铸件的致密性。但须指出：含碳量的增加，会降低球墨铸铁的冲击性能。特别是对于厚大球墨铸铁件，因冷却速度极为缓慢，如果含碳量过高，则会析出大量粗大石墨，容易使铸件的肥厚部位产生石墨漂浮等缺陷。一般风电球墨铸铁件的含碳量为 $w(C) = 3.70\% ～3.85\%$，碳当量为 $4.30\%～4.50\%$，对于厚大球墨铸铁件，碳当量为 4.30% 左右。

尚须指出：为了获得收缩与白口倾向最小、流动性最好的铸件，无疑是将球墨铸铁的碳当量定在共晶点上。但球墨铸铁的共晶点不稳定在 4.3%，而是动态的。它受铸件的冷却速度快慢（如铸件质量、壁厚、铸型材料及浇注温度等影响）、$w(Mg_{残})$ 的大小及孕育处理效果的优劣等诸多因素的综合影响而移动。因此，应根据铸件的结构特点、生产工艺等具体条件进行控制。总之，碳当量的上限以不出现石墨漂浮、下限以不出现较多珠光体或渗碳体为前提尽可能提高，以获得高致密性的铸件。

2）硅。硅是促进石墨化的元素，其促进石墨化的能力约为碳的1/3。着重指出：硅对铁素体球墨铸铁的脆性转变温度有着非常强烈的影响。因此，含硅量的选定及控制极为重要。为使铁素体球墨铸铁具有最好的低温冲击性能，应尽可能地降低含硅量。但随着含硅量的降低，抗拉强度（R_m）和规定塑性延伸强度（$R_{p0.2}$）也随之下降，难以保证400MPa的抗拉强度。若想达到所需强度目标值，就必须有较高的含硅量。因硅固溶强化铁素体，提高强度的作用明显，实验结果表明，每增加 0.1% 的 Si，R_m 可提高 9.29MPa，$R_{p0.2}$ 可提高 13.8MPa。但增加含硅量，又会导致塑 – 脆性转变温度的显著提高及低温冲击韧度值的急剧降低，每增加 0.1% 的 Si，塑 – 脆性转变温度升高 5.5 ~ 6.0℃。因此在低温铁素体球墨铸铁生产中，选择合适的含硅量尤为关键。

生产实践及研究表明，综合含硅量对低温铁素球墨铸铁的强度及低温冲击性能等方面的影响，对于轮毂等厚大铁素体球墨铸铁件，宜取 $w(Si) = 2.0\% ~ 2.1\%$；对于中、小型铸件，可取 $w(Si) = 2.1\% ~ 2.3\%$；对于要进行 –40 ~ –60℃ 低温冲击吸收能量检测的低温铁素体球墨铸铁件（QT400-18AL），宜取 $w(Si) = 1.8\% ~ 1.9\%$。

3）锰。锰在球墨铸铁中能细化晶粒、促使形成并稳定珠光体，提高强度和硬度等。在铸件的凝固过程中，锰具有很大的偏析倾向而富集于晶界，易于促使形成碳化物及使铸件产生白口倾向增加。如果形成网状碳化物分布在共晶团边界上，则会对力学性能产生极为不利的影响，尤其是会严重降低冲击性能。资料表明，每降低 0.1% 的 Mn，塑 – 脆性转变温度下降 11 ~ 12℃。如果能将锰的质量分数由 0.40% 降至 0.10%，则塑 – 脆性转变温度可下降 33 ~ 36℃，这有利于提高低温冲击性能。因此，在低温铁素体球墨铸铁中，为避免锰的不良影响，同时为了降低塑 – 脆性转变温度，应尽量降低含锰量，一般 $w(Mn) \leq 0.10\%$。

4）磷。磷在铸铁中的溶解度随铁液温度的下降而降低，产生新相 Fe_3P，并形成二元或三元磷共晶体。在球墨铸铁中，磷具有很大的偏析倾向。当磷的质量分数接近 0.10% 时，就会析出体积分数为 2% 的磷共晶体。磷共晶体呈多角状分布在共晶团边界，使力学性能急剧下降，尤其是显著降低伸长率和冲击性能。对于厚大铁素体球墨铸铁件，由于冷却速度极其缓慢，即使 $w(P) < 0.04\%$，仍然会在金属基体中发现磷共晶体。磷还能显著提高塑 – 脆性转变温度，当 $w(P) > 0.16\%$ 时，塑 – 脆性转变温度已在室温以上，容易产生冷裂。每降低 0.01% 的 P，塑 – 脆性转变温度下降 4 ~ 5℃。若磷的质量分数由 0.04% 降至 0.025%，则塑 – 脆性转变温度可下降 6 ~ 7.5℃，这有利于提高低温冲击性能。当含磷量高时，在铸件中容易产生缩松缺陷，显著降低铸件的致密性，易出现渗漏现象。

由于磷的以上所述不良影响，其中特别是显著降低冲击性能和伸长率，故低温铁素体球墨铸铁应尽量降低含磷量，越低越好，一般 $w(P) < 0.025\%$。

5）硫。硫是显著干扰石墨球化的表面活性元素。它的含量过高或过低都对球化效果影响极大。含硫量高时，增加球化剂加入量，形成大量 MgS、MgO 及 $MgSiO_3$ 等杂质；过量的硫会导致球化不良等极有害影响；铁、锰等诸多元素与硫形成各种硫化物，有的可上浮至铁液表面而进入熔渣中，有的则残留在铸件内部，破坏金属基体强度或形成夹杂等铸造缺陷；硫高还会恶化铸造性能，如降低铁液流动性及增加缩孔、缩松倾向等，严重影响铸件质量。

近年来的理论研究及实践表明，球化处理前原铁液的含硫量并非越低越好。适量的硫化物和硫氧化物，将成为球状石墨的结晶核心，提高球化率并增加石墨球数量，而且有提高孕育效果的作用。

对于低温铁素体球墨铸铁件，应采取有效措施，原铁液中 $w(S) < 0.015\%$；球化处理后 $w(S) < 0.010\%$，一般 $w(S) = 0.008\% ~ 0.010\%$。

6）镍。对于风电球墨铸铁件化学成分选择的一般原则是高碳、中硅、低锰、低磷和低硫。在力学性能满足要求的前提下，尽量不加入其他合金元素。但对于在极严寒地区工作的特殊重要铸件，其材质为 QT400-18AL，还须进行 –40 ~ –60℃ 的低温冲击吸收能量检测。为达到所需低温冲击吸收能量值，须将硅的质量分数降至 1.8% ~ 2.0%。为提高抗拉强度、屈服强度和低温冲击吸收能量值，必须对铁素体基体进行固溶强化，则可适当加入合金元素镍（Ni）。它不与碳形成碳化物，在共晶团中分布均匀，不产生偏析现象，促进石墨化，细化晶粒，降低铸件断面的敏感性等。由于镍能强化铁素体基体，故能提高抗拉强度及屈服强度，可以补偿由于含硅量降低而导致的强度下降。镍的加入量，一般可取 $w(Ni)=0.50\% \sim 0.70\%$。但须指出：镍促进珠光体生成和细化珠光体的存在，对于低温铁素体球墨铸铁的冲击性能起到不良影响。虽然珠光体组织可采用热处理来消除，但对于大型铸件而言，显然要增加铸件成本，故尽量不采用镍来提高力学性能。

还须指出：对于一般铸态铁素体球墨铸铁，加入适量的铜能使抗拉强度（R_m）明显提高，而断后伸长率（A）则显著下降，并使塑 - 脆性转变温度升高、冲击性能下降。因此，对于风电低温铁素体球墨铸铁，为提高抗拉强度，不宜加铜而改为加适量的镍。

7）钛。钛是强烈干扰石墨球化的元素，即使是少量的钛，也能促使石墨畸变、抗拉强度及屈服强度下降，尤其是能显著降低断后伸长率及低温冲击性能。因此，对于轮毂等厚大铁素体球墨铸铁件，必须严格控制钛的质量分数，一般 $w(Ti)<0.025\%$。

综上所述，大型轮毂等低温铁素体球墨铸铁件的化学成分控制范围见表 8-9，以供参考。注意调整控制 Si、Mn、P、Ni 含量，力求达到良好的综合效果。

表 8-9　大型轮毂等低温铁素体球墨铸铁件的化学成分控制范围

序号	铸件特征	材质	铸件壁厚/mm 主要	铸件壁厚/mm 最大	C 原铁液	Si 原铁液	Si 处理后	Mn	P	S	Ni	Ti	Mg	RE	V型缺口低温冲击吸收能量的检测温度
1	轮毂等大型铸件	QT400-18AL	80~120	300~350	3.70~3.80	0.90~1.10	2.00~2.20	<0.10	<0.025	<0.010		<0.025	0.045~0.055	0.010	(-20±2)℃
2	机体等中小型铸件		20~60		3.70~3.85	1.00~1.20	2.10~2.30	<0.10	<0.025	<0.010		<0.025	0.040~0.050	0.020	(-20±2)℃
3	严寒地区工作的特殊铸件				3.70~3.85	0.80~1.00	1.80~2.00	<0.10	<0.020	<0.010	0.50~0.70	<0.025	0.035~0.045	0.008~0.012	(-40±2 ~ -60±2)℃

（3）炉料选择及组成

1）对炉料的主要技术要求。为达到低温铁素体球墨铸铁件的主要技术要求，选用优质炉料及合理组成是首要条件。须对全部炉料进行严格选用及控制，特提出以下主要要求：

① 化学成分。主要炉料，如铸造生铁、废钢及回炉料等，必须选用 Mn、P、S 含量最低的，才能使熔炼出的铁液达到所需的化学成分目标值。炉料中的含磷量不能太高，因为目前还没有在原铁液中进行脱磷的有效方法；炉料中对石墨球化的强烈干扰元素有 Ti、As、Sn、Sb、Pb、Bi、Al 等，对其含量及总量必须进行严格限制；所选用铸造生铁中 $w(Ti)<0.025\%$；为获得 100% 铁素体金属基体，对促进珠光体形成的元素 Mn、Sn、Pb、Bi、As、Cr、Sb 等的含量及总

量，须进行严格限制；将含硫量降至较低值，才能减少球化剂加入量及在球化处理中形成的硫化物等夹杂物，以减少渣孔、夹杂等铸造缺陷。

选用优质炉料及合理组成，须使球化处理前的原铁液化学成分：$w(Mn) < 0.10\%$，$w(P) < 0.025\%$，$w(S) < 0.015\%$，从而为获得球化处理后化学成分目标值打下较好基础。

② 表面净化处理。全部炉料必须进行抛丸处理，将黏附其上的泥砂、油漆、锈斑及其他污物等彻底清除干净，使在熔炼过程中产生的各种氧化夹杂物及熔渣量减至最少。

2) 铸造生铁。铸造生铁是最主要的炉料，必须选用高纯度生铁，即要求 Mn、P、S 含量最低，对石墨球化进行干扰的 Ti 等微量元素含量及总量最少，以确保球化质量，并降低塑 - 脆性转变温度。这对于要求 $-40 \sim -60℃$ 的低温冲击吸收能量达到 12J 以上的高端低温铁素体球墨铸铁件，更具有重要意义。

微量干扰石墨球化元素，根据对石墨球化的不同影响，大致可分为：耗镁型，随着 Se、Te、S 含量的增加，促使形成蠕虫状石墨、过冷石墨、片状石墨；晶界偏析型，由于 Sb、Sn、As、Ti 偏析于晶界，促使石墨产生畸变；混合型，当 Pb、Bi 含量少时易形成畸变石墨，含量高时呈过冷石墨、片状石墨。国内某铸业有限公司生产的高纯铸造生铁的微量元素含量见表 8-10，其含量较低，实际使用效果较好。用反球化元素指数 K 值来表征对生铁中干扰球化的微量元素的限制。如果 $K > 1$，则在用纯镁处理的、20mm 壁厚的 Y 形试样上出现畸变石墨。因为各种元素的干扰是叠加发生作用的，所以不仅要严格控制单个干扰元素的含量，更要限制其总量。对于低温铁素体球墨铸铁件，要控制 $K < 0.6$，以防止生铁微量元素中反球化元素对石墨球化的干扰作用。

表 8-10　高纯铸造生铁的微量元素含量

元素	P	S	Mn	Sn	Sb	Ti	Al	As	Bi	Pb	Cu	Cr	K[①]	P_x[②]
含量 （质量 分数，%）	0.018 ~ 0.035	0.014 ~ 0.017	0.046 ~ 0.052	< 0.0005	< 0.0005	0.010 ~ 0.015	0.0058 ~ 0.0070	< 0.0006	< 0.00005	< 0.0005	0.0089 ~ 0.0096	0.0094	0.23	0.60

① 反球化元素指数 K 值计算公式：$K = 4.4Ti + 2.0As + 2.3Sn + 5.0Sb + 290Pb + 370Bi + 1.6Al$。

② 珠光体系数 $P_x = 3.0Mn - 2.65(Sn - 2.0) + 7.75Cu + 90Sn + 357Pb + 333Bi + 20.1As + 9.6Cr + 71.1Sb$。

在化学成分中形成珠光体的元素 Mn、Cu、Cr 与微量合金元素 Sn、Pb、Bi、As、Sb 的共同影响下，促使形成珠光体，增加基体组织中的珠光体数量。一般用珠光体系数 P_x 来表征对珠光体元素的限制。表 8-10 中所列高纯铸造生铁的 $P_x = 0.60$。从而使铸态的基体组织基本上全是铁素体，使热处理后的基体更稳定地达到 100% 的铁素体，以确保良好的低温性能。

选用高纯铸造生铁是生产高性能低温铁素体球墨铸铁件的首要条件。特别要求其中的锰、磷含量降至最低。这是降低球墨铸铁塑 - 脆性转变温度的关键所在。

3) 废钢。选用优质低碳素钢废钢非常重要。对废钢的要求不仅是 Cr、V、Ti、Pb、Cu 等合金元素的含量要尽量低，严格防止将反球化元素及偏析元素过量带入铁液中，而且重要的要求是 Mn、P、S 的含量越低越好。如果不能采用 w (Mn) 高达 $0.30\% \sim 0.60\%$ 的一般碳素钢废钢，则宜选用制作冲压零件的低碳、低锰废钢，$w(Mn) < 0.20\%$。要严格管控，以防止化学成分不明及合金钢等废钢的混入。废钢中更不能混入其他杂物，如易拉罐（含 Al）、搪瓷品（含 B）、易切削钢（含 Pb 或 S）、镀锌废钢（产生 ZnO 黄色烟尘）等。

4) 回炉料。要选用风电产品球墨铸铁件 QT400-18L 的回炉料，因它的 Mn、P、S 等的含量较低。不要使用普遍球墨铸铁件的回炉料。

综合以上所述，三种主要炉料的化学成分见表 8-11，以供参考。

表 8-11 低温铁素体球墨铸铁的主要炉料化学成分

主要炉料	化学成分（质量分数，%）						
	C	Si	Mn	P	S	Ti	Pb
高纯铸造生铁	4.20~4.50	0.40~0.80	≤0.10	≤0.025	0.005~0.015	0.01~0.025	<0.0005
优质废钢	0.10~0.24	0.20~0.50	<0.20	<0.020	<0.015	<0.010	<0.0008
回炉料	风电产品球墨铸铁（QT400-18L）件的回炉料						

5）炉料配比。在选定铸件合适的化学成分后，应根据炉料的化学成分、熔炼设备及生产条件等具体情况，进行炉料配比的优化方案设计。

① 在熔炼低温冲击性能要求特高的低温铁素体球墨铸铁件或没有符合质量技术要求的回炉料时，其炉料组成一般只能以高纯铸造生铁为主（80%~90%），加入少量优质废钢（10%~20%），以充分保证原铁液化学成分符合设定值。

② 当有质量合格的回炉料时，其炉料组成（质量分数）：高纯铸造生铁 50%~60%，优质废钢 10%~20%，回炉料 40%~20%。

③ 合成铸铁熔炼工艺。近年来，由于废钢供应较充足，尤其是价格远比生铁便宜，于是发展了少用或不用生铁，而只用废钢和回炉料，用增碳剂进行增碳方法来调节含碳量的合成铸铁及熔炼方法。合成铸铁不仅大幅度地降低了铁液熔炼成本，而且能获得较好的力学性能，故获得了较广泛的应用。采用这种方法熔炼球墨铸铁，不仅化学成分较容易控制，还能较容易保证得到低锰、磷、硫以及低杂质元素的优质铁液，可用于生产厚大断面低温铁素体球墨铸铁件及薄壁球墨铸件等。采用合成铸铁熔炼工艺时，须注意以下几点。

a. 采用优质增碳剂。增碳剂的品质对铁液的冶金质量至关重要。应选用经高温煅烧提纯石墨化处理的具有一定晶体度的优质晶体石墨增碳剂。

对增碳剂的成分要求：$w(C) = 99.5\%~99.8\%$；其他杂质含量越低越好，特别是含硫量应尽量少，$w(S) < 0.015\%$；如果含氮量过多，则易使铸件产生龟裂、缩松或疏松等缺陷，对于厚壁铸件则更容易产生此类缺陷一般 $w(N) = 0.001\%~0.003\%$；$w(O) < 0.005\%$。一般来说，含的石墨晶体结构成分越多，碳的纯度越高。碳的吸收率约为 95%。

增碳剂的粒度是影响增碳剂溶入铁液的主要因素，其影响增碳所需时间及增碳效果。适宜的粒度大小与增碳剂的加入方法、炉型等使用因素有关，参考表 8-12。

表 8-12 晶体石墨增碳剂的粒度大小

中频感应电炉容量/t	<1	1~3	3~10	覆盖在浇包内
晶体石墨增碳剂的粒度大小/mm	0.5~2.5	2.5~5.0	5~20	0.5~1.0

b. 炉料组合与熔炼。合成铸铁炉料一般由废钢、生铁、回炉料、增碳剂及硅铁等组成。前三种炉料的化学成分都须符合表 8-11 中的要求。炉料的具体组成应根据铸件结构特点、技术要求、生产性质及生产条件等因素综合考虑而定。其中生铁价格较贵，可以少用（5%~10%）或不用，则主要由废钢（60%~70%）和回炉料（30%~40%）组成。

炉料的加入顺序有多种方式，当增碳剂用量较大时，一般加料顺序：少量生铁或回炉料→增碳剂→废钢→硅铁→回炉料→废钢。待炉料全部熔化并升温至 1400℃ 左右时，进行炉中取样及光谱快速检测化学成分。根据检测结果，用生铁（或增碳剂）、废钢、FeSi75 将碳、硅含量调至设定值。

晶体石墨增碳剂除了已在铁液中扩散溶解的碳以外，还有残留的、未溶入的微细石墨粒子。其晶体结构与石墨生长之间的失配度小，能够有效增加石墨形核核心，提高铁液的形核能力，进而改变铸铁的微观组织及石墨形态，能得到很好的孕育效果，可起到防止铸铁过冷和白口化作用。

将铁液的碳、硅含量调好后，继续升温至所设定的过热温度，以提高铁液的过热程度及纯净度。

（4）铁液的过热程度及纯净度　在低温铁素体球墨铸铁生产中，当化学成分、金相组织中的金属基体及石墨形态，基本上都达到技术要求时，要进一步提高低温冲击性能，其主要取决于晶界夹杂物的净化程度。因此，如何清除铁液中的夹杂物以净化晶界，成为提高低温冲击性能的重要环节。

除了选用高纯生铁、优质废钢等，严格控制 Mn、P、S 含量，并将球化干扰元素及各种元素形成的晶间偏析物等降至最低外，还必须适当提高铁液的过热程度（过热温度及在高温下的停留时间），使铁液中的夹杂物，如氧化物 SiO_2、FeO、MnO、Al_2O_3 等和硫化物 FeS、MnS 等上浮，尽量减少铁液中的夹杂物，提高纯净度，以达到净化的目的。

在一定的临界温度内，随着过热温度的提高，过热效果显著增加，能有效地减少铁液中各种氧化物、硫化物等夹杂，并能提高铁液的流动性及有利于力学性能的改善等。但须指出过热温度不是越高越好，过度过热会增加碳的氧化烧损、减少结晶核心、增大铁液的收缩倾向及降低力学性能等。此临界温度与炉料组成、化学成分及熔炼设备等因素有关。一般将过热温度控制在 1510 ~ 1530℃ 的范围内，保温静置 5 ~ 10min，铁液此时进行"自脱 O"反应，使铁液氧化及氧化夹渣倾向大幅度降低，显著提高纯净度，成为高温低氧化的优质铁液。在后续工序中必须采取预处理、强化孕育处理等有效补救措施，以增加结晶核心，获得更好的质量效果。

（5）预处理　铁液随着过热温度的提高及在高温下静置时间的延长，各种氧化物、硫化物及微细颗粒等上浮的夹杂物就越多，铁液的纯净度越高，但会使石墨析出所依附的异质晶核减少。因此，在球化处理前必须进行预处理，使铁液中供石墨生核的异质晶核增多，并增强在铁液中的稳定性，改善铸铁共晶转变时石墨的生核和长大的条件。这可提高球化率、球状石墨大小等级及圆整度，增加球状石墨数量等，很有利于提高风电产品低温铁素体球墨铸铁件的低温冲击性能。

1）预处理剂及其选用。随着生产技术研究的不断发展，预处理剂的品种逐步增加，如含有 Si、Ca、Zr、Al 等元素的新型复合预处理剂、晶态石墨等。目前冶金碳化硅仍是使用效果较佳的首选预处理剂，已被广泛应用，并具有以下主要特点。

① 碳化硅的熔点很高，为 (2830 ± 40)℃，其在 2600℃ 以下相当稳定。在铁液中烧损量很少，不能熔化，只能逐步溶解、扩散，因而其作用的时效相当长。

② 冶金碳化硅是将硅砂和焦炭（或石油焦）置于电极加热的电阻炉内，在 1600 ~ 2500℃ 的高温还原气氛条件下，由碳将 SiO_2 还原而制得。一般冶金碳化硅中，SiC 含量为 88% ~ 93%，其中：Si 含量约占 88% 中的 70%；C 含量约占 88% 中的 30%。在作为预处理剂使用时，C、Si 的吸收率可约按 95% 计算，然后按实际使用效果的所测数值进行核定。

碳化硅中含有少量游离 SiO_2。碳化硅溶于铁液后，这些游离 SiO_2 以非常微细的颗粒分散于铁液中，非常有利于异质晶核的生成。

2）预处理剂的加入方法和加入量

① 预处理剂的加入方法。碳化硅溶于铁液中，需要一定的时间，而且也需要搅拌，以加速

溶解、扩散，更趋于均匀分布。其加入方法有以下几种。

　　a. 在熔炼开始装料时，与其他固体炉料一并加入。当炉料熔化后，碳化硅逐步溶入铁液中。

　　b. 冲入法。当前球化处理普遍采用冲入法。为了使预处理反应在球化反应之前进行，将碳化硅放在包底堤坝内装有球化剂的对面堤坝中，出铁时，使铁液直接对着放有预处理剂的一侧冲入，使预处理剂与铁液的反应先进行，然后球化剂反应才开始，以免丧失预处理的作用。

　　c. 倒包冲入法。将碳化硅放入干净的处理包底中，出铁液（一部分或全部）冲入其内，使碳化硅充分均匀地溶入铁液中，然后再将包内铁液回炉进行升温至所需球化处理出炉温度。

　　d. 将碳化硅直接加入炉内铁液中，但因碳化硅的密度太小，为 $3.10 \sim 3.22 \mathrm{g/cm^3}$，易浮在铁液面上，需充分搅拌，不易均匀，故一般不宜采用。

　　② 预处理剂的加入量。碳化硅的加入量，一般为被处理铁液质量的 0.5% ~ 1.0%，常取 0.7% ~ 0.8%。

　　当采用炉内加入时，碳化硅的粒度，一般为 2 ~ 5mm。

　　用碳化硅对铁液进行预处理后，除了前述主要优点外，还可提高镁的回收率，球化剂的加入量可适当减少（约10%），这可减少晶界析出物，有利于提高低温铁素体球墨铸铁的低温冲击性能等；还可降低铁液的过冷度，减少薄壁铸件的白口倾向等。

　　碳化硅既可当预处理剂用，充分利用其独特的溶解特性，又可显著增加石墨核心，而且抗衰退性良好；还是增碳、增硅的优良材料。

　　铁液的预处理作用也有衰退现象，因此在经预处理后，应尽快进行球化处理。

　　(6) 微合金化处理　Sn、Sb、Ti、Bi 等干扰石墨球化的微量元素，由于富集在共晶团边界，促使形成畸变石墨，造成降低力学性能等不良影响，特别是严重影响低温铁素体球墨铸铁的低温冲击性能。如锑（Sb）是石墨球化的较强烈干扰元素，若 $w(\mathrm{Sb}) > 0.01\%$，则会显著恶化石墨球形状。而近年来的研究发现，在球化处理过程中，锑呈现强烈的表面吸附特性，富集在石墨界面处，会增加石墨核心，能消除碎块状等畸变石墨，促使生成球状石墨，提高石墨圆整度，并使石墨球数量增多，从而可提高力学性能等。在稀土镁球墨铸铁件生产中，如果以微合金化添加微量的锑 $[w(\mathrm{Sb}) = 0.002\% \sim 0.010\%]$，则可获得较好的效果。尤其是对于厚大球墨铸铁件，效果更为明显。在生产轮毂等典型厚大铁素体球墨铸铁件时，可酌情加入锑 $[w(\mathrm{Sb}) = 0.006\% \sim 0.008\%]$。

　　铋是强烈阻碍石墨化的元素。但研究发现微量的铋 $[w(\mathrm{Si}) = 0.003\% \sim 0.010\%]$ 又有促进石墨球化的作用，在有微量稀土的条件下，能显著增加石墨球数量，并使基体组织中的铁素体量增加，提高冲击性能。适用于铸态铁素体球墨铸铁件，更有利于生产薄壁球墨铸铁件。微量的铋与钙复合添加对铁液进行微合金化孕育处理，可获得更好的效果。

　　微量的锶可改善形核过程，有利于改善组织和性能，可用于薄壁球墨铸铁件，减少形成白口倾向等。

　　国内某厂生产的微合金化处理剂见表 8-13，可供参考。

表 8-13　微合金化处理剂

序号	品名	化学成分（质量分数,%）								粒度 /mm
		Si	Ba	Ca	Al	Bi	Sb	Sr	Fe	
1	硅锑合金	73	1.5	1.5	0.1		3		余量	1 ~ 2
2	硅铋合金	73	1.5	1.5	0.1	2				0.5 ~ 2
3	硅锶合金	73 (min)		0.2	0.5 (max)			0.8 ~ 1.2		1 ~ 2

（7）脱硫处理　降低原铁液中含硫量，有利于防止石墨畸变、减少球化剂加入量，从而减少硫化渣及其他氧化物等，净化铁液。近代研究指出，含硫量也不宜太少。适量的硫化物和硫氧化物，将成为球状石墨的结晶核心，有利于提高球化率、增加石墨球数等，宜将原铁液中硫的质量分数控制在 0.015% 以下。如果选用高纯铸造生铁、优质低碳素钢废钢及回炉料等，则原铁液的含硫量可以在控制范围以内，不需进行脱硫处理。如果由于炉料选用、控制不当等原因，致使原铁液中硫的质量分数大于 0.02% 时，则必须进行脱硫处理。生产中常用的脱硫剂为 CaC_2，辅以 Na_2SO_3 促进反应，在包内加质量分数为 0.5% ~0.7% 的复合脱硫剂，可获得较好的脱硫效果，同时可以脱氧、去除夹渣等。

（8）球化处理　要使低温铁素体球墨铸铁具有良好的低温冲击性能，特别是在 −40 ~ −60℃ 条件下的冲击吸收能量能稳定地达到 ≥12J，必须使金属基体组织、球化率、石墨球径等级、石墨球数量及分布状况和晶界面上的析出物及偏析等都要全面达到技术要求。球化处理是关键环节之一，是确保铸件质量的重要基础。

1）球化剂

① 球化剂的选用。轮毂等典型厚大球墨铸铁件，由于质量大、铸壁很厚、冷却速度极度缓慢、凝固时间很长，容易出现石墨漂浮、石墨开花、球化率低、碎块状等畸变石墨、石墨球数量少、石墨球粗大等诸多问题。特别是在铸件最后凝固的中心区域或局部肥厚、热节部位等，这些铸造缺陷更为严重，直接影响材质的力学性能，显著降低了低温冲击性能。引发这些铸造缺陷的核心问题是球化衰退。因此，提高球墨铸铁铁液的抗衰退能力，是解决这些问题的根本途径，也是解决厚大断面球墨铸铁件质量问题的关键所在。

首先应选用抗球化衰退能力强的球化剂。在现有常用的球化剂中，首选钇基重稀土硅铁镁合金。它的抗球化衰退能力强，特别适用于厚大球墨铸铁件。选用该球化剂，还可通过适当增大钇残余量的办法来延长球化衰退时间。钇具有极强的脱硫能力，而且不回硫。钇可在较高温度（>1450℃）下进行球化处理，球化反应平稳，这为提高浇注温度创造了有利条件。但对此部分研究人员有不同意见，他们认为在 1300℃ 以下，重稀土的抗球化衰退能力并不比轻稀土强，故也可将重稀土和轻稀土球化剂按一定比例复合使用。

根据铸件的结构特点及主要技术要求等，也可选用低镁低稀土硅铁合金球化剂。

在球化剂中添加少量的钙（Ca）、钡（Ba），有利于提高球化处理效果，更容易获得铸态纯铁素体基体球墨铸铁。对于低温高韧性铁素体球墨铸铁件，特别是对于要求在 −40 ~ −60℃ 条件下的低温冲击吸收能量 ≥12J 的特殊铸件，则须选用含有 Ca、Ba 的低镁低稀土硅铁球化剂。

生产实践中，应根据铸件的结构特点、技术要求及生产设备条件等因素，选用不同的球化剂。它应具有较高的纯净度，化学成分应均匀一致，MgO 的含量低，一般 $w(MgO) < 1.0\%$；粒度较均匀，起伏范围较小；无气孔、夹渣等缺陷。

② 球化剂的加入量。球化剂的加入量，主要取决于原铁液的含硫量、球化剂的化学成分（如含镁量等）、原铁液的纯净度、球化处理温度、球化处理工艺方法、铸件的结构特点及主要技术要求等。

镁是球化能力最强的良好球化剂，使石墨球形圆整，铁液中的硫、氧含量显著降低。但镁的抗干扰能力差，并使形成缩孔、缩松、皮下气孔及各种氧化夹杂物等铸造缺陷的倾向增加。

稀土元素既有一定的球化作用（程度低于镁），又与硫有很强的亲和力，具有比镁更强的脱氧、脱硫能力，能起精炼作用；适量的稀土能中和干扰元素对球化的不良影响，抗干扰能力较强。但常出现团状及团片状石墨。尤其在厚大断面球墨铸铁件及局部肥厚、热节区域，易产生畸变石墨或石墨漂浮等，并有使白口倾向增大等不良影响。稀土的晶间偏析行为易形成稀土化合物，降低冲击性能，对于低温铁素体球墨铸铁，宜将稀土残余量控制在 0.010% 以下。

考虑到各方面的综合影响，球化剂的加入量不能过少或过多，以免造成不良后果。对于低温铁素体球墨铸铁件，在确保球化率 >90% 的前提下，应尽量减少球化剂的加入量，并要严格控制镁和稀土的残余量。

在优质炉料及其配比、原铁液的化学成分、铁液的微合金化及预处理等都已达到前述要求的基础上，选用球化剂的种类、加入量及镁、稀土残余量的控制范围等，可参考表 8-14。

表 8-14　低温铁素体球墨铸铁用球化剂（冲入法）

序号	球化剂种类	主要化学成分（质量分数,%）							粒度/mm	球化剂加入量（质量分数,%）	残余量（质量分数,%）		主要应用范围
		Mg	RE		Si	Ca	Ba	Al			$Mg_{残}$	$RE_{残}$	
			重稀土	轻稀土									
1	钇基重稀土硅铁镁合金	7.0 ~ 7.5	2.0 ~ 2.5					1.0 ~ 1.5	10 ~ 25	1.4 ~ 1.5	0.040 ~ 0.050	0.010 ~ 0.020	抗球化衰退能力强。用于轮毂等厚大断面重型铸件
2	含 Ca、Ba 的轻稀土硅铁镁合金	5.0 ~ 6.0		0.8 ~ 1.2	40 ~ 45	2.5 ~ 4.0	2.0 ~ 3.0	0.5 ~ 1.0	5 ~ 20	小型件 1.0 ~ 1.2 中型件 1.2 ~ 1.4	0.035 ~ 0.045	0.008 ~ 0.015	要求在 -40 ~ -60℃ 条件下的冲击吸收能量 ≥12J 的重要铸件

根据铸件的结构特点、技术要求及生产条件等实际情况，也可以添加少量低硅球化剂，使球化处理后的多频次的孕育量有较宽的调整范围而不会使终硅量超标。

2）球化处理方法

① 冲入法。球化处理方法很多，冲入法是迄今为止国内仍在广泛采用的球化处理方法。它既具有操作简便等优点，也有镁的吸收率偏低等缺点。尽管它已被列入淘汰的工艺方法，但如果精细操作，仍能获得较好效果。在处理包底堤坝内的球化剂上面所用覆盖材料及紧实度时，须严加控制才能使球化反应正常进行。必须指出：对于高端低温铁素体球墨铸铁件，球化剂上面的覆盖材料不宜采用铁屑，以免影响原铁液化学成分的高纯度要求。

② 喂线法。喂线法是近年来发展较快、逐步扩大应用且效果较好的球化处理方法。根据铸件的结构特点及技术要求等，可选用含有不同化学成分的球化剂包芯线。使用时，借助双流或四流喂线机，以预先设定的速度和长度插入铁液中，其端部插入深度接近浇包底部。随着包芯线外层的不断熔化，其内的球化剂也不断熔化，从而实现对铁液的球化处理。喂线法具有较多优点：球化处理操作简便，实现了操作机械化和自动化，减少了人为操作产生的误差，显著提高了球化处理效果的稳定性；镁的吸收率升高，减少了球化剂加入量；减小球化处理后的降温幅度及氧化渣量，从而可减少渣孔、气孔及夹杂等铸造缺陷；减少球化处理过程中产生的烟雾，显著改善生产环境的空气污染程度等。

根据铸件的结构特点及技术要求、芯线化学成分、铁液温度及浇注情况等因素，选定合适的喂线长度，即球化剂的加入量；根据铁液量、液面高度及温度等，选定合适的喂线速度。喂线长度及速度可及时、准确地进行调节，以使球化处理过程连续、均匀、稳定、安全地进行，实现较准确的定量控制，获得优质的球化处理效果。

在众多球化处理方法中，冲入法和喂线法是目前国内最具代表性的两种方法。根据铸件的结构特点、技术要求、生产性质及生产设备等现实条件进行选用，以最终确保球化处理的高质量及其稳定性。

3）球化处理温度。当采用冲入法进行球化处理时，铁液温度过高或过低都会造成很多不良影响。如果球化处理温度过高，不但引起铁液的强烈翻腾、飞溅，同时会使镁的烧损严重，急剧降低镁的吸收率。若要保证球化效果，势必增加球化剂的加入量及由此而产生的诸多不良后果；相反，如果球化处理温度太低，则经球化处理后的铁液温度会更低，流动性很差。不但会产生气孔、夹杂等很多铸造缺陷，还会显著降低后续的孕育处理效果。尤其会对瞬时孕育剂的溶解、吸收和扩散产生更大的不良影响。

选择适当的球化处理温度时，首先要根据铸件的结构特点、主要技术要求、铸造工艺方法及生产条件等因素，确定铸件所需适宜的浇注温度，然后估计铁液经球化处理后的降温幅度。如用中频感应电炉熔炼，球化处理后，0.5~3t 包的铁液降温幅度为 80~100℃。对于轮毂等厚大铸件，其球化处理温度一般可取 1450~1460℃；中型铸件为 1460~1470℃；小型铸件为1470~1490℃。

(9) 强化孕育处理　在球化处理时，加入了镁、稀土等强烈阻碍石墨化的元素，促使碳以渗碳体的形式析出。球化处理后，须紧接着加入足量的强烈促进石墨化的硅、钙等元素，促使形成更多的结晶核心，以改善金属基体组织，不出现渗碳体（Fe_3C），还会使石墨球变圆、变细、石墨球数量增多和分布更加均匀等，从而可获得更好的力学性能等。对于低温铁素体高韧性球墨铸铁件尤为重要，采用长效、高效复合孕育剂，进行多频次强化孕育处理，才能获得更好的低温冲击性能，这是最关键环节之一。

1）孕育剂的选用。对于低温铁素体球墨铸铁件，在选用 FeSi75 合金的基础上，附加以强石墨化元素所制得的复合孕育剂；钙的脱硫能力比镁强，可促使石墨球化、石墨球变细及石墨球数增加，能阻止球化衰退；钡的沸点较高，溶解到铁液中的速度较慢，能在较长时间内保持成核的有效状态，有长效孕育作用，能促使石墨球化及石墨球变细；铝是强石墨化元素，但 $w(Al)$ 宜小于 2.0%，过多可能产生气孔缺陷。由 Si、Ca、Ba、Al 等多元素组成的长效复合孕育剂，具有形核率高、抗球化及孕育衰退能力强，促使形成更多细小、圆整的球状石墨和分布更加均匀等特点，能有效地消除碳化物和显著提高铸态力学性能等，尤其是能提高低温冲击性能，故是首选的孕育剂。

在生产薄壁球墨铸铁时，微量的铋与钙复合添加作为孕育剂对铁液进行孕育处理，可显著改善石墨形态，使石墨球变细，大量增加石墨球数量，并增加基体组织中的铁素体量，防止产生白口等。过量的铋 [$w(Bi) > 0.01\%$] 会阻碍球化，恶化石墨形态，使石墨球数量减少，并促使形成白口。

近代研究指出，铁液中的 S、O 含量也不是越少越好。微量的 S、O 有助于增加石墨核心，以改善石墨形态，如提高石墨大小等级及增加石墨球数量。浇注时，可在浇注箱（杯）内随流加入质量分数约为 0.2% 的含硫、氧的复合孕育剂进行瞬时孕育，以增强孕育效果。

孕育剂的加入量，应根据铸件的结构特点、主要技术要求、所选定的化学成分、铸造工艺及生产条件等因素综合考虑而定。还须指出：若要适当加大孕育量，则须严格控制适当降低原铁液中的含硅量，以预留出足够的硅量，待在孕育处理时加入。此处，还须进行多频次强化孕育处理，才能获得更好的孕育效果。

2）孕育处理工艺。厚大断面球墨铸铁件产生畸变石墨的主要原因是冷却速度缓慢。随着凝固时间的延长，铁液中结晶核心浓度起伏和能量逐渐减弱，出现孕育衰退，导致缺乏足够数量的稳定晶核。为确保孕育效果，须采用多频次孕育工艺，不但要及时补充所损失的结晶核心，还要选用大量增加结晶核心对提高石墨球数量有特殊效果的孕育剂，以获得更好的孕育效果。

① 一次孕育。采用冲入法球化处理时，可将孕育剂总量中的小部分（约1/3）覆盖在处理包内的球化剂上面，待铁液冲入进行球化处理时，同时发生孕育作用，其剩余部分待球化反应结束，再次出铁液时，在出铁槽上方连续不断缓慢均匀地加入铁液中。或者将全部孕育剂，待球化反应停止，再次出铁液时，在出铁槽上方加入。这种大孕育量饱和孕育方法的孕育效果，可能要比前者更好。球化反应结束，须将球化产生的熔渣扒除干净，才能再次出铁液补充至所需铁液总量。添加全部孕育剂后，须充分搅拌均匀，反复多次将熔渣扒除干净，并覆盖保温剂待进行浇注。扒除熔渣时，须采用高效复合除渣剂。

② 喂线法孕育处理。采用普遍冲入法或随流孕育等方法，由于大部分孕育剂的密度小、熔点较低及易氧化等，容易漂浮在铁液表面，烧损量较大、吸收率较低，使孕育效果不较稳定。随着喂线技术的不断改进和发展，采用不同孕育剂成分的包芯线，用喂线法进行孕育处理，具有较多优点：可提高孕育剂的吸收率；处理过程稳定可控，减少烧损量及熔渣量，提高孕育处理效果的稳定性等。要根据铸件的结构特点、技术要求、生产性质及设备等因素进行选用，可获得更好的孕育处理效果。

③ 二次孕育。为了克服因孕育作用衰退而导致孕育效果逐渐减弱，采用二次孕育（或称瞬时孕育）非常有效。在转包及浇注过程中，可在多道环节进行二次孕育，如倒包孕育（将球化处理包中的铁液倒入浇包时），在设有拔塞的定量浇注杯（箱）内、浇包漏斗随流孕育及型内孕育等。应根据铸件的结构特点、技术要求、铸造工艺及生产条件等因素选用。对于轮毂等厚大断面球墨铸铁件，宜在设有拔塞的大容量浇注箱（如图 8-18 中的件 1）内进行二次孕育处理，如选用 Si – Ca – Ba 或 Si – Ca – Bi 或 Si – Ba 等长效复合孕育剂，粒度为 0.5 ~ 1.0mm，加入量（质量分数）为 0.10% ~ 0.20%。

目前可供选用的孕育剂种类及孕育处理方法很多。低温铁素体球墨铸铁件常用的孕育制，可参考表 8-15。

表 8-15　低温铁素体球墨铸铁件常用的孕育剂

序号	种类	主要化学成分（质量分数,%）					粒度/mm	孕育剂加入量（质量分数,%）	孕育处理工艺	主要适用范围
		Si	Ca	Ba	Al	Fe				
1	长效复合孕育剂	63 ~ 68	1.0 ~ 2.2	4 ~ 6	1.0 ~ 1.5	其余	3 ~ 6	0.5 ~ 0.6	炉前出铁液时随流孕育	抗孕育衰退能力强。用于厚大断面铸件
							0.5 ~ 1.0	0.1 ~ 0.2	浇注时在浇注杯中随流孕育	
2	硅钙合金	60 ~ 65	29 ~ 33		1.0 ~ 1.5		0.2 ~ 0.7	0.1 ~ 0.2	浇注杯中随流孕育	
3	硅铁合金（FeSi75）	74 ~ 79	0.5 ~ 1.0		0.8 ~ 1.6		3 ~ 10			

球化处理及炉前孕育处理后，应尽快进行浇注，缩短停留时间（中、小件宜小于6min，大件小于15min），以防止球化、孕育效果衰退。

当采用各种孕育剂总量较多时，要严格控制原铁液中含硅量，以防止终硅量超标。

综上所述，从选用优质炉料开始，直至铁液孕育处理完成的熔炼全过程，须按高标准进行严格精细控制与实施，才能获得优质铁液，以确保高端低温铁素体球墨铸铁件所需的力学性能，特别是低温冲击性能。

（10）实例　铸件材质为QT400-18AL、QT350-22AL，中频感应电炉熔炼。首先选定合适的化学成分，其特点是高碳、低硅、低锰、低磷和低硫。炉料由高纯铸造生铁、优质低碳素钢废钢及同品种球墨铸铁回炉料组成。选用SiC预处理剂，加入量为0.7%，用倒包冲入法进行预处理。过热温度为1525℃，静置8min。用硅锑合金进行微合金化处理，加入量为0.20%，放入球化处理包内装有球化剂的对面堤坝中。球化处理采用冲入法，用低稀土球化剂，化学成分：$w(Mg)=6.7\% \sim 7.3\%$，$w(RE)=0.8\% \sim 1.2\%$，$w(Si)=38\% \sim 42\%$，$w(Al)<1.0\%$，Ca适量。球化剂加入量为1.30%。球化剂上面覆盖少量硅钙钡、硅钙孕育剂及珍珠岩粉集渣剂，均匀适度压紧。球化处理温度为1465℃（中型铸件）。多频次孕育处理所用孕育剂的品种、规格、加入量及处理工艺，见表8-16。铸件的浇注温度为1340℃。铸件的化学成分及力学性能见表8-17，金相组织见表8-18、图8-19～图8-21。

表8-16　孕育剂的品种、规格、加入量及处理工艺

序号	孕育剂的品种及规格	化学成分（质量分数,%）						粒度/mm	加入量（质量分数,%）	孕育处理工艺
		Si	Ca	Ba	Bi	Al	Fe			
1	硅铁合金（FeSi75）	74～79	0.5～1.0			0.8～1.6	其余	3～10	0.20	球化处理后，再次出铁液时，均匀地随流孕育
2	硅钙钡合金	63～68	1.0～2.2	4～6		1.0～1.5		5～10	0.20	覆盖在球化剂上面
								3～10	0.40	再次出铁液时，随流孕育
								0.5～1.0	0.10	浇注时，在浇注杯内随流孕育
3	硅钙合金	60～65	29～33			1.0～1.5		3～5	0.15	覆盖在球化剂上面
4	硅铋合金	73	1.5	1.5	2	0.1		3～5	0.10	再次出铁液时，随流孕育
								0.5～1.0	0.10	浇注时，在浇注杯内随流孕育

第 8 章 轮 形 铸 件

· 265 ·

表 8-17 铸件的化学成分及力学性能

铸件主要壁厚/mm	试块类型及厚度		C	Si	Mn	P	S	Ni	Mg	RE	抗拉强度 R_m/MPa	规定塑性延伸强度 $R_{p0.2}$/MPa	伸长率 A(%)	硬度 HBW	(-20±2)℃ 三个试样平均值	(-20±2)℃ 个别值	(-40±2)℃ 三个试样平均值	(-40±2)℃ 个别值	(-60±2)℃ 三个试样平均值	(-60±2)℃ 个别值
>60 ~ 200	70mm 附铸试块	控制值 A	3.75 ~ 3.85	2.00 ~ 2.20	< 0.10	< 0.025	< 0.010	0.50 ~ 0.70	0.04 ~ 0.05	0.010 ~ 0.020	370	220	12	120 ~ 175	10	7				
		控制值 B		1.80 ~ 2.00							320	200	15	120 ~ 160			10	7		
		实测值 A	3.80	2.10	0.057	0.029	0.012		0.042	0.014	413	246	24.5	139	16	16/16/17	15	14/15/16	9.5	8.9/9.5/10
		实测值 B									393	234	23	128	17	17/17/17	17	17/17/16	16	16/16/16
	150mm 附铸试块	实测值 C	3.80	1.86	0.024	0.028	0.013	0.539	0.046	0.022	396		23.7	124						

注：A—材质 QT400-18AL；B、C—材质 QT350-22AL

表 8-18 铸件的金相组织

铸件主要壁厚/mm	试块类型及厚度		石墨形态 球化率等级	石墨形态 石墨大小等级	石墨形态 石墨球数量/(个/mm²)	金属基体	金相图序
>60 ~ 200	70mm 附铸试块	A	2	6	302	铁素体	图 8-19
		B	2	6	135	铁素体	图 8-20
薄壁铸件			2	7	203	铁素体	图 8-21

从表 8-16 ~ 表 8-18 所列各项数值及图 8-19 ~ 图 8-21 所示金相组织的检测结果，可以看出：

1) 高的铸态力学性能及优良的金相组织

① 高的铸态力学性能。QT400-18AL、QT350-22AL 两种球墨铸铁的铸态力学性能均已达到并超过标准要求。实测的抗拉强度分别为 413MPa、393MPa，是国家标准值 370MPa、320MPa 的 1.16 倍、1.228 倍。

② 突显优异的低温冲击性能。对于高端风电（或高铁）铁素体球墨铸铁件，最为特殊的要求是必须具有良好的低温冲击性能。一些特别重要的铸件，要求在 -40 ~ -60℃ 的低温条件下，冲击吸收能量 >12J，这是最难达到的技术性能指标。实测结果：QT400-18AL，-20℃ 的低温冲击吸收能量达到 16J，是国家标准值 10J 的 1.6 倍。-40℃、-60℃ 的低温冲击吸收能量已分别

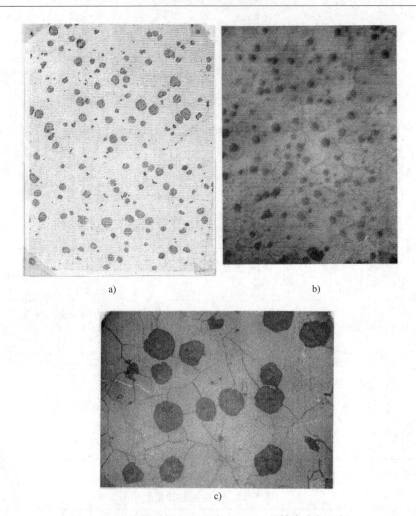

a)　　　　　　　　　　　　　　b)

c)

图 8-19　A 附铸试块（厚度为 70mm）的铸态金相组织

a）腐蚀前（×100）　b）腐蚀后（×100）　c）腐蚀后（×400）

达到 15J、9.5J；QT350 – 22AL，– 40℃的低温冲击吸收能量达到 17J，是国家标准值 10J 的 1.7 倍。特别指出的是 – 60℃的低温冲击吸收能量达到了 16J，这是一般很难达到的高数值。

③ 优良的金相组织。优良的金相组织是高力学性能的基础和前提。QT400 – 18AL 和 QT350 – 22AL 两种球墨铸铁的球化率都达到了 2 级。石墨大小等级都为 6 级。尤须指出的是石墨球数量，分别为 302 个/mm²、135 个/mm²。金属基体组织均为纯铁素体，无碳化物、磷共晶及晶间夹杂物等。

对于壁厚为 6 ~ 8mm 的薄壁铸件，球化率达到 2 级，石墨大小等级为 7 级，更为突显的是石墨球数量达到了 203 个/mm²，从而保证了薄壁球墨铸铁件具有极高韧性等良好力学性能。

纯铁素体基体组织和良好的石墨形态，特别是均匀分布着数量较多的、圆整度好的、较细小的石墨球是使高端低温铁素体球墨铸铁件，具有良好的低温冲击性能的根基。石墨大小等级和石墨球数量是影响低温冲击性能的两项重要指标。

根据以上检测结果分析表明：提高铁液冶金质量的各项措施是很有效的，从而获得了很高的力学性能，特别是 – 60℃的高冲击性能。

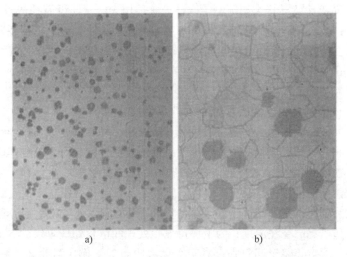

图 8-20　B 附铸试块（厚度为 70mm）的退火态金相组织
a）腐蚀前（×100）　b）腐蚀后（×400）

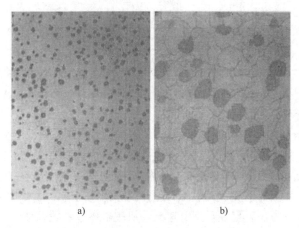

图 8-21　薄壁铸件的退火态金相组织
a）腐蚀前（×100）　b）腐蚀后（×400）

2）为更好地提高力学性能，须改进的要点如下：

① 从表 8-17 中可以看出：化学成分中的 P、S 含量略超控制上限，若再采取措施降低至控制范围内，则会使 -60℃的低温冲击吸收能量更高。

② 从实测结果可以看出：金相组织及力学性能很好，特别是表 8-17 中附铸试块 B 在 -60℃的低温冲击吸收能量很高。若更进一步提高特低温冲击吸收能量，主要取决于晶间夹杂物的净化程度这一关键因素。在前述各项卓有成效的工艺基础上，须采取更多有效措施，将晶间夹杂物等减少至更低程度，以高度净化晶间。

7. 浇注

（1）紧固铸型　对于特大型球墨铸铁件，除用常规的放置压铁、用螺栓将铸型紧固外，还要根据铸件质量大等结构特点，如果砂箱的结构强度及刚度的安全使用系数偏低，则须对砂箱的重要部位，采用焊接圆钢或钢板进行加固，以严防抬箱、胀箱或跑火等。

（2）浇注箱　对于轮毂等特大型球墨铸铁件，宜采用大容量、设有挡渣板、拔塞式浇注箱。它应具备的基本功能有：有效盛铁液量 >5t；在浇注过程中，浇注箱中铁液的深度宜保持 >300mm，让氧化渣等夹杂物有充分时间上浮至铁液表面，以便于集中及时扒除；防止浇注箱中的铁液出现漩涡；在浇注箱内进行随流孕育处理，孕育剂能及时均匀地加入，并使其能充分熔化，防止氧化物等夹杂物流入直浇道。

（3）浇注温度的控制　浇注温度对铸件质量有着很大的影响，不能过高或太低。如果浇注温度过高，不仅增大液态收缩量，容易在铸件上表面产生缩凹等缺陷，还会使铸件更加缓慢冷却，延长结晶凝固时间，导致球化、孕育处理效果逐渐衰退，引起石墨畸变等球化不良缺陷；如果浇注温度太低，铁液流动性显著降低，容易产生气孔、渣孔、夹杂、冷隔及浇不足等铸造缺陷。因此，要根据铸件的结构特点、技术要求及浇注系统设计等因素选定适宜的浇注温度。一般在铸件的尺寸越大、壁厚越小、结构越复杂，化学成分中的 C、Si、P 等提高流动性的元素含量越少等情况下，应适当提高浇注温度；为了保持球化处理和孕育处理效果，防止衰退，经处理后的铁液宜尽快浇注，不宜停留时间过长；对于在复杂应力下工作或需要承受高的致密性试验的重要铸件，为保证铸件的高致密性，则宜适当提高浇注温度等。风电球墨铸铁件的浇注温度，可参考表 8-19。

表 8-19　风电球墨铸铁件的浇注温度

铸件主要壁厚/mm	5 ~ 10	10 ~ 20	20 ~ 50	50 ~ 100	>100
浇注温度/℃	1400 ~ 1440	1370 ~ 1400	1350 ~ 1370	1330 ~ 1350	1310 ~ 1330

（4）排气　组芯时，要将每件砂芯的排气通道引至型外。浇注时，特别是对于大型复杂铸件，要有专人负责进行引气，以使型内向外排气畅通无阻。

8. 开箱及型内时效处理

对于重达数吨以上的大型球墨铸铁件，浇注后需在型内以极其缓慢的冷却速度降温至 250℃以下才能开箱。如毛重达 51t、60t 的轮毂、主机架等铸件，浇注后在铸型内的冷却时间大于200h，铸造内应力已基本全部消除，无须再次进行消除铸造内应力的人工时效处理。这种型内消除铸造内应力的时效处理方法，已在重型低速柴油机气缸体、链轮箱体、飞轮及调频轮等大型复杂铸铁件生产中用了几十年，经实践使用验证效果较好。

9. 热处理

（1）铸态铁素体球墨铸铁　对于一般的风电球墨铸铁件，按照所选定的化学成分，并严格执行各工序的主要技术标准要求，完全能获得铸态铁素体球墨铸铁。试验研究指出：在 0 ~ -20℃的温度范围内，铸态和退火态铁素体球墨铸铁的冲击吸收能量相差不大，都能达到标准要求。但随着检测温度的降低（-40 ~ -60℃），两者的差值变大。对于 QT400-18AL 材质，一般仅要求进行 -20℃ 的低温冲击吸收能量检测，故完全可以采用铸态铁素体球墨铸铁，无须进行石墨化退火热处理。

（2）高温石墨化退火热处理　对于在严寒地区工作，要求在 -40 ~ -60℃ 条件下的低温冲击吸收能量 >12J 的特殊铸件，铸态铁素体球墨铸铁很难保证化学成分不偏析、晶间杂质均匀分布和铸件各部位都是 100% 的铁素体，满足不了这种高标准的低温冲击性能要求。出于对这类铸件的安全性能考虑，必须进行高温石墨化退火热处理，以获得高韧性的纯铁素体球墨铸铁。研究指出：同样是铁素体球墨铸铁，低硅、低磷并经过高温石墨化退火热处理的纯铁素体球墨铸铁，具有最好的低温冲击性能。

球墨铸铁件的高温石墨化退火热处理工艺如图 8-22 所示。采用两阶段退火，高温阶段主要为消除少量渗碳体、三元或复合磷共晶等；低温阶段由奥氏体全部转变成铁素体。各阶段的保温时间应根据铸件的主要壁厚等因素而定，一般取每 25mm 截面厚度为 1h，要使铸件各部位的温度均匀，并有足够的组织转变时间。高温阶段的温度应根据化学成分、铸态金相组织（渗碳体及其数量等）及技术要求等因素而定。铸件经高温石墨化退火热处理后，其低温冲击吸收能量有较大的提高。

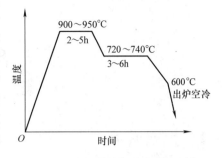

图 8-22　球墨铸铁件的高温石墨化退火热处理工艺

第9章 锅形铸件

9.1 大型碱锅

9.1.1 一般结构及铸造工艺性分析

大型锅形铸件的主要结构特点是体积大、质量大、壁厚及形状较简单等。图9-1所示大型碱锅的轮廓尺寸为φ3300mm×2200mm（最大外径×总高），主要壁厚为70mm，毛重为12t。该碱锅应具有良好的耐蚀性及耐热性等，因此技术要求很高，铸造难度很大，是典型的大型锅形铸件。

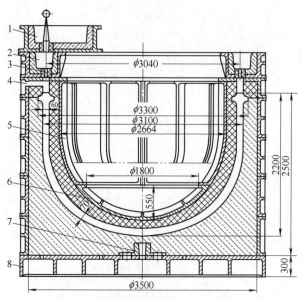

图9-1 大型碱锅铸造工艺简图

1—浇注箱 2—集渣槽 3—内浇道（24×φ25mm） 4—溢流道（4道）
5—主体芯骨（由4块组成） 6—顶部芯骨 7—刮板造型轴杠底座 8—砂箱底板

9.1.2 主要技术要求

1. 主要工作条件

大型铸铁固碱锅是化工制碱企业以天然碱为原料，采用苛化法工艺生产烧碱的主要设备。生产使用时，直接用火焰加热蒸煮锅内的氢氧化钠溶液，使碱液浓度从30%浓缩至90%以上。锅体外壁受温度为500～1000℃的火焰直接作用，内壁温度则达480～520℃。在生产过程中，因为碱锅要承受反复加热和冷却，会产生很大的应力，所以碱锅处于应力腐蚀和电化学腐蚀的共同作用下，其使用寿命一般为80次左右，有的（如钾碱等）只能使用20～40次。因此，固碱锅的主要技术要求是材质应具有较高的耐碱腐蚀、耐应力腐蚀的能力及抗氧化、抗生长的能力等。

大型碱锅在工作使用过程中,主要因出现严重腐蚀不能继续使用而报废。其腐蚀过程很复杂,同时发生的有石墨化腐蚀、点腐蚀、应力腐蚀和电化学腐蚀等。锅体表面腐蚀是不均匀的,由于某种原因的影响,一些局部腐蚀会很快形成蚀坑。如果产生夹杂等铸造缺陷,则会加剧腐蚀过程。在应力和腐蚀介质的联合作用下,会出现低于材料强度的脆性开裂等。

根据腐蚀后的锅壁厚度尺寸检测结果,从锅口上平面向下至锅体总高1/3的范围内,即锅体的圆柱部位,腐蚀程度很轻,而靠近锅底的圆弧区段的腐蚀程度最为严重,局部形成蜂窝状蚀坑,也有的在火焰喷射部位呈条形带状或产生裂纹等。

2. 耐碱蚀铸铁

氯碱工业是现代化学工业中主要的基础工业,烧碱是其基本化工原料之一。随着石油、塑料、人造纤维及造纸等工业的发展,对烧碱的需求量不断扩大,导致生产烧碱的主要设备——固碱锅的用量不断增加。

碱锅的需求量很大,其使用寿命又较短,因此研究如何提高铸铁的耐碱蚀性能具有重要意义。

(1) 概况 铸铁的基体组织和石墨特征对耐蚀性能有着很大的影响,最好是致密、均匀的单相组织,即奥氏体或铁素体。在其他条件相同的情况下,铁素体基体的耐蚀性比珠光体好。碳的存在形式,则以碳化物状态最为有利。石墨的大小及数量有着相互矛盾的影响,中等大小而又不连贯的石墨对耐蚀性较为有利。至于石墨的形状,则最好是球状或团絮状。

要提高铸铁的耐蚀性能,主要靠加入合金元素来实现,以改善结晶组织、石墨特征及形成良好的保护膜等。合金元素中,镍能提高铸铁的热力学稳定性,并能促使腐蚀电位正向移动。镍是容易钝化的金属,将促使铸铁钝化。加入少量的镍,就能在细化珠光体的同时,促进铸铁表面生成黏附牢固、致密的保护膜,从而可提高铸铁的耐蚀性。在电解法或苛化法制碱中,铸铁的腐蚀率随着含镍量的增加而降低。铬也是容易钝化的金属,可在氧化性介质表面形成牢固而致密的氧化膜。在铸铁中加入少量的铬,就能提高其耐蚀性。

镍资源比较丰富的国家采用低合金镍铬铸铁 [$w(Ni) = 0.8\% \sim 1.0\%$,$w(Cr) = 0.6\% \sim 0.8\%$] 生产大型固碱锅。我国在 20 世纪 50 年代末期,也曾采用过这种铸铁生产碱锅。但由于我国的镍资源缺乏,这种铸铁的成本太高,而碱锅的使用寿命也并不是很长,故后来改用普通灰铸铁,其化学成分:$w(C) = 2.8\% \sim 3.4\%$,$w(Si) = 1.4\% \sim 2.0\%$,$w(Mn) = 0.5\% \sim 0.9\%$,$w(P) \leqslant 0.30\%$,$w(S) \leqslant 0.12\%$。这种铸铁的耐碱蚀性能较差,制成的固碱锅的使用寿命较短。

(2) 耐碱蚀铸铁化学成分的选择 常温下的低浓度碱液可以使铁碳合金表面生成钝化膜,因此一般采用铁碳合金作为制碱设备,而无须采取特殊的防腐蚀措施,这也正是对碱蚀的研究不够的原因之一。当碱液的浓度高于30%时,钝化膜的保护性能随碱液浓度的升高而降低。如果碱液浓度超过80%,则普通的铁碳合金将受到严重的腐蚀。

根据大型固碱锅的结构特点及使用条件,结合我国的资源优势,不采用贵重稀缺的合金元素,而仅添加微量的稀土合金,便可改善铸铁的结晶组织与性能,且成本较低,可以满足生产需要。

加入微量稀土合金的主要优点:起变质作用,改变石墨形态,使普通铸铁中的粗大石墨变成厚片状石墨等;起精炼作用,可脱气、脱硫和去除夹杂物等,从而提高铁液的纯净度;起合金化作用,使铁的晶格结构发生变化,并使结晶核心增加,细化晶粒;改善铸造性能,如提高铸铁的流动性,减少铸造缺陷等。因此,稀土合金可显著提高铸铁的力学性能及耐蚀性等。

早在 1988 年，国内工厂与高等院校共同努力，对稀土灰铸铁碱锅进行了一年多的试验研究，取得了很好的成果。在试验研究中，对 11 种不同的灰铸铁进行比较，其化学成分及力学性能见表 9-1。其中，稀土灰铸铁（试样编号为 1-2）具有较好的力学性能，其金相组织为 A 型片状石墨，珠光体基体加少量的铁素体和磷共晶体，如图 9-2 所示。

表 9-1　11 种灰铸铁的化学成分及力学性能

序号	试样编号	料别	化学成分（质量分数，%）												力学性能	
			C	Si	Mn	S	P	RE	Ti	Sn	Cu	Sb	Cr	Ni	抗拉强度 R_m/MPa	硬度 HBW
1	1-1	普通灰铸铁	2.8~3.6	1.3~2.0	0.5~0.9	<0.12	<0.3								305	214
2	1-2	稀土灰铸铁					<0.4	<0.03							325	269
3	1-3						<0.6	<0.03							285	302
4	2-1	钛合金灰铸铁							<0.04						240	212
5	2-2								<0.08						275	248
6	3-1	锡合金灰铸铁					<0.10			<0.05					335	183
7	3-2	锡铜合金灰铸铁								<0.05	<0.4				350	262
8	4-1	锡锑合金灰铸铁								<0.05		<0.02			290	187
9	4-2									<0.05		<0.04			320	217
10	5-1	镍铬合金灰铸铁											<0.8	<1.0	315	241
11	5-2												<0.8	<2.0	340	285

（3）耐碱蚀性能的比较　固碱锅的损坏主要发生在靠近锅底的圆弧部位。该处由于受到加热介质和蒸发介质的温差太大而产生较大的局部应力，同时又受到高温、浓碱的电化学腐蚀，因此形成了复杂的应力腐蚀和电化学腐蚀区。为了比较表 9-1 中所列各种灰铸铁的耐碱蚀性能，进行了如下试验研究。

1）均匀腐蚀试验。均匀腐蚀是指在金属表面上发生的比较均匀的大面积腐蚀，特别是在暴露的全部或大部分表面积上腐蚀均匀。用这种方法测量金属腐蚀速率的经典方法是失重法。它是通过测量试样浸泡在腐蚀介质前、后的质量变化，来确定其腐蚀速率。将各种试验合金铸铁试样放入浓度约为 50% 的 NaOH 溶液中，分别在 80℃ 和 140℃ 的温度下，经过 120h 的浸泡腐蚀，其测量计算结果见表 9-2 和表 9-3。

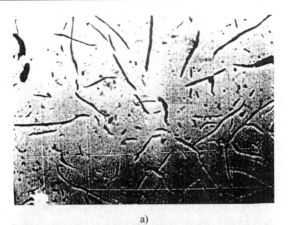

a)

b)

图 9-2 耐碱蚀稀土灰铸铁的金相组织

a) 石墨形态（×100） b) 珠光体基体加少量铁素体和磷共晶体（×400）

表 9-2 11 种灰铸铁试样在浓度为 50% 的 NaOH 溶液中浸泡 120h 后的失重腐蚀率

[单位：g/(m² · h)]

序　号		1	2	3	4	5	6	7	8	9	10	11
试样编号		1-1	1-2	1-3	2-1	2-2	3-1	3-2	4-1	4-2	5-1	5-2
失重腐蚀率	80℃	4.58×10^{-2}	2.86×10^{-2}	3.09×10^{-2}	5.66×10^{-2}	5.91×10^{-2}	6.90×10^{-2}	4.16×10^{-2}	5.28×10^{-2}	5.97×10^{-2}	3.90×10^{-2}	2.44×10^{-2}
	140℃	4.82×10^{-1}	2.06×10^{-1}	2.86×10^{-1}	5.56×10^{-1}			3.66×10^{-1}	5.26×10^{-1}		2.01×10^{-1}	1.73×10^{-1}

表 9-3 11 种灰铸铁试样在浓度为 50% 的 NaOH 溶液中浸泡 120h 后的耐蚀等级

序　号	1	2	3	4	5	6	7	8	9	10	11
试样编号	1-1	1-2	1-3	2-1	2-2	3-1	3-2	4-1	4-2	5-1	5-2
80℃时的失重腐蚀率/[g/(m² · h)]	4.58×10^{-2}	2.86×10^{-2}	3.09×10^{-2}	5.66×10^{-2}	5.91×10^{-2}	6.90×10^{-2}	4.16×10^{-2}	5.28×10^{-2}	5.97×10^{-2}	3.90×10^{-2}	2.44×10^{-2}
年腐蚀深度/(mm/年)	0.051	0.032	0.035	0.063	0.066	0.075	0.046	0.059	0.067	0.044	0.027
耐蚀等级	5	4	4	5	5	5	4	5	5	4	4

从表 9-2 和表 9-3 中可以看出，稀土灰铸铁（试样编号为 1-2）在 80℃ 和 140℃ 的浓度为 50% 的 NaOH 溶液浸泡腐蚀中，表现出了较好的耐碱蚀性能，其失重腐蚀率接近镍铬合金灰铸铁（试样编号为 5-2），耐碱蚀性能比固碱锅普通灰铸铁（试样编号为 1-1）提高了 35% ~ 45%。

2）电化学腐蚀试验。烧碱是一种强电解质，因而电化学腐蚀是铸铁在碱液中所发生的重要腐蚀形式之一。选择其中的四种（试样编号为 1-1、1-2、3-2 和 5-2）灰铸铁测试了其电化学腐蚀特性。试验条件：常温，浓度为 50% 的 NaOH 溶液，在普林斯顿公司生产的 M173 型恒电位仪系统装置上进行。试验结果表明：耐电化学腐蚀性能高低的排序为 5-2、1-2、3-2、1-1，即镍铬合金灰铸铁的耐电化学腐蚀性最好，其次是稀土灰铸铁和锡铜合金灰铸铁，普通灰铸铁最差。

3）应力腐蚀试验。应力腐蚀是由于应力和腐蚀环境共同作用而产生的破坏过程。固碱锅工作过程中始终处于所盛碱液浓度逐渐增加的情况下，在不断反复加热、冷却状态下工作，承受着严重的应力腐蚀。因此，该项试验对固碱锅材料的测试有着特殊的意义。选择其中三种（试样编号为 1-1、1-2 和 3-2）灰铸铁，在德国产的 K-S-M021 型慢应变速率拉伸机上进行比较试验，其试验结果见表 9-4。

表 9-4　三种灰铸铁试样分别在空气和浓度为 50% 的 NaOH 溶液中，
以 2.5×10^{-5}mm/s 的应变速率拉伸的试验结果

铸铁种类及试样编号	试验介质	最大载荷 G 或 $G_空$/kg	$G/G_空$	至断裂时间 T 或 $T_空$/min	$T/T_空$	拉伸总伸长量 L 或 $L_空$/mm	$L/L_空$
普通灰铸铁 1-1	130℃，浓度为 50% 的 NaOH 溶液	235	0.489	296	0.568	0.400	0.714
	空气	480		521		0.560	
稀土灰铸铁 1-2	130℃，浓度为 50% 的 NaOH 溶液	355	0.726	462	0.736	0.445	0.723
	空气	489		527		0.615	
锡铜合金灰铸铁 3-2	130℃，浓度为 50% 的 NaOH 溶液	412	0.731	430	0.819	0.520	0.866
	空气	514		535		0.600	

从表 9-4 中可以看出：普通灰铸铁（试样编号为 1-1）在无腐蚀介质时，相对其他两种铸铁的各种性能值都不算低，但在有腐蚀介质的情况下，便会降为最低，尤其是强度和韧性，分别降到了无腐蚀介质时的 48.9% 和 56.8%。这表明普通灰铸铁的耐应力腐蚀性能最差。

综合以上试验研究结果，可以选定稀土灰铸铁（试样编号为 1-2）作为目前的耐碱蚀灰铸铁，用于生产固碱锅。它具有较好的综合性能，其耐碱蚀性能接近镍铬合金铸铁（试样编号为 5-2），比原定普通灰铸铁（试样编号为 1-1）提高了 35% ~ 45%。

稀土耐碱蚀灰铸铁是在适当调整普通灰铸铁主要合金元素组成的基础上，添加微量稀土金属而得到的。因此，其在成本上与普通灰铸铁相当，比镍铬合金铸铁则便宜得多，并且我国稀土金属资源丰富，故可广泛应用。

大型碱锅的材质采用稀土灰铸铁，化学成分范围：$w(C) = 3.0\% ~ 3.4\%$，$w(Si) = 1.2\% ~ 1.8\%$，$w(Mn) = 0.6\% ~ 0.9\%$，$w(S) \leqslant 0.12\%$，$w(P) \leqslant 0.2\%$，$w(RE) = 0.015\% ~ 0.03\%$。

3. 铸造缺陷

内、外表面允许有直径在 15mm 以下，深度小于壁厚的 1/10 的轻微缺陷存在，但其数量不得超过 10 个/100cm^2。

锅体圆柱部位外表面的夹渣、气孔等缺陷，经铲磨干净后面积应小于 25cm^2。当相互间的距离大于 50mm 时，若深度小于壁厚的 1/4，则可用铁镍焊条或生铁焊条进行焊补修复；若深度为壁厚的 1/4 ~ 1/2，则应采用气焊法焊补。焊补总数不得超过 4 处，焊补后要进行消除内应力的热处理。

4. 尺寸

尺寸公差应符合国家相关标准。

5. 热处理

铸件经清理后，应进行消除铸造内应力的人工时效处理。

9.1.3 铸造工艺过程的主要设计

1. 浇注位置及分型面

根据大型碱锅的结构特点及主要技术要求等，应采用将锅底朝下的垂直浇注位置。这样有利于优先保证最重要的锅底的质量，同时有利于铸型中气体的排出，以减少气孔等铸造缺陷。

浇注位置确定后，根据锅体的外形，仅在锅口上平面设置一道分型面，如图 9-1 所示。

2. 铸型

（1）铸型种类 大型碱锅的铸型必须具有足够的强度及刚度，以承受运输、铸型翻转、合箱等过程中的机械载荷及浇注时的浮力作用，不允许产生任何变形及裂纹等现象；还须具有良好的透气性及耐火度，防止产生气孔、砂孔及粘砂等铸造缺陷。铸型最好具有良好的耐用性能，可重复使用多次而不易损坏，若实现一型多铸，则可大幅度降低造型成本，提高生产率。

为满足以上基本要求，必须采用干型。

（2）造型材料 中央砂芯与外铸型可采用相同的或不同的造型材料。

1）芯砂。芯砂宜采用冷硬呋喃树脂砂。它具有足够的强度、良好的透气性及溃散性等，经实践证明效果最好。

2）外型砂。如果是一次性铸型，可选用与芯砂材料相同的冷硬呋喃树脂砂。必须指出，自硬树脂砂不适用于刮板造型法，如果采用刮板造型法，则须选用黏土砂等。

大型固碱锅的生产，较成熟的经验是采用一型多铸工艺，既能确保质量，又能降低成本。型砂材料应选用强度较高的黏土砂，型砂组成可参考表 9-5。

表 9-5 型 砂 组 成

材料名称	旧　　砂	龙 口 砂	锯　　屑	黏 土 粉
加入量 （体积分数，%）	50	35	3	12

注：1. 若加入部分黏土浆，则可适当减少黏土粉的加入量。

　　2. 龙口砂粒度为 1 ~ 3mm。

　　3. 水分适量。

（3）造型方法 对于大型锅形铸件，应根据所选铸型种类、造型材料及产量等因素，确定模样的制作形式。如果选用呋喃树脂砂或属于大批量生产，则可制成实体模样；如果属于单件、小批量生产或采用一型多铸工艺，则可采用刮板造型法。制作模样时，大型碱锅的铸造线收缩率选用 0.8%。

刮板造型的方法：首先将刮板造型轴杠底座（图 9-1 中件 7）紧固在砂箱底板（图 9-1 中件

8）上，然后将轴杠（$\phi100mm \times 3500mm$）插入底座中，并将大型钢结构刮板套在轴杠上，调整刮板位置及尺寸后，方可进行刮制铸型操作。要采取相应措施，以防止在刮型过程中轴杠摆动，确保铸型尺寸准确。铸型须有足够的紧实度，工作表面要"插钉"。

（4）造芯　大型砂芯与箱盖连在一起，一次成形成为整体。

1）芯盒。采用金属型芯盒，其结构示意图如图9-3所示。下段芯盒1沿垂直方向分成两半对开组成整圆，上段圆弧芯盒2成整体形状。顶端局部球面部分3留作填砂口，便于造芯时填砂，最后用小刮板造芯而成。

2）芯骨。大型锅体芯骨须具有足够的强度和刚度，以承受外界的强力作用而不产生任何变形；应便于装卸；不阻碍铸件收缩等。造芯前，将芯骨装配紧固于箱盖内平面上，其结构示意图如图9-4所示。材质为ZG200-400或球墨铸铁，芯骨外径的砂层厚度约为150mm。芯骨分为两节，下节芯骨1由4块组成整圆，每块之间留有间隙量30mm，组装时，要在间隙中放入楔形垫铁；上节芯骨2呈球面整块状。上、下两节芯骨须紧固连接，芯骨外表面须铸有骨刺或焊上$\phi8 \sim \phi12mm$的圆钢，以便于芯砂连接，增加砂芯强度。

造芯时，纵横设置通气绳，芯砂的强度等性能必须符合要求。春砂造芯全过程须精心操作，使整个砂芯有足够均匀的紧实度，达到所需的强度、刚度、通气性及溃散性等性能要求。

（5）涂料　涂料须具有足够的强度和耐火度等。砂芯采用醇基铸铁涂料，主要成分为石墨粉。涂料层厚度为0.8 ~ 1.5mm。

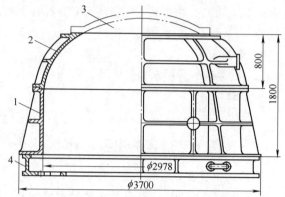

图9-3　大型锅体芯盒结构示意图
1—下段芯盒（两半对开组成整圆）　2—上段圆弧芯盒（整体）
3—顶端局部球面部分（刮板造芯）　4—箱盖

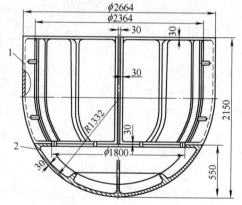

图9-4　大型锅体芯骨结构示意图
1—下节芯骨（由4块组成整圆）
2—上节芯骨（球面整块）

一型多铸黏土砂型采用水基铸铁涂料，因型砂粒度较粗，应涂刷2 ~ 3次。涂料层厚度达1 ~ 2mm。涂料的组成见表9-6。

表9-6　涂料的组成

材料名称	土状石墨粉	片状石墨粉	黏土粉	水分
成分（质量分数，%）	82	10	8	适量

涂料须碾压成膏状，碾压时间不小于8h。使用时加入适量水，在搅拌机内充分搅拌，并调至所需浓度，防止沉淀。必须注意保持两遍涂料层之间的黏结强度，防止浇注时在铁液作用下产生涂料剥落缺陷。

（6）烘干　黏土砂型的烘干温度为350 ~ 450℃，烘干时间约为8h。

合箱后，用热风烘干器进行干燥。热风的温度控制范围为 160 ~ 170℃，保温时间为 14 ~ 16h。如果将树脂砂芯置于干燥炉内进行干燥，则干燥温度为 180 ~ 190℃，保温时间为 8h。

（7）铸型修复　一型多铸铸型在浇注一次后，须对铸型表面进行整修。如果有局部损坏部位，则应用原有型砂进行修补：首先将残留涂料层清除干净，然后对整个铸型重新刷上 1 ~ 2 遍涂料，并经烘干待再次使用。如能对铸型进行精心制作和维修，一般可重复使用 4 ~ 6 次。

3. 浇注系统

大型锅形铸件的典型浇注形式，是采用雨淋式顶注浇注系统。经实践，其效果最好，被广泛应用。在图 9-1 中，24 个 $\phi25mm$ 内浇道 3 均匀分布于锅口圆周上。为防止内浇道表面因受高温铁液的强力冲刷而将型砂冲入型腔中，常采用石墨棒车制或用高强度型砂特制而成。采用大容量浇注箱及集渣槽，具有很强的集渣能力，可防止熔渣等夹杂物流入铸型中。

锅口上平面设有 4 个溢流冒口，在浇注的最后阶段，让其溢流出一定数量的铁液，可防止上平面产生气孔、砂孔、夹杂等铸造缺陷。

浇注时间的控制非常重要，宜取较快的浇注速度。内浇道的总面积为 118cm²，12.5t 铁液的浇注时间为 70 ~ 90s。可在较短时间内，很快建立起较大的静压头，从而缩短了对铸型表面的高温烘烤作用时间，可减少气孔、砂孔及夹杂等铸造缺陷。

4. 熔炼及浇注

（1）化学成分　根据所需的化学成分，选用优质炉料在冲天炉或电炉中熔炼。须注意提高铁液的纯净度，尽量减少气体及夹杂物的含量，以提高耐蚀性能。冲天炉熔炼的出炉温度为 1420 ~ 1440℃。

按以上工艺生产的稀土灰铸铁固碱锅，经化工企业实际使用，获得了较好的效果。工厂的部分实际资料见表 9-7，可供参考。

表 9-7　稀土灰铸铁固碱锅的化学成分及力学性能

序号	化学成分（质量分数，%）						力学性能	
	C	Si	Mn	P	S	RE	抗拉强度 R_m/MPa	硬度 HBW
1	3.18	1.52	0.64	0.11	0.088	0.017	315	241
2	3.30	1.74	0.61	0.12	0.107	0.019	275	215
3	3.32	1.71	0.56	0.14	0.098	0.021	280	217
平均	3.24	1.65	0.60	0.12	0.097	0.019	290	224

（2）浇注温度　浇注温度过高，会显著增加对一型多铸铸型的损伤程度；浇注温度过低，则会增加产生冷隔等铸造缺陷的危险性。为保护铸型，增加其使用次数，在不产生气孔、夹杂、皱皮及冷隔等铸造缺陷的前提下，宜取较低的浇注温度，并控制在 1300 ~ 1320℃ 的范围内，能获得较好的效果。

（3）冷却时间　在大型碱锅的凝固冷却过程中，为减轻中央砂芯对收缩的机械阻碍作用，在浇注后 40min 时，须将芯骨之间的楔形垫铁卸除掉，并将紧固螺栓松开。浇注后 1h，须撤掉砂箱上的全部销子及螺栓，以利于铸件收缩，减小铸造内应力。浇注后，铸件在铸型中的冷却时间应大于 48h。

9.2　中小型锅形铸件

9.2.1　主要技术要求

1. 材质

对于具有特殊用途的锅，根据不同介质及使用条件等，要求其具有耐酸、耐碱或耐热等特殊性能，须选用相应的特殊材质。其他一般用途的锅，其材质为普通灰铸铁 HT150、HT200 或球墨铸铁等。

2. 尺寸

锅形铸件的尺寸要求主要是保持壁厚尺寸均匀，尤其是薄壁锅体，如家庭用锅等。

3. 铸造缺陷

根据使用条件不同，对铸造缺陷有不同的具体要求。一般允许有较轻微的气孔、砂孔及夹杂等铸造缺陷，并允许对缺陷进行修补。

9.2.2　铸造工艺过程的主要设计

1. 浇注位置及分型面

锅形铸件的锅底是质量要求最高的重要部位。因此，一般采用将锅底朝下的浇注位置，优先保证锅底部位的质量。这样也有利于铸型中气体的排出，可避免产生气孔、砂孔及夹杂等铸造缺陷。

仅有个别壁极薄的锅形铸件，为防止产生冷隔、浇不足等铸造缺陷及为操作方便等，采用将锅底朝上的浇注位置。

一般在锅口平面设置分型面。

2. 铸型

（1）铸型种类

1）小型锅件。可以采用湿型铸造。但由于湿型的强度较低及透气性较差，容易产生砂孔及气孔等铸造缺陷。因此，在浇注系统的设置及操作等中，须倍加注意。

2）中型锅件。要求铸型具有较高的强度和良好的透气性，以防止浇注时因受铁液的冲击而产生砂孔及气孔等铸造缺陷，因此一般采用干型或树脂砂型铸造。

对于中小型件，根据所需产量及生产条件等因素，还可采用一型多铸等铸造方法。它具有较高的强度及透气性等，可获得完好的铸件，并可降低造型成本，提高生产率。

（2）造型材料　根据所选定的铸型种类，决定所需的造型材料，目前选用的材料有黏土砂和树脂砂两类。造型材料的选用还与造型方法有关，若采用刮板造型法，则不宜选用自硬树脂砂。必须指出：树脂砂虽具有许多独特优点，如高的强度、透气性及溃散性等，但其成本远高于黏土砂，因此要根据生产性质等因素综合考虑确定。

（3）造型方法　锅形铸件形状简单，如果所需数量不多，或采用一型多铸工艺，则可选用刮板造型方法；如果生产批量大，则用实体模样造型较为方便。

3. 浇注系统

浇注系统的形式，概括起来可分为以下两种。

（1）顶注式　中型以上锅形铸件最典型的浇注形式，是采用雨淋式顶注浇注系统，如图 9-5

所示。采用锅底朝下的浇注位置。数个圆形内浇道均匀分布于锅口平面处的锅壁上，铸型排气畅通，能获得铸造缺陷最少的较佳效果。但在浇注初期，铁液流下会对铸型壁产生较大的冲击，要求铸型具有较高的强度，因此不宜用于湿型铸造。

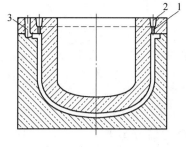

图 9-5　雨淋式顶注铸造工艺示意图
1—内浇道　2—大型集渣槽
3—出气冒口

对于小型薄壁锅形铸件，当采用锅底朝上的浇注位置时，可选用顶注式浇注系统。如果采用一型多铸工艺铸造家庭用锅等，则铁液可直接从锅顶中央浇道注入，用高温铁液快速浇注，可获得较好的效果；也可采用多道楔形内浇道从顶部注入，如图 9-6 所示。必须指出：采用顶注式浇注系统时，要求砂型具有较高的强度，以防止因铁液冲击而产生砂孔等铸造缺陷。

（2）底注式　中小型锅形铸件多采用将锅底朝下的浇注位置，设置底注式浇注系统，铁液在铸型内上升较平稳，对铸型壁的冲击力较小，中央砂芯的排气畅通。但升到顶部的铁液温度较低，为防止锅口法兰面上出现气孔、砂孔及夹杂等铸造缺陷，上部常设有溢流冒口，如图 9-7 所

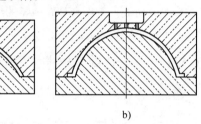

a)　　　　　　　　　　b)

图 9-6　小型锅形铸件铸造工艺示意图
a）直接从中央浇道注入　b）从多道浇道注入

示，从中可溢出适量低温铁液及夹杂物等，有利于提高铸件质量。

当采用锅底朝上的浇注位置时，应采用底注式浇注系统，如图 9-8 所示。数道内浇道 3 均匀分布于锅口法兰周边，中央设有出气冒口 4，供排气及溢流铁液用。造型时，须采取相应措施，使中央砂芯排气畅通，避免锅底部位产生气孔、砂孔及夹杂等铸造缺陷。

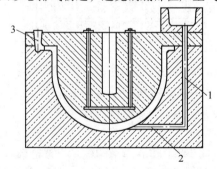

图 9-7　中小型锅底注式铸造工艺示意图
1—直浇道　2—内浇道　3—溢流冒口

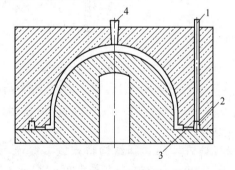

图 9-8　锅底朝上底注式铸造工艺示意图
1—直浇道　2—横浇道　3—内浇道　4—出气冒口

4. 浇注温度

中小型锅形铸件的浇注温度主要取决于锅径及锅壁厚度等因素。铸壁极薄的小型锅形铸件，为防止出现皱皮、冷隔及浇不足等铸造缺陷，须采用顶注、高温、快浇工艺，浇注温度大于 1400℃。

对于铸壁较厚的中小型锅形铸件，应根据锅的结构特点及铸造工艺等，选择合适的浇注温度，温度的控制范围一般为 1350 ~ 1400℃。

第 10 章　平板类铸件

生产实践中常见的平板类铸件很多，如各种划线平台、铆焊平台、刮研平台、机床工作台、底座及金属型板等。本章仅论述其中重大典型铸件的铸造实践。

10.1　大型龙门铣床落地工作台

现代大型数控龙门铣床是加工重大零部件的精密设备，其落地整体工作台由数十件单铸的工作台组装而成。工作台具有独特的结构特点，故技术要求较高，是平板类铸件中最典型的代表产品，铸造难度较大。

10.1.1　一般结构及铸造工艺性分析

落地工作台的一般结构较简单，如图 10-1 所示，它具有以下主要结构特点。

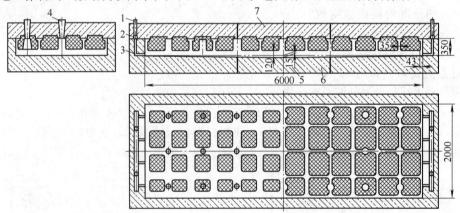

图 10-1　大型数控龙门铣床落地工作台铸造工艺简图

1—直浇道（$2 \times \phi 60\text{mm}$）　2—横浇道（$\dfrac{60\text{mm}}{70\text{mm}} \times 65\text{mm}$）　3—内浇道（$4 \times \phi 40\text{mm}$）

4—冒口　5—反变形量　6—下型砂芯（共 3 块）　7—上型砂芯（共 3 块）

1. 大平面

平板类铸件的共同结构特点之一是有大平面。落地工作台（图 10-1）的轮廓尺寸为 6000mm × 2000mm × 350mm（长 × 宽 × 高）。大平面上的技术要求较高，不允许有任何铸造缺陷。

2. 壁厚且相差很大

大型平板类铸件的铸壁厚度较大。一般大平面部位最厚，其余部位较薄，厚度相差很大，使各部位的冷却速度相差很大，容易产生严重变形。落地工作台的大平面壁厚达 120mm，与其相连接的加强筋板厚度为 35mm。四周壁厚为 43mm，铸壁较厚，且相差很大。

3. 体积大

由于铸件的轮廓尺寸较大，需要使用大型砂箱等工装设备。

4. 质量大

图 10-1 所示铸件毛重约 19t，其质量大，须有较大的熔炼及浇注等设备。

10.1.2　主要技术要求

1. 材质

灰铸铁具有足够的强度，高的耐磨性、弹性模量和减振性，良好的铸造性能、切削性能及低成本，是机床铸件的主要结构材料。机床工作台及带有导轨的重要铸件的材质一般选用 HT250、HT300 及以上牌号灰铸铁。落地工作台的材质为 HT250。

2. 铸造缺陷

铸件不应有影响使用性能的裂纹、气孔、砂孔、缩孔、夹渣、冷隔及其他降低结构强度或影响切削加工的铸造缺陷。工作台大平面上更不允许有任何铸造缺陷。

对于不影响使用性能、结构强度和外观质量的轻微铸造缺陷（如气孔、砂孔及渣孔等），可视其缺陷部位、特征（如尺寸、数量）等，按照机床灰铸铁件缺陷修补技术条件进行修补。

3. 热处理

铸件在粗加工后，应进行消除铸造内应力的人工时效处理。因工作台结构特殊，为防止其产生裂纹及变形，可参考下列热处理规范。

（1）装炉温度　装炉温度不高于 150℃，在 150~250℃ 保温 5h，使铸件很缓慢地均匀受热。

（2）升温速度　以不高于 50℃/h 的升温速度升至 550~580℃。

（3）保温时间　根据铸件主要壁厚，每 10mm 保温 1h。在 550~580℃ 的温度下保温 12h。

（4）冷却速度　以不高于 30℃/h 的冷却速度，随炉缓冷至不高于 100℃，然后出炉空冷。

10.1.3　铸造工艺过程的主要设计

1. 浇注位置及分型面

根据大型工作台的结构特征及主要技术要求，为避免大平面产生铸造缺陷，平板类铸件均采用将大平面朝下的水平浇注位置。设一个分型面，将整个铸件均置于下型内，如图 10-1 所示。

2. 主要工艺参数

（1）铸造线收缩率　大型工作台铸件的铸造线收缩率取 0.8%。

（2）加工量　底部大平面的加工量为 12mm，侧面的加工量为 15mm，顶面的加工量为 24mm。

（3）反变形量　铸件在凝固及随后的冷却过程中，当其收缩受到阻碍时，将会在铸件内产生铸造应力（热应力、相变应力和机械阻碍应力）。若在弹性极限内，则以残余应力的形式存在于铸件内；若超过屈服极限，则会产生塑性变形，使铸件变形翘曲。

平板类铸件都有一个大的平面，且该处铸壁最厚，冷却速度缓慢。而与其相连接的四周侧壁及其加强筋板的铸壁厚度小，冷却速度较快。由于冷却速度相差很大，冷却后的结果是在肥厚的大平面中心部位产生拉伸应力，冷却较快的侧壁及筋板则产生压应力。在这两种应力的相互作用下，平板产生了变形，即大平面向内凹，侧壁及筋板向外凸，如图 10-2 中铸件变形方向 1 所示。该大型工作台的材质为 HT250，毛重约 15t，轮廓尺寸为 6000mm × 1800mm × 350mm（长 × 宽 × 高）。大平面厚度为 120mm，四周侧壁厚度为 60mm，筋板壁厚为 50mm，铸造后大平面向内凹下的深度达 15mm。

对于小型平板类铸件，因变形量不大，可采用适当调整或加大加工余量的办法来补偿变形

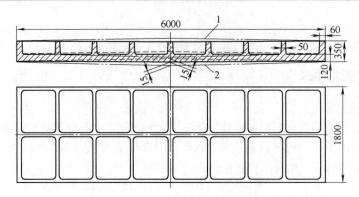

图 10-2　大型工作台

1—铸件变形方向　2—模样反变形方向

量，使铸件在机械加工后仍可达到尺寸要求。对于大型铸件，在制造模样时，应按铸件可能产生变形的相反方向，预先留出反变形量，如图 10-2 中的模样反变形方向 2 及反变形量 15mm，使铸件冷却变形的结果基本将反变形量抵消，以得到符合图样要求的铸件。

影响反变形量大小的因素很多，主要是铸件材质的收缩量、冷却速度及阻碍收缩程度等。如铸件的结构特征（结构形式、大小、质量、壁厚及壁厚差等）、铸型材料的退让性、化学成分及浇注温度等。铸件越长、刚度越低（如高度越小等）、壁厚越不均匀等，则变形量越大。

反变形量的大小，主要根据生产实践中所积累的实际经验确定，并对铸件进行检测加以校正。如图 10-1 所示的大型数控龙门铣床落地工作台，其预加反变形量为 15mm，经多次实测，均获得了令人满意的预期效果。

为防止和减小变形，主要应尽量减小铸造残余应力，其主要措施有：选择适当的材质，严格控制化学成分，在能满足工作条件的前提下，选择收缩系数小的材质；改进铸件结构，提高结构强度和刚度，缩小各部位的壁厚差等；在铸造工艺设计中，利用同时凝固原则，适当降低冷却速度，减小铸件收缩时的机械阻碍程度等。

3. 铸型

（1）铸型种类　对大型机床工作台等大型平板类铸型最主要的要求是，必须具有足够的强度和刚度，以承受生产过程中铸型的自重及浇注时的浮力作用等，防止发生变形等缺陷，故一般采用干型。

（2）造型材料　为满足铸型须具备高强度、高刚度、高耐火度、良好的透气性及退让性等基本要求，目前一般选用冷硬呋喃树脂砂作为造型材料。24h 后的抗拉强度应达到 1.0～1.5MPa。在保证质量的前提下，为适当降低材料成本，可将面砂与背砂分别混制，即靠模样表面全部采用新砂混制的面砂，面砂层厚度为 60～80mm，背砂采用由旧砂混制的型砂。

根据工厂的实际情况，也可选用普通黏土砂，但必须严格控制型砂性能。

根据平板类铸件的具体结构及生产批量等情况，可选用一型多铸工艺所用的造型材料，这样可提高生产率和降低造型成本。

（3）造型方法　大型平板类铸件的造型方法主要有两种：实体模样造型和组芯造型。

1）实体模样造型。按照图样及铸造工艺设计制造实体模样，在底部大平面上预制出反变形量。下型的造型步骤：首先在下型底部用刮板造型方法刮制出带有反变形量的底平面，然后将模样置于底平面上，即可进行春砂造型。

2）组芯造型。如图 10-1 所示，上、下型各由 3 块大砂芯组装而成，全部筋板小砂芯紧固于上型的 3 块大砂芯上。采用组芯造型的方法，可免做大型实体模样，并简化造型工序。为严格控制组装尺寸的精度，须使用一套简易的尺寸检测工具，并按立体坐标轴系尺寸检测法进行组装。

4. 浇注系统

（1）浇注系统的主要设计要求　大型平板类铸件浇注系统的设置，应根据诸多相关因素的综合考虑确定，如结构特点（铸件的轮廓尺寸，尤其是长度、壁厚、质量、复杂程度）、铸型种类、造型材料及铸件材质等，重点应满足以下主要设计要求：

1）大型平板类铸件的面积及质量都很大，铸壁很厚，浇注时，重要平面应置于铸型底部。铁液在铸型内应均匀、平稳、连续地上升，避免对砂型、砂芯产生冲击，出现漩涡、卷入空气及产生氧化夹杂物等问题。

2）底部大平面与四周侧壁及纵横加强筋板的壁厚相差很大，各部位的温度差别很大，冷却速度极不一致。致使在凝固及随后的冷却过程中将产生很大的铸造内应力，从而产生很大的变形、挠曲、裂纹等缺陷。特别要注意防止长度方向的变形。根据同时凝固原则，应使铁液从多方位、薄壁部位引入，通过调节温度分布来减小厚薄部位之间、四周与中心部位之间的温度差别，有利于防止变形。

3）应具有很强的集渣能力，不能让熔渣、氧化夹杂物等进入铸型内，以防止产生夹杂等铸造缺陷。例如，应采用带拔塞的大容量浇注箱，在浇注过程中，浇注箱内的铁液面应保持一定的高度，不产生漩涡流，让熔渣、氧化夹杂物等浮在铁液表面上而不流入直浇道中。封闭式浇注系统具有较强的挡渣能力，各部分截面积的比例为

$$A_3 : A_2 : A_1 = 1 : (1.4 \sim 1.7) : (1.0 \sim 1.2)$$

（2）浇注系统的主要形式　根据以上主要设计要求，大型平板类铸件的浇注系统有以下两种主要形式。

1）底注式浇注系统。平板类铸件的高度不大，一般选用底注式浇注系统，如图 10-1 所示。铁液由两端设在铸型底部的 4 道 ϕ40mm 内浇道引入型腔。尽管这种浇注形式对平衡温度分布不够有利，但其最主要的优点是铁液流动平稳，故在生产实践中被普遍采用。

图 10-1 中浇注系统各部分截面积的比例为

$$A_3 : A_2 : A_1 = 50.26cm^2 : 84.5cm^2 : 56.54cm^2$$
$$= 1 : 1.68 : 1.12$$

2）顶注式浇注系统。平板类铸件顶注式浇注系统示意图如图 10-3 所示。在图 10-3a 中，铁液由均匀分布于铸件两端分型面上的内浇道引入型腔；在图 10-3b 中，铁液由均匀分布于铸件两端侧壁上方的内浇道引入型腔。这两种浇注形式的主要优点是，能适度提高铸件厚度较薄的四周侧壁及筋板的温度，减小其与底部厚大平面的温度差，有利于减轻变形程度。顶注式浇注系统在大型平板类铸件的生产实践中应用较少，在中小型铸件上应用较多。

对于长度超过 3500mm 的大型平板类铸件，不宜仅从一端进行浇注，应从两端同时进行浇注，这样有利于减小各部位的温度差别。

5. 化学成分

根据大型平板类铸件的主要技术要求及结构特点，综合各主要因素对铸铁性能的影响，为达到所需的力学性能，应严格控制化学成分。例如，落地工作台的材质为高强度灰铸铁，其壁厚，冷却速度很缓慢，常将化学成分控制在以下范围内：$w(C) = 3.0\% \sim 3.4\%$，$w(Si) = 1.1\% \sim 1.5\%$，$w(Mn) = 0.70\% \sim 1.10\%$，$w(P) < 0.20\%$，$w(S) < 0.12\%$。

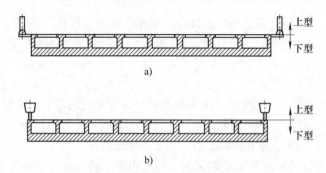

图 10-3　平板类铸件顶注式浇注系统示意图
a）设置在分型面上的顶注式浇注系统　b）设置在侧壁上方的顶注式浇注系统

　　在选定合适的化学成分后，还须选择合适的炉料进行配比。应适当提高铁液的过热程度，以获得较好的纯净度。尤其需要正确进行孕育处理，获得良好的孕育效果，并防止孕育衰退现象，以提高结晶组织和性能的均匀性。

　　工厂生产的落地工作台等部分大型平板类铸件的化学成分及力学性能见表 10-1，可供参考。

表 10-1　部分大型平板类铸件的化学成分及力学性能

序号	化学成分（质量分数，%）						力学性能	
	C	Si	Mn	P	S	CE	抗拉强度 R_m/MPa	硬度 HBW
1	3.31	1.07	0.96	0.070	0.092	3.67	310	212
2	3.34	1.43	1.10	0.13	0.12	3.82	320	229
3	3.30	1.42	1.02	0.12	0.11	3.77	320	235
4	3.26	1.30	0.89	0.10	0.12	3.69	300	248
5	3.28	1.16	0.69	0.14	0.12	3.67	310	217
6	3.16	1.30	0.84	0.15	0.12	3.59	315	226
7	3.22	1.18	1.01	0.14	0.12	3.61	325	235
8	3.15	1.13	1.10	0.085	0.099	3.53	325	241
平均	3.25	1.25	0.95	0.12	0.11	3.67	316	230

6. 温度控制

　　（1）出炉温度　在一定温度范围内，适当提高铁液的过热程度，可减少铁液中杂质的含量，提高纯净度、细化晶粒、改善石墨形态，提高力学性能。为此，应注意控制出炉温度，因出炉时要进行孕育处理，如果处理后静置时间过长，则会使过热及孕育处理效果局部或全部消失。冲天炉熔炼的出炉温度一般为 1420～1440℃。

　　（2）浇注温度　浇注温度的高低对铸件质量有着重要影响。如果浇注温度过高，则铸件的冷却速度会更加缓慢，并增加液态收缩量；如果浇注温度过低，则会增加产生气孔、夹杂、冷隔及浇不足等缺陷的危险性。大型工作台等铸件因铸壁很厚，在不产生前述缺陷的前提下，宜取较低的浇注温度，一般控制在 1300～1320℃ 的范围内。

　　（3）开箱温度　铸件浇注后在砂型内缓慢冷却。如果开箱时间过早，冷却速度过快，则会使铸造内应力骤增，从而增大变形量，甚至产生裂纹等缺陷。如落地工作台等又长又厚的大型平板类铸件，在砂型中缓慢冷却的时间应达到 100～144h，开箱时的铸件温度应为 100～150℃。这种冷却后的铸件，铸造残余应力最小，可不再进行消除铸造内应力的人工时效处理。

10.2　大型立式车床工作台

现代大型数控立式车床是加工重大零部件的精密设备，其圆形转动工作台是结构较复杂、技术要求较高和铸造难度较大的重大铸件。

10.2.1　一般结构及铸造工艺性分析

大型立式车床圆形工作台铸造工艺简图如图 10-4 所示，它具有以下结构特点：

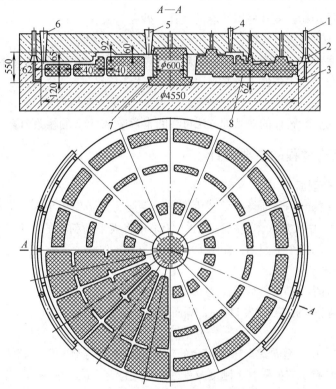

图 10-4　大型立式车床圆形工作台铸造工艺简图

1—直浇道（单侧：$2 \times \phi 65 mm$）　2—横浇道$\left(单侧：\frac{55 mm}{65 mm} \times 70 mm\right)$　3—内浇道

（单侧：$7 \times \phi 32 mm$）　4—冒口　5—中央冒口　6—观察孔（4 个）　7—石墨外

冷铁（厚度为 65mm，共 8 块，彼此留间隙 30mm）　8—内腔砂芯（共 16 组）

1. 大平面

大型立式车床圆形转动工作台的体积很大，轮廓尺寸为 $\phi 4550 mm \times 550 mm$（最大外径 × 总高）。工作台的平面面积很大，技术要求又较高，增加了铸造难度。

2. 壁厚且相差很大

工作台的铸壁厚度较大，且各部位的壁厚相差很大。大工作台面的主要壁厚为 62mm，局部 T 形槽处壁厚为 120mm，$\phi 600 mm$ 中心孔壁厚最小处为 130mm。工作台内腔设有 2 条圆形及 16 条径向加强筋板，厚度为 40mm，形成较复杂的内腔结构。整个工作台各部位的温度差别很大，冷却速度极不一致，将会产生很大的铸造残余应力，引起铸件变形，甚至出现裂纹等缺陷。

3. 质量大

工作台的体积大，铸壁较厚，毛重均为 22.5t，需要使用大型的铸造工装、熔炼及浇注等设备。

10.2.2　主要技术要求

1. 材质

大型立式车床转动工作台承受较大的机械负载，要求具有足够的强度，多选用 HT250 制成。

2. 铸造缺陷

铸件不应有影响结构强度及使用性能的气孔、砂孔、渣孔、缩孔、冷隔及裂纹等铸造缺陷。中央圆孔内表面及大平面等重要部位，更不允许有任何铸造缺陷。

对于不影响使用性能、结构强度和外观质量的较轻微铸造缺陷，可视其部位、特征等，按照机床灰铸铁件缺陷修补技术条件进行修补。

3. 热处理

大型立式车床工作台铸件的热处理方法可参阅本章中 10.1.2 的相关内容。

10.2.3　铸造工艺过程的主要设计

1. 浇注位置及分型面

根据大型工作台的结构特征及主要技术要求，主要为避免厚大平面上产生铸造缺陷及浇注时便于 16 组内腔砂芯中大量气体的顺利排出，特采用将大平面朝下的水平浇注位置。仅设一个分型面，将整个铸件均置于下型内，如图 10-4 所示。

2. 主要工艺参数

（1）铸造线收缩率　铸造线收缩率为 0.8%。

（2）加工量　底面的加工量为 11mm，侧面的加工量为 12mm，顶面的加工量为 20mm。

3. 铸型

（1）铸型种类　在大型立式车床工作台的铸造过程中，铸型要承受翻转力及浇注时的很大浮力作用，其必须具有足够的强度、刚度及良好的排气性等，故一般采用干型。

（2）造型材料　铸型应具有高强度、高刚度、高耐火度及良好的透气性等。因为内腔结构较复杂，有 16 组大型砂芯，为减轻阻碍收缩程度，防止产生变形、裂纹等缺陷，尤其应具有良好的退让性，所以采用冷硬呋喃树脂砂。

根据工厂的实际情况，也可采用普通黏土砂，但须选用优质原材料及适当的配比，力求满足上述主要基本要求。

（3）造型方法　造型方法与所需生产数量有关。如果是定型产品，为确保铸型质量，则一般采用实体模样造型方法。如果是单件生产的特殊情况，为节省制造大型实体模样的费用，也可采用刮板造型方法，但须精心进行操作。

（4）造芯　内腔砂芯（图 10-4 中的件 8，总计 16 组）必须用整体实芯盒制成整体，不要分界，并将全部砂芯紧固于上型。为确保砂芯质量，浇注时排气应畅通。

4. 浇注系统

（1）浇注系统的主要设计要求　根据大型圆形工作台的结构特征，其浇注系统的设计应满足以下主要基本要求：

1）大型圆平面处于铸型底部，且铸壁较厚，并有多组较复杂的大型砂芯紧固于铸型上方，以形成工作台的内腔结构。要求铁液在铸型中均匀、平稳、连续地上升，并在设定时间内充满铸型，避免对砂型壁、砂芯产生冲击，出现漩涡、严重紊流，引起铁液飞溅，卷入空气及促使金属产生严重氧化等，从而防止产生砂孔、气孔、夹杂及冷隔等铸造缺陷。

2）底部大平面及中心孔壁厚度与台体外缘及内腔周向、径向各加强筋板之间的壁厚相差很大，使圆形工作台上、下部位及外缘、中心部位的冷却速度很不一致。在铸件凝固及随后的冷却过程中，将形成很大的铸造残余应力，从而引起变形，甚至产生裂纹等缺陷。为了减小这种倾向，根据同时凝固原则，浇注系统应设置在铸件的薄壁部位，以缩小各部位的温度差别，减小铸造内应力，防止变形。

3）浇注系统应具有很强的挡渣能力。浇注的铁液量很大，停留在铁液中的杂质等不断析出并上浮至铁液表面。因此，须采用封闭式浇注系统，以增强挡渣能力，防止产生夹杂等铸造缺陷。

（2）浇注系统的主要形式　根据大型圆形工作台的结构特征及浇注系统的主要设计要求，有以下两种主要的浇注系统。

1）底注式浇注系统。浇注系统设置在台缘外周两侧。铁液由设置在铸型底部的 14 道 $\phi32mm$ 内浇道引入型腔（图 10-4），铁液在铸型内上升较平稳，铸件各部位温度较均匀。这种形式主要适用于大型工作台采用两个浇包同时进行浇注的情况。对于中小型工作台，则可将浇注系统设置在一侧。每侧的浇注系统均为封闭式，具有较强的挡渣能力。浇注系统各截面积的比例为

$$A_3 : A_2 : A_1 = 56.3cm^2 : 84cm^2 : 66.3cm^2 = 1 : 1.49 : 1.18$$

在大型立式车床工作台铸件的生产实践中，普遍采用底注式浇注系统。

2）顶注式浇注系统。这种浇注形式是在工作台中央圆孔壁上方设置环形顶冒口及雨淋式顶注浇注系统，如图 10-5 所示。环形顶冒口中的高温铁液可增强对中央圆孔壁的补缩，从而可更有效地防止圆孔内表面及孔壁内部的缩孔、缩松缺陷。铁液自铸型中央较均匀地流向台缘而充满铸型，铸件中心与台缘部位的温差较大。

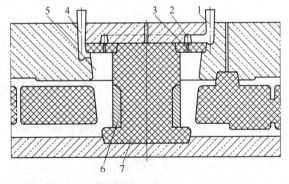

5. 冷铁的应用

在工作台中央圆孔内表面设置石墨外冷铁，如图 10-4 中的件 7。冷铁厚度为 65mm，由 8 块组成，每块之间留间隙

图 10-5　立式车床工作台雨淋式顶注浇注系统示意图
1—直浇道　2—环形横浇道　3—圆形内浇道　4—出气孔
5—环形顶冒口　6—石墨外冷铁　7—中央圆孔砂芯

30mm，间隙中充填芯砂。冷铁适当加快了该部位的冷却速度，增加了孔壁横断面上的温度梯度，在其上方冒口的补缩作用下，该部位得到了更充分的补缩，结晶组织更加致密，从而适当提高了硬度，更有效地克服了缩孔、缩松缺陷，获得了良好的效果。

6. 温度控制

（1）出炉温度　根据立式车床工作台的材质及结构特征，选定合适的化学成分、炉料及其配比。熔炼时要适当提高铁液的过热程度，以提高纯净度等。铁液出炉时应进行孕育处理，并注

意有效地保持孕育处理效果。根据生产条件控制铁液的出炉温度，用冲天炉熔炼时，出炉温度一般为 1420 ~ 1450℃。

（2）浇注温度 根据立式车床工作台的结构特征，即表面积较大、内腔中的加强筋板数量较多、结构较复杂等，在浇注充型过程中，铁液的降温幅度较大。为防止产生气孔、夹渣、冷隔、浇不足及裂纹等缺陷，浇注温度不能过低。但如果浇注温度过高，不但会增加液态收缩量，还会使铸件的冷却速度更加缓慢。因此，须严格控制浇注温度，一般为 1310 ~ 1330℃。

关于对浇注后在砂型内的冷却时间及消除铸造内应力的人工时效处理的控制，可参阅本章中 10.1.2 和 10.1.3 的相关内容。须着重指出，该立式车床工作台在热处理过程中，曾出现过由于工艺控制不严而产生严重裂纹并报废的教训。

10.3　大型床身中段

图 10-6 所示的某专用机床床身中段，是典型的大型平板类铸件。其轮廓尺寸为 4500mm × 2200mm × 640mm（长×宽×高），毛重为 15t，具有体积大、质量大、壁厚不均及结构较复杂等特点。因此，技术要求较高，铸造难度较大。

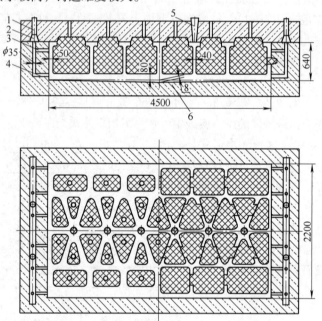

图 10-6　大型床身中段铸造工艺简图

1—直浇道（2 × ϕ65mm）　2—横浇道$\left(\frac{55mm}{65mm} \times 70mm\right)$　3—上层内浇道（6 × ϕ35mm）

4—底层内浇道（6 × ϕ35mm）　5—冒口　6—模样反变形量（8mm）

10.3.1　主要技术要求

1. 材质

床身是机床的重要部件之一，机床加工精度的高低，在很大程度上取决于床身的加工精度。因此，要求床身具有足够的强度、刚度及良好的减振性，对带有导轨的床身，还应具有高的耐磨性等。床身材质一般选用 HT250、HT300 及其以上牌号的灰铸铁。机床导轨应具有较高的硬度，并要求硬度均匀，对于不同规格型号机床的导轨表面硬度及硬度差，都有严格的具体规定。导轨的表面硬度一般为 190～240HBW。

对于带有导轨的床身，为更好地提高其强度及耐磨性等，可采用添加少量合金元素的低合金铸铁制造。床身常用低合金耐磨铸铁见表 10-2。

表 10-2　床身常用低合金耐磨铸铁

序号	低合金铸铁	合金元素成分（质量分数，%）						
		Cr	Mo	Cu	V	Ti	B	P
1	铬铜铸铁	0.20～0.40		0.8～1.2				0.25～0.40
2	铬钼铜铸铁	0.20～0.35	0.20～0.35	0.6～1.0				0.25～0.35
3	钒铜铸铁			0.8～1.2	0.20～0.35			0.25～0.40
4	钒钛铸铁				0.20～0.35	0.10～0.15		0.25～0.35
5	硼铸铁						0.04～0.06	0.25～0.35

铸铁的金相组织中，应有适量的长度小于 250μm 且均匀分布的 A 型片状石墨。铸铁成分中均含有一定的磷，将形成适量的分散、细小或呈断续网状的二元磷共晶体。添加少量的合金元素，可使珠光体更加细小、致密，形成的合金碳化物呈细小的硬质点，弥散分布于珠光体基体中，使基体有较高的显微硬度。因此，低合金耐磨铸铁不但具有较高的强度，而且能显著提高导轨的耐磨性能。

随着科技的不断发展创新，铸铁的力学性能及使用性能等不断提高，机床铸件应向高强度、高刚度及轻量化方向发展。应努力提高铸件厚大断面部位的珠光体含量，减少各部位的硬度差，以增加机床精度的稳定性，延长机床的使用寿命。

2. 铸造缺陷

床身导轨等重要工作部位不允许有气孔、砂孔、缩孔及夹杂等铸造缺陷。其他部位较轻微的不影响结构强度、使用性能及外观质量的铸造缺陷可进行修补。

3. 热处理

为保持床身的精度，须较彻底地消除铸件的铸造残余应力。铸件经粗加工后，须进行人工时效处理，热处理要求可参阅本章中 10.1.2 的相关内容。

10.3.2　铸造工艺过程的主要设计

1. 浇注位置及分型面

根据床身的结构特征及主要技术要求，为首先确保重要的工作大平面的质量，避免产生任何铸造缺陷及便于浇注时诸多砂芯内大量气体的顺利排出，应采用将大平面朝下的水平浇注位置。仅设一个分型面，将整个铸件均置于下型内，如图 10-6 所示。

2. 主要工艺参数

（1）铸造线收缩率　铸造线收缩率为 0.8%。

（2）加工量　底面的加工量为 11mm，侧面的加工量为 12mm，上面的加工量为 20mm。

（3）反变形量　因床身较高，加强筋板的设置形式合理及数量较多，具有足够的刚度，可使铸件的变形量减小，故设置反变形量为 8mm。

3. 铸型

（1）铸型种类　在大型床身的生产过程中，铸型要承受翻转力及浇注时的很大浮力作用等，其必须具有足够的强度及刚度等，故均采用干型。

根据工厂的具体生产条件，中小型床身可采用干型铸造，小型床身可采用湿型铸造。

（2）造型材料　大型床身的造型材料目前大都采用冷硬呋喃树脂砂，它可使铸型具有较高的强度、刚度、透气性及退让性等。对于设置加强筋板数量较多、内腔结构较复杂的大型床身，尤需注意铸型的退让性，避免因严重阻碍收缩而产生较大的铸造残余应力，导致铸件变形或产生裂纹等缺陷。

造型材料的选用与生产方法及批量等有关，同时要根据工厂的具体生产条件确定。如选用黏土砂等，应选用合适的原砂材料及其配比，以达到所需性能要求。

（3）造型方法　大型床身的造型方法要根据其结构形式、生产批量及工厂的具体生产条件等因素确定。如果属于定型、批量生产品种，则一般选用机器型板造型。

另外，还可选用组芯造型方法，整个铸型全用砂芯组装而成。这样可以节省制作大型实体模样的费用及部分大型工装等，并可简化造型工序。为严格控制砂芯的组装尺寸精度，需要一套尺寸检测工具及正确的检测方法。

4. 浇注系统

（1）浇注系统的主要设计要求　根据大型床身的结构特征，浇注系统的设计应满足以下主要基本要求：

1）大型床身重要的厚壁大平面均处于铸型底部，多组较复杂的大型筋板砂芯均组装于上半铸型中。铁液在铸型中均匀、平稳、连续地上升，防止产生砂孔、夹杂及冷隔等铸造缺陷。

2）大型床身各部位的壁厚差别大，由于温度不均，冷却速度很不一致，将产生较大的铸造残余应力，导致床身产生变形、挠曲等缺陷。为使各部位的温度均匀、冷却速度趋于一致，铁液应从床身的薄壁部位引入。内浇道的设置应分散、多方位，使铁液的流经距离最短。对于设有导轨的大型床身，铁液的引入应使导轨长度方向的温差尽量小，以减小硬度差，使其具有较均匀的耐磨性。

3）在浇注过程中，熔于铁液中的杂质会不断析出，还会产生氧化物等。要求浇注系统具有很强的挡渣能力，如须采用封闭式浇注系统等，以防止杂物流入型内，产生夹杂等缺陷。

（2）浇注系统的主要形式　根据浇注系统的主要设计要求及大型床身的结构特征，浇注系统有以下两种主要形式。

1）底注式或阶梯式浇注系统。对于高度较小的大型床身，采用内浇道设置在铸型底部的底注式浇注系统，铁液由两端同时注入，平稳上升而充满型腔。对于高度较大的大型床身，则可采用由两端同时浇注的阶梯式浇注系统，如图10-6所示。两端的底层、上层各设6道φ35mm的内浇道，开始时铁液由底层内浇道引入，当上升至一定高度后，再由上层内浇道引入。这样可提高铸型上部薄壁部位的铁液温度，缩小温度及冷却速度的差别，有利于减少铸造内应力及减小铸件的变形程度。

总长度超过3500mm的大型床身，一般采用两端同时进行浇注的方式，以免铁液因过多地从一端注入，而引起局部过热、温差增大及冲砂起皮等问题。

2）顶注式浇注系统。根据床身的具体结构特征，还可采用顶注式浇注系统，即将内浇道设置在上部分型面上或将圆形内浇道设置在侧壁上方。采用顶注式浇注系统有利于缩小各部位的温度差。

5. 导轨质量控制

导轨的耐磨性是影响机床加工精度的高低及稳定性的重要因素之一，是判断带有导轨床身的铸造质量关键的所在。导轨的耐磨性主要取决于金属基体结晶组织的结构及石墨特征，应着重控制以下方面。

（1）选择合适的化学成分　影响灰铸铁金相组织的最主要因素是化学成分和冷却速度。选择合适的化学成分是提高导轨耐磨性能的最根本途径。应根据床身的结构特征选择合适的化学成分，添加少量合金元素，可参考表 10-2。

选定合适的化学成分后，在熔炼过程中须注意以下几点：

1）改变炉料组成。选择合适的金属炉料及其配比。如可适当增加废钢加入量等，以提高力学性能。

2）适度提高铁液的过热程度。在一定的温度范围内，适度提高铁液的过热程度，可减少铁液中的杂质含量，提高纯净度；并可使石墨细化、基体组织致密，有利于提高力学性能等。电炉中的熔炼温度为 $1500 \sim 1520 \text{℃}$，冲天炉的出炉温度为 $1420 \sim 1480 \text{℃}$。

3）孕育处理。为获得预期的孕育效果，须严格控制孕育剂的品种、粒度、孕育量，孕育方法，铁液温度及孕育后的停留时间等。如可选用抗衰退能力强的优质孕育剂进行炉前及随流瞬时孕育处理等。

（2）适当加快冷却速度　在导轨面上设置合适的外冷铁，适当加快冷却速度，可细化基体组织，增加珠光体量及改善石墨形态等，是提高铸铁力学性能及耐磨性等的有效方法。

为获得应用冷铁的预期效果，须对冷铁进行合理的设计，选用合适的材质、正确的使用方法及严格的管理措施等。石墨冷铁的使用效果最好；铸铁材质的冷铁，在每次使用前要进行抛丸除锈、挂防锈涂层处理及浇注前的预热等，每块铸铁冷铁的重复使用次数一般不宜超过 10 次，以防产生气孔。

在导轨面上设置外冷铁，虽可选用较低牌号的灰铸铁，以节省少量合金元素，但为了获得较好的质量，所需冷铁的数量很多，而重复使用次数则不能过多，这给造型操作和生产管理增加了不少困难。因此，在批量生产中，低牌号灰铸铁冷铁的应用受到了限制，仅在个别单件生产中有所应用。

（3）避免铸造缺陷　在铸造工艺设计中，要首先确保导轨面上不产生任何铸造缺陷。从浇注系统设置到浇注温度控制等，应尽量缩小导轨自身在长度方向及导轨与其他部位之间的温度差，保持较均匀一致的冷却速度，以减小变形。

6. 浇注温度

根据大型床身的结构特征确定合适的浇注温度。若浇注温度过低，则容易产生气孔、夹杂及冷隔等铸造缺陷；若浇注温度过高，则会增加液态收缩量等。在保证不产生上述缺陷的前提下，宜选取较低的浇注温度，一般为 $1300 \sim 1320 \text{℃}$。

10.4　大型底座

10.4.1　主要技术要求

图 10-7 所示大型基础底座的轮廓尺寸为 $5400\text{mm} \times 800\text{mm} \times 600\text{mm}$（长 × 宽 × 高），材质为 HT250，毛重为 17t，主要壁厚为 280mm，其余壁厚为 $100 \sim 130\text{mm}$。其形状较简单，具有体积

大、质量大、壁厚且相差很大等结构特点。不允许有影响结构强度的气孔、砂孔、缩孔、夹杂及裂纹等铸造缺陷，是技术要求较高、铸造难度较大的典型平板类铸件。

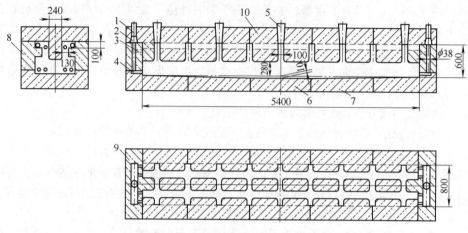

图 10-7　大型基础底座铸造工艺简图

1—直浇道（2×ϕ80mm）　2—横浇道（$\frac{50mm}{60mm}$×65mm）　3—上层内浇道（8×ϕ38mm）

4—底层内浇道（8×ϕ38mm）　5—冒口　6—反变形量　7—底面砂芯（共5块）

8—两侧面砂芯（共10块）　9—两端面砂芯（共2块）　10—上面砂芯（共5块）

10.4.2　铸造工艺过程的主要设计

1. 浇注位置及分型面

根据大型底座的结构特征及主要技术要求，为了优先保证重要的厚大工作面的质量及便于砂芯中气体的排出，采用将大平面朝下的水平浇注位置。将整个铸件置于下型中，仅在上部设一个分型面，如图10-7所示。

2. 主要工艺参数

（1）铸造线收缩率　铸造线收缩率为0.8%。

（2）加工量　底面的加工量为12mm，上面的加工量为24mm。

（3）反变形量　因铸件较高，具有较高的结构刚度及防止变形能力，故设反变形量为10mm。

3. 铸型

（1）铸型种类　大型基础底座铸型在浇注时要承受大量高温铁液流动所产生的冲击力及浮力作用等，尤其是厚大的底平面，要承受较长时间的高温铁液作用。为保证铸型具有足够的强度、刚度及耐火度等，必须采用干型。

（2）造型材料　造型材料的选用与产品批量及生产方法等有关，要根据工厂的具体生产条件来确定。大型基础底座的造型材料目前多采用冷硬呋喃树脂砂，以满足对铸型使用性能的要求，也可选用黏土砂型。

（3）造型方法　大型底座一般采用实体模样进行造型。为节省制作大型实体模样的费用及简化造型工序，可采用组芯造型方法。如图10-7所示，整个铸型共由22块砂芯组装而成，其中底面砂芯5块、两侧面砂芯10块、两端面砂芯2块、上面砂芯5块。为确保铸型组装尺寸的精度，应使用一套尺寸检测工具，并按立体坐标轴系尺寸检测法进行组装，可获得令人满意的效果。

4. 浇注系统

大型底座浇注系统的设置，主要应根据具体结构特征确定。为使铁液在铸型内平稳上升，减小对铸型壁、砂芯的冲击及使铸件各部位的温度分布较均匀等，一般采用底注式浇注系统，从两端同时进行浇注，如图 10-8 所示。该大型工程底座的轮廓尺寸为 5700mm × 1900mm × 265mm（长 × 宽 × 高），材质为 HT250，毛重为 9.5t。φ32mm 内浇道设置在铸型底部，铁液从两端同时引入型腔。

对于高度较大的底座，如果铁液仅从铸型两端底部引入，会使铸型内上、下部位铁液的温差过大，从而增加变形倾向。此时可采用阶梯式浇注系统，如图 10-7 所示。在底层与上层两端各设 4 道 φ38mm 内浇道，浇注时铁液先从两端底层流入型腔，当上升至一定高度后，再由上层内浇道引入。这样可缩小上、下部位的温度差。

根据底座的具体结构特征，也可采用顶注式浇注系统。将内浇道设置在上部分型面上或将圆形内浇道设置在侧壁上方，采用雨淋式顶注浇注系统。采用顶注式浇注系统虽可提高铸型上部的铁液温度，缩小各部位的温差，但会对铸型底部造成较大的冲击，并由此产生某些铸造缺陷。

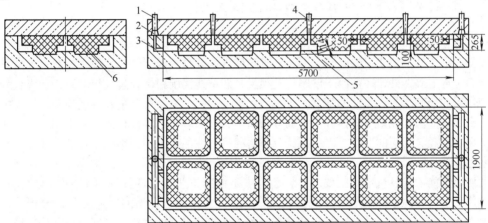

图 10-8 大型工程底座铸造工艺简图

1—直浇道（2 × φ65mm）　2—横浇道$\left(\dfrac{40mm}{55mm} \times 58mm\right)$　3—内浇道（8 × φ32mm）

4—冒口　5—反变形量　6—筋板砂芯（共 12 块）

5. 浇注温度

大型基础底座的底部大平面特别厚，如果浇注温度过高，则会使铁液的液态收缩量增大。在不产生气孔、夹杂及冷隔等铸造缺陷的前提下，宜取较低的浇注温度，一般控制在 1280 ~ 1300℃ 的范围内。

第11章　提高铸铁件致密性的主要措施与实例

铸铁件的致密性（保持承受气体或液体压力的能力），对于在气体或液体介质压力下工作的零件，具有很重要的意义。很多典型铸铁件的结构特征是内腔结构复杂、壁厚不均等，而技术要求又高，故铸造难度很大。其中常见的主要铸造缺陷之一是铸件的致密性较差，在进行致密性压力试验时出现渗漏现象。因此，研究如何提高铸铁件的致密性，更有效地克服渗漏现象，具有重要的现实意义。

由于影响铸铁件致密性的因素很多，并且影响过程极为复杂，仅从某一方面着手是无济于事、难以奏效的。必须对铸造过程的各个主要环节，进行严格的全面、全过程、全员的管控才能卓见成效，以防止产生缩孔、缩松等各种铸造缺陷。现将生产实践中常采取的主要有效措施综述如下。

11.1　加强对零件结构的铸造工艺性分析

在铸造生产中，往往一些铸件，由于原结构设计不合理，给铸造生产带来很大的困难，保证不了铸件质量，甚至造成很多废品。例如：有的铸件内腔是全封闭结构，很难铸造；大型复杂的气缸体、气缸盖等铸件，往往由于壁厚相差很大、两壁连接圆根半径过大等原因，造成金属的局部聚积，形成局部热节。当补缩不良时，会产生局部缩孔、缩松等缺陷及渗漏现象；零件的结构特性，影响铁液温度在整个铸件各部位的分布情况，即影响铸件各部位的结晶凝固性质。在很大程度上影响缩孔、缩松的形状、大小及其分布情况等。往往由于零件结构设计不合理而导致铸铁件致密性降低，甚至是难以用铸造工艺方法来加以克服。因此，零件的结构设计除了应满足机器设备的使用性能要求及机械加工要求外，还应满足铸造工艺为保证铸件质量而提出的要求，达到对铸造生产而言的零件结构设计的合理性。对零件结构进行详细的铸造工艺性分析，是保证铸件致密性，防止渗漏的首要环节。具有良好铸造工艺性的零件结构，可避免很多铸造缺陷的产生、简化铸造工艺，便于铸造操作。既有利于保证铸件质量，又能提高铸造生产率和降低铸造成本等。根据铸铁合金的特性，对零件结构设计的主要要求，简述如下。

11.1.1　常用铸铁件的结构特点

铸铁具有许多优良性能，在机器制造业中被广泛应用。铸铁件在机器设备零件中所占的比例最大。铸件结构除主要满足机器设备的使用性能要求外，还应根据铸造合金的凝固体积收缩和固态线收缩特性、铸件结构特点（形状、大小及壁厚等）进行设计。对于凝固收缩大、容易产生集中缩孔的合金，如铸钢件等，可采用顺序凝固方式来设计铸件壁厚。沿着某一特定方向，将铸壁厚度逐步适当增加；对于凝固体积收缩和固态线收缩较小的灰铸铁及铸态高韧性铁素体球墨铸铁等，在铸件的结晶凝固过程中，还伴随有析出石墨的特性，则普遍采用同时凝固方式设计壁厚，力求铸件各部位的壁厚均匀一致，尽量减少差别，使铸件各部位同时进行凝固。这可减小铸造内应力，避免铸件产生翘曲变形，甚至裂纹等缺陷。对于大型复杂的铸件，根据不同部位的工作使用性质和质量技术要求等，可分别按顺序或同时凝固方式进行设计，这样更有利于保证铸件质量。

铸铁的种类较多，常用铸铁件的结构特点见表11-1。

表 11-1　常用铸铁件的结构特点

铸铁种类	性能特点	结构特点
灰铸铁件	1）铸造性能好，如凝固体积收缩和固态线收缩较小；良好的流动性等 2）普通灰铸铁的抗拉强度较低，孕育铸铁较好；但抗压强度高，比抗拉强度高 3～4 倍 3）耐磨性高；缺口敏感性小；吸振性好，比钢约大 10 倍；弹性模量较低 4）韧性差，属于脆性材料	1）可设计形状复杂的大小铸件 2）按同时凝固原则进行设计。铸件各部位的壁厚，应力求均匀。尽量减少金属局部聚积，避免形成热节。为满足使用性能要求，应选择适当壁厚，不能太薄，防止产生白口 3）不宜设计成特别厚大或实心铸件，可酌情改为空心带加强筋的结构 4）常采用非对称断面设计，以充分利用抗压强度大的优点 5）铸件的残余铸造应力小、吸振性好，宜用于承受振动的铸件 6）耐磨性能最好，宜用于活塞环、气缸套及机床导轨等耐磨铸件
球墨铸铁件	1）球墨铸铁的铸造性能比灰铸铁略差，如凝固体积收缩及形成铸造内应力的倾向较灰铸铁大。属于典型的糊状结晶凝固方式，容易形成缩孔、缩松、夹杂及裂纹等缺陷。流动性及固态线收缩与灰铸铁相近 2）球墨铸铁的显著特点是具有很高的综合力学性能，如强度、塑性、弹性模量等均大于灰铸铁，抗磨性好，故其应用范围迅速扩大。吸振性较灰铸铁差 3）球墨铸铁的屈服强度及屈强比（$R_{p0.2}/R_m$）略高于铸钢 4）球墨铸铁在 350℃ 以下，具有良好的高温性能	1）可设计形状较复杂的大小铸件 2）一般均按同时凝固原则进行设计。铸件各部位的壁厚力求均匀，尽量减少热节。对于特别厚实的大断面，可以设计成空心结构或增设加强筋。对于形状较简单的铸态高强度球墨铸铁件的局部壁厚，也可采取逐步增厚设计，为顺序凝固创造条件

1. 灰铸铁件

灰铸铁的铸态结晶组织，主要取决于化学成分和冷却速度。铸件结构特点（大小、质量、复杂程度及壁厚等）是影响铸件冷却速度的主要因素，对保证铸件质量特别重要。

（1）同时凝固原则　根据灰铸铁的结晶凝固特点，铸件结构设计应采用同时凝固原则。铸件各部位壁厚力求均匀，尽量避免局部金属聚积，减少热节。

（2）壁厚适当　铸件壁厚是影响铸件冷却速度的主要因素。要根据铸件的使用性能要求，选择适当的厚度。不能为了减小质量而选得太薄，以防止出现局部硬度过高、机械加工困难、甚至产生白口，无法加工、出现裂纹等，造成废品。故应对铸件过薄的局部，予以适当加厚。

铸铁的力学性能对铸件壁厚有着极度的敏感。在铸件壁厚的临界厚度范围以内，铸件的承载能力随着壁厚的增加而有所提高。但铸壁厚度过度增加后，因冷却速度减缓，会使结晶组织粗大和析出大量粗大片状石墨，反而会使铸铁强度降低，甚至可能导致铸壁中心区域产生缩孔、缩松等缺陷。因此，不能仅靠增加铸壁厚度来增加铸件的承载能力，应修改铸件结构、断面形状或增设加强筋等来提高铸件的承载能力，以满足使用性能要求。

如大型船用柴油机上的调频轮，因需要有足够大的质量，一般设计成厚实的大断面铸件，转动时产生很大的转动惯量，以满足调频的需要。除这种极个别的实例以外，一般均应尽量避免设计成厚实的大断面结构，可改为空心结构或增设加强筋等，以有利于保证铸件质量。

（3）降低对收缩的阻力　铸铁的塑性很差，基本上属于脆性材料，不具有变形能力。如果遇到因应力影响而发生即使只是轻微变形时，也不能像塑性好的铸钢件那样，可以适当进行矫正。因此，铸铁件的形状应采用简单并能自由收缩的结构形式。当铸铁件进行固态收缩时，铸件各部位不至于相互制约，阻碍自由收缩，要尽量降低对收缩的阻力。这样，才能减小铸造内应力，防止出现变形、翘曲或甚至产生裂纹等缺陷。

2. 球墨铸铁件

（1）结晶凝固特点　球墨铸铁属于典型的糊状结晶凝固方式。凝固体积收缩比灰铸铁大。铸件的补缩通道容易受阻，要及时得到充分的补缩很困难。产生分散性缩松的倾向大，更容易形成缩松、夹杂等铸造缺陷。

（2）同时凝固原则　球墨铸铁件结构，一般按同时凝固原则进行设计。铸件各部位的壁厚，不要相差过大，力求较均匀。尽量避免金属的局部聚积，以免形成热节。

（3）减小铸造应力　球墨铸铁的弹性模量比灰铸铁高，形成铸造内应力的倾向比灰铸铁大。铸件收缩受阻产生的固态收缩应力及相变应力等，均会产生较大的铸造残余应力，更容易引发铸件的变形、翘曲或甚至产生裂纹等。因此，球墨铸铁件的结构形状应力求简化，尽量减少相互制约，以免阻碍自由收缩及可能引发的不良后果。

（4）壁厚　根据铸件的使用性能要求和所承载负荷大小等，选定适当的壁厚。不能过薄，也不要过厚，更要尽量避免厚实大断面。因这种断面中心的球化率不易得到有效保证，可酌情改为空心结构或增设加强筋等。

11.1.2　对零件结构的主要基本要求

为了确保铸件质量、尽量简化铸造工艺、提高铸造生产率及降低铸造成本等，特对零件结构设计的主要基本要求，综述如下。

1. 零件外形

零件外形要简化、平整、方便造型起模。对零件外形结构的主要要求见表 11-2。

表 11-2　对零件外形结构的主要要求

序号	对结构要求	不合理结构	合理结构
1	铸件外形，尽量少用或不用砂芯、模型活块	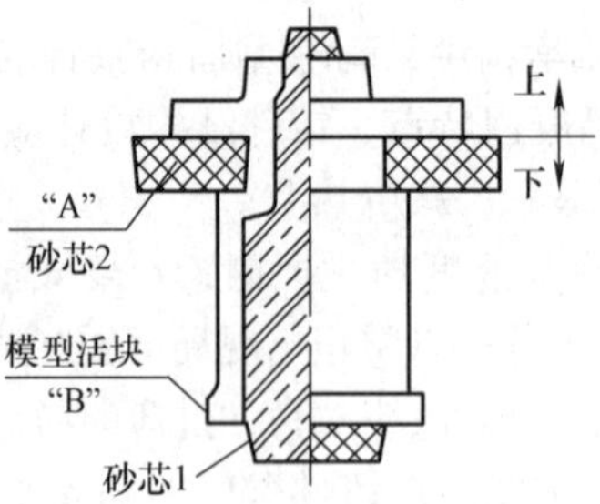	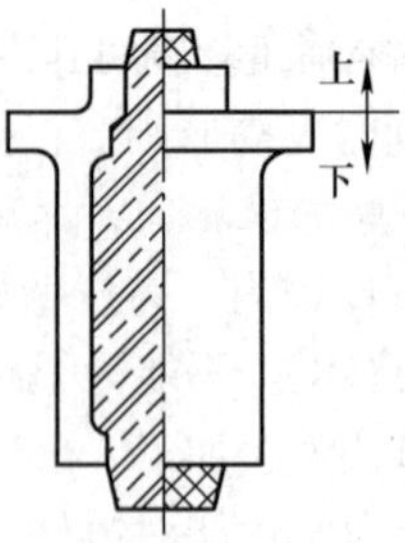
2	铸件外形，尽量减少凸台、凹槽及筋条等	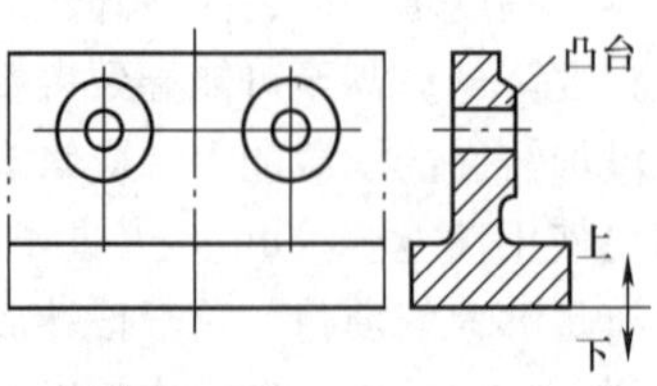	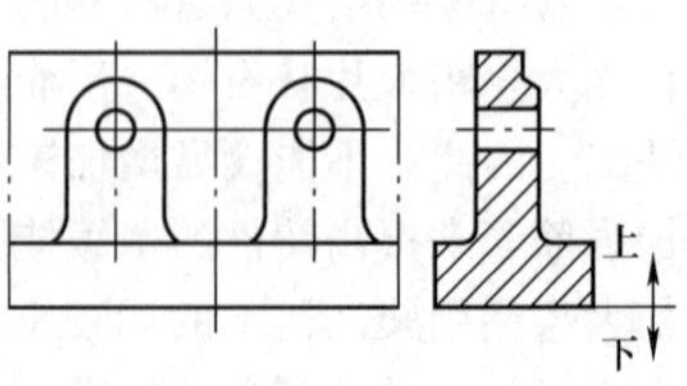

（续）

序号	对结构要求	不合理结构	合理结构
3	凡与分型面相垂直的铸壁，应具有适当的铸造斜度	上 下	上 下
4	铸件外形上的筋条，宜设置在分型面上或与分型面相垂直的方位上	筋	
5	简化或减少分型面数量	上 中 中 下	上 下
6	较大的倾斜上平面比水平面更有利于气体、夹杂物上浮排出		冒口

　　1）零件外形要尽量简化，少用或不用砂芯。表 11-2 中 "1" 所示外形结构，设有凹区 "A"，其内附设有 4 根加强筋，须用砂芯 2 形成。下部设有凸缘 "B"，为了造型时能起出模型，须将该部分模型做成 "活块"。改进后的结构，避免了砂芯 2，下部凸缘改设在内腔，简化了外形，结构强度甚至还高于原设计。

　　2）零件外形应尽量减少凸台、凹槽及筋条等。因为这些结构不便于造型起模，很容易造成局部砂型损坏。尺寸大的凸台，造成金属的局部聚积而形成热节，容易产生内部缩孔、缩松等缺陷，降低铸件质量。表 11-2 中 "2" 所示原结构中，与分型面相垂直的铸壁上设有凸台，模型须做成 "活块"。改进后，将此凸台与法兰连接起来，即可免除 "活块" 模型，方便起模。

　　3）凡与分型面相垂直的铸壁，应具有适当大小的铸造斜度，以便于起模。表 11-2 中 "3" 所示罩壳，外表面上设有加强筋。原结构中因无适当的斜度，起模困难。改进后，与分型面相垂直的铸壁及筋条都设有适当的铸造斜度，方便起模。

　　4）为提高零件的结构强度及刚度等，外表面上常附设有筋条。筋条的大小及厚度等应适当，与铸壁连接处，不要形成较大的热节，以免产生内部缩松等缺陷。筋条的形状及布置等，应尽量设置在分型面上或与分型面相垂直，以便于起模。表 11-2 中 "4" 所示的原筋，与分型面呈 30°夹角，须做成 "活筋" 才能不影响起模。改进后，筋与分型面相垂直，起模方便。

　　5）简化或减少分型面数量。造型分型面，应保持平直，不要呈曲线，以便于铸造操作、配置工装及机器造型。表 11-2 中 "5" 所示结构，原为两个分型面，改进后为一个分型面，简化了操作。

　　6）应便于浇注时铸型中气体的排出。按铸件的浇注位置，如果铸件上部有较大的平面，则最好设计成倾斜面，以利于气体及夹杂物的上浮，防止上平面产生气孔及夹杂等缺陷。表 11-2 中"6"所示上平面改为倾斜面后，并在中央设置出气孔，更有利于气体等上浮排出。

2. 零件内腔

零件内腔结构对铸件质量有着更大的影响。对零件内腔结构的主要要求见表 11-3。

表 11-3　对零件内腔结构的主要要求

序号	对结构要求	不合理结构		合理结构
1	铸件内腔结构形状应尽量简化，不用或少用砂芯	A	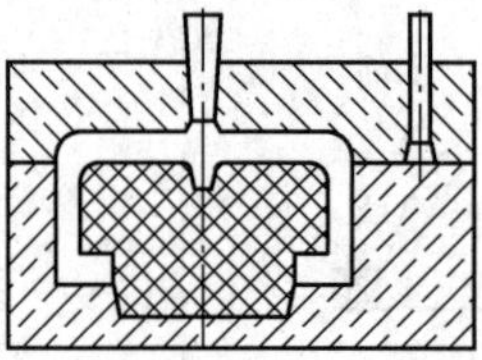	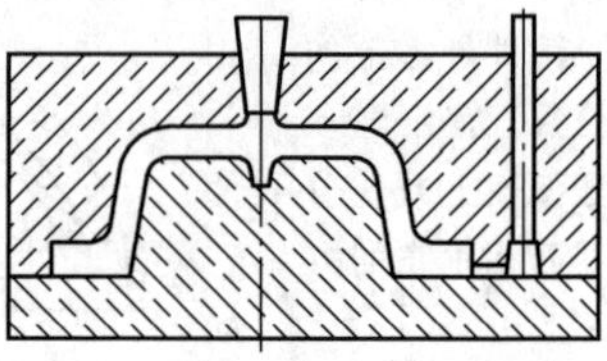
		B	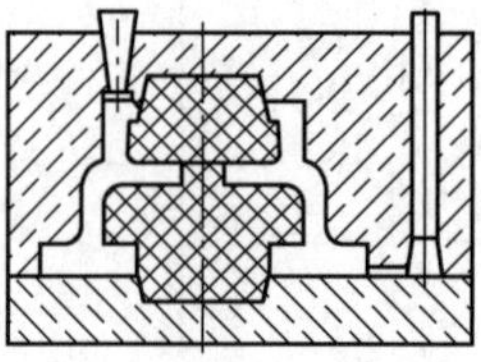	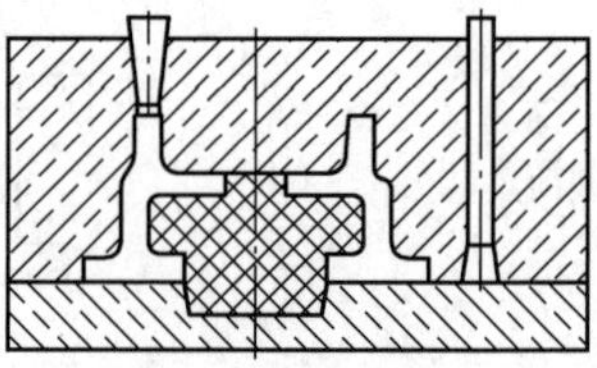
2	铸件内腔应避免形成封闭结构，使每件砂芯都能设置芯头，便于砂芯的固定、排气及清砂等		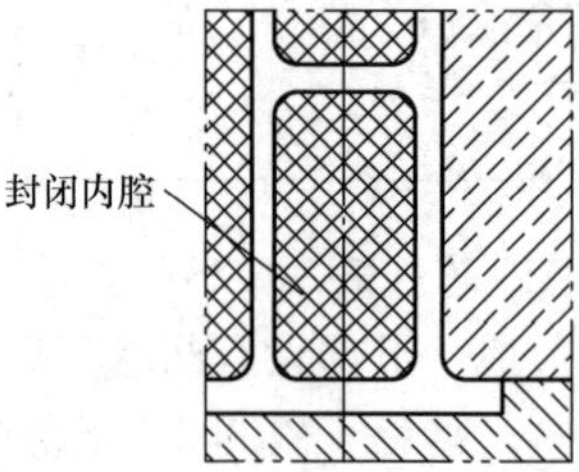 封闭内腔	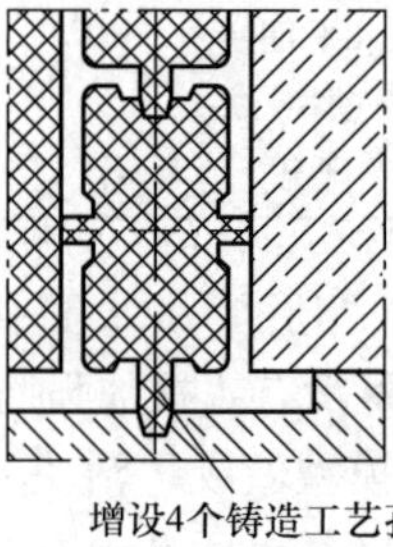 增设4个铸造工艺孔

1）零件内腔结构形状越复杂，砂芯数量就越多、操作越困难、铸造难度越大、质量越难以保证。同时会使制模、制芯、组芯和清理等工序的工作量加大及铸造成本增加等。因此，在满足使用性能要求的前提下，零件内腔结构形状应尽量简化，不用或少用砂芯，更要避免复杂砂芯等。表 11-3 中"1A"，原结构须设一件砂芯，改进后就不用砂芯了，可直接铸出。表 11-3 中"1B"，原结构须用两件砂芯，改进后可减少一件。

2）铸件内腔结构形状应便于每件砂芯都能设置合适的芯头。芯头的主要作用如下：

① 将砂芯准确地牢固于铸型中。芯头的强度不仅要能承受砂芯的自重外，还要能承受铁液的冲击及浮力作用。尽量避免悬臂砂芯及吊芯。防止砂芯产生位移，保证尺寸精度。对于一般铸件，在组芯过程中，可酌情少量使用合适的芯撑，配合芯头使砂芯牢固于铸型中。但对于有致密性压力试验要求的铸件，就不宜采用芯撑，以防芯撑与铸件母材熔合不良而出现渗漏现象。

② 顺利排气。每件砂芯与高温铁液接触后，都会产生大量气体，只能通过芯头中的排气道向铸型外排出。如果排气受阻，则会产生气孔缺陷。

③ 便于清砂。铸件浇注后，必须进行清砂。清砂工具须能通过芯头孔进入内腔，将砂芯中的芯骨取出，并将芯砂彻底清除干净。

综上所述，具有封闭形状或半封闭形状内腔的铸件，在铸壁上必须有供作芯头用的铸孔。使每件砂芯周围都能设有芯头，且其形状、大小、数量及分布位置等必须适当。即使按零件使用性能要求，必须呈封闭内腔，但在周围铸壁上也须增设铸造工艺孔。待机械加工后，再用盲板或丝堵将此孔封闭。表 11-3 中 "2"，大型链轮箱体下方的局部区域，内部结构形状是一个封闭的内腔，无法设置芯头，使砂芯不能固定、排气及清砂等。改进后，在封闭内腔四壁上，各增设一个适当大小的铸造工艺孔，获得了预期的良好效果。

还须指出：设计零件结构（外形或内腔）时，应尽量减少相互制约，以便于铸件固态自由收缩，减小铸造内应力，防止产生变形及裂纹等。

3. 铸壁厚度及壁的连接

（1）壁厚

1）影响壁厚的主要因素。铸件壁厚对零件结构强度、刚度及铸造质量等有着很大的影响。在选择铸件壁厚时，应考虑以下主要因素的影响：

① 铸件的结构特点。根据零件的使用性能要求，设计零件的形状结构及其特点，如大小、质量及复杂程度等。这些主要因素，都对选择壁厚有一定影响。如轮廓尺寸较大、复杂程度较高的铸件，所选择的壁厚就不能太薄。

② 材料的性质。根据零件的使用性能要求，如必须具备的承载能力、结构强度、刚度等进行材质选择。如果在其他条件基本相同的情况下，选择力学性能较高、流动性较好的材质，铸壁厚度就可以选得较薄些。

③ 合金的结晶凝固特性。它对铸件壁厚的选择有重要影响，尤其是铸铁的这种影响更为突出。铁液浇注后直至结晶凝固结束，伴随有石墨的析出及体积的膨胀等。铸件的冷却速度对铸铁的铸态组织（基体及石墨特征等）有着很大影响，从而影响铸件各部位的力学性能等，因此在选择壁厚时要特别注意。

2）壁厚的选择

① 铸铁件的最小壁厚。根据铸铁的性能（力学性能、铸造性能及结晶凝固特性等）及铸件的结构特点（轮廓尺寸及复杂程度等）来选择铸件的壁厚。在一定的铸造生产条件下，铁液能充满铸型的最小壁厚，可参考表 11-4。

表 11-4　砂型铸造铸铁件的最小壁厚

铸铁种类	铸件最大轮廓尺寸/mm						
	< 200	200 ~ 400	400 ~ 800	800 ~ 1200	1200 ~ 2000	2000 ~ 3000	3000 ~ 5000
灰铸铁	3 ~ 4	4 ~ 5	5 ~ 6	6 ~ 9	9 ~ 12	12 ~ 15	15 ~ 20
孕育铸铁	5 ~ 6	6 ~ 8	8 ~ 10	10 ~ 14	14 ~ 18	18 ~ 22	22 ~ 25
球墨铸铁	3 ~ 4	4 ~ 8	8 ~ 10	10 ~ 14	14 ~ 18		

为避免铸件产生冷隔或浇不足等铸造缺陷，一般铸铁件的设计厚度不小于表 11-4 中所列数值。铸件的最小壁厚，还与最小壁厚处的区域面积大小有关。如果因特殊需要，当设计壁厚小于最小壁厚值时，则应根据具体情况，采取一些铸造工艺措施，以保证铸造质量。

② 铸铁件的内壁厚度。采用砂型铸造时，铸件外壁散热快，而内壁的散热条件差，故冷却速度比外壁要慢些。而冷却速度对铸铁的力学性能等有重要影响。按照同时凝固原则，须尽量减小铸件各部位的温度差，使冷却速度趋于一致、各断面的组织及性能较均匀；要尽量减小铸造内应力，防止产生变形、裂纹等缺陷。铸件内壁比外壁的厚度，一般应减小 10% ~ 20%。

③ 铸铁件的临界厚度。根据铸铁的结晶凝固特性，铸铁的力学性能主要受化学成分和冷却

速度的影响，并对铸件壁厚特别敏感。随着冷却速度变化的加大，铸件的力学性能会产生很大的差别。铸件的壁厚是影响铸件冷却速度的主要因素之一，故在选择铸件壁厚时要特别注意。要想提高铸件的强度，不能全靠增加壁厚来实现，其强度也不会完全按比例随着铸件厚度的增加而增加，而存在一个临界值。当铸件的壁厚超过临界值后，过大的增加厚度，不但达不到增加强度的预期目的，反而会使铸件的冷却速度变缓慢、结晶组织变粗大，并析出大量粗大的片状石墨，使铸件的力学性能和致密性显著下降，容易产生缩松等缺陷。表 11-5 中所列试验结果表明：随着试样直径的增加，灰铸铁的密度下降。

表 11-5　不同直径的灰铸铁密度试验结果

试棒直径/mm	20	25	50	75
铸铁密度/(g/cm^3)	7.23	7.14	7.08	7.02

　　球墨铸铁的结晶凝固特性是典型的糊状凝固方式。厚实大断面的球墨铸铁件，由于冷却速度过度缓慢，很容易出现球化衰退现象，在断面中心区域容易产生球化不良缺陷。同时对球墨铸铁的凝固收缩，采用大冒口来进行补缩是很难奏效的，更容易产生缩孔、缩松缺陷。因此，球墨铸铁件的壁厚也不宜过大。

　　铸壁厚度对铸铁力学性能及致密性的影响程度大小，在各种铸铁和铸造方法中是不一样的。例如，对高强度孕育铸铁的影响程度比对普通灰铸铁的影响要小得多。同样，当适当加快冷却速度时，也会使其影响程度减小。砂型铸造常用铸铁件的临界壁厚，可参考表 11-6。

表 11-6　砂型铸造常用铸铁件的临界壁厚　　　　　　　　（单位：mm）

铸铁种类与牌号		铸件质量/kg			
		<3	3~10	10~100	>100
灰铸铁	HT100 HT250	8~10	10~15	15~20	20~25
	HT300 HT350	12~20	15~20	20~25	25~35
球墨铸铁	QT450-10 QT400-15 QT400-18	10~15	15~25	50	60
	QT500-7 QT600-3	15~20	20~30	60	70

　　（2）壁的连接　零件结构设计中，壁的连接方式很多，除应满足零件的使用性能要求外，还应有利于保证铸造质量。铸壁的主要连接形式见表 11-7。在设计中应注意以下几点。

表 11-7　铸壁的主要连接形式

序号	对连接形式的主要要求	不合理的连接形式	合理的连接形式
1	两壁相连接，须有适当的圆根		

（续）

序号	对连接形式的主要要求		不合理的连接形式	合理的连接形式
2	尽量避免形成"热节"。减少或分散"热节"	A. 将十字形连接改为"T"形连接		
		B. 将"Y"形连接改为"T"形连接		
		C. 将较大的"热节"改为凹形连接		
		D. 三块铸壁连接处，应开设窗口		
3	厚度不同的铸壁连接，应逐步过渡，避免骤变	A. 平直形壁的连接		
		B. "T"形壁的连接		
		C. 法兰壁的连接		

　　1）适当的圆角。铸件的结晶生长方向，受铸型散热条件的影响。铁液与散热条件好的铸型表面接触，首先进行结晶凝固。铸件交叉壁的连接形式，应造成正确的结晶方向，有利于铸件的结晶凝固。在相连壁的交接处不应形成尖角，必须是圆角相连接。如表 11-7 中 "1" 所示，呈 "L" 形壁的连接处为圆角形式，促使形成正确的结晶方向，能增强铸壁的连接强度，减小应力集中，避免产生裂纹等缺陷。如果呈尖角形式连接，不但降低连接部位的强度，还会因尖角的砂型强度低，容易掉砂，导致产生砂孔等缺陷。圆角半径 R 值大小必须适当。如果 R 值过小，则达不到圆角连接的预期目的；如果 R 值过大，则往往会形成较大的热节，有产生局部缩松的危险。故要根据交接壁的具体情况而定。一般内圆角的 R 值，可取两连接壁平均厚度的 1/3 ~ 1/6；

外圆角 R_1，要略大于内圆角 R 值。对于大型复杂的铸铁件（如大型链轮箱体等），厚度相同的两铸壁连接时，可将圆角区域的壁厚适当加厚，以增加强度，防止圆角区域产生裂纹等缺陷。

2）避免形成热节。尽量避免交叉连接形成热节，减少或分散热节点。铸壁有类型各异的接头断面形式，如 L 形、十字形、T 形、K 形、V 形和 Y 形等，在连接区域形成大小不等的热节。因周围散热条件差，冷却速度慢，最后凝固时，不能及时得到充分的补缩，容易产生缩孔、缩松等缺陷；热节区域的铸造应力较大，并产生应力集中，容易引起变形或甚至产生裂纹等。热节区域的内圆角顶部的砂型（芯）受热程度最剧烈，有时甚至接近铁液的温度，其散热条件最差，铁液冷却极慢，砂型（芯）中的气体很容易由此进入热节区，或因热节区铁液中析出的气体不能及时向外排出，故热节部位常产生气孔缺陷。

综上所述，铸壁应尽量避免交叉连接和形成热节，可优先选用 L 形连接形式。当选用其他形式时，也要尽量减小热节尺寸或分散热节点。如表 11-7 中"2"所示：其中"A"由十字形连接改为相互错开的"T"形连接，使热节点分散；"B"由"Y"形连接改为"T"连接，减小热节尺寸；"C"所示的原连接形式，形成较大的热节区域，可能产生缩孔、缩松缺陷，改为凹形连接后，节约了金属，减小了热节；"D"所示为大型气缸体一侧的凸轮箱局部结构，三块铸壁连接处应开设窗口，减小了热节尺寸，有利于保证质量。

3）逐步过渡，防止骤变。厚度不等的铸壁连接应逐步过渡，防止骤变。根据零件各部位使用性能要求，铸壁厚度不可能完全均匀一致。如大型气缸体上部缸筒部位的壁厚与其相连壁的厚度相差极大，甚至达 5 倍以上，显著增加了铸造难度。在铸壁厚薄极其不均的特殊情况下，在两壁厚度骤变连接处，因冷却速度相差太大，很容易产生裂纹。因此，应使壁厚逐步过渡，并有较长的过渡区域，应避免厚薄相差太大和骤变。如表 11-7 中"3"所示：其中"A"为平直壁的过渡连接形式；"B"为"T"形壁的过渡连接形式；"C"为法兰结构的过渡连接形式。其中过渡部位的长度 L 值，随 a、b 两壁厚度差值大小而定。

4. 筋

为了提高零件的结构强度和刚度、减小零件质量和防止产生缩孔、缩松、变形及裂纹等缺陷，在零件外形和内腔结构设计中大量采用筋。但往往由于筋的位置、形状及尺寸大小等设计不当，给铸造操作等增加了困难。特别是在大型复杂铸铁件中，由于增设了很多的筋而提高了结构的复杂程度、增加了铸造内应力，更容易产生筋裂等缺陷。因此，在满足零件使用性能的前提下，应满足铸造工艺要求，合理设置筋的位置、形状及尺寸等，以利于保证铸铁件质量。在零件结构设计中，筋的连接形式很多，常见的主要连接形式，可参考表 11-8。关于筋的设计应注意以下几点。

表 11-8　筋的主要连接形式

序号	对筋的连接形式的主要要求	不合理的连接形式	合理的连接形式
1	尽量避免交叉连接形成"热节"，减少与分散"热节"点		壳壁　窗口　筒壁

（续）

序号	对筋的连接形式的主要要求	不合理的连接形式	合理的连接形式
2	合理设计筋的位置、形状及尺寸等		
3	使筋承受压应力		

（1）避免形成热节　在铸件结构设计中，要尽量避免多筋呈十字形相互交叉连接形成热节，减少或分散热节点。筋与筋或筋与壁的连接处，均应为圆角连接。圆角半径 R 值的大小要适当，不能过大或过小。如果 R 值过大，则会形成较大的热节，容易产生缩松等缺陷。

加强筋与铸壁相交连接处，可酌情在热节点处开孔。在大型复杂铸铁件内腔结构中，加强筋与铸件双壁连接处，应设有"窗口"，以避免形成大的热节，防止产生缩孔、缩松及裂纹等缺陷。如表 11-8 中"1"所示壳体结构，改进后，在筋与筒壁、壳壁连接处开设"窗口"，缩小了热节，有利于消除缩松缺陷。

（2）筋的合理设计　根据零件使用性能要求，合理设计筋的位置、形状及尺寸等。如果设计不当，不但增加铸造难度，还容易引发筋裂等缺陷。如表 11-8 中"2"所示，大型链轮箱的内腔结构很复杂，设置很多纵向、横向加强筋。其中有的横向筋，因圆角半径 R 值过小，在圆角处产生较大的应力集中，而导致出现筋裂。改进后，将 R 值及筋的厚度适当增加，防止了筋裂。

筋的设计，主要与零件的使用性能及结构特点（轮廓尺寸、壁厚）等有关。铸型中筋的散热条件较好、冷却速度较快，筋的厚度应小于铸件壁厚。铸件外表面上筋的厚度，一般取与筋连接的铸壁厚度的 0.80~0.85；铸件内腔中筋的厚度应略小于外筋的厚度，一般取与筋连接的铸壁厚度的 0.60~0.75；筋的高度与很多因素有关，一般应小于筋厚的 5 倍。

大型铸铁平板、平台的加强筋设计非常重要，必须合理选择筋的布置形式及尺寸等，使筋有较大的高度。例如 4000mm × 2000mm ~ 6000m × 2500mm（长×宽）的大型平台，筋高达 350~450mm，使其具有足够的刚度和强度，防止产生变形等。

对于具有大平面罩壳类铸铁件，浇注时平面处于铸型上方时，在大平面的外表面上可酌情设置筋条。减轻浇注时铁液对上方铸型的烘烤程度，避免产生"起皮"等缺陷，还有利于铁液充满铸型等。

（3）使筋承受压应力　根据铸铁力学性能的特点，抗压强度是抗拉强度的 3~4 倍。故在进行加强筋的设计时，应使筋在承受压应力状态下工作，尽量不要承受拉伸应力，以充分利用铸铁的力学性能潜力。如表 11-8 中"3"所示，将箱体侧支架的加强筋，由原设在支架上方，改为设在下部更趋于合理。

此外，筋的双面都应设计有适当的结构斜度，以便于起模、避免损坏砂型和简化铸造工艺等。

5. 尽量减少机械加工表面

铁液浇入铸型后，与铸型表面相接触的铸件表层，因冷却速度较快，获得比铸壁断面中心区域更为细致的结晶组织，具有较高的力学性能和致密性等。故应尽量保持铸件表面的铸态"黑皮"，而不被机械加工掉。在零件结构设计中，应尽量减少机械加工面，既可降低机械加工成本，还有利于保证铸件质量。对零件结构表面的主要要求实例，可参考表 11-9。

表 11-9 对零件结构表面的主要要求实例

序号	主要要求	原结构形式	改进后的结构形式
1		柴油机气缸盖周围的联接螺栓孔内表	联接螺栓孔 机械加工表面	保持铸态"黑皮"
2	尽量减少机械加工表面，保持铸态"黑皮"	壳体内镶缸套表面	套 壳体	套 壳体 空隙
3		箱体上与箱盖的配合面	盖 箱体	空隙 盖 箱体

表 11-9 中"1"所示为大型气缸盖周围的联接螺栓孔，原设计为内表面全部进行机械加工，常在内表面上出现局部缩松缺陷；改进后，设计为"空档"，保持了铸态"黑皮"，提高了质量。表 11-9 中"2""3"两个实例示意图，原设计的相互配件，均为较大面积的机械加工面相接触；改进为带空隙结构后，获得了保持铸态"黑皮"表面的优点。

11.2 选定正确的浇注位置

铸件的浇注位置是影响铸件质量的最重要因素。首先应能确保获得健全的铸件，然后兼顾造型、制芯、组芯较方便以及有利于提高生产率和降低成本等。在生产实践中，要根据铸件材质的结晶凝固特性、结构特点（尺寸、质量、壁厚、复杂程度等）、技术要求、铸造方法、生产性质及生产条件等因素进行综合考虑确定。

11.2.1 选定铸件浇注位置的主要基本原则

1. 尽量选取垂直浇注位置

铸件的浇注位置，一般可分为垂直浇注和水平浇注两种。由于浇注位置的不同，铸件各部位所受铁液的静压力作用大小也就各异，结晶组织的致密程度有较大差别。一般大型铸铁件，处于浇注位置底部的各部位，因受铁液较大的静压力作用，结晶组织要比上部分细密得多，其密度约大 5%。另外，采取垂直浇注位置时，更有利于气体及夹杂物等排除，减少产生气孔及夹杂等铸造缺陷。故对于致密性要求较高的重要铸铁件，应尽可能地优先选用垂直浇注位置，以便充分利用铁液的静压力作用，使铸件具有更致密的结晶组织，提高致密性程度。如采用砂型铸造的各类气缸套，特别是近代大型柴油机气缸套等，都是采取垂直浇注位置，获得了很好的质量效果。

2. 根据铸件材质的结晶凝固特性而定

铸件的浇注位置应考虑铸件材质的结晶凝固特性。如对于体收缩较大的合金（如铸钢件），浇注位置应尽量满足顺序凝固原则。一般将厚实部位置于浇注位置上方，以便于设置冒口进行充分的补缩；对于灰铸铁件及球墨铸铁件，因受结晶凝固特性及伴随着石墨析出而产生体积膨胀的影响，一般均采用同时凝固原则。将重要的厚实部位置于浇注位置的下方，可获得好的质量效果。如果在厚实部位设置外冷铁，适当加快冷却速度，则其效果更佳。对于结构较特殊的高强度灰口合金铸铁（如近代特大型船用柴油机气缸套等）或特殊的铸态高强度球墨铸铁等，则可酌情将厚实部位置于浇注位置上方，以有利于设置冒口进行充分的补缩。

图 11-1 所示为大型三联气缸体铸造工艺示意图。该气缸体的轮廓尺寸为 3270mm × 1600mm × 1700mm（长 × 宽 × 高），材质为 HT250，毛重为 18.5t。气缸体上部是最重要的工作部位。上平面中央气缸筒内要镶入气缸套。每个气缸筒上平面要钻 8 个 M68 主联接螺栓孔（孔深 230mm）。气缸体上部壁厚达 290mm（厚壁部位的高度为 270mm）。气缸体下部壁厚仅 42mm，上、下部位的壁厚相差很大。气缸体上平面、气缸筒内表面及螺栓孔内的技术要求，均不允许有任何铸造缺陷，且不允许对缺陷进行修复，故铸造难度很大。尽管气缸上部区域最为厚实，为优先确保该部位的质量，采取将气缸上部朝下的垂直浇注位置。为适当加快该厚实区域的冷却速度，使其结晶组织致密，达到所需的力学性能及致密性等要求，将在气缸体上平面及气缸筒内表面上，分别设置厚度为 70mm、60mm 的外冷铁（石墨材质）。采用底注式浇注系统。专制瓷管内浇道 φ32mm 共 14 道，均匀分布在三个气缸筒孔周围。气缸体的化学成分：$\omega(\mathrm{C}) = 3.20\% \sim 3.40\%$，$\omega(\mathrm{Si}) = 1.30\% \sim 1.50\%$，$\omega(\mathrm{Mn}) = 0.9\% \sim 1.20\%$，$\omega(\mathrm{S}) < 0.10\%$，$\omega(\mathrm{P}) < 0.15\%$，$\omega(\mathrm{Cu}) = 0.60 \sim$

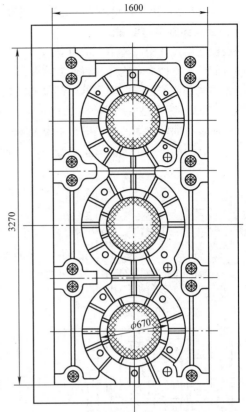

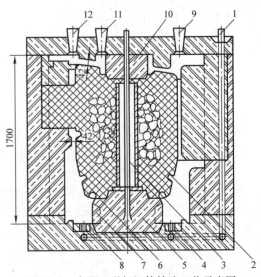

图 11-1　大型三联气缸体铸造工艺示意图
1—底注式浇注系统　2—气缸心部大砂芯
3—大砂芯特制芯骨　4—内浇道（14 × φ32mm）
5—气缸上部缸筒砂芯　6—环形集渣槽
7—缸筒内表面外冷铁　8—气缸上平面外冷铁
9、11、12—冒口　10—气缸底部中央砂芯

1.0%。浇注温度为 1340～1350℃，浇注时间为 100～110s。按该工艺生产获得了较好质量。

3. 重要表面置于铸型底部

铁液在充型过程中，铸型中的气体及非金属夹杂物等上浮，在铸件顶部形成气孔及夹杂等缺陷的可能性比底面大。因此，铸件的重要加工面、主要较大的工作面及受力面等，应尽量置于浇注位置的底部或侧面，以确保这些部位的结晶组织较致密及防止产生气孔及夹杂等铸造缺陷。

图 11-2 所示为大型主机座。主机座是整合发动机的基础，其上固有支承气缸用的主机架及机柱，其内装有曲轴，因此对机座的主要要求是应具有足够的结构强度及刚性。否则在较大的动载荷作用下，可能产生很大的振动或变形，增加零件的磨损，甚至破坏发动机的正常工作。

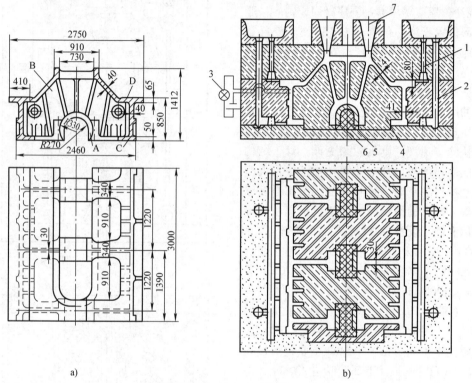

图 11-2　大型主机座
a）零件简图　b）铸造工艺简图
1—上层浇注系统　2—底层浇注系统　3—铁液上升位置指示灯
4—曲轴箱砂芯　5—轴颈座砂芯　6—轴颈座内表面外冷铁　7—冒口

该主机座的材质为 HT250，轮廓尺寸为 3000mm×2750mm×1412mm（长×宽×高），主壁厚为 40～50mm，毛重为 12t。主机座主要由以下几部分组成：主轴颈座 A，用于支承主曲轴及相应的拱形隔壁；封闭空间 B，供曲轴、曲柄运转；平面 C，固定有支承气缸用的机架及机柱；平面 D，将主机座与船体上的双层底座连接。此外，为了增加主机座的结构强度及刚性，内、外表面都设有纵、横加强筋。

根据主机座的结构特点及工作条件，为了首先确保最重要的主轴颈座 A 及平面 C 部位的质量，采取将该部位朝下的垂直浇注位置，设有两个分型面。为使铁液在铸型内平稳上升，并适当提高型腔内上部的铁液温度，采用设置在主机座两侧的双层阶梯式浇注系统。内浇道均匀分布在机座两侧。浇注时，首先开启底注式浇注系统，待铁液上升至接近分型面位置（铁液上升位置指示灯亮）时，再开启上层浇注系统。浇注温度应控制在 1330～1350℃ 的范围内，获得了较好的效果。

　　主轴颈座由于要承受曲轴运转时的复杂载荷作用，故须具有很高的结构强度。轴颈座的铸造壁厚为 80mm，冷却缓慢，容易出现结晶组织不致密，甚至产生局部缩松等缺陷。根据实际经验，须在该内表面上设置厚度为 45mm 的石墨外冷铁，效果很好。

　　大型平板块状类铸铁件，如各种大型划线平台、铆焊平台及机床工作台等，一般都是采取将重要的工作大平面朝下的水平浇注位置。在浇注过程中，可减少铁液对铸型大平面的热辐射时间，避免产生夹砂等铸造缺陷。

　　根据具有较大平面铸铁件的具体情况，也可采取"带坡度"浇注。即在浇注前，将铸型倾斜成一定角度（5°～20°），有利于型腔内气体的排出及防止产生气孔、砂孔及夹杂等铸造缺陷。

　　各种大型机床床身的导轨平面是技术要求最高部位，不允许有任何铸造缺陷。并要求结晶组织很致密，具有足够的力学性能，达到所需的硬度值，以确保具有良好的耐磨性等。因此，一般都是采取将导轨部位朝下的水平浇注位置。根据导轨部位的铸壁厚度较大等结构特点，为适当加快该处的冷却速度，一般采取在导轨面上设置外冷铁等措施，能获得较好的质量效果。

4. 其他原则

　　1）浇注位置的选定，应尽量减少砂芯的数量；能使砂芯定位准确、组装方便及牢固支承；尽量避免吊芯、悬臂砂芯及使用芯撑；更要注意便于排气畅通等。

　　2）在条件允许的情况下，铸件的宽大薄壁部位应尽量置于浇注位置的底部或侧面，以防止产生冷隔及浇不足等铸造缺陷。

11.2.2　薄壁铸件的浇注位置选定实例

　　对于较大的薄壁铸件，应尽量采用垂直浇注位置或顶注式浇注系统等，以获得健全铸件。图 11-3 所示球墨铸铁筒体是较典型的薄壁铸件。其材质为 QT450-10，轮廓尺寸为 φ330mm×560mm（最大直径×总长），壁厚为 8mm，毛重约 46kg。技术要求较高，不允许有气孔、砂孔、夹杂及缩松等铸造缺陷。铸造工艺过程的主要设计简述如下。

　　（1）浇注位置　根据该铸件铸壁较薄的结构特点，采取将其顶部朝下的垂直浇注位置。这样更有利于浇注时中央砂芯所产生大量气体的顺利排出等。

　　（2）铸型材料

　　1）外型。采用自硬呋喃树脂砂。

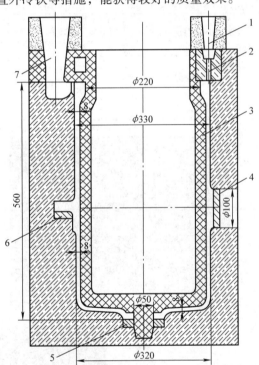

图 11-3　球墨铸铁筒体铸造工艺简图
1—顶注式浇注系统　2—内浇道（6×φ12mm）
3—中央砂芯　4—侧面外冷铁（φ100mm，厚度为 15mm）
5—底部外冷铁（厚度为 20mm）　6—侧面支承块下方
外冷铁（厚度为 35mm）　7—冒口

　　2）中央砂芯。有两种制芯材料可供选用：自硬呋喃树脂砂，它具有足够的强度、良好的透气性及溃散性等独特优点；酚醛树脂覆膜砂，用其制成壳芯（热芯盒）。

　　3）浇注系统。采用雨淋顶注式浇注系统，充分发挥其优点，可减少气孔、夹杂、冷隔及缩松等铸造缺陷。6 个 φ12mm 的内浇道，置于铸壁中心顶部。浇注杯底部设置过滤网，以增强挡渣能力。

4）冷铁的应用。为防止产生局部缩松缺陷，在下列部位须设置外冷铁，适当加快冷却速度，可获得较致密的结晶组织。

① 铸件侧面 $\phi100mm$ 凸台部位：外冷铁直径为 100mm，厚度为 15mm。

② 铸件底部中心的凸台部位：设置成形外冷铁，厚度为 20mm。

③ 铸件侧面支承块下方：设置成形外冷铁，厚度为 35mm。

因铸壁较薄，浇注温度的控制范围为 1360 ~ 1380℃。

5）化学成分。根据筒体的材质要求及结构特点，为获得铸态铁素体，球墨铸铁筒体的化学成分及铸态力学性能见表 11-10，其铸态金相组织如图 11-4 所示。

表 11-10　球墨铸铁筒体的化学成分及铸态力学性能

控制范围及实测值		化学成分（质量分数,%）								铸态力学性能		
		C	Si	Mn	P	S	RE	Mg	CE	抗拉强度 R_m/MPa	伸长率 A(%)	硬度 HBW
控制范围	球化处理前	3.74 ~ 3.85	1.20 ~ 1.60	≤ 0.40	≤ 0.040	≤ 0.025			4.64 ~ 4.78			
	球化处理后	3.40 ~ 3.70	2.70 ~ 2.80	≤ 0.40	≤ 0.040	≤ 0.020	0.012 ~ 0.025	0.035 ~ 0.050		≥450	≥10	160 ~ 210
单浇试棒实测值		3.78	2.75	0.23	0.036	0.014	0.012	0.048	4.69	514	21.6	164

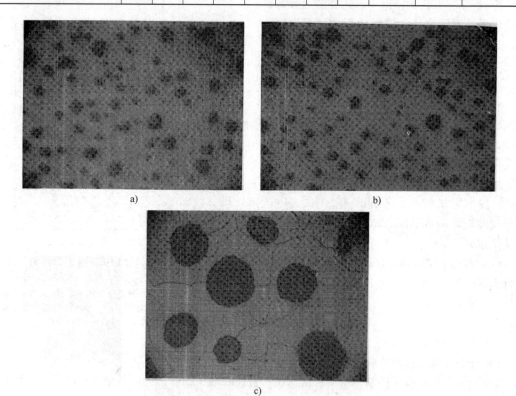

图 11-4　球墨铸铁筒体的铸态金相组织

a) 腐蚀前（×100）　b) 腐蚀后（×100）　c) 腐蚀后（×400）

按该铸造工艺生产，可避免产生气孔、夹杂、缩松、冷隔及浇不足等铸造缺陷，达到各项技术要求，获得了优质铸件。

11.3　提高铸型性能

铸型的种类很多，主要根据铸件的结构特点、技术要求、材质性能、铸造方法、生产条件及生产批量等因素进行选定。在铸造生产中，砂型铸造是目前世界各国应用最为广泛的。因为砂型铸造的生产率高、适应性广及成本低等，而且长期以来积累了较丰富的经验，技术较为成熟，所以常用铸铁件广泛采用砂型铸造。

铸铁件的冷却速度是影响质量的最重要因素之一。根据铸铁的结晶凝固特性，铸件的各部位在铸型内的实际冷却速度，对其铸态组织与性能有着非常重要的影响。常用铸铁件各断面上的凝固区域宽度，主要取决于断面上的温度梯度，对各断面的凝固控制是通过控制温度梯度来实现的。在普通砂型铸造条件下，铸件断面上的温度梯度很小。

在生产实践中，一件铸件不大可能完全有均匀一致的壁厚或朝一定方向逐渐增厚的断面结构。总是存在不同的铸壁厚度及其热节，而且有的铸壁厚度相差极大，特别是在大型复杂的典型铸铁件中更是如此。较均匀的厚壁铸件，完全靠普通冒口来进行补缩，以获得结晶组织致密且无内部缩松的健全铸件是很困难的。适当加快铸件断面的冷却速度，建立起较大的温度梯度，主要是靠采用具有不同蓄热系数的造型材料来实现的。铸型的蓄热系数是指铸型从其中的金属吸取热量，并将所吸取的热量储存在本身中的能力。铸型的导热能力和蓄热系数越大，激冷能力就越强，铸件的冷却速度也就越快。铸型的蓄热系数与造型材料的性质、型砂的组成及配比、型砂的紧实度及冷铁等因素有关。干砂型的导热速度较慢、湿砂型的导热速度较快、砂衬金属型快、金属型更快、石墨型最快，因此石墨型的热导率远大于金属型。如果铸型的各部位采用具有不同蓄热系数的造型材料，就能获得不同的冷却速度，借以调控铸件各部位的凝固速度和补缩。适当加快常用铸铁件的冷却速度，能使铸铁的结晶组织更加致密和析出较细小的片状石墨，使铸件的力学性能和致密性等显著提高。生产实践证明，这是提高铸件质量十分有效的重要措施。故要求高致密性的铸铁件，在铸件的全部或局部厚壁区域及热节处，都要选用能适当加快冷却速度的造型材料。因为铸型的质量对铸铁件的致密性等有重要的影响，所以必须严格控制选型材料、涂料、铸型的强度、刚性及透气性等。

11.3.1　自硬呋喃树脂砂

目前大、中型铸铁件，特别是典型的大型复杂铸铁件，普遍采用自硬呋喃树脂砂。因它具有成形性好、强度高、浇注时型壁位移小、高透气性、良好的溃散性、能显著提高铸件质量（表面质量、尺寸精度、成品率）等主要独特优点。我国自 1973 年开始在大型船用低速柴油机铸铁件上进行试用，到 1980 年已全部采用。用它生产的大型复杂多联气缸体等，毛重达 25 ~ 50t，都获得了很好的质量效果。

1. 呋喃树脂

呋喃树脂是以糠醇作为主要原料配以甲醛、苯酚、尿素等，在一定的条件下经聚合、缩聚制成的树脂。根据呋喃树脂的不同组成，其性能及应用各异。呋喃树脂的物化指标，一般包括糠醇、氮、游离甲醛、水分、黏度及密度等。其中前三项是评价树脂质量优劣和选用的最重要依据。

（1）糠醇　它是合成呋喃树脂的最主要原料。从米糠、玉蜀芯、麦秆及花生壳等农副产品废料中制取的糠醛，在触媒作用下加压、氢化而制成糠醇。呋喃树脂中，糠醇含量的多少，对呋喃树脂的性能有着很大的影响。按照糠醇含量的高低，大致可分为高、中、低三种呋喃树脂，其糠醇含量分别为 >80%、60% ~80%、40% ~60%。

呋喃树脂砂的常温和高温强度，随糠醇含量的增加而提高。糠醇含量越高，高温强度的提高越显著。但糠醇含量越高，树脂的价格也就越贵。糠醇含量的选择，主要根据铸造合金的种类及铸件结构特点等而定。对于灰铸铁件和球墨铸铁件用的呋喃树脂，糠醇含量可取 70% ~80%。对于中、小型铸铁件可取下限（70% ~75%）；对于大型复杂的典型铸铁件，如大型链轮箱体等，因要求型砂具有高强度，故可取较高的糠醇含量（75% ~80%）；对于特别厚大复杂的典型铸铁件，如特大型多联气缸体等，要求型砂必须具有足够的高温强度等，糠醇含量宜取 80% ~85%。

（2）氮　尿素含氮 46.6%（质量分数）。呋喃树脂中的含氮量全部来自尿素。呋喃树脂原材料中尿素最便宜，尿素含量越高，成本越低。呋喃树脂的常温强度，随含氮量的增加而提高，而高温强度却显著下降。但当含氮量高到一定程度时，由于树脂黏度的增加，会使砂粒表面的树脂薄膜增厚或出现厚薄不均等，反而会使常温强度降低。如果考虑到黏度而减少脱水，则会使树脂的含水量增加。虽然黏度相对降低，黏结剂薄膜分布得均匀，砂粒包裹较完整，但由于水分的增加，使催化能力减弱，缩聚反应不能达到应有的深度，同时还会使分子间的黏结变得疏松，而使常温强度降低。

随着含氮量的增加，树脂砂的韧性提高，使型砂具有较好的可塑性，可减少铸件表面的脉纹等缺陷。

呋喃树脂含氮量的选用与铸造合金的种类及铸件结构特点等有关。如含氮量较高、高温强度低的呋喃树脂，浇注后具有较好的溃散性，便于清砂，可用于铝合金薄件等。

呋喃树脂的含氮量增加，虽可提高型砂的常温强度、韧性和较好的溃散性等，但使高温强度显著降低。并因氮的发气量大，使铸件容易产生气孔等。因此，用于铸铁件的呋喃树脂，只能含有一定量的氮，不能太多。一般应控制在 5% 以下为宜。对于中、小型一般铸铁件，其呋喃树脂中含氮量可选 3% ~5%；而对于厚大复杂的重要铸铁件，则应选用含氮量 <3%；对于铸钢件，为防止产生皮下气孔等，则须选用无氮呋喃树脂。

（3）游离甲醛　它的含量是衡量树脂质量的重要指标之一。树脂中含有少量的游离甲醛，有助于提高树脂砂的初强度和终强度。特别是在高湿度的环境中，固化速度很慢，树脂砂的初强度很低。如果树脂中含有少量游离甲醛，则能使固化速度加快，提高初强度，可缩短起模时间。但如果树脂中的游离甲醛含量超标，则对环境的污染及对人身的危害是很大的。在使用中，它会产生刺激性气味，对人的眼睛及呼吸系统产生强烈的刺激等危害。故要求树脂中的游离甲醛含量越少越好，最好为零。现在铸铁件用呋喃树脂的游离甲醛含量控制为 0.05% ~0.10%。

（4）水分　如果呋喃树脂中的含水量高，会使固化剂的固化能力减弱、抑制缩聚反应的进程，不能达到应有的深度，延长起模时间，并显著降低型砂强度。铸铁件用呋喃树脂的含水量，一般为 5% ~7%。对于厚大复杂的典型铸铁件，含水量应 ≤5%。个别供应商为降低树脂成本、谋取利润，在树脂生产中减少脱水量，使树脂的含水量高达 15% ~25%。严重降低了树脂的质量，如降低树脂砂强度、增加浇注时的发气量等。特别是在球墨铸铁生产中，还会促使产生局部球化不良等缺陷。

（5）黏度　如果呋喃树脂的黏度过高，则会使砂粒表面的树脂膜厚度过厚、分布不均匀，甚至包裹不完整等，影响树脂砂强度，故要求树脂的黏度应 ≤35mPa·s（20℃）。

综上所述，铸铁件用呋喃树脂的主要技术指标可参考表 11-11。

表 11-11　铸铁件用呋喃树脂的主要技术指标

| 应用范围 | 成分（质量分数，%） | | | | 黏度 | 密度 |
	糠醇	氮	游离甲醛	水分	(20℃)/mPa·s	(20℃)/g·cm^{-3}
一般灰铸铁件	70~75	3.0~5.5	≤0.10	<7	≤35	1.15~1.20
大型复杂重要灰铸铁件、球墨铸铁件	75~80	≤3	≤0.05	<5	≤25	1.12~1.19

在生产大型复杂典型铸铁件时，为提高树脂砂的强度及抗湿性，可在呋喃树脂中加入少量的硅烷隅联剂 KH550。它能将砂粒与树脂隅联起来，提高树脂膜对砂粒表面的附着力，增加树脂的黏结强度，从而提高树脂的强度。硅烷的加入量约为树脂量的 0.3%（质量分数）。但要注意，硅烷对自硬呋喃树脂砂的增强作用，会随着停放时间的延长而逐渐减弱。因此，加了硅烷的树脂砂型（芯）的停放期不要过长（<7 天），以免影响效果。

2. 固化剂

合成的呋喃树脂，只是具有一定聚合程度的树脂预聚物。在生产应用中的固化阶段，须加入适量的具有很高浓度和很强的酸性介质——固化剂，才能最后完成缩聚反应的全过程。充分发挥树脂的高黏结效能，使树脂砂具有较好的工艺性能和力学性能。固化剂的种类和物化性能对型砂性能和铸件质量等，均有很重要的影响，是控制型砂硬化过程的决定性因素。

（1）固化剂的主要要求　呋喃树脂砂用的固化剂是强酸或中强酸，属于活性催化剂。它与呋喃树脂混合接触后，包含在聚合物结构中，可激发和加速树脂的缩聚反应。它不产生化学消耗，因此呋喃树脂的硬化过程是一个纯催化自硬过程。固化剂应能满足下述主要要求：能满足铸造工艺要求的硬化速度、型砂的可使用时间长、起模时间短；能配成低黏度的液体，存放时间较长；对铸件不产生不良影响及对环境的污染少或无污染等。

（2）固化剂的种类及选用　自硬呋喃树脂砂用的固化剂种类很多。常用的有机酸固化剂有苯磺酸、对甲苯磺酸、二甲苯磺酸等；无机酸固化剂有磷酸、硫酸乙酯等。选用优质石油二甲苯做原料与浓硫酸及氯磺酸等发生磺化反应，生成二甲苯磺酸等。有机酸固化剂容易分解，在固化速度、型砂强度、型芯吸湿性、溃散性、旧砂再生性等使用中的综合效果，都优于无机酸固化剂。现在铸铁件生产中，一般都采用二甲苯磺酸。用它制成不同固化速度的固化剂，以适应不同季节等生产条件的不同需要。

磺酸类固化剂的物化性能指标主要有总酸度、游离酸含量、黏度及密度等。一般采用总酸度来衡量固化剂的活性。总酸度是指固化剂中质子含量的多少，一般以 H_2SO_4 含量作为总酸度计算。不同的季节温度等，选用不同总酸度的固化剂。夏季的气温较高，有利于树脂砂的固化，达到铸造工艺要求所需的固化剂总酸度可选低些，一般可选 20%~30%（以 H_2SO_4 计，质量分数）；冬季寒冷，气温较低，固化反应缓慢，则须选用较高的总酸度 35%~40%；春秋两季可选 30%~35%。在固化剂的总酸度基本相同的前提下，游离酸含量越低，型砂的抗拉强度越高。一般游离酸含量应≤7%（质量分数）。在球墨铸铁生产中，要特别注意尽量降低型砂中的残余硫量，以防止铸件表层出现局部球化不良缺陷。铸铁件用自硬呋喃树脂砂磺酸固化剂的主要技术指标，可参考表 11-12。

表 11-12　铸铁件用自硬呋喃树脂砂磺酸固化剂的主要技术指标

性能名称	总酸度（以 H_2SO_4 计，质量分数，%）	游离酸含量（质量分数，%）	黏度(20℃)/mPa·s	密度(20℃)/g·cm^{-3}	水不溶物（质量分数，%）
技术指标	23~40	≤7.0	20~40	1.20~1.35	≤0.10

3. 原砂

原砂性能，如二氧化硅含量、砂粒形状、粒度分布、细粉量、不纯物（坏酸类、碱类、黏土）含量等，对自硬呋喃树脂砂的硬化速度、强度等性能及使用效果有着很大的影响。要根据铸铁的特性、铸件的结构特点及生产条件等，选用合适的原砂。

（1）二氧化硅含量　铸铁件用自硬呋喃树脂砂的原砂，一般选用天然硅砂。经过水洗或擦洗，尽量降低原砂中的含泥量及其他杂质含量等，提高硅砂的品质。天然硅砂中的主要化学成分是二氧化硅（SiO_2）。硅砂的耐火度，随二氧化硅含量的增加而提高。但砂的高温膨胀量也相应增大，在铁液的高温作用下，砂型（芯）会因原砂的热膨胀而引发开裂，使铸铁件表面产生脉纹等缺陷。此外，SiO_2含量高的原砂，价格较贵。因此，要合理选择SiO_2含量。常用铸件，如气缸体、链轮箱体及飞轮等大型复杂典型铸铁件用原砂的SiO_2含量，一般控制在90%～93%（质量分数）的范围内，能获得良好的使用效果。

硅砂中的杂质含量、存在形式及分布状态对硅砂的耐火度、酸耗值及铸件质量等都有一定的影响。主要的杂质成分有铝的氧化物Al_2O_3，还有Na_2O、K_2O、CaO、MgO等碱金属或碱土金属氧化物及铁杂质Fe_2O_3等。这些杂质与高温铁液接触后，容易形成复杂的多元化合物，增加熔渣量，使铸件产生渣孔、粘砂等缺陷。因此，硅砂中的杂质含量越少越好。

（2）砂粒形状及粒度分布　砂粒形状以圆形砂为最好。硅砂表面越光整洁净，与黏结剂之间的物理、化学结合力越强，并具有表面积小、耗黏结剂少、易紧实及强度高等优点。天然硅砂，基本上呈圆形。国内产地很多，北方地区一般均选自内蒙古产地。

硅砂的粒度、粒度分布和组成等，对树脂砂的强度、透气性等产生一定的影响。生产中要根据铸件大小、壁厚、表面粗糙度要求等进行选用。常用铸铁件及大型复杂铸铁件，选用40/70号筛粒度，均可获得较好的使用效果。

近年来，随着树脂砂的普遍应用，对原砂粒度的分布也倾向于适当分散，三个筛的集中率不宜过高。粒度适当分布，对提高型砂强度及防止产生脉纹缺陷等，均有一定的有利影响。

（3）细粉量　硅砂中的细粉（200号筛以下的细砂）含量增加，会使原砂总比表面积急剧增加。当树脂的加入量一定时，会使有效黏结剂量减少，黏结力下降，酸消耗量增多，降低型砂的强度和透气性。因此，硅砂中的细粉量越少越好，一般≤1.0%（质量分数）。

（4）含泥量　硅砂中的泥土，会严重降低树脂砂的强度、透气性及耐火度等。因此，天然硅砂必须经过水洗或擦洗，使其含泥量越少越好，一般≤0.3%（质量分数）。

（5）酸耗值　硅砂中的不纯物，会与固化剂发生反应，所消耗的酸量增加，使总酸度降低，型砂的固化速度变慢等。因此，应尽量减少不纯物的含量，酸耗值一般≤5mL/50g砂。

（6）含水量　硅砂中的水分，会稀释附在砂粒表面的固化剂的浓度，减小黏结剂对砂粒表面的附着力，减慢型砂的固化速度。含水量越高，树脂砂的性能越差，强度越低，甚至出现不固化现象。因此，必须严格控制硅砂中的含水量。经过水洗或擦洗后，必须进行烘干、袋装。在储运中防止吸潮。含水量一般≤0.3%（质量分数）。

（7）灼烧减量　灼烧减量表明砂中可燃物的多少。旧砂中的可燃物，主要来自细粉（树脂膜等）及砂粒表面包裹的残余树脂。砂粒越细、比表面积越大、残余树脂膜越多，则灼烧减量及型砂的发气量越大，使铸件容易产生气孔等缺陷。再生旧砂的灼烧减量，一般应≤2.5%（质量分数）。

综上所述，铸铁件用天然硅砂的主要技术指标，可参考表11-13。

表 11-13　铸铁件用天然硅砂的主要技术指标

粒度	化学成分（质量分数,%）					其他成分（质量分数,%）			酸耗值 /（mL/50g 砂）
	SiO_2	杂质				细粉量	含泥量	含水量	
		Al_2O_3	Fe_2O_3	$CaO+MgO$	K_2O+Na_2O				
40/70	90 ~ 93	<6.0	<0.50	<0.80	<4.0	≤1.0	≤0.30	≤0.30	≤5

4. 自硬呋喃树脂砂配比及主要性能控制

自硬呋喃树脂砂主要由原砂、呋喃树脂及固化剂等原材料组成。不同的原材料配比，树脂砂的性能有很大差异。即使是相同的配比，如果混砂工艺不同，树脂砂的硬化特性等也不一样。为确保树脂砂的质量，须合理确定配比及对影响性能的主要因素进行严格的控制。

（1）配比　根据铸铁件的结构特点、技术要求及生产条件等因素，确定树脂砂应具备的力学性能及工艺性能等要求。合理调整各种原材料的成分、性能及树脂砂的配比。常用铸铁件铸造用自硬呋喃树脂砂的配比及力学性能，可参考表 11-14。

表 11-14　常用铸铁件铸造用自硬呋喃树脂砂的配比及力学性能

适用范围	配比						抗拉强度 (24h)/MPa
	内蒙古产天然硅砂（质量分数,%）	呋喃树脂（占硅砂的质量分数,%）	二甲苯磺酸固化剂				
			总酸度（以 H_2SO_4 计,质量分数,%）	20 ~ 30	30 ~ 35	35 ~ 40	
中、小型灰铸铁件	100 粒度: 40/70 号筛 SiO_2: 90% ~93% （质量分数）	0.9 ~ 1.2	加入量（占树脂的质量分数,%）	30 ~ 40（夏季室温 25 ~ 35℃）	35 ~ 45（春、秋室温 15 ~ 25℃）	40 ~ 55（冬季室温 5 ~ 10℃）	0.9 ~ 1.2
球墨铸铁件及大型复杂灰铸铁件		1.2 ~ 1.5					1.2 ~ 1.5

对于中、小型灰铸铁件，原砂可用再生回用的旧砂，添加 10% ~ 15%（质量分数）的新硅砂。呋喃树脂的加入量为原砂的 0.9% ~ 1.2%（质量分数）。24h 的抗拉强度为 0.9 ~ 1.2MPa；对于特大型复杂灰铸铁件，要求型砂具有更高的力学性能、耐火度及透气性等，24h 的抗拉强度一般宜控制在 1.2 ~ 1.5MPa 的范围内。

影响自硬呋喃树脂砂强度的因素很多，如原砂、呋喃树脂及固化剂的性能及配比、混制工艺及工作环境的温度、湿度等。必须从原材料的选用、配制及使用全过程严格控制，才能获得预期的效果。对于大型复杂铸铁件，在确保铸件质量的前提下，为适度降低型砂成本，可选用"面砂制"。即在造型时，靠模型表面的砂层，全采用天然硅砂配制而成的树脂砂。根据铸件的结构特点（轮廓尺寸、壁厚及质量等），面砂层的厚度一般为 30 ~ 70mm。其余背砂层，则可采用全由旧砂配制而成的树脂砂。芯砂则宜全用天然硅砂配制而成的树脂砂，以确保芯砂的高性能。

（2）混砂工艺　自硬呋喃树脂砂的混制特点是树脂、固化剂均为液态，较容易润湿砂粒表面，仅需充分混合均匀即可，而不需要有强有力的碾压和搓研作用。在树脂砂的混合过程中，因树脂一旦与固化剂相接触，便会立即开始硬化反应。因此，在混砂时，必须先将固化剂加入砂中，使每颗砂粒表面都黏附一层均匀的固化剂后，再加入树脂。树脂砂的黏度不断迅速增加，快速达到混合均匀后，应立即出砂进行造型（芯），以充分利用可使用时间。

　　根据上述特点，自硬呋喃树脂砂混砂机的设计结构形式与黏土砂碾压式混砂机等完全不同。按出砂形式可分为间歇式和连续式两大类。目前国内广泛采用的间歇式设备，主要有 S20 系列球（碗）形叶片式混砂机。混砂时依次加入的各种原料，立即被高速旋转的搅拌叶片搅拌并随之一起转动，使物料不停地重复进行三维循环运动，从而达到均匀覆膜的目的。这是一种混砂质量较好的机型。

　　比较简易的间歇式混砂机，混砂工艺：将原砂加入混砂机内→加入固化剂，快速混合30～50s→加入树脂，快速混合 30～50s→出砂。在快速均匀混合过程中，使固化剂、树脂润湿和覆包在每颗砂粒表面，硬化反应后，即可获得较好的力学性能。

　　搅笼式自硬呋喃树脂砂连续式混砂机的种类较多。常用的定型产品有 S24、S25 及 S26 系列等。物料连续均匀地加入搅笼前端的加料口，被叶片边搅拌、边混合、边推进至搅笼末端的出料口。要根据铸铁件的结构特点及生产性质等因素，选用适宜的机型。目前固定式（或移动式）单搅笼式连续混砂机的应用较为广泛。固化剂和树脂的加入位置，分别设在搅笼前端的原砂进口处和搅笼中间区段的适当位置，两位置的距离应 >400mm。混砂时，先加固化剂混匀后，再加入树脂混合而成的树脂砂，其 24h 抗拉强度均高于先加树脂、后加固化剂混合的树脂砂。而且随着存放时间的适当延长，其终强度下降也较为缓慢。在生产实践中，应用效果较好。

　　（3）可使用时间　自硬呋喃树脂砂的可使用时间是表征硬化速度的重要参数，影响造型（芯）的质量。

　　自硬呋喃树脂砂，从混制时固化剂、树脂加入后，即开始了树脂的固化反应。混制好的型砂应立即进行造型（芯），充分利用可使用时间。这样，才可获得较好的型砂强度及操作性能。如果将混制好的树脂砂放置一段时间再使用，则会将已经聚合起来的部分树脂固化链破断。获得的终强度很低，严重时会使型砂的流动性降低，充型能力变差。甚至无法进行操作，从而不能使用。

　　影响自硬呋喃树脂砂可使用时间的因素很多，主要有固化剂、砂温、室温和空气湿度等。其中最主要的是固化剂的总酸度及其加入量，它对发生固化反应的速度影响最大。固化剂的总酸度越高、加入量越多、室温越高、空气的湿度越低，则固化反应速度越快，可使用时间越短。因此，应根据铸铁件的结构特点对可使用时间的要求、生产性质、砂温、湿度及室温等情况，确定合适的固化剂总酸度及加入量，以控制并获得所需的可使用时间。

　　自硬呋喃树脂砂的可使用时间，一般为 3～15min。对于小型铸铁件批量生产时，要求生产率较高，型砂的可使用时间可以缩短些。对于大型复杂铸铁件，因尺寸大、用砂量多、造型（芯）时间较长，故要求型砂的可使用时间要长些，一般为 10～15min。使型砂在较长时间内保持较好的充填性能，更有利于保证造型（芯）质量。如果用超过了可使用时间的型砂制成的砂型（芯），则不但强度低、表面稳定性不好，还会出现表面"发酥"的现象。

　　为了更好地实现对型砂的可使用时间的有效控制，每天要对上述主要影响因素进行检测。根据检测结果，及时调整固化剂的总酸度及加入量。

　　（4）起模时间　起模时间是指所造的砂型（芯），充分固化到在起模时砂型（芯）不会破损、塌箱和继续变形所需的固化时间。影响起模时间的因素很多，其中主要与砂型（芯）的大小、断面厚度、复杂程度及固化速度等因素有关。而固化速度主要取决于固化剂的总酸度及加入量、砂温、室温及湿度等。固化剂的总酸度越高、加入量越多、砂温及室温越高和空气中湿度越低，则砂型（芯）的固化速度越快、起模时间就越短。一般中、小型铸铁件的起模时间为15～50min，是可使用时间的 3～5 倍；对于厚大复杂铸铁件，则需 60～100min，是可使用时间的 6～9 倍。我国北方地区的严寒冬季，如果生产现场的室温过低，砂型（芯）的固化速度很慢，起模时间会更长，影响生产率。因此，要求室温应 > 10℃，最适宜的温度为 25 ～ 30℃。当室温低、空气湿度高时，可适当提高砂温至 20 ～ 30℃，以提高砂型（芯）的固化速度，缩短起模时间。如果室温过高，则会引起砂型（芯）表面固化速度过快，出现固化不均或表面脆化等。

自硬呋喃树脂砂的固化过程是一个缩聚反应，要释放出水分。这种缩聚水，必须及时向外逸出。如果生产现场空气的湿度大，则会阻碍水的排出，从而降低砂型（芯）的强度和延长起模时间。如果想要弥补因空气湿度大而造成的固化速度减慢、起模时间延长及型砂强度降低的损失，就须适度提高固化剂的总酸度或加入量。

呋喃树脂砂的水分增加，会抑制缩聚反应的进程、减慢固化速度、延长起模时间和降低型砂强度，故对原砂、树脂及固化剂等的含水量应严加控制。

综上所述，自硬呋喃树脂砂的可使用时间、起模时间、力学性能及工艺性能等，受生产环境温度、空气湿度的影响很大。在生产实践中，为确保造型（芯）质量，常采取一些调控措施，可参考表 11-15。

表 11-15　生产环境温度、空气湿度对树脂砂性能的影响及主要调控措施

生产环境温度和空气湿度	出现的主要问题	主要调控措施	工艺或参数
生产环境温度低和空气湿度高	型砂的固化速度慢、起模时间长	1）当提高固化剂的浓度和加入量，仍不能满足生产对固化速度和工艺性能要求时，则须更换固化剂的种类。采用高浓度、高活性的固化剂，可在较大范围内调控固化速度	选用二甲苯磺酸，替代对甲苯磺酸。总酸度（以 H_2SO_4 计，质量分数，%）值，一般的调控范围为 20% ～ 40%。根据不同季节的生产环境温度及空气湿度，选用不同的总酸度值。可参考表 11-14 中数值
		2）改变固化剂的加入量，可在一定范围内调控固化速度	根据砂型（芯）尺寸大小、断面厚度、复杂程度、生产环境温度、空气湿度等调节固化剂的加入量。一般加入量范围为 30% ～ 55%（占树脂的质量分数，%）。可参考表 11-14 中数值
		3）通过调节原砂温度，对树脂的固化速度进行调控	原砂温度不能过低（或过高）。应保持与生产现场室温相同，一般为 20 ～ 30℃。如果原砂温度过低（严寒冬天）或过高（在酷暑期或旧砂回收中冷却不充分等），应采取措施对原砂进行适度加热或降温冷却
		4）加入适量硅烷，可提高树脂砂的强度及固化后的抗湿性	树脂中加入适量硅烷。一般加入量为 0.2% ～ 0.4%（占树脂的质量分数）。树脂中加入硅烷后，停放时间不要过长

5. 呋喃树脂砂铸铁件的主要铸造缺陷及对策

自硬呋喃树脂砂已获得广泛应用，显著地提高了铸铁件的质量。但如果控制不严，则容易产生铸造缺陷。现仅就其中的主要铸造缺陷及对策简述如下。

（1）渗透性粘砂

1）渗透性粘砂的特点。这是用自硬呋喃树脂砂生产铸铁件时，一种较为特殊的铸造缺陷。

在大型铸铁件上，特别是在厚壁及"热节"部位，最容易发生金属渗透性粘砂缺陷。如果这种缺陷发生在铸件内腔，如气缸体内的夹层水腔等，清砂工具不能有效地发挥作用，则使清砂非常困难，严重时甚至使铸件报废。

金属渗透性粘砂的主要特点：发生的部位，一般是在铸件的厚壁及"热节"处，特别是在浇注时处在较大静压力作用下的铸型下方最常发生；处在铸型中央的夹层砂芯的下部圆根部位尤为显著。大型低速柴油机气缸体的上部特别"肥厚"，如图 11-5 中所示。这些砂芯的圆根部位，经常产生这种粘砂缺陷。金属渗透性粘砂块如图 11-6 所示。它与铸件表面仍被残余涂料层隔离着，故清理后铸件仍保持有较好的表面。

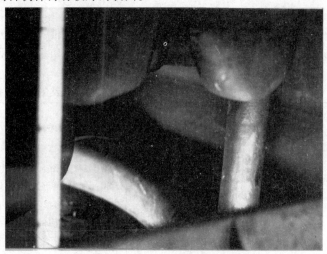

图 11-5　气缸体上部气缸筒周围金属聚积严重

图 11-6　金属渗透性粘砂块

2) 试验研究的方法与结果。为了探索金属渗透性粘砂的形成机理与防止方法，曾结合生产进行了多年的试验研究，并获得了较好的结果。

① 第一阶段试验。采用大林砂、锆英砂、石墨砂和铬铁矿砂四种呋喃树脂砂，试验其抗金属渗透能力及不同的浇注温度的影响。浇注试样如图 11-7 所示。模拟铸件的壁厚及"热节"部位，采用 $\phi250mm$ 圆柱体，高度为 1120mm，底部中央砂芯则取相对较小尺寸 40mm×140mm×180mm（厚×宽×高）。采用底注式浇注系统，使砂芯在浇注过程中被充分过热，为金属渗透创造良好条件。其试验结果见表 11-16。

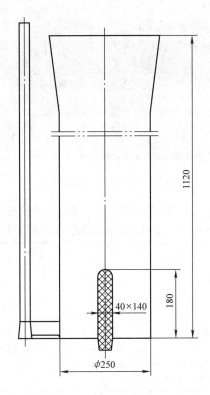

图 11-7　浇注试样

表 11-16　不同呋喃树脂砂芯的抗金属渗透性粘砂能力

砂类别	型砂试样性能 （24h 后抗拉强度/MPa）	浇注温度/℃	粘砂及清砂情况
大林砂	0.8～1.5	1350	严重粘砂，无法清砂
锆英砂	0.5～0.7	1350	严重粘砂，无法清砂
石墨砂	—	1350	粘砂情况略轻于锆英砂
铬铁矿砂	0.6～0.8	1350	无粘砂现象，很好清砂
铬铁矿砂	0.6～0.8	1270	无粘砂现象，很好清砂

试验结果表明：铬铁矿砂具有良好的抗金属渗透能力，很好清砂，如图 11-8 所示。其他几种砂的效果都不好；在铁液温度为 1270～1350℃ 的范围内，浇注温度对铬铁矿砂的抗金属渗透

能力的影响不大，清砂效果基本相同。

图 11-8　铬铁矿砂（清砂容易）

为了研究不同涂料对抗金属渗透性粘砂的影响，又进行了试验，其试验结果见表 11-17。

表 11-17　涂料对抗金属渗透性粘砂的影响

砂类别	涂料种类	浇注温度/℃	粘砂情况
石墨砂	石墨粉-树脂快干涂料	1350	不易清砂
铬铁矿砂	石墨粉-树脂快干涂料	1400	无粘砂现象
铬铁矿砂	石墨粉-锆英粉-树脂快干涂料	1350	无粘砂现象
锆英砂	石墨粉-树脂快干涂料	1330	粘砂严重，无法清砂
大林砂	第一层为铬铁矿粉涂料，第二层为铬铁矿粉-石墨粉-树脂快干涂料	1350	粘砂严重，无法清砂

试验结果表明：上述三种涂料对抗金属渗透性粘砂的影响不大，性能基本相同，起决定性影响的是原砂的性能。当采用铬铁矿砂时，无论用上述哪种涂料都未发生粘砂现象；而大林砂、锆英砂、石墨砂等，刷上述任一涂料都会产生严重的渗透性粘砂。特别是试用了铬铁矿粉涂料，但也不能避免大林砂的严重粘砂现象。因此，要解决呋喃树脂砂的金属渗透性粘砂问题，只能靠选用抗金属渗透性好的原砂，仅改进上述几种涂料配方，是不可能解决粘砂问题的。

② 第二阶段试验。八种型砂的渗透性粘砂试验。

为了进一步验证八种不同型砂的抗金属渗透能力，设计了一种新的试样浇注方法，如图 11-9 所示。该试样重达 1.2t，总高度为 1200mm。试样底部可同时安放用四种不同芯砂制成的 4 块砂芯。采用底注式浇注系统，内浇道设在试样底部中央，使四种不同的型砂在基本相同的浇注条件下进行金属渗透性粘砂情况的比较。试验结果见表 11-18。试验结果表明：在八种型砂中，无论是在较高温或较低温浇注，仍然证明铬铁矿砂的抗金属渗透性能最好，无粘砂现象，如图 11-10 中 "4" 所示。

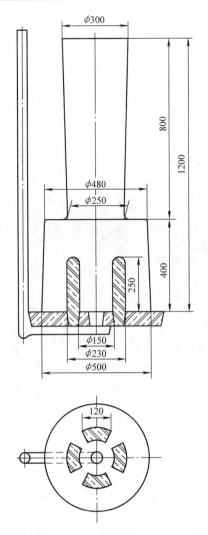

图 11-9　改进后的浇注试样

表 11-18　型砂种类和浇注温度对渗透性粘砂的影响

编号	炉次	化学成分（质量分数,%）					浇注温度 /℃	砂类别	粘砂情况
		C	Si	Mn	P	S			
1	A (09)	3.09	1.63	1.16	0.25	0.061	1280	大林砂呋喃树脂砂	粘砂严重，无法清砂
2								锆英砂呋喃树脂砂	粘砂严重，无法清砂
3								石墨砂呋喃树脂砂	粘砂严重，无法清砂
4								铬铁矿砂呋喃树脂砂	无粘砂现象，很好清砂
1	B (08-2)	2.99	1.60	1.03	0.11	0.083	1370	大林砂呋喃树脂砂	粘砂严重，无法清砂
2								锆英砂呋喃树脂砂	粘砂严重，无法清砂
3								石墨砂呋喃树脂砂	粘砂严重，无法清砂
4								铬铁矿砂呋喃树脂砂	无粘砂现象，很好清砂

（续）

编号	炉次	化学成分（质量分数，%）					浇注温度/℃	砂类别	粘砂情况
		C	Si	Mn	P	S			
1	C (011)	3.06	1.61	1.01	0.13	0.065	1380	普通黏土砂	粘砂严重
2								水玻璃砂	粘砂最严重
3								焦炭粉砂	粘砂不太严重
4								焦炭粉-石墨砂	清砂较容易

图 11-10　浇注的试样情况

　　由试验及生产实践证明，铬铁矿砂具有良好的抗金属渗透性能。但因国内资源较贫乏，主要依赖于国外进口。为寻找其代用品，通过大量试验研究，某单位首次研发了我国资源较丰富、价格较低廉的新造型材料——S-1 砂。它具有与铬铁矿砂相同的抗金属渗透性能，其试验结果见表 11-19。

表 11-19　S-1 特种砂试验结果

序号	砂类别	涂料	浇注温度/℃	渗透性粘砂情况
1	大林砂呋喃树脂砂	镁橄榄石粉涂料	1340	粘砂严重，无法清砂
2	S-1 砂-锆英砂呋喃树脂砂			粘砂程度略轻于大林砂
3	S-1 砂呋喃树脂砂			无粘砂现象，很好清砂
4	铬铁矿砂呋喃树脂砂			无粘砂现象，很好清砂

　　3）对试验结果的分析及金属渗透性粘砂的机理。金属渗透性粘砂是一种机械粘砂。对从大型低速柴油机气缸体夹层水腔砂芯根部取下的粘砂样品进行测量，其金属渗透深度一般为 40～60mm，并将它制成了岩相光片，进行岩相、电子探针及扫描电镜分析。从中可以看出：粘砂块的内部结构为生铁与 Si、Zr 等氧化物的机械组合体，并且试样表面和内部没有明显差别。铸铁的金属渗透性粘砂是金属液在压力作用下，机械地渗入砂型（芯）中孔隙的物理过程，是纯液态渗透，纯属机械粘砂。粘砂块的含铁量，有时高达 50% 以上。

　　渗透性粘砂的形成机理。型砂的高温性能决定了它的抗金属渗透能力。石英树脂砂型（芯）

的热膨胀量大，表层涂料容易裂开，表层树脂的分解及消失，砂粒间的孔隙度增大，整个涂料层被破坏，液态金属渗入砂粒孔隙中。如果有足够长的时间维持液体状态，砂型（芯）被不断流经的铁液过热，使之甚至接近于流经的铁液温度，在压力作用下，液态金属更向砂芯内部迁移。型砂的紧实度越低、热膨胀量越大、砂型（芯）被过热的程度越高、金属的静压头越大，则金属渗透性粘砂越严重。

铬铁矿砂和 S-1 砂具有最好的抗金属渗透能力，首先在于它独具烧结特性，使之高温抗压强度高；其次又不与金属氧化物起反应；激冷能力强；热膨胀量小等。根据所进行的试验，锆英砂、石墨砂的热膨胀性和激冷能力都比铬铁矿砂好，但实际上抗金属渗透能力都不及铬铁矿砂和 S-1 砂，可见起决定性作用的因素是烧结特性。

呋喃树脂砂型（芯），当铁液浇入后，很短时间，树脂就被烧掉了，故高温强度完全取决于原砂的烧结特性。铬铁矿砂和 S-1 砂的高温强度比石英砂和锆英砂高，并分别在 900 ~ 1200℃ 出现强度高峰，是因为发生了固体烧结。随后高温强度下降，是由于出现了溶液烧结所致。石英砂、锆英砂等的晶体结构比较稳定，没有固体烧结特性，故其高温强度很低。因此，只有发生固体烧结，才能使型砂具有较大的高温强度。只有烧结程度较大时，才能封闭型砂颗粒间的孔隙。若在金属渗透之前，已形成一定程度的固体烧结，使砂粒间的烧结力大于原砂膨胀力或金属液的渗透力，则砂粒间孔隙不会扩大，金属液的渗透就难以进行，渗透性粘砂就不会出现。即使发生，也因阻力较大，渗透程度会减轻。若原砂没有发生固体烧结或产生了溶液烧结，则金属渗透就容易进行。在生产中，有时发现铬铁矿砂和 S-1 砂也出现较轻微的金属渗透性粘砂，这是因为它发生了溶液烧结或是由于树脂量加入过多，砂型（芯）的紧实度太低等，使它未产生足够程度的固体烧结所致。

涂料作用。涂料虽有堵塞砂粒间孔隙，提高铸件表面质量的作用，但所做的涂料试验结果表明：目前所掌握的几种涂料，单纯依靠涂料的作用是不能避免呋喃树脂砂大型铸铁件的金属渗透性粘砂缺陷。这是由于涂料在长期高温金属液的作用下，其涂料层减薄，甚至全部被破坏，使金属液在压力作用下渗入砂粒间。因此，生产中有时未发现涂料有明显的裂纹痕迹，也有渗透粘砂现象。石英砂具有最大的热膨胀量，表层涂料在高温下最易出现裂纹，促使金属液渗入砂粒间。若涂料的抗界面反应能力强，抗热性能好，则可不产生或少产生裂纹，或推迟产生裂纹的时间，应使型砂在金属液渗透之前得以充分烧结，从而提高其抗金属渗透能力。

4）防止金属渗透性粘砂的主要措施

① 采用铬铁矿砂或 S-1 砂。根据以上分析金属渗透性粘砂的形成机理，原砂必须具备以下几个主要特性：在浇注温度以下，能发生足够程度的固体烧结，这是起决定性作用的最重要因素；热膨胀量小；具有较大的蓄热能力。因为铬铁矿砂和 S-1 砂具有上述特性，所以在可能产生粘砂缺陷的铸件厚壁或"热节"部位必须采用这两种特种型砂。

② 采用优质涂料。涂料对于防止粘砂，提高铸件的表面质量有着重要影响。根据多年来的实践探索，采用石墨粉-锆英粉-酚醛树脂快干涂料和石墨粉-黏土粉涂料，均可获得良好效果。但要严格控制涂料的配比及性能、刷涂（喷涂或流涂）料的操作质量及涂料层的厚度。如果刷两次（层）涂料，则须严格掌握两次刷涂的间隔时间不能过长，要使其结合强度较高。注意防止两次（层）涂料间结合不良，浇注时出现涂料层"剥落""龟裂"缺陷。涂料层应达到一定的厚度，一般为 0.8 ~ 1.6mm。

在原砂中掺入少量（1% ~ 3%）氧化铁粉，其作用是 Fe_2O_3 与 SiO_2 生成低熔点的玻璃体，可阻止铁液向砂粒间渗入。

细致进行造型（芯）操作，保持适当均匀的紧实度。生产实践证明：如果局部型砂没有紧实，就很容易被铁液渗入而出现粘砂缺陷。

（2）铸件表层局部球化不良　采用自硬呋喃树脂砂生产球墨铸铁件（特别是厚大件）时，有时会出现一种特有的铸造缺陷——铸件表层局部球化不良。这种缺陷不同于球墨铸铁生产中，常态下所出现的球化不良。

1）主要特征。不是整个铸件都出现球化不良，而仅出现在铸件表层，其深度一般为 2 ~ 6mm，个别部位可达 10 ~ 14mm。铸件的其余部位均球化良好。

不是整个铸件表层都局部球化不良，而仅出现在局部区域。它们的深度也不一样，有深有浅，且分布不均。

经机械加工或精细打磨后，将显示出清晰的不同宏观组织状态，呈白色的亮区；与周围的组织有明显的界线，其形状一般为分散、不均匀、无规则的小块状等，如图 11-11 所示。

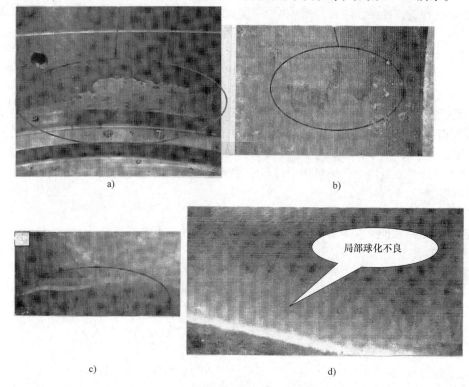

图 11-11　铸件表层局部球化不良的宏观状态

a）内圆形面的环形带状　b）分散而无规则的小块状　c）内圆形面的条纹状　d）侧平面上的条块状

生产实践中还发现，局部球化不良与冒口和内浇道集中的部位有关。例如，铸件中央设有顶冒口的厚壁部位（如图 6-5 中 ϕ100mm 轴承孔内表面）及设有多道内浇道的集中区域，产生局部球化不良的概率增加，形状呈长短不同、方向一致的条块状，如图 11-11d 所示。

局部球化不良部位的金相组织为片状、厚片状或蠕虫状石墨和少量的球状、团絮状石墨。铸件的其余部位，均为正常的球状石墨。

图 11-11d 所示为一件机端壳体内浇道集中所在位置的侧面上产生的严重局部球化不良缺陷。该壳体的化学成分：$w(\mathrm{C}) = 3.76\%$，$w(\mathrm{Si}) = 2.74\%$，$w(\mathrm{Mn}) = 0.17\%$，$w(\mathrm{P}) = 0.043\%$，$w(\mathrm{S}) = 0.015\%$，$w(\mathrm{RE}) = 0.030\%$，$w(\mathrm{Mg}) = 0.044\%$，$w(\mathrm{CE}) = 4.67\%$。其铸态力学性能：抗拉强度 $R_{\mathrm{m}} = 514\mathrm{MPa}$，伸长率 $A = 16.1\%$，硬度为 184HBW。产生局部球化不良部位的金相组织如

图 11-12 所示。从图中可以看出，最严重的局部球化不良部位全是片状石墨，然后逐步为厚片状、蠕虫状石墨 + 少量球状石墨。该局部球化不良部位的深度为 3 ~ 4mm，其他部位均为正常的球状石墨组织。

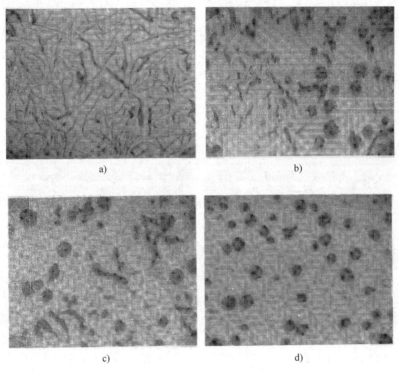

图 11-12　产生局部球化不良部位的金相组织（×100）
a）最严重的局部球化不良区（片状石墨）　b）从严重的局部球化不良区逐步过渡到
球化正常区（蠕虫状石墨 + 少量球状石墨）　c）从局部球化不良区逐步过渡到球化正常区
（蠕虫状石墨 + 球状石墨）　d）球化正常区（球状石墨）

产生局部球化不良的条件各异，故其形式和程度差别很大。图 11-13 所示为某壳体局部球化不良缺陷的金相组织。该壳体的化学成分：$w(C) = 3.72\%$，$w(Si) = 2.74\%$，$w(Mn) = 0.20\%$，$w(P) = 0.033\%$，$w(S) = 0.015\%$，$w(RE) = 0.020\%$，$w(Mg) = 0.045\%$。其铸态力学性能：抗拉强度 $R_m = 550MPa$，伸长率 $A = 22.1\%$，硬度为 163HBW。金相组织：球化率为 90%，铁素体量为 85%，其余为珠光体。从图中可以看出，该壳体产生局部球化不良的程度较轻，形态为蠕虫状石墨 + 少量球状石墨，其余部位均为正常的球状石墨组织。

2）产生局部球化不良的主要原因分析

① 型砂中的含硫量高。目前，自硬呋喃树脂砂采用的固化剂主要是二甲苯磺酸，其中以 H_2SO_4 计的总酸度最高可达 35% ~ 40%。游离硫酸的含量有的高达 7% ~ 12%。浇注时，在充型过程中将发生界面反应，铁液表面的镁与含硫气体（用苯磺酸作为固化剂时，在铁液的高温作用下，受热分解而产生少量的 SO_2 和 H_2S 气体）相接触形成硫化镁；硫还会渗入铁液的表层与其中的镁化合生成硫化镁（$Mg + S \rightarrow MgS$），致使表层中局部的残余镁量不足，而引发局部球化不良缺陷。型砂中的含硫量越多，含硫的气体和渗入到铁液表层中的硫量就越多，表层产生局部球化不良的程度就严重，面积和深度也就越大。由于型砂中的含硫量不同，与含硫气体相接触和硫渗入球铁表层的程度不同，故表层局部球化不良的状态及程度等都不相同。

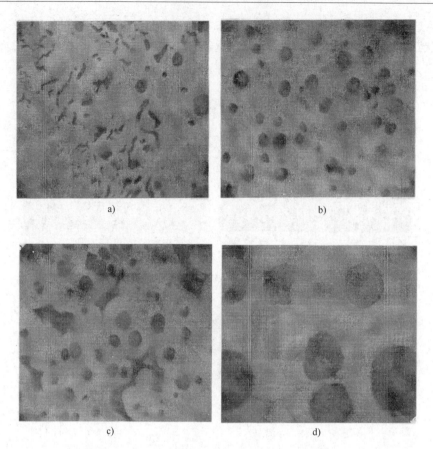

图 11-13　某壳体局部球化不良缺陷的金相组织
a）局部球化不良区：蠕虫状石墨 + 少量球状石墨（腐蚀前，×100）
b）球化正常区：球状石墨（腐蚀前，×100）　c）球化正常区：铁素体 + 少量珠光体，
球状石墨（腐蚀后，×100）　d）球化正常区：铁素体基体，球状石墨（腐蚀后，×400）

　　如果二甲苯磺酸固化剂的成分不纯，技术指标达不到要求，为达到所需的固化速度，就只能提高固化剂的总酸度和增加加入量。这样就会导致型砂中的含硫量增加，也就显著增加局部球化不良的情况。

　　除此之外，如果呋喃树脂砂的再生回收装置不够完善，没有有效地除去旧砂粒表层的树脂膜，且没有加入适量的新砂，长期反复使用后会使旧砂中的含硫量不断增加。根据生产中的实际检测结果，当旧砂中的 $w(S) \geqslant 0.31\%$ 时，便会导致所生产的壳体表层产生严重的局部球化不良缺陷。

　　② 镁的氧化损耗较多。球墨铸铁铁液中，镁处于不稳定状态。铁液表面上的镁与空气接触会不断氧化燃烧而损耗。在高温时，镁与氧的亲和力大于镁与硫的亲和力，表层铁液中的硫化镁与空气中的氧发生反应生成氧化镁（$2MgS + O_2 = 2MgO \uparrow + 2S$）燃烧掉。硫则像一种"运载工具"，出现"回硫现象"，不断将镁从铁液中运到表面，使镁不断氧化逸损。

　　铁液在浇注过程中及充满铸型后直至铸件表层凝固前，与铸型内大量气体接触的机会越多，如铸型中的发气量越大，接触的空气量越大、时间越长，则镁的损耗越多，致使铸件表层的残余镁量越少而产生局部球化不良缺陷。

　　在生产实践中，采用两种含水量分别为 26%、3.6% 的呋喃树脂，进行比较试验，壳体的

"面砂"全用新砂配制而成。在其他条件基本相同的情况下，前者的壳体表层内出现较严重的局部球化不良，而后者则球化良好。这是由于前者的含水量过多，浇注后产生大量的水汽，发生界面反应，从而使铸件表层内的残余镁量不足所致。

③ 铸件结构特征及铸造工艺的影响。铸件的一些结构特征，如厚大铸件、厚壁部位及局部金属聚积的"热节"区域等，因冷却速度缓慢，液态停留时间较长，使铁液表层中镁的损耗增多。例如，图 6-5 所示机端壳体中央的 $\phi100mm$ 轴承孔壁较厚（45mm），且上端平面设有顶冒口，在浇注过程中，该部位的空气流动量较大，导致其散热条件较差，冷却缓慢，在轴孔内表面经常产生局部球化不良缺陷。

在进行铸造工艺设计时，如果浇冒口系统设置不当，也能促使产生上述缺陷。如在机端壳体原铸造工艺设计中，是将 3 道内浇道（宽度×厚度为 50mm×8mm）集中设置在小段区域内，如图 6-5 中"A"区，并在其上方设置一个顶冒口。在浇注过程中，该部位的空气流动量增加，全部铁液都流经该区域，热量最为集中，铁液温度较高，表层凝固缓慢。因此，在该处侧表面经常产生较严重的局部球化不良缺陷，并呈条状或条块状，如图 11-11d 所示。该条块状与气流方向及铁液的流动方向有关。

④ 其他因素的影响。例如：原材料中硫的含量较高等；球化剂加入量较少，球化处理过程控制不当，使镁的吸收率较低，致使铁液中的残余镁量不足；球化处理后停留时间过长及熔化过程中铁被氧化等，都能促使或加剧产生局部球化不良缺陷。

3）防止产生局部球化不良的主要对策。采用自硬呋喃树脂砂生产球墨铸铁时，为防止产生局部球化不良缺陷，可采取以下的主要对策。

① 降低型砂中的含硫量。减少呋喃树脂和固化剂的加入量。型砂中硫的最主要来源是固化剂。根据铸件的结构特征及生产条件等因素，确定型砂必须具有的强度，然后调整树脂和固化剂的加入量。目前，呋喃树脂的加入量一般控制在占型砂质量的 0.8% ~ 1.1% 范围内。根据不同的季节、室温及砂温，选用不同总酸度（以 H_2SO_4 计）的固化剂，其加入量一般控制在占树脂量的 35% ~50% 范围内。

严格控制树脂、固化剂的质量。宜选用含氮量低的呋喃树脂，主要技术指标：糠醇 80%，氮≤3%，水分 <5%，游离甲醛≤0.10%。

应着重指出：正如前面原因分析中所证实，如果呋喃树脂中的水分 >10%，则会在浇注时产生大量水汽，对质量产生不利影响。

固化剂是直接影响型砂中含硫量的最主要因素。除了应尽量降低固化剂的加入量外，还应严格检查总酸度和游离硫酸含量等质量指标。固化剂的生产原料应得到严格控制，应选用合格的二甲苯磺酸，不能掺入化工厂的余料。因为余料中的苯环数量很少，减缓了固化速度，此时要达到生产所需的正常固化速度，就只能提高总酸度和加入量。这样就会显著增加型砂中的含硫量，从而对质量产生很不利的影响。

提高旧砂回收、再生处理质量。型砂每经过一次使用，砂粒表面黏附着一层树脂薄膜，在旧砂回收、再生处理过程中，应将此层薄膜除去，才能再投入使用。否则，旧砂中的含硫量会不断增加，浇注时产生大量烟气和降低透气性等，从而将严重影响产品质量。

当旧砂回收、再生处理装置不够完善，达不到经处理后的旧砂质量要求（含硫量应小于0.10%）时，为完全避免旧砂中硫的有害影响，可采用"面砂制"。即模型表面的一层型砂，全部用新砂（不掺入旧砂）混制而成，根据铸件的大小，面砂层的厚度可取 30 ~70mm。

采用造成还原性气氛的醇基"阻硫涂料"，在型砂与铁液表面间形成"隔离层"，用消耗和阻挡两种方式，阻止型砂中部分硫与铁液表面相接触或进入铁液中，以避免降低残余镁的含量，

从而可以起到减轻型砂中硫的有害作用。 "阻硫涂料"的主要组成: $w(MgO) = 4\% \sim 6\%$,
$w(CaO) = 4\% \sim 8\%$, $w(Fe_2O_3) = 5\% \sim 6\%$, 还可加少量 (0.5% ~ 1.0%) 的锰铁 (锰的质量分
数为 70% ~ 80% , 粒度过 500 目筛) 和滑石粉 (改善涂刷性) 等。

在涂料中加入少量 Si-Mg 合金细粉, 对铸件表层的石墨形态, 有较明显的改善作用。

② 减少镁的氧化损耗。球化处理时, 采用低稀土长效球化剂; 适当增加球化剂的加入量,
如图 6-5 所示机端壳体的加入量为 1.35% ~ 1.45%; 控制球化处理操作及缩短球化处理后的停留
时间等。铸件表层凝固前的全过程中, 应尽量减少镁的氧化损失, 防止铸件表层的残余镁量不
足, 使之保持在 0.04% ~ 0.05% 的范围内。

③ 改进铸造工艺设计。为防止球墨铸铁件表面产生局部球化不良缺陷, 铸造工艺设计时,
应注意以下主要问题:

a. 适当加快铸件的冷却速度。适当应用冷铁等, 加快冷却速度, 可缩短铁液表面保持液态
的时间。例如在图 6-5 中的 "A" 部位设置冷铁后, 有效地避免了该处常产生的局部球化不良
缺陷。

b. 浇注系统的布置应使铁液在铸型中的上升很平稳。内浇道的分布, 不要过分集中, 以免
造成局部过热, 应使铁液温度分布得较均匀。

c. 根据球墨铸铁的不同材质和铸件特征, 设置冒口的位置和大小。如铸态铁素体球墨铸铁
件, 可以采用无冒口铸造, 防止冒口部位过热。

d. 控制浇注温度。在确保不产生冷隔、浇不足、气孔和夹杂等缺陷的前提下, 适当降低浇
注温度, 可加快铸件的冷却速度等。

④ 尽量降低原铁液中的含硫量。如采用优质铸造生铁, 控制其他原材料中的含硫量及进行
脱硫处理等, 使原铁液中的含硫量 ≤0.02% 。

⑤ 提高铸型的通气性。铸型浇注后会产生大量气体, 尤其是含硫的气体, 应尽快将其排出
型外, 避免与铁液表面相接触, 而增加镁的消耗。

还须指出: 酯硬化碱性酚醛树脂砂, 具有不含硫、氮等元素的优点。国内某柴油机公司, 为
避免球墨铸铁生产中出现的局部球化不良缺陷, 采用自硬碱性酚醛树脂砂造型, 生产 6160、
6200 及 WD6153 三个系列柴油机大断面球墨铸铁曲轴获得成功。

(3) 脉纹　铁液浇入铸型后, 砂型 (芯) 局部表面产生较细小的裂纹或龟裂, 铁液渗入其
中, 使铸件表面出现较多的毛刺状、鳍形状, 常称为脉纹缺陷。它是呋喃树脂砂铸铁件常见的特
殊铸造缺陷。脉纹缺陷主要产生在铸铁件的肥厚区域、圆根部位或热节处。较大的平面上有时也
有, 轻则有数条, 大多呈条纹状分布。严重时呈网状、脉纹状分布。它影响铸件的表面质量, 增
加铸件的清理打磨工作量。较轻的脉纹可以打磨去掉, 但如果产生在较复杂铸件的内腔、夹层水
腔等表面, 打磨困难, 特别严重而无法清除时, 则会导致铸件报废。

1) 产生脉纹的主要原因分析。自硬呋喃树脂砂的原砂是天然硅砂。砂型 (芯) 与高温铁液
相接触后, 温度不断上升。当温度升高到 573℃ 左右时, 石英发生晶型形态转变, 砂粒骤然产生
体积膨胀, 使砂型 (芯) 表面产生拉应力。而缩聚型呋喃树脂受热后, 其黏结桥会突然收缩。
当拉应力大于树脂砂的黏结力时, 会出现脆性裂开, 铁液渗入裂纹中, 形成了脉纹缺陷。如果树
脂砂在高温下维持强度和可塑性的能力越大、砂型 (芯) 的膨胀力越小, 则产生脉纹的倾向就
会越小, 砂型 (芯) 表面就不容易开裂, 脉纹缺陷就少或不会产生。

2) 防止脉纹缺陷的主要对策。铬铁矿砂具有高温固态烧结特性、热膨胀量小、热导率较大
及蓄热能力较强等优点, 是防止铸件产生渗透性粘砂最有效的特种砂。如果将一定量的铬铁矿
砂加入型砂中, 使砂粒之间发生一定程度的固态烧结, 能提高型砂的高温强度、增强型砂的激冷

能力，使铁液凝固加快，砂型不容易开裂。从而更有效地减轻或防止产生脉纹缺陷。

在自硬呋喃树脂砂中加入适量的氧化铁粉（质量分数为 1% ~ 3%）。它与树脂砂中的原砂、石英砂中的 SiO_2 混合接触时，生成 $FeO \cdot SiO_2$ 玻璃体，能增加型砂的热压强度和热塑性，从而有利于阻止铁液渗入砂粒间产生粘砂或脉纹缺陷。

如果将一定量的铬铁矿粉（或钛铁矿粉）和氧化铁粉加入特制涂料中，则会使涂料具有更好的高温强度等性能。在高温铁液的作用下，涂料在砂型（芯）表面形成高致密的烧结层，是防止产生脉纹缺陷的重要措施。

必须指出：采用热膨胀系数较小的原砂，如经过多次使用的再生旧砂，高温热膨胀量较小，不容易开裂，可减少或不会产生脉纹缺陷。

虽然高氮树脂比低氮树脂的防脉纹缺陷效果较好，但因含氮量高，容易产生气孔等缺陷，故不宜采用。

综上所述，用自硬呋喃树脂砂生产的铸铁件，常见主要铸造缺陷、产生原因及防止措施，可参考表 11-20。

表 11-20　自硬呋喃树脂砂铸铁件的主要铸造缺陷、产生原因及防止措施

序号	缺陷名称	产生的主要原因	主要防止措施
1	渗透性粘砂	1）天然硅砂，在高温下发生晶型形态变化，相应产生体积膨胀；树脂进行热分解，树脂膜被烧蚀；表层涂料裂开；砂粒间的孔隙度增大，高温铁液渗透入砂粒间所致 2）砂型（芯）的紧实度不够，且不均匀 3）涂料质量较差，耐热性及高温强度较低。涂料出现脱落或龟裂纹等 4）原砂粒度过粗，粒度分布过于集中 5）浇注温度过高，铁液的静压力太大 6）处于铸型下方的铸壁过厚或热节处的受热程度过高，冷却缓慢	1）采用铬铁矿砂或钛铁矿砂。具有在高温下产生固态烧结的特性和较大的高温抗压强度 2）适当提高砂型（芯）均匀的紧实度 3）适当提高树脂的糠醇含量，增加型砂的高温强度 4）型砂中加入少量的氧化铁粉 5）提高涂料质量。如涂料中可添加少量的氧化铁粉，2% ~ 4%（质量分数），增加高温强度和防止产生裂纹等 6）选用合适的原砂粒度，一般可选用的硅砂粒度为 40/70 号筛，粒度分布不宜过于集中 7）控制浇注温度。在不产生冷隔、气孔及夹杂等缺陷的前提下，可适当降低浇注温度 8）适当设置外冷铁，加快厚壁区域或热节处的冷却速度
2	铸件表层局部球化不良	1）最主要的原因是型砂中的含硫量高。硫的主要来源： ① 二甲苯磺酸固化剂的加入量过多，总酸度偏高 ② 再生旧砂中的含硫量高。旧砂的灼烧减量及细粉含量严重超标 2）在球化处理及浇注过程中镁的烧损量较大 3）采用普通涂料，阻硫作用差 4）型砂中的水分大、铸型的排气性能低，使产生的大量含硫气体不能迅速排至型外 5）浇冒口系统的设置过于集中，使局部区域过热及含硫气体的流量过多等	1）最根本的是要尽量减少型砂中的含硫量 ① 严格控制固化剂二甲苯磺酸的质量，并尽量减少加入量 ② 尽量减少旧砂中的含硫量。降低旧砂的灼烧减量及细粉含量 ③ 往再生旧砂中添加部分新砂。为避免旧砂中硫的有害影响，可采用面砂制 2）采用特殊的阻硫涂料。充分发挥涂料对来自铸型的含硫气体的阻挡、屏蔽和吸硫作用 3）在进行球化处理及浇注过程中，减少镁的氧化烧损，使铁液中保持适量的残余镁量 4）控制型砂中的水分。浇注前对铸型适度烘烤 5）提高砂型（芯）的排气性能 6）改进铸造工艺设计： ① 适当加快铸件的冷却速度。例如在局部肥厚区域或热节处设置外冷铁或采用铬铁矿砂等 ② 改进浇冒口系统，避免型内含硫热气流量过分集中 ③ 适当降低浇注温度

（续）

序号	缺陷名称	产生的主要原因	主要防止措施
3	脉纹	1）石英砂在高温下发生晶型形态变化，产生体积膨胀等，导致砂型（芯）表面出现细小裂纹或龟裂等 2）涂料质量差，高温强度低。涂料层产生脱落或龟裂等 3）砂型（芯）表层的紧实度较低或紧实不均匀等 4）铁液的浇注温度过高 5）铸件的厚壁区域或热节处的受热程度过高，冷却速度缓慢	1）铬铁矿砂（或钛铁矿砂）具有高温固态烧结特性，可提高型砂的高温强度，使砂型（芯）表面不易开裂 2）采用特制涂料。涂料中加入铬铁矿粉、氧化铁粉等，以增加高温强度，在砂型（芯）表面形成高致密的烧结层 3）砂型（芯）具有较高的均匀的紧实度 4）根据铸件结构特点，适当选定较低的浇注温度 5）在铸件的厚壁、圆根、凹角或热节等部位，可酌情设置外冷铁或采用特种砂，适当加快冷却速度

11.3.2　涂料

自硬呋喃树脂砂涂料对铸件质量有着很重要的影响。对涂料的主要基本功能要求有：涂料层应光滑、致密、热稳定性好；黏结力强、耐火温度高、高温强度好、不开裂、不剥离脱落；在铁液-涂料界面不发生化学反应；热分解的发气量少等。针对不同的铸铁件，还需要具有特殊功能的涂料。

1. 涂料的主要组成

为使涂料能达到上述基本功能要求，涂料的主要组成包括耐火粉料、黏结剂、悬浮剂及载体等。其中耐火粉料是涂料中最主要的组成部分，它的物理、化学性能对涂料层的耐火度及热化学稳定性等功能及使用效果的影响很大。应根据铸铁特性、铸件结构特点、技术要求、铸造工艺及生产条件等因素，选用合适的材料组成及配制工艺，才能获得预期的质量效果。

灰铸铁件常用的耐火粉料为土状石墨和鳞片状石墨等。锆英粉具有很高的耐火度、良好的导热性及小的热膨胀性等优点，主要用于铸钢件涂料中。但在铸铁件的特殊涂料中也可适当选用，以更好地提高涂料的性能。球墨铸铁件也可用硅石粉及土状石墨等。滑石粉可用于小型铸铁件涂料中。

为使耐火粉料等能黏结成具有一定厚度的涂料层，并能牢固地黏附在砂型（芯）的表面上，涂料中必须加入适量的黏结剂。涂料层所处的工作条件非常苛刻。除在砂型（芯）的搬运及组芯等过程中要受到振动或轻微的碰撞、摩擦外，更主要的是在铁液的浇注过程中直到铸件表层的凝固，从常温骤升到高温并要经受高温铁液的冲刷作用等。因此，要求黏结剂应具有较高的常温及高温的黏结强度，使耐火粉料能在砂型（芯）表面形成致密的涂料层，并要具有高温下的化学稳定性、对耐火粉料有良好的溶解性及适当的黏度等。

铸铁件用的涂料黏结剂的种类较多。要根据铸铁种类、铸件特点及铸造工艺等具体情况进行选用。最常用的无机黏结剂有黏土、膨润土等；有机黏结剂有糖浆、纸浆废液、糊精、松香、桐油及酚醛树脂等。如果选用一种黏结剂不能完全满足性能要求，则可选两种以上黏结剂相互配合使用，效果会更好。

为更好地提高涂料的使用性能，还要加入适量的悬浮剂。在水基涂料中，最常用的有钠基膨润土、羧甲基纤维素钠（CMC）等；在醇基涂料中，一般常用有机膨润土，它是采用优质钠基膨润土经提纯、变性和有机活化精制而成的，一般加入量为1%～2%（质量分数）。还可采用锂基膨润土等。

常用涂料的载体是水及各种醇类等。根据不同的生产性质及条件等进行选用。

从自硬呋喃树脂砂铸铁件常产生的主要铸造缺陷中可以看出，除要求涂料具有一般功能以外，还须具有防止产生特殊缺陷的功能。较为突出的两种特殊涂料如下。

（1）防渗透性粘砂涂料　从产生渗透性粘砂缺陷的原因分析中得知，最根本的原因是天然硅砂在高温下产生的热膨胀。尽管石墨粉、锆英粉的耐火度比较高，但因其不具备高温下产生固态烧结特性，故都不能有效地防止渗透性粘砂缺陷。如果在常用的石墨基涂料中，加入5%~8%（质量分数）的铬铁矿粉和3%~5%（质量分数）的氧化铁粉，促使涂料在高温下形成高强度的致密烧结层，则有利于防止渗透性粘砂及脉纹缺陷的产生。防渗透性粘砂涂料配方，可参考表11-21中序号2。

表 11-21　自硬呋喃树脂砂铸铁件用涂料配方

序号	涂料名称	主要组成（质量分数，%）									
		石墨粉		铬铁矿粉	锆英粉	MgO	CaO	氧化铁红 Fe_2O_3	锰铁粉	滑石粉	松香	黏结剂
		土状	鳞片状									
1	通用涂料	79~75	15					3~5		0.5	0.3	2~4
2	防渗透性粘砂涂料	60~52	10	10~12	12~15			4~6				3~4
3	球墨铸铁件用阻硫涂料	56~46		3~5	10	10~12	4~6	3~5	0.5~1.0			2~4
4	醇基快干涂料	60	13		18			7				1.5（钠基膨润土）

注：1. 常用黏结剂有：钠基膨润土、锂基膨润土及酚醛树脂（醇基涂料）等。
　　2. 表中醇基快干涂料的载体为酚醛酒精溶液。将4kg酚醛树脂和0.8kg乌洛托品加入40kg酒精中配制而成。

碲能促使金属液快速冷却，提高铸件的致密性。为了更有效地防止铸件局部产生显微缩松等而导致渗漏和粘砂等缺陷，还可采用具有激冷作用的碲粉涂料，$w(Te) < 10\%$，刷涂厚度≤0.1mm。在浸（刷）水基石墨铁红涂料且烘干后，在产生缺陷需刷碲粉涂料部位，须先刷一层纯石墨涂料作为底（使局部营造还原性气氛），干燥后，再刷碲粉涂料。这样，才能获得预期效果。

（2）阻硫涂料　球墨铸铁生产中，易在铸件表层内产生局部球化不良缺陷。产生该缺陷的主要原因是型砂中的含硫量过多，因此要避免产生该缺陷的最主要措施是尽量降低型砂中的含硫量，$w(S) < 0.10\%$。另一方面是要使涂料受热烧结或熔融与砂型（芯）表面形成结实、致密的烧结层，成为一道屏障，发挥阻挡、隔离、屏蔽及吸硫作用。使型砂中的硫及所产生的含硫气体不与铁液表面相接触，以免消耗局部铁液表层中的残余镁量。因此，要在涂料组分中加入吸硫、阻硫等材料，配制成烧结型、反应型阻硫涂料。其中铬铁矿粉具有优越的高温固态烧结特性。反应型涂料，是在涂料中添加了能与含硫气体（SO_2）发生化学反应，并能生成固态硫化物而沉积在涂料层中的材料。它具有很强的吸附和捕捉 SO_2 气体的作用，从而起到阻硫效果，减轻型砂中硫的有害作用。例如加入 CaO、MgO 及锰铁粉等材料，其与型砂中的硫或含硫气体相接触发生反应，分别形成 CaS、MgS、MnS 等固态硫化物。球墨铸铁件阻硫涂料配方，可参考表11-21中序号3。

2. 涂料的配制及施涂

（1）涂料的配制　为确保大型复杂铸铁件及特种用途涂料质量，涂料的配制过程为将各种原材料称量并输送到碾压机中。加入适量溶剂（载体），进行较长时间（3~5h）的碾压。使膨润土等黏结剂与物料进行充分混练、研磨、细化、均匀化，促使黏结剂的膨润，使涂料具有更好的黏结性等使用性能。不过这种方法的生产率较低，可以选用球磨机、胶体磨等其他设备进行配制。

将碾压机内排出的膏状半成品，转入搅拌机中，并添加适量溶剂，进行充分搅拌。使涂料分散、均匀化，同时将涂料浓度调至所需值备用。必须指出：为确保涂料的高黏结性能，配制过程中的碾压工序是必不可少的。不能不经过充分碾压，就直接将物料放入搅拌机中，仅进行短时间搅拌后备用。对于性能要求一般的水基或醇基涂料，可直接使用搅拌机制备而成。

（2）涂料的施涂　目前涂料的施涂方法主要有：刷涂、喷涂、浸涂、流涂、粉末涂料施涂、静电喷涂等。每种施涂方法有各自的特点及适用范围。应根据铸件的结构特点、技术要求、铸造工艺、生产性质及生产条件等，选用适宜的施涂方法。其中前四种方法应用较为普遍。

1）对施涂质量的主要要求。要使涂料层表面光滑平整、无刷痕、波痕、流淌、局部堆积；达到铸造工艺所需的涂层厚度，并保持厚度的均匀一致。尤须注意防止砂型（芯）外圆角部位的涂层过薄及内圆角、凹坑部位的涂层聚积过厚等；借助于毛刷的压力（刷涂）、喷出的高速压力（喷涂）、涂料的静压力（浸涂）、低压力下大流量涂料对砂型（芯）表面的浸润及重力作用（流涂）等，涂料被渗入、压入砂型（芯）表层砂粒之间的间隙中，并黏附其上而形成结实、致密的涂料层。涂料渗入、被压入砂型（芯）表层的数量及深度越大，黏结附着力就越大，涂料层的功能效果越好。因此，必须精细进行施涂操作，才能获得预期的施涂质量效果。

2）涂料层厚度。自硬呋喃树脂砂型，对涂料层渗透深度的要求更高，一般应达到0.3~0.5mm。大型复杂铸铁件应达到1mm。涂料层须有适当的厚度，过薄或过厚的涂料层均不利于获得良好效果。对于大型复杂铸铁件，如气缸体、链轮箱体、飞轮、调频轮等，因涂料层所处的工况条件非常苛刻，如高温铁液浇注时的冲刷作用力大、时间较长等，要求涂料层具有更强的功能。涂料层的厚度，一般应达到0.8~1.6mm。为达到所需厚度，至少要刷涂两次（遍）。刷完第一遍涂料后，待晾干或进行轻微程度的表面烘烤、冷却后，再刷第二遍涂料。一定要注意控制火焰的烘烤程度不要过大，以免影响两遍涂料之间的黏结强度。防止出现"两层皮"、涂料层剥离、脱落，致使铸件产生夹杂等铸造缺陷。

对于气缸体等大型复杂铸铁件，为了增强涂料层的功能，既具有良好的耐火度，又具有较高的强度等。第一遍涂料可采用水基石墨粉涂料，见表11-21中序号1。第二遍涂料可采用醇基快干涂料，见表11-21中序号4。

11.3.3　铸型的干燥

自硬呋喃树脂砂型（芯）的干燥，主要是为了除去其中的水分，以提高型砂和涂料层的强度，降低发气量和减少气孔等铸造缺陷。干燥方法要根据铸件的结构特点、技术要求、铸造工艺、生产性质及生产条件等因素进行选用。

1. 中、小型铸铁件铸型的干燥

对于结构形状较简单、技术要求不高的小型铸铁件，采用醇基涂料，进行点燃干燥后，即可进行合箱浇注。

对于技术要求较高的中、小型重要铸铁件，采用水基或醇基涂料点燃干燥后，尚需进行适度的表面干燥。干燥方法可选用燃油（气）喷灯、氧气-乙炔火焰、热风、微波及远红外线干燥等。当选用燃油喷灯或氧气-乙炔火焰干燥时，为获得预期的干燥效果，须注意以下几点。

（1）火焰强度　火焰强度不能过小或过大。如果火焰强度过小，则可能使干燥程度不够；如果火焰过强、火焰距砂型（芯）表面的距离过小或使火焰集中在局部区域等，则容易引起涂料层开裂或使局部黏结剂被过烧等，从而引发涂料层剥离，导致产生夹杂等缺陷。

（2）火焰运行速度　应使火焰以适当的速度运行，砂型（芯）表面获得均匀的干燥。

（3）干燥时间　根据砂型（芯）大小等具体情况，控制干燥时间，以获得适宜的干燥程度。

砂型表面经干燥后，特别是对于设置外冷铁的铸型，应立即进行合箱浇注。

2. 大型铸铁件铸型的干燥

对于大型铸铁件，特别是气缸体、链轮箱体等大型复杂铸铁件铸型，无论采用水基或醇基涂料，都需要进行较大程度的干燥。目前常用的干燥工艺方法有以下两种。

（1）干燥炉内干燥　将砂型（芯）放入干燥炉，加热到 220～230℃，保温 4～6h，待在炉内适当冷却后出炉。这种方法需要有较大的干燥炉设备。

（2）热风干燥　目前较普遍采用的是热风干燥。将全部砂芯在铸型中组装完毕并合箱后，根据铸型尺寸大小，同时采用 2～4 台移动式热风机，将热风软管从预设的冒口中插入砂型底部，利用热风进行干燥。热风温度一般控制在 160～180℃ 的范围内，干燥保温时间为 10～12h，然后即可进行浇注。

要特别注意对热风温度及时间进行管控。热风软管出风口，不要与砂型（芯）表面直接相碰，要保持适当距离、热风温度不要过高或保温时间过长等。防止强热风对局部砂型（芯）表面的过度烘烤，使型砂强度丧失、呈现"塌砂"，造成重大废品。

11.3.4　铸型的刚度

1. 问题的提出

灰铸铁和球墨铸铁是结晶凝固范围较宽的铁碳合金。灰铸铁的共晶凝固为层状-糊状的中间凝固方式；球墨铸铁的共晶凝固是典型的糊状凝固方式。铸铁的凝固过程，可能在铸件断面各处同时进行，存在液-固相共存的糊状区域。尤其是厚大的铸铁件，冷却速度较为缓慢，铸件断面的温度梯度小。在温度最高的最后凝固的铸件断面中心部位或热节区域，容易发展成为树枝状等轴晶组织。当较粗大的等轴晶相互连接以后，尚未凝固的中心液体被分割成一个个互不沟通的独立的小"熔池"。采用普通冒口进行补缩时，因其补缩通道已被堵塞，铁液已流不进去，所以补缩很难奏效。当最后凝固的小"熔池"凝固时，由于得不到及时充分的补缩，在这些最后凝固的中心区域或热节处形成分散性的内部缩松缺陷。这是降低铸铁件致密性的重要因素之一。

灰铸铁和球墨铸铁结晶凝固的重要特征，是高温铁液随着温度下降直至结晶凝固全过程，都伴随有石墨的析出。在结晶凝固时析出的石墨，会产生体积膨胀。在铸铁凝固过程中，体积的变化与石墨析出的特征（如石墨的形状、大小、数量及分布状态等）密切相关。应充分利用石墨化膨胀来抵消凝固过程中的收缩而起到自补缩作用。若想有效地达到此目的，就必须创造一个最根本的前提，即铸型须具有足够的刚度。它能阻止在石墨化膨胀压力作用下产生的型壁迁移，能防止铸件向外的胀大，迫使析出的石墨只能单向铸件内部进行膨胀、挤压。在此向内的膨胀压力作用下，从而起到自身的补缩作用，以达到消除铸件内部缩松的目的。这也是部分铸铁件实现无冒口铸造的最重要条件之一。要充分发挥石墨化膨胀所产生的自补缩作用，一方面是要适当提高石墨化程度；另一方面是要适当提高铸型的刚度，才能获得借以减少或消除铸件内部缩松，提高铸件致密性的目的。如果铸型（包括型芯）刚度不够，在石墨析出而产生体积膨胀时，造成型壁移动，不能发挥自补缩作用，而易产生缩松或出现渗漏。

2. 提高铸型刚度的主要措施

要综合考虑铸型刚度、透气性及退让性等之间的相互影响，取其最佳的综合效果。现将适当提高铸型刚度的主要措施简述如下。

（1）提高型砂的强度 在普通黏土砂型中，湿砂造型的型砂强度最低，湿型的刚度最差，容易产生膨胀等缺陷。采用湿型生产球墨铸铁时，产生内部缩松等缺陷较多。对于致密性要求较高的铸铁件，应尽量采用干型铸造，并适当提高型砂强度，使铸型具有比湿型更高的刚度。

自硬呋喃树脂砂，具有强度高、透气性能好等独特优点。正确选定树脂砂的组成及配制，可使型砂强度达到较高值，以确保铸型具有足够高的刚度。

（2）提高砂型（芯）的紧实度 在手工造型时，要适当提高型砂的紧实度，并使紧实均匀。尤须注意箱带底下或其他舂砂不便的部位，要细致进行操作，以免出现局部型砂松散、强度很低，严重降低铸型刚度，并引发砂孔、粘砂、缩松等缺陷。

为了增加砂型（芯）的强度和刚度，应酌情设置芯骨。对于大型砂芯的芯骨设计（结构形式、材质及尺寸等）尤为重要，既要确保砂芯的强度和刚度，又要便于浇注后的清理等，还应合理设定芯骨外表面的砂层厚度。造型（芯）时要使型砂有足够的紧实度，才能更有效地确保整体铸型的刚度。

对于球墨铸铁大型曲轴等重要铸铁件，可采用特制的振实台造型，以有利于提高铸型的刚度，更有效地克服曲轴内部缩松缺陷。

（3）砂箱的刚度 大型铸铁件铸造用砂箱，不但要具有所需的强度，更应有很高的刚度。它是确保整个铸型具有足够刚度的基础。要合理设计大型砂箱的结构形式，尽量采用整体结构。当采用由四块组装而成的可卸式组合结构时，须采取有效措施，使组装后的整体砂箱有足够的刚度，在使用中不会产生松动或变形。

铸型合箱组装后，必须牢固把紧，严防浇注时出现抬型、胀型等现象。

（4）砂衬金属型铸造 对于外形结构较简单而致密性等技术要求又较高的铸铁件。当采用自硬呋喃树脂砂铸造难以满足质量要求时，可酌情采用砂衬金属型铸造，如大型活塞裙、柱塞及活塞等。由于适当加快了铸件的冷却速度和提高了铸型的刚度，更有效地利用石墨化膨胀而产生的自补缩作用，获得了致密的结晶组织，减少局部缩松等铸造缺陷。

（5）冷铁及特种砂的应用 在铸件的局部厚壁区域或热节处，设置适当的冷铁或采用铬铁矿砂、钛铁矿砂及石墨砂等特种砂，可适当加快该部位的冷却速度和增强铸型的刚度。从而可使结晶组织更加致密和避免产生缩松等缺陷，能显著提高铸铁件的致密性。

11.3.5 铸型的透气性

在铁液的充型及结晶凝固过程中，由于铁液与铸型壁、砂芯发生界面反应，砂型（芯）中水分的蒸发、有机物的燃烧及碳酸盐的分解等，会产生大量气体，还有从铁液中析出并上浮至铁液表面的气体等。气体受热作用后，体积要膨胀。当膨胀受阻时，压力就会增加。型腔中的大量气体，随着压力的增加，便要向阻力最小的方向伸展。为了能及时而充分地将铸型内的大量气体向型外排出，故要求铸型具有很高的排气性能。以免铸件产生侵入性气孔等缺陷，降低致密性。现将提高铸型透气性的主要措施简述如下。

1. 提高型砂的透气性

型砂的透气性是整个铸型透气性的基础。提高型砂的透气性，不但能直接减少产生气孔的危险性，同时还能加快铸件的冷却速度、减少缩松缺陷，提高铸件的致密性。在长期的生产实践中，采用自硬呋喃树脂砂生产气缸体、链轮箱体等大型复杂铸铁件，选用天然硅砂粒度为40/70

号筛，具有良好的透气性能。还须注意，应尽量减少型砂组分中的挥发物成分，以减少浇注时的发气量。如果产生大量气体，不但直接增加产生气孔的危险性，同时还可能阻碍铸件的补缩，增加缩松的形成倾向，降低铸件的致密性，容易产生渗漏现象。

2. 出气孔

为了及时顺畅地将铸型内产生的大量气体排至型外，必须设置适当的出气孔。设置出气孔的位置：铸件浇注位置的最高处，即铁液最后到达的部位；砂芯发气或蓄气较多的部位；型腔中气体难以排出的"死角"部位等。

根据铸件的结构特点及铸造工艺等因素，合理设置出气孔的位置、形状及数量等。一般不宜将出气孔设置在铸件的热节或厚壁部位，以免形成接触热节，导致产生缩孔、缩松等缺陷。采用置于铸件顶部的明出气孔，型腔直接与型外相通，使排气更加顺畅，还便于观察型内铁液的充型状态及充满高度等；也可采用将出气孔设置在铸件顶部的侧面，引出过道与型腔相通，可防止掉落的散砂直接进入型腔。与铸件连接的出气孔根部尺寸，切勿过大或过小。尺寸过大，容易形成接触热节，引发根部下方的局部缩孔、缩松缺陷；尺寸过小，则不能很好地起到排气作用。出气孔根部的最小厚度（或直径），一般可取所在处的铸件壁厚的 0.4 ~ 0.6。对于没有设置明冒口的铸件，出气孔根部的总面积，最小应为内浇道总面积的 1.3 ~ 2.0 倍。出气孔根部与铸件连接处，根据铸件大小及厚度等，可适当留出高度为 1 ~ 5mm 的凸台。防止在铸件清理中，击断出气孔时损伤铸件本体。出气孔根部往上尺寸，可适当放大或设置溢流杯。浇注时让其溢流出含夹杂物的低温铁液，还可防止在出气孔根部产生气孔等缺陷。常用出气孔结构形式如图 11-14 所示。常用出气孔的形状有圆形、扁形及楔形（薄壁铸件）等。小型铸铁件常用出气孔根部直径为 10 ~ 15mm，中型铸铁件为 13 ~ 30mm，大型铸铁件为 30 ~ 60mm。

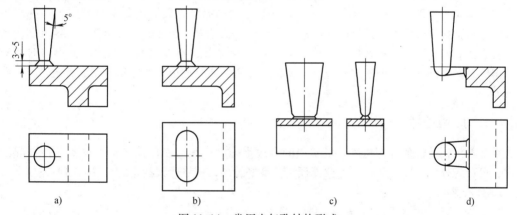

图 11-14　常用出气孔结构形式
a）置于铸件顶部的圆形出气孔　b）置于铸件顶部的扁形出气孔
c）置于薄壁铸件顶部的楔形出气孔　d）置于铸件侧面的圆形出气孔

3. 砂芯的排气

铁液浇注时，砂芯常被铁液包围或沉浸在高温铁液中。它的受热程度最高，产生的气体最多，排气条件最差。有很多砂芯，如夹层砂芯等，排气很困难，仅能通过很小的芯头向外排气。铸造生产中的气孔缺陷，有很大部分是由于排气不畅所产生的。特别是气缸体、链轮箱体等重、大复杂铸铁件，都是由形状、大小各异的数十件砂芯组成的。制芯时要采取特制的排气芯骨管、选择合适的砂层厚度、布放通气绳或碎块焦炭等多项措施，以减少砂芯的发气量和提高排气能力。通过芯头引出的排气通道及诸多砂芯彼此之间排气通道的连接处等，都须严密处理得当。要采用密封泥土等填塞芯头间隙及引气过道周围。严防高温铁液"钻进"芯头中的出气道等而将排气通道堵塞。

4. 铸型壁的排气

根据铸件的结构特点等，选用大小适宜的砂箱。砂箱壁上须设有足够数量的排气小孔。根据砂箱大小，排气孔径为 8 ~ 30mm。模型最大外缘处至砂箱内壁的最小距离可取：小型铸铁件为 25 ~ 35mm；中型铸铁件为 40 ~ 100mm；大型铸铁件为 100 ~ 200mm。造型时，既要保持足够均匀的紧实度，又要有良好的透气性。最上层铸型（上箱）中，除设有明排气孔外，还应在背面扎出足够数量的小出气孔，孔径为 3 ~ 10mm。对于大型铸铁件，在砂层厚度较大的铸型壁中，要纵横布置通气绳（或草绳），并要与砂箱壁上的排气孔相连通，以便浇注时所产生的大量气体能及时顺畅地排至型外。

5. 引气

浇注时须用明火焰，在铸型周围进行引气。特别是对于浇注大型铸铁件尤为重要。

11.4　适当加快铸件的冷却速度

根据铸铁的结晶凝固特性，铸铁件的力学性能主要取决于化学成分和冷却速度。相同的化学成分，由于冷却速度的不同，可以获得不同的结晶组织和石墨化程度。冷却速度是影响铸铁的铸态组织及性能的最重要因素之一。适当加快铸铁件的冷却速度，可以增加铸铁件断面上的温度梯度，促进顺序凝固，增强补缩作用；有利于加快石墨化膨胀的自补缩能力，减少缩孔、缩松及石墨漂浮等铸造缺陷；细化晶粒，促使形成致密的珠光体基体及细化石墨，使铸铁件具有较高的致密性及力学性能等，故是提高铸铁件质量的十分有效的最重要措施之一。

适当加快铸铁件各断面的冷却速度，建立起较大的温度梯度，主要是靠采用具有不同蓄热系数的造型材料来实现的。铸型的导热能力和蓄热系数越大，激冷能力就越强，铸铁件的冷却速度也就越快。如果铸型的各部位，采用具有不同蓄热系数的造型材料，就能获得不同的冷却速度，借以调控铸件各部位的凝固和补缩。现将常采用的适当加快铸件冷却速度的有效措施，简述如下。

11.4.1　应用冷铁

为适当加快铸件的冷却速度，最常用的有效措施之一是应用冷铁。根据设置在铸件部位的不同，可分为外、内冷铁两种。为获得预期的良好效果，现将冷铁设置的相关问题简述如下。

1. 外冷铁

（1）对外冷铁的主要技术要求

1）材质。外冷铁的材质主要有两类：

① 金属材料。常用的金属材料有铸铁、普通低碳钢板材及圆钢等。铸铁材质的主要优点是材料来源广泛，成本较低；其主要缺点是重复使用次数不能过多，一般控制在 8 ~ 10 次范围内。

② 非金属材料。对于质量要求高的重要铸铁件的工作面，为提高冷铁的激冷能力，采用蓄热系数大的石墨板材，如用废电极制成。

2）外冷铁的工作表面必须光洁、平整，不应有氧化铁层及气孔、砂孔、缩凹等铸造缺陷。每次使用前须进行喷（抛）丸处理，除去锈斑、油漆、污泥等杂质附着物。

3）工作表面应刷涂料或挂蜡处理。

4）使用前要进行预热、烘烤。干型及自硬砂型中的外冷铁，浇注前应保持适当的温度，一般为 50 ~ 80℃，以防止产生气孔等缺陷。

（2）设置外冷铁的主要部位　外冷铁设置在铸件的内、外表面上，即以局部金属代替砂型。在生产实践中，根据铸铁的结晶凝固特性、铸件的结构特点及主要技术要求等，外冷铁主要应用于铸铁件的下列部位。

1）热节区域。铸铁件的种类及结构形式繁多。常出现相邻铸壁厚度不均且相差很大和铸壁交叉连接等，造成局部金属聚积，而形成热节。热节区域最后凝固时，由于不能及时得到充分的补缩而产生缩孔、缩松等缺陷。对于铸铁件，仅靠采用冒口对热节进行补缩是难以奏效的。最有效的方法是在厚壁区域或交叉连接处的圆根部位设置外冷铁，进行均衡凝固控制，从而消除热节，避免产生缩孔、缩松等铸造缺陷。

图 11-15 所示为导座。其材质为 QT450-10，轮廓尺寸为 300mm × 300mm × 240mm（长 × 宽 × 高），主要壁厚为 45 ~ 52mm，毛重约 42kg，技术要求很高。主要工作面都须经精细加工，并进行化学镀镍表面处理。不允许有气孔、缩孔、缩松等任何铸造缺陷，更不允许对缺陷进行修复。该铸件结构形状很简单，但在相互垂直的两壁连接区域形成热节区，热节圆径为 62mm。改进前的铸造工艺示意图如图 11-15a 所示。在热节区设置了一个直径为 90mm 的侧冒口。采用上注式浇注系统，内浇道设置在冒口底部。铁液流经冒口进入型腔，使冒口内的铁液温度最高，以增强补缩作用。将铸件进行解剖检查发现，在热节区域内部有较严重的缩孔、缩松缺陷，使铸件全部报废。产生缺陷的主要原因是浇冒口系统的设计不妥。使铸件的几何热节、冒口根部（接触热节）和内浇道引入处（物理热节）三者相重合，促使产生缩孔、缩松的危险增至最大。球墨铸铁的共晶凝固是典型的糊状凝固方式。当凝固进行到约 70% 时，冒口的补缩通道容易被形成的较粗大等轴晶组织堵塞，而失去补缩作用。因此，仅靠采用普通大冒口方式来消除热节内的缩松缺陷是很难的，尚须采取多种有效措施相配合才能奏效。

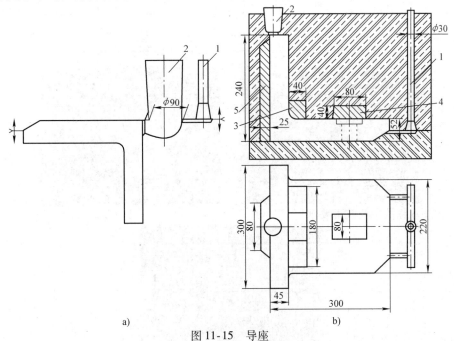

图 11-15　导座

a）改进前的铸造工艺示意图　b）改进后的铸造工艺简图

1—浇注系统　2—冒口　3—内圆根部位的石墨外冷铁　4—螺孔部位的石墨外冷铁　5—侧面石墨外冷铁

要克服该铸件缩孔、缩松缺陷的产生，主要应从以下方面采取措施：首先不应使接触热节、物理热节与几何热节三者相重合，改为分散设置，将产生内部缩孔、缩松的危险降至最低；在铸件的热节部位设置外冷铁,适当加快冷却速度,缩短凝固时间;增加铸件断面的温度梯度,以缩小铸件断面的凝固区域,增强补缩作用;调整化学成分,减少铸件的收缩量,充分利用石墨析出所产生的自补缩;适当降低浇注温度,可减少铁液的液态收缩量及加快冷却速度等。改进后的铸造工艺简图如图11-15b所示。导座的浇注位置与改进前相反,将整个铸件置于上型内,最厚壁平面处于浇注位置下方。取消原侧冒口,改为在铸件顶部设置一个压边冒口。采用底注式浇注系统(带过滤网),内浇道设在铸件最薄部位,使铁液在铸型内较平稳上升。在两铸壁垂直相交的内圆角处等三个部位,设置石墨外冷铁。调整后的化学成分及所达到的铸态力学性能,见表11-22。化学成分中,适当增加了碳当量,提高石墨化程度,增强石墨化膨胀所产生的自补缩作用。将铸件的浇注温度控制在1330~1350℃范围内。球墨铸铁导座本体的铸态金相组织如图11-16所示。铁素体基体,其铸态力学性能等均高于技术要求。铸件经精细机械加工及解剖检验,均未发现任何铸造缺陷,完全满足订货要求。

表 11-22　球墨铸铁导座的化学成分及铸态力学性能

控制范围及实测值		化学成分(质量分数,%)								铸态力学性能		
		C	Si	Mn	P	S	RE	Mg	CE	抗拉强度 R_m/MPa	伸长率 A(%)	硬度 HBW
控制范围	球化处理前(炉中)	3.70 ~ 3.82	1.20 ~ 1.60	≤0.40	≤0.04	≤0.020						
	球化处理后	3.40 ~ 3.70	2.70 ~ 2.80	≤0.40	≤0.04	≤0.020	0.010 ~ 0.025	0.040 ~ 0.050	4.60 ~ 4.75	≥450	≥10	160 ~ 210
单浇试样实测值		3.80 (炉中)	2.68	0.17	0.04	0.017	0.013	0.045	4.69	489	15.9	160

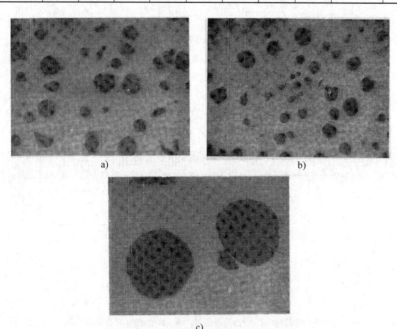

a)

b)

c)

图 11-16　球墨铸铁导座本体的铸态金相组织
a) 腐蚀前(×100)　b) 腐蚀后(×100)　c) 腐蚀后(×400)

在铸件肥厚区域、局部热节处及铁液过流区域等设置外冷铁，对铸件整体或各部位的冷却速度及铸件断面的温度梯度进行调节。由于适当加快冷却速度、缩短凝固时间，可防止球化、孕育处理效果衰退，石墨形态能得到很大的改善，如避免出现石墨粗大或产生畸变、提高球化率、石墨球径尺寸缩小和增加石墨球数量等；细化晶粒，结晶组织致密，提高力学性能及致密性，特别是能显著提高铸态铁素体球墨铸铁的低温冲击性能，这对于风电球墨铸件更具特殊重要意义。图 11-17 所示为球墨铸铁壳体铸造工艺简图，属于风电产品零件。该壳体的轮廓尺寸为 $\phi 500mm \times 360mm$（最大外径×总高），材质为 QT400-18L，重约 150kg，主要壁厚为 35mm，联接法兰厚度为 65mm。力学性能：$R_m \geqslant 400MPa$，$R_{p0.2} \geqslant 240MPa$，$A \geqslant 18\%$，硬度为 120 ~ 175HBW，$-20℃$ 时 A_{KV}（三个试样的平均值）$\geqslant 12J$，个别值$\geqslant 9J$；主要金相组织为铁素体；不允许有砂孔、气孔、缩孔、缩松等铸造缺陷；铸件需在 550 ~ 600℃ 温度下进行消除铸造内应力的退火热处理。该风电铸件的质量要求较高，属于冷铁应用较典型实例。

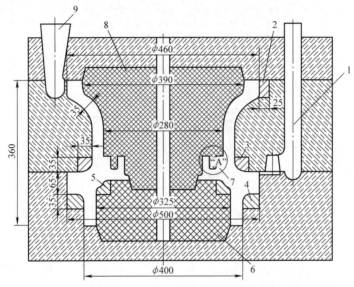

图 11-17　球墨铸铁壳体铸造工艺简图

1—设有过滤器的双面缓流式浇注系统　2—壳缘部位外冷铁　3—法兰背部圆根区域外冷铁
4—联接法兰底平面外冷铁　5—内圆根区域外冷铁　6—下部砂芯
7—"A"槽部位采用铬铁矿砂　8—上部砂芯　9—侧冒口

根据该铸件的结构特点及主要技术要求，采取将主要联接法兰面朝下的垂直浇注位置。为便于起模、组芯，设置两个分型面。采用设有陶瓷过滤器的双面缓流式浇注系统，具有较强的挡渣能力。为适当加快厚壁区域、热节圆根部位的冷却速度，防止产生局部缩松等铸造缺陷，分别设置外冷铁 2、3、4、5。采用自硬呋喃树脂砂造型、制芯。为防止"A"槽内产生粘砂缺陷和消除热节，该部位芯砂采用铬铁矿砂。应严格控制化学成分及熔炼全过程，确保铁液的高冶金质量。铸件的浇注温度为 1340 ~ 1350℃，获得了很好的预期效果。

2）重要的工作表面。铸件上需要进行精细机械加工的重要工作面，技术要求是最高的。如大型柴油机气缸体的上平面及安装气缸套的气缸筒内表面、大型柴油机气缸盖与燃气相接触的底部及柴油机活塞顶部等。这些铸件部位的共同特点，都是承受负载最大的重要工作面，铸壁较厚。设置合适的外冷铁，加快该局部的冷却速度，细化结晶组织，可提高铸件的致密性及力学性能等。

　　图 11-18 所示为球墨铸铁传动轴铸造工艺简图。该传动轴的材质为 QT400-18A，轮廓尺寸为 ϕ250mm×450mm（最大圆径×总长），主要壁厚为 35mm，毛重约 51kg。铸件的全部表面，都需进行精细机械加工，技术要求很高。不允许有气孔、缩松及夹杂等任何铸造缺陷，更不允许对缺陷进行修补。安装前须逐件进行动平衡检测，不允许铸件内部有局部缩松等影响动平衡的任何轻微的铸造缺陷。

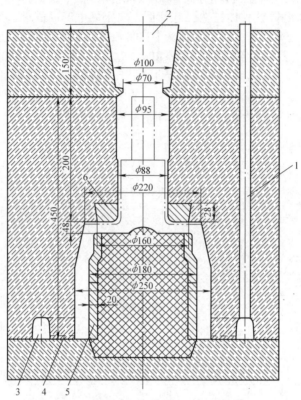

图 11-18　球墨铸铁传动轴铸造工艺简图
1—底注式浇注系统　2—顶冒口　3—环形横浇道　4—内浇道
5—内表面上外冷铁　6—轴颈部位外冷铁

　　铸造工艺设计：采用垂直浇注位置和底注式浇注系统；4 道内浇道均匀设置在铸件底部，以减少铸件周围的温度差；设置了过滤网，以提高挡渣能力；采用顶冒口。生产中产生的主要铸造缺陷及改进措施如下：

　　① 在轴颈圆根部位产生局部缩松缺陷。该圆根部位形成了热节，尽管其上设有较高的冒口进行补缩，在浇注后期往冒口中补浇了高温铁液和采取"捣冒口"等增强补缩措施都未奏效。后来改进工艺，在圆根部位设置了外冷铁，如图 11-18 中件 6 所示（按圆径分由 4 块组成，厚度为 28mm），完全克服了该缺陷。

　　② 筒体（ϕ250mm）段的铸壁中心区域，产生局部缩松缺陷（在进行动平衡检测中发现）。筒体段的壁厚均匀，铸壁较厚。因受球墨铸铁结晶凝固特性的影响，而产生局部缩松。如果采取加大冒口的方法来克服此缺陷是很难奏效的。因此，在内表面上设置了厚度为 20mm 的外冷铁（按圆径分由 4 块组成，彼此间留间隙量 10mm），如图 11-18 中件 5 所示，获得了良好效果。

　　为获得铸态高韧性铁素体球墨铸铁，应确保所需力学性能。充分利用石墨化膨胀而产生的自补缩作用，有利于消除铸壁内部的局部缩松缺陷。球墨铸铁传动轴的化学成分及铸态力学性能见表 11-23。浇注温度应控制在 1340~1360℃ 范围内。

表 11-23　球墨铸铁传动轴的化学成分及铸态力学性能

控制范围及实测值		化学成分（质量分数，%）								铸态力学性能		
		C	Si	Mn	P	S	RE	Mg	CE	抗拉强度 R_m/MPa	伸长率 A(%)	硬度 HBW
控制范围	球化处理前（炉中）	3.70~3.85	1.00~1.40	≤0.30	≤0.035	0.020						130~180
	球化处理后	3.50~3.70	2.70~2.80	≤0.30	≤0.035	≤0.015	0.012~0.020	0.040~0.050	4.60~4.78	≥400	≥18	
试样实测值		3.86（炉中）	2.76	0.13	0.036	0.012	0.016	0.044	4.78	493	24.3	162

　　按照上述工艺进行生产，全部达到订货技术要求，获得优质铸件。铸件本体的铸态金相组织为铁素体，如图 11-19 所示。

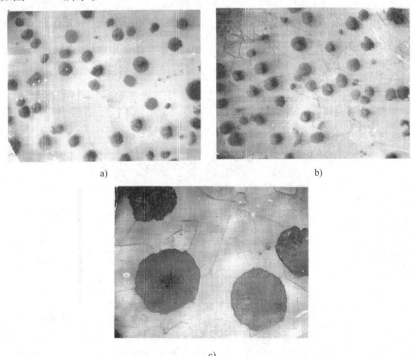

a)　　　　　　　　　　　　b)

c)

图 11-19　球墨铸铁传动轴本体的铸态金相组织
a）腐蚀前（×100）　b）腐蚀后（×100）　c）腐蚀后（×400）

　　图 11-20 所示为球墨铸铁壳体盖铸造工艺简图，属于风电产品零件。其材质为 QT400-18AL，重约 230kg，轮廓尺寸为 φ1060mm×90mm（最大外径×总高），主要壁厚为 46mm，最小厚度仅有 10mm。虽然结构较简单，但联接法兰面的质量要求很高，不允许有任何铸造缺陷，要求内部

结晶组织很致密。根据结构特点，采取将联接法兰面朝下的水平浇注位置。采用具有过滤器的双面缓流式浇注系统，挡渣能力较强，铁液能较平稳地充满型腔。为防止产生局部缩松等缺陷，确保铸件的致密性，在法兰联接面及内圆角区域，分别设有厚度为25mm的外冷铁。造型材料为自硬呋喃树脂砂，铸型具有较好的刚度，可充分利用石墨析出时的体积膨胀而产生的自补缩作用。仅在铸型顶面设置4个楔形出气孔。严格控制化学成分等影响质量的其他因素。浇注温度为1350~1360℃，获得了较好的效果。

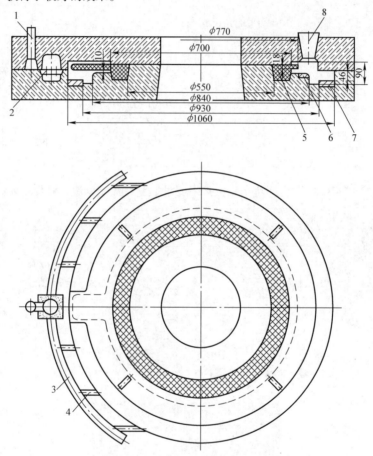

图 11-20　球墨铸铁壳体盖铸造工艺简图

1—直浇道（ϕ40mm）　　2—陶瓷过滤器（100mm×100mm×20mm）　　3—横浇道（$\frac{30mm}{40mm}$×46mm）

4—内浇道（$\frac{28mm}{30mm}$×9mm，共6道）　　5—砂芯　　6—内圆根区域外冷铁（厚度为25mm）

7—法兰联接面外冷铁（厚度为25mm）　　8—楔形出气孔（最小厚度×宽度为10mm×60mm）

3）重要的耐磨表面。对铸件表面要求具有很高的耐磨性能，如机床床身导轨部位及气缸套内表面等。通常采取的主要措施是，选用优良的耐磨铸铁材质和酌情设置合适的外冷铁等。适当加快耐磨表面的冷却速度，可使结晶组织更加致密和适当增加硬度，以提高耐磨性能。

4）球墨铸铁件的厚大部位。对于具有厚大断面的球墨铸铁件，由于冷却速度缓慢，结晶凝固时间延长，会引起球化效果衰退。导致球化率降低，产生石墨形状畸变、石墨粗大及石墨漂浮等缺陷，严重降低力学性能等。因此，必须适当设置外冷铁，以确保球化效果。

（3）外冷铁的主要形式及尺寸选定　外冷铁尺寸的选定，对能否有效地发挥冷铁的激冷作用，以获得预期的良好效果，有着决定性影响。当冷铁尺寸合适，在铸铁完全凝固时，冷铁的吸热作用刚好完成。如果冷铁过厚，则激冷作用过强，容易引起过冷石墨层、硬度过高甚至产生白口层或冷铁下裂纹等缺陷。如果冷铁尺寸过小，则达不到预期的激冷目的。

外冷铁的形式及尺寸选定，主要与设置冷铁的铸件部位的结构特点有关，简述如下。

1）铸铁件相邻铸壁的厚度相差很大及铸壁交叉连接形成局部金属聚积，为消除局部热节而设计的外冷铁形式及尺寸，可参考表 11-24。

表 11-24　铸铁件局部热节部位的外冷铁形式及尺寸

外冷铁形式	尺寸	外冷铁形式	尺寸
1. 用圆片状冷铁冷却法兰盘	1）当 $a \leqslant 40$ 时，$t = (0.4 \sim 0.5)a$ 2）当 $a > 40$ 时，$t = (0.5 \sim 0.7)a$	5. 用异形冷铁冷却直角	1）当 a、$b \leqslant 25$ 时，$d = (0.4 \sim 0.6)dy$ 2）当 a、$b > 25$ 时，$d = (0.5 \sim 0.7)dy$ 3）当 $a \leqslant 25, b > 25$ 时，$d = (0.3 \sim 0.5)dy$
2. 用片状冷铁冷却凸台	1）当 $a \leqslant 40$ 时，$t = (0.5 \sim 0.7)a$ 2）当 $a > 40$ 时，$t = (0.7 \sim 0.9)a$	6. 用两块异形冷铁冷却"T"形热节	1）当 $a \leqslant 20, b > 20$ 时，$d = (0.4 \sim 0.6)dy$ 2）当 $a \leqslant 20, b \leqslant 20$ 时，$d = (0.2 \sim 0.4)dy$ 3）当 $a > 20, b > 20$ 时，$d = (0.4 \sim 0.5)dy$ 4）当 $a > 20, b \leqslant 20$ 时，$d = (0.2 \sim 0.3)dy$
3. 用片状冷铁冷却支承	1）当 $a \leqslant 40$ 时，$t = (0.4 \sim 0.6)a$ 2）当 $a > 40$ 时，$t = (0.6 \sim 0.8)a$	7. 用片状冷铁冷却双边凸台	1）当 $a \leqslant 40$ 时，$t = (0.4 \sim 0.6)a$ 2）当 $a > 40$ 时，$t = (0.6 \sim 0.8)a$
4. 用两块异形冷铁与一块片状冷铁冷却"T"形热节	1）当 $a \leqslant 20, b > 20$ 时，$d = (0.3 \sim 0.4)dy$，$t = (0.3 \sim 0.4)a$，$w = (2.5 \sim 3.0)b$ 2）当 $a \leqslant 20, b \leqslant 20$ 时，$d = (0.2 \sim 0.4)dy$，$t = (0.3 \sim 0.4)a$，$w = (2.5 \sim 3.0)b$ 3）当 $a > 20, b > 20$ 时，$d = (0.3 \sim 0.4)dy$，$t = (0.4 \sim 0.5)a$，$w = (2.5 \sim 3.0)b$ 4）当 $a > 20, b \leqslant 20$ 时，$d = (0.2 \sim 0.3)dy$，$t = (0.4 \sim 0.5)a$，$w = (2.0 \sim 2.5)b$	8. 用片状冷铁冷却"T"形热节	1）当 $a \leqslant 20, b > 20$ 时，$t = (0.4 \sim 0.5)dy$，$w = (2.5 \sim 3.0)b$ 2）当 $a \leqslant 20, b \leqslant 20$ 时，$t = (0.4 \sim 0.5)dy$，$w = (2.0 \sim 2.5)b$ 3）当 $a > 20, b > 20$ 时，$t = (0.5 \sim 0.7)dy$，$w = (2.5 \sim 3.0)b$ 4）当 $a > 20, b \leqslant 20$ 时，$t = (0.5 \sim 0.7)dy$，$w = (2.0 \sim 2.5)b$

2）套筒形铸铁件内表面上的外冷铁厚度，主要与套壁厚度有关，可取壁厚的0.4～0.5，如图 11-21 所示。

3）在风电球墨铸铁件生产中，普遍都要应用冷铁。必须指出：质量要求较高的灰铸铁件，由于碳当量较低，如果冷铁过厚，激冷作用过于强烈，则容易产生渗碳体，致使被激冷部位的表层硬度过高，使机械加工困难等。重要铸件表面单面外冷铁的厚度，一般为被激冷部位铸件壁厚的0.45～0.7；球墨铸铁件的碳当量较高，单面外冷铁的厚度，可取铸件壁厚的0.65～0.8。适当增加冷铁的激冷作用，不仅不易产生渗碳体，反而会更好地改善石墨形态等，获得更好的激冷效果。

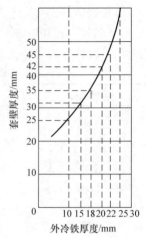

图 11-21　外冷铁厚度与
套壁厚度的关系

4）对于结构特殊而质量要求很高的铸铁件，外冷铁的应用，要根据被激冷部位特殊结构进行设计。例如，大型低速柴油机气缸体上部分的质量要求最高，上部中央气缸筒内要装入大型气缸套，上平面要钻大型联接螺栓孔（一般为 8×M64～8×M80），要求内部结晶组织很致密，并具有较高的力学性能。气缸体的上部分特别肥厚，与其相邻连接壁的厚度相差极大。为适当加快该区域的冷却速度，外冷铁的设置如图 11-22 所示。外冷铁厚度尺寸可参考表 11-25。根据气缸体不同缸径，气缸体上部肥厚区域的尺寸，分别达到 190mm×250mm～370mm×600mm（厚度

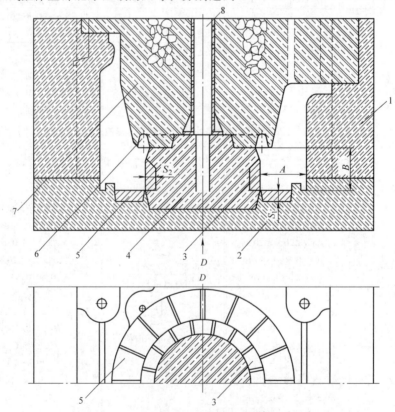

图 11-22　大型低速柴油机气缸体上部外冷铁设置示意图

1—铸型中部　2—铸型底部　3—气缸筒内表面外冷铁　4—气缸筒砂芯
5—气缸体上平面外冷铁　6—环形集渣槽　7—气缸体中央砂芯　8—中央大砂芯特制芯骨管

$A \times$ 高度 B）。根据经验，气缸体上平面外冷铁厚度 S_1 取 $50 \sim 90mm$，按径向分为 $12 \sim 20$ 等份，彼此留间隙量 $15 \sim 20mm$；气缸筒内表面外冷铁厚度 S_2 取 $50 \sim 70mm$，按径向分为 $12 \sim 20$ 等份，彼此留间隙量 $20 \sim 25mm$。外冷铁高度不宜过大，宜控制在 $200mm$ 左右。为获得优质效果，外冷铁采用蓄热系数最大、激冷效果最好的石墨板材制成。如果采用铸铁材质，则冷铁厚度尺寸还应适度增加。

表 11-25　大型低速柴油机气缸体上部外冷铁厚度尺寸

气缸体上部肥厚区域厚度 A/mm	外冷铁厚度/mm	
	气缸体上平面（S_1）	气缸筒内表面（S_2）
$190 \sim 250$	$50 \sim 60$	$40 \sim 50$
$250 \sim 310$	$60 \sim 75$	$50 \sim 60$
$310 \sim 370$	$75 \sim 90$	$60 \sim 70$

注：外冷铁由石墨板材制成。

5）一般灰铸铁件的缩孔、缩松倾向较小，不像铸钢件那样，很注重采用外冷铁来配合控制其凝固过程。但对于碳当量较低的铸态高强度合金铸铁件及球墨铸铁件等，其中有些结构较特殊的铸件，仅靠采用外冷铁，不能完全消除十字形热节部位的内部缩孔、缩松缺陷。要采取调整外冷铁形状、尺寸、位置与增设冒口、避免堵塞补缩通道等措施相配合使用，才更有成效，如图 11-23 所示。

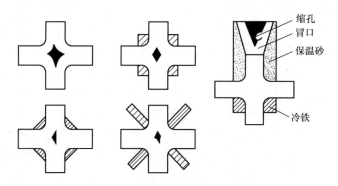

图 11-23　解决十字形截面的内部缩孔、缩松方法示意图

6）根据设置外冷铁部位的铸件结构特点，合理设计外冷铁的形状、尺寸及分布形式等。以防止铸件在凝固及冷却过程中，因收缩受阻，产生较大的应力集中而引起裂纹。现将主要注意事项简述如下。铸铁件的部分外冷铁形式及示意图见表 11-26。

表 11-26　铸铁件的部分外冷铁形式及示意图

序号	外冷铁设置形式	示意图	序号	外冷铁设置形式	示意图
1	将较大平面上的大块外冷铁，分成小块并交错排列		2	外冷铁端部倒成斜角，以形成逐步过渡区	

（续）

序号	外冷铁设置形式	示意图	序号	外冷铁设置形式	示意图
3	异形外冷铁的工作表面不能呈直角，应倒成斜角或圆角	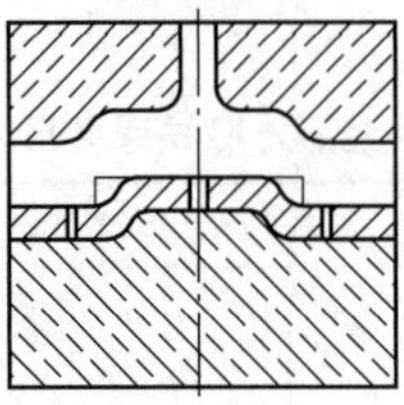	5	用圆钢外冷铁，形成"虚砂"尖	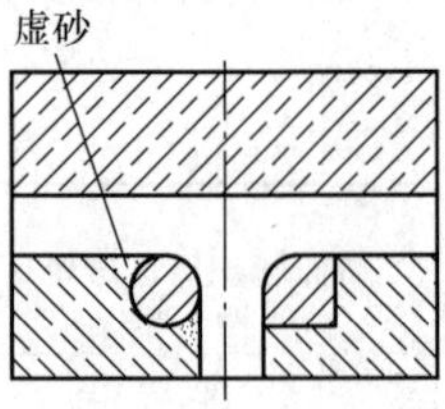 虚砂
4	套筒形铸件内表面上的外冷铁，应分成若干小块	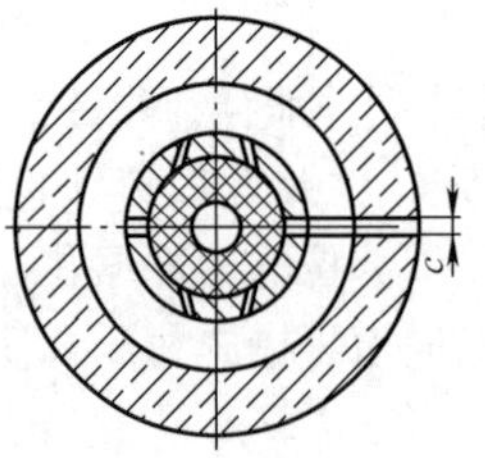	6	厚实部位的底部及相邻侧部都设置外冷铁时，须调控冷铁形状及厚度，使激冷程度逐步过渡	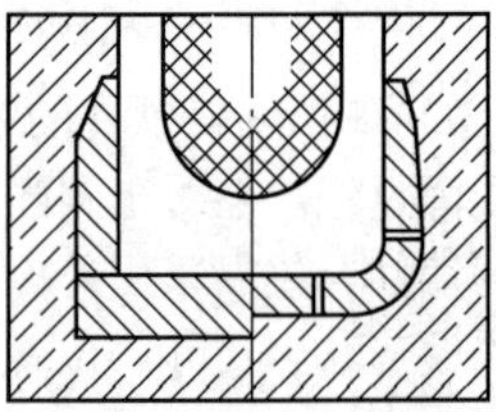 a) 改进前　b) 改进后

表 11-26 中序号 1　铸铁件较大平面上，不宜采用整块尺寸过大的外冷铁，而要改为若干小块拼用的组合方式。单块外冷铁的最大尺寸，一般应 <200mm×250mm（宽×长）。各小块外冷铁应交错排列，彼此之间留间隙量 10~20mm。缝隙中可用型砂或铬铁矿砂填塞。如用后者充填，不但有较好的退让性，而不致阻碍铸件的收缩，还具有激冷作用。经实际使用，效果较好。

表 11-26 中序号 2　外冷铁的激冷作用较强，冷铁和砂型交界处，由于铸铁凝结层厚度不同，凝固收缩而移动等，导致产生裂纹。故外冷铁端部应倒成斜角，使铸件形成逐步平缓过渡的被激冷层。

表 11-26 中序号 3　铸件凹沉部位的外冷铁，其工作表面不应呈直角。为避免阻碍铸件收缩，应改成斜度或呈圆角。

表 11-26 中序号 4　套筒形铸件或轮形铸件的轮毂内表面上的外冷铁，视其直径大小，应按径向分成4~20小块，彼此间的间隙量为 10~25mm。冷铁缝隙中，可用铬铁矿砂、芯砂或石棉绳等填塞。外冷铁的最大长度，宜为200mm 左右，不宜过长。如果铸件内表面较长，则上、下层叠加的外冷铁应交错排列。

表 11-26 中序号 5　为消除铸壁交叉连接形成的热节，避免产生内部缩松缺陷，通常在内圆角处设置外冷铁。当圆角半径 <18mm 时，可用圆钢截成的外冷铁。但会形成尖角"虚砂"，容易出现掉砂，而引发砂孔等缺陷。故应尽量采用成形外冷铁。

表 11-26 中序号 6　大型柱塞等厚实顶部朝下垂直浇注时，一般在其顶部与相邻侧部都须设置外冷铁。要特别注意冷铁形状及厚度设计。如果外冷铁过厚或呈直角连接，则容易产生裂纹。只有改进冷铁形状及选定合适厚度，才能获得较好的效果。

7）间接外冷铁。当适当减缓对铸件浇注初期的激冷作用时，可以采用间接外冷铁（或称暗冷铁），即在外冷铁的工作面上，覆上厚度δ为 8~15mm 的薄层型砂，如图 11-24 所示。为获得预期的良好效果，应注意以下几点。

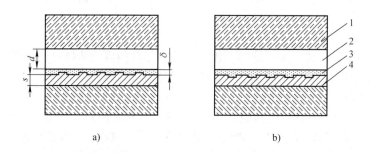

图 11-24　间接外冷铁设置示意图
a) 间接外冷铁工作面上，设有适量小凸条　b) 间接外冷铁工作面上，设有适量小凹沟
1—砂型　2—铸件被激冷部位　3—薄层型砂　4—间接外冷铁

① 间接外冷铁的厚度。为使间接外冷铁仍具有一定的激冷能力，须将冷铁厚度 s 适当增加。一般取铸件被激冷部位厚度（$d < 100mm$）的 0.7~1.0。

② 防止覆砂剥落。因覆砂层较薄，强度较低，浇注时在铁液的冲击作用下，容易出现剥落。可采取在冷铁工作面上设有适量的小凸条或小凹沟等措施，使覆砂层更牢固于冷铁工作面上。

③ 提高覆砂层的通气性。覆砂层型砂，应具有较高的通气性。还可采取在覆砂层内布置适量的细通气绳和在冷铁工作面上钻适量小出气通孔等措施，提高通气性，防止产生气孔缺陷。

8) 对于结构特殊的厚大铸铁件，为更有效地提高厚实部位或大型热节区域的冷却速度，缩短凝固时间，还可采用内腔通风、通水的外冷铁或管道等特别措施。但其工艺操作较为复杂，应用较少。

(4) 外冷铁表面的涂料　外冷铁的工作表面必须刷涂料，以防止产生气孔等缺陷，提高铸件被激冷部位的表面质量。另外还可以略微起到减缓在浇注初期冷铁的激冷作用。常用的主要涂料有以下几种。

1) 石蜡。将石蜡加热成溶液，并保温在 50~60℃ 备用。将冷铁预热到 120~150℃，待空冷到约 80℃ 左右，浸入到石蜡溶液中，然后取出备用。即在冷铁表面挂上了较均匀的薄层石蜡，以防止冷铁生锈。

经挂蜡处理后的外冷铁，可用于湿型或干型铸造。

2) 石墨型涂料。一般铸铁件，采用普通黏土砂或自硬呋喃树脂砂等造型时，外冷铁工作表面可与砂型同刷石墨型水基或醇基涂料。对于有特殊要求的球墨铸铁件，也可与砂型同刷阻硫涂料等。

3) 覆砂法。大型铸铁件上特殊的较大面积外冷铁，将其加热到 60~100℃，均匀地刷上一层桐油或亚麻油，再撒上一层粒度为 50/100 号筛~70/140 号筛的天然硅砂，砂层厚度约 1mm。然后进行烘干，烘烤温度为 220~250℃，保温时间为 40~60min。油干化而将砂粒牢固地黏附在冷铁工作面上。薄层油膜既可缓和冷铁初期的激冷作用，又可减少冷铁表面的凝聚水分。薄层砂粒形成铁液与冷铁之间不湿润的空间，其中即便容纳微量水汽也无害。

由于覆砂法工艺较为复杂，尽管在生产中应用效果尚好，但现在大都采用刷涂料工艺。

（5）外冷铁应用中产生的主要铸造缺陷及对策　在外冷铁应用中，由于设置不当或管控不严等，会产生铸造缺陷。外冷铁在铸铁件生产应用中产生的主要铸造缺陷、原因分析及预防措施，见表11-27。

2. 内冷铁

铸铁件很少应用内冷铁。特别是对于致密性要求很高的重要铸铁件，如需要进行致密性能试验（水压或气压试验等）和有无损检测要求（如超声波、磁粉检测等）的铸铁件，一般不宜应用内冷铁。因为内冷铁的材质选用、形状尺寸设计、表面处理及操作不妥等，都会使内冷铁与铸件本体熔合不良，铸件内部产生微裂纹、气孔及夹杂等铸造缺陷。对铸件内部质量造成很大的不良影响，会严重降低致密性及力学性能。当进行致密性能试验时，可能会出现渗漏现象等。为了避免因内冷铁设计和使用不当而产生铸造缺陷，又不能用钻孔等方法切除缺陷的重要部位，不宜设置内冷铁。如果必须使用，则须精心设计与操作，选用合适材质，进行表面处理（镀铜、挂锡）等，确保与铸件母材熔合良好。

表 11-27　外冷铁在铸铁件生产应用中产生的主要铸造缺陷、原因分析及预防措施

序号	缺陷名称	缺陷主要特征	产生的主要原因	主要预防措施
1	气孔	设置外冷铁的铸件表面，在进行机械加工前、后，发现分散的、大小不等的气孔或出现较为密集的小气孔	1）外冷铁的工作表面未进行喷（抛）丸处理，存有氧化皮、锈斑及油漆等杂质，在与高温铁液接触后，发生化学反应，产生气体而进入铸件内 2）外冷铁工作表面有气孔、缩孔及缩松等铸造缺陷。孔洞中的气体，遇高温铁液后，立即膨胀而侵入铸件内 3）外冷铁工作表面刷涂料后，未充分烘干及浇注前未进行充分预热 4）湿型铸造中，合箱后未及时进行浇注，停留时间较长，外冷铁工作表面凝聚水汽，甚至生锈 5）铸铁材质的外冷铁，如果重复使用次数过多，会使基体组织中的碳化物和珠光体分解，产生不可逆的膨胀"生长"及由表向内的氧化。温度若达到700℃以上，氧化和"生长"都会急剧增加，从而引起石墨脱落和组织疏松，形成细小的微观孔洞或微裂纹。不但使冷铁的激冷能力降低，还会由于这些微孔、微裂纹中存有气体，受热膨胀而侵入铸件内，产生大小及数量不等的单个气孔。如果冷铁材质的碳当量越高，越易产生大量粗大片状石墨，则抗氧化和抗"生长"的能力越低，这种现象越严重	1）工作表面不应有气孔、缩凹及裂纹等缺陷 2）使用前，在进行喷（抛）丸处理后，还要进行浸挂蜡处理 3）干型及自硬砂型中的外冷铁与铸型同刷水基或醇基涂料，并须进行充分烘干 4）浇注前，外冷铁的预热温度应达到50～80℃。合箱后应尽快进行浇注，尽量缩短停放时间 5）湿型中的外冷铁，须保持干燥。单件生产手工造型条件下，造型后至浇注前的停放时间宜＜4h。在阴雨天或空气湿度大的季节更须注意，以防止外冷铁工作表面再凝聚水汽 6）铸铁材质外冷铁的重复使用次数，受铸件结构特性、生产条件及外冷铁材质的化学成分等因素的影响，一般不应超过8～10次。每使用一次，应打上标记
2	裂纹	主要产生在铸件被激冷部位的表层。个别情况，产生在外冷铁与砂型交界处	在本部分"（3）外冷铁的主要形式及尺寸选定"中已有相关内容的论述	控制浇注温度。如果浇注温度过低，则外冷铁的激冷作用更加强烈，易促使产生裂纹；如果浇注温度过高，则会显著降低冷铁的激冷作用

（续）

序号	缺陷名称	缺陷主要特征	产生的主要原因	主要预防措施
3	熔焊	外冷铁"熔焊"在铸件被激冷的局部表面，清除很困难	1）铸铁材质外冷铁的熔点较低，若其靠近内浇道等，则在不断流经的高温铁液的冲刷下，使局部工作表面的温度急剧升高，甚至接近熔点所致 2）铸铁材质外冷铁，经过多次使用，内部组织已严重疏松，更容易被高温铁液冲刷而出现局部被熔化 3）外冷铁工作表面上，存在气孔、缩凹等铸造缺陷 4）外冷铁工作表面未刷涂料、涂刷质量不好而出现局部涂料脱落及涂料层厚度不够等 5）铁液的浇注温度过高	1）外冷铁的材质不宜选用牌号太低（HT100、HT150）的铸铁。因其碳、硅含量过高，内部组织严重疏松，致使使用性能很差 2）内浇道位置宜与外冷铁有较远距离，以减轻高温铁液对外冷铁工作表面的直接强力冲刷作用 3）严格控制铸铁材质外冷铁的使用次数 4）刷好涂料（涂料质量及厚度等） 5）工作表面不应有铸造缺陷 6）选用合适的浇注温度

　　对于结构较特殊的一般铸铁件，为消除局部热节，防止产生内部缩孔、缩松等缺陷及对于特别厚实的一般铸铁件，为适当缩短凝固时间等，仍需要使用内冷铁。只要内冷铁设计及使用得当，就可以获得较好的效果。现将注意事项简述如下。

　　（1）材质　用作铸铁件内冷铁的材质熔点，宜取比铸铁的熔点高。一般采用低碳钢，很少选用铸铁材质。特别是对于厚大铸铁件，内冷铁在高温铁液冲刷下，容易出现过早被熔化，不但起不到激冷作用，还会引发气孔、夹杂等缺陷。对于不很重要的铸铁件内冷铁，也可适当选用铸铁材质。因此，内冷铁材质的选用要根据铸铁件材质、结构特点、技术要求及生产条件等具体情况而定。

　　（2）应用内冷铁的主要部位

　　1）结构较特殊的一般铸铁件，特别是薄壁有孤立局部热节的中、小型铸铁件，如铸壁交叉连接形成的T形、十字形热节处等。适当设置内冷铁，可消除热节，防止产生内部缩孔、缩松缺陷。

　　2）待加工孔。铸件中的加工孔，如轮形铸件的轮毂中心孔、联接螺栓孔等。当不宜采用砂芯时，可酌情设置熔合内冷铁，待机械加工时切除；或采用不熔合内冷铁，如用"铁芯"等，待在铸件清理中清除。

　　3）特别厚实的一般铸铁件，如大型汽锤砧座、大型垫铁等。铸铁材质牌号较低，需采用框架网状结构的圆钢内冷铁，还可提高铸件强度和承载能力等。

　　（3）内冷铁的形式及尺寸选定　根据被激冷部位的铸件结构特点，合理设计内冷铁的形式和尺寸。如果设计不当，则会造成许多不良后果。如果内冷铁尺寸过小及数量不够，则起不到足够的激冷作用；如果尺寸过大或数量过多，则会产生熔合不良及微裂纹等缺陷。

　　1）对于铸壁交叉连接形成的T形或十字形热节处，要设置熔合内冷铁。即要使内冷铁表层被高温铁液所熔融。待铸件凝固后，内冷铁能与铸件熔合成为一体。这类内冷铁，一般采用圆钢。当热节圆直径 D 为 40~100mm 时，圆钢内冷铁的直径 d 可取热节圆直径 D 的 1/5~1/4，如图 11-25a 所示。

　　对于带轮轮缘与轮辐交接处、铸件局部凸台及其他类似部位等，可用铁钉当作内冷铁，如图 11-25b 所示。铸件局部凸台内，也可采用由低碳钢丝（$\phi 3 \sim \phi 6mm$）制成的螺旋状内冷铁，如

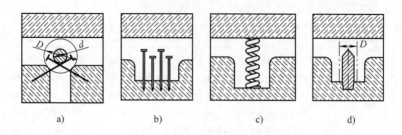

图 11-25　铸件 T 形热节及凸台的内冷铁形式

a）用固定在钉子上的圆钢　b）用钉子　c）用螺旋状内冷铁　d）用圆形内冷铁

图 11-25c 所示。

2）待加工孔的内冷铁。当待加工孔径为 30 ~ 80mm 时，内冷铁直径 d 可取待加工孔径的 2/5 ~ 3/5。内冷铁顶端呈尖锥形或圆锥形（图 11-25d），以防止孔内产生微裂纹等缺陷。

待加工孔，也可设置不熔合内冷铁。对于质量要求很高的待加工孔，当孔径 <70mm 时，可采用整体铁芯，如图 11-26a 所示。整体铁芯的外形应随待加工孔腔形状而定。应力求形状简单，出芯方便，一般取起模斜度为 5°。

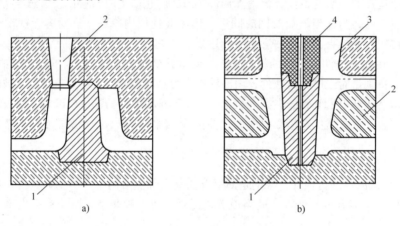

图 11-26　待加工孔中的铁芯示意图

a）整体铁芯示意图

1—整体铁芯　2—冒口

b）组合式铁芯示意图

1—组合式铁芯（共由 4 块组成）　2—内腔砂芯　3—环形顶冒口　4—冒口中砂芯

对于孔径为 80 ~ 120mm 的待加工孔，如大型活塞杆孔等，因孔径较大，可采用组合式铁芯，如图 11-26b 所示。为避免铸件孔壁因收缩受阻而可能产生的表层裂纹缺陷，铁芯分由 4 块组成，彼此留间隙量 8 ~ 10mm，其缝隙用石棉绳填塞。

待加工孔中的整体铁芯及组合式铁芯的工作表面的处理要求与外冷铁相同。

3）特别厚实的一般铸铁件，如铁砧座及垫铁等，可采用圆钢组合而成的框架网状结构内冷铁。圆钢直径为 16 ~ 25mm。大型铁砧座框架网状结构内冷铁示意图如图 11-27 所示，可供参考。内冷铁的总质量为砧座质量的 4% ~ 7%。圆钢直径大小、间距及总质量等，都要根据铸件的结构特点等进行具体设计。

其他特别厚实的一般大、中型铸铁件，如果允许存在局部小的残余铸造应力，也可采用不熔

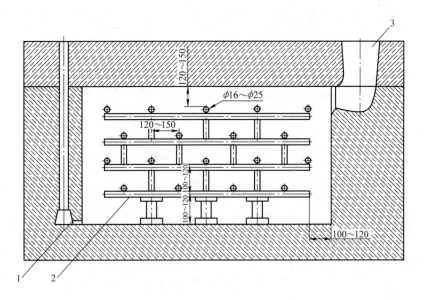

图 11-27　大型铁砧座框架网状结构内冷铁示意图

1—采用一侧（或两侧）底注式浇注系统　2—框架网状结构内冷铁　3—（多个）侧冒口

合的圆形内冷铁等。内冷铁表层不要求被熔融，待铸件凝固后，能与铸件本体紧密地固合在一起。但内冷铁尺寸（直径、长度及数量等）不能过大，以免产生裂纹等缺陷。

根据铸铁结晶凝固特性，由于特别厚实铸件的冷却速度很缓慢，凝固时间很长，会析出大量石墨等，可充分利用石墨化膨胀而产生的自补缩作用。从化学成分、浇注系统、浇注温度、铸型刚度及内冷铁应用等诸方面进行合理控制，可实现无冒口或小冒口铸造，从而获得优质铸件。

4）图 11-28 所示为内冷铁形状设计示意图。图 11-28a 为平顶形状内冷铁，不宜采用。应改为图 11-28b 所示的尖顶形状内冷铁，以便于更好地与铸铁件熔合，防止在顶部产生裂纹等。对于要求进行致密性压力试验的铸铁件，如果内冷铁长期留在铸铁件内，则内冷铁表面应车成尖齿形或沟槽形，如图 11-28c 所示，以防熔合不良而引发渗漏等。内冷铁的形状设计，还要便于在铸型内固定。在高温铁液充型过程中，直至铸铁凝固，内冷铁必须牢固不动。

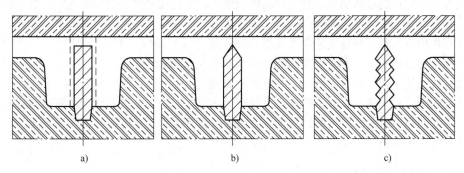

图 11-28　内冷铁形状设计示意图

a）待加工孔中的内冷铁，系平顶形状（不好）　b）设计成尖顶形状的内冷铁

c）设计成尖齿形（或沟槽形）的内冷铁

（4）内冷铁应用中产生的主要铸造缺陷及对策　内冷铁在铸铁件生产应用中产生的主要铸造缺陷、原因分析及预防措施，见表 11-28。

表 11-28　内冷铁在铸铁件生产应用中产生的主要铸造缺陷、原因分析及预防措施

序号	缺陷名称	产生的主要原因	主要预防措施
1	气孔及夹杂	1）未进行喷（抛）丸处理，表面不干净，存在氧化皮、锈斑、油、漆等杂质 2）未进行镀锡、镀铜处理，容易附着水汽等 3）镀锌容易引发气孔 4）铸铁材质的内冷铁被熔化，易引发气孔及夹杂 5）浇注前未适当预热，表面凝聚水汽	1）要进行喷（抛）丸处理，保持表面干净 2）重要铸铁件的内冷铁，一定要进行镀（挂）锡、镀铜处理，不宜镀锌 3）浇注前保持适当的预热温度。表面不能凝聚水汽 4）注意防止铸铁材质的内冷铁被熔化掉
2	裂纹	1）设计不妥 ①直径等尺寸过大，激冷作用过强，阻碍铸件的正常收缩 ②顶端未呈尖锥形或圆锥形 2）浇注温度过低，使冷铁的激冷作用更强 3）碳当量过低，使铸铁的收缩性增大	1）改进设计 ①合理设计直径等尺寸，总量不宜过多，保持适当的激冷作用，不要过分阻碍铸件的正常收缩 ②顶端设计呈尖锥体或圆锥体 2）控制浇注温度不要过低 3）选用适宜的碳当量，控制铸铁的收缩量
3	熔合不良	1）设计不妥，如直径等尺寸过大，使冷铁的激冷作用过强，工作表面未达到熔融状态 2）工作表面不干净，附着杂质。表面未进行镀锡、镀铜处理 3）工作表面有缺陷 4）预热温度不够，浇注温度过低等	1）改进设计 ①合理设计直径等尺寸，不要过大 ②顶端呈尖锥体或圆锥体 ③对于永久留在铸铁件内的内冷铁，应有防渗漏措施（对于有致密性试验的重要铸铁件） 2）表面不能有缺陷，应保持干净，进行镀锡或镀铜处理 3）浇注前有适宜的预热温度（50～80℃） 4）选择合适的浇注温度

11.4.2　砂衬金属型铸造

适当提高铸铁件的冷却速度，能使结晶组织致密、细化珠光体组织和析出的石墨，能显著提高铸铁件的致密性、力学性能和减少缩松等铸造缺陷。金属型铸造的冷却速度较难控制。当控制不当、激冷作用过大时，容易使铸铁件出现硬度过高、加工困难，甚至产生白口、裂纹等缺陷。故金属型铸造的应用受到很大的限制。如果在金属型工作表面上，衬上一层厚度为 8～18mm 的型砂，则可缓和浇注初期的激冷作用，可避免金属型铸造中，容易产生的上述质量问题。在铸铁件的生产实践中，对一些重要的铸铁件，只要结构适宜，如活塞、活塞裙、大型柱塞及部分套筒形铸铁件等，采用砂衬金属型铸造，均可获得很好的质量效果，是提高铸铁件致密性、防止渗漏的十分有效的重要措施。

11.4.3　特种砂的应用

与硅砂相比，特种砂大多具有耐火度高、导热性好、热膨胀性小、热容量大、抗金属溶液及熔渣侵蚀能力强等独特优点。采用特种砂是避免产生缩松、粘砂、裂纹等铸造缺陷和便于清砂、提高铸件质量的非常重要措施之一。因此，特种砂在铸造生产中获得较广泛的应用。

1. 特种砂的主要作用

1）防止铁液渗透性机械粘砂。在用自硬呋喃树脂砂生产铸铁件的实践中，在大型铸铁件上，特别是在厚壁及热节等部位，在高温铁液及较大静压力的作用下，容易产生铁液渗透性机械粘砂缺陷。给铸铁件的清理造成很大困难，防止这种缺陷的最有效措施是采用特种砂。

2）清除局部热节，克服缩松缺陷。一般铸铁件内腔结构复杂，铸壁交叉连接形成局部热节。为清除热节，若设置成形外冷铁，不但制作困难，而且清理极为不便，甚至无法取出。此时，就只能在热节周围采用特种芯砂，使之既能起到一定的激冷作用，又便于清砂。

3）适当加快铸铁件的冷却速度，使结晶组织更加致密，提高铸件的致密性、耐磨性及力学性能等。如石墨芯砂在大型气缸套生产中的应用等。

4）内腔结构复杂的铸铁件，如夹层水腔等砂芯，宜酌情选用特种芯砂。既具有一定的激冷和抗粘砂能力，又能防止出现渗漏现象和便于清砂等。

5）将特种砂进行粉碎，可作为特种涂料或涂膏的成分。增强涂料的特殊功能作用，以提高铸铁件的表面质量。如为了防止铸铁件产生渗透性机械粘砂，可在涂料中加入一定量的铬铁矿粉等。

2. 铸铁件生产中常用的主要特种砂

（1）铬铁矿砂　目前铸铁件生产中，应用最为广泛的特种砂是铬铁矿砂。它的主要矿物成分为 $FeO \cdot Cr_2O_3$，密度为 $4 \sim 4.8 g/cm^3$，耐火度 $>1900℃$，但含有杂质时会降低耐火度。铬铁矿中最有害的杂质是碳酸盐（$CaCO_3$，$MgCO_3$）。它与高温金属液接触时会分解出 CO_2，易使铸件表面产生气孔。因此，对含有碳酸盐的铬铁矿砂，应经 $900 \sim 950℃$ 的高温焙烧，使其中的碳酸盐分解，然后才能在铸铁生产中应用。

铸铁件生产选用的铬铁矿砂的主要物化性能：$w(Cr_2O_3) \geqslant 45\%$，$w(SiO_2) \leqslant 3\%$，$w(Fe_2O_3) \leqslant 1\%$，$w(灼烧减量) \leqslant 0.5\%$，$w(水) \leqslant 0.5\%$；耐火度 $>1800℃$；粒度一般选用 50/100 筛号，使其具有较好的透气性能。铬铁矿砂具有以下主要特性：

1）具有固态烧结性能。铬铁矿砂独具高温固相烧结特性，使其高温抗压强度高。它能封闭型砂颗粒间的孔隙，使型砂间的烧结力，大于原砂膨胀力或金属液的渗透力，使金属液的渗透难以进行，从而能有效地防止金属液渗透性粘砂。根据试验结果，尽管锆砂、石墨砂的耐火度和石墨砂的热膨胀性、激冷能力都比铬铁矿砂好，但都不能有效地防止金属液渗透性粘砂。其根本原因是锆砂和石墨砂都不具有高温固相烧结特性。因此，在用自硬呋喃树脂砂生产铸铁件时，尤其是对于气缸体等大型复杂铸件，对铸型底部的铸件内腔中的厚壁区域或热节处等，都须采用铬铁矿砂，以防止产生渗透性机械粘砂缺陷。

2）铬铁矿砂的热导率比硅砂大好几倍，可使铸铁件的厚壁区域或热节处的冷却速度加快，从而有效地消除热节和防止产生局部缩松缺陷。

3）铬铁矿砂有很好的抗碱性渣的作用，不会与氧化铁等发生化学反应。

由于铬铁矿砂具有以上特性，在生产中获得了较广泛的应用。目前国内的铬铁矿砂产量有限，国内一些公司及瑞士等国都从南非进口铬铁矿砂。其物化性能：$w(Cr_2O_3) \geqslant 46\%$，$w(SiO_2) \leqslant 1\%$，$w(CaO) < 0.5\%$，酸耗值 $<5mL$，$w(灼烧减量) \leqslant 0.5\%$；粒度较均匀，质量很好。

另外，利用铝热法提炼金属铬时所得的副产品（废渣），可以制成铬渣砂（也称高铝铬砂或铬刚玉）或铬渣粉。铬渣砂的密度为 $3.68 g/cm^3$ 左右，耐火度为 $1850 \sim 2000℃$，其 Al_2O_3、Cr_2O_3 质量分数之和 $>90\%$。铬渣砂也具有铬铁矿砂的一些基本特性和可取得一些相同的应用效果。目前在铸铁件生产中应用较少。

（2）钛铁矿砂　作为自硬呋喃树脂砂铸铁件的抗金属渗透性粘砂造型（芯）材料，必须具有良好的高温固相烧结特性、较小的热膨胀性及较大的蓄热能力，以加速金属液凝固。根据试验研究及实际应用结果指出：除铬铁矿砂外，钛铁矿砂也是一种应用效果较好的原砂。

钛铁矿砂属于天然形成的矿砂或岩砂。主要储藏于海砂中，并与硅砂、锆砂、独居石、磷钇矿伴生。其化学分子式为 $FeTiO_3$ 或 $FeO \cdot TiO_2$。理论化学成分：$w(FeO) = 47.3\%$，$w(TiO_2) = 52.7\%$。密度为 $4.7g/cm^3$ 左右，熔点为 1450℃。由于 SiO_2、MgO、CaO、MnO 等杂质的影响，而使熔点降低。由于熔点较低，故仅适用于铸铁件用原砂。其化学成分要求：$w(TiO_2) \geqslant 52\%$，杂质 $w(CaO + MgO) \leqslant 0.5\%$，$w(P) \leqslant 0.025\%$。粒度较细，选用 70/140 筛号。

钛铁矿砂的酸耗值比铬铁矿砂小得多，而与硅砂相近。因此它比铬铁矿砂更适用于自硬呋喃树脂砂工艺，树脂及固化剂的加入量都少于铬铁矿砂。

为试验研究钛铁矿砂的抗金属液渗透性粘砂性能，除在实验室条件下进行相关试验外，还在工厂结合生产进行了试验。采用图 11-9 所示浇注试样。选用 4 种不同芯砂：天然硅砂、复合砂（锆砂 70% + 钛铁矿砂 30%）、铬铁矿砂及钛铁矿砂，分别制成 4 块砂芯。呋喃树脂的加入量为原砂质量的 2.5% 及适量的固化剂。刷醇基锆英粉涂料，厚度为 1.0 ~ 1.5mm。涂刷后的 4 块砂芯，装入同一浇注试样中进行浇注。铁液材质为 HT200，浇注质量为 1000kg，浇注温度为 1360℃。所浇注试样经清理后的状态，如图 11-29 所示。从图中可以看出：钛铁矿砂芯和铬铁矿砂芯，除边角有很轻度的金属渗透性粘砂外，其余部位都很好清理；复合砂芯仅能清理出一部分；天然硅砂的高温特性，决定了其砂型（芯）易发生砂粒间孔隙扩大，故天然硅砂芯全部发生了渗透性粘砂，极其严重，而无法清理。

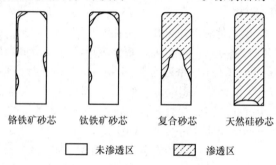

铬铁矿砂芯　　钛铁矿砂芯　　复合砂芯　　天然硅砂芯

□ 未渗透区　　▨ 渗透区

图 11-29　试样件渗透性粘砂状态示意图

在生产实践中已进行了验证。工厂生产的大型低速柴油机气缸体，气缸直径为 560 ~ 800mm，材质为低合金铸铁 HT250，最大壁厚为 200 ~ 346mm，浇注质量为 8 ~ 20t，浇注压头高度为 2400 ~ 3116mm，浇注温度为 1320 ~ 1340℃。在气缸体最容易产生金属渗透性粘砂部位，用钛铁矿砂取代了原来采用的铬铁矿砂。总共浇注了 10 件，都没有出现粘砂缺陷。而且很好清砂，获得了良好的使用效果。已转入正常生产。

经试验研究及生产实践表明：

1) 原砂的高温固相烧结特性、热膨胀性和蓄热能力，是决定型（芯）砂抗金属渗透能力的主要因素。其中高温固相烧结特性是起决定性的影响因素。如果不具备这种特性的原砂，就不可能防止这种粘砂缺陷。

2) 钛铁矿砂具有高温固相烧结特性。它的导热性、蓄热性与铬铁矿砂相近；热膨胀性略大于铬铁矿砂，但远小于天然硅砂；具有良好的抗金属渗透性粘砂能力，可以代替铬铁矿砂；还具有较好的自硬树脂砂工艺性能，完全可用于大型复杂铸铁件生产中。

生产钛铁矿砂时产生的尾砂，其中 TiO_2 含量较低，SiO_2 和 P_2O_5 含量较高，耐火度较低，目前仅是工业废渣。经试验研究表明，如果加入 20% ~ 40% 的铝矾土砂 $[w(Al_2O_3) = 81.7\%]$ 进行改性处理，可改善其高温性能，耐火度由 1410℃ 提高到 1500℃，也是一种抗金属渗透性能优良的铸铁件用特种砂。以它为原砂的自硬呋喃树脂砂的树脂加入量为原砂质量的 1.8% ~ 2.3%，固化剂的加入量为树脂质量的 70% ~ 100%。在毛重为 7.5t、最大壁厚达 200mm 的大型低速柴油机气缸体上，最容易产生金属渗透性粘砂部位。若用这种经改性处理的低品位钛铁矿砂取代原来采用的铬铁矿砂，则浇注的气缸体内腔清砂容易，表面较光洁，无金属渗透性粘砂缺陷。

另外，生产钛合金时的副产品——废渣，经破碎、筛分等工序可以制成钛渣砂。其组成都是非天然矿物，主要相为 $CaO \cdot 6(Al,Ti)_2O_3$、$CaO \cdot 2(Al,Ti)_2O_3$ 和 $(Al,Ti)_2O_3$。钛渣砂的密度为 $3.18 \sim 3.55g/cm^3$，耐火度为 $1750 \sim 1790℃$。它属于碱性砂，因此抗碱性熔渣能力强。目前在铸铁件生产中应用尚少。

（3）锆砂　锆砂是一种以硅酸锆（$ZrSO_4$）为主要成分的矿物。常存于海砂中，与硅砂、钛铁矿等伴生。纯的锆砂是从海砂中经重力、磁力和电力选矿等工艺精选出来的。锆砂的密度为 $4.6g/cm^3$，熔点为 $2430℃$。锆砂中含有少量杂质（Fe_2O_3、CaO 等）时，其熔点降为 $2200℃$。锆砂除具有很高的耐火度外，它的导热率和蓄热系数约比硅砂大一倍，故能使铸铁件冷却凝固较快。对于形状复杂的铸铁件，可用它代替冷铁，起到激冷作用，细化结晶组织。锆砂的热膨胀系数约为硅砂的 1/3，一般不会造成型腔表面起拱和夹砂等，主要用于厚大铸钢件和各种合金钢件生产中。对于个别重要厚大的、高牌号合金铸铁件的局部特肥厚部位，为防止粘砂，可在面砂中加入适量的锆砂。锆英粉可作为抗粘砂涂料成分。在生产大型复杂的气缸体等关键产品时，在醇基涂料中，可加入适量（约 20% 质量分数）锆英粉，能更好地防止表面粘砂，提高铸件的表面质量。

铸造用锆砂，按其化学成分，可分为 4 个等级。$w(Zr,Hf)O_2 > 60\% \sim 66\%$，$w(SiO_2) < 33\% \sim 34\%$，$w(TiO_2) < 0.30\% \sim 3.50\%$，$w(Fe_2O_3) < 0.15\% \sim 0.80\%$。经过精选的锆砂粒度为 100/200 号筛。加工成粉状的锆英粉，95% 通过 200 号筛。

（4）碳质砂

1）碳质砂的主要组成。碳质砂主要包括由石墨、废石墨电极和废石墨坩埚经破碎处理而成的细颗粒，以及由焦炭（或冲天炉熔炼卸炉后未烧掉的焦炭）经碾碎处理而成的细颗粒。

石墨分为鳞片状和无定形（土状）石墨。鳞片状石墨按固定碳含量分为高碳石墨 $w(C) = 94.0\% \sim 99.0\%$、中碳石墨 $w(C) = 80.0\% \sim 93.0\%$ 和低碳石墨 $w(C) = 50.0\% \sim 79.0\%$。铸造生产用的多为中碳和低碳石墨。铸造用无定形（土状）石墨的固定碳含量为 $50\% \sim 90\%$。天然鳞片状石墨的熔点高达 $3000℃$ 以上，一般工业用石墨约为 $2100℃$。石墨是铸造生产中，广为应用的重要辅助材料，是配制铸铁生产用涂料的主要骨料，也是碳质砂中的主要成分。

在生产实践中，根据不同的使用要求，碳质砂的主要种类及组成可参考表 11-29。

表 11-29　碳质砂的主要种类及组成

砂类别	主要成分（质量分数,%）						应用实例
	废石墨电极细颗粒	土状石墨粉	焦炭细颗粒	天然硅砂	黏土粉	水分	
石墨砂	90						大、中型柴油机气缸套中央圆筒形砂芯等
焦炭粉石墨砂		30	60		10	10 ~ 12	机床导轨等面砂
		30	30	30			气缸体、气缸套和气缸盖等夹层水腔砂芯

2）碳质砂的配制。废石墨电极、焦炭及废石墨坩埚等，经碾碎而成的细颗粒，都须进行两

次过筛处理，除去其中的粗大颗粒及微粉，主要颗粒度应为 1 ~ 2.5mm；然后在混砂机内加入黏土粉等物料，充分混合均匀。严格控制水分及混砂时间，达到所需使用性能。

碳质砂芯必须进行烘干，其烘干温度为 400 ~ 450℃。

3）碳质砂的主要用途。以石墨、焦炭细颗粒为原料的碳质砂，属于中性材料，化学活性低。在缺乏空气流中加热十分稳定，不为金属液及其氧化物所浸润，不会产生燃烧。它具有耐火度高、热导率高、热容量大及热膨胀系数很低等独特性能，是提高铸铁件质量很有效的特种砂。它的主要用途如下：

① 能适当加快铸铁件整体或局部的冷却速度，消除热节，细化结晶组织，显著提高铸铁件的致密性及力学性能等。特别是在需要而又不便于设置外冷铁的部位，采用碳质砂能获得很好的效果。如大、中型气缸套的内表面，质量要求很高，而又不适于大面积地设置外冷铁。如果采用石墨砂芯，则可获得很好的效果。

② 对于内腔结构复杂的铸铁件，如气缸体、气缸盖等的夹层水腔，往往出现渗漏及清砂困难等。如果局部采用碳质砂，既能起到适当加快铸铁件局部冷却速度的作用，避免局部缩松、渗漏等缺陷，又便于清砂。

（5）铁质砂　在型（芯）砂中加入适量的经过除锈、除油处理的铁屑（过1mm筛孔）或铁丸（颗粒度为 1 ~ 2mm），组成铁质砂，可起到一定的激冷作用。例如组成（质量分数）：铁屑 60% ~ 70%，型砂 20% ~ 30%，黏结剂用水玻璃 6% ~ 8% 或黏土粉 8% ~ 10%，将它用在柴油机气缸盖下部燃烧室部位或其他铸铁件的局部肥厚、热节等部位，对细化结晶组织、消除热节、防止渗漏等，均可获得较好效果。

其他措施：适当加快铸件的冷却速度，除以上常用的最主要方法外，还可采用一些辅助性措施。如浇注后立即将铸型竖起来，进行吹风或适当浇水等，以增强铸型的散热速度；根据铸件结构特点及技术要求等特殊需要，在砂型（芯）中，预埋适当大小的钢管，在铸件浇注或冷却过程中，在管内进行适度的通风或通水，以加快砂型（芯）的散热速度，从而起到适当增加铸件局部的冷却速度的效果。但是这些措施的具体实施操作较为繁杂，特须慎用。

11.5　改进浇注系统设计

浇注系统对铸铁件的致密性等有着很大的影响。主要应根据铸铁件的结构特点、材质、技术要求、铸造工艺及生产条件等因素，选定合理的浇注系统的结构类型、铁液的引入位置及计算各断面尺寸等。

11.5.1　铸铁件浇注系统设计的主要基本原则

铸铁件浇注系统设计的主要基本原则如下：

1）铁液充型过程要平稳、连续，防止出现紊流、涡流及飞溅等，避免卷入空气、产生二次氧化渣等夹杂物。必须控制铁液流相对于铸壁的角度，一般采取顺铸壁导入，减少对型壁（芯）的冲刷，防止产生砂孔等缺陷。

2）调节铁液在铸型内的温度分布，必须符合一定的凝固原则。根据灰铸铁和球墨铸铁的结晶凝固特性，一般铸铁件均应采用同时、均衡凝固原则，使铸铁件各部位的温度分布趋于均匀一致。有利于减小铸造应力，避免铸铁件产生翘曲、变形或裂纹等缺陷。

对于高牌号及收缩性较大的少量特殊铸铁件，铁液的温度分布，应有利于增强对铸铁件的补缩。

3）应具有很强的挡渣及溢渣能力。使铁液中的熔渣等夹杂物，不能流入型腔内，以防止产生渣孔及夹杂等缺陷。

4）铁液在充型过程中的流动方向和速度应得到控制。特别应使大型复杂铸铁件的轮廓清晰、完整。

5）根据铸铁件的结构特点等情况，在设定时间内充满铸型，避免产生冷隔、皱皮及浇不足等缺陷。

6）浇注系统的结构形式、尺寸等，不应阻碍铸铁件的自由收缩，以防止铸铁件产生裂纹等缺陷。

在遵循上述主要基本原则的前提下，力求结构形式简单，减少金属液的消耗，并便于清除等。

11.5.2　铸铁件常用浇注系统的主要类型及其特点

铸铁件生产中常用的浇注系统，根据铁液在铸铁件上的相对引入位置（内浇道），可分为以下几种主要类型。

1. 顶注式

内浇道设在铸铁件顶部，铁液从顶面流入型腔。按内浇道的形状、在铸铁件顶面的位置及分布状态等，可分为雨淋式、压边式、搭边式及楔形式等。

（1）雨淋式　雨淋式浇注系统的主要优点及主要设计参数的选择，可参阅第 2 章 2.1.4 中"4. 浇注系统"的相关论述。

雨淋式浇注系统，在浇注初期，铁液对铸型底部产生较大的冲击力，要注意提高底部的铸型强度。

雨淋式浇注系统的应用广泛，其主要应用范围如下：

1）圆筒形铸件。雨淋式浇注系统的最主要优点是，能促进自下而上的顺序凝固和良好的补缩作用，使结晶组织致密，显著提高铸件的致密性及力学性能等。特别适用于要求具有高致密性的重要铸铁件，如圆筒形铸件中最典型的气缸套，特别是大型气缸套，全都采用雨淋式浇注系统。其他如大型活塞裙、活塞、柱塞及烘缸等，都获得了良好的效果。

2）轮形铸件。齿轮等轮形铸件的主要结构特点是轮缘及轮毂部位的铸壁较厚。为确保质量，常在轮缘部位设置外冷铁。铁液由设置在轮毂上平面的雨淋式内浇道引入，流经轮辐，较均匀地流向轮缘区域。

3）气缸类铸件。对于结构复杂的气缸类铸件，由于对致密性等技术要求很高，为确保铸件的致密性，防止渗漏等缺陷，一般只要结构适宜，都应尽可能地采用雨淋式浇注系统。

空气压缩机气缸体，按其工作压力不同，一般分为高压、中压和低压气缸。其材质为 HT250~HT300，结构复杂，对致密性等技术要求很高。气缸筒内表面等重要部位，不允许有任何铸造缺陷。水压试验压力为 0.6~12MPa。为确保质量，均采用垂直浇注位置。浇注系统的设置，更应有利于在凝固过程中，对气缸筒壁增强补缩作用，获得致密的结晶组织，以防止出现渗漏等缺陷。因此，一般只要气缸体结构适宜，应尽可能采用雨淋式浇注系统。图 11-30 所示空气压缩机气缸体的材质为 HT250，缸径为 700mm，缸壁厚度为 35mm，毛重约 2.5t。需进行压力强度为 0.6MPa 的水压试验，历时 20min 不准出现渗漏现象。在气缸筒上方，设有环形顶冒口。采用雨淋式浇注系统，18 个 $\phi14mm$ 内浇道分布在缸筒壁中心位置。按此工艺进行生产，获得了良好效果。

4）锅形铸件。锅形铸件，特别是其中的大型碱锅及硫酸锅等，具有体积大、质量大、壁厚

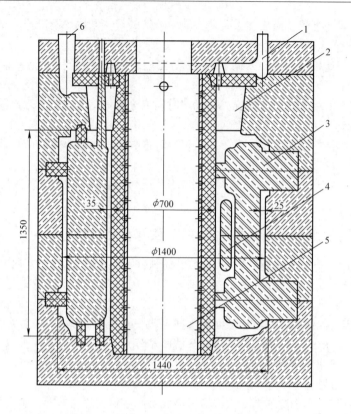

图 11-30　空气压缩机气缸体铸造工艺简图

1—雨淋式顶注浇注系统（直浇道 $2 \times \phi46\mathrm{mm}$，横浇道$\frac{50\mathrm{mm}}{70\mathrm{mm}} \times 72\mathrm{mm}$，内浇道 $18 \times \phi14\mathrm{mm}$）

2—冒口　3—气腔砂芯　4—夹层砂芯　5—气缸筒砂芯　6—出气孔

及形状简单等结构特点，并要求具有耐碱、耐酸等特殊性能。一般采用"一型多铸"工艺，将锅底朝下的垂直浇注位置。并广泛采用雨淋式浇注系统，内浇道为 $\phi10 \sim \phi25\mathrm{mm}$，均匀分布于锅口平面的锅壁中心，并在上平面设有溢流口等。

　　5）气缸盖等其他铸件。大型柴油机气缸盖的材质一般为低合金灰铸铁、蠕墨铸铁或球墨铸铁等。它具有内腔结构复杂、壁薄等结构特点，技术要求很高。底部燃烧室平面及各阀孔等重要部位，不允许有任何铸造缺陷。尤其对致密性有很高的要求，各部位的水压试验压力为 $0.6 \sim 12\mathrm{MPa}$，铸造难度很大。为确保质量，都采取将底部燃烧室平面朝下的水平浇注位置。为提高铸件的致密性，防止出现渗漏等缺陷，也可采用雨淋式浇注系统。内浇道为 $\phi8 \sim \phi10\mathrm{mm}$，分布于气缸盖外缘侧壁上方，可以取得较好效果。

　　其他如平板类铸件、箱体类铸件及管件等很多实例，采用雨淋式顶注浇注系统，均可达到预期效果。

　　雨淋式浇注系统中的内浇道，在铸件上方的位置及形式，有多种选择。它对铸件质量的影响较大。雨淋式内浇道的设置形式如图 11-31a 所示。应根据铸件的质量要求等具体情况进行设计。根据生产实践，内浇道的中心位置宜设置在质量要求较高的加工面的上方，以有利于减少该表面出现气孔、夹杂等缺陷。如大型烘缸及滚筒等铸件，外表面的质量要求较高，内浇道宜靠近外表面；一般中、小型气缸套，内外表面的质量要求都很高，内浇道宜设置在套壁厚度的中心位置；对于大型厚壁气缸套，内浇道中心宜靠近内表面。

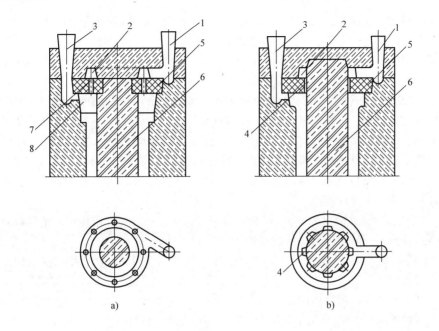

图 11-31　雨淋式及缝隙式浇注系统的内浇道设置形式

a）雨淋式浇注系统　b）缝隙式浇注系统

1—直浇道　2—横浇道　3—出气孔　4—缝隙式内浇道

5—内浇道砂芯　6—中央圆筒形砂芯　7—圆形内浇道　8—冒口

必须指出，多道内浇道均匀分布在中央圆筒形砂芯周围的缝隙式浇注系统（图 11-31b），一般仅在内表面质量要求较低或不需要进行机械加工的管件生产中有所采用。不宜在气缸体、气缸套等内表面质量要求很高的重要铸件上应用。因为高温铁液沿中央圆筒形砂芯的外表面流下，铁液直接冲刷内浇道下面很长一段砂芯外表面，所以，若砂芯的涂料层强度较低，则容易被冲刷脱落而产生夹杂等缺陷。

（2）压边式　在结构较简单的中、小型厚实铸件中，设置于铸件顶部的压边浇道获得了较广泛的应用，其主要优点如下：

1）挡渣能力较强。铁液中的熔渣、夹杂物等被挡在浇口杯内或压边冒口中，能更有效地避免铸件产生夹杂等缺陷。

2）补缩能力较强。浇口杯或压边冒口与铸件相搭的压入最大深度，一般小型铸铁件控制在 4~10mm 的范围内。全部铁液经过这个窄缝而流入型腔，将该处的尖角砂强烈加热至高温。因而可在较长时间内保持补缩通道的畅通；在缓慢较长的浇注过程中，型内的温度梯度较大，造成有利于指向压边浇道的顺序凝固。边浇注、边补缩，以增强对铸件的补缩作用，能更有效地防止产生缩孔、缩松等缺陷。

3）浇注速度较慢而平稳，对铸型冲击力较小。

4）结构较简单，造型及清理操作较简便。

为充分发挥压边浇道的优点，必须注意如下几点：

1）严格控制压边尺寸。应用压边浇道的关键是控制压边尺寸。它影响浇注速度和补缩通道的畅通程度。压边尺寸不能过小或过大。要根据铸件的结构特点和合金的结晶凝固特性等因素而定。压边浇注要求速度要慢，以造成足够大的浇道（或压边冒口）与铸件间的温差，并将压边处尖砂充分过热，以防止压边处先凝固。这样，才能有利于增强补缩作用。但如果压边浇道的面积过小，则可能在浇注完后，压边部位先凝固，使铸件得不到充分的补缩，而在接近压边浇道处产生缩孔、缩松等缺陷。如果压边面积过大，则浇注速度过快，也不利于充分发挥压边浇道的补缩作用。

2）对于普通灰铸铁件，因在结晶凝固过程中，伴随有石墨析出而产生体积膨胀的自补缩作用，故凝固收缩量很小。压边浇道主要起浇道作用，基本上不起补缩作用。对于凝固收缩量较大的高牌号灰铸铁件和珠光体基体球墨铸铁件等，要求压边浇道必须起补缩作用。即要求压边浇道不能先凝固，以保持补缩通道畅通。特别是具有糊状凝固特性的球墨铸铁件，补缩条件不好。更不能采用太窄细的压边浇道，应适度放宽压边尺寸。此时，可改变压边浇道的结构设计，采用较小的过渡浇道来控制浇注速度。

3）压边浇道（或压边冒口）的应用及压边深度尺寸，一定要根据铸件的结构特点和材质种类等进行合适选定。一般中型铸铁件的压边深度为 12~25mm。

4）对于具有薄壁而大平面或厚大而均匀的普通灰铸铁件等，宜采用同时凝固原则，内浇道宜分散、均匀设置，使铸型内的温度分布较为均匀，而压边浇道不能满足这些要求；对于高牌号灰铸铁件或球墨铸铁件，当压边浇道（或压边冒口）不能靠近热节处时，也会影响到补缩效果。因此，以上两种情况均不采用压边浇道。一般小型圆筒形、圆盘形、轮状及板状等铸铁件，尤其是较为厚实的小件，多采用压边浇道。为了增强补缩作用，可采用压边浇道（或压边冒口）与冷铁相配合使用，以防止产生缩松等缺陷。

5）设置压边浇道部位的型砂，须具有足够的强度。以防止压边部位的尖砂，在不断流经的高温铁液的强力冲刷下，产生型砂脱落，致使产生砂孔、粘砂等缺陷。

（3）搭边式　多道压边内浇道分布在铸件上平面周边。铁液沿铸型外壁流入型腔，充型快且较平稳，可减少冲砂等。尺寸较大的横浇道，还可起到补缩作用。主要适用于小型圆筒形、圆盘形、轮形及薄壁中空铸件等。内浇道残留清理较困难，打磨量较大。

（4）楔形式　楔形浇道的应用，应根据铸铁件的结构特点及材质的结晶凝固特性等进行选定。它直接设置在铸件上部的外表面上，呈缝隙楔形状。浇道根部窄而宽，一般小型铸件的浇道根部尺寸为（4~8mm）×（40~80mm）（厚度×宽度）。其主要特点是铁液的流程短，能迅速充满铸型，以防止铸件产生冷隔或浇不足等缺陷。楔形浇道的结构简单、造型及清理方便。主要适用于小型薄壁容器及管件等。

楔形浇道的顶部，须设置过滤网，以防止熔渣等夹杂物流入型腔。顶注式浇注系统的铁液在铸型内的流动不平稳，为较严重紊流，易产生冲刷、飞溅等现象，会产生较严重的二次氧化渣，因此质量要求较高的球墨铸铁件须慎用。

2. 底注式

内浇道设置在铸件底部（按浇注位置），全部铁液由此导入充满铸型。底注式浇注系统的主要优点如下：

1）铁液充型过程较平稳，对型、芯的冲刷作用力小，可减少损坏。这对结构复杂的铸铁件尤为重要。

2）有利于铸型内气体、浇注系统及铁液带来的气体等向型外排出。

3）由于充型过程较平稳，可减轻铁液的氧化。对球墨铸铁件特别重要，可减少二次氧化渣的形成及夹杂等缺陷。

底注式浇注系统的主要缺点是铸件下部的温度高、上部的温度低，不利于补缩。对于收缩性较大的高牌号铸铁件，要从铸造工艺的整体设计方面予以充分考虑而进行选定。对于特别厚实的灰铸铁件，如大型轧辊的金属型铸造等，由于底注式浇注系统所引起的逆向温度分布，在较短时间内会消失，对冒口的补缩影响不大，须适当控制浇注时间。如果浇注时间过长，则铁液表面易生成氧化皮等夹杂物，对球墨铸铁件尤须注意；对于大型复杂铸铁件，如果铸型上部的铁液温度过低，则不利于铁液中气体和夹杂物的上浮排出；如果铸型中铁液温度分布很不均匀，则铸造应力将会增加，可能引发铸件变形等缺陷。

　　底注式浇注系统的结构形式很多，应根据铸铁件的结构特点及材质种类等因素进行具体设计，如设置在底层分型面上或"反雨淋式"等。"反雨淋式"浇注系统，铁液在铸型中不形成旋转，充型过程更加平稳，可减少铁液表面氧化程度及夹杂等缺陷。它在铸铁件生产中被广泛采用。特别适用于结构形状复杂的气缸体、增压器进气涡壳、排气阀壳体及箱体等。

　　图 11-32 所示为五联凸轮箱体铸造工艺简图。该箱体的轮廓尺寸为 4500mm × 550mm × 560mm（长 × 宽 × 高），材质为 HT250，毛重约 2.7t，两侧铸壁厚度为 25 ~ 35mm。采用组芯造型工艺。整体铸型全由砂芯组成。根据箱体结构特点，采用"反雨淋式"浇注系统。40 道 $\phi20$mm内浇道，分别设置在箱体两侧壁下方。浇注时，全部铁液同时沿两侧壁导入型腔，平稳地充满铸型。浇注温度为 1360 ~ 1370℃，获得了良好的效果。

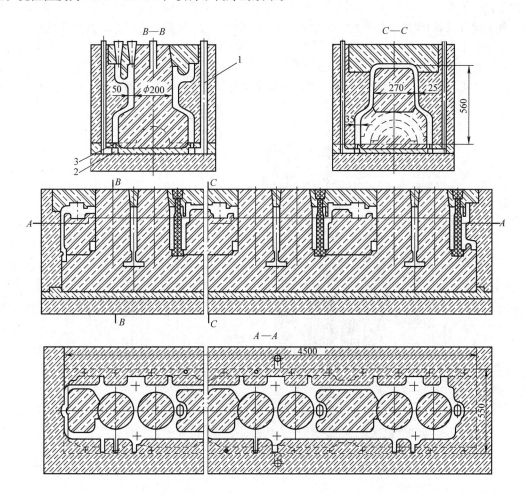

图 11-32　五联凸轮箱体铸造工艺简图

1—"反雨淋式"底注浇注系统　2—横浇道（两侧）　3—内浇道（反雨淋）20 × $\phi20$mm（每侧）

必须指出：低压铸造方法，利用干燥的压缩空气充满盛铁液（装入铁液包内）的密闭容器，在铁液表面形成一定的压力。铁液在此压力作用下，从铸型底部压入型腔中，铁液上升特别平稳，无冲击现象。并采取冒口加压等措施，可获得高致密性的铸铁件。这是一种很好的底注方法。大型气缸套及大型球墨铸铁曲轴的低压铸造工艺，都获得了很好的效果。

3. 阶梯式

内浇道沿铸件高度方向设置。浇注开始时，铁液先从铸型底部的内浇道引入。随着铁液在铸型内的不断上升，依次从不同高度位置的内浇道引入，直至充满型腔。图 11-33 所示大型气缸体的阶梯式浇注系统分别设置在气缸体两侧，每侧沿气缸高度设置三层，每层设有四道内浇道。这种分散、分层的阶梯式浇注方式，兼有顶注式和底注式的优点。如对型、芯的冲击力较小，充型较平稳；型腔上部的铁液温度较高，有利于增强补缩和气体、夹杂物的排出等。

在生产实践中，阶梯式浇注系统要根据铸件的结构特点等进行设计。适用于气缸体、链轮箱体、床身及底座等铸造难度较大的各种大型复杂的铸铁件。可用不同直径的陶瓷管组成不同形式的阶梯式浇注系统，造型时预埋入铸型中即可。

为了防止普通阶梯式浇注系统底部内浇道（设置在底部分型面上）在浇注开始时，高速流动的铁液对铸型产生较大的冲刷作用，可以采用类似于 U 形管的阶梯式浇道形式，如图 11-34 所示。铁液通过设置在过渡横浇道上的"反直浇道"进入内浇道而充满型腔。其主要优点：使铁液自下而上依次进入型腔中，充型过程更平稳；又能提高型腔上部的铁液温度，有利于增强补缩及气体、夹杂物的排出等。适用于大型复杂重要的灰铸铁件或易产生二次氧化渣的大型球墨铸铁件等。如毛重约 15t 的大型气缸体，采用该浇注系统，可获得较好效果。

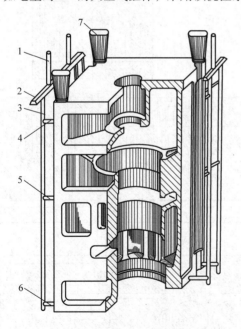 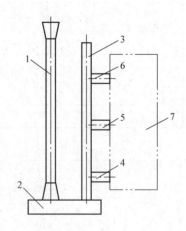

图 11-33　大型气缸体阶梯式浇注系统示意图
1—直浇道　2—横浇道　3—过渡浇道
4—顶层内浇道　5—中层内浇道
6—底层内浇道　7—冒口

图 11-34　"反直浇道"式（U 形）
阶梯式浇注系统示意图
1—直浇道　2—过渡横浇道　3—"反直浇道"
4—底层内浇道　5—中层内浇道
6—顶层内浇道　7—铸件

4. 联合式

雨淋式浇注系统具有增强补缩等独特优点。对有高致密性要求的重要铸铁件，只要结构特点允许，都尽量采用雨淋式浇注系统，这是确保铸件质量的最有效措施之一。如在技术要求很高的大型气缸套等铸件上，获得了最广泛的应用。但对于高大的铸件，会对铸型底部产生较大的冲击，充型不够平稳；另外，若遇雨淋内浇道的正下方设有砂芯，则会对砂芯表面产生较大的冲击作用等。避免这些缺点的最有效方法是采用雨淋式与底注式相结合的联合式浇注系统，可以发挥各自的优点。

图 11-35 所示空气压缩机气缸体的材质为 HT250，轮廓尺寸为 1550mm × 1450mm × 1600mm（长 × 宽 × 高），气缸筒直径为 820mm，气缸壁厚度为 50mm，毛重约 5t。气缸体结构复杂，技术要求很高。气缸筒内表面不允许有任何铸造缺陷，并须具有良好的致密性。要进行 1.6MPa 的水压试验，历时 15min，不准出现渗漏现象。为确保质量，采取将缸底朝下的垂直浇注位置。根据气缸外形结构特点，为便于起模和组芯，设了四道分型面。为提高铸件结晶组织的致密性，在气缸筒上方，设置了高度为 300mm 的环形顶冒口，以增强补缩作用。采取雨淋式与底注式相结合的联合式浇注系统。浇注开始时，先开启附设有过滤网的底注式浇注系统。待铸型内铁液上升至预定高度时，再改用雨淋式浇注系统。这种联合式浇注系统兼有雨淋式与底注式的优点，而避免其缺点。为准确控制底注式浇注铁液的上升高度，可在预定位置的铸型中预埋（造型时）信号指示灯线。当型腔中铁液上升到此位置时，信号灯亮。操作虽较复杂，但能获得很好的质量效果。

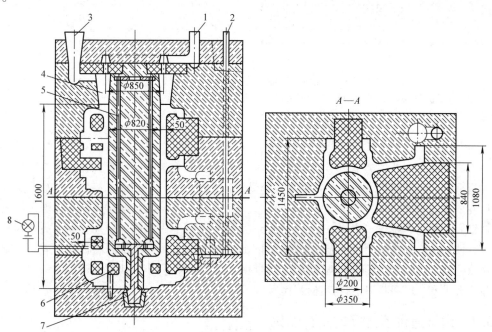

图 11-35　空气压缩机气缸体铸造工艺简图

1—雨淋式浇注系统　2—底注式浇注系统　3—出气孔　4—环形顶冒口　5—气缸筒砂芯
6—底部夹层砂芯　7—铁芯头及芯头座装置　8—铁液上升位置指示灯

球墨铸铁件在浇注过程中，力求铁液流动很平稳，尽量减少产生二次氧化渣。同时要使冒口能充分发挥良好的补缩作用，以获得结晶组织致密的铸件。图 11-36 所示空气压缩机球墨铸铁高压气缸体的材质为 QT500 - 7，毛重约 410kg，轮廓尺寸为 ϕ580mm × 850mm（最大直径 × 高），缸径为115mm，缸壁厚度为40mm，技术要求很高。根据气缸体外形结构特点，为方便起模和组芯，设有三道分型面。在缸筒壁上方，设有环形顶冒口。采取联合式浇注系统，以充分发挥雨淋式和底注式的优点。8道φ18mm内浇道设置于缸筒壁上方。底注式浇注系统中，设置了过滤器，以增强挡渣能力。浇注温度为1340～1360℃。按此铸造工艺，获得了良好效果。

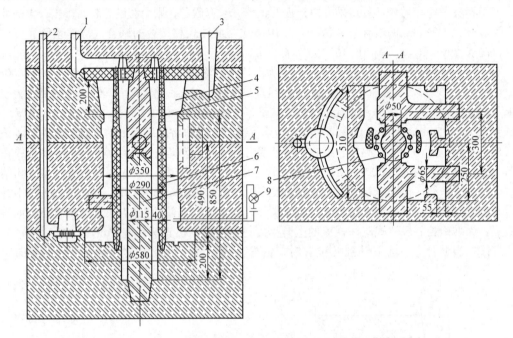

图 11-36　空气压缩机球墨铸铁高压气缸体铸造工艺简图

1—雨淋式浇注系统　2—底注式浇注系统（带过滤器双面缓流式）　3—出气孔
4—环形顶冒口　5—出气定位芯头　6—夹层砂芯　7—气缸筒砂芯　8—内浇道（8×φ18mm）　9—铁液上升位置指示灯

5. 中注式

对于高度不太大的各类中、小型铸件，常将内浇道开设在铸件的中部位置。这类铸件一般只设有一道分型面，从铸件中部分型。浇注系统设置在分型面上。造型操作简便，故被广泛应用。

中注式浇注系统，在一定程度上兼有顶注式与底注式的优缺点。必须指出，为增强挡渣能力和使铁液充型平稳，中注式浇注系统的结构形式很多。如设有过滤网的单面、双面缓流式及集渣包式等，使较纯净的铁液平稳地充满型腔。对于易产生氧化、夹杂物的球墨铸铁，应尽量减少产生二次氧化渣，提高铸件的致密性。在生产实践中的应用实例很多，要根据铸件的结构特点、材质、技术要求和生产条件等进行具体设计。

11.5.3　内浇道位置选择的主要原则

内浇道的位置，主要影响铁液在铸型内的温度分布情况、充型方式及浇注系统的结构类型等，对铸件质量有着很大的影响。因此在浇注系统设计中，首先要根据铸件的结构特点、铸铁合金的结晶凝固特性及技术要求等主要因素，给予充分的综合考虑，才能获得预期的质量效果。现将内浇道位置选择的主要原则简述如下。

1）符合一定的凝固原则，有利于铸件凝固补缩。内浇道的位置，对铁液在铸型内的温度分布状况起决定性作用。内浇道附近的温度高，远离内浇道的部位温度低。铸件各部位的温度控制，是获得高致密性铸件的主要环节。

① 对于要求同时凝固的铸铁件，如普通灰铸铁件等，内浇道应设置在铸铁件的薄壁部位。并且数量较多、分散布置，使铁液能较快且均匀地充满铸型，尽量使型腔内各部位的温度趋于均匀一致。这是应遵循的主要选择原则。这样，还能避免内浇道附近的砂型局部过热。

② 对于要求顺序凝固的铸铁件，如结构和技术要求特殊的高强度合金灰铸铁件或高强度球墨铸铁件等，内浇道一般应开设在铸铁件的厚壁处。如果设有冒口补缩，则可将内浇道设在靠近冒口处或直接设置在冒口根部，使铁液流经冒口再导入型腔，冒口内的铁液温度最高，可增强冒口的补缩作用。在铸铁件上远离冒口（或内浇道）的部位到冒口（或内浇道）之间建立一个明显递增的温度梯度，能使远离冒口部位最先凝固，然后是靠近冒口部位凝固。使铸铁件具有很明显的方向性顺序凝固，从而可获得很致密的健全铸铁件。如大型气缸套的上部侧壁厚度较大，设有环形顶冒口，采用雨淋式浇注系统，形成很明显的自下而上的顺序凝固，从而保证气缸套结晶组织的高度致密性。

对于结构特殊的铸铁件，有时为了避免形成过大的热节或因温差过大而产生过大的收缩应力，内浇道也可设置在铸铁件的次厚壁处。

③ 对于结构复杂的大型铸铁件，一般都应选择同时凝固原则。将多道内浇道，较均匀分散地分布于铸件各部位，使铁液较快而平稳地充满型腔，将铸件各部位的温差降至最小。对于铸件壁厚相差极大的局部肥厚区域或热节处，可设置形状、尺寸适宜的外冷铁。适当加快该区域的冷却速度，消除热节。如果采用加大冒口的方法，往往得不到预期的效果。

④ 铸铁结晶凝固的特性是伴随有石墨的析出及产生的体积膨胀。尤其球墨铸铁具有典型的糊状凝固特性，对缩孔、缩松的形成及内浇道的选择等都产生重要的影响。铸态铁素体球墨铸铁件等，宜采用同时凝固原则。内浇道宜开设在铸件的薄壁部位，并尽量采用扁薄形状。如果将内浇道开设在铸件的厚壁处，则与铸件连接处会形成较大的物理热节，容易产生内部缩松等缺陷。

图 11-37 所示球墨铸铁支架的材质为 QT450-12，轮廓尺寸为 400mm × 280mm × 380mm（长 × 宽 × 高），毛重约 90kg，主要壁厚为 13mm。改进前的铸造工艺，如图 11-37b 所示。两道内浇道 $\left(\dfrac{38\text{mm}}{42\text{mm}} \times 12\text{mm}\right)$ 7 开设在铸件后端面处。该处壁厚为 35mm，在与铸件的连接处形成了较大的物理热节，结果产生了严重的内部缩松缺陷。改进后的铸造工艺，如图 11-37a 所示，将 4 道内浇道 $\left(\dfrac{18\text{mm}}{22\text{mm}} \times 7\text{mm}\right)$ 3 分别开设在铸件两侧的薄壁（13mm）部位。并在前、后端面分别设置厚度为 25mm、20mm 的外冷铁，完全克服了后端面上的缩松缺陷。

2）促使铁液连续、平稳地充满型腔。经由内浇道引入的铁液，应连续、平稳地流动，避免出现紊流、涡流、冲击、飞溅及卷入空气等，防止产生夹砂、二次氧化渣及夹杂物等缺陷。为此必须注意以下几点。

① 必须控制铁液的流动方向相对于铸型壁的角度，使铁液沿铸壁导入，顺型壁流动，不要直冲型壁或砂芯等。如果遇特殊情况而确实无法避免直冲时，也要尽量适当增加距离，以减轻冲击力度。不要使铁液溅落在型壁或砂芯表面或使铸型局部过热等。

对于较大而复杂的铸铁件，内浇道位置应随铸壁形状而改变。从多道内浇道流入的铁液，应力求使流动方向一致等。

② 必须控制铁液流动的距离。根据铸件的结构特点，适当设置多道内浇道，使铁液在型腔中的流经距离最短。当内浇道设置在铸件上部时，也应尽量使铁液落下的距离缩短，以减轻对铸型底部的冲击力度，更应避免冲击砂芯表面。

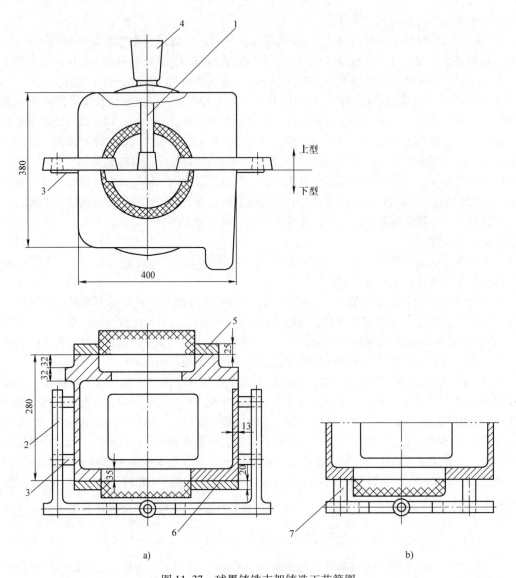

图 11-37　球墨铸铁支架铸造工艺简图

a）改进后的内浇道位置　b）改进前的内浇道位置

1—直浇道（采用双面缓流式浇注系统）　2—横浇道　3—内浇道（$\frac{18mm}{22mm} \times 7mm$，共 4 道）　4—冒口

5—前端面外冷铁　6—后端面外冷铁　7—内浇道（$\frac{38mm}{42mm} \times 12mm$，共 2 道）

③ 内浇道的开设，应有利于型腔中气体或夹杂物的排出。

3）有利于改善铸件的铸态组织，提高内部质量

① 设置内浇道部位的铁液温度较高，冷却速度较慢，结晶组织较粗大，甚至容易出现局部缩松等缺陷。对于致密性要求很高的铸件，不宜将内浇道开设在质量要求很高的部位。如耐压管件，一般常将内浇道设置在端部法兰上。

② 对于壁厚不均的铸件，在局部肥厚区域或热节处，经常设置外冷铁。内浇道不要靠近冷铁，以免降低冷铁的激冷作用。

③ 对于结构特殊的铸件，为了固定砂芯，有时须采用芯撑。内浇道不要靠近芯撑，以免使芯撑因受热而过早"软化"或"熔化"，从而失去支承能力。

4）为了提高铸件的外观表面质量，宜将内浇道设置在铸件质量要求不高的加工部位，不宜设置在铸件的非加工部位。

5）不要阻碍铸件的固态收缩，防止产生变形或裂纹

① 内浇道不能设置在铸件的固态收缩方向，以免阻碍铸件的固态自由收缩。尽量减小铸件因固态收缩受阻而产生的应力。

② 宜设置多道内浇道，均匀分散于铸件各部位。尽量减小铸件各部位的温度差别，力求均匀一致。

6）内浇道的设置部位，应便于铸件的开箱、清砂和打磨等，不影响铸件的使用条件和外观质量。

7）其他。内浇道位置的选择，还有其他一些因素需要考虑。如为便于造型操作，宜将内浇道设置在分型面上；在能保证铸件质量的前提下，应尽量减少铁液的消耗；在能满足铸造工艺设计的前提下，尽量缩小砂箱尺寸，减少造型材料消耗等。

综上所述，内浇道位置的主要选择原则，在生产实践中常存在相互矛盾。因此，在进行浇注系统设计时，要根据铸铁材质的结晶凝固特性及铸铁件结构特点等因素进行综合分析，首先考虑要解决影响铸件质量的主要矛盾，酌情选用。

11.5.4 浇注系统的主要组成及相互的截面积比例

众所周知，一般的浇注系统由浇口杯（或浇注箱）、直浇道、横浇道和内浇道组成。在生产实践中，为了适应各种铸铁材质的结晶凝固特性及铸铁件结构特点等，存在着各种不同形式的浇注系统。它的结构形式及尺寸等，对铸件质量有着很大的影响。一般资料可从手册中查到。现着重就挡渣、缓流作用等问题简述如下。

1. 浇口杯或浇注箱

浇注小型铸铁件用浇口杯。浇注大、中型铸铁件，一般都用容量较大的浇注箱。对其主要要求如下：

1）有足够大的容量，以便能迅速充满足量的铁液，将直流道封住，从而避免熔渣等夹杂物及空气流入直浇道。浇注大、中型重要铸铁件时，可采用带拔塞的定量浇注箱。如浇注直径为 750mm 的开坯机轧辊、直径为 550mm 的半冷硬轧辊，采取专用定量浇注箱。将所需数吨铁液，全部浇入该浇注箱内，并静置约 10s，待铁液内熔渣等夹杂物及气体上浮至铁液表面，然后提起拔塞，使铁液流入直浇道。在生产实践中，浇注大型气缸体等重要铸件时，浇注箱的有效容量为铸件浇注铁液总量的 1/5 ~ 1/3。这是减少铸件夹渣等缺陷的有效措施之一。

2）浇注时，如果浇注箱内的铁液出现"漩流"（即铁液打漩），则会使铁液中的熔渣、夹杂物及空气卷入直浇道，因此要使浇注箱内的铁液保持足够的深度。浇注大型重要铸铁件时，浇注箱内铁液的最小深度为 250 ~ 400mm。并在浇注过程中，应始终保持充满状态，以达到最好的挡渣效果。另外，也可在浇注箱中设置挡渣板，如图 11-38 所示，具有更强的挡渣作用。

浇注大型铸铁件，浇注箱内往往有数个直浇道。机械杠杆式提堵装置，可由人工近距离手动

操作，也可采用气动式远距离控制。

2. 直浇道

直浇道宜有适当锥度。使铁液下落时始终紧贴直浇道周壁，以防止出现局部真空而产生吸气作用，直浇道与横浇道连接处，要有圆角过渡。直浇道底部承受较大的冲刷作用，从而可能引起较严重的紊流，并产生飞溅、冲砂及吸气、卷入空气等缺陷。因此，宜做成圆弧形状凹坑，可降低紊流程度。

3. 横浇道

横浇道对铁液的挡渣、缓流有着重要的影响。为提高挡渣及缓流作用，常采取以下主要措施。

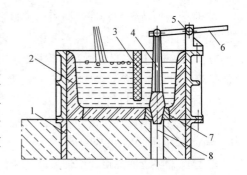

图 11-38　大型浇注箱结构示意图
1—铸型顶部　2—浇注箱　3—挡渣板
4—拔塞（塞头用石墨棒加工而成）　5—支架
6—机械杠杆式提堵装置　7—塞头座（石墨圈）
8—直浇道（或用陶瓷管）

1）铁液自直浇道（或经阻流槽）进入较宽大的横浇道，流动速度急剧减慢。从而有利于熔渣、夹渣物等上浮至铁液表面，最终被阻留在横浇道中。

采用缓流式浇注系统的主要特点：利用在横浇道中设置拐弯，以改变铁液的流动方向，增大局部阻力、降低流速，使流动更趋平稳，更有利于铁液中夹杂物上浮，提高横浇道的集渣、阻渣作用。这在生产实践中已获得广泛的应用。

2）在横浇道与内浇道之间，设置离心集渣包。铁液沿切线方向进入集渣包内。因熔渣、夹杂物的密度小，在离心力作用下，易上浮、集中于集渣包顶部。较纯净的铁液，从与进入方向相对应的切线方向流出，而进入内浇道中。集渣包的铁液进入截面积，必须大于出口截面积，满足封闭条件，才能起到集渣作用。

3）在浇注系统中设置过滤器。由于过滤器的网孔尺寸小，既能挡渣，又能增加阻力，并改变铁液的流动方向，使流速减慢，起到缓流作用，是防止产生渣孔、夹杂等缺陷，提高铸件质量的有效措施之一。在重要的中、小型铸铁件上应用较多。特别是在熔渣量较多的球墨铸铁件上应用更加广泛。

① 过滤器的种类。目前在铸铁件上常用的过滤器，主要有以下几种。

a. 砂芯过滤器。用普通黏土砂、树脂砂或油砂制成的过滤网，因其高温强度及耐冲刷能力较低，当浇注时的压头较高或过滤的时间较长时，容易冲坏过滤网，故仅适用于小型铸铁件。如果采用特种砂，如石墨砂或由石墨粉、耐火砖粉、焦炭粉及黏土粉等配制的特种砂制成的过滤网，经烘干后使用，具有很高的高温强度和耐冲刷能力，可用于浇注毛重达 3.5~7.5t 的空气压缩机气缸体等中型重要铸铁件，获得了很好的使用效果。一般将过滤器设置在直浇道底部或横浇道中，可分为单向、双向两种结构形式。

根据铸铁件的结构特点及浇注系统的结构组成等设计要求，砂芯过滤器一般呈圆形或方形，厚度为 15~30mm，筛孔直径为 5~13mm。国内某厂采用的铸铁件砂芯过滤器浇道结构尺寸，见表 11-30，可供参考。

重要的小型铸铁件，常将过滤网设置于漏斗形浇口杯底部。国内某厂采用的小型铸铁件带砂芯过滤器的漏斗形浇口杯尺寸，见表 11-31，可供参考。

表 11-30　铸铁件用砂芯过滤器浇道结构尺寸

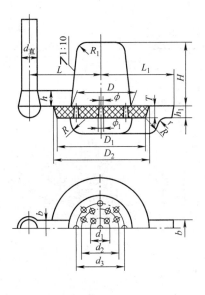

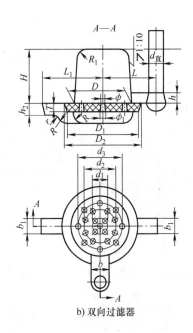

a) 单向过滤器　　　　　　　　　　　　b) 双向过滤器

铸铁件质量 G_C/kg	网孔总截面积/ cm²	轮廓尺寸/mm				过滤网尺寸/mm								浇注系统尺寸/mm						
		D 或 H	L	R	R_1	D_2	D_1	d_3	d_2	d_1	T	ϕ	筛孔数 n	$d_直$	b	h、h_1	L_1	r	双向	
																			b_1	h_2
>5 ~ 10	1.57	62	71	14	10	84	82		48	25	15	5	8	17	17	14	70	5	14	12
>10 ~ 20	2.55	70	79	17	10	100	98	56	32	5	15	5	13	20	21	17	85	5	15	12
>20 ~ 50	3.39	72	86	19	12	110	106		60	25	15	6	12	23	24	20	100	6	17	14
>50 ~ 100	5.00	96	106	24	12	136	132	80	44	7	20	8	13	27	30	24	110	7	20	18
>100 ~ 200	7.69	96	113	27	14	144	140	80	54	7	20	8	20	32	35	28	120	8	24	20
>200 ~ 300	10.00	114	126	33	14	158	154	94	64	30	20	8	20	38	40	34	140	9	29	24
>300 ~ 600	12.72	122	140	38	16	166	162	100	70	32	25	9	20	45	48	40	150	10	35	28
>600 ~ 1000	19.00	132	155	44	16	176	172	108	75	34	25	11	20	53	62	45	180	11	41	34
>1000 ~ 2000	26.50	140	180	56	16	188	184	118	82	36	30	13	20	65	65	57	190	12	50	38

注：1. $\phi_1 = \phi + 1mm$。

2. 可参考以下比例值确定其他各单元截面积：$A_内 : A_{网孔} : A_横 : A_直 = 1 : 1.1 : 1.5 : 1.2$。

3. 适用于具有高致密性要求的铸件，如水压试验压力 ≥5MPa。

表 11-31　小型铸铁件用带砂芯过滤器的漏斗形浇口杯尺寸

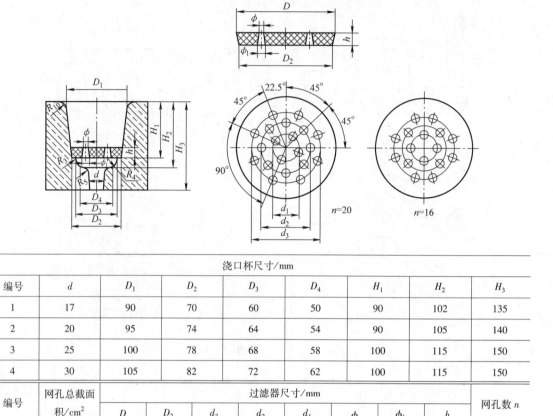

浇口杯尺寸/mm								
编号	d	D_1	D_2	D_3	D_4	H_1	H_2	H_3
1	17	90	70	60	50	90	102	135
2	20	95	74	64	54	90	105	140
3	25	100	78	68	58	100	115	150
4	30	105	82	72	62	100	115	150

编号	网孔总截面积/cm²	过滤器尺寸/mm								网孔数 n
		D	D_2	d_3	d_2	d_1	ϕ	ϕ_1	h	
1	3.14	74	70	50	34	17	5	6	12	16
2	4.52	78	74	53	36	18	6	7	12	16
3	5.65	82	78	56	39	18	6	7	15	20
4	7.69	86	82	60	42	19	7	8	15	20

　　b. 纤维过滤网。采用耐高温玻璃纤维制成的纤维过滤网，耐高温性能较好。其厚度很薄，约为 0.35mm，使用很方便，造型不必预留空间。按实际需要可剪成任意形状和尺寸，铺放在分型面上的浇注系统中。过滤效果较好，在中、小铸铁件上，获得了较广泛的应用。

　　c. 陶瓷过滤器。陶瓷过滤器具有物理和化学的综合过滤效果。尺寸较大的熔渣、夹杂物，能在过滤器上表面被物理性筛除、阻留；尺寸小于过滤器孔隙的较微小夹杂物，则由于化学亲和力的作用，而被吸附在过滤器表面。陶瓷过滤器不但能有效地滤除杂质，还能减少铁液紊流、增加阻力、降低流速，使铁液流动更趋平稳。使用效果均优于砂芯过滤器和纤维过滤网，故在中、小铸铁件上获得广泛应用。

　　但须指出，尽管陶瓷过滤器具有耐高温性能较好和强度较高等优点，但根据试验结果，当浇注的压头较大和浇注时间较长时，易将过滤器冲坏。故对于重达数十吨的厚大断面球墨铸铁件，该过滤器的应用受到一定的限制。其主要原因：陶瓷过滤器没有确切的熔点，而是有一个熔化温度范围，此范围在不同条件下随着浇注温度、浇注时间、浇注速度和浇注压头等而变化。如果浇注速度越快、压头越高，则对过滤器上的动压力及冲击力越大。如果过滤器的耐火度不高或高温强度不够，则容易发生变形（如软化等）损坏。浇注温度越高、浇注时间越长，则软化变形或被冲击损坏等的风险程度就越严重。

鉴于上述初步分析，对于厚大球墨铸铁件生产中采用的过滤器，应主要改进两点：选用耐火度、高温强度更高的陶瓷材料，适当增大过滤器的尺寸（如直径、厚度）。目前，制作泡沫陶瓷过滤器的材料主要为 SiC 或在石墨基料中加入 ZrO 或其他更好材料等。过滤器的最大尺寸为 $\phi200\text{mm} \times 35\text{mm}$（直径×厚度）。该单片泡沫陶瓷过滤器的最大过铁液能力已达到 2.75t（有些试验中已超过 5t）球墨铸铁。对于更大的球墨铸铁件，其浇注系统中需要安放几片或数十片过滤器。

② 过滤器在浇注系统中的安放位置。根据铸铁件的不同结构特点，过滤器在浇注系统中的安放位置，可呈水平或垂直安放。通常将过滤器设置于浇口杯底部、直浇道底部、横浇道中间或横浇道与内浇道之间，如图 11-39 所示，应尽量接近内浇道，即靠近型腔，以获得最佳应用效果。

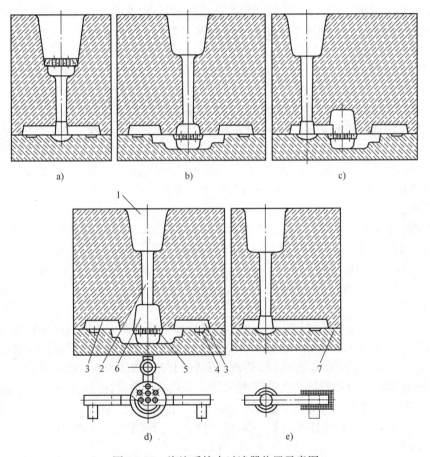

图 11-39　浇注系统中过滤器位置示意图
a）在直浇道顶部　b）在直浇道底部　c）在横浇道中（单向缓流式）
d）在横浇道中（双向缓流式）　e）在横浇道与内浇道之间（过滤器或纤维过滤网）
1—浇口杯　2—直浇道　3—横浇道　4—内浇道　5—过滤器　6—集渣包　7—纤维过滤网

铁液经过滤器后，应呈开放式平稳流动，由过滤器前的紊流变为过滤器后的层流，便于夹杂物分离出来，并减少产生二次氧化渣等；在厚大铸铁件中，浇注系统应对称分布，使铁液流经每片（组）过滤器的流量基本相同，防止个别片（组）因受热、受力过载而导致软化、变形或损坏。若在熔融温度范围内过载时间太长，则陶瓷材料易变软。同时还要注意使全部过滤器对铁液流保持基本相同的阻力及相同的尺寸大小等；直浇道中的铁液不能直接浇注在过滤器上，以免直接承受过大的冲击力等。

为了在浇注系统中设置过滤器，必须有一个分型面，可以采用陶瓷过滤室方法。目前已有在芯座与铸型之间的分型面上设置 8 个尺寸为 $\phi200mm \times 35mm$（直径×厚度）的过滤器，内浇道设计在芯座之下，已成功浇注了 24t 重的风电机组轮毂和 25t 重的主机架。如果没有合适的芯座来安放过滤器，则可选择使用砂芯，在砂芯内安放过滤器。使用该砂芯，可以在需要安装过滤器的任何部位做出分型面。这些砂芯在浇注系统中，可容易与陶瓷管连接起来。用此方法已成功浇注重约 5.5t 的风电行星架（在一个过滤室砂芯内放两个 $\phi200mm \times 35mm$ 过滤器）。现已采用这种方法试生产了 50t 重的球墨铸铁件。

在大型球墨铸铁件浇注系统中应用过滤器时，还要注意防止在浇注初始阶段或在浇注快要结束时，过滤器可能"冻结"或被"堵住"而致使停止浇注。产生这种现象的主要原因有：铁液的浇注温度过低；铁液的流动性差；过滤器上的孔径或孔眼太小；浇注的有效压头过低，致使铁液的流速太低等。目前已有采用 16 个高强度过滤器（$\phi200mm \times 35mm$）的浇注系统，浇注重约 45t 的大型球墨铸铁件，每个过滤器的过铁液量约为 2.18t，浇注时间约 150s，获得了较好结果。

图 11-39a、b、e 所示的三种结构形式，主要宜用于较重要的小型铸铁件。对于质量要求更高的中、小型铸铁件，宜采用图 11-39c、d 所示的两种结构形式。过滤器及其上方的集渣包设置在横浇道中，组成缓流式（单向或双向）浇注系统，具有最佳的除渣效果。在生产实践中，如中、小型内燃机气缸体、气缸盖、增压器进气涡壳体、高中压阀体、排气阀壳体及空气压缩机气缸体等要求具有高致密性的铸铁件，均采用这种浇注系统，获得了很好的效果。

4. 内浇道

1）内浇道的形状、尺寸等，对铸件质量有着重要影响。常用的内浇道形状有梯形、圆形及三角形等。不同的形状、尺寸，具有不同的表面积，其主要影响散热条件、凝固速度、对铁液流动的阻力及挡渣能力等。要根据铸件的结构特点、铸铁的结晶凝固特性及浇注系统的结构形式等，选用适宜的内浇道形状和尺寸。常用的形状为扁梯形。圆形主要用于雨淋式浇注系统中。

须着重指出：内浇道的形状及尺寸，对具有典型糊状结晶凝固特性的球墨铸铁件质量的影响更大。如果设计不当，如用尺寸较大的梯形等，则容易在与铸件连接处形成物理热带，可能产生局部缩松缺陷。因此，应尽量选用薄扁形状，最小厚度可取 3.5～4mm。

2）内浇道与横浇道的相对位置。对于铸铁件，一般都是采用封闭式浇注系统。为有效防止熔渣等夹杂物流入内浇道，内浇道应置于横浇道下方。在铁液流动过程中，熔渣等夹杂物轻而浮在横浇道的上表面，底部较干净的铁液，则通过内浇道而导入型腔内。这样能更有效地发挥浇注系统的挡渣作用。

另外，内浇道与横浇道末端之间，应有适当的距离。内浇道与横浇道所呈夹角，一般为 90°。根据不同情况，也可适当调整，以获得更好的缓流、挡渣效果。

5. 相互的截面积比例

浇注系统中铁液的流量主要与浇道的截面积及铁液在该处的流动速度有关。粗略地计量：$Q_{(流量)} = A_{(截面积)} \times V_{(流速)}$。影响铁液流速的因素多而复杂，其中最主要因素有：浇注压头大小、阻力系数（该处型壁摩擦及形状阻力、该处的前沿阻力等）及铁液的流动性等。

在生产实践中，开放式与封闭式浇注系统的区别，只是简单按照浇注系统各截面积的相对比例进行区分。

（1）浇注系统类型

1）$A_{外} > A_{直} > A_{横} > A_{内}$，为封闭式浇注系统。各浇道逐渐充满，使熔渣等夹杂物始终浮在浇口杯（外浇道）中。横浇道的挡渣作用也发挥得较好，具有较强的挡渣能力。但缺点是铁液对型腔的冲刷力较大，并易产生喷溅等现象。铁液在型腔中的流动不够平稳。

尚须指出：封闭式浇注系统的基本条件是直浇道中的铁液流量，应大于内浇道中的铁液流量，$Q_{直} > Q_{内}$，即 $A_{直} \times V_{直} > A_{内} \times V_{内}$。实际上，铁液在内浇道中受到的综合阻力大于在直浇道中的阻力，因此铁液在内浇道的流速小于在直浇道中的流速，即 $V_{内} < V_{直}$。由此可知，在一定数值以内，即使 $A_{内} > A_{直}$ 时，可能还是封闭的。根据较简单的测实结果，当 $A_{直} : A_{内} = 0.8$ 时，即直浇道截面积小于内浇道截面积时，事实上还是处于充满封闭状态。

2）$A_{外} < A_{直} < A_{横} < A_{内}$，为开放式浇注系统。铁液不能充满各浇道，只能随铁液在型腔中上升而逐渐充满。主要优点是铁液对型腔的冲刷力小，流动较平稳。主要缺点是挡渣能力很差。

3）$A_{直} < A_{横} > A_{内}$，为半封闭式浇注系统。由于内浇道面积最小、横浇道面积最大，在浇注过程中，浇注系统仍能充满，但较封闭式略晚。因横浇道面积最大，铁液在其中的流速减小，使铁液中的熔渣、夹杂物等上浮，并集中停留在横浇道中，具有更好的挡渣作用，故又称为缓流封闭式浇注系统。充型的平稳性及对型腔的冲刷力都优于封闭式浇注系统。在生产实践中，半封闭式浇注系统已广泛适用于各类铸铁件，并获得良好效果。

4）$A_{外} > A_{直} < A_{横} < A_{内}$ 或 $A_{外} > A_{直} > A_{集渣包出口}$ 或 $A_{直} > A_{阻} < A_{横后} < A_{内}$ 或 $A_{直} > A_{阻} < A_{内} < A_{横后}$，为封闭–开放式浇注系统。阻流截面设在直浇道下端，或在横浇道中，或在集渣包出口处，或在内浇道之前设置的阻流挡渣装置外。阻流截面之前为封闭式，其后为开放式。故具有很好的挡渣能力，又能使铁液充型平稳，即兼有封闭式和开放式的优点。适用于各类铸铁件，在中、小型铸铁件上应用广泛，特别适用于一箱多件铸造。目前随着过滤器的使用，这种浇注系统的应用更为广泛。

（2）常用浇注系统截面积比例　根据铸铁件的结构特点、铸铁的结晶凝固特性、技术要求及生产条件等，选用不同的浇注系统截面积比例。铸铁件常用浇注系统截面积比例见表 11-32。选用时须注意以下几点。

1）表 11-32 中所列截面积比例的主要特点：为使浇注系统具有良好的挡渣能力，大都采用半封闭式浇注系统。即内浇道面积最小，横浇道面积最大，使横浇道更好地起到缓流和挡渣作用。兼具封闭式及开放式的优点，在铸铁件上使用效果最好，获得了最广泛的应用。

2）铁液经球化、孕育处理后，温度大幅度下降。其显著特点是熔渣、夹杂物较多，要求浇注系统具有很强的挡渣能力；铁液容易氧化。为了防止在充型过程中产生二次氧化渣，要求铁液流动应尽量平稳。因此，可根据球墨铸铁件的结构特点等因素，酌情选用带过滤器的半封闭式缓流（单向或双向）浇注系统，如表 11-32 中②、③、④项，可获得更好的使用效果。对于厚大或有其他特殊要求的球墨铸铁件，也可选用开放式浇注系统。其挡渣作用主要由浇口杯（或浇注箱）、集渣包、过滤器及缓流式等方法完成。

3）陶瓷过滤器具有很强的挡渣能力，一般设置在靠近型腔的横浇道中，其挡渣、缓流效果最好。过滤器的工作总面积，宜为浇注系统阻流面积的 3 ~ 5 倍。为确保浇注速度不受影响，不能用这种过滤器来控制浇注速度。

表 11-32　铸铁件常用浇注系统截面积比例

浇注系统结构形式	①普通浇注系统		②在直浇道顶部设置过滤网	③在直浇道底部设置过滤网	④在横浇道中设置过滤网
参考图 11-39			图 11-39a	图 11-39b	图 11-39c、d
截面积比例	$\sum A_直 : \sum A_横 : \sum A_内$		$\sum A_网 : \sum A_直 :$ $\sum A_横 : \sum A_内$	$\sum A_直 : \sum A_网 : \sum A_横 : \sum A_内$	
	灰铸铁件	1:2:1.5:1	1.2:1.1:1.5:1	1.2:1.1:1.5:1	1.2:1.1:1.5:1
	球墨铸铁件 — 一般件	1:2:1.5:1			1.2:1.1:1.5:1
	球墨铸铁件 — 厚大或有特殊要求	1:(2 ~ 3):(1.5 ~ 3)			1:1.1:(2 ~ 3):(1.5 ~ 3)

注：1. $A_直$、$A_横$ 及 $A_内$，分别指各单元最小处的截面积。

2. $\sum A_网$ 指砂芯过滤网孔的总面积。

11.5.5　常用浇注系统尺寸的确定

浇注系统的结构形式确定之后，需要计算各单元的尺寸。影响尺寸设计的因素很多，主要应根据铸件的结构特点、铸铁的结晶凝固特性、技术要求及生产条件等进行设计。在浇注系统各单元尺寸计算过程中，一般首先确定最小阻流截面尺寸。对于封闭式浇注系统，最小阻流截面是内浇道；对于开放式浇注系统，最小截面是在内浇道前的某个阻流截面。在最小阻流截面积确定之后，可参考表 11-32 中的经验比例关系确定其他各单元的截面积。

浇注系统中最小阻流截面积的尺寸，主要影响铸件的浇注时间，对铸件质量有着重要影响。应根据铸件技术要求、铸型条件及浇注温度等主要因素进行合理选定。一般主要依铸件的质量来确定。

关于浇注系统尺寸的计算方法较多，可查阅手册。为实用方便起见，现仅将国内某厂在长期生产实践中，经过验证可靠的简易实用资料提供如下，可供选用参考。在实用中，应根据铸件结构特点、技术要求及生产条件等具体情况进行适当调整，以获得较好效果。

1. 灰铸铁件浇注系统尺寸

灰铸铁件浇注系统尺寸见表 11-33。

2. 灰铸铁件雨淋式浇注系统尺寸

在灰铸铁件生产中，雨淋式浇注系统的应用非常广泛。因它具有许多独特优点，对提高铸件质量能起到良好作用。故在生产实践中，一般根据铸件的结构特点等，尽可能地采用雨淋式浇注系统。灰铸铁件雨淋式浇注系统尺寸见表 11-34。表中各单元截面积比例：$\sum A_内 : \sum A_横 : \sum A_直 = 1:1.5:1.2$。表中内浇道尺寸是根据铁液在套筒形铸型内上升速度 15 ~ 30mm/s 而计算

表 11-33　灰铸铁件浇注系统尺寸

铸件质量 G_C/kg	内浇道				横浇道		直浇道		
	编号	数量	单个浇道截面积/cm²	总截面积/cm²	编号	截面积/cm²	编号	直径/mm	截面积/cm²
≤2	1	1	0.5	0.5	1	2.4	1	17	2.27
>2~5	2	1	0.8	0.8	1	2.4	1	17	2.27
	1	2	0.5	1.0					
>5~10	4	1	1.5	1.5	1	2.4	1	17	2.27
	2	2	0.8	1.6					
	1	3	0.5	1.5					
>10~20	5	1	2.25	2.25	2	3.6	2	20	3.1
	3	2	1.15	2.3					
	2	3	0.8	2.4					
	1	4	0.5	2.0					
>20~50	6	1	3.1	3.1	3	4.8	3	23	4.15
	4	2	1.5	3.0					
	2	4	0.8	3.2					
>50~100	5	2	2.25	4.5	4	7.1	4	27	5.7
	3	4	1.15	4.6					
	2	6	0.8	4.8					
>100~200	6	2	3.1	6.2	5	9.5	5	32	8.0
	4	4	1.5	6.0					
	3	6	1.15	6.9					
>200~300	7	2	4.6	9.2	6	13.86	6	38	11.3
	5	4	2.25	9.0					
	4	6	1.5	9.0					
	3	8	1.15	9.2					
>300~600	8	2	6.0	12.0	7	19.5	7	45	15.9
	6	4	3.1	12.4					
	5	6	2.25	13.5					
	4	8	1.5	12.0					
>600~1000	9	2	9.2	18.4	8	28.0	8	53	22.0
	7	4	4.6	18.4					
	6	6	3.1	18.6					
	5	8	2.25	18.0					
>1000~2000	8	4	6.0	24.0	9	38.8	9	65	33.2
	7	6	4.6	27.6					
	6	8	3.1	24.8					
>2000~4000	9	4	9.2	36.8	10	56.0	8	53	44.0
	8	6	6.0	36.0			2 个		
	7	8	4.6	36.8					

（续）

铸件质量 G_C/kg	内浇道				横浇道		直浇道		
	编号	数量	单个浇道截面积/cm²	总截面积/cm²	编号	截面积/cm²	编号	直径/mm	截面积/cm²
>4000~7000	10	4	12.0	48.0	9	77.6	9	65	66.4
	9	6	9.2	55.2					
	8	8	6.0	48.0	2个		2个		
>7000~10000	10	6	12.0	72.0	10	112.0	8	53	88.0
	9	8	9.2	73.6					
	8	12	6.0	72.0	2个		4个		

浇注系统各单元截面尺寸/mm

内浇道

编号	I				II				III				IV				V	
	a	b	c	截面积/cm²	a	b	c	截面积/cm²	a	b	c	截面积/cm²	a	b	r	截面积/cm²	d	截面积/cm²
1	11	9	5	0.5	8	6	7	0.5	6	4	10	0.5	10	7	4	0.5	8	0.5
2	14	12	6	0.8	10	8	9	0.8	8	5	12	0.8	13	8	6	0.8	10	0.8
3	18	15	7	1.15	11	8	12	1.14	10	6	15	1.2	16	10	7	1.2	12	1.13
4	20	18	8	1.5	14	11	12	1.5	11	7	17	1.5	18	11	8	1.5	14	1.53
5	24	21	10	2.25	17	13	15	2.25	13	9	21	2.3	22	14	9	2.25	17	2.27
6	30	26	11	3.1	18	14	19	3.04	14	10	26	3.1	27	16	11	3.1	20	3.1
7	40	36	12	4.6	22	16	24	4.6	17	11	33	4.6	40	26	17	4.5	24	4.5
8	45	41	14	6.0	25	21	26	6.0	20	12	37	6.0						
9	56	52	17	9.2	30	24	34	9.2	24	16	46	9.2						
10	58	52	22	12.1	37	28	37	12.0	28	20	50	12.0						

横浇道 / 直浇道

编号	I				II				编号	直浇道	
	a	b	c	截面积/cm²	a	b	r	截面积/cm²		d	截面积/cm²
1	16	11	18	2.4	22	14	10	2.4	1	17	2.27
2	19	14	22	3.6	28	17	13	3.6	2	20	3.1
3	23	15	25	4.8	35	19	15	4.8	3	23	4.15
4	28	18	31	7.1	38	24	18	7.2	4	27	5.7
5	32	22	35	9.5	44	28	20	9.5	5	32	8.0
6	38	28	42	13.86	50	33	25	13.8	6	38	11.3
7	46	32	50	19.5	65	39	30	19.5	7	45	15.9
8	56	40	58	28.0	78	46	36	28.0	8	53	22.0
9	65	45	70	38.8					9	65	33.2
10	80	60	80	56.0							

的。因此在选用时，应根据铸件结构特点等情况进行适当调整。

3. 灰铸铁件缓流式浇注系统尺寸

在横浇道中设置上、下拐弯，以改变铁液的流动方向，适度增加局部阻力，从而降低流动速度，使铁液中的夹杂物等更容易上浮至铁液上表面，集中停留在横浇道中，更好地发挥挡渣作用。在重要而较复杂的铸铁件上，特别是在球墨铸铁件上，获得广泛应用，并取得很好效果。这种缓流式浇注系统的拐弯结构，由设置在上、下砂型中的横浇道搭接而成。缓流式浇注系统有单向缓流式和双向缓流式两种，主要根据铸件的结构特点等进行设计。两种浇注系统的结构形式及尺寸，分别见表 11-35、表 11-36。缓流式浇注系统中，上、下横浇道及搭接截面积的关系为 $A_{A-A} > A_{B-B} > A_L$，后两项截面积分别比前项递减约 10%。要特别注意搭接面积（A_L），使其更好地发挥阻流、集渣作用。

表 11-34　灰铸铁件雨淋式浇注系统尺寸

铸件质量 G_C/kg	内浇道				横浇道		直浇道		
	编号	数量	单个浇道截面积/cm²	总截面积/cm²	编号	截面积/cm²	编号	直径/mm	截面积/cm²
>20~50	1	6	0.5	3.0	1	4.8	1	22	3.8
	2	4	0.8	3.2					
>50~100	1	10	0.5	5.0	2	7.2	2	27	5.73
	2	6	0.8	4.8					
>100~150	1	12	0.5	6.0	3	9.5	3	31	7.55
	2	8	0.8	6.4					
>150~200	2	10	0.8	8.0	4	12.0	4	35	9.6
	3	7	1.13	7.9					
>200~300	2	12	0.8	9.6	5	13.8	5	38	11.3
	3	8	1.13	9.0					
>300~400	2	14	0.8	11.2	6	16.9	6	42	13.8
	3	10	1.13	11.3					
>400~500	3	12	1.13	13.6	7	19.5	7	45	15.9
	4	9	1.54	13.9					
>500~600	3	14	1.13	15.8	8	23.4	8	48	18.1
	4	10	1.54	15.4					
>600~700	3	15	1.13	17.0	9	25.5	9	50	19.6
	4	11	1.54	16.9					
>700~800	3	16	1.13	18.1	10	28.0	10	53	22.0
	4	12	1.54	18.5					
>800~900	3	17	1.13	19.2	11	30.0	11	56	24.6
	4	13	1.54	20.0					
>900~1000	4	14	1.54	21.6	12	33.0	12	58	26.4
	5	11	2.0	22.0					
>1000~1500	3	20	1.13	22.6	13	35.0	6	42	27.6
	4	15	1.54	23.1			2 个		
	5	12	2.0	24.0					

（续）

铸件质量 G_C/kg	内浇道				横浇道		直浇道		
	编号	数量	单个浇道截面积/cm²	总截面积/cm²	编号	截面积/cm²	编号	直径/mm	截面积/cm²
>1500~2000	4	16	1.54	24.6	14	38.5	7	45	31.8
	5	13	2.0	26.0			2个		
	6	10	2.55	25.5					
>2000~2500	4	18	1.54	27.7	15	43.0	8	48	36.2
	5	14	2.0	28.0			2个		
	6	11	2.55	28.1					
>2500~3000	5	16	2.0	32.0	16	48.0	9	50	39.2
	6	12	2.55	30.6			2个		
	7	10	3.14	31.4					
>3000~3500	5	18	2.0	36.0	17	56.0	10	53	44.0
	6	14	2.55	35.7	两个 10#		2个		
	7	12	3.14	37.7					
>3500~4000	6	16	2.55	41.0	18	65.2	11	56	49.2
	7	14	3.14	44.0	两个 12#		2个		
	8	12	3.8	45.6					

浇注系统各单元截面尺寸/mm

内浇道			横浇道					直浇道		
编号			编号					编号		
	d	截面积/cm²		a	b	c	截面积/cm²		d	截面积/cm²
1	8	0.5	1	23	15	25	4.8	1	22	3.8
			2	28	19	31	7.2	2	27	5.73
2	10	0.8	3	32	22	35	9.5	3	31	7.55
			4	35	25	40	12.0	4	35	9.6
3	12	1.13	5	38	28	42	13.8	5	38	11.3
			6	42	30	47	16.9	6	42	13.8
4	14	1.54	7	46	32	50	19.5	7	45	15.9
			8	50	35	55	23.4	8	48	18.1
5	16	2.0	9	53	38	56	25.5	9	50	19.6
			10	56	40	58	28.0	10	53	22.0
6	18	2.55	11	58	41	60	30.0	11	56	24.6
			12	60	42	64	32.6	12	58	26.4
7	20	3.14	13	62	44	66	35.0			
			14	65	45	70	38.5			
8	22	3.8	15	70	50	72	43.0			
			16	75	55	74	48.0			

表 11-35　灰铸铁件单向缓流式浇注系统尺寸

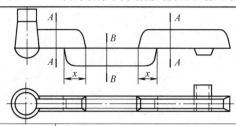

铸件质量 G_C/kg	内浇道				横浇道					直浇道		
	编号	数量	单个浇道截面积/cm²	总截面积/cm²	A—A		B—B		搭接尺寸 x/mm	编号	直径/mm	截面积/cm²
					编号	截面积/cm²	编号	截面积/cm²				
≤5	2	1	0.8	0.8	1	1.48	1	1.33	11	1	13.5	1.43
	1	2	0.5	1.0								
>5~10	4	1	1.5	1.5	2	2.02	2	1.76	12.6	2	15.5	1.88
	2	2	0.8	1.6								
	1	3	0.5	1.5								
>10~20	5	1	2.25	2.25	3	2.97	3	2.68	15.8	3	19	2.83
	3	2	1.15	2.3								
	2	3	0.8	2.4								
	1	4	0.5	2.0								
>20~50	6	1	3.1	3.1	4	3.74	4	3.3	17	4	21	3.46
	4	2	1.5	3.0								
	2	4	0.8	3.2								
>50~100	5	2	2.25	4.5	5	5.6	5	5.08	22	5	26	5.3
	3	4	1.15	4.6								
	2	6	0.8	4.8								
>100~200	6	2	3.1	6.2	6	7.52	6	6.86	25	6	30.5	7.31
	4	4	1.5	6.0								
	3	6	1.15	6.9								
>200~300	7	2	4.6	9.2	7	11.11	7	10.15	31	7	37	10.75
	5	4	2.25	9.0								
	4	6	1.5	9.0								
	3	8	1.15	9.2								
>300~600	8	2	6.0	12	8	15.6	8	14.35	38	8	43	14.5
	6	4	3.1	12.4								
	5	6	2.25	13.5								
	4	8	1.5	12.0								
>600~1000	9	2	9.2	18.4	9	23.1	9	20.67	46	9	53	22.0
	7	4	4.6	18.4								
	6	6	3.1	18.6								
	5	8	2.25	18.0								
>1000~2000	8	4	6.0	24.0	10	31.3	10	28	50	10	62	30.2
	7	6	4.6	27.6								
	6	8	3.1	24.8								

（续）

浇注系统各单元截面尺寸/mm

编号	内浇道 Ⅰ				内浇道 Ⅱ				内浇道 Ⅲ				编号	直浇道	
	a	b	c	截面积/cm²	a	b	c	截面积/cm²	a	b	c	截面积/cm²		d	截面积/cm²
1	11	9	5	0.5	8	6	7	0.5	6	4	10	0.5	1	13.5	1.43
2	14	12	6	0.8	10	8	9	0.8	8	5	12	0.8	2	15.5	1.88
3	18	15	7	1.15	11	8	12	1.14	10	6	15	1.2	3	19	2.83
4	20	18	8	1.5	14	11	12	1.5	11	7	17	1.5	4	21	3.46
5	24	21	10	2.25	17	13	15	2.25	13	9	21	2.25	5	26	5.3
6	30	26	11	3.1	18	14	19	3.1	14	10	26	3.1	6	30.5	7.31
7	40	36	12	4.6	22	16	24	4.6	17	11	33	4.6	7	37	10.75
8	45	41	14	6.0	25	21	26	6.0	20	12	37	6.0	8	43	14.5
9	56	52	17	9.2	30	24	34	9.2	24	16	46	9.2	9	53	22.0
													10	62	30.2

横浇道

编号	A—A				B—B				搭接尺寸	
	a	b	c	截面积/cm²	a	b	c	截面积/cm²	x	搭接面积/cm²
1	12	8.5	14.5	1.48	12	8.5	13	1.33	11	1.32
2	14	10.5	16.5	2.02	14	9.5	15	1.76	12.6	1.76
3	17	12	20.5	2.97	17	12	18.5	2.68	15.8	2.68
4	19	13.5	23	3.74	19	14	20	3.3	17	3.23
5	23.5	16.5	28	5.6	23.5	18	24.5	5.08	22	5.17
6	27	20	32	7.52	27	22	28	6.86	25	6.75
7	33	24	39	11.11	33	29.5	32.5	10.15	31	10.23
8	38	30	46	15.6	38	32	41	14.35	38	14.44
9	44	33	60	23.1	44	34	53	20.67	46	20.24
10	56	45	62	31.3	56	48	54	28	50	28

表 11-36　灰铸铁件双向缓流式浇注系统尺寸

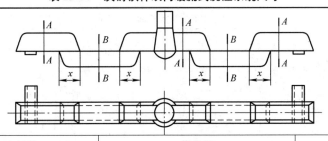

铸件质量 G_C/kg	内浇道				横浇道					直浇道		
	编号	数量	单个浇道截面积 /cm²	总截面积 /cm²	A—A		B—B		搭接尺寸 x/mm	编号	直径 /mm	截面积 /cm²
					编号	截面积 /cm²	编号	截面积 /cm²				
>10~20	3	2	1.15	2.3	1	1.35	1	1.2	11	1	18	2.54
	1	4	0.5	2.0								
>20~50	4	2	1.5	3.0	2	1.84	2	1.65	12	2	21	3.46
	2	4	0.8	3.2								
>50~100	5	2	2.25	4.5	3	2.82	3	2.52	15	3	26	5.30
	3	4	1.15	4.6								
	2	6	0.8	4.8								
>100~200	6	2	3.1	6.2	4	3.94	4	3.5	18	4	31	7.54
	4	4	1.5	6.0								
	3	6	1.15	6.9								
>200~300	7	2	4.6	9.2	5	5.46	5	4.92	21	5	38	11.33
	5	4	2.25	9.0								
	4	6	1.5	9.0								
	3	8	1.15	9.2								
>300~600	8	2	6.0	12.0	6	7.52	6	6.85	25	6	44	15.19
	6	4	3.1	12.4								
	5	6	2.25	13.5								
	4	8	1.5	12.0								
>600~1000	7	4	4.6	18.4	7	11.11	7	10.16	30	7	53	22.05
	6	6	3.1	18.6								
	5	8	2.25	18.0								
>1000~2000	8	4	6.0	24.0	8	15.08	8	13.8	36	8	60	28.26
	7	6	4.6	27.6								
	6	8	3.1	24.8								
>2000~4000	9	4	9.2	36.8	9	22.36	9	20.18	41	9	75	44.15
	8	6	6.0	36.0								
	7	8	4.6	36.8								

（续）

浇注系统各单元截面尺寸/mm

	内浇道												直浇道		
	I				II				III						
编号													编号		
	a	b	c	截面积/cm²	a	b	c	截面积/cm²	a	b	c	截面积/cm²		d	截面积/cm²
1	11	9	5	0.5	8	6	7	0.5	6	4	10	0.5	1	18	2.54
2	14	12	6	0.8	10	8	9	0.8	8	5	12	0.8	2	21	3.46
3	18	15	7	1.15	11	8	12	1.14	10	6	15	1.2	3	26	5.30
4	20	18	8	1.5	14	11	12	1.5	11	7	17	1.5	4	31	7.54
5	24	21	10	2.25	17	13	15	2.25	13	9	21	2.25	5	38	11.33
6	30	26	11	3.1	18	14	19	3.1	14	10	26	3.1	6	44	15.19
7	40	36	12	4.6	22	16	24	4.6	17	11	33	4.55	7	53	22.05
8	45	41	14	6.0	25	21	26	6.0	20	12	37	6.0	8	60	28.26
9	56	52	17	9.2	30	24	34	9.2	24	16	46	9.2	9	75	44.15

横浇道

	A—A				B—B				搭接尺寸	
编号										
	a	b	c	截面积/cm²	a	b	c	截面积/cm²	x	搭接面积/cm²
1	11.5	8.5	13.5	1.35	11.5	8.5	12.0	1.2	11	1.26
2	13.5	9.5	16.0	1.84	13.5	9.0	14.5	1.65	12	1.62
3	17.0	12.0	19.5	2.82	17.0	11.0	18.0	2.52	15	2.55
4	19.5	14.0	23.5	3.94	19.5	14.5	20.5	3.5	18	3.51
5	23.0	16.0	28.0	5.46	23.0	18.0	24.0	4.92	21	4.83
6	27.0	20.0	32.0	7.52	27.0	22.0	28.0	6.85	25	6.75
7	33.0	24.0	39.0	11.11	33.0	29.5	32.5	10.16	30	9.9
8	37.0	30.0	45.0	15.08	37.0	32.0	40.0	13.8	36	13.3
9	46.0	40.0	52.0	22.36	46.0	38.0	48.0	20.18	41	18.86

4. 球墨铸铁件浇注系统尺寸

铁液经球化、孕育处理后温度下降幅度很大，一般可下降 80~100℃；另外很容易发生氧化，形成的氧化夹杂物较多。因此，球墨铸铁件浇注系统的显著特点是，在保持铁液平稳充型的前提下，要适当加快浇注速度、缩短浇注时间和应具有很强的挡渣能力。其浇道截面积比灰铸铁件增加 30%～100%。铸件结构越复杂、铸壁厚度越薄、铸件表面积越大时，其增加值越大。

球墨铸铁件浇注系统尺寸见表 11-37。根据球墨铸铁件的上述特点，表 11-37 中是采用封闭式浇注系统，各单元截面积比例为 $\sum A_内 : \sum A_横 : \sum A_直 = 1 : 1.2 : 1.4$。在生产实践中，要根据铸件的结构特点、技术要求等情况进行适当调整。

表 11-37　球墨铸铁件浇注系统尺寸

铸件质量 G_C/kg	内浇道				横浇道		直浇道		
	编号	数量	单个浇道截面积/cm²	总截面积/cm²	编号	截面积/cm²	编号	直径/mm	截面积/cm²
≤2	1	1	1.02	1.02	1	3.0	1	20	3.1
>2～5	1	2	1.02	2.04	1	3.0	1	20	3.1
	3	1	1.92	1.92					
>5～10	1	3	1.02	3.06	2	3.6	2	23	4.2
	2	2	1.54	3.08					
	5	1	2.90	2.9					
>10～20	1	4	1.02	4.08	3	4.8	3	27	5.7
	2	3	1.54	4.2					
	3	2	1.92	3.84					
	6	1	4.01	4.01					
>20～50	1	5	1.02	5.1	4	5.4	4	29	6.6
	4	2	2.43	4.86					
	7	1	4.80	4.8					
>50～100	2	5	1.54	7.7	5	8.3	5	35	9.6
	3	4	1.92	7.68					
	4	3	2.43	7.29					
>100～200	2	6	1.54	9.24	6	11.4	6	41	13.2
	4	4	2.43	9.72					
	7	2	4.80	9.6					
>200～300	2	9	1.54	13.86	7	16.1	7	50	19.6
	4	6	2.43	14.58					
	5	5	2.90	14.5					
	7	3	4.80	14.4					
>300～600	4	8	2.43	19.44	8	22.0	8	57	25.5
	5	6	2.90	17.4					
	6	5	4.01	20					
	7	4	4.80	19.2					
>600～1000	5	9	2.90	26.1	9	32.3	7	50	39.2
	7	6	4.80	28.8				2 个	
	8	5	5.60	28					
	9	4	6.65	26.6					

（续）

铸件质量 G_C/kg	内浇道				横浇道		直浇道		
	编号	数量	单个浇道截面积/cm²	总截面积/cm²	编号	截面积/cm²	编号	直径/mm	截面积/cm²
>1000 ~ 2000	6	10	4.01	40	10	43	8	57	51
	7	8	4.80	38.4					
	10	5	7.50	37.5			2个		
>2000 ~ 4000	7	10	4.80	48	11	56	9	64	64.4
	8	8	5.60	44.8					
	10	6	7.50	45			2个		
>4000 ~ 7000	8	13	5.60	72.8	10	86	10	77	93
	9	11	6.65	73.1					
	10	10	7.50	75	2个		2个		
>7000 ~ 10000	9	14	6.65	93.1	11	112	9	64	128.8
	10	12	7.50	90					
	11	9	10.89	98	2个		4个		

浇注系统各单元截面尺寸/mm

内浇道					横浇道					直浇道		
编号	a	b	c	截面积/cm²	编号	a	b	c	截面积/cm²	编号	d	截面积/cm²
1	18	16	6	1.02	1	18	12	20	3.0	1	20	3.1
2	23	21	7	1.54	2	19	14	22	3.6	2	23	4.2
3	25	23	8	1.92	3	23	15	25	4.8	3	27	5.7
4	28	26	9	2.43	4	24	18	26	5.4	4	29	6.6
5	30	28	10	2.90	5	30	22	32	8.3	5	35	9.6
6	38	35	11	4.01	6	34	23	40	11.4	6	41	13.2
7	42	38	12	4.80	7	40	30	46	16.1	7	50	19.6
8	46	40	13	5.60	8	50	38	50	22.0	8	57	25.5
9	50	45	14	6.65	9	56	45	64	32.3	9	64	32.2
10	52	48	15	7.50	10	64	50	75	43.0	10	77	46.5
11	63	58	18	10.89	11	80	60	80	56.0			

11.6　提高补缩效能

在铸件的凝固过程中，为防止产生缩孔、缩松缺陷，必须进行充分的补缩。一般应根据铸件的材质、结构特点，各部位的温度分布状况，可能形成的几何热节及浇注条件等，确定各部位的凝固方向。同时还要考虑在浇注时可能形成的物理热节、产生的动静压力及在其他压力等的综合作用下，其热节可能移动的方向，而较准确地确定在铸件中可能产生缩孔、缩松的最后凝固热节的上方或侧旁设置适当的冒口，以促成铸件整体或局部的方向性凝固，确保铸件各部位都能得到较充分的补缩。

尤须注意铸铁的凝固特性。灰铸铁的共晶凝固为层状 – 糊状的中间凝固方式。球墨铸铁的共晶凝固是典型的糊状凝固方式。因为在结晶凝固过程中，石墨的析出会伴随着产生体积膨胀。如果能创造必要条件，如使铸型具有足够的刚度、强度，则可利用全部或部分的共晶膨胀量，在铸件内部建立起压力，实现自补缩，这样更有利于克服内部缩孔、缩松缺陷和提高致密性。因此，在考虑对铸铁件的补缩时，须特别注意凝固特性。如果能充分利用铸铁的自补缩能力和在其他相关措施的综合作用下，则可做到少用或不用冒口（即无冒口铸造）。

根据合金凝固特性及冒口补缩原理的不同，冒口可分为通用冒口（或称传统冒口）和铸铁件实用冒口两大类。

通用冒口的设计方法，按照顺序凝固的设计原则。冒口的设计可根据铸件材质、结构特点及冒口种类等查阅有关手册。

通用冒口对铸型强度、刚度和铸件模数等无特殊要求，适应性较强，原则上可用于各种铸铁件。必须指出：高牌号亚共晶灰铸铁的共晶度低、结晶范围宽。而球墨铸铁具有典型的糊状凝固特性，采用通用冒口的补缩效果较差，要消除缩孔、缩松缺陷较困难，更不能很有效地解决显微缩松问题，且铸件的工艺出品率较低。

灰铸铁件、蠕墨铸铁件和球墨铸铁件，原则上既可采用通用冒口，也可采用实用冒口，这主要根据铸件材质、结构特点、铸造工艺及生产条件等具体情况而定。

11. 6. 1　特种冒口

当采用普通冒口时，为提高冒口的补缩作用，可以采用以下特种冒口：

1. 加压冒口

增加冒口的压力作用，是提高补缩效能的重要方法。如采用大气压力冒口、发气压力冒口、压缩空气冒口和高达 1. 5 ~ 2MPa 的超压冒口等工艺方法，虽主要用于凝固收缩大的铸钢件上，但在原则上，并已被生产实践所证明，均可用于高强度铸铁件上。若能在很高的压力作用下进行浇注和凝固，则可完全获得无缩孔、缩松（局部缩松或显微缩松）的高致密性铸件。压力作用还可减小或抑制溶于铁液中的气体析出，从而能减轻铸件中显微气孔的形成。

某船厂生产的如图 11-40 所示的柴油发动机气缸盖，其材质为 HT250 低合金铸铁，轮廓尺寸为 380mm × 340mm × 140mm（长 × 宽 × 高），在上平面中央部位的局部肥厚区域，设置了 4 个大气压力冒口，完全避免了该处螺栓孔内的局部缩松缺陷及其渗漏现象，实际效果很好。

2. 加热冒口

生产实践中常用的加热冒口有保温冒口、发热冒口等，其可使铁液在较长时间内仍能保持较高的温度，可延长冒口的补缩作用。使用最广的是保温冒口，其由保温材料特制而成；也可用最简便的方式，即在铁液充满铸型后，立刻在冒口上方覆盖一层较厚的保温剂，也能起到一定的保温作用，以增强冒口的补缩效果。

11. 6. 2　铸铁件实用冒口

铸铁件实用冒口，利用全部或部分的共晶石墨化体积膨胀量，在铸件内部建立起压力，实现自补缩，更有利于消除显微缩松，以提高铸件的致密性。且铸件的工艺出品率比通用冒口高。为

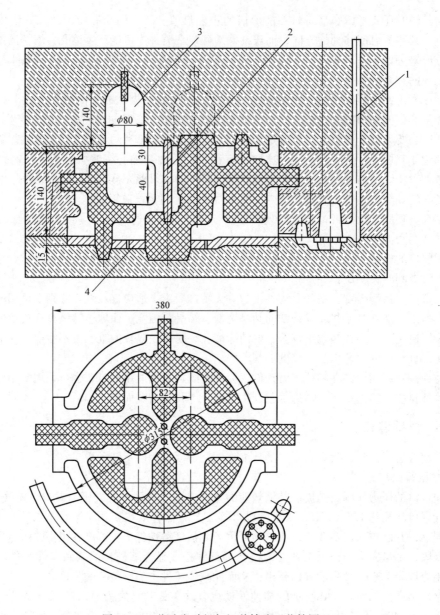

图 11-40　柴油发动机气缸盖铸造工艺简图
1—底注式浇注系统　2—内冷铁　3—大气压力冒口　4—燃烧室平面外冷铁

获得预期效果，须注意以下要点：

1）铸铁件实用冒口的设计应按照同时凝固原则。还要从铸造工艺上采取措施，使铸型中各部位的温度差别减小，尽量趋于一致，以使铸件各部位同时凝固。

2）实用冒口的作用，主要是补给铸件的液态收缩和自补缩不足的差额，并要估计冒口的有效补缩率。冒口的有效体积，应大于铸件的液态收缩量。

3）冒口的位置

① 冒口应设置于铸件顶部，才能有效地进行液态补缩，防止铸件上平面产生缩凹缺陷。

② 冒口不要设置在铸件的几何热节处，但要靠近热节，以利于补缩。

③ 冒口的设置不要形成接触热节。

④ 冒口要适当离开内浇道。

铸件均衡凝固工艺设计的关键是，要防止铸件结构的几何热节、内浇道处形成的物理热节和冒口根部形成的接触热节三者重合。

4）冒口颈的设计。铸铁件实用冒口，不必晚于铸件凝固。当液态收缩终止或共晶石墨化体积膨胀开始时，冒口颈须及时凝固，以充分利用共晶石墨化体积膨胀实现自补缩。冒口颈的结构形状及尺寸设计非常重要，对能否获得预期的自补缩效果有着很大的影响，要根据铸铁件材质、结构特点（如主要壁厚、模数 M 值等）等因数综合考虑而定。冒口颈的形状一般可选用圆形、正方形或矩形等。耳冒口、飞边冒口等的冒口颈形状，一般采用短、薄、宽结构形式，效果较好。

5）对于薄壁铸铁件，可用浇注系统兼作冒口使用，尤指湿型铸造的小型薄壁件。但内浇道的形状及尺寸应符合冒口颈的设计原则。

11.6.3　无冒口铸造

根据铸铁的凝固特性，尤其是球墨铸铁实属典型的糊状凝固方式，在凝固过程中析出石墨。因石墨的密度小，约为 $2.22\mathrm{g/cm^3}$，故析出时会引起体积膨胀，每析出 1% 的石墨，铸铁件体积膨胀约 2%。如果铸型（型芯）具有足够大的刚度和强度，不让其向外膨胀，则可将向外的膨胀力转化为指向内部的压力，进行自补缩。特别是厚大铸铁件凝固过程中，在其他相关因素的综合作用下，石墨化引发的体积膨胀量能完全补偿凝固收缩。从而可避免产生缩孔、缩松缺陷，增加铸铁件的致密性，实现无冒口铸造。

如图 11-41 所示的大型调频轮是典型的厚大断面灰铸铁件。改进前的原铸造工艺中浇冒口系统的设计：在轮的上平面设置了一个 $\phi450\mathrm{mm}\times650\mathrm{mm}$（直径×高度）的大型顶冒口。为增强冒口的补缩功能，还采取了许多措施：采用顶注式浇注系统，12 道 $\phi30\mathrm{mm}$ 的内浇道设置在冒口顶部，使全部铁液经由冒口流入型腔；铁液充满铸型后，在较长一段时间内，仍不断将高温铁液注入冒口内；用棒捣冒口，阻止冒口上表层过早凝壳；冒口周围采用保温材料及保温剂覆盖等。

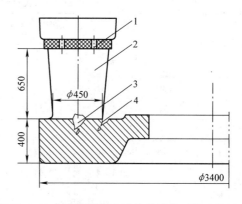

图 11-41　大型调频轮改进前的铸造工艺示意图
1—内浇道（12×ϕ30mm）　2—大型顶冒口
3—中心缩孔、缩松　4—冒口根部周围缩孔、气孔等

虽然采取了许多提高冒口补缩作用的措施，但仍会发现在冒口颈中心及根部有较严重的缩孔，甚至在冒口根部还伴生气孔等。产生缩孔的主要原因：设置大冒口后，反而形成了较大的接触热节和物理热节，受铸铁"糊状凝固"特性的影响，在热节区最后凝固期间，大冒口的补缩通道已被阻塞。实践表明，在厚大断面的铸铁件上直接采用加大冒口的方法，往往收不到预期的补缩效果。改进后采用无冒口铸造工艺，如图 8-10 所示，取消了大冒口，并严格控制其他相关因素的影响，获得了较好的效果。

无冒口铸造，特别适用于一般厚大断面的灰铸铁件和铁素体球墨铸铁件等。这是提高经济效益的铸造方法，如果应用得当，可获得很好的预期效果。无冒口铸造工艺的要点如下。

1. 铁液的高冶金质量

（1）选择合适的化学成分　化学成分是影响其力学性能和石墨化能力的基本因素，因此也影响石墨化体积膨胀总量。碳、硅含量不仅改变铸铁组织中石墨的数量，还能改变石墨的大小及分布情况。因此，碳、硅对灰铸铁的显微组织及最终性能，有着决定性的影响。在一定范围内，在不产生枝晶石墨的条件下，降低碳当量可提高铸铁的力学性能、减少石墨数量及增加体积收缩量。对于亚共晶铸铁来说，在按稳定系结晶的条件下，增加碳当量会使析出的石墨量增加，因而可增大石墨的体积膨胀量，有利于减少或消除缩孔、缩松，但会降低力学性能。故须选定适当的化学成分，在保证所需力学性能和不产生石墨漂浮的前提下，宜选用较高的碳当量，特别要适当增加含碳量，使在结晶过程中，能析出足够的石墨，以充分发挥析出石墨体积膨胀的自补缩作用。化学成分的一般控制范围：$w(C) = 3.20\% \sim 3.40\%$，$w(Si) = 1.30\% \sim 1.60\%$，$w(Mn) = 0.70\% \sim 1.0\%$，$w(P) < 0.18\%$，$w(S) < 0.15\%$。

（2）提高铁液的纯净度　适当提高铁液的过热程度，以提高纯净度，有利于提高铸铁件结晶组织的致密性。

（3）强化孕育处理　选用高效、长效复合孕育剂，适当加大孕育量，进行炉前、转包、浇注箱（杯）内及型内等多频次瞬时随流孕育，强化孕育处理，以提高孕育效果。

（4）确保球化处理高质量　选用低稀土长效复合球化剂等，在确保球化率良好的前提下，适当减少残余镁量和残余稀土量等。

此外，还需酌情进行预处理、微合金化处理及脱硫处理等，以确保铁液的高冶金质量。

某工厂采用无冒口铸造工艺生产的大型调频轮的质量较好，其化学成分及力学性能见表 11-38，可供参考。

表 11-38　大型调频轮的化学成分及力学性能

序号	化学成分（质量分数,%）						力学性能	
	C	Si	Mn	P	S	CE	抗拉强度 R_m/MPa	硬度 HBW
1	3.30	1.31	0.78	0.16	0.10	3.74	290	235
2	3.26	1.64	0.57	0.18	0.14	3.80	290	223
3	3.22	1.36	0.84	0.16	0.12	3.67	295	229
4	3.14	1.40	0.82	0.18	0.11	3.61	305	223
5	3.14	1.44	0.84	0.18	0.098	3.62	285	229
6	3.16	1.33	0.68	0.14	0.15	3.60	310	227
7	3.23	1.30	0.92	0.15	0.12	3.66	310	237
8	3.40	1.44	0.95	0.105	0.071	3.88	310	227
平均	3.23	1.40	0.80	0.16	0.11	3.70	299	229

2. 分析铸件的结构特点、材质及技术要求

若铸件结构的模数大，则在凝固过程中共晶石墨化的体积膨胀压力高；在相同模数下，球墨铸铁比灰铸铁的膨胀力高；在其他条件都相同时，铸态高韧性铁素体球墨铸铁比铸态高强度珠光体球墨铸铁的膨胀力高。一般要求球墨铸铁件的平均模数达到 2.5cm 以上尤为合适，应用效果更好。

3. 铸型应具有足够大的刚度和强度

为获得无冒口铸造的预期效果，必须符合一个基本前提，即铸型须具有足够大的刚度和强度，才能挡得住凝固过程中共晶石墨化体积膨胀力，阻止产生型壁迁移，防止铸件内、外尺寸的胀大，迫使膨胀力朝反向作用，成为指向铸件内部的压力，从而起到自身补缩的作用，达到消除内部缩孔、缩松的目的，提高铸件的致密性。球墨铸铁件产生内部缩孔、缩松的倾向大于灰铸铁件，因此铸型的刚度、强度大小对球墨铸铁件的影响比对灰铸铁件大得多。

铸型的刚度、强度与铸型种类、造型材料、造型紧实度、芯骨及砂箱的强度及刚度等诸多因素有关。应选用黏土砂干型、自硬呋喃（或酚醛）树脂砂型（芯）、水玻璃砂型、砂衬金属型及"V"法造型等；造型及制芯时应均匀地春紧，使其具有足够的紧实度；砂箱及芯骨等具有足够的强度和刚度；组芯及合箱装配时应牢靠紧固，严防浇注时胀型及抬型等。

4. 浇注系统

根据均衡凝固原则，多道内浇道应均匀分布且分散设置在铸件的薄壁部位，使铸件各部位的温度趋向于均匀；内浇道宜选扁、平、宽形状，单道内浇道尺寸不宜过大，应在浇注后尽快凝固"截死"，不致因受石墨化膨胀而反馈"上涨"，促使铸件内部尽快地建立起压力，以增强自补缩作用；内浇道应采用径向或轴向引入，其比切向引入更有利于对石墨化膨胀的利用；大、中型铸铁件，宜采用底注式、中注式或阶梯式浇注系统，以有利于铸件各部位的温度均匀分布；对于厚大铸铁件的浇注速度可适度减缓，适当延长浇注时间，有利于减少液态收缩量等。要求铸型顶部能经得住铁液较长时间的烘烤作用，而不至于降低强度等。对于湿型铸造小型铸铁件，铸型强度低，可适当加快浇注速度，实现较低温快浇工艺。

5. 浇注温度

铸件的浇注温度主要影响液态收缩量和冷却速度。如果浇注温度过高，则会使液态收缩量增加和冷却速度减慢，对防止缩孔、缩松缺陷产生不利影响。因此，为尽量减少液态收缩量和适当加快铸件的冷却速度，在不产生皱皮、冷隔、浇不足、气孔及夹杂等缺陷的前提下，应尽量降低浇注温度。较适宜的浇注温度，应根据铸件的结构特点、材质、技术要求及生产条件等因素的综合考虑而定。图 8-10 所示大型调频轮的浇注温度为 $1260 \sim 1270℃$；其他较小型调频轮的浇注温度视具体情况而定，可取$1270 \sim 1280℃$；一般球墨铸铁件的最低浇注温度为$1300 \sim 1320℃$。

6. 冷铁的应用

冷却速度对铸铁的结晶组织和性能有着很重要的影响。在铸件的厚壁部位或局部热节区域设置外冷铁，适当加快局部的冷却速度，可以起到增强补缩、平衡壁厚差别、消除热节的作用，提高结晶组织的致密性和力学性能；充分利用石墨化膨胀的自补缩作用，克服铸件内部缩孔、缩松缺陷，是提高铸件质量很有效的措施。

对于重达数吨或数十吨的特大型厚壁、实心铸铁件，尽管采取降低浇注温度等措施，但因铸型中铁液的降温速度非常缓慢，需要在较长时间内进行液态补缩。此时须采取设置冷铁等特殊措施，适当加快冷却速度，才能防止铸件上平面产生缩凹等缺陷。例如图 8-10 所示大型调频轮铸造工艺中，在上平面设置了厚度为 80mm 的石墨板材外冷铁，不仅可以防止铸件上表面产生缩凹等缺陷，对铸件整体也有增强自补缩的作用，从而可补偿铸件的液态收缩和凝固收缩，在实践中已获得很好的效果。

7. 出气孔

根据铸件结构特点和铸造工艺等，要设置多个小型出气孔，其形状可采用圆形、扁矩形或楔形等。一般中、小型铸铁件的圆形出气孔直径为 $10 \sim 25mm$，厚大铸铁件的圆形出气孔直径为 $30 \sim 40mm$。出气孔的总面积可取内浇道总面积的 $1.2 \sim 1.5$ 倍。当铁液充满铸型后，出气孔（或出气冒口）应立即凝固"截死"，防止因受石墨化膨胀而反馈"上涨"。

对于大、中型铸铁件，可根据铸件结构特点，在铸件顶部设置安全的小型暗冒口。其作用仅为弥补工艺条件的偏差，当铁液呈现轻微的液态收缩时可进行液态补缩，避免铸件上表面出现缩凹缺陷。

11.7　提高铁液的冶金质量

铁液的冶金质量对铸铁件的质量有着十分重要的影响，是确保铸铁件致密性的重要前提之一。影响铁液冶金质量的因素很多，并且各因素相互之间的作用又很复杂，涉及的学科范围广泛。在生产实践中主要控制以下几点。

11.7.1　选择合适的化学成分

灰铸铁件的致密性，主要取决于金属基体组织、晶核粗细程度和石墨形态特征（形状、数量及分布状况等）。凡是导致粗晶粒组织形成和石墨数量增多、粗大的因素，都会降低致密性。在生产实践中，要根据铸铁件类型、结构特点、技术要求、铸造工艺方法及生产条件等因素综合考虑，选择合适的化学成分。

1. 碳、硅

灰铸铁化学成分中，碳和硅的含量对铸件的金相显微组织及最终性能有着决定性的影响。碳是产生石墨的基础。在亚共晶铸铁中，含碳量越多，越接近共晶点，在按稳定系结晶的条件下，产生的石墨数量越多。硅是强烈地促进石墨化的元素。一般低牌号的灰铸铁件，特别是过共晶成分的灰铸铁件，因碳、硅含量高，在缓慢冷却条件下，结晶晶粒粗大，并析出大量的初生粗大片状石墨，结晶组织显微疏松度极为严重，会使整个铸件具有最低的致密性，很容易出现渗漏现象，完全不适用于有致密性要求的铸铁件。片状石墨越长，石墨长度（L）与宽度（D）的（L/D）比值越大，则致密性越差，越易产生渗漏。

碳、硅含量较低的亚共晶灰铸铁件，应采取措施，尽量使在结晶凝固过程中形成较多的初生奥氏体枝晶；控制共晶团数；析出无方向性的较细小且均匀分布的石墨；最终获得全部细密的珠光体基体，从而使灰铸铁件具有最高的致密性。

必须指出：在生产实践中，根据灰铸铁件的具体情况，在选定合适的碳、硅量或碳当量时，尚须注意选择适宜的 Si/C 比值。因为在碳当量保持不变的条件下，不同的 Si/C 比值，会对凝固特性、金相组织、材质性能、铸造性能及铸件的致密性等均产生重要影响。例如，如果提高 Si/C 比值，即在碳低硅高的情况下，由于碳量的降低，析出的石墨量相应减少，会降低因石墨析出的体积膨胀而产生的自补作用；因提高了液相线凝固温度，降低了共晶温度，扩大了凝固范围，降低了铁液的流动性，会增加缩松及出现渗漏倾向等。还须注意，在不同碳当量条件下，Si/C 比值的变化对强度等性能的影响是不一致的，故要酌情选择。为使灰铸铁件具有较高的致密性，碳、硅量或碳当量不宜过高或过低。当过低时，因收缩量增大，如果在凝固时的补缩不充分，则易产生局部缩松等缺陷而出现渗漏。

2. 磷、锰、硫

磷能溶于铁液中，但在固态铸铁中的溶解度很小，在凝固过程中，会生成低熔点的磷化物共晶体汇集于晶界或热节区域形成粗晶或缩松缺陷而产生渗漏。因此，对于有高致密性要求的重要铸铁件，应降低含磷量，宜小于 0.06%。

锰是阻碍石墨化、稳定碳化物的元素。适当增加含锰量，能细化晶粒和石墨，较强烈地促进并稳定珠光体。对致密性要求较高的重要铸铁件，含锰量宜控制在 0.5% ~ 1.0% 范围内，有利于获得致密的珠光体组织，提高力学性能和致密性。

　　某工厂的试验研究表明：在 $w(S)$ 为 0.08% ~ 0.12% 时，将 $w(Mn)$ 定为 0.4% ~ 0.5%，其强度高于 $w(Mn)$ 为 0.8% ~ 0.93% 的铸铁。尚须进一步验证。

　　硫是较强烈阻碍石墨化的元素。铸件的冷却速度越快，碳、硅含量越低，硫的阻碍石墨化作用越显著。硫与锰形成 MnS 及（Fe、Mn）S 化合物，以颗粒状弥散在铁液中，因其熔点高（>1600℃），可作为石墨的非均质晶核，从而促进石墨的析出，故含硫量也不是越低越好。在生产实践中，当用感应电炉熔炼时，因含硫量太低，$w(S) < 0.04\%$，硫化物晶核数量少，会降低孕育效果。某单位在生产活塞（HT250 低合金铸铁）等灰铸铁件时，为了增加孕育效果，以提高力学性能，采用增硫剂 FeS 对铁液进行增硫处理。FeS 的密度为 $4.84g/cm^3$，熔点为 1193℃，容易进入铁液。增硫剂可在装料期加入，硫的回收率为 60% ~ 70%；少量增硫也可在包内冲入，硫的回收率为 50% ~ 65%。为确保常用孕育剂的孕育效果，灰铸铁原铁液的 $w(S)$ 不宜小于 0.06%，一般控制为 0.08% ~ 0.10%。对于一般球墨铸铁的原铁液，$w(S)$ 应小于 0.020%；对于低温铁素体球墨铸铁，$w(S)$ 宜小于 0.015%，以便降低球化剂的加入量，确保球化质量和减少硫化物夹渣等。但 $w(S)$ 也不宜过低，若 $w(S)$ 小于 0.008%，则影响球化处理后的孕育处理效果，易出现渗碳体等。

　　必须指出，含硫量高会恶化铸造性能。特别是当硫高锰低时，会严重降低致密性等。

　　综上所述，对于有致密性要求的铸铁件，尤其是对于要承受高、中压力作用的重要铸铁件，必须选用 ≥HT250 的高强度孕育铸铁、蠕墨铸铁或球墨铸铁等。大型气缸体、气缸盖、增压器进气涡壳、水泵及阀体等耐压铸铁件，其主要化学成分见表 11-39，实用效果较好，可供参考。所选用的化学成分，应首先能确保铸件的耐高压部位的质量，同时又要兼顾铸件的其余薄壁部位，不会出现硬度过高或产生白口组织，而使机械加工困难等。

表 11-39　重要耐压灰铸铁件的主要化学成分

主要元素	C	Si	Mn	P	S	备注
控制范围 （质量分数，%）	3.3 ~ 3.4	1.3 ~ 1.8	0.7 ~ 0.9	≤0.06	0.08 ~ 0.10	合金元素未标

11.7.2　选用合适的炉料及其配比

1. 防止铸造生铁的"遗传"效应

　　一般炉料由铸造生铁、废钢、回炉料及铁合金等组成，并以不同的比例进行配料。为了提高铁液质量，确保灰铸铁件的致密性，各种炉料均须符合技术要求。着重指出，必须避免铸造生铁有害的"遗传"效应。特别是在生产耐高压的灰铸铁件时，必须选用优质生铁。生铁中不能含有大量过于粗大的片状石墨，更不能发现有析出的粗大片状游离石墨存留在生铁表面的孔洞中。要求生铁中的片状石墨不要过于粗大、数量不能过多，分布应均匀，气体及其他夹杂物等的含量也要尽量减少。

2. 适量采用废钢或用合成铸铁

　　在灰铸铁炉料配比中，为了降低含碳量，以提高力学性能，常采取添加 10% ~ 30% 的废钢。近年来，发展了不用铸造生铁而只用废钢和回炉料，用增碳方法调节含碳量的合成铸铁及其熔炼方法，其主要优点：采用合成铸铁或在配料中采用合成生铁代替铸造生铁，不但降低成本，还可完全避免不良铸造生铁的粗大石墨及有害元素产生的"遗传"效应；废钢的杂质少，使铁液更纯净；铁液中含有一定量的氮，使铁液的受孕能力增强，改善灰铸铁的石墨形态，石墨变得弯曲、细小、端部有所钝化。珠光体更细密，在相同的化学成分条件下，可获得更好的力学性能，减少铸造缺陷，更适合生产高强度铸铁。为确保合成铸铁的质量，应注意以下主要几点：

（1）选用优质废钢　废钢是最主要的金属炉料，种类很多，其化学成分、微量元素含量各异，对铸铁质量的影响极大。应根据铸件结构特点、主要技术要求等，选用合适的废钢。对于高强度灰铸铁件、球墨铸铁件，特别是低温铁素体球墨铸铁件等高端产品铸件，必须选用优质废钢，其主要技术要求可参阅第 8 章 8.6.3 中 "6. 铁液的冶金质量及其控制" 的相关论述。

（2）选用优质增碳剂　在生产合成铸铁时，需要使用大量增碳剂。可作为增碳剂的材料很多，质量差别也很大，对增碳效果及铁液质量有极重要的影响。

石墨增碳剂中的碳以单质形态存在，熔点为 3727℃，在灰铸铁的熔炼温度下是不可熔化的，主要通过溶解和原子扩散来实现增碳。对于高端重要铸件，应优先选用经过高温煅烧提纯石墨化处理的晶体石墨型增碳剂，以利于增加石墨核心数量，改善石墨形态及促进石墨化等。

合理控制铁液中含氮量。合成铸铁需要大量废钢和增碳剂，因此铁液中的含氮量急剧增加。氮元素具有增加珠光体数量、细化共晶团及改善石墨形态功效的合金化作用，从而可提高其力学性能等。但过量的氮，会使铸件易产生枝晶间裂隙状氮气孔。一般宜将含氮量控制在 $(0.7 \sim 1.2) \times 10^{-4}$ 范围内。可选用优质废钢并调整其加入量及选用合适的增碳剂等方法来控制含氮量。

（3）提高增碳剂的吸收率

1）增碳剂的粒度应根据熔炼炉的容量及加入方法等因素来选用，可参阅第 8 章中表 8-12。随着熔炉容量的增大，增碳剂的粒度也要相应大些，且要进行除去微粉和粗粒的粒度处理。

2）加入方法。当用中频感应电炉熔炼时，增碳剂宜随废钢等炉料分批加入电炉中下部。废钢熔化后，铁液中的含碳量低，有利于增碳剂中碳的溶解、扩散、吸收，从而提高增碳剂的吸收率。在熔炼过程中，适时进行适当搅拌。但要防止将增碳剂和熔渣一起扒出。增碳剂的吸收率，一般可达到 90% ~95% 。

3）温度控制。在感应电炉熔炼时，碳的吸收率与 C - Si - O 系的平衡温度有关，在此温度以上或以下都会使碳的吸收率降低。灰铸铁的平衡温度一般为 (1400 ± 20)℃，在此平衡温度时，增碳剂的吸收率最高。

根据铸件结构特点等因素，确定铁液的过热温度及铸件的浇注温度。

4）化学成分的影响。铁液的初始化学成分 C、Si、Mn、S 等都会影响增碳剂的吸收率。就其影响程度而言，硅最大，锰次之，碳、硫影响较小。在熔炼过程中，因锰促使碳的吸收，而硅和硫阻碍碳的吸收，故应先增锰，最后增硅。

（4）进行预处理　采用合成铸铁熔炼工艺后，由于大量使用废钢和适度提高铁液的过热程度，致使石墨析出所依附的异质晶核减少。故须进行预处理工艺，以增强石墨形核能力和增加石墨晶核。预处理剂的种类较多，而碳化硅（SiC）仍是使用效果较好的首选材料，其成核效应可以起到关键作用。SiC 的加入量，一般为 0.6% ~1.0% ，也可采取加入 0.15% ~0.25% 的稀土硅铁 + 0.3% ~0.5% 的碳化硅（或优质增碳剂）。

在中频电熔炼灰铸铁时，经用 SiC 等进行预处理后，不但能有效地增加原铁液中的形核核心，改善石墨形态，促使形成 A 型石墨，减少铸件的白口倾向，增强孕育效果的抗衰退能力，而且可提高灰铸铁的力学性能和铸件的致密性等，还是增碳、增硅的良好材料。

（5）强化孕育处理　为提高灰铸铁件的力学性能、致密性及加工性能等，必须进行良好的孕育处理，以获得细小均布的 A 型石墨、细化结晶组织、消除碳化物、减少断面敏感性及硬度散差等。在合成铸铁熔炼中，铁液中的含氮量急剧增加，当达到 0.012% ~0.015% 时，易使铸件产生枝晶间裂隙状氮气孔。

锆在铁液中生成 ZrC、Al_3Zr、ZrN，降低铁液中的溶解氮，能减少或基本消除铸件的氮气孔缺陷，并能增加石墨结晶核心促进铁液石墨化，提高灰铸铁强度等。在熔炼合成铸铁时，可采用硅钡锆孕育剂进行炉前孕育处理，加入量为 0.25% ~ 0.35%。为了强化孕育处理，还须选用硅锶孕育剂（主要用于铸壁较薄的中、小型柴油发动机气缸体及气缸盖等）进行浇注随流孕育，加入量为 0.08% ~ 0.12%，粒度为 0.5 ~ 1mm。采用这两种孕育剂进行强化孕育处理，获得了很好的效果，提高了铸件的力学性能和结晶组织的致密性、均匀性，显著降低了渗漏废品率。

11.7.3　提高铁液的过热程度

铁液的过热程度对铸铁的组织及性能有很大的影响，是获得高强度、高致密性铸铁件的最基本前提之一。在一定的温度范围内，适当提高铁液的过热温度及在高温下的保持时间，能使金属基体组织致密、细化石墨、铁液中的非金属夹杂物等减少，纯净度大幅度增加，从而可提高抗拉强度和致密性等。要适当控制铁液的过热程度，过度过热反而会降低力学性能等。过热临界温度与化学成分、炉料组成及熔炼设备等因素有关。为了将自脱氧反应控制在可靠、稳定范围内，过热温度一般为 1500 ~ 1550℃。生产中，感应电炉熔炼的过热温度，一般常取 1520 ~ 1540℃；采用热风水冷长炉龄冲天炉，铁液温度可达到 1500 ~ 1550℃；采用冷风水冷冲天炉，如果采用优质铸造焦炭、合理控制焦耗及送风强度和严格控制金属材料尺寸等措施，铁液温度也可达到上述数值，为生产高端优质铸铁件打下坚实基础。

铁液的纯净度，主要包括气体、夹杂物及微量元素含量三项主要指标。气体含量是指氧、氢、氮三种。随着过热程度的提高，铁液中的氢、氮含量略有增加。在 1450℃ 以上，由于自脱氧反应，会使铁液中的含氧量大幅度减少。纯净原铁液中的含氧量宜为 $(1 ~ 4) \times 10^{-5}$。若含氧量 $< 10^{-5}$，则结晶核心少、白口倾向大，并影响孕育效果。若含氧量 $> 4 \times 10^{-5}$，则铁液的氧化倾向大。中频感应电炉熔炼铁液时的含氧量，宜控制为 $(1 ~ 2) \times 10^{-5}$。

若铁液中的含氢量 $> 2.5 \times 10^{-6}$，则会严重影响铸铁的力学性能和铸造性能，并易产生 H_2 气孔。故应将含氢量控制在 2.5×10^{-6} 以内。

铁液中的氮有两方面的主要影响，微量的氮可作为合金元素使用，能改善石墨形态和提高铸铁的力学性能。但过多的氮，易使铸件产生氮针孔或裂隙状氮气孔缺陷。适宜的含氮量与 CE 值、铸件壁厚等因素有关，薄壁件的含氮量宜 $< 1.2 \times 10^{-4}$；厚壁件的含氮 $< 8 \times 10^{-5}$。一般常取含氮量为 $(0.7 ~ 1.2) \times 10^{-4}$。某单位用氮化铬增氮，将 $w(N)$ 控制在 $(1.4 ~ 1.7) \times 10^{-4}$ 范围内，也使力学性显著提高。

从各项原材料的精心准备，直至熔炼、浇注，进行全面、全过程的质量管理，将铁中的各种熔渣、氧化夹渣、非金属夹渣及铸件的晶界夹杂物等减至最少，熔炼出高纯净度的高温、低氧化的优质铁液是确保铸件质量的坚实基础和最重要的前提。

对铸铁质量产生不良影响的微量元素，不仅要严格控制单个元素的含量，更要控制其总量。如微量 Pb、As 的超标，能使灰铸铁的冶金质量大幅度降低。如某厂生产某发动机气缸体时，Pb 量超标。因 Pb 属于低熔点元素，在最后凝固时形成晶界偏析与集聚，导致局部凝固时间长，其最后凝固时，因得不到充分有效的补缩而产生局部缩松，致使不少气缸体产生渗漏而报废。微量 Pb 的增加，还使石墨形态变差，产生畸变，降低力学性能。最后选用合格废钢，将 $w(Pb)$ 量控制在 0.0008% 以下，才克服了气缸体的渗漏。

提高铁液的过热程度，会导致结晶核心的减少，故后续须采取进行预处理及强化孕育处理等补救措施，以增加结晶核心。强化孕育处理是影响孕育后石墨化效果的最重要的途径，原铁液本身的形核潜能的改善也非常重要。适度提高过热程度、合成铸铁的废钢增碳工艺及预处理工艺等，都是提高原铁液形核潜能最有效的重要措施。

还须指出，在用中频感应电炉熔炼时，生产管理方面要注意与生产线的匹配，防止一炉铁液处理 5 ~ 6 包球墨铸铁或孕育铸铁，造成电炉中的铁液保温时间过长。最好达到一炉处理一包（或两包）铁液，以免影响铁液成分及性能的稳定性。

11. 7. 4　强化孕育处理

对铁液进行孕育处理，可改善铸铁的结晶特性和显微组织，是提高力学性能和致密性的重要措施。铁液经孕育处理后，结晶核心大量增加，细化结晶组织；促进石墨化，改善石墨形态，获得较细小、无方向性、均匀分布的 A 型石墨；减小白口倾向及对铸件厚度的敏感性，使各断面的组织趋于均匀和减小硬度散差等，从而可提高铸铁的力学性能、致密性及改善切削加工性等。

为获得预期的孕育效果，须注意以下主要几点：

1）选择合适的化学成分，特别是碳、硅含量或碳当量。

2）适当提高铁液的过热程度。

3）选择合适的孕育剂、加入量及加入方法。实施较大孕育量、多频次的强化孕育。防止孕育不足或孕育过度。如果碳、硅含量过高，铁液的过热温度低和孕育过度，加入过量孕育剂，使硅量猛增，会促使析出大量石墨，则可能引起显微组织缩松及渗漏等问题，反而会降低力学性能及致密性等。

4）缩短孕育处理后的停放时间，应立即进行浇注，防止孕育作用衰退。

5）用感应电炉熔炼铸铁时，采用预处理工艺，可以改善石墨结晶析出的生核条件，使铁液中供石墨生核的异质晶核增加，从而可改善石墨形态，减缓孕育作用的衰退，提高力学性能和致密性，而且性能更加稳定。预处理剂的首选材料是 SiC。

11. 7. 5　加入少量合金元素

要实现较高碳当量、高强度、高致密性的灰铸铁，必须对其进行合金化处理，添加少量合金元素是很有效的重要途径。各合金元素的性质及对灰铸铁凝固和组织的影响各不相同。须根据灰铸铁的牌号、铸件结构特点、铸造工艺方法、技术要求及生产条件等因素的综合考虑，选择合适的合金元素及其加入量。为获得预期效果，须注意以下主要几点：

1. 常用的主要合金元素

合金元素的种类很多，在灰铸铁的生产实践中常用以下几种：

（1）铜　铜是较弱的促进石墨化元素，其能力为硅的 1/5 ~ 1/3。可减少白口倾向，降低奥氏体转变临界温度，细化并增加珠光体，提高力学性能和致密性等。含铜量在 0.8% 时，强度最高。常用加入量为 0.5% ~ 1.0%。可用铜代替部分镍的使用；铜与铬、钼等配合使用效果更好，能获得全部为致密的珠光体组织。由于铜的综合有利影响，在生产实践中是首选合金元素，应用很广泛。

（2）铬　铬是强烈阻碍石墨化、稳定碳化物元素，减少石墨数量，有较弱的细化石墨作用。共析转变时，促使形成珠光体基体。添加少量的铬，能显著提高强度、硬度及耐磨性等。有大的增加白口倾向，必须特别注意防止薄壁部位出现硬度过高或产生白口，严重降低切削性能和使用性能。常用于较厚大的灰铸铁件。对于一般的灰铸铁件，须严格控制铬的加入量，一般为 0. 15% ~ 0. 35%。与铜、镍配合使用，能获得更好的效果。在生产中、小型柴油发动机气缸体、气缸盖时，为提高力学性能和减少渗漏等，铬的加入量为 0. 15% ~ 0. 23%。

（3）钼　钼是较弱的稳定碳化物元素，有强的促进珠光体化作用，并能细化石墨和珠光体，形成钼碳化物，具有良好的热稳定性。加入少量钼，能提高强度、硬度和耐磨性。常取加入量为 0.2% ~ 0.4%。与铜、铬、镍配合使用效果更好。

（4）镍　镍是较弱的促进石墨化元素，其能力约为硅的 1/3。细化石墨和结晶组织，减少白口倾向，促使铸件断面硬度均匀化。降低奥氏体转变温度，细化并增加珠光体，提高强度、致密性、韧性及耐磨性等。常用加入量为 0.5% ~ 1.2%。与铬配合使用，其配比约取 $w(Ni):w(Cr)=3:1$，使用效果较好。镍是对铸铁性能有着良好影响的重要元素，但由于资源缺乏，且价格昂贵，故其应用受到很大限制。

（5）锡　锡是弱石墨化元素，细化结晶组织。促使形成并强烈稳定珠光体，阻碍形成并能消除铁素体，降低对铸件断面厚度的敏感性。加入微量的锡（0.05% ~ 0.10%）即可提高强度，获得铁态珠光体组织。但要注意，如果锡的加入量 >0.10%，则可能增加脆性。

（6）硼　硼是很强烈的阻碍石墨化元素。能强化珠光体和细化石墨及共晶团，提高力学性能。当含磷量 >0.2% 时，析出硼碳化物与磷共晶的复化物，能显著提高耐磨性。一般硼的加入量为 0.03% ~ 0.05%，与微量锡（0.08% ~ 0.10%）配合使用，具有更好的耐磨性。硼铸铁已广泛用于生产现代大型柴油机气缸套等重要产品上，取得了良好效果。

（7）钒　钒是阻碍石墨化元素，强烈促使形成碳化物。细化石墨，并使分布更加均匀。促使形成珠光体，强化基体组织，可获得致密的或索氏体型珠光体。可提高力学性能、热稳定性，特别是具有很好的耐磨性，可用于大型气缸套等重要耐磨铸铁件。一般加入量为 0.15% ~ 0.40%，常与钛配合使用。钒钛铸铁是现代大型气缸套等的优良材料，使用效果很好。

（8）钛　钛与碳、氮的亲和力极强，形成稳定的碳化物、氮化物，可显著增加耐磨性。少量的钛能促进石墨化，并细化石墨，减少白口倾向。一般加入量为 0.05% ~ 0.10%，常与钒配合使用，具有很好的耐磨性等。

综上所述，常用合金元素对灰铸铁的组织、性能的主要影响及其应用见表 11-40。

表 11-40　常用合金元素对灰铸铁的组织、性能的主要影响及其应用

元素	对灰铸铁组织、性能的主要影响	常加入量（质量分数，%）	应用举例
Cu	较弱的促进石墨化能力，减少白口倾向。细化晶粒，能获得稳定致密层状珠光体组织，可提高力学性能和致密性等	0.5 ~ 1.0	柴油机缸体、气缸套、气缸盖、曲轴、活塞、活塞环、水泵壳体、床身、增压器进气涡壳体及阀体等复杂重要铸铁件
Cr	强烈的阻碍石墨化元素，稳定碳化物，增加白口倾向。共析转变时，促使形成珠光体，可提高强度、硬度等	0.15 ~ 0.35	与 Cu、Ni 等元素配合使用。气缸套、活塞环、床身导轨等重要铸铁件
Mo	较弱的稳定碳化物元素，细化石墨和珠光体。良好的热稳定性，可提高强度、硬度和耐磨性等	0.2 ~ 0.4	气缸套、气缸盖等高强度、高耐磨性和良好热稳定性的铸件
Ni	较弱的促进石墨化元素。细化石墨和增加珠光体，减少白口倾向。可提高强度、致密性、韧性和耐磨性等	0.5 ~ 1.2	气缸套、活塞、气缸盖等高强度、高耐磨性、高致密性的铸件
Sn	强烈的碳化物稳定元素。增加珠光体和消除铁素体。加入微量的锡，可提高强度	0.05 ~ 0.10	内燃机气缸体、气缸盖等高强度、高致密性的重要铸铁件

（续）

元素	对灰铸铁组织、性能的主要影响	常加入量（质量分数，%）	应用举例
B	很强的阻碍石墨化元素。强化珠光体，细化石墨和结晶组织。可提高力学性能，具有良好的耐磨性等	0.03 ~ 0.05	气缸套、活塞环和机床导轨等高强度、高耐磨性的重要铸铁件
V	强烈促使形成碳化物、阻碍石墨化元素。细化石墨，强化基体组织，可获得致密的或索氏体型珠光体。可提高力学性能、热稳定性，具有良好的耐磨性。常与钛配合使用，效果更好	0.15 ~ 0.40	大型气缸套、机床导轨等高强度、高耐磨性的重要铸铁件
Ti	与碳、氮的亲和力极强，形成稳定的碳化物、氮化物，可提高耐磨性。少量钛能促进石墨化、细化石墨，减少白口倾向	0.05 ~ 0.10	与 V 搭配使用，用于气缸套、机床导轨等重要铸铁件，具有良好的耐磨性等

2. 合理搭配使用

综上所述，各主要合金元素都独具特性。其中有些元素不宜单独使用，尤其是促使形成碳化物的元素，在超过一定量后，不但无益，反而会增加白口，严重降低使用效果。故在生产实践中，常选两种以上元素搭配使用，让各自发挥最好的作用，而又互相抑制对方的不良影响，从而可获得更好的效果。例如：钒和钛的搭配，微量的钛能抑制钒的白口倾向；用镍或铜来中和铬的白口倾向，防止产生渗碳体。其搭配比例，要刚好与它们的石墨化能力相适应，才能获得最佳效果。常用的搭配组成有：Cr + Cu、Mo + Cu、Cr + Mo + Cu、Cr + Mo + Ni、Cr + Ni、Mo + Sn、B + Sn、V + Ti、V + Cu 等。从这些搭配中可以看出：用 Cu 代替部分 Ni 的作用，是用得最广且最有效的元素。

适当选用以上元素搭配，会细化晶粒、细化石墨，并使基体组织更细密，得到致密的珠光体组织，更好地提高力学性能和致密性，不易出现渗漏现象。

3. 宜选碳高硅低化学成分

必须指出：较高碳当量、高强度是灰铸铁的发展方向。亚共晶成分的灰铸铁，待进行低合金处理的原铁液，应有较高的碳当量，而且其中应有较高的碳量、较低的硅量，但不是相反。Si/C 比值可取 0.37 ~ 0.55。这样，能使白口倾向小，铸造性能好，充分发挥石墨化膨胀而发生的自补缩作用，不易产生缩孔、缩松等缺陷，并且有较好的加工性能。添加少量合金元素和经过强化孕育处理后，能获得更好的力学性能、致密性及铸件组织均匀性等，并能防止硅量较高而增加铁素体、粗化珠光体和减少合金元素作用的不良影响。

11.8　控制浇注温度

铁液的浇注温度对铸件的致密性有着很大的影响，必须严格控制。

11.8.1　对缩孔、缩松的主要影响

1）提高浇注温度，增加了铁液的液态体积收缩量，从而会使总的体积收缩量增加。液态收缩可用冒口等措施进行补缩。

2）提高浇注温度，可使铁液的流动性增加，改善了补缩条件，能增强补缩作用。促使形成外部的集中缩孔，减少铸件内部缩松，使结晶组织致密、增加铸铁的密度，显著提高了铸件的致密性。

3）浇注温度影响缩孔的形状及分布状态。当浇注温度较低时，由于降低了铁液的流动性，使补缩条件恶化，促使在铸件内部形成分散的缩孔、缩松，使铸铁的密度减小，铸件的致密性急剧下降，极易出现渗漏现象。尤其是当碳、硅含量或碳当量高（如过共晶成分），铁液的流动性差（如含硫量过高等）时，则致密性更差。

11.8.2　对冷却速度的影响

提高浇注温度会减缓铸件的冷却速度。如果采取措施（如设置冷铁等）适当加快铸件整体或局部的冷却速度，则可避免由于减缓冷却速度而可能产生的一些不良影响，能使结晶组织更加致密。

提高浇注温度，有利于铁液中气体、氧化皮等夹杂物的排除，减少气孔、夹杂等缺陷。由于提高了铁液的流动性，更可防止产生冷隔、浇不足等缺陷，这对于大型复杂、薄壁等铸件尤为重要。

综上所述，对于有致密性要求的铸件，如气缸体、气缸套、气缸盖、增压器进气涡壳体及水泵壳体等，须适当提高浇注温度，不能采取低温浇注。浇注温度应根据铸件的结构特点、技术要求、铸造工艺及生产条件等因素进行选定。要求高致密性的典型铸铁件的浇注温度见表 11-41，可供参考。

表 11-41　要求高致密性的典型铸铁件的浇注温度（砂型铸造）

名称	材质	主要壁厚/mm	浇注温度/℃
中速柴油机气缸体	HT250 低合金铸铁	12 ~ 25	1360 ~ 1400
大型低速柴油机气缸体		25 ~ 50	1340 ~ 1360
小型气缸套		15 ~ 25	1360 ~ 1380
中型气缸套		25 ~ 40	1350 ~ 1370
大型气缸套		40 ~ 70	1340 ~ 1360
柴油机气缸盖	HT250 低合金铸铁 或 RUT300	10 ~ 15	1370 ~ 1400
增压器进气涡壳体	HT250 低合金铸铁	15 ~ 20	1370 ~ 1390
小型阀体	HT250	8 ~ 15	1390 ~ 1420
大、中型阀体	HT250 或 HT250 低合金铸铁（高压阀体）	20 ~ 45	1310 ~ 1360
水泵壳体	HT250 或 HT250 低合金铸铁（高压水泵）	15 ~ 30	1360 ~ 1380
铸铁锅炉片	HT200 ~ HT250	10 ~ 12	1450 ~ 1470
冷却水套	HT200 ~ HT250	12 ~ 13	1370 ~ 1400

11.9　提高型芯撑质量

在进行铸造工艺设计时，应尽量少用或不用型芯，更应力求少用或不用型芯撑，或者将重要部位的型芯撑移到次要部位等。这项铸造工艺设计原则对耐压铸铁件特别重要。一般型芯都是用芯头稳固于铸型中的。但有时受铸件特殊结构的影响，不能设置芯头或仅靠芯头还难以稳固，此时须用型芯撑来加固型芯，以起到辅助支撑的作用。

11.9.1　对型芯撑部位渗漏的原因分析

耐压铸铁件的生产实践中，在进行致密性压力试验时，在型芯撑部位出现渗漏现象。现将出现渗漏的主要原因分析如下：

1. 型芯撑与铸件母材熔合不良

将渗漏部位进行解剖，就会发现型芯撑与母材熔合不良，仅有局部熔合。严重时甚至完全没有熔合成为整体而出现松动。产生的主要原因有：

1）型芯撑的形状、尺寸设计不妥。

2）铁液的浇注温度过低。

3）型芯撑表面附着有不洁物，如涂料等

2. 型芯撑旁伴生气孔

产生的主要原因有：

1）型芯撑表面未进行处理，附着有油、漆及锈蚀等。

2）浇注前，未将型芯撑进行预热或预热温度过低；合箱后至浇注前的停放时间过长；特别是在湿型中，型芯撑表面已凝聚水汽等。

3）用铸铁材质制作的型芯撑尺寸过小或铁液的浇注温度过高，致使型芯撑表层被熔化而产生气体。

3. 型芯撑旁伴生渣孔、砂孔及夹杂物

产生的主要原因有：

1）操作不细，合箱前未将型芯撑表面附着的杂质（如泥砂、残留涂料等）及砂型内杂物清除干净。

2）浇注过程中，铁液中的氧化皮等夹杂物停留在该部位。

3）型砂强度过低，合箱或浇注时，型芯撑将该处砂型（芯）压坏而掉落散砂产生砂孔。

4. 其他因素

如型芯撑的强度不够，在受外力作用后产生弯曲变形；型芯撑未放牢靠产生了位移或被熔化等，致使该部位壁薄、耐压强度不够等。

11.9.2　防止型芯撑部位渗漏的主要措施

1）采用防渗漏型芯撑。型芯撑的种类很多，为获得预期的良好效果，须根据铸件的结构特点、技术要求、铸造工艺及生产条件等进行选用。尤其要针对放型芯撑部位的具体情况，进行型芯撑的设计，如芯撑的形状、尺寸及数量等。对于耐压铸铁件，为防止渗漏，首先要设计具有特殊防渗漏功能的型芯撑，如图 11-42 所示。经生产实践证明，使用效果良好。

图 11-42 所示三种芯撑结构形式的共同特点是，能使撑柱表层更好、更容易与铸件母材熔合成一整体，从而更有效地起到防止渗漏的作用。对于薄壁铸铁件，可在芯撑一端或两端设有凸台（图 11-42 中 4），从而改善芯撑被熔合的条件。

撑柱直径尺寸等的设计非常重要。在铸件凝固过程中，撑柱须保持有足够的强度。铸件凝固后，撑柱表层又须与铸件母材很好地熔合，因此尺寸不能过大或过小。如果撑柱直径过小，则支撑力不够。尽管钢质撑柱的熔点较高，但在高温铁液的冲刷或浮力作用下，也易过早地软化变

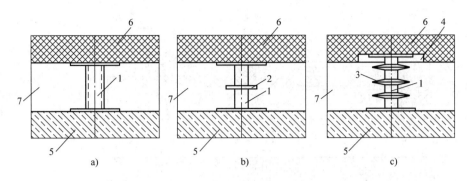

图 11-42　防渗漏型芯撑

a）撑柱加工成螺纹或凹槽的芯撑　b）撑柱中设有薄钢片的芯撑　c）撑柱加工成槽柱状的芯撑

1—芯撑　2—薄钢片　3—尖角薄片　4—凸台　5—砂型　6—砂芯　7—型腔

形，甚至熔化，完全丧失支撑作用。如果撑柱直径过大，因激冷能力过强，致使与母材熔合不良，甚至完全不熔合，则彻底丧失防渗漏作用。

2）采用钢质型芯撑。铁液充型后，芯撑的表层温度应逐渐升到接近铁液的温度，才能熔合良好。因此，芯撑材质的熔点应比铸件材质的熔点高。铸铁件用型芯撑，一般采用低碳钢材质，不宜选用铸铁芯撑。因铸铁的熔点较低，在高温铁液的冲刷作用下，很容易产生软化变形，甚至熔化而完全丧失支撑作用。

3）型芯撑应进行镀铜或挂锡等表面处理。为使型芯撑表层能与铸件母材熔合良好，型芯撑表面必须光洁、平整，不能黏附有泥砂、油污、锈斑、水汽及其他夹杂物等。型芯撑在使用前必须进行镀铜或挂锡等处理，不宜采用镀锌。

4）砂型合箱后应缩短停放时间，尽快进行浇注。特别是湿型铸造更应如此，以免芯撑表面凝聚水汽而产生气孔。合箱前应对铸型进行适当烘烤，使芯撑有适宜的预热温度，可避免产生气孔和促进与母材更好地熔合。

5）为了防止芯撑陷入砂型或砂芯，将其型砂压坏而产生砂孔和导致壁厚不均，须使砂型具有足够的强度，或在芯撑顶面垫以面积适宜的垫片。

6）控制浇注温度。根据铸件的结构特点等因素，严格控制浇注温度，不能过高或过低。如果浇注温度过低，则会使芯撑与铸件母材熔合不良；如果浇注温度过高，则会使芯撑软化变形或熔化而完全丧失支撑作用。

7）浇注系统的内浇道不要靠近芯撑部位，以免芯撑因不断流经的高温铁液的冲刷作用而软化、熔化。

11.9.3　型芯撑应用的典型实例——大型铸铁锅炉片的铸造

铸铁锅炉片属于典型的大型薄壁耐压铸铁件，其材质为 HT250，轮廓尺寸为 1400mm ×960mm×160mm（长×宽×厚），主要壁厚为 10mm，毛重约 120kg。铸件的结构特点：体积较大，结构较复杂，铸壁很薄，外表面设有许多散热片，技术要求较高。整个内腔需要进行压力为 1MPa 的水压试验，历时 15mm，不能出现渗漏。不允许有气孔、砂孔及夹杂等任何铸造缺陷，并且不允许用焊补或堵塞等任何方法对缺陷进行修复等，故铸造难度较大。图 11-43 所示为铸铁锅炉片铸造工艺简图。现将铸造工艺过程的主要设计简述如下。

1. 浇注位置及分型面

根据锅炉片表面积大、壁薄等结构特点，采取水平浇注位置和从铸件水平中线分型。浇注时

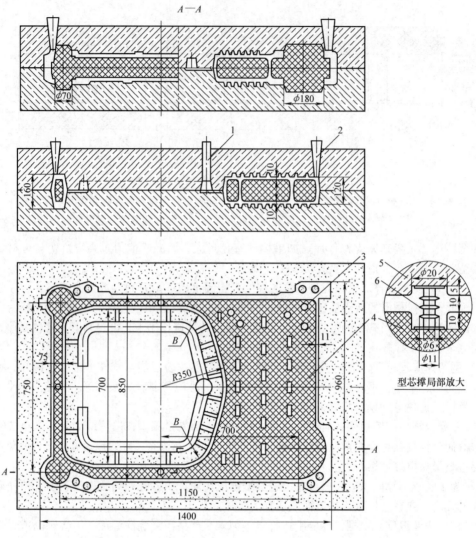

图 11-43　铸铁锅炉片铸造工艺简图
1—中注式浇注系统　2—出气冒口　3—设置型芯撑部位
4—酚醛（或呋喃）树脂砂芯　5—上型　6—防渗漏型芯撑

可将铸型略微倾斜，与水平成倾斜角 8°，以更有利于铁液的流动和铸型内气体向外排出。

2. 造型与制芯

1）一般常用自硬呋喃树脂砂型。如果生产条件具备，则可采用"V"法造型生产。

2）锅炉片内腔须由整体砂芯形成，不能采用由两半砂芯组合而成，以确保内腔形状及尺寸准确。因整体砂芯表面积较大，为防止变形，必须具有足够的强度和刚度。呋喃树脂芯砂可全部采用新砂等混制而成。芯砂的抗拉强度（24h）≥1MPa。芯砂中应设置特制组合式芯骨，既能显著提高砂芯的强度和刚度，又便于清砂时将芯骨取出。制芯时应放通气绳，以便于浇注时产生的大量气体能顺利排出。

整体砂芯也可采用酚醛树脂热芯盒法制成，但需要特制专用制芯设备。

3. 防渗漏型芯撑的应用

从图 11-43 中可以看出，大型整体砂芯仅在三个角位上设有芯头，另一个角位没有通孔，全靠采用型芯撑来稳固。芯撑的形状及尺寸如图 11-43 中放大图所示。采用图 11-42c 所示结构设计，并在芯撑两端都设有较高的凸台，以使芯撑更好地与铸件母材熔合，严防芯撑部位出现渗漏现象。在整个铸型中，设置了 10 多个型芯撑，均获得了良好效果。

4. 浇注系统

根据铸铁锅炉片尺寸大、壁薄等结构特点，浇注系统的主要设计原则是使铁液能较快、均匀而较平稳地充满铸型。采用中注式浇注系统，多道内浇道分置于锅炉片的炉膛部位内侧壁处。内浇道总面积较大，以缩短浇注时间，防止产生冷隔、浇不足及渗漏等缺陷。特别注意防止熔渣、氧化皮等夹杂物进入型腔而产生渣孔、夹杂等缺陷。

5. 控制化学成分

在选择化学成分和炉料组成时，要充分考虑锅炉片铸壁很薄的显著特点。既要达到所需的力学性能和使用性能，又要具有良好的铸造性能，防止出现硬度过高或产生白口组织。铸铁锅炉片的化学成分见表 11-42，可供参考。

表 11-42　铸铁锅炉片的化学成分

主要元素	C	Si	Mn	P	S	备注
控制范围 （质量分数,%）	3.30 ~ 3.45	1.85 ~ 2.25	0.6 ~ 0.8	≤0.10	≤0.08	少量合金元素未标

铸铁锅炉片的炉膛区域直接与高温火焰相接触。经长时间的反复加热，炉膛的顶部，尤其是图 11-43 中所示的两个角区 B 形成的热应力最大，容易产生裂纹。为了提高材质的耐热性能及热稳定性，可添加少量合金元素，如 Cr 或 Mo 等。

6. 适当提高浇注温度

根据锅炉片的结构特点，必须严格控制浇注温度。如果浇注温度过低，则铁液的流动性差，排气不畅，容易产生气孔、渣孔、夹杂、冷隔、浇不足及渗漏等缺陷。如果浇注温度过高，不但增加了液态收缩量，还可能使型芯撑软化变形甚至熔化，完全丧失支撑作用。因此必须适当提高浇注温度。铁液的过热温度为 1520 ~ 1530℃，保温静置 8 ~ 10min，浇注温度为 1450 ~ 1460℃，可取得较好效果。

除以上提高铸铁件致密性的主要措施外，如 V 法铸造、低压铸造、离心铸造、金属型铸造及压力铸造等特种铸造方法，能更有效地提高铸铁件的致密性。要根据铸铁件的结构特点、技术要求、生产性质及生产条件等因素，酌情进行合理选用。

参 考 文 献

[1] 中国机械工程学会铸造分会. 铸造手册: 第1卷 铸铁 [M]. 3版. 北京: 机械工业出版社, 2011.

[2] 中国机械工程学会铸造分会. 铸造手册: 第4卷 造型材料 [M]. 3版. 北京: 机械工业出版社, 2012.

[3] 中国机械工程学会铸造分会. 铸造手册: 第5卷 铸造工艺 [M]. 3版. 北京: 机械工业出版社, 2011.

[4] 中国机械工程学会铸造分会. 铸造手册: 第6卷 特种铸造 [M]. 3版. 北京: 机械工业出版社, 2011.

[5] 谢应良. 典型铸铁件铸造实践 [M]. 北京: 机械工业出版社, 2014.

[6] 沈猛, 杨海慧, 章舟. 铸铁生产实用手册 [M]. 北京: 化学工业出版社, 2014.

[7] 李魁盛, 马顺龙, 王怀林. 典型铸件工艺设计实例 [M]. 北京: 机械工业出版社, 2008.

[8] 单忠德. 铸铁轮类件铸造精确成形 [M]. 北京: 机械工业出版社, 2014.

[9] 王再友, 王泽华, 詹绍思, 等. 铸造工艺设计及应用 [M]. 北京: 机械工业出版社, 2016.

[10] 俞旭如, 李川度, 蔡佳佳. 风电球墨铸铁件生产技术及最新发展 [J]. 现代铸铁, 2011 (3): 21 – 26.

[11] 周继杨. 碳化硅的物理化学性能与它在铸造业领域的应用 [J]. 铸造工业, 2014 (5): 24 – 38.

[12] 李传栻. 浅谈铸铁的预处理 [J]. 铸造工业, 2014 (5): 39 – 45.

[13] 钱立, 王峰. 灰铸铁、球墨铸铁中的微量杂质元素 [J]. 现代铸铁, 2014 (2): 86 – 88.

[14] 钱立. 谈谈铸铁中的 Si [J]. 铸造, 2014 (9): 956 – 960.

[15] 荀华强. 6MW 风力发电机组主机架与轮毂铸件的研发和生产 [J]. 铸造, 2014 (8): 815 – 818.

[16] 王星, 闫兴文, 陈玉芳, 等. 大断面风电球墨铸铁件的技术控制 [J]. 现代铸铁, 2015 (1): 23 – 27.

[17] 丁建中, 马敬仲, 曾艺成, 等. 低温铁素体球墨铸铁的特性及质量稳定性研究 [J]. 铸造, 2015 (3): 193 – 201.

[18] 李传栻. 灰铸铁和球墨铸铁凝固过程中的几个问题 [J]. 现代铸铁, 2015 (3): 74 – 80.

[19] 李冬琪, 等. 高端球墨铸铁件的研制与应用 [J]. 现代铸铁, 2015 (5): 26 – 31.

[20] 李继强, 张坤, 高文理, 等. 厚断面球墨铸铁件组织与性能分析 [J]. 铸造, 2015 (9): 869 – 873.

[21] 谭玉华, 张风军, 赵红. 厚大断面球铁件工艺控制 [J]. 铸造技术, 2016 (5): 1048 – 1049.

[22] 曾大新, 何汉军, 张元好, 等. 铸态高强度高伸长率球墨铸铁研究进展 [J]. 铸造, 2017 (1): 38 – 43.

[23] 张坤, 刘建东, 宋贤发, 等. 厚大断面球墨铸铁低温冲击性能研究 [J]. 现代铸铁, 2017 (3): 41 – 45.

[24] 薛蕊莉, 尤国庆. 浅谈灰铸铁中 Mn 与 S 的控制 [J]. 现代铸铁, 2017 (5): 33 – 37.

[25] 钱立, 王峰. 感应电炉熔炼铸铁的几个热点问题 [J]. 现代铸铁, 2018 (2): 59 – 64.

[26] 马敬仲. 再谈提高原铁液质量的关键技术: 1 [J]. 现代铸铁, 2017 (6): 23 – 26.

[27] 马敬仲. 再谈提高原铁液质量的关键技术: 2 [J]. 现代铸铁, 2018 (1): 17 – 21.

[28] 马敬仲. 再谈提高原铁液质量的关键技术: 3 [J]. 现代铸铁, 2018 (2): 65 – 71.